普通高等教育“十一五”国家级规划教材

U0814262

数字电子技术基础

第二版

侯建军　主编
侯建军　路而红　熊华钢　张晓冬　郭培源　编

高等教育出版社

内容简介

本书为普通高等教育"十一五"国家级规划教材。本书以数字逻辑为基础，系统分析为桥梁，系统综合为目的，全面介绍数字电路的基本理论、分析方法、综合方法和实际应用。本书共分九章，第一章介绍数字逻辑的表示方法、布尔代数以及逻辑化简的基本方法；第二至五章分别讨论典型集成电路的基本工作原理及外特性、组合及时序电路的分析、设计方法和各种中规模逻辑模块的应用；第六章介绍典型中、大规模集成电路，高密度可编程逻辑器件及实用可编程门阵列的原理、组成，同时介绍了应用这些元件实现数字电路的方法；第七、八章介绍 A/D 和 D/A 转换器和脉冲电路；最后一章介绍数字系统设计方法，并给出了数字系统设计实例。

本书第一版 2003 年被列为高等教育百门精品课程教材建设计划立项研究项目，2004 年被评为北京市高等教育精品教材。教材内容新颖、概念清楚、实践性强，在体现科学性、先进性和系统性方面具有特色。此外，书中附有大量图表和应用实例，便于自学，章末附有自我检测、思考题和习题，利于读者巩固和综合运用所学知识。

本书可作为高等学校通信、控制、电气、电子信息和计算机等专业的大学本科教材，同时也可作为从事电路设计、通信工程及计算机等专业广大科技工作者的参考用书。

图书在版编目（CIP）数据

数字电子技术基础 / 侯建军主编 .—2 版 .—北京：高等教育出版社，2007.12（2015.7 重印）

ISBN 978-7-04-022386-6

Ⅰ. 数… Ⅱ. 侯… Ⅲ. 数字电路 - 电子技术 - 高等学校 - 教材
Ⅳ. TN79

中国版本图书馆 CIP 数据核字（2007）第 177499 号

策划编辑 吴陈滨　　责任编辑 吴陈滨　　封面设计 李卫青　　责任绘图 朱 静
版式设计 张 岚　　责任校对 杨雪莲　　责任印制 尤 静

出版发行 高等教育出版社
社　　址 北京市西城区德外大街 4 号
邮政编码 100120
印　　刷 北京市昌平百善印刷厂
开　　本 787 × 960　1/16
印　　张 30.25
字　　数 560 000
购书热线 010-58581118
咨询电话 400-810-0598
网　　址 http://www.hep.edu.cn
　　　　 http://www.hep.com.cn
网上订购 http://www.landraco.com
　　　　 http://www.landraco.com.cn
版　　次 2003 年 12 月第 1 版
　　　　 2007 年 12 月第 2 版
印　　次 2015 年 7 月第 9 次印刷
定　　价 43.40 元

本书如有缺页、倒页、脱页等质量问题，请到所购图书销售部门联系调换

物 料 号　22386-00

第二版前言

本书为普通高等教育“十一五”国家级规划教材，是教育部高等教育教学改革项目“电工电子系列课程教学内容和课程体系改革的研究与实践”的成果之一，也是北京交通大学首届国家精品课程“数字逻辑与系统”的主讲教材。本书第一版于2003年被列为高等教育百门精品课程教材建设立项研究项目，2004年被评为北京市高等教育精品教材。本书在第一版基础上，按照教育部电子电气基础课程教学指导分委员会修订的课程教学基本要求，总结提高、修改增删而成。教材主要做了如下改进工作：(1) 在牢固掌握基础理论的前提下，力求处理好先进性和适用性的关系以及教材内容变化和基础内容相对稳定的关系，教材内容重点突出，基本概念明确清晰，全书贯穿了内容少而精和理论联系实际的精神。例如删减了PAL、GAL和CPLD的较深的内容，在篇幅上有较大的缩减。(2) 参考国内外优秀教材，并总结近年来教学体会，增加了工程技术的例题，并有机融入各章节之中，同时与传统设计方法进行了充分的比较。(3) 重新整理、修正了各章的自我检测、思考题和部分习题，帮助学生加深对课程内容的理解，以使学生在深入掌握课程内容的基础上扩展知识。(4) 将第一版使用的中规模集成电路国际标准第一套符号更改为中规模集成电路常用符号，使学习更为方便。

本书和第一版相同，配备教师授课使用的电子教案。教案图文并茂，教师可以根据授课情况组织各种教学信息，加深学生对课程内容的理解。

参与本版修订的教师基本上为原编者，参加编写的教师有熊华钢、路而红、郭培源、张晓冬和侯建军，他们从事和参与电子电路课程体系、课程内容的改革多年，具有丰富的教学经验。本版由侯建军教授任主编，第一章由熊华钢教授执笔，第二、四章由路而红教授执笔，第三章由郭培源教授执笔，第七、八章由张晓冬教授执笔，侯建军执笔其余各章，并对全书进行了整理和统稿。曾涛、黄亮和刘颖老师编写了各章电子教案，任希和路勇老师也给予了许多帮助。罗伟雄教授不辞辛苦地认真审阅了全部书稿，并提出了许多宝贵意见。借此机会也向所有关心、支持和帮助过本书编写、修改、出版和发行工作的同志们致以诚挚的谢意。

本版内容虽做了改进，但难免存在一些问题，恳请读者对书中出现的不妥之处及错误批评指正，以便提高。

编　者

2007年8月

前　言

本教材于2001年被列为北京市高等教育精品教材立项项目，2003年被列为高等教育百门精品课程教材建设计划立项研究项目，是教育部高等教育教学改革项目“电工电子系列课程教学内容和课程体系改革的研究与实践”的成果之一。书中基本内容符合原国家教育委员会颁布的课程教学基本要求，同时，力求反映本学科正在发展或已趋于成熟的内容。

在编写时，充分吸收新概念、新理论和新技术，力求处理好先进性和适用性的关系、处理好教材内容变化和基础内容相对稳定的关系。教材内容力求重点突出，基本概念明确清晰，贯穿少而精和理论联系实际的精神。

编写过程中，参考了国内外优秀教材，并总结近年来教学体会，增加了应用VHDL设计集成电路的现代设计方法，并有机融入各章节之中，同时与传统设计方法进行了充分地比较。另外，增加了自我检测、思考题，在习题中加入了EDA练习题，帮助学生加深对课程内容的理解，部分习题有一定的深度，以使学生在深入掌握课程内容的基础上扩展知识。

本教材配备教师授课使用的电子教案。教案图文并茂，教师可以根据授课情况组织各种教学信息，加深学生对课程内容的理解。

参加本书编写的教师多年从事电子电路课程体系、课程内容的改革，总结了多年的教学经验。本书由侯建军教授任主编，熊华钢教授任副主编。第一、三章由熊华钢教授执笔，第二、四章由路而红教授执笔，第七、八章由张晓冬教授执笔。侯建军执笔其余各章，并对全书进行了整理和统稿。万磊老师编写了第五、六、七、八、九章电子教案。娄淑琴、路勇和曾涛老师也给予了许多帮助。黄正瑾教授不辞辛苦地认真审阅了全部书稿，并提出了许多宝贵意见。借此机会也向所有关心、支持和帮助过本书编写、修改、出版、发行工作的同志们致以诚挚的谢意。

限于水平，书中难免出现不妥之处及错误，恳请读者批评指正。

编　者

2003年8月

目　　录

第一章　数字逻辑基础

电子系统中的信号可以分为两大类:模拟信号和数字信号。模拟信号是时间连续、数值也连续的信号。模拟信号来自于自然界客观存在的一些物理量,例如速度、温度、压力和声音等。处理模拟信号的电路称为模拟电路。数字信号是在时间上和数值上均离散的信号,例如电子表给出的时间信号、生产流水线上记录零件个数的计数信号等。处理数字信号的电路称为数字电路。当强调处理电路功能的完整性和实用性时,也称其为数字系统。

数字系统已经成为人们日常生活中的重要组成部分。计算机、电话系统、高清晰度电视、光盘播放机和家电控制系统等等都是数字系统的例子。由于数字信号便于存储、处理和传输,数字化已成为当今电子技术的发展潮流。

本章首先讨论数字系统中数的表示方法及常用的几种编码,然后介绍逻辑代数的基本概念和基本理论,说明逻辑函数的基本表示形式及其化简。本章的内容为读者学习和掌握数字电路的分析和设计奠定了基本的数学基础。

第一节　数制与编码

一、数制

数制是计数的方法,通常按一定的进位方式计数,称为进位计数制。在日常生活中,人们习惯使用十进制,然而在数字电路中常使用的是二进制,有时也使用八进制或十六进制。

(一) 十进制(Decimal)

十进制数由 0 ~ 9 十个不同的数字符号(也称为数码)和一个小数点符号“.”组成,其计数规律为“逢十进一”。可见,十进制是以 10 为基数的进位计数制。每一个处在不同数位上的数码所代表的数值是不同的,不同的数位有不同的权值,从左至右由高位到低位排列。例如,十进制数 652.5 可表示为

$$(652.5)_D = 6\times10^2 + 5\times10^1 + 2\times10^0 + 5\times10^{-1}$$

上式中等号左边的形式为进位制数的位置计数法,下标 D 表示十进制,也可以用下标 10 表示十进制。右边的形式为该数的按权展开式。式中 10^2、10^1、10^0 和

10^{-1}分别为百位、十位、个位和小数点右第一位的权值,也就是相应位的 1 所代表的实际数值。可见位数越高,权值越大,相邻高位的权值是低位权值的 10 倍。

任意一个十进制数 N 的位置计数法和按权展开式可表示为

$$(N)_D = (K_{n-1}K_{n-2}\cdots K_1K_0K_{-1}\cdots K_{-m})_D = \sum_{i=-m}^{n-1} K_i 10^i \qquad (1.1.1)$$

式(1.1.1)中 n 和 m 为正整数,分别代表此十进制数的整数和小数部分的位数;K_i 代表第 i 位上的数码(0~9);10^i 为第 i 位的权值。

十进制虽然是人们最习惯的计数体制,却难于用电路实现,因为使一个电路或者电子器件具有严格区分的十个状态与十进制的十个不同数码一一对应是比较困难的。因此在数字电路中一般不直接使用十进制。

(二)二进制(Binary)

二进制数只由 **0** 和 **1** 两个数码和一个小数点符号“.”组成,它同十进制数一样,从左至右由高位到低位排列。计数规律为“逢二进一”。因此,二进制是以 2 为基数的进位计数制。例如二进制数 **1011.101** 可表示为

$$(\mathbf{1011.101})_B = 1\times2^3 + 0\times2^2 + 1\times2^1 + 1\times2^0 + 1\times2^{-1} + 0\times2^{-2} + 1\times2^{-3}$$

式中 2^3、2^2、…、2^{-3} 分别为相应位的权值,相邻高位的权值是低位权值的 2 倍。下标“B”表示二进制,也可以用下标“2”表示二进制。

二进制数只有两个数字符号 **0** 和 **1**,因此很容易用电路器件的状态来表示。例如,三极管的截止和饱和、继电器的接通和断开、电平的高和低等,都可以将其中一个状态规定为 **0**,另一个状态规定为 **1**,用来表示二进制数。这种表示方法简单方便,处理、存储和传输数据也十分可靠。

(三)十六进制(Hexadecimal)与八进制(Octal)

由于二进制数比十进制数位数多,不便于书写和记忆,因此常用十六进制数或八进制数来表示二进制数。

由十进制和二进制的介绍可推断出,任意 R 进制数由 0~($R-1$)共 R 个不同的数码和一个小数点符号“.”组成,基数为 R,计数规律为“逢 R 进一”,每一个数位均有固定的权值 R^i,相邻高位的权值是低位权值的 R 倍。

任意 R 进制数 N 可表示为

$$(N)_R = (K_{n-1}K_{n-2}\cdots K_1K_{0.}K_{-1}\cdots K_{-m})_R = \sum_{i=-m}^{n-1} K_i R^i \qquad (1.1.2)$$

式(1.1.2)中 n 和 m 为正整数,分别代表 R 进制数的整数和小数部分的位数;K_i 代表第 i 位上的数码(0~$R-1$);R^i 为第 i 位的权值。

用 16 或者 8 代替 R 作为基数,参照式(1.1.2)不难得到十六进制数和八进

制数的表示方法。下标 H 或者 16 表示十六进制，下标 O 或者 8 表示八进制。需要注意的是十六进制数的数码由 0、1、2、…、9 和 A、B、C、D、E、F 十六个字符表示。

容易写出十六进制数和八进制数的按权展开式，如

$$(\text{F8C.B})_H = \text{F}\times16^2+8\times16^1+\text{C}\times16^0+\text{B}\times16^{-1}$$

$$(7016.5)_O = 7\times8^3+0\times8^2+1\times8^1+6\times8^0+5\times8^{-1}$$

表 1.1.1 列出了几种常用数制的对照表。

表 1.1.1　几种常用数制对照表

十进制	二进制	八进制	十六进制	十进制	二进制	八进制	十六进制
0	**0000**	0	0	8	**1000**	10	8
1	**0001**	1	1	9	**1001**	11	9
2	**0010**	2	2	10	**1010**	12	A
3	**0011**	3	3	11	**1011**	13	B
4	**0100**	4	4	12	**1100**	14	C
5	**0101**	5	5	13	**1101**	15	D
6	**0110**	6	6	14	**1110**	16	E
7	**0111**	7	7	15	**1111**	17	F

二、不同数制之间的转换

数制转换就是一个数从一种进位制表示形式转换成等值的另一种进位制表示形式，其实质为权值的转换。

（一）二进制转换成十进制

利用二进制数的按权展开式，可以将任意一个二进制数转换成相应的十进制数。

例 1.1.1　将二进制数 **10011.101** 转换成十进制数。

解： 将每一位二进制数乘以该位的权值，然后相加，可得

$$(\mathbf{10011.101})_B = \mathbf{1}\times2^4+\mathbf{0}\times2^3+\mathbf{0}\times2^2+\mathbf{1}\times2^1+\mathbf{1}\times2^0+\mathbf{1}\times2^{-1}+\mathbf{0}\times2^{-2}+\mathbf{1}\times2^{-3} = (19.625)_D$$

同理，利用任意进制数的按权展开式，可以将一个任意进制数转换成相应的十进制数。

（二）十进制转换成二进制

通常使用基数乘除法将十进制数转换为二进制数，可用“除 2 取余”法将十进制的整数部分转换成二进制数。任意一个十进制整数 N 可写成

$$(N)_D = K_n\times2^n+K_{n-1}\times2^{n-1}+K_{n-2}\times2^{n-2}+\cdots+K_1\times2^1+K_0\times2^0$$

式中 K_n、K_{n-1}、…、K_1、K_0 是等值的二进制数各位数码。将等式两边分别除以2,得

$$(N)_D/2 = K_n \times 2^{n-1} + K_{n-1} \times 2^{n-2} + K_{n-2} \times 2^{n-3} + \cdots + K_1 \times 2^0 + K_0/2$$

可以看出,十进制数 N 除以 2,余数为 K_0。将上式的商再除以 2,得

$$K_n \times 2^{n-2} + K_{n-1} \times 2^{n-3} + K_{n-2} \times 2^{n-4} + \cdots + K_2 \times 2^0 + K_1/2$$

余数为 K_1。依次类推,反复将每次得到的商再除以 2,直到商为 0,就可根据余数得到二进制数的每一位数码。这种将十进制的整数部分转换成二进制数的方法称为"除 2 取余"法。

例 1.1.2　将十进制数 29 转换成二进制数。

解:根据"除 2 取余"法,按如下步骤转换:

$$\begin{array}{ccccccccc} & \div 2 & & \div 2 & & \div 2 & & \div 2 & & \div 2 \\ 0 & \leftarrow & 1 & \leftarrow & 3 & \leftarrow & 7 & \leftarrow & 14 & \leftarrow & 29 \\ & & \downarrow & & \downarrow & & \downarrow & & \downarrow & & \downarrow \\ & & \mathbf{1} & & \mathbf{1} & & \mathbf{1} & & \mathbf{0} & & \mathbf{1} \\ & & K_4 & & K_3 & & K_2 & & K_1 & & K_0 \end{array}$$

$\underbrace{K_4 \quad K_3 \quad K_2 \quad K_1 \quad K_0}_{\text{余数}}$

则 $(29)_D = (\mathbf{11101})_B$。

可用"乘 2 取整"的方法将十进制数的纯小数部分转换成二进制数。任意十进制纯小数 N 可以写成

$$(N)_D = K_{-1} \times 2^{-1} + K_{-2} \times 2^{-2} + \cdots + K_{-(n-1)} \times 2^{-(n-1)} + K_{-n} \times 2^{-n}$$

式中 K_{-1}、K_{-2}、…、$K_{-(n-1)}$、K_{-n}是二进制小数的各位数码。将等式两边分别乘以 2,得

$$2 \times (N)_D = K_{-1} + K_{-2} \times 2^{-1} + \cdots + K_{-(n-1)} \times 2^{-(n-2)} + K_{-n} \times 2^{-(n-1)}$$

由上式可以看出,十进制小数乘以 2,得到整数为 K_{-1}。

同理,将上面乘积的小数部分再乘以 2,得到的整数为 K_{-2}。以此类推,反复将每次得到的乘积的小数部分再乘以 2,直到小数部分为 0,或者小数部分虽不为 0,但二进制小数的位数或精度已达到要求,就可得到二进制小数的每一位数码。这种将十进制的小数部分转换成二进制数的方法称为"乘 2 取整"法。

例 1.1.3　将十进制数 $(0.723)_D$ 转换成误差 ε 不大于 2^{-6} 的二进制数。

解:用"乘 2 取整"法,按如下步骤转换

$$
\begin{array}{ccccccccccccc}
 & \times 2 & & \times 2 & & \times 2 & & \times 2 & & \times 2 & & \times 2 & \\
0.723 & \rightarrow & 0.446 & \rightarrow & 0.892 & \rightarrow & 0.784 & \rightarrow & 0.568 & \rightarrow & 0.136 & \rightarrow & 0.272 \\
\downarrow & & \downarrow & & \downarrow & & \downarrow & & \downarrow & & \downarrow & & \\
\mathbf{1} & & \mathbf{0} & & \mathbf{1} & & \mathbf{1} & & \mathbf{1} & & \mathbf{0} & & \\
K_{-1} & & K_{-2} & & K_{-3} & & K_{-4} & & K_{-5} & & K_{-6} & &
\end{array}
$$

取整

则有$(0.723)_D = (\mathbf{0.101110})_B$,转换误差 $\varepsilon < 2^{-6}$。

由于整数和小数的转换方法不同,任何十进制数可分别对其整数和小数部分按上述方法进行转换,然后再将两部分转换结果合并得到对应的二进制数。

把十进制数转换为其他任意 R 进制数的方法类似于十进制数转换为二进制数,即整数部分采用基数除法,小数部分采用基数乘法,不同之处在于基数不是 2 而是 R。

(三) 二进制转换成十六进制

十六进制基数为 16,由于 $16 = 2^4$,4 位二进制数就相当于 1 位十六进制数。因此,可用“分组对应”法将二进制数转换为十六进制数。

将二进制数转换成十六进制数时,首先从小数点开始,将二进制数的整数和小数部分每 4 位分为一组,不足 4 位的分别在整数的最高位前和小数的最低位后加 **0** 补足,然后每组用等值的十六进制码替代,即可得到所求的十六进制数。

例 1.1.4　将二进制数 **1011101.101001** 转换成十六进制数。

解:$(\mathbf{1011101.101001})_B = (\mathbf{0101\ 1101.1010\ 0100})_B = (5D.A4)_H$

同理,若将二进制数转换为八进制数,可将二进制数分为 3 位一组,再将每组的 3 位二进制数转换成 1 位八进制数即可。

(四) 十六进制转换成二进制

由于每位十六进制数对应于 4 位二进制数,十六进制数转换成二进制数时,按位的高低依次排列将每 1 位十六进制数变成 4 位二进制数。

例 1.1.5　将十六进制数 B6.3A 转换成二进制数。

解:$(B6.3A)_H = (\mathbf{1011\quad 0110.0011\quad 1010})_B$

同理,若将八进制数转换为二进制数 ,按位的高低依次排列将每 1 位八进制数变成 3 位二进制数。

三、码制与常用的编码

不同的数码不仅可以表示数值的大小,而且还可以表示特定的信息。用一定位数的数码表示特定信息的过程称为编码。这种具有特定含义的数码称为代码,因为它已失去了表示数值大小的含义,仅仅是表示特定信息的代号而已。例如,运动会中运动员的编号,楼宇里房间的号码,这些都是编码。数字系统中常用的是二进制编码，就是用二进制代码表示有关对象。n 位二进制代码有 2^n 个状态，可以表示 2^n 个对象。下面介绍几种常用的二进制代码。

（一）二－十进制码

二－十进制码，又称 BCD 码（Binary Coded Decimal），是用二进制代码来表示人们习惯的十进制数码的编码方法。

要用二进制代码来表示十进制的 0～9 十个数，至少要用 4 位二进制数。4 位二进制数有 16 种组合，可从这 16 种组合中选择 10 种组合分别来表示十进制的 0～9 十个数。选择方案有多种，这就形成了不同的 BCD 码。具有一定规律的常用的 BCD 码见表 1.1.2。

表 1.1.2　常用的 BCD 码

十进制数	8421BCD 码	2421BCD 码	5421BCD 码	余三码
0	**0 0 0 0**	**0 0 0 0**	**0 0 0 0**	**0 0 1 1**
1	**0 0 0 1**	**0 0 0 1**	**0 0 0 1**	**0 1 0 0**
2	**0 0 1 0**	**0 0 1 0**	**0 0 1 0**	**0 1 0 1**
3	**0 0 1 1**	**0 0 1 1**	**0 0 1 1**	**0 1 1 0**
4	**0 1 0 0**	**0 1 0 0**	**0 1 0 0**	**0 1 1 1**
5	**0 1 0 1**	**1 0 1 1**	**1 0 0 0**	**1 0 0 0**
6	**0 1 1 0**	**1 1 0 0**	**1 0 0 1**	**1 0 0 1**
7	**0 1 1 1**	**1 1 0 1**	**1 0 1 0**	**1 0 1 0**
8	**1 0 0 0**	**1 1 1 0**	**1 0 1 1**	**1 0 1 1**
9	**1 0 0 1**	**1 1 1 1**	**1 1 0 0**	**1 1 0 0**
位权	8 4 2 1 $b_3b_2b_1b_0$	2 4 2 1 $b_3b_2b_1b_0$	5 4 2 1 $b_3b_2b_1b_0$	无权

1. 8421BCD 码每一位权值是固定的，为恒权码，是使用最广泛的一种 BCD 码，具有自然而简单的特点。它从高位次到低位的权值分别为 8、4、2、1，每一位都像二进制数一样，具有标准的 8421 位权，所以这种代码称为有权码。不过在 8421BCD 码中，是在 8421 码中去掉了后 6 种 **1010～1111** 状态，仅使用了 **0000～10001** 十个状态。

2. 2421BCD 码也是恒权码。从高位次到低位的权值分别为 2、4、2、1，每组代码按位权展开求和就是它所代表的十进制。由表 1.1.2 可看出，2421BCD 码具有互补性，该码中的 0 和 9、1 和 8、2 和 7、3 和 6、4 和 5 这 5 对代码互为反码，即两码对应位的取值相反。

3. 余 3 码是在 8421BCD 码加 3 后得到的，是一种常用的 BCD 码。余 3 码也具有互补性，0 和 9、1 和 8、2 和 7、3 和 6 及 4 和 5 的码组之间互为反码。余 3 码求反容易，有利于简化 BCD 码的减法运算。余 3 码是一种无权码。

注意，BCD 码用 4 位二进制码表示的只是十进制数的 1 位。如果是多位十进制数，应先将该十进制数的每一位用 BCD 码表示，然后组合起来。

例 1.1.6　将十进制数 83 分别用 8421 码、2421 码和余 3 码表示。

解：由表 1.1.2 可得

$$(83)_D = (\mathbf{1000\ 0011})_{8421BCD码}$$

$$(83)_D = (\mathbf{1110\ 0011})_{2421BCD码}$$

$$(83)_D = (\mathbf{1011\ 0110})_{余3码}$$

（二）格雷码

格雷(Gray)码是一种常用的无权码，其编码如表 1.1.3 所示。但它也有其他方案进行编码，不管采取哪种方案都是按照"相邻性"编码的，即相邻两码之间只有一位数码不同。0 和最大数(2^n-1)之间也只有一位数码不同，因此它是一种循环码。

格雷码在传输过程中引起的误差较小。例如表示 7 的码组是 **0100**，相邻的 8 是 **1100**，仅高位码元不同。在许多数字电路中，数是按一定顺序出现的，如果相邻的数对应的码组仅有 1 位码元不同，那么从一个数过渡到相邻数时，不会瞬间出现别的码组。反之，若相邻数对应码组中有两个以上的码元不同，例如 8421BCD 码的 **0111**(7)和 **1000**(8)，从一个数过渡到相邻数时，由于在过渡期间会瞬时出现许多别的码组，这样就可能造成逻辑上的差错，格雷码避免了这种瞬间模糊状态，所以它是错误最小化代码，因此获得了广泛的应用。

表 1.1.3　格　雷　码

十进制数	$G_3\ G_2\ G_1\ G_0$
0	**0 0 0 0**
1	**0 0 0 1**
2	**0 0 1 1**
3	**0 0 1 0**
4	**0 1 1 0**
5	**0 1 1 1**
6	**0 1 0 1**
7	**0 1 0 0**
8	**1 1 0 0**
9	**1 1 0 1**
10	**1 1 1 1**
11	**1 1 1 0**
12	**1 0 1 0**
13	**1 0 1 1**
14	**1 0 0 1**
15	**1 0 0 0**

（三）校验码

由于存在干扰，二进制信息在传输过程中会出现错误。为了发现错误并纠正错误，提高数字设备的抗干扰能力，必须使代码具有发现错误并纠正错误的能力，具有这种能力的代码称为误差检验码。最常用的误差检验码是奇偶校验码。它的编码方法是在信息码组外增加 1 位监督码元。增加监督码元后，使得整个码组中码元的数目为奇数或者为偶数。若为奇数，称为奇校验码；若为偶数，称为偶校验码。以 4 位二进制代码为例，采用奇偶校验码时，其编码示于表 1.1.4。

表 1.1.4　奇偶校验码

信息码	奇校验码元	偶校验码元
0000	1	0
0001	0	1
0010	0	1
0011	1	0
0100	0	1
0101	1	0
0110	1	0
0111	0	1
1000	0	1
1001	1	0
1010	1	0
1011	0	1
1100	1	0
1101	0	1
1110	0	1
1111	1	0

（四）字符编码

在计算机应用中，为了实现人－机通信，必须对所用到的十进制数码、字母和专用符号等用特定的二进制代码来表示，对这些字符的编码称为字符代码。目前最常用的字符代码是 ASCII（American Standard Code for Information Interchange）码。

ASCII 码是美国标准信息代码，为 7 位二进制字符代码，可组成 $2^7=128$ 种状态来表示 128 个字符，其中 96 个为图形字符（大小写英文字母各 26 个，数字符 10 个，专用符号 34 个），控制字符 32 个。部分字符的 ASCII 码如表 1.1.5 所示。

表 1.1.5　部分字符的 ASCII 码

字符	ASCII 码	字符	ASCII 码	字符	ASCII 码
空	0100000	4	0110100	K	1001011
.	0101110	5	0110101	L	1001100
(	0101000	6	0110110	M	1001101
+	0101011	7	0110111	N	1001110
$	0100100	8	0111000	O	1001111
*	0101010	9	0111001	P	1010000
)	0101001	A	1000001	Q	1010001
-	0101101	B	1000010	R	1010010
/	0101111	C	1000011	S	1010011
,	0101100	D	1000100	T	1010100
'	0100111	E	1000101	U	1010101
=	0111101	F	1000110	V	1010110
0	0110000	G	1000111	W	1010111
1	0110001	H	1001000	X	1011000
2	0110010	I	1001001	Y	1011001
3	0110011	J	1001010	Z	1011010

四、二进制正、负数的表示及运算

(一) 二进制原码、补码及反码

各种数制都有原码和补码之分。前面介绍的十进制和二进制数都属于原码。补码分为两种:一种称为基数的补码;另一种称为降基数的补码。这里仅讨论二进制数原码及补码表示法。

二进制数 N 的基数的补码又称为 2 的补码,常简称为补码,其定义为

$$[N]_{补} = 2^n - N \tag{1.1.3}$$

式(1.1.3)中,n 是二进制数 N 整数部分的位数。例如

$$[\mathbf{1010}]_{补} = 2^4 - \mathbf{1010} = \mathbf{10000} - \mathbf{1010} = \mathbf{0110}$$

$$[\mathbf{1010.101}]_{补} = 2^4 - \mathbf{1010.101} = \mathbf{10000.000} - \mathbf{1010.101} = \mathbf{0101.011}$$

二进制数 N 的降基数补码又称为 1 的补码,习惯上称为反码,其定义为

$$[N]_{反} = (2^n - 2^{-m}) - N \tag{1.1.4}$$

式(1.1.4)中,n 是二进制数 N 整数部分的位数,m 是 N 的小数部分的位数。例如

$$[\mathbf{1010}]_{反} = (2^4 - 2^0) - \mathbf{1010} = \mathbf{1111} - \mathbf{1010} = \mathbf{0101}$$

$$[\mathbf{1010.101}]_{反} = (2^4 - 2^{-3}) - \mathbf{1010.101} = \mathbf{1111.111} - \mathbf{1010.101} = \mathbf{0101.010}$$

从上述例子可以看到,在求二进制数的反码时,可对该数逐位求反得到,这也是二进制数的降基数补码称为反码的原因。

根据定义,二进制数的补码可由反码在最低有效位加 1 得到。例如

$$N = \mathbf{10110110}$$

$$[N]_{反} = \mathbf{01001001}$$

$$[N]_{补} = \mathbf{01001010}$$

无论是补码还是反码,按定义再求补或求反一次,将还原为原码。

(二) 二进制正、负数的表示法

带符号的十进制数,如 +54、-33.6 等,由符号和绝对值两部分组成。但是数字电路不识别“+”和“-”符号。因此常用二进制数码的最高位来表示正、负号,用 **0** 表示正,**1** 表示负,其余各位表示数的绝对值,称为数值位,两部分合起来构成带符号的二进制数。

二进制正、负数的表示法有原码、反码和补码三种表示方法。对于正数而

言，三种表示法都是一样的，即符号位为 **0**，随后是二进制数的绝对值，即原码。例如

$$(+43)_D = \mathbf{00101011}$$

这里码长为一字节（即 8 位二进制位），首位是符号位，后面 7 位是数的绝对值。

二进制负数的原码、反码和补码三种表示方法分别为符号位 **1** 加原码、符号位 **1** 加反码、符号位 **1** 加补码。

表 1.1.6 列出了 4 位二进制数的三种表示方法。由表 1.1.6 可以看出，n 位带符号二进制数可以表示的数值范围是

原码：$-(2^{n-1}-1) \sim +(2^{n-1}-1)$

反码：$-(2^{n-1}-1) \sim +(2^{n-1}-1)$

补码：$-2^{n-1} \sim +(2^{n-1}-1)$

（三）补码的算术运算

在数字电路中，用原码运算求两个正数 M 和 N 的差值 $M-N$ 时，首先要对减数和被减数进行比较，然后由大数减去小数，最后决定差值的符号。完成这个运算的电路复杂，运算速度也很慢。如果用反码或补码实现减法运算，可把减法运算变成加法运算，即 $M-N$ 变为 $M+(-N)$，即被减数 M 加上减数 N 的反码或补码，这样就把原码减法运算变成了反码或补码加法运算。

表 1.1.6　4 位二进制带符号数的原码、反码和补码

十进制	二进制		
	原码	反码	补码
+8	—	—	—
+7	**0111**	**0111**	**0111**
+6	**0110**	**0110**	**0110**
+5	**0101**	**0101**	**0101**
+4	**0100**	**0100**	**0100**
+3	**0011**	**0011**	**0011**
+2	**0010**	**0010**	**0010**
+1	**0001**	**0001**	**0001**
+0	**0000**	**0000**	**0000**
−0	**1000**	**1111**	—
−1	**1001**	**1110**	**1111**
−2	**1010**	**1101**	**1110**
−3	**1011**	**1100**	**1101**
−4	**1100**	**1011**	**1100**
−5	**1101**	**1010**	**1011**
−6	**1110**	**1001**	**1010**
−7	**1111**	**1000**	**1001**
−8	—	—	**1000**

1. 反码运算

反码在进行算术运算时不需判断两数符号位是否相同，两数反码之和等于两数之和的反码，即$[X_1]_{反}+[X_2]_{反}=[X_1+X_2]_{反}$，符号位参加运算。当符号位有进位时需循环进位，即把符号位进位加到和的最低位。

例 1.1.7　已知 $X_1=\mathbf{0001000}$，$X_2=-\mathbf{0000011}$，求 X_1+X_2。

解：根据$[X_1]_{反}+[X_2]_{反}=[X_1+X_2]_{反}$，有

$$
\begin{array}{rr}
 & [X_1]_{反}=\mathbf{0\ 0001000} \\
+) & [X_2]_{反}=\mathbf{1\ 1111100} \\
\hline
 & \boxed{\mathbf{1}}\ \mathbf{0\ 0000100} \\
+) & \longrightarrow \mathbf{1}\ \text{循环进位} \\
\hline
 & [X_1]_{反}+[X_2]_{反}=\mathbf{0\ 0000101}
\end{array}
$$

故得 $X_1+X_2=+\mathbf{0000101}$。

2. 补码运算

补码的运算与反码相似，两数补码之和等于两数之和的补码，即$[X_1]_{补}+[X_2]_{补}=[X_1+X_2]_{补}$，符号位参加运算。不过不需循环进位，如有进位，自动丢弃。

例 1.1.8　已知 $X_1=-\mathbf{0001000}$，$X_2=\mathbf{0001011}$，求 X_1+X_2。

解：根据$[X_1]_{补}+[X_2]_{补}=[X_1+X_2]_{补}$，有

$$
\begin{array}{rr}
 & [X_1]_{补}=\mathbf{1\ 1111000} \\
+) & [X_2]_{补}=\mathbf{0\ 0001011} \\
\hline
 & \text{自动丢弃}\longleftarrow\boxed{\mathbf{1}}\ \mathbf{0\ 0000011}
\end{array}
$$

可见$[X_1]_{补}+[X_2]_{补}=\mathbf{0\ 0000011}$，故得 $X_1+X_2=+\mathbf{0000011}$。

由于补码运算无循环进位，比反码运算简单，因而应用更为广泛。

值得注意的是，补码的运算应在其相应位数表示的数值范围内进行，否则将可能产生错误的计算结果。

第二节　逻辑代数基础

逻辑代数是一种用于描述客观事物逻辑关系的数学方法。由英国数学家乔治·布尔于 19 世纪中叶提出，因而又称为布尔代数。逻辑代数和普通代数一样，有一套完整的运算规则，包括公理、定理和定律。它被广泛地应用于开关电路和数字逻辑电路的变换、分析、化简和设计上，因此也被称为开关代数。随着数字技术的发展，逻辑代数已成为分析和设计逻辑电路的基本工具和理论基础。

逻辑代数和普通代数一样，也用字母 A、B、C、…表示变量。逻辑代数的变

量称为逻辑变量，逻辑变量有两种可能的取值，即逻辑 **0** 和逻辑 **1**，**0** 和 **1** 称为逻辑常量。逻辑 **0** 和逻辑 **1** 不代表数值大小，仅表示相互矛盾、相互对立的两种逻辑状态，如表示事件的真、假，信息的有、无，开关的通、断，电平的高、低，三极管的导通、截止等等。因此，逻辑代数所表示的是逻辑关系，不是数量关系，这是它与普通代数本质上的区别。在逻辑代数中，有些运算规则和普通代数一样，有些则完全不同，在学习过程中应加以区别。

一、逻辑代数中的基本逻辑运算

（一）基本逻辑运算

逻辑代数中有**与**、**或**、**非**三种最基本的逻辑运算，它们可以由相应的逻辑电路或开关电路来实现。

1. 逻辑**与**

逻辑**与**的概念可用图 1.2.1(a)所示的指示灯开关控制电路来说明。决定灯是否亮的条件是开关 A 与 B。只有当开关 A 与 B 全闭合时，指示灯 F 才会亮，只要 A、B 中有一个开关不闭合，灯 F 就不亮。这个开关电路符合逻辑**与**关系，可见逻辑**与**的含意是：只有当决定一件事情的所有条件全部具备时，这件事情才会发生。

可以用列表的方式表示上述逻辑关系，如图 1.2.1(b)所示，左边列出两个开关所有可能的组合，右边列出对应的灯的状态。

对逻辑变量 A、B、F 作如下定义：A、B 开关闭合时用 **1** 表示，开关断开时用 **0** 表示；F 为 **1** 时表示灯亮，F 为 **0** 时表示灯不亮。将逻辑变量的取值代入图 1.2.1(b)所示的逻辑**与**关系表，可得到图 1.2.1(c)所示的表格，这种描述逻辑函数各个变量取值组合和结果之间对应关系的表格，称为真值表。

逻辑变量间的逻辑**与**运算又称逻辑乘，可用逻辑表达式表示为

$$F = A \cdot B$$

式中“·”是逻辑**与**运算符，在不至于引起混淆的情况下，**与**运算符“·”可以省略。其他教材也有用“∧”、“∩”、“&”表示**与**运算的。

在逻辑电路中，把能实现**与**运算的基本单元称作**与**门，其国际标准逻辑符号如图 1.2.1(d)所示，曾用逻辑符号如图 1.2.1(e)所示。**与**运算可以推广到多变量：

$$F = A \cdot B \cdot C \cdots$$

2. 逻辑**或**

逻辑**或**可用图 1.2.2(a)所示的指示灯开关控制电路来说明。只要 A、B 中有一个或一个以上的开关闭合，灯 F 就亮。只有当开关 A 和 B 全断开时，指示灯 F 才不亮。可见，逻辑**或**的含意是：只要决定一件事情的所有条件中有一个

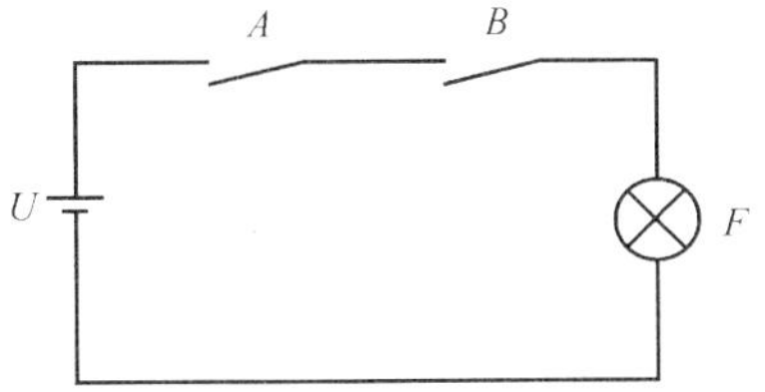

(a) 电路图

开关 A	开关 B	灯 F
不闭合	不闭合	不亮
不闭合	闭合	不亮
闭合	不闭合	不亮
闭合	闭合	亮

(b) 逻辑关系表

A	B	F
0	0	0
0	1	0
1	0	0
1	1	1

(c) 逻辑真值表

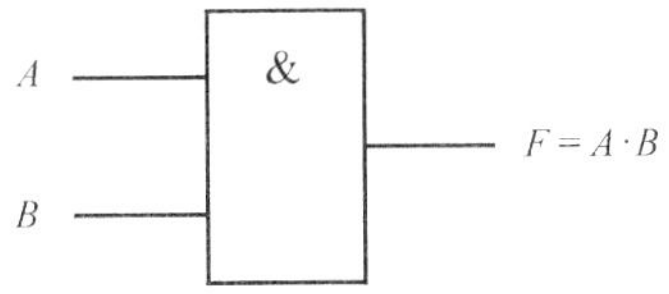

(d) 国标符号

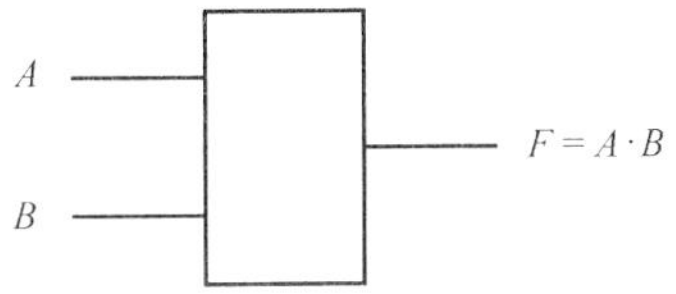

(e) 曾用符号

图 1.2.1 逻辑与运算

或一个以上的条件具备,这件事情就会发生。

图 1.2.2(b)和(c)分别表示逻辑**或**的关系表和真值表。

逻辑变量间的逻辑**或**运算又称为逻辑加,可用逻辑表达式表示

$$F = A + B$$

式中"+"为逻辑**或**运算符,也可用"∨"、"∪"表示**或**运算。在逻辑电路中,把能实现**或**运算的基本单元称作**或**门,其国际标准逻辑符号如图 1.2.2(d)所示,曾用逻辑符号如图 1.2.2(e)所示。**或**运算也可以推广到多变量

$$F = A + B + C + \cdots$$

3. 逻辑非

逻辑**非**可用图 1.2.3(a)所示的指示灯开关控制电路表示。当开关 A 闭合时,灯不亮;而当 A 不闭合时,灯亮。可见,逻辑非的含意是:当决定某一事件的

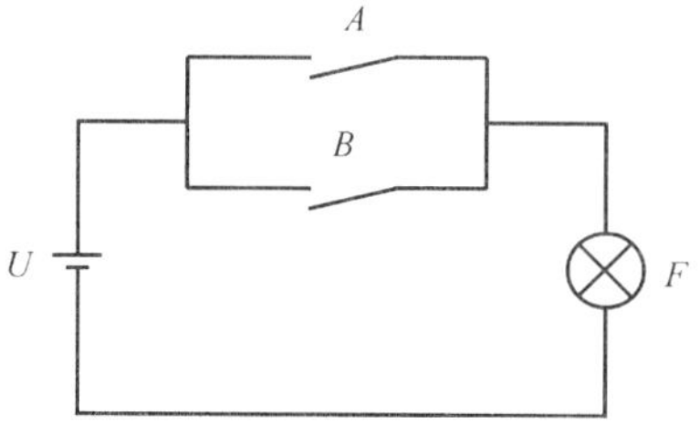

(a) 电路图

开关 A	开关 B	灯 F
不闭合	不闭合	不亮
不闭合	闭合	亮
闭合	不闭合	亮
闭合	闭合	亮

(b) 逻辑关系表

A	B	F
0	0	0
0	1	1
1	0	1
1	1	1

(c) 逻辑真值表

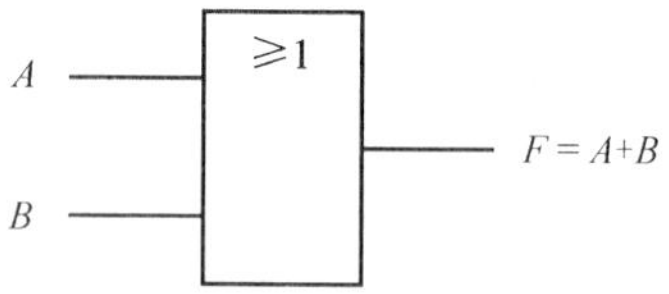

(d) 国标符号

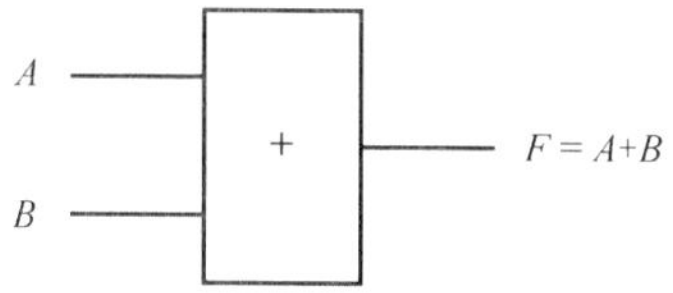

(e) 曾用符号

图 1.2.2　逻辑或运算

条件满足时，事件不发生；反之事件发生。

图 1.2.3(b)和(c)分别表示逻辑**非**的关系表和真值表。

逻辑变量间的逻辑**非**运算，可用逻辑表达式表示为

$$F = \overline{A}$$

式中“ - ”为逻辑**非**运算符，若 A 称为原变量，则 $\overline{A}$ 为其反变量，读作“A **非**”。

在逻辑电路中，把能实现**非**运算的基本单元称作**非**门，其国际标准逻辑符号如图 1.2.3(d)所示，曾用逻辑符号如图 1.2.3(e)所示，图中的小圆圈表示取反，**非**门又称为反相器。

(二) 复合逻辑运算

实际逻辑问题往往比**与**、**或**、**非**复杂得多，不过它们都可以用这三种基本逻辑运算的组合来实现。最常见的复合逻辑运算有**与非**、**或非**、**与或非**、**异或**和**同或**等。

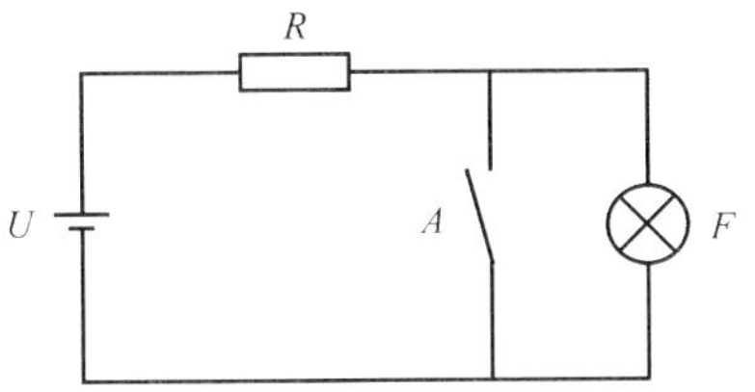

（a）电路图

开关 A	灯 F
不闭合	亮
闭合	不亮

（b）逻辑关系表

A	F
0	**1**
1	**0**

（c）逻辑真值表

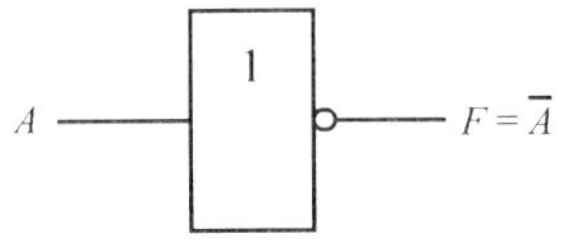

（d）国标符号

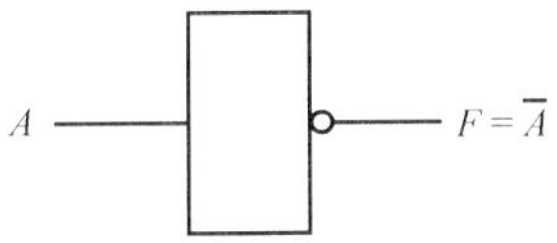

（e）曾用符号

图 1.2.3　逻辑非运算

1. **与非**、**或非**、**与或非**运算

与非由**与**运算和**非**运算组合而成，其逻辑表达式为 $F=\overline{AB}$，实现**与非**运算的国际标准逻辑符号和曾用符号如图 1.2.4(a)所示，图中的小圆圈表示**非**运算。

或非由**或**运算和**非**运算组合而成，其逻辑表达式为 $F=\overline{A+B}$，实现**或非**运算的国际标准逻辑符号和曾用符号如图 1.2.4(b)所示。

与或非是按照**与**、**或**、**非**的顺序进行的组合运算，其逻辑表达式为 $F=\overline{AB+CD}$，实现**与或非**运算的国际标准逻辑符号和曾用符号如图 1.2.4(c)所示。

根据上述逻辑运算的含义，不难列出相应的逻辑真值表。

2. **异或**和**同或**运算

(1) **异或**运算

异或是一种二变量逻辑运算，当两个变量取值相同时，输出逻辑值为 **0**；当两个变量取值不同时，输出逻辑值为 **1**。其逻辑表达式为 $F=A\oplus B$，**异或**的逻辑真值表、相应逻辑门的国际标准逻辑符号和曾用符号如图 1.2.5 所示。

(2) **同或**运算

同或运算与**异或**运算相反，当两个变量取值相同时，输出逻辑值为 **1**；当两

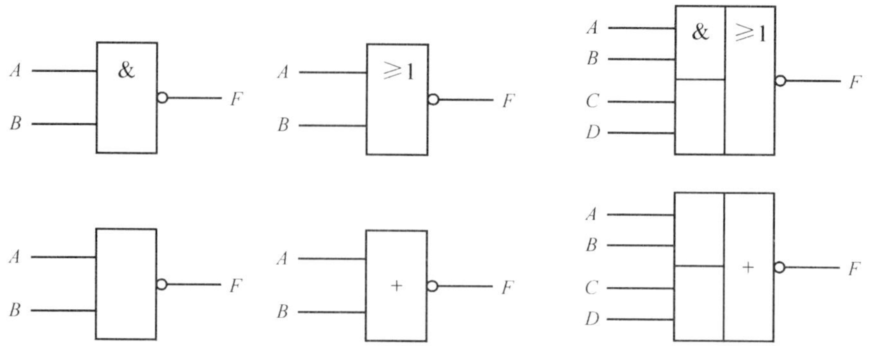

(a) 与非国标和曾用符号　(b) 或非国标和曾用符号　(c) 与或非国标和曾用符号

图 1.2.4　几个常用复合逻辑运算符号

A	B	F
0	**0**	**0**
0	**1**	**1**
1	**0**	**1**
1	**1**	**0**

（a）逻辑真值表

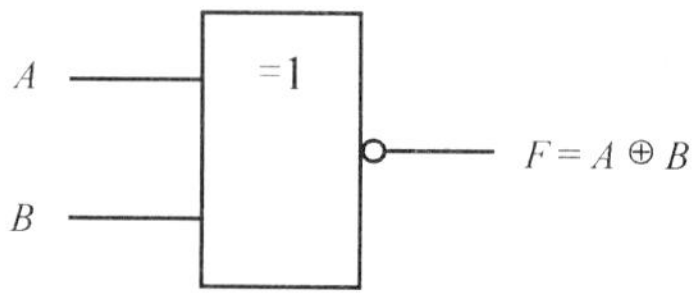

（b）国标符号

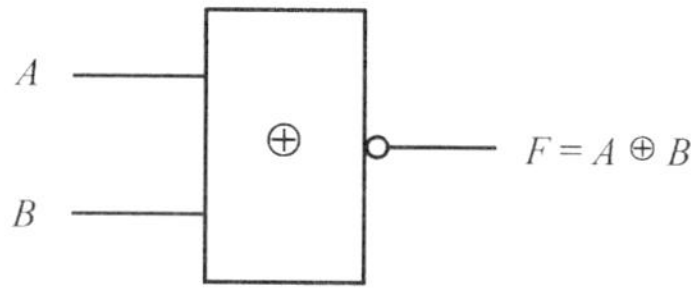

(c) 曾用符号

图 1.2.5　异或逻辑运算

个变量取值不同时，输出逻辑值为 **0**。其逻辑表达式为 $F = A \odot B$，**同或**的逻辑真值表、相应逻辑门的国际标准逻辑符号和曾用符号如图 1.2.6 所示。同上，由**同或**运算和**异或**运算的逻辑含义及它们的真值表可以看出，**同或**和**异或**互为非运算：$A \odot B = \overline{A \oplus B}$。

（三）正逻辑与负逻辑

对于一个逻辑电路，通常规定高电平为逻辑 **1**，低电平为逻辑 **0**，这是正逻辑。反之，如果规定高电平为逻辑 **0**，低电平为逻辑 **1**，则称为负逻辑。

同一个逻辑电路，在不同的逻辑假定下，其逻辑功能是不同的。例如某逻辑电路的电平关系如表 1.2.1(a) 所示，按正逻辑赋值和按负逻辑赋值，分别得到

A	B	F
0	0	1
0	1	0
1	0	0
1	1	1

（a）逻辑真值表

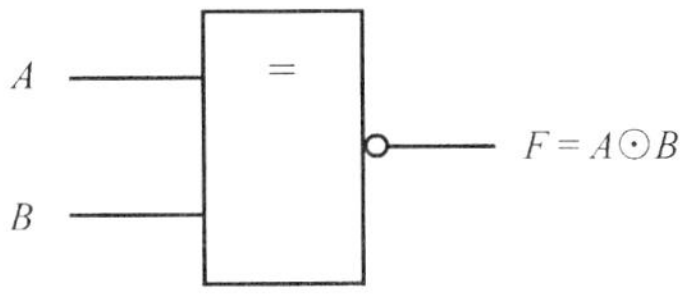

（b）国标符号

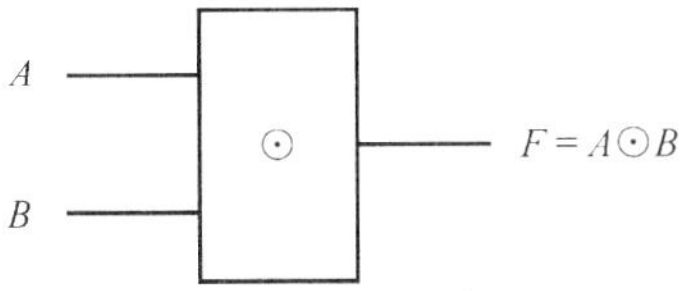

(c) 曾用符号

图 1.2.6　同或逻辑运算

真值表 1.2.1(b)和(c)，采用正逻辑它是**与**门功能。如果采用负逻辑，它却是**或**门功能。

一般而言，正、负逻辑的等价关系为：正**与** = 负**或**；正**或** = 负**与**；正**与非** = 负**或非**；正**或非** = 负**与非**。表 1.2.2 中列出了几种常用正、负逻辑门的逻辑符号。

表 1.2.1　正、负逻辑及其真值表

(a) 电平关系			(b) 正逻辑			(c) 负逻辑		
A	B	F	A	B	F	A	B	F
V_L	V_L	V_L	0	0	0	1	1	1
V_L	V_H	V_L	0	1	0	1	0	1
V_H	V_L	V_L	1	0	0	0	1	1
V_H	V_H	V_H	1	1	1	0	0	0

表 1.2.2　常用正、负逻辑门的逻辑符号

正、负逻辑的对偶式	正逻辑的逻辑符号	负逻辑的逻辑符号
$F = AB = \overline{\bar{A} + \bar{B}}$	正与门 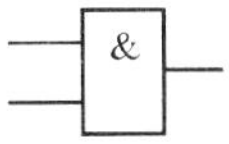	负或门 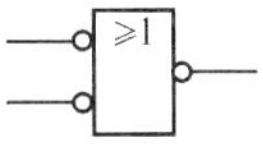
$F = A + B = \overline{\bar{A} \cdot \bar{B}}$	正或门 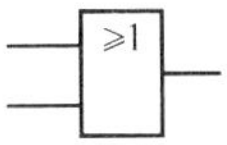	负与门 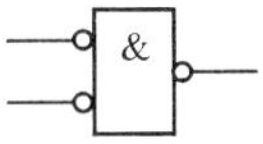
$F = \overline{A \cdot B} = \bar{A} + \bar{B}$	正与非门 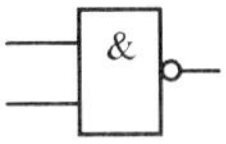	负或非门 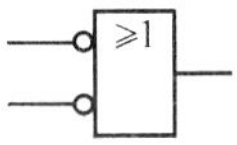

续表

正、负逻辑的对偶式	正逻辑的逻辑符号	负逻辑的逻辑符号
$F=\overline{A+B}=\bar{A}\cdot\bar{B}$	正或非门 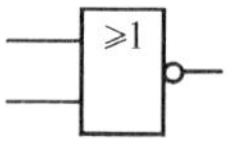	负与非门 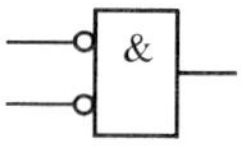
$F=\bar{A}$	正非门 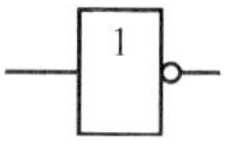	负非门 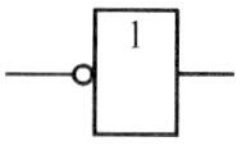

一般情况下，人们都习惯于采用正逻辑。但在较复杂的逻辑电路中，有时采用混合逻辑，即正、负逻辑符号同时使用。这时可把整个电路当正逻辑看，而把负逻辑符号中输入端的小圆圈当反相器处理。

逻辑图中任意一条线的两端同时加上或消去小圆圈，其逻辑关系不变。任意一条线一端上的小圆圈移到另一端，其逻辑关系不变。一端消去或加上小圆圈，同时将相应变量取反，其逻辑关系不变。

二、逻辑函数及其表示方法

（一）逻辑函数

用有限个**与**、**或**、**非**等逻辑运算符，应用逻辑关系将若干个逻辑变量 A、B、C、…连接起来，所得的表达式称为逻辑函数，如

$$F(A,B)=A+B$$

$$F(A,B,C)=A+\overline{BC}$$

通常 A、B、C、…称为输入逻辑变量，F 称为输出逻辑变量，当前者取值确定之后，输出函数值也被唯一地确定了。

（二）逻辑函数的表示方法

逻辑函数可以用逻辑真值表、逻辑函数表达式、逻辑图、波形图和本章第四节将要介绍的卡诺图等方法表示。下面以三个人表决一件事情，结果按“少数服从多数”的原则决定这一逻辑问题为例说明逻辑函数的建立及表示方法。

1. 真值表

在“三人表决”问题中，将三个人的意见分别设置为逻辑变量 A、B、C，并规定只能有同意或不同意两种意见。将表决结果设置为逻辑函数 F，也只有“通过”与“不通过”两种情况。

对于逻辑变量 A、B、C，设同意为逻辑 **1**，不同意为逻辑 **0**。对于逻辑函数 F，

设事情通过为逻辑 **1**,没通过为逻辑 **0**。

根据“少数服从多数”的原则,将输入变量不同取值组合与函数值间的对应关系列成表格,得到函数的真值表如表 1.2.3 所示。

真值表的特点是直观明了,输入变量取值一旦确定后,就可在真值表中查出相应的函数值。把一个实际的逻辑问题抽象成一个逻辑函数时,使用真值表是最方便的。所以,在设计逻辑电路时,通常先根据设计要求列出真值表。

真值表的不足之处是当变量比较多时,所要表达的状态数按 2 的指数增加,表格较大并且过于繁琐。

表 1.2.3 三人表决真值表

A	B	C	F
0	0	0	0
0	0	1	0
0	1	0	0
0	1	1	1
1	0	0	0
1	0	1	1
1	1	0	1
1	1	1	1

2. 逻辑函数表达式

由真值表转换为逻辑函数表达式的方法是在真值表中依次找出函数值等于 **1** 对应的变量组合,变量值为 **1** 的写成原变量,变量值为 **0** 的写成反变量,把组合中各个变量相**与**。这样,对应于函数值为 **1** 的每一个变量组合就可以写成一个**与**项。然后,把这些**与**项相**或**,就得到相应的函数表达式。用此方法由表 1.2.3 写出“三人表决”函数的逻辑表达式为

$$F = \bar{A}BC + A\bar{B}C + AB\bar{C} + ABC$$

该函数表达式可以化简为 $F = AB + AC + BC$,化简方法将在本章第四节介绍。可见同一个逻辑函数可以有多种不同的函数表达形式。

反之,由表达式也可以转换成真值表。首先画出真值表的表格,将变量及变量的所有取值组合按照二进制递增的次序列入表格左边,然后按照表达式,依次对变量的各种取值组合进行运算,求出相应的函数值,填入表格右边对应的位置,得到对应逻辑函数的真值表。

3. 逻辑图

用逻辑符号来表示函数式的运算关系称为函数的逻辑图,逻辑图与数字电路器件有对应关系,便于构成实际数字电路。化简后的“三人表决”函数式对应的逻辑图如图 1.2.7(a)所示。

4. 波形图

反映输入和输出波形变化的图形称为波形图,又称时序图。图 1.2.7(b)是给定 A、B、C 波形后所画出的输出函数 F 的波形图。

波形图能清晰、直观地反映出变量间的时间关系和函数值随时间变化的规律。它同实际电路中的电压波形相对应,常用于数字电路的分析和调试。

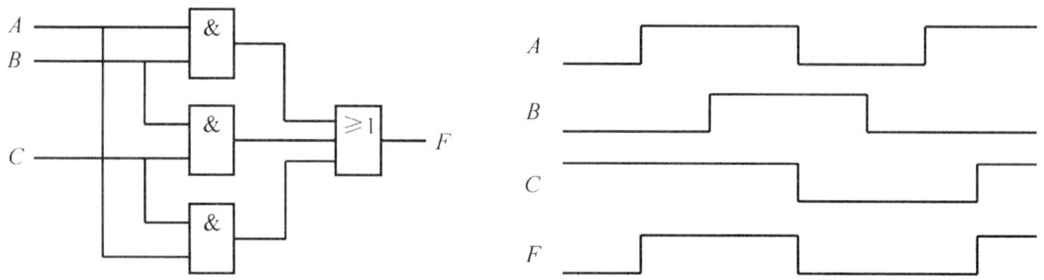

(a) 逻辑图　　(b) 波形图

图 1.2.7　三人表决逻辑图与波形图

三、逻辑代数的运算公式和规则

(一) 基本运算公式

逻辑代数的基本公式见表 1.2.4，主要包括 9 个定律，即交换律、结合律、分配律、互补律、**0－1** 律、还原律、重叠律、吸收律和反演律。其中有的定律与普通代数相似，有的定律与普通代数完全不同，使用时切勿混淆。

表 1.2.4　逻辑代数的基本公式

名称	公式 1	公式 2
0－1 律	$A\cdot\mathbf{1}=A$ $A\cdot\mathbf{0}=\mathbf{0}$	$A+\mathbf{0}=A$ $A+\mathbf{1}=\mathbf{1}$
互补律	$A\overline{A}=\mathbf{0}$	$A+\overline{A}=\mathbf{1}$
重叠律	$AA=A$	$A+A=A$
交换律	$AB=BA$	$A+B=B+A$
结合律	$A(BC)=(AB)C$	$A+(B+C)=(A+B)+C$
分配律	$A(B+C)=AB+AC$	$A+B\cdot C=(A+B)\cdot(A+C)$
反演律	$\overline{AB}=\overline{A}+\overline{B}$	$\overline{A+B}=\overline{A}\,\overline{B}$
吸收律	$A(A+B)=A$ $A(\overline{A}+B)=AB$ $(A+B)(\overline{A}+C)(B+C)=(A+B)(\overline{A}+C)$	$A+AB=A$ $A+\overline{A}B=A+B$ $AB+\overline{A}C+BC=AB+\overline{A}C$
还原律	$\overline{\overline{A}}=A$	

基本公式中的互补律、**0－1** 律、还原律等简单公式可根据**与**、**或**、**非**三种基本逻辑运算法则推导出来。略微复杂的公式可用其他更简单的公式来证明。还可以用真值表来证明，即检验等式两边函数的真值表是否一致。

例 1.2.1　证明吸收律 $A+\overline{A}B=A+B$。

证：利用互补率增加**与**项 $B+\overline{B}$，再利用分配率和重叠率进行变换，有

$$A+\overline{A}B=A(B+\overline{B})+\overline{A}B=AB+A\overline{B}+\overline{A}B=AB+AB+A\overline{B}+\overline{A}B$$

$$=A(B+\overline{B})+B(A+\overline{A})=A+B$$

例 1.2.2　证明反演律 $\overline{AB}=\overline{A}+\overline{B}$ 和 $\overline{A+B}=\overline{A}\,\overline{B}$。

证：证明反演律可分别列出两公式等号两边函数的真值表，见表 1.2.5 所示。由于等式两边函数的真值表一致，因此两式成立。

表 1.2.5　真值表证明反演律 $\overline{AB}=\overline{A}+\overline{B}$ 和 $\overline{A+B}=\overline{A}\,\overline{B}$

A	B	$\overline{AB}$	$\overline{A}+\overline{B}$	$\overline{A+B}$	$\overline{A}\,\overline{B}$
0	**0**	**1**	**1**	**1**	**1**
0	**1**	**1**	**1**	**0**	**0**
1	**0**	**1**	**1**	**0**	**0**
1	**1**	**0**	**0**	**0**	**0**
		证明 $\overline{AB}=\overline{A}+\overline{B}$		证明 $\overline{A+B}=\overline{A}\,\overline{B}$	

反演律又称摩根定律，是非常重要和有用的公式，它经常用于逻辑函数的变换，以下是它的两个变形公式，也是常用的。

$$AB=\overline{\overline{A}+\overline{B}},\quad A+B=\overline{\overline{A}\,\overline{B}}$$

（二）异或运算公式

异或运算的基本公式如表 1.2.6 所示。

表 1.2.6　异或运算公式

名称	公式及运算关系描述
交换律	$A\oplus B=B\oplus A$
结合律	$(A\oplus B)\oplus C=A\oplus(B\oplus C)$
分配律	$A(B\oplus C)=AB\oplus AC$
变量常量运算	$A\oplus\mathbf{1}=\overline{A}$；$A\oplus\mathbf{0}=A$；$A\oplus A=\mathbf{0}$；$A\oplus\overline{A}=\mathbf{1}$
因果互换关系	如 $A\oplus B=C$，则 $A\oplus C=B$，$B\oplus C=A$
多变量运算	在多变量**异或**运算中，如果为 **1** 的变量个数为奇数，则结果为 **1**，否则结果为 **0**，与为 **0** 的变量个数无关

（三）三个基本运算规则

1. 代入规则

对于任何一个逻辑等式，以某个逻辑变量或逻辑函数同时取代等式两端任何一个逻辑变量后，等式依然成立。利用代入规则可以方便地扩展公式。例如，在反演律 $\overline{AB}=\overline{A}+\overline{B}$ 中用 BC 代替等式中的 B，则新的等式仍成立

$$\overline{ABC} = \overline{A} + \overline{BC} = \overline{A} + \overline{B} + \overline{C}$$

由此例可知,利用代入规则,反演律可以推广到 n 个变量,即

$$\overline{A_1 \cdot A_2 \cdot \cdots \cdot A_n} = \overline{A_1} + \overline{A_2} + \cdots + \overline{A_n}$$

$$\overline{A_1 + A_2 + \cdots + A_n} = \overline{A_1} \cdot \overline{A_2} \cdot \cdots \cdot \overline{A_n}$$

2. 反演规则

对于任意一个逻辑函数式 F,做如下处理:

(1) 把式中的运算符“ · ”换成“ + ”,“ + ” 换成“ · ”;

(2) 把常量 **0** 换成 **1**,**1** 换成 **0**;

(3) 原变量换成反变量,反变量换成原变量。

这样得到的新函数式是原函数式 F 的反函数 $\overline{F}$。反演规则实际上是反演律及代入规则的推广应用。

在运用反演规则时需注意:必须保持原函数的运算顺序,必要时加入括号。超过一个变量的公共非号保持不变。例如

$$F = A\overline{B} + \overline{(A + C)B} + \overline{A}\,\overline{B}\,\overline{C}$$

$$\overline{F} = (\overline{A} + B)\,\overline{\overline{A}\,\overline{C} + \overline{B}}(A + B + C)$$

3. 对偶规则

对于任意一个逻辑函数式 F,做如下处理:

(1) 把式中的运算符“ · ”换成“ + ”,“ + ” 换成“ · ”;

(2) 常量 **0** 换成 **1**,**1** 换成 **0**。

这样得到的新函数式称为原函数式 F 的对偶式 F',也称对偶函数。求对偶函数时同样需注意保持原式中的运算顺序不变,并且只变换运算符和常量,变量不需要变换。例如

$$F = \overline{\overline{A + B} \cdot \overline{\overline{B}C}} + AB$$

$$F' = \overline{\overline{AB} + \overline{\overline{B} + C}} \cdot (A + B)$$

需要注意的是,一般情况下 $\overline{F} \neq F'$。

对偶规则的基本性质是:如果两个函数式相等,则它们相应的对偶式也相等。

第三节 逻辑函数的标准形式

一个逻辑函数的表达式不是唯一的,可有多种不同的形式,各种表达形式对

应的逻辑图不同，实现电路的逻辑器件也不同。

一、逻辑函数表达式的常用形式

（一）五种常用表达式

常见的逻辑表达式主要有五种形式，即**与－或**、**或－与**、**与非－与非**、**或非－或非**和**与－或－非**表达式。下面是一个三变量函数的五种常用表达式。

$$F=AB+\overline{A}C \qquad \text{与－或表达式}$$

$$=(A+C)(\overline{A}+B) \qquad \text{或－与表达式}$$

$$=\overline{\overline{AB}\cdot\overline{\overline{A}C}} \qquad \text{与非－与非表达式}$$

$$=\overline{\overline{A+C}+\overline{\overline{A}+B}} \qquad \text{或非－或非表达式}$$

$$=\overline{\overline{A}\cdot\overline{C}+A\cdot\overline{B}} \qquad \text{与－或－非表达式}$$

上式中**与－或**表达式和**或－与**表达式是逻辑函数的基本表示形式。它们便于与其他形式相互转换，并且易于在后面介绍的卡诺图上表示，逻辑代数的公式均以这两种基本形式出现。

（二）表达式之间的转换

以上面的函数 $F=AB+\overline{A}C$ 为例说明几种表达式之间是如何转换的。

1. **与－或**表达式转换为**或－与**表达式

利用互补律和吸收律在**与－或**表达式 $F=AB+\overline{A}C$ 中添加 $A\overline{A}$ 和 BC 两项，再用分配律，有

$$F=AB+\overline{A}C=A\overline{A}+AB+\overline{A}C+BC$$

$$=A(\overline{A}+B)+C(\overline{A}+B)$$

$$=(A+C)(\overline{A}+B)$$

2. **与－或**表达式转换为**与非－与非**表达式

利用还原律对**与－或**表达式 $F=AB+\overline{A}C$ 两次取反，再利用反演律变换，有

$$F=AB+\overline{A}C=\overline{\overline{AB+\overline{A}C}}=\overline{\overline{AB}\cdot\overline{\overline{A}C}}$$

3. **或－与**表达式转换为**或非－或非**表达式

利用还原律对**或－与**表达式 $F=(A+C)(\overline{A}+B)$ 两次取反，再利用反演律变换，有

$$F=(A+C)(\overline{A}+B)=\overline{\overline{(A+C)(\overline{A}+B)}}=\overline{\overline{A+C}+\overline{\overline{A}+B}}$$

4. **或－与**表达式转换为**与－或－非**表达式

利用还原律对或－与表达式 $F=(A+C)(\overline{A}+B)$ 两次取反，再两次利用反演律变换，有

$$F=(A+C)(\overline{A}+B)=\overline{\overline{(A+C)(\overline{A}+B)}}=\overline{\overline{A+C}+\overline{\overline{A}+B}}=\overline{\overline{A}\,\overline{C}+A\overline{B}}$$

可见一个逻辑函数可以根据设计者的需要构成上述任何一种形式，不是同一种形式由于简化程度构成项不同，其表达形式也不尽相同。

二、逻辑函数的标准形式

在讨论逻辑函数的标准形式之前首先定义最小项和最大项。

（一）最小项和最大项

1. 函数的最小项及其性质

在一个有 n 个变量的逻辑函数中，包含全部 n 个变量的乘积项称为最小项，其中每个变量必须而且只能以原变量或反变量的形式出现一次。最小项有时也称为全积项或者标准乘积项。

n 个变量的函数有 2^n 个最小项，可记作 m_i，$i=0\sim(2^n-1)$，称为最小项的编号。编号的方法是：把使最小项为 **1** 的那一组变量取值组合当成二进制数，与这个二进制数对应的十进制数就是该最小项的编号。例如，当 $n=3$ 时，有 $2^3=8$ 个最小项。最小项 $\overline{A}B\overline{C}$ 为 **1** 对应的变量取值为 **010**，十进制数为 2，因此最小项 $\overline{A}B\overline{C}$ 的编号为 m_2。其余最小项的编号依此类推。

为了说明最小项的性质，列出三变量全部最小项的真值表如表 1.3.1 所示。仔细观察表 1.3.1，可以看出最小项具有以下几个性质：

（1）对于任意一个最小项，只有一组变量取值使它的值为 **1**，而其余各组变量取值均使它的值为 **0**。

（2）同一函数的任意两个不同的最小项的乘积为 **0**。

（3）全部最小项的和为 **1**。

表 1.3.1　三变量全部最小项的真值表

变量	m_0	m_1	m_2	m_3	m_4	m_5	m_6	m_7
$A\ \ B\ \ C$	$\overline{A}\,\overline{B}\,\overline{C}$	$\overline{A}\,\overline{B}C$	$\overline{A}B\overline{C}$	$\overline{A}BC$	$A\overline{B}\,\overline{C}$	$A\overline{B}C$	$AB\overline{C}$	ABC
0 0 0	1	0	0	0	0	0	0	0
0 0 1	0	1	0	0	0	0	0	0
0 1 0	0	0	1	0	0	0	0	0
0 1 1	0	0	0	1	0	0	0	0
1 0 0	0	0	0	0	1	0	0	0
1 0 1	0	0	0	0	0	1	0	0
1 1 0	0	0	0	0	0	0	1	0
1 1 1	0	0	0	0	0	0	0	1

2. 函数的最大项及其性质

在一个有 n 个变量的逻辑函数中，包含全部 n 个变量的和项称为最大项，其中每个变量必须而且只能以原变量或反变量形式出现一次。最大项有时也称为全和项或标准和项。

n 个变量的函数有 2^n 个最大项，可记作 $M_i, i=0\sim(2^n-1)$，称为最大项的编号。最大项编号的方法是：把使最大项为 **0** 的变量取值组合当成二进制数，则该二进制数所对应的十进制数就是该最大项的编号。例如，当 $n=3$ 时，有 $2^3=8$ 个最大项。最大项 $(\overline{A}+B+\overline{C})$ 为 **0** 对应的变量取值为 **101**，十进制数为 5，因此最大项 $(\overline{A}+B+\overline{C})$ 的编号为 M_5。其余最大项的编号依此类推。

下面列举最大项性质：

(1) 对于任意一个最大项，只有一组变量取值使它的值为 **0**，而其余各组变量取值均使它的值为 **1**。

(2) 变量相同的任意两个不同的最大项的和为 **1**。

(3) 全部最大项之积为 **0**。

3. 最小项和最大项之间的关系

表 1.3.2 列出了三变量函数的全部最小项和最大项以及它们的编号。

表 1.3.2　最小项和最大项关系

$A\ B\ C$	十进制数	最小项	m_i	最大项	M_i
0 0 0	0	$\overline{A}\,\overline{B}\,\overline{C}$	m_0	$A+B+C$	M_0
0 0 1	1	$\overline{A}\,\overline{B}\,C$	m_1	$A+B+\overline{C}$	M_1
0 1 0	2	$\overline{A}\,B\,\overline{C}$	m_2	$A+\overline{B}+C$	M_2
0 1 1	3	$\overline{A}\,B\,C$	m_3	$A+\overline{B}+\overline{C}$	M_3
1 0 0	4	$A\,\overline{B}\,\overline{C}$	m_4	$\overline{A}+B+C$	M_4
1 0 1	5	$A\,\overline{B}\,C$	m_5	$\overline{A}+B+\overline{C}$	M_5
1 1 0	6	$AB\,\overline{C}$	m_6	$\overline{A}+\overline{B}+C$	M_6
1 1 1	7	ABC	m_7	$\overline{A}+\overline{B}+\overline{C}$	M_7

(1) 相同编号的最小项和最大项存在互补关系，即

$$m_i=\overline{M}_i,\quad M_i=\overline{m}_i$$

(2) 由若干个最小项之和表示的函数 F，其反函数 $\overline{F}$ 可用与这些最小项相对应的最大项之积表示。例如

$$F=m_1+m_3+m_5+m_7$$

$$\begin{aligned}\overline{F}&=\overline{m_1+m_3+m_5+m_7}\\&=\overline{m_1}\cdot\overline{m_3}\cdot\overline{m_5}\cdot\overline{m_7}\\&=M_1\cdot M_3\cdot M_5\cdot M_7\end{aligned}$$

（二）逻辑函数的标准形式

逻辑函数的标准形式有两种：标准积之和表达式以及标准和之积表达式。逻辑函数的标准形式与真值表一样具有唯一性。

1. 标准积之和表达式

如果函数的积之和（**与或**）表达式中的每一个乘积项均为最小项，则这种表达式称为标准积之和表达式，也称最小项表达式。例如

$$F(A,B,C,D) = \bar{A}\,\bar{B}\,\bar{C}\,\bar{D} + \bar{A}\,\bar{B}\,\bar{C}\,D + \bar{A}B\,\bar{C}D + A\bar{B}\,\bar{C}\,\bar{D}$$

式中各乘积项均是最小项，因此为最小项表达式。该最小项表达式也可写成

$$F(A,B,C,D) = m_0 + m_1 + m_5 + m_8 = \sum m(0,1,5,8)$$

常见的逻辑函数表达形式为非标准表达式，如果将非标准表达式变换成标准积之和表达式可遵循下面的步骤：首先将函数转换成积之和表达式，对非最小项的积项，利用互补律乘以该乘积项缺少的变量，这样既可使积项逻辑值不变，又可在该积项增补变量，多次利用互补率，直到每个积项均为最小项为止。

例 1.3.1　求函数 $F = A\,\bar{B}\,\bar{C}D + \bar{A}CD + AC$ 的标准积之和表达式。

解：

$$\begin{aligned} F &= A\,\bar{B}\,\bar{C}\,D + \bar{A}(B+\bar{B})CD + A(B+\bar{B})C \\ &= A\,\bar{B}\,\bar{C}D + \bar{A}BCD + \bar{A}\,\bar{B}CD + ABC(D+\bar{D}) + A\bar{B}C(D+\bar{D}) \\ &= A\,\bar{B}\,\bar{C}D + \bar{A}BCD + \bar{A}\,\bar{B}CD + ABCD + ABC\bar{D} + A\bar{B}CD + A\bar{B}C\bar{D} \\ &= m_3 + m_7 + m_9 + m_{10} + m_{11} + m_{14} + m_{15} \\ &= \sum m(3,7,9,10,11,14,15) \end{aligned}$$

例 1.3.2　已知函数的真值表如表 1.3.3，写出该函数的标准积之和表达式。

表 1.3.3　例 1.3.2 真值表

N	A	B	C	m_i	M_i	F
0	**0**	**0**	**0**	0	0	**0**
1	**0**	**0**	**1**	1	1	**1**
2	**0**	**1**	**0**	2	2	**0**
3	**0**	**1**	**1**	3	3	**1**
4	**1**	**0**	**0**	4	4	**0**
5	**1**	**0**	**1**	5	5	**1**
6	**1**	**1**	**0**	6	6	**0**
7	**1**	**1**	**1**	7	7	**1**

解：从表 1.3.3 中找出使 F 为 **1** 的对应最小项，然后将这些项逻辑加。

$$\begin{aligned} F &= \overline{A}\,\overline{B}C+\overline{A}BC+A\,\overline{B}C+ABC \\ &= m_1+m_3+m_5+m_7 \\ &= \sum m(1,3,5,7) \end{aligned}$$

从以上的例子可以看出，一个函数的最小项表达式与函数真值表一一对应，因此是唯一的。

2. 标准和之积表达式

如果函数的和之积（**或与**）表达式中的每一个**或**项均为最大项，则这种表达式称为标准和之积表达式，也称最大项表达式。例如

$$F(A,B,C)=(\overline{A}+\overline{B}+\overline{C})(\overline{A}+B+C)(A+B+C)$$

式中各**或**项均是最大项，该最大项表达式也可写成

$$F=M_7\cdot M_4\cdot M_0=\prod M(0,4,7)$$

例 1.3.3　写出表 1.3.3 所示函数的标准和之积表达式。

解：写最大项时应将其真值表对应行中变量取值 **0** 代以原变量，取值 **1** 代以反变量，而后将它们相加。从真值表 1.3.3 中找出使 F 为 **0** 的对应最大项后，将这些最大项进行逻辑乘。

$$\begin{aligned} F(A,B,C) &= (A+B+C)(A+\overline{B}+C)(\overline{A}+B+C)(\overline{A}+\overline{B}+C) \\ &= M_0M_2M_4M_6=\prod M(0,2,4,6) \end{aligned}$$

一个函数的最大项表达式也是唯一的。

3. 两种标准表达式间的转换

由例 1.3.2 和 1.3.3，可以看到同一个函数的两种标准形式所含最小项和最大项的编号互不重复，而又互补。不难证明，如果一个函数的最小项表达式为 $F=\sum m_i$，最大项表达式为 $F=\prod M_k$，其中 m_i 是编号为 i 的全部最小项，则 M_k 是不包含在 i 内的所有其他编号的最大项。

第四节　逻辑函数的化简

同一个逻辑函数可以写成不同的表达式，这些表达式有的简单，有的复杂。表达式越简单，实现该逻辑函数所需要的器件越少，电路越简单，成本越低，同时电路的可靠性也越高。因此，在采用小规模集成电路设计电路时，经常需要通过一定的手段对逻辑函数进行化简。

化简的目的是使逻辑电路所用的门数量少、每个门的输入端个数少、逻辑电

路的级数少，并且要保证电路可靠地工作。

由于逻辑函数表达式的类型多种多样，因此，“最简”的标准也有所不同。常用的**与－或**表达式的“最简”的标准有两条：

(1) **与**项最少，即表达式中“＋”号最少。

(2) 每个**与**项中的变量数最少，即表达式中“·”号最少。

与项最少，可以使电路实现时所用的逻辑门的个数最少；每个**与**项中的变量数最少，可以使电路所用逻辑门的输入端个数最少。

对于其他类型的电路，也可以得出类似的“最简”标准。例如**或－与**表达式，其“最简”的标准可以变为：**或**项最少，每个**或**项中的变量数最少。

一、代数法化简逻辑函数

用代数法化简逻辑函数，就是直接利用逻辑代数的基本公式和基本规则进行化简。代数法化简没有固定的步骤，常用的化简方法有以下几种。

(一) 并项法

运用互补律 $A+\overline{A}=1$，将两项合并为一项，消去一个变量。如

$$F=AB\overline{C}+ABC+A\overline{B}=AB+A\overline{B}=A$$

$$F=ABC+AB\overline{C}+A\overline{B}C+A\overline{B}\,\overline{C}=A(BC+\overline{B}\,\overline{C})+A(B\overline{C}+\overline{B}C)$$

$$=A\overline{B\oplus C}+A(B\oplus C)=A$$

(二) 吸收法

运用吸收律 $A+AB=A$ 消去多余的**与**项。如

$$F=A\overline{B}+A\overline{B}C+A\overline{B}DE=A\overline{B}+A\overline{B}(C+DE)=A\overline{B}$$

$$F=\overline{AB}+\overline{A}D+\overline{B}E=\overline{A}+\overline{B}+\overline{A}D+\overline{B}E=\overline{A}+\overline{B}$$

(三) 消元法

运用消因律 $A+\overline{A}B=A+B$ 消去多余的项。如

$$F=AB+\overline{A}C+\overline{B}C=AB+(\overline{A}+\overline{B})C=AB+\overline{AB}C=AB+C$$

$$F=\overline{A}+AB+\overline{B}E=\overline{A}+B+\overline{B}E=\overline{A}+B+E$$

(四) 配项法

在逻辑表达式中先通过乘以 $A+\overline{A}$ 或加上 $A\overline{A}$，或重复写入某一项，再与其他项合并，以获得更简单的化简结果。如

$$F=AB+\overline{A}C+BCD=AB+\overline{A}C+BCD(A+\overline{A})$$

$$=AB+\bar{A}C+ABCD+\bar{A}BCD=AB+\bar{A}C$$

$$F=AB\bar{C}+\overline{ABC}\cdot\overline{AB}=AB\bar{C}+\overline{ABC}\cdot\overline{AB}+AB\cdot\overline{AB}=AB(\bar{C}+\overline{AB})+\overline{ABC}\cdot\overline{AB}$$

$$=AB\cdot\overline{ABC}+\overline{ABC}\cdot\overline{AB}=\overline{ABC}(AB+\overline{AB})=\overline{ABC}$$

在化简逻辑函数时，要灵活运用上述方法，才能将逻辑函数化为最简。

例 1.4.1　化简逻辑函数 $F=A\bar{B}+A\bar{C}+A\bar{D}+ABCD$。

解： $F=A(\bar{B}+\bar{C}+\bar{D})+ABCD=A\overline{BCD}+ABCD=A(\overline{BCD}+BCD)=A$

例 1.4.2　化简逻辑函数 $F=(\bar{A}+\bar{B}+\bar{C})(B+\bar{B}C+\bar{C})(\bar{D}C+DE+D\bar{E})$。

解： 首先对每个括号内的表达式化简，然后再归纳到整个表达式中去进行化简。

$$B+\bar{B}C+\bar{C}=B+C+\bar{C}=\mathbf{1},\qquad \bar{D}C+DE+D\bar{E}=\bar{D}C+D=C+D$$

故

$$F=(\bar{A}+\bar{B}+\bar{C})(C+D)$$

$$=\bar{A}C+\bar{B}C+\bar{A}D+\bar{B}D+\bar{C}D$$

$$=\bar{A}C+\bar{B}C+\bar{C}D$$

通过以上讨论可见，利用代数法化简对函数变量数目无限制、方法灵活、技巧性强并且无一定步骤可遵循。能否得到满意的结果，主要取决于设计者对公式的熟练掌握程度、综合应用能力和实践经验。代数法化简是其他化简方法的理论依据。

二、图解法化简逻辑函数

图解法又称卡诺(Karnaugh)图法，是由美国工程师卡诺发明的，它比代数法简便、直观、规律性强，可以直接写出函数的“最简”表达式，比较容易掌握，一般运用于五变量以下的函数简化。

(一) 卡诺图

如果两个最小项中只有一个变量不同，则称这两个最小项为逻辑相邻，简称相邻项。

若将 n 变量的全部 2^n 个最小项用 2^n 个小方格表示，并使具有逻辑相邻性的最小项在几何位置上也相邻地排列起来，则所得的图形称为 n 变量卡诺图。二变量至五变量卡诺图如图 1.4.1(a) ~ (d)所示。

卡诺图实际上是真值表的另一种表现形式，一个逻辑函数的真值表有多少行，卡诺图就有多少个小方格。所不同的是真值表是一维的，其中最小项是按照二进制加法规律排列的。而卡诺图是二维的，它将自变量分为两组，一组水平排

A \ B	0	1
0	$\bar{A}\bar{B}$	$\bar{A}B$
1	$A\bar{B}$	AB

A \ B	0	1
0	m_0	m_1
1	m_2	m_3

(a) 二变量卡诺图

A \ BC	00	01	11	10
0	m_0	m_1	m_3	m_2
1	m_4	m_5	m_7	m_6

(b) 三变量卡诺图

AB \ CD	00	01	11	10
00	m_0	m_1	m_3	m_2
01	m_4	m_5	m_7	m_6
11	m_{12}	m_{13}	m_{15}	m_{14}
10	m_8	m_9	m_{11}	m_{10}

(c) 四变量卡诺图

AB \ CDE	000	001	011	010	110	111	101	100
00	m_0	m_1	m_3	m_2	m_6	m_7	m_5	m_4
01	m_8	m_9	m_{11}	m_{10}	m_{14}	m_{15}	m_{13}	m_{12}
11	m_{24}	m_{25}	m_{27}	m_{26}	m_{30}	m_{31}	m_{29}	m_{28}
10	m_{16}	m_{17}	m_{19}	m_{18}	m_{22}	m_{23}	m_{21}	m_{20}

(d) 五变量卡诺图

图 1.4.1　二变量至五变量卡诺图

列，另一组垂直排列，组合表示的最小项是按照相邻性规律排列的。

仔细观察可以发现，卡诺图具有下列特点：

1. 对于含有 n 个逻辑变量的函数，其卡诺图内含有 2^n 个小方格，分别对应 2^n 个最小项。

2. 卡诺图中行、列两组变量取值按循环码规律排列，以保证几何位置上相邻的小方格其对应的最小项为逻辑相邻项。

3. 卡诺图中相邻的情况有两种：一种是小方格在几何位置上邻接；另一种是小方格以上下或左右的中心线为轴对称。如图 1.4.1(c) 中 m_1 和 m_3 是邻接；图 1.4.1(c) 中 m_1 和 m_9，图 1.4.1(d) 中 m_9 和 m_{13} 则为对称。

需说明的是变量在行、列中的分组不同，卡诺图的表现形式也不同。在进行分组时，最好按变量字符的顺序划分。如四变量最好以 AB、CD 分组，不宜分为 AC、BD。

（二）用卡诺图表示逻辑函数

1. 从真值表到卡诺图

由于任意一个 n 变量的逻辑函数都可以表示为最小项之和的形式，而 n 变量的卡诺图包含了 n 变量的所有最小项，所以可以用 n 变量卡诺图表示任意一个 n 变量的逻辑函数。方法是在逻辑函数 F 的真值表中，将各行的取值填入卡诺图中对应的小方格，可得到逻辑函数 F 的卡诺图。

例 1.4.3　某逻辑函数的真值表如表 1.4.1 所示，用卡诺图表示该逻辑函数。

解： 该函数为三变量函数，先画出三变量卡诺图，然后根据表 1.4.1 将 8 个最小项的取值 **0** 或 **1** 填入卡诺图中对应的 8 个小方格中，如图 1.4.2 所示。

表 1.4.1　真　值　表

A	B	C	F
0	0	0	0
0	0	1	1
0	1	0	0
0	1	1	1
1	0	0	0
1	0	1	1
1	1	0	1
1	1	1	1

A \ BC	00	01	11	10
0	0	1	1	0
1	0	1	1	1

图 1.4.2　例 1.4.3 的卡诺图

2. 从逻辑表达式到卡诺图

（1）如果逻辑表达式为最小项表达式，把函数式中出现的最小项对应到卡诺图的小方格。这些方格中填入 **1**，其他的小方格中填入 **0**。

例 1.4.4　用卡诺图表示逻辑函数 $F=\overline{A}\,\overline{B}\,\overline{C}+\overline{A}BC+AB\overline{C}+ABC$。

解： 该函数为三变量函数，且为最小项表达式，写成简化形式 $F=m_0+m_3+m_6+m_7$，然后画出三变量卡诺图如图 1.4.3 所示，将卡诺图中 m_0、m_3、m_6、m_7 对应的小方格填 **1**，其他小方格填 **0**。

A \ BC	00	01	11	10
0	1	0	1	0
1	0	0	1	1

图 1.4.3　例 1.4.4 的卡诺图

（2）如果逻辑表达式是"**与** - **或**表达式"，而又不是最小项表达式，可将其先化成最小项表达式，再填入卡诺图。也可根据表达式直接填入，即分别找出每一个**与**项所包含的所有小方格，在这些小方格中全部填入 **1**。

（3）如果逻辑表达式不是"**与** - **或**表达式"，可先将其化成"**与** - **或**表达式"

再填入卡诺图。

(三) 用卡诺图化简逻辑函数

1. 卡诺图化简逻辑函数的依据

如果两个相邻最小项出现在同一个逻辑函数中,可以合并为一项,同时消去互为反变量的那个变量。如

$$ABC + A\overline{B}C = AC(B + \overline{B}) = AC$$

由此可见,利用相邻项的合并可以进行逻辑函数化简。

卡诺图中任意 2 个相邻的小方格取值为 **1** 时,它们代表的最小项为相邻项,可以合并为 1 项,消去取值不同的那个变量。不难证明,4 个、8 个以至 2^n 个最小项相邻时也可以合并为 1 项,消去 2 个、3 个以至 n 个变量。

卡诺图中合并最小项的规律为:

(1) 2 个相邻的最小项结合(用一个包围圈表示),消去 1 个取值不同的变量而合并为 1 项,如图 1.4.4 所示。

(2) 4 个相邻的最小项结合(用一个包围圈表示),消去 2 个取值不同的变量而合并为 1 项,如图 1.4.5 所示。

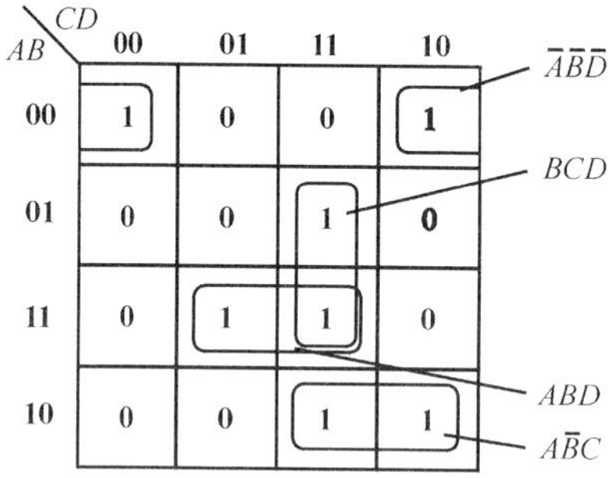

图 1.4.4　2 个相邻的最小项合并

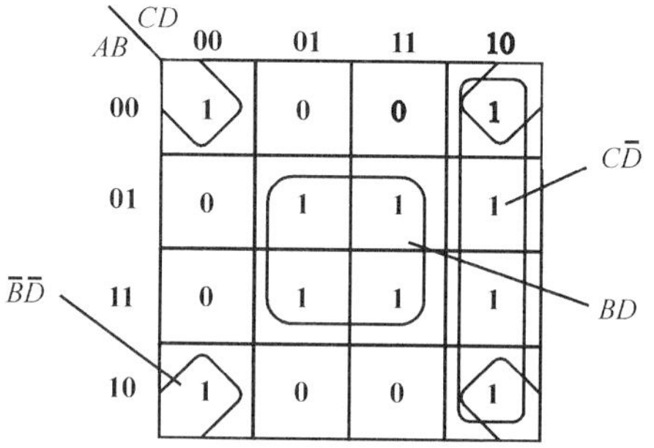

图 1.4.5　4 个相邻的最小项合并

(3) 8 个相邻的最小项结合(用一个包围圈表示),消去 3 个取值不同的变量而合并为 1 项,如图 1.4.6 所示。

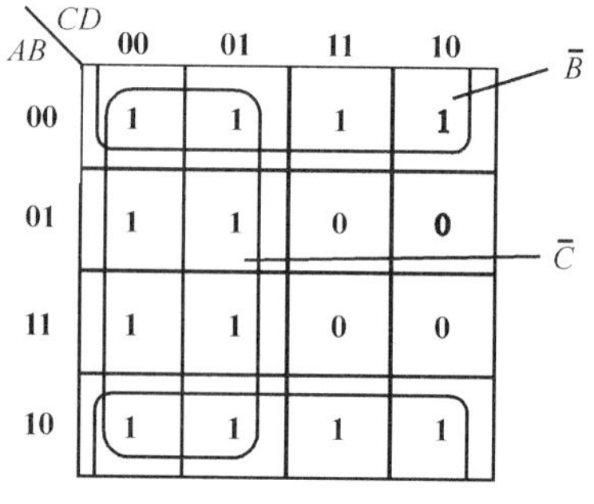

图 1.4.6　8 个相邻的最小项合并

2. 卡诺图合并最小项的原则

用卡诺图化简逻辑函数时,在卡诺图中找到相邻的最小项,并画上圈。为了保证将逻辑函数化到最简,画圈时必须遵循以下原则:

(1) 圈要尽可能大,使得消去的变量数

最多，但每个圈内只能含有 2^n（$n=0,1,2,3,\cdots$）个相邻项。

（2）圈的个数尽量少，使得化简后的逻辑函数的**与**项最少。

（3）卡诺图中所有取值为 **1** 的方格均要被圈过，不能漏掉取值为 **1** 的最小项。

（4）取值为 **1** 的方格可以被重复圈在不同的包围圈中，但在新画的包围圈中至少要含有 1 个未被圈过的 **1** 方格，否则该包围圈是多余的，通常称作冗余项。

3. 卡诺图将逻辑函数化简为最简“**与** - **或**”表达式

将逻辑函数化为最简“**与** - **或**”表达式的步骤如下：

（1）由真值表或函数表达式画出逻辑函数的卡诺图。

（2）合并相邻的最小项，即根据前述原则画圈。

（3）写出化简后的表达式。每一个圈写一个最简**与**项，写法是：取值为 **1** 的变量用原变量表示，取值为 **0** 的变量用反变量表示，将这些变量相**与**。然后将所有**与**项进行逻辑**或**，即得最简**与** - **或**表达式。

例 1.4.5 用卡诺图化简逻辑函数：

$$F(A,B,C,D)=\sum m(0,2,3,4,6,7,10,11,13,14,15)$$

解：（1）由表达式画出卡诺图如图 1.4.7 所示。

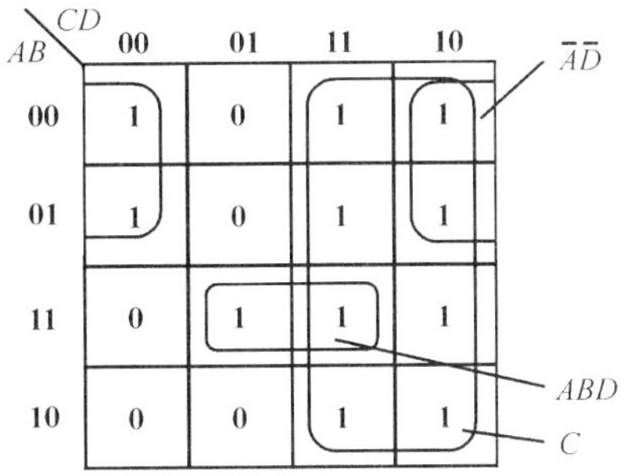

图 1.4.7 例 1.4.5 卡诺图

（2）画圈合并最小项，得化简的**与** - **或**表达式

$$F=C+\overline{A}\,\overline{D}+ABD$$

例 1.4.6 用卡诺图化简逻辑函数 $F=\overline{B}C+B\overline{C}+\overline{A}C+A\overline{C}$。

解：（1）由逻辑函数画出卡诺图，如图 1.4.8 所示。

（2）画包围圈合并最小项，如图 1.4.8(a)、(b)所示，得到简化程度相同的两个**与** - **或**表达式：

$$F=\overline{B}C+\overline{A}B+A\overline{C}$$

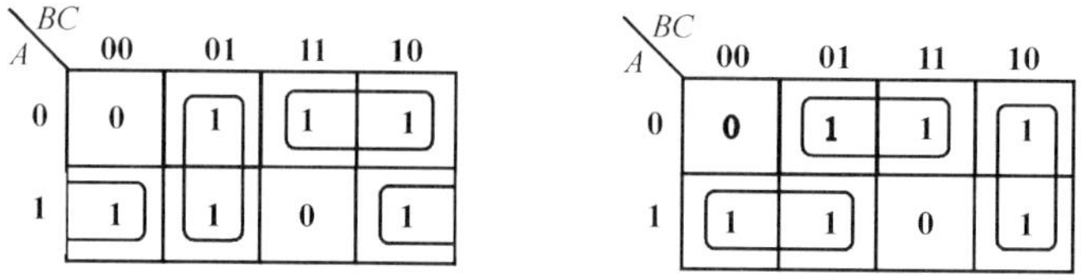

（a）解法 1　　　　（b）解法 2

图 1.4.8　例 1.4.6 卡诺图

$$F = A\overline{B} + B\overline{C} + \overline{A}C$$

通过这个例子可以说明，一个逻辑函数的化简结果不是唯一的。

4. 卡诺图将逻辑函数化为最简“**或** - **与**”表达式

在逻辑函数 F 的卡诺图中圈上所有的 **0** 时，可以根据前述的化简方法得到 $\overline{F}$ 的最简“**与** - **或**”表达式，然后根据逻辑函数的反演规则，得到 F 的最简“**或** - **与**”表达式。

也可以根据函数的卡诺图，直接写出函数的最简“**或** - **与**”表达式：在卡诺图上对所有的 **0** 画圈，画圈的原则与前述画 **1** 的原则相同。每一个圈写一个最简**或**项，取值为 **0** 的变量用原变量表示，取值为 **1** 的变量用反变量表示，将这些变量相**或**，然后将所有**或**项进行逻辑**与**得最简**或** - **与**表达式。

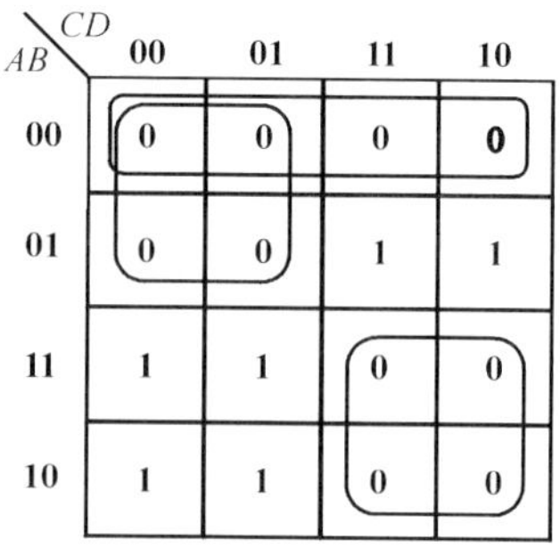

图 1.4.9　例 1.4.7 卡诺图

例 1.4.7　用卡诺图将逻辑函数 F 化为最简“**或** - **与**”表达式

$$F(A,B,C,D) = \sum m(6,7,8,9,12,13)$$

解：（1）由表达式画出卡诺图，如图 1.4.9 所示。

（2）对 **0** 画圈，直接写出最简“**或** - **与**”表达式

$$F = (A + C)(\overline{A} + \overline{C})(A + B)$$

三、具有无关项的逻辑函数的化简

（一）无关项

前面讨论的逻辑函数，对于自变量的所有取值，都有一个确定的函数值与之对应，不是 **0** 就是 **1**。在许多实际问题中，经常会遇到这种情况，实际问题抽象为逻辑函数后，输入逻辑变量的某些取值组合禁止出现，或者一些取值组合出现时，输出逻辑值可以是任意的。例如，有三个逻辑变量 A、B、C，分别表示计算器

的加法、减法、乘法三种操作。因为计算器是按顺序逐条执行命令的,每次只能执行一种操作,所以不允许两个以上操作同时进行,即不允许两个变量以上同时为 **1**。也就是说,ABC 的取值只可能是 **000**、**001**、**010**、**100** 中的某一种,而不可能是 **011**、**101**、**110**、**111** 中的任何一种。这些不会出现的变量取值组合所对应的最小项为约束项。

有时也会遇到另一种情况,在输入变量的某些组合情况下,函数值是 **1** 还是 **0** 皆可,不影响电路的逻辑功能,这些变量取值组合所对应的最小项为任意项。

约束项或任意项的最小项统称为无关项,常用符号"×"或"ϕ"表示其逻辑值。又如十字路口的红、绿两色交通信号灯,规定红灯停,绿灯行,而红、绿灯全亮是被禁止的,两灯全不亮则表示可行、可停,依情况而定。如果红、绿灯分别用 A、B 表示,且灯亮为 **1**,灯灭为 **0**,车用 F 表示,车行为 **1**,车停为 **0**,不难列出该函数的真值表如表 1.4.2 所示。其中,A、B 全为 **1**,为约束项;A、B 全为 **0**,是任意项,函数值用"×"表示。带有无关项的逻辑函数的最小项表达式可以写为

$$F=\sum m(\quad)+\sum d(\quad) \quad 或者 \quad F=\sum m(\quad)+\sum \phi(\quad)$$

上面的交通信号函数可写成 $F=\sum m(1)+\sum d(0,3)$

表 1.4.2 真 值 表

红灯 A	绿灯 B	车 F
0	**0**	×
0	**1**	**1**
1	**0**	**0**
1	**1**	×

(二) 利用无关项化简逻辑函数

化简具有无关项的逻辑函数时,要充分利用无关项可以当 **0** 也可以当 **1** 的特点,尽量扩大卡诺圈,使逻辑函数最简。在考虑无关项时,哪些无关项当作 **1**,哪些无关项当作 **0**,要以尽量扩大卡诺圈、减少圈的个数,使逻辑函数最简为原则。

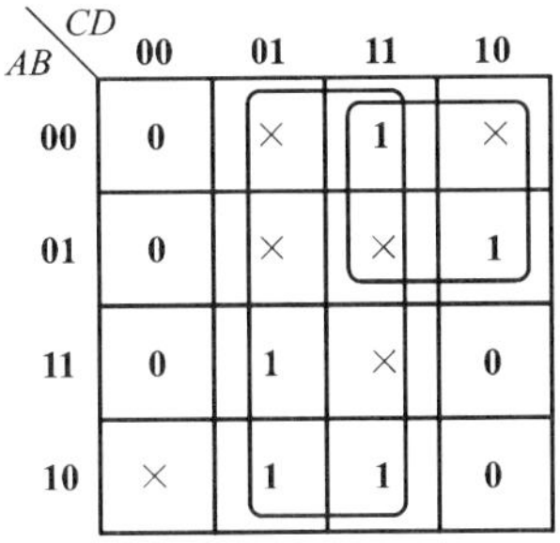

图 1.4.10 例 1.4.8 卡诺图

例 1.4.8 化简 $F(A,B,C,D)=\sum m(3,6,9,11,13)+\sum d(1,2,5,7,8,15)$。

解: 画出 4 变量卡诺图,将最小项 **1** 和无关项"×"填入卡诺图,如图 1.4.10 所示。合并最小项。与 **1** 方格圈在一起的无关项被当作 **1**,没

有圈的无关项作为 **0**。

写出逻辑函数的最简**与** - **或**表达式

$$F = D + \overline{A}C$$

卡诺图化简法的优点是简单、直观,有一定的化简步骤可循,不易出错,且容易化到最简。但是在逻辑变量超过 5 个时,就失去了简单、直观的优点,不宜采用。

小结

本章的主要内容包括数字电路中常用的数制和码制、逻辑代数的基本运算公式和定律、逻辑函数的表示形式及化简方法等。

数字系统中常用二进制数来表示数据。在二进制位数较多时,也使用十六进制或八进制计数。各种计数体制之间可以相互转换。BCD 码是常用的编码,其中 8421BCD 码使用最广泛。另外,格雷(Gray)码由于可靠性高,也是一种常用码。

逻辑运算中的三种基本运算是**与**、**或**、**非**运算。分析数字电路或数字系统的数学工具是逻辑代数。一个逻辑问题可用逻辑函数来描述,逻辑函数有真值表、逻辑表达式、卡诺图、逻辑图等几种常用的表达方法,它们各具特点并可以相互转换。

逻辑函数化简的目的是为了获得最简逻辑函数式,从而使逻辑电路简单、成本低、可靠性高。化简的方法主要有公式法和卡诺图法两种。公式法是用逻辑代数的基本公式和规则进行化简的,必须熟记基本公式和规则并通过练习掌握一定的运算技巧。卡诺图法是基于合并相邻最小项的原理进行化简的,特点是简单、直观、不易出错,但是化简的逻辑变量不能太多。除了上述两种基本的化简方法之外,对于较多变量的复杂逻辑函数,可采用计算机辅助化简,目前已有多种实用的逻辑化简分析工具或软件。

名词解释

与(AND):当所有条件全满足时,结果成立。

ASCII 码(American Standard Code for Information Interchange):是以二进制表示字母、数字、标点符号的几种字符编码之一。

基(Base):是计数系统数字符号集中数码的个数。十进制数的基为 10,二进制数的基为 2。基与基数(Radix)可互换使用。

二进制(Binary):以 2 为基的数制。

二 - 十进制编码(Binary Coded Decimal,BCD):用于直接表示十进制字符的特殊的二进制码。BCD 码的每 4 位值表示 1 位十进制数码。

位(Bit)：是指 1 位二进制数字。

标准积之和(Canonical Sum of Product)：积(**与**函数)的和(**或**函数)是多个积项的和。对于标准积之和的表达式中的一个积项要包含所有变量，可以是原变量或者反变量。

编码(Code)：用数码、文字、符号表示特定对象的方法称为编码。

补码(Complement Code)：用于表示带符号数的二进制码。

十进制(Decimal)：基为 10 的数制。

任意项(Do Not Care Terms)：在输出函数真值表中，未被定义的最大项或最小项。它们可以分配为 **0** 值，也可分配为 **1** 值。

余 3 码(Excess-3 Code)：一种 BCD 码，具有对称取反的特性，其结构方式是对应的 NBCD 码加 3。如 0 与 9，1 与 8，……，4 与 5 互为反码。

异或(EX-OR)：一个逻辑函数中，当一个或奇数个输入信号为真时，输出为真。其他情况为假。

同或(EX-NOR)：**异或**的**非**。

函数(Function)：用来标明输入输出变量之间的逻辑关系，如 $y=f(a,b,c)$。

格雷码(Gray Code)：一种在数值连续变化时只有 1 位发生改变的编码，并具有反射特性。

十六进制(Hexadecimal)：基为 16 的数制。该数制的数码集合包含 16 个字符(0 到 9 以及 A、B、C、D、E、F)。

卡诺图(Karnaugh Map)：卡诺图是用来化简逻辑代数的由方格组成的图。每一个方格代表函数的最大项或最小项。排列的方格使得两个相邻方格间只有一个二进制位发生变化。

非(NOT)：当条件满足时，结果不成立；条件不满足时，结果成立。

最大项(Maxterm)：逻辑函数中代表输出函数真值表中输出为 **0** 时的项。最大项是最小项的补。

最小项(Minterm)：逻辑函数中代表输出函数真值表中输出为 **1** 时的项。最小项是最大项的补。

和之积(POS)：逻辑函数的输入变量先形成和项后再相乘。

乘积项(Product Term)：乘积项是一个或多个变量的逻辑乘。

或(OR)：当两个以上的条件存在时，满足任意一个条件时，结果成立。

积之和(SOP)：逻辑函数的输入变量先形成乘积项后再相加。

真值表(Truth Table)：用来表示每一组输入变量和输出变量之间的关系，表现形式是表格化的一维矩阵。

变量(Variable)：在二进制逻辑中，代表权值的信息。通常用符号、字母来定义。

有权码(Weighted Code)：每位都有特定权值的编码。有几种有权码，如 8421 码、5421BCD 码和 2421BCD 码等。

自我检测

题 1.1　(1) $(\mathbf{101011.011})_B=(\quad)_O=(\quad)_D=(\quad)_H$；

(2) $(465.43)_O=(\quad)_B=(\quad)_D=(\quad)_H$；

(3) $(465.43)_D=(\quad)_B=(\quad)_O=(\quad)_H$；

(4) $(8F.FF)_H=(\quad)_B=(\quad)_O=(\quad)_D$。

题 1.2　写出下列二进制数的原码、补码和反码。

(1) $(+\mathbf{1011})_B$ 的原码为______，补码为______，反码为______；

(2) $(+\mathbf{00110})_B$ 的原码为______，补码为______，反码为______；

(3) $(-\mathbf{1101})_B$ 的原码为______，补码为______，反码为______；

(4) $(-\mathbf{00101})_B$ 的原码为______，补码为______，反码为______。

题 1.3　十进制数与 BCD 码间的转换。

(1) $(459)_D=(\quad)_{8421BCD码}=(\quad)_{余3码}$；

(2) $(\mathbf{010000000111})_{8421BCD码}=(\quad)_{余3码}=(\quad)_D$；

(3) $(\mathbf{110000110110})_{余3码}=(\quad)_{8421BCD码}=(\quad)_D$；

(4) $(36.09)_D=(\quad)_{8421BCD码}=(\quad)_{余3码}$。

题 1.4　用补码运算。

(1) $-66-45=$______；　　(2) $35-18=$______；

(3) $34+23=$______；　　(4) $16-40=$______。

题 1.5　选择填空。

(1) 已知逻辑函数 $F=AB+CD$，选出下列可以肯定使 $F=\mathbf{1}$ 的状态是______。

(A) $A=\mathbf{0}, BC=\mathbf{0}, D=\mathbf{0}$；　　(B) $A=\mathbf{0}, BD=\mathbf{0}, C=\mathbf{0}$；

(C) $AB=\mathbf{1}, C=\mathbf{0}, D=\mathbf{0}$；　　(D) $AC=\mathbf{1}, B=\mathbf{0}$。

(2) $\mathbf{1}\oplus\mathbf{1}\oplus\mathbf{1}\oplus\mathbf{1}\cdots$(共连续**异或** 2 003 个 **1**)、$\mathbf{1}\odot\mathbf{1}\odot\mathbf{1}\odot\mathbf{1}\cdots$(共连续 2 003 个 **1**)的结果是______。

(A) **0**,**0**；　(B) **1**,**0**；　(C) **0**,**1**；　(D) **1**,**1**。

题 1.6　指出下列各式中哪些是四变量 A、B、C、D 的最小项和最大项。在最小项后的(　)里填“m”，在最大项后的(　)里填“M”，其他填“×”。

(1) $A+\overline{B}+D$(　)；　　(2) $\overline{A}\,\overline{B}CD$(　)；

(3) ABC(　)；　　(4) $AB(C+D)$(　)；

(5) $\overline{A}+B+C+\overline{D}$(　)；　　(6) $A+B+CD$(　)。

题 1.7　试分析下述函数是否为最简式。在题目后的括号里填“是”或“不是”。

(1) $F=\overline{\overline{AB}\ \overline{BC}\ \overline{BD}\ \overline{CD}}$是否为最简**与非-与非**表达式(　)；

(2) $F=\overline{\overline{B}\,\overline{D}+\overline{A}CD+\overline{A}BC}$是否为最简**与或非**表达式(　)；

(3) $F=\overline{\overline{B+D}+\overline{B+\overline{C}}+\overline{A+\overline{C}+\overline{D}}}$是否为最简**或非**－**或非**表达式(　　)；

(4) $F=\overline{\overline{A+\overline{B}}+\overline{B+C}+\overline{\overline{B}+D}}$是否为最简**或非**－**或非**表达式(　　)。

思考题

题 1.1　什么是 BCD 编码？BCD 码与二进制数之间有何区别？

题 1.2　逻辑代数中有几种基本运算？其中**与**运算、**或**运算同二进制数的乘法和加法算术运算规律比较有何区别？

题 1.3　设 A、B、C 为逻辑变量。

若 $A+B=A+C$，问 $B=C$ 吗？为什么？

若 $A\cdot B=A\cdot C$，问 $B=C$ 吗？为什么？

若 $A+B=A+C$ 且 $A\cdot B=A\cdot C$，问 $B=C$ 吗？为什么？

题 1.4　电路图如思考题 1.4 图所示。

(1) 根据反演规则，写出 F 的反函数；

(2) 根据对偶规则，写出 F 的对偶式；

(3) 用最少数目的**与非**门实现函数 F；

(4) 用最少数目的**或非**门实现函数 F。

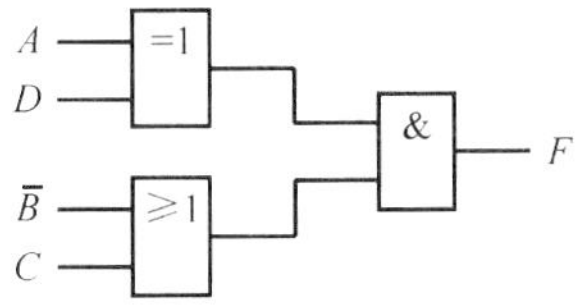

思考题 1.4 图

题 1.5　逻辑函数有几种表示方法？它们之间如何相互转换？

题 1.6　最小项的逻辑相邻的含义是什么？在卡诺图中是怎样体现的？

题 1.7　试总结并说出：

(1) 由真值表写逻辑函数式的方法；

(2) 由函数式列真值表的方法；

(3) 从逻辑图写逻辑函数式的方法；

(4) 从逻辑函数式画逻辑图的方法；

(5) 卡诺图的绘制方法；

(6) 利用卡诺图化简函数式的方法。

题 1.8　为什么说逻辑函数的真值表和最小项表达式具有唯一性？

题 1.9　什么叫约束项？如何用约束项化简逻辑函数？

题 1.10　试说明两个逻辑函数间的**与**、**或**、**异或**运算可以通过卡诺图中对应的最小项作**与**、**或**、**异或**运算来实现。

习题

习题 1.1　将下列二进制数分别转换成八进制数、十六进制数和十进制数。

(1) **100110**；　　(2) **100101101.110**；

(3) **10000111001.100101**；　　(4) **111111011010.10100111**。

习题 1.2　写出下列十进制数的 8421BCD 码。

(1) $(2008)_D$；　(2) $(99)_D$；　(3) $(48.5)_D$；　(4) $(12.08)_D$。

习题 1.3　写出习题 1.3 图(a)所示开关电路中 F 和 A、B、C 之间逻辑关系的真值表、函数式和逻辑电路图。若已知 A、B、C 变化波形如习题 1.3 图(b)，画出 F_1、F_2 的波形。

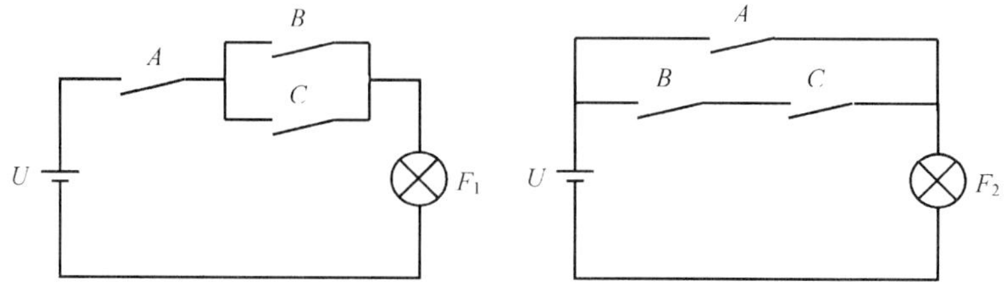

（a）逻辑电路图

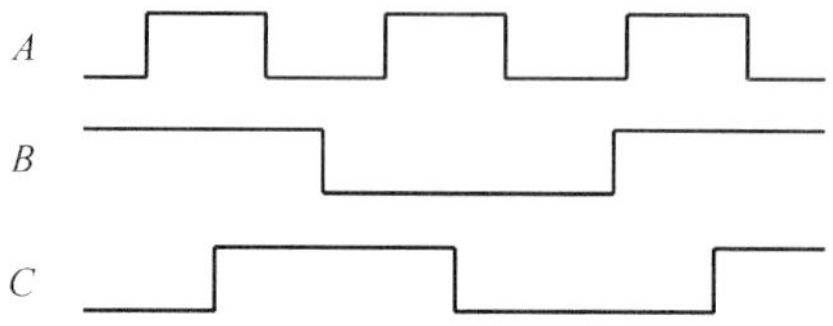

（b）A、B、C 变化波形

习题 1.3 图

习题 1.4　用逻辑代数的基本公式和常用公式证明下列各等式。

（1）$A+BC=(A+B)(A+C)$；

（2）$BC+AD=(A+B)(B+D)(A+C)(C+D)$；

（3）$\overline{A}\,\overline{B}C+\overline{A}B\overline{C}+A\overline{B}\,\overline{C}+ABC=A\oplus B\oplus C$；

（4）$(AB+C)B=AB\overline{C}+\overline{A}BC+ABC$。

习题 1.5　试画出用**与非**门和反相器实现下列函数的逻辑图。

（1）$F=AB+BC+AC$；

（2）$F=\overline{AB\overline{C}+A\overline{B}C+\overline{A}BC}$；

（3）$F=(\overline{A}+B)(A+\overline{B})C+\overline{BC}$；

（4）$F=A\overline{BC}+\overline{(\overline{A\overline{B}}+\overline{A}\,\overline{B}+BC)}$。

习题 1.6　试画出用**或非**门和反相器实现下列函数的逻辑图。

（1）$F=A\overline{B}C+B\overline{C}$；

（2）$F=(A+C)(\overline{A}+B+\overline{C})(\overline{A}+\overline{B}+C)$；

（3）$F=(\overline{AB\overline{C}+\overline{B}C})\overline{D}+\overline{A}\,\overline{BD}$；

（4）$F=\overline{\overline{C\overline{D}}\;\overline{BC}\;\overline{ABC}\;\overline{D}}$。

习题 1.7　已知函数 F、G

$$F(A,B,C)=\sum m(2,4,5,7)$$

$$G(A,B,C,D)=\sum m(1,3,6,7,12,14,15)$$

试分别用最少数目的**或非**门实现之,要求电路的输入仅为原变量。

习题 1.8　写出习题 1.8 图中各逻辑图的逻辑函数式,并化简为最简**与或**式。

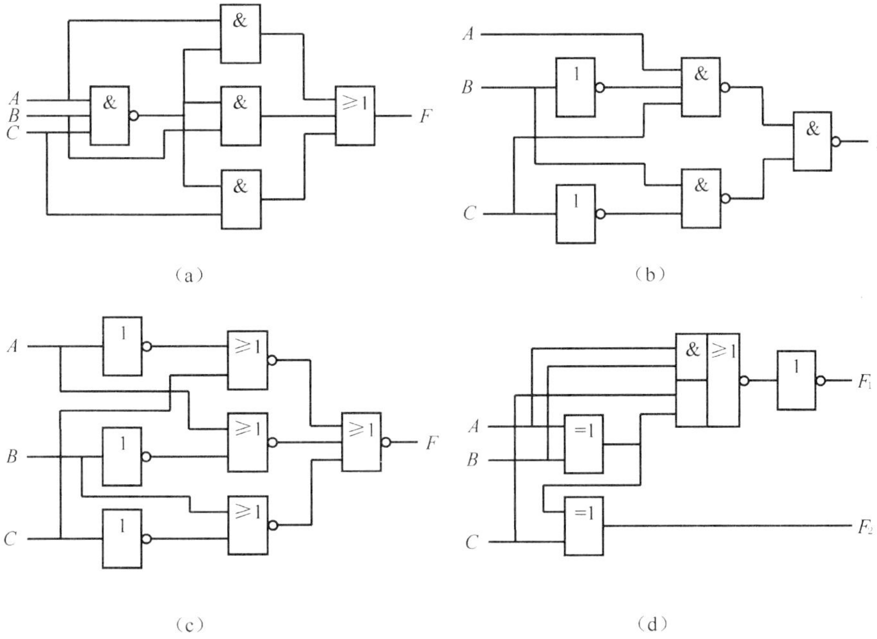

习题 1.8 图

习题 1.9　将下列多输出逻辑函数化简为最简**与-或**表达式,并用**与非**门实现。

(1) $F_1=\sum m(2,3,4,5,6,7,9,11,15)$，　$F_2=\sum m(0,2,6,8,9,11,15)$；

(2) $F_1=\sum m(1,2,3,4,5,7)$，　$F_2=\sum m(0,1,3,5,6,7)$；

(3) $F_1=\sum m(1,2,3,4,5,6,7,8,9,12,14)$，$F_2=\sum m(1,3,8,9,12,14)$，
$F_3=\sum m(6,7,8,9,14)$；

(4) $F_1=\sum m(2,3,4,5,6,7,9,11,15)$，　$F_2=\sum m(0,2,6,8,9,11,15)$，
$F_3=\sum m(6,7,8,9,14)$。

习题 1.10　用代数法将下列逻辑函数化简为最简**与-或**表达式。

(1) $F=ABC+\overline{A}\,\overline{B}C$；

(2) $F=A(\overline{A}+B)+B(B+C)+B$；

(3) $F=A\overline{B}CD+ABD+A\overline{C}D$；

(4) $F=A(B\oplus C)+A(B+C)+A\overline{B}\,\overline{C}+\overline{A}\,\overline{B}C$；

(5) $F=(A+B+C+D)(\overline{A}+B+C+D)(A+B+\overline{C}+D)$。

习题 1.11　求下列函数的最简**与或**形式。

(1) $F=A\overline{B}+B+\overline{A}B$；

（2）$F=\overline{(A\oplus B)}(B\oplus\overline{C})$；

（3）$F=A\overline{B}+\overline{\overline{A}C+\overline{B}C}$；

（4）$F=\overline{AB+\overline{B}C+AC}$；

（5）$F=A\overline{B}C+\overline{A}+B+\overline{C}$。

习题 1.12　求下列函数的反函数并化为最简**与或**形式。

（1）$F=\overline{(A+\overline{B})(\overline{A}+C)}\cdot AC+BC$；

（2）$F=(AB+\overline{A}\,\overline{B})(C+D)(E+\overline{CD})$；

（3）$F=(A\overline{B}+C)\overline{\overline{AB}+CD}+\overline{ACD}$；

（4）$F=\overline{\overline{A}+C(\overline{BC}+D)}\cdot B+AD$；

（5）$F=A+\overline{B+\overline{C}+\overline{D}+\overline{E}}$。

习题 1.13　求下列函数的对偶式并化为最简**与或**形式。

（1）$F=\overline{ABC}(A+\overline{B}\,\overline{C})\cdot\overline{\overline{A}+C}$；

（2）$F=\overline{\overline{A}\,\overline{B}+ABC}(\overline{B}+\overline{C}\,\overline{D})$；

（3）$F=\overline{(\overline{A}+B)}(\overline{B}+C)+(\overline{C}+D)\overline{(\overline{D}+\overline{A})}$；

（4）$F=\overline{A\overline{B}\cdot\overline{B+CD}+\overline{(\overline{C}+D)B}}$；

（5）$F=\overline{(A+C)(B+\overline{D})+\overline{B}CD\cdot\overline{\overline{AD}}}$。

习题 1.14　证明下列逻辑恒等式（方法不限）。

（1）$(A+\overline{C})(B+D)(B+\overline{D})=AB+B\overline{C}$；

（2）$(A\oplus B)\oplus C=A\oplus(B\oplus C)$；

（3）$\overline{\overline{(A+B+\overline{C})}\cdot\overline{C}D}+(B+\overline{C})(A\overline{B}D+\overline{B}\,\overline{C})=1$；

（4）$\overline{A}\,\overline{B}\,\overline{C}\,\overline{D}+\overline{A}B\overline{C}D+ABCD+A\overline{B}C\overline{D}=\overline{A\overline{C}+\overline{A}C+B\overline{D}+\overline{B}D}$。

习题 1.15　写出下列函数的各种最简表达式：**与－或**、**或－与**、**与－或－非**、**与非－与非**、**或非－或非**表达式，并画出其对应的逻辑电路图。

（1）$F=A\overline{B}+\overline{A}C$；

（2）$F=\overline{A}B+\overline{A}\,\overline{D}+B\overline{D}+\overline{C}\,\overline{D}+\overline{B}\,\overline{C}D$；

（3）$F=AC+B\overline{C}+\overline{A}B+BC$；

（4）$F(A,B,C,D)=\sum m(1,2,6,7,8,9,10,13,14,15)$；

（5）$F(A,B,C,D)=\sum m(0,1,3,4,6,7,14,15)+\sum d(8,9,10,11,12,13)$。

习题 1.16　用卡诺图化简下列函数，分别写出其最简**与－或**表达式和**或－与**表达式。

（1）$F=\overline{A}\,\overline{B}+\overline{A}\,\overline{C}(A\overline{B}C+AB\overline{C}=\mathbf{0})$；

（2）$F=AB\overline{C}+\overline{A}BD(A\overline{B}+AC=\mathbf{0})$；

（3）$F=A\overline{B}\,\overline{C}+AC+\overline{A}BC+\overline{B}C\overline{D}$；

（4）$F(A,B,C,D)=\sum m(2,3,4,5,8,9,14,15)$；

（5）$F(A,B,C,D)=\sum m(1,4,8,12,13)$。

习题 1.17　用卡诺图化简下列有无关项的函数，分别写出其最简**与－或**表达式和**或－与**表达式。

（1）$F(A,B,C,D)=\sum m(5,6,8,10)+\sum d(0,1,2,13,14,15)$；

(2) $F(A,B,C,D)=\sum m(1,4,8,12,13)+\sum d(2,3,6,10,11,14)$。

习题 1.18　将下列函数化成最简**或 - 与**表达式。

(1) $F=A\overline{B}\,\overline{C}+\overline{A}C+BC$;

(2) $F=\overline{A}B+ACD+\overline{A}C\,\overline{D}+B\,\overline{D}$;

(3) $F=AC\,\overline{D}+\overline{A}BC+\overline{A}\,\overline{B}D+\overline{B}\,\overline{C}D$;

(4) $F=A\overline{B}C+\overline{A}\,\overline{B}\,\overline{C}+\overline{A}C\,\overline{D}+A\,\overline{C}\,\overline{D}+AD$;

(5) $F(A,B,C,D)=\sum m(0,1,2,5)$。

习题 1.19　将下列函数化成最简**与 - 或**表达式。

(1) $F=A(B+\overline{C})(A+D+E)(B+C+\overline{D}+\overline{E})(\overline{A}+\overline{B}+C+\overline{D}+E)$;

(2) $F(A,B,C,D,E)=\prod M(0,2,4,6,9,11,13,15,17,19,21,25,27,29)$;

(3) $F(A,B,C,D,E)=\prod M(1,2,5,8,9,10,12,13,14,18,19,22,23,24,26,28)$;

(4) $F(A,B,C,D,E)=\prod M(8,9,12,13,16,18,20,22,23,24,26,28,30,31)$。

习题 1.20　试用卡诺图对已知函数做逻辑运算。

(1) 已知 $\begin{cases} F=AB\,\overline{C}+CD(A+\overline{B})+\overline{B}\,\overline{C}\,\overline{D} \\ G=(AB+C\,\overline{D})AB\,\overline{C}+\overline{A}\,\overline{B}\,\overline{D} \end{cases}$

试求：(a) $F\cdot G$; (b) $F+G$; (c) $F\oplus G$。

(2) 已知 $\begin{cases} F(A,B,C,D)=\sum m(2,4,6,9,13,14)+\sum d(0,1,3,8,11,15) \\ G(A,B,C,D)=\sum m(4,5,7,9,12,13,14)+\sum d(1,3,8,10) \end{cases}$

试求：(a) $F+G$; (b) $F\cdot G$; (c) $F\oplus G$。

习题 1.21　多输出函数卡诺图化简。下列函数为同一电路的三个输出端，试用最少数目的**与非**门实现其电路。

(1) $F_1(A,B,C,D)=\sum m(3,4,6,7,12,14,15)$;

(2) $F_2(A,B,C,D)=\sum m(2,3,4,6,7,9,12,13,14,15)$;

(3) $F_3(A,B,C,D)=\sum m(0,2,3,4,7,8,9,12)$。

习题 1.22　利用卡诺图求逻辑函数 $F=F_1\cdot F_2$ 的最简**与 - 或**表达式。

(1) $F_1=\sum m(0,1,3,7)$,　　$F_2=\sum m(1,3,5,7)$;

(2) $F_1=\sum m(0,1,3,5,7,9,11)$,　　$F_2=\sum m(0,4,5,8,11,13,14,15)$。

第二章　逻辑门电路

在第一章,学习并建立了**与**、**或**、**非**三种基本逻辑运算的基本概念,重点介绍了基本运算输入变量与输出函数之间的逻辑关系,但是并不知道这些逻辑关系如何用集成电路实现,本章将重点解决这一问题。

集成逻辑门电路是组成各种数字电路的基本单元电路,按照使用元器件的不同有双极型集成逻辑门和单极型集成逻辑门两大类:双极型集成逻辑门主要有TTL、ECL等电路,而单极型集成逻辑门有CMOS等电路。本章将介绍这两类集成逻辑门中的TTL、ECL、I^2L和CMOS门电路的电路组成、工作原理及其外部电气特性,还将讨论电路之间的连接问题。为今后设计电路时正确使用、合理选用集成逻辑门电路打下良好的基础。

为了使读者对集成门电路外形建立感性认识,图2.0.1给出了双列直插式集成逻辑门的外形封装,简称DIP(Dual In-line Package)封装。

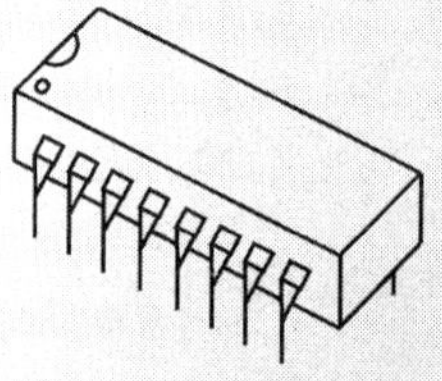

图 2.0.1　双列直插式封装外形图

第一节　标准 TTL 与非门

一、TTL 与非门电路组成

图 2.1.1 为标准 TTL **与非**门电路图。该电路由三部分组成:输入级、中间级和输出级。

(1) 输入级:输入级由多发射极晶体管 T_1、二极管 D_1、D_2 和基极电阻 R_1 组成。多发射极晶体管可以看成发射极各自独立、基极和集电极分别并联的三极管,多发射极晶体管的等效逻辑电路如图 2.1.2 所示。当输入端 A、B 中有一个接低电平,则 T_1 必有一个发射结导通,将 T_1 的基极钳位在低电平 1 V(设 $U_{IL}=0.3$ V,$u_{BE1}=0.7$ V)。由图 2.1.2 可见,T_1 管相当于一个二极管构成的**与**门,实现了输入变量 A、B 的**与**运算。

输入端二极管 D_1 和 D_2 是钳位二极管,起到保护 T_1 的作用。当输入端出现负向干扰时,二极管导通,一方面可以抑制输入端出现的负向干扰,另一方面防止输入电压为负时 T_1 的发射极电流过大。

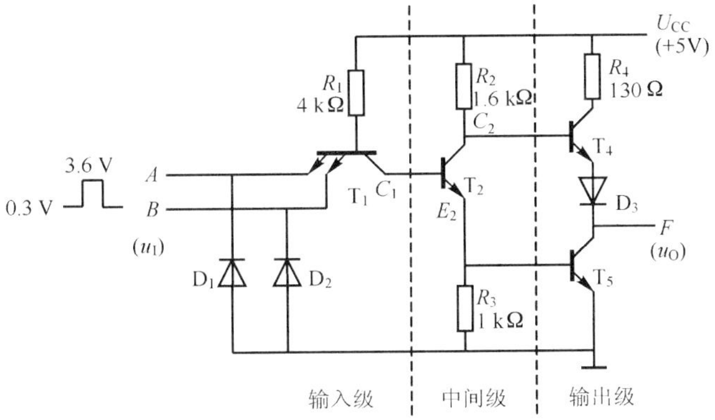

图 2.1.1　TTL 与非门电路

(2) 中间级：中间级由 T_2、R_2 和 R_3 组成，它是一个倒相器，从 T_2 的集电极和发射极上可以分别获得两个相位相反的电压信号 C_2 和 E_2，供给输出级使用。

(3) 输出级：输出级由 D_3、T_4、T_5 和电阻 R_4 组成。由于 T_4 的基极信号为 C_2，T_5 的基极信号为 E_2，而 C_2 和 E_2 信号相位相差 180°，所以 D_3、T_4 导通时 T_5 截止；T_5 导通时 D_3、T_4 截止。这种电路形式称为推拉式结构，也称图腾柱结构，推拉式输出结构具有较强的负载能力。

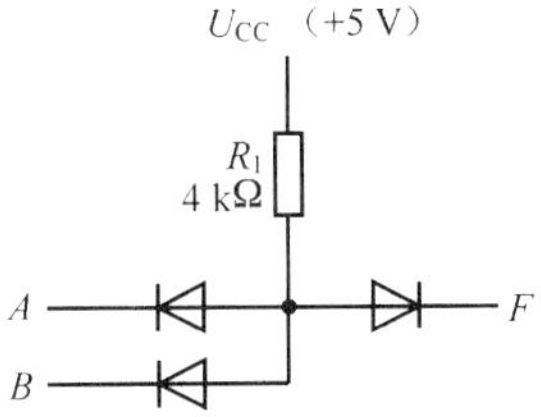

图 2.1.2　多发射极管等效逻辑电路

二、TTL 与非门工作原理

根据**与非**逻辑运算关系，可以将输入端 A、B 的输入信号分为两种情况，一是 A、B 全接高电平，另一种情况是 A、B 中至少有一个低电平。下面按照这两种情况分别讨论 TTL **与非**门的工作原理。

(一) 输入端全部接高电平

当输入端 A、B 全部接高电平(3.6 V)时，如果不考虑 T_2 和 T_5 的存在，则 T_1 管基极 $u_{B1}=(3.6+0.7)\text{ V}=4.3\text{ V}$。由于 T_2 和 T_5 的存在，T_2 和 T_5 的发射结正偏导通，T_1 管基极最多不超过 2.1 V($u_{B1}=u_{BC1}+u_{BE2}+u_{BE5}=0.7\times3\text{ V}=2.1\text{ V}$)，所以 T_1 所有发射结均反偏截止，这时 T_1 的集电结正偏导通，T_1 的基极电流 i_{B1} 流向 T_1 的集电极并注入到 T_2 的基极。

$$i_{B1}=\frac{U_{CC}-u_{B1}}{R_1}\approx\frac{5-2.1}{4}\text{ mA}\approx0.73\text{ mA}$$

此时 T_1 处于倒置工作状态，集电极当发射极用，发射极当集电极用。倒置工作状态时电流放大系数$\beta_{反}$很小($\beta_{反}<0.02$),$i_{B2}=i_{C1}=(1+\beta_{反})i_{B1}\approx i_{B1}$,由于$i_{B1}$较大足以使$T_2$饱和,这时$T_2$的集电极电位为

$$u_{C2}=u_{CES2}+u_{BE5}\approx(0.3+0.7)\ V=1\ V$$

该电压加至T_4基极,由于D_3的存在,不足以使T_4导通,因此T_4截止。对于T_5管,其基极电流$i_{B5}\approx i_{E2}$,且$i_{C5}=i_{E4}\approx 0$,所以T_5处于深度饱和状态,门电路输出端F为低电平$U_{OL}=u_{CES5}\approx 0.3$ V。

(二)输入端至少有一个接低电平

设A端接低电平(0.3 V),B端接高电平(3.6 V)。T_1管对应A端的发射结正偏导通,则$u_{B1}=u_A+u_{BE1}=(0.3+0.7)$ V $=1$ V,因此T_1管对应B端的发射结反偏截止。由于$u_{B1}=1$ V,无法使T_1的集电结和T_2、T_5的发射结都导通,所以T_2、T_5截止,T_1的集电极电流近似为零,T_1工作在深度饱和状态。此时T_2的集电极电位$u_{C2}\approx U_{CC}=5$ V,电源U_{CC}经R_2向T_4提供基极电流,合理选择R_2、R_4及β_4,使T_4处于放大状态,电路输出为高电平

$$U_{OH}=U_{CC}-u_{BE4}-u_{D3}\approx(5-0.7-0.7)\ V=3.6\ V$$

当A端接高电平,B端接低电平或A、B端均接低电平时,分析过程相同,电路输出均为高电平。

综上所述,当输入端全部接高电平时,输出为低电平;当输入端至少有一个接低电平时,输出为高电平。由此可见,电路的输出和输入之间满足**与非**逻辑关系

$$F=\overline{AB}$$

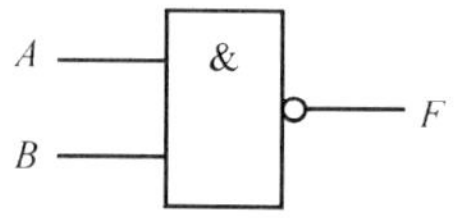

图 2.1.3　与非门的逻辑符号

电路逻辑符号如图 2.1.3 所示。

上述两种输入条件下**与非**门各晶体管工作状态及输出如表 2.1.1 所示。

表 2.1.1　TTL 与非门各晶体管工作状态

输　入	T_1	T_2	T_4	T_5	输　出
全部为高电平	倒置	饱和	截止	深饱和	低电平
至少有一个为低电平	深饱和	截止	放大	截止	高电平

三、TTL 与非门工作速度

TTL **与非**门的工作速度受到两方面的影响,一是**与非**门内部晶体管工作在饱和状态时对开关速度的影响,二是**与非**门输出端接容性负载时对工作速度的影响。

晶体管工作在饱和状态时基区存储大量的载流子,当晶体管由饱和转向截止时,存储的载流子来不及消散,晶体管不能迅速脱离饱和状态,因此影响**与非**门的开关速度。

当**与非**门输出端接容性负载时,在输出由低电平转向高电平的瞬间,需要对负载电容充电,充电时间常数的大小,将影响**与非**门从低电平变化到高电平需要的时间,也会影响**与非**门的开关速度。

因此要提高电路的开关速度,必须加速饱和管存储电荷的扩散速度,减小对负载电容充电的时间常数。针对上述问题,TTL **与非**门在电路结构上采取了以下几方面的措施:

(1) 采用多发射极晶体管 T_1,加速 T_2 管脱离饱和状态。当输入端全为高电平时,T_2 管饱和,基区存储了大量的载流子,当 T_1 的输入端突然变为低电平时,T_1 管的基极电流 i_{B1} 流向低电平输入端,在瞬间产生 T_1 正向基极电流的同时,也产生很大的集电极电流 i_{C1},i_{C1} 恰好为 T_2 和 T_5 提供了很大的反向基极电流,使 T_2 基区的存储电荷迅速消散,因而使 T_2 迅速脱离饱和状态,进入截止状态,从而提高开关速度。

(2) 在输出由低电平转向高电平变化的瞬间,T_4 和 T_5 同时导通,加速 T_5 管脱离饱和状态。由于 T_2 迅速截止,u_{C2} 迅速上升,导致 T_4 的迅速导通,在 T_5 尚未完全脱离饱和区时,将出现瞬间 T_4 和 T_5 同时导通的情况,在 T_5 的集电极产生一个几十毫安的集电极尖峰电流,这个瞬时大电流破坏了 T_5 的饱和条件,加速了 T_5 中存储电荷的消散速度,使 T_5 迅速脱离饱和状态,进入截止状态,进一步提高**与非**门的开关速度。

(3) 推拉结构降低了**与非**门的输出电阻,减小对负载电容的充电时间。当**与非**门输出低电平时,T_5 处于深度饱和状态,输出电阻很低;当**与非**门输出高电平时 T_4 导通,组成射极跟随器,输出电阻也很低,因此无论哪种状态输出,**与非**门的输出电阻都很低,减小了对负载电容的充电时间,使容性负载对工作速度的影响减小。

四、TTL 与非门的外特性及主要参数

外特性指的是电路对外部所表现出来的各种特性。掌握器件的外特性及其主要参数是用户正确使用、维护、设计电路的重要依据。通常 TTL 门电路的生产厂家会为用户提供各种逻辑器件的数据手册,下面将介绍手册中提供的特性曲线及其主要参数。

(一) 电压传输特性

与非门的电压传输特性指的是**与非**门输入电压 u_I 与输出电压 u_O 之间的关

系曲线，即 $u_O=f(u_I)$ 的函数关系。图 2.1.1 所示的**与非**门电压传输特性的测试电路及特性曲线分别如图 2.1.4(a) 和 (b) 所示。电压传输特性曲线大致分为四个部分：*AB* 段、*BC* 段、*CD* 段和 *DE* 段。

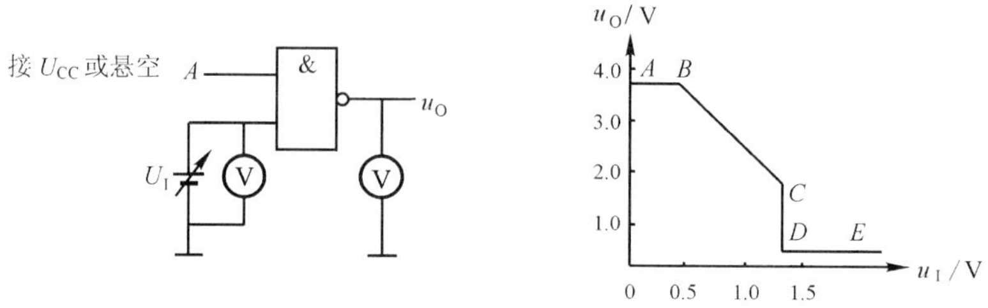

(a) 电压传输特性测试电路　　(b) 电压传输特性曲线

图 2.1.4　TTL 与非门电压传输特性

AB 段：当 $u_I<0.6$ V 时，$u_{B1}<1.3$ V，T_2 和 T_5 截止，T_4 导通，输出高电平 $U_{OH}=3.6$ V，称 *AB* 段为特性曲线的截止区，也称**与非**门截止。

BC 段：当 $0.6\text{ V}\leqslant u_I<1.3$ V 时，$1.3\text{ V}\leqslant u_{B2}<2.1$ V，因此 T_2 导通而 T_5 截止。由于 T_2 工作在放大区，所以 u_{C2} 随 u_{B2} 升高而下降，经 T_4 射极跟随器使 u_O 下降，故称 *BC* 段为线性区。

CD 段：当 $u_I\geqslant1.3$ V 时，随着输入电压略微升高，输出电压急剧下降，这是由于 T_5 开始导通，T_2 尚未饱和，T_2、T_4、T_5 均处于放大状态，故 u_I 稍有提高，就会使 u_O 迅速下降，称 *CD* 段为转折区。

DE 段：当 u_I 继续升高，随着 u_I 增加 T_1 进入倒置工作状态，$u_{B1}=2.1$ V，此时 T_2、T_5 饱和，T_4 截止，输出低电平 $U_{OL}=0.3$ V，且 u_O 基本上不随 u_I 的增大而变化，称 *DE* 段为饱和区，也称**与非**门导通。

根据电压传输特性的分析，当 $U_{CC}=5$ V 时，可以求得 TTL **与非**门如下几个重要参数：

1. 输出高电平 U_{OH} 和输出低电平 U_{OL}

U_{OH} 是电压传输特性曲线 *AB* 段所对应的输出电压，$U_{OH}=3.6$ V。U_{OL} 是电压传输特性曲线 *DE* 段所对应的输出电压，$U_{OL}=0.3$ V。

TTL 器件一般要求 $U_{OH}\geqslant3$ V，$U_{OL}<0.4$ V。

2. 阈值电压 U_{TH}

通常把电压传输特性 *CD* 段中点所对应的输入电压称为阈值电压 U_{TH}，阈值电压也称门槛电压，$U_{TH}=1.3\sim1.4$ V。近似分析时，可以认为 $u_I>U_{TH}$ 时**与非**门导通，输出低电平 U_{OL}；$u_I<U_{TH}$ 时**与非**门截止，输出高电平 U_{OH}。

3. 开门电平 U_{ON} 和关门电平 U_{OFF}

开门电平 U_{ON} 指的是输出电平 $U_{OL}=0.3$ V 时，允许输入高电平的最小值。在特性曲线上，U_{ON} 是指输出电压为 0.3 V 时所对应的输入高电平的最小值。只有当 $u_I \geq U_{ON}$ 时，输出才为低电平。U_{ON} 典型值为 1.4 V，一般产品要求 $U_{ON} \leq$ 1.8 V。

关门电平 U_{OFF} 指的是在保证输出电压为额定高电平 U_{OH} 的 90%（即 2.7 V）时，允许输入低电平的最大值。只有当 $u_I < U_{OFF}$ 时，输出才为高电平。一般产品要求 $U_{OFF} \geq 0.8$ V。

TTL 与非门的额定高电平 $U_{OH}=3$ V，额定低电平 $U_{OL}=0.3$ V，这是由于器件的离散性引入的参数。

4. 噪声容限 U_{NL} 和 U_{NH}

噪声容限表示门电路的抗干扰能力。实际应用中，由于外界干扰和电源波动等原因，可能使输入电压 u_I 偏离规定值。为保证电路可靠工作，对干扰电压的限制，称为噪声容限，用 U_N 表示。噪声容限有低电平噪声容限 U_{NL} 和高电平噪声容限 U_{NH} 两个指标。

低电平噪声容限 U_{NL} 是指在保证输出高电平的前提下，允许叠加在输入低电平 U_{IL} 上的最大正向干扰电压，用 U_{NL} 表示

$$U_{NL} = U_{OFF} - U_{OL}$$

高电平噪声容限是指在保证输出低电平的前提下，允许叠加在输入高电平上的最大负向干扰电压，用 U_{NH} 表示

$$U_{NH} = U_{OH} - U_{ON}$$

若 $U_{OFF}=0.8$ V，$U_{OL}=0.3$ V 时，则 $U_{NL}=0.5$ V。若 $U_{ON}=1.8$ V，$U_{OH}=$ 3.0 V，则 $U_{NH}=1.2$ V。

图 2.1.5 表明 U_{ON}、U_{OFF} 与 U_{NL}、U_{NH} 之间的关系。

（二）输入特性

输入特性指的是输入电压与输入电流之间的关系曲线，即 $i_I=f(u_I)$ 的函数关系，如图 2.1.6 所示。设输入电流 i_I 流入 T_1 发射极时方向为正，反之为负。

1. 输入短路电流 I_{IS}

输入短路电流 I_{IS} 指的是当 $u_I=0$ V 时由输入端流出的电流。

$$I_{IS} = -\frac{U_{CC} - u_{BE1}}{R_1} = -\frac{5-0.7}{4}\ \text{mA} \approx -1.1\ \text{mA}$$

输入低电平时的输入电流称为低电平输入电流 I_{IL}，显然 I_{IL} 的绝对值比 I_{IS} 的绝对值略小一些，近似分析时，可以用 I_{IS} 来代替 I_{IL}。

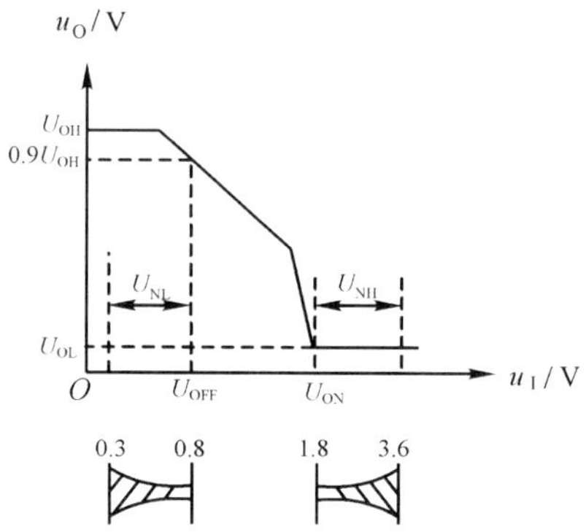

图 2.1.5　U_{ON}、U_{OFF}与U_{NL}、U_{NH}之间的关系

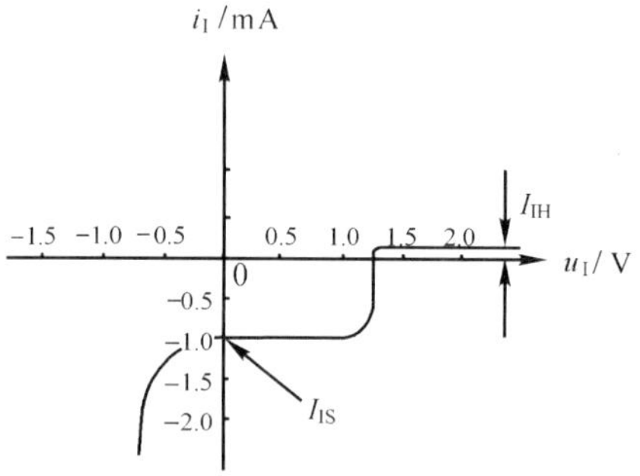

图 2.1.6　TTL 与非门输入特性曲线

2. 输入漏电流 I_{IH}(或称高电平输入电流)

输入漏电流 I_{IH} 指的是一个输入端接高电平 U_{IH},其余输入端接低电平时,流入该输入端的电流。

由于三极管工作在倒置状态,电流放大倍数很小,因此高电平输入电流也很小,约 10 μA 左右。标准 TTL 门电路每个输入端的 $I_{IH} \leqslant 50$ μA。

(三) 输入负载特性

实际应用中,有时会遇到输入端经过一个电阻接地的情况,如图 2.1.7 所示。当输入电流流经 R_I 时,必然会在 R_I 上产生压降,从而形成输入电压 u_I。u_I 在一定范围内会随着 R_I 的增加而升高,形成 $u_I = f(R_I)$ 变化曲线,称为输入负载特性曲线,如图 2.1.8 所示。

因此可知,当 R_I 较小时,u_I 与 R_I 成正比。由于 u_I 很小时,T_2、T_5 截止,忽略 T_2 的反向基极电流,近似认为

$$u_I = \frac{R_I}{R_1 + R_I}(U_{CC} - u_{BE1})$$

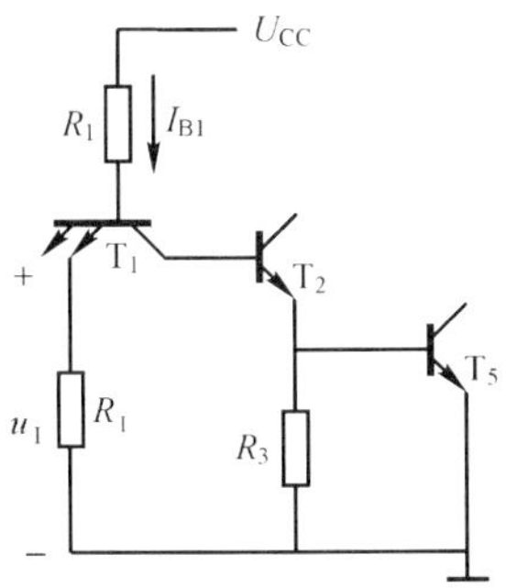

图 2.1.7 TTL 与非门输入负载

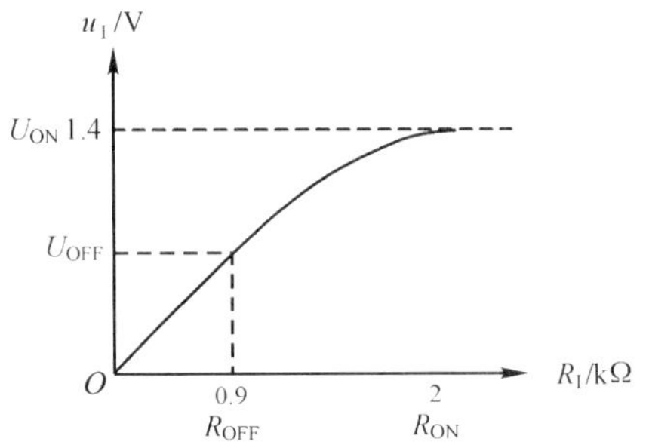

图 2.1.8 TTL 与非门输入负载特性

为了保证电路稳定地输出高电平，必须使 $u_I \leqslant U_{OFF}$，即

$$u_I = \frac{R_I}{R_1 + R_I}(U_{CC} - u_{BE1}) \leqslant U_{OFF} \quad 故 \quad R_I \leqslant \frac{U_{OFF}}{U_{CC} - u_{BE1} - U_{OFF}} R_1$$

此时求出的电阻为关门电阻 R_{OFF}，若 $U_{OFF} = 0.8\ \text{V}$，$R_1 = 4\ \text{k}\Omega$，则 $R_{OFF} \leqslant 0.9\ \text{k}\Omega$。若要使**与非**门稳定在截止状态，输出高电平，必须取 $R_I < R_{OFF}$。

当 R_I 增大时，u_I 进一步增加，当 u_I 增大到 1.4 V 时，T_2、T_5 导通，u_{B1} 被钳位在 2.1 V，致使 u_I 不会超过 1.4 V，如图 2.1.8 所示。为保证电路稳定地输出低电平，应该有 $u_I \geqslant U_{ON}$。即

$$u_I = \frac{R_I}{R_1 + R_I}(U_{CC} - u_{BE1}) \geqslant U_{ON} \quad 故 \quad R_I \geqslant \frac{U_{ON}}{U_{CC} - u_{BE1} - U_{ON}} R_1$$

此时求得的输入电阻 R_I 称为开门电阻 R_{ON}。若 $U_{ON} = 1.4\ \text{V}$，$R_1 = 4\ \text{k}\Omega$，则 $R_{ON} \approx 2\ \text{k}\Omega$。若要保证**与非**门可靠导通，输出低电平，应选择 $R_I \geqslant R_{ON}$。

（四）功耗

功耗是门电路的重要参数之一，功耗有静态功耗和动态功耗之分。静态功耗指的是电路没有发生转换时的功耗；动态功耗指的是电路发生转换时的功耗。静态功耗有空载导通功耗 P_{ON} 和空载截止功耗 P_{OFF} 两个参数。

（1）空载导通功耗 P_{ON} 指的是输出端开路、输入端全部悬空、**与非**门导通时的电源电流 I_{CCL} 与电源电压 U_{CC} 的乘积。标准 TTL 芯片有 $I_{CCL} \leqslant 10\ \text{mA}$，所以 $P_{ON} \leqslant 50\ \text{mW}$。

（2）空载截止功耗 P_{OFF} 指的是输出端开路、输入端接地、**与非**门截止时的电源电流 I_{CCH} 与电源电压 U_{CC} 的乘积。标准 TTL 芯片有 $I_{CCH} \leqslant 5\ \text{mA}$，所以 $P_{OFF} \leqslant 25\ \text{mW}$。

（五）扇入系数和扇出系数

（1）扇入系数 N_I 指的是输入端的个数，例如一个四输入端的**与非**门，其扇

入系数 $N_I = 4$。

(2) 扇出系数 N_O 衡量门电路带负载能力的大小。以同类门电路作负载时，N_O 表示可驱动同类门的个数。N_O 分为两种情况，一种称为灌电流负载 N_{OL}，另一种称为拉电流负载 N_{OH}，如图 2.1.9 所示。

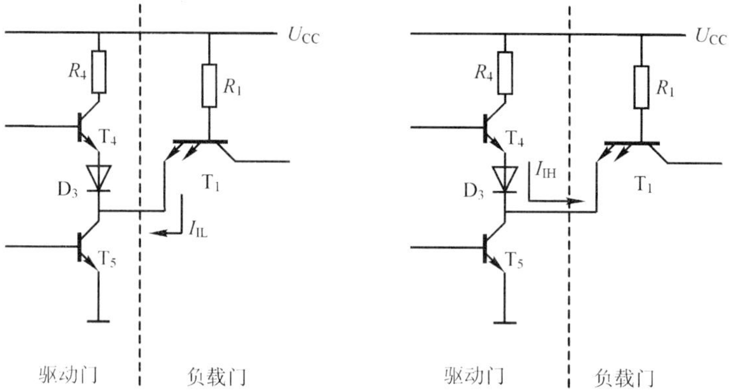

(a) 灌电流负载　　(b) 拉电流负载

图 2.1.9　与非门的带负载能力

当驱动门输出低电平，负载电流从外电路流入驱动门电路时，称为灌电流负载，N_{OL}的计算如下

$$N_{OL} = I_{OLmax}/I_{IL}$$

其中，I_{OLmax}为驱动门的最大允许灌电流，I_{IL}是一个负载门灌入本级的电流。当负载门的个数增加时，总灌电流将增加，同时引起输出低电平的增大。N_{OL}限制了接入负载门的个数，N_{OL}越大，说明门的灌电流负载能力越强。

当驱动门输出高电平时，负载电流从驱动门拉出，流向负载门，称为拉电流负载，N_{OH}的计算如下

$$N_{OH} = I_{OHmax}/I_{IH}$$

其中，I_{OHmax}为驱动门的最大允许拉电流，I_{IH}是负载门高电平输入电流。

通常 N_{OL}与 N_{OH}不相等，取较小的作为门电路的扇出系数 N_O。在 TTL 集成器件的数据手册中，并不给出扇出系数，需要计算求得，在实际使用中应当注意留有一定的余地。

(六) 平均传输延迟时间

平均传输延迟时间是表示门电路开关速度的参数，它是指门电路在输入脉冲波形的作用下，输出波形相对于输入波形延迟了多少时间。TTL 传输延迟时间如图 2.1.10 所示，由于晶体管的结电容和输入、输出端的寄生电容使输出波

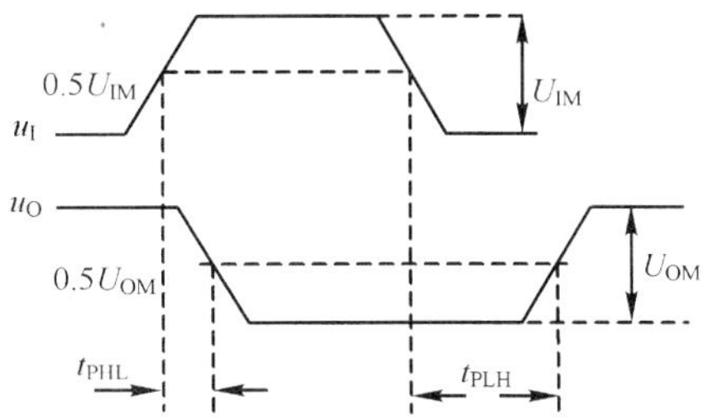

图 2.1.10　门电路的传输延迟时间

形发生了畸变和延迟。

传输时间的计算如图 2.1.10 所示，从输入波形上升沿的 50% 幅值处到输出波形下降沿 50% 幅值处所需时间，称为导通延迟时间 t_{PHL}；从输入波形下降沿 50% 幅值处到输出波形上升沿 50% 幅值处所需时间，称为截止延迟时间 t_{PLH}。通常 $t_{PLH} > t_{PHL}$。两者的平均值称为平均传输延迟时间 t_{pd}，即

$$t_{pd} = \frac{t_{PLH} + t_{PHL}}{2}$$

t_{pd}越小，电路的开关速度越高。一般 TTL 与非门的 $t_{pd} = 10 \sim 40$ ns。

五、TTL 标准与非门的改进型

为了满足实际应用中对 TTL 门电路提出的各种要求，除了上面介绍的标准 TTL 门电路，即 74 系列器件外，又相继出现了在速度、功耗和抗干扰能力等方面的改进型 TTL 门电路，如 74H 系列、74S 系列、74LS 系列等，下面介绍这些改进型 TTL 门电路。

（一）TTL 快速系列（74H 系列）

为了提高电路的开关速度，减小传输延迟时间，快速系列 TTL 电路对标准型 TTL 电路进行了两项改进，电路如图 2.1.11 所示。一是在输出级采用了达林顿结构，将原电路输出级的 T_4 用复合管 T_3 和 T_4 代替，进一步减小门电路输出高电平时的输出电阻，提高对容性负载的充电速度。二是降低电路中所有电阻的阻值，缩短电路中各个节点电位的上升时间和下降时间，提高三极管的开关速度。

74H 系列门电路的传输时间比 74 系列减小了一半，但是由于前者电源电流的增大，使电路的功耗变大了。

（二）TTL 肖特基系列（74S 系列）

肖特基系列 TTL 与非门电路如图 2.1.12(a)所示，与标准 TTL 与非门相比有两点改进。一是增加了一个由晶体管 T_6、电阻 R_6 和 R_3 构成的有源泄放电

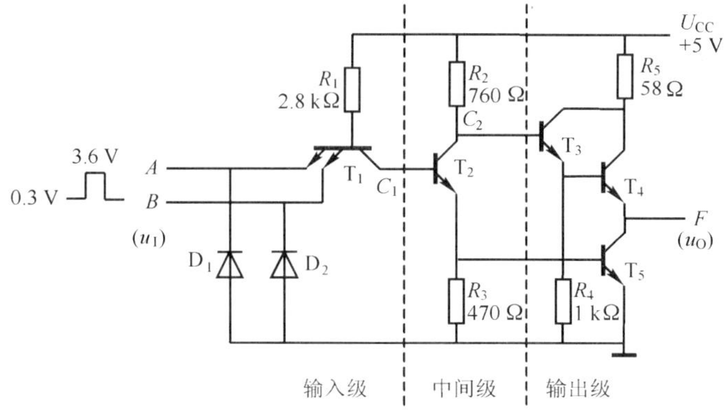

图 2.1.11　74H 系列与非门电路结构

路,用该电路代替 T_2 射极电阻 R_3。二是将标准 TTL 门电路中所有可能工作在饱和区的晶体管都改用抗饱和三极管,即肖特基三极管代替。肖特基三极管由肖特基势垒二极管(SBD)和普通三极管组成,如图 2. 1. 12(b)所示。

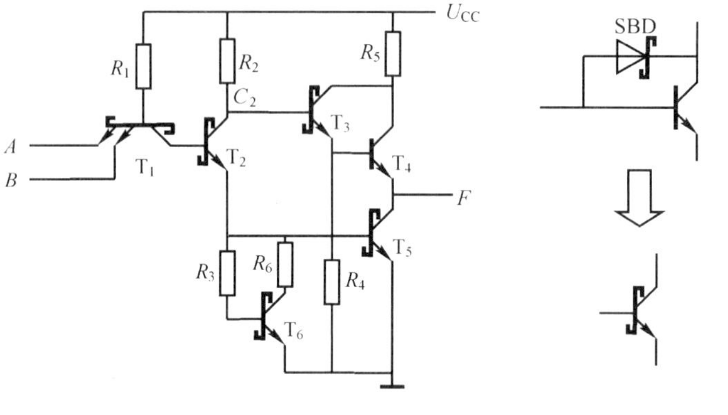

(a) 74S 系列与非门电路结构　　(b) 肖特基三极管

图 2.1.12　74S 系列与非门电路

采用有源泄放电路的目的主要有两点,一是提高工作速度,二是提高抗干扰能力。

当门电路由截止状态变为导通状态时,因为 T_6 基极通过 R_3 接至 T_2 发射极,而 T_5 基极直接与 T_2 发射极相连,所以 T_5 比 T_6 先导通,i_{E2} 全部流入 T_5 基极,使 T_5 迅速饱和,减少了电路的导通时间。当电路由导通状态变为截止状态时,由于 T_6 基极没有存储电荷的泄放回路,而 T_6 和 R_6 为 T_5 的基区提供了一个存储电荷的泄放回路,即为 T_5 基区提供了一个较大的反向驱动电流,使 T_5 迅速脱离饱和状态,因此 T_6 比 T_5 截止滞后,缩短了电路截止时间,有效地提高了电路的工作速度。

在标准 TTL 电路中，T_2 的 u_{B2} 达到 0.7 V 以上，T_2 先于 T_5 导通，出现电压传输特性曲线的线性区。而在改进型 TTL 电路中，T_2 的 u_{B2} 必须达到 1.4 V 以上，才会使 T_2、T_5 同时导通，因此电压传输特性曲线的线性区变窄，曲线变陡，低电平噪声容限 U_{NL} 提高了 0.7 V 左右，提高了电路的抗干扰能力。图 2.1.13 为 74S 系列与 74 系列与非门电压传输特性曲线的比较。由图可见，此时的开门电平 U_{ON}、关门电平 U_{OFF} 和阈值电压 U_{TH} 基本重合，工程上认为是同一个值 $U_{ON}=U_{OFF}=U_{TH}=1.4$ V。

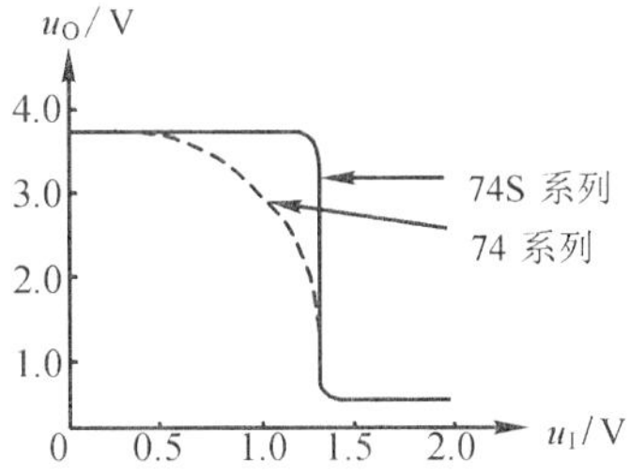

图 2.1.13　74S 系列与 74 系列与非门电压传输特性

肖特基三极管的结构如图 2.1.12(b) 所示，肖特基三极管由普通的三极管和跨接在三极管基极和集电极之间的 SBD 组成。SBD 利用金属铝和 N 型硅接触形成，它有两个特点：一是本身没有电荷存储效应，因此开关速度高，约为 0.1 ns；二是正向压降小，约为 0.3 V。

当三极管工作在截止区、放大区或刚刚进入饱和区时，SBD 均处于反偏而截止，输入电流全部流入基极形成 i_B，对三极管的开启时间无任何影响。随着三极管进入饱和区，集电结电压 $u_{BC}=0.3$ V 时 SBD 导通，部分输入电流被 SBD 分流，因而晶体管不会进入深度饱和状态，减少了电荷存储的数量。一般 74S 系列电路的 t_{pd} 小于 10 ns。

（三）TTL 低功耗肖特基系列（74LS 系列）

74LS 系列与非门电路如图 2.1.14 所示，电路中采用了多种措施，以达到缩短传输延迟时间、降低功耗的目的。74LS 系列门电路的功耗仅为 74 系列的五分之一，传输延迟时间与 74 系列相当，具有较小的延迟−功耗积和较好的综合性能。

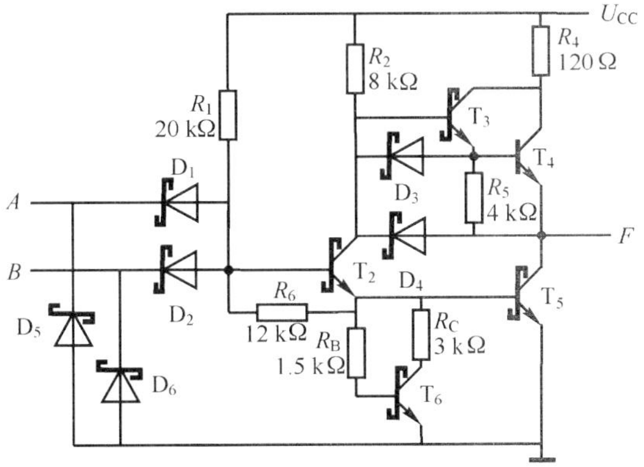

图 2.1.14　74LS 系列与非门电路

为了降低功耗，提高了电路中各电阻的阻值，将电阻 R_5 原来接地的一端改接到输出端，以减小 T_3 导通时电阻 R_5 上的功耗。

为了缩短传输延迟时间，电路中使用肖特基管和有源泄放电路，另外，还将输入级的多发射极管改用 SBD 代替，由于 SBD 没有电荷存储效应，因此有利于提高电路的工作速度。电路中还接入了 D_3 和 D_4 两个 SBD，当电路的输出端由高电平变为低电平时，D_4 经 T_2 的集电极和 T_5 的基极提供了一条通路，一是为了加快负载电容的放电速度，二是为了加速 T_5 的导通过程。另外，D_3 经 T_2 的集电极为 T_4 的基极提供了一条放电通路，加快了 T_4 的截止过程。

为了降低 TTL 电路的延迟-功耗积，除了有低功耗肖特基 74LS 系列门电路，以后又出现了超级肖特基 74AS 系列和超级低功耗肖特基 74ALS 系列门电路，74AS 系列具有更小的传输延迟时间，但功耗较大，74ALS 系列具有延迟小、功耗低的良好性能。

六、TTL 集成电路产品

TTL 集成电路产品很多，市场上常见的国际标准系列产品有：54/74 系列、54H/74H 系列、54S/74S 系列、54LS/74LS 系列、54AS/74AS 系列、54ALS/74ALS 系列和 54F/74F 系列等。关于 TTL 系列产品的特点如表 2.1.2 所示。在各系列产品中，包含各种不同逻辑功能的 TTL 门电路，如：**与非门**、**或非门**、反相器、**异或门**和**与或非门**等，还包含后面几章要学习的触发器、计数器、寄存器等其他数字电路。

表 2.1.2　TTL 系列产品及其特点

系　列	名　称	特　点
54/74 系列	TTL 通用标准系列	TTL 早期产品，中速器件，目前仍使用。
54H/74H 系列	TTL 快速系列	74 系列改进型，速度较 74 系列高，功耗大。
54S/74S 系列	TTL 肖特基系列	采用肖特基晶体管和有源泄放回路，速度高，品种较 74LS 系列少。
54LS/74LS 系列	TTL 低功耗肖特基系列	目前主要应用的产品，品种齐全，价格低廉。
54AS/74AS 系列	TTL 超级肖特基系列	74S 系列的改进产品，速度和功耗得到改进。
54ALS/74ALS 系列	TTL 先进的低功耗肖特基系列	74LS 系列的改进产品，速度和功耗有较大改进，但品种少，价格略高。
54F/74F 系列	TTL 高速系列	与 74ALS 及 74AS 产品相当，属高速型产品，品种较少。

TTL 集成电路的命名分为以下几个部分，规则如下：

例如：SN 74 LS 00 DIP。

第一部分：生产公司的名称。如：SN 表示美国 Texas 公司、HD 表示日本 HITACHI 公司。

第二部分：54 表示军品，工作温度范围为：-55～125℃；74 表示民品和工业品，工作温度范围为：0～70℃。

第三部分：表示产品的系列，如表 2.1.2 所示。有：H、S、LS、AS、ALS 和 F 等系列，缺省表示的是标准系列。

第四部分：集成电路逻辑功能编号。如：00 表示的是两输入四**与非**门。

第五部分：产品封装形式。如：DIP 为双列直插式。

国产 TTL 电路以 CT 开头，与国际标准系列相对应，如：CT74××系列相当于国际 SN74 系列；CT74H××系列相当于国际 SN74H 系列；CT74S××系列相当于国际 SN74S 系列；CT74LS××系列相当于国际 SN74LS 系列等。

各种系列的 TTL 门电路平均传输延迟时间和平均功耗/每门之间的比较如表 2.1.3 所示。

表 2.1.3 不同系列 TTL 门电路主要参数

参数 \ 系列	CT74 74/54	CT74H 74H/54H	CT74S 74S/54S	CT74LS 74LS/54LS	74AS/ 54AS	74ALS/ 54ALS
平均传输延迟时间 t_{pd}(ns)	10	6	3	9.5	1.5	4
平均功耗/每门 P(mW)	10	22	19	2	20	1

不同系列的 TTL 器件，只要器件型号的功能编号一样，则表明它们的逻辑功能和引脚排列完全相同。例如 7400、74H00、74S00、74LS00 等，它们的逻辑功能相同，都是两输入四**与非**门，引脚排列也完全相同，所不同的只是电气特性，如传输延迟时间、功耗等。

第二节 其他类型 TTL 门电路

为方便实现各种逻辑功能的电路，除 TTL **与非**门外，还有 TTL **与**门、**或**门、**与或非**门、集电极开路门、三态门和**异或**门等不同逻辑功能的门电路，这些都是在 TTL **与非**门基础上构成的。下面介绍几种常用的门电路，其他产品可以查阅

TTL 器件的数据手册。

一、集电极开路门(OC 门)

普通 TTL 门电路由于采用推拉式输出级,无论高电平或低电平输出电阻都很低,所以不允许将几个门电路的输出端直接并联,实现**与**逻辑。

图 2.2.1 电路表示两个普通 TTL **与非**门输出端直接并联的情况。假定门 1 输出高电平(T_4 导通),门 2 输出低电平(T_5 导通),此时在 U_{CC}与地之间形成一个低阻通路,产生一个很大的电流,电流从 U_{CC}→门 1 的 R_5→T_4→门 2 的 T_5,该电流将会超出正常的工作电流,不仅抬高门 2 的输出低电平,而且会因功耗过大损坏器件。因此普通 TTL 电路不允许将输出端直接并联使用,集电极开路**与非**门(简称 OC 门)可以解决这一问题。

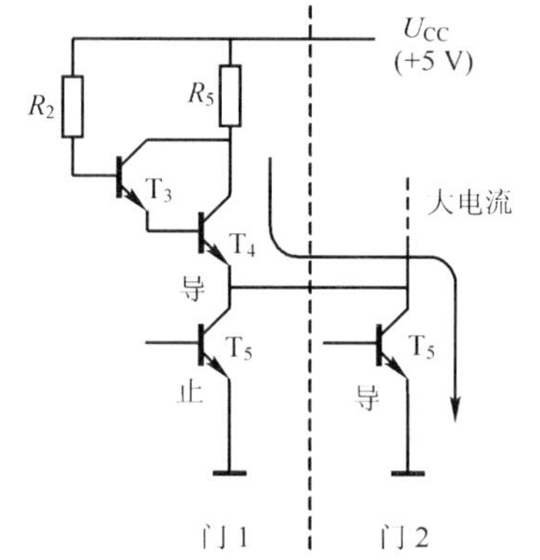

图 2.2.1　普通门电路输出端并联

(一) OC 门的电路结构

图 2.2.2(a)为典型 OC 门电路图,(b)为逻辑符号,符号中的图标"◇"表示集电极开路。由图可知,去掉普通 TTL 门中 T_3、T_4 管,T_5 管的集电极开路,就构成集电极开路**与非**门。

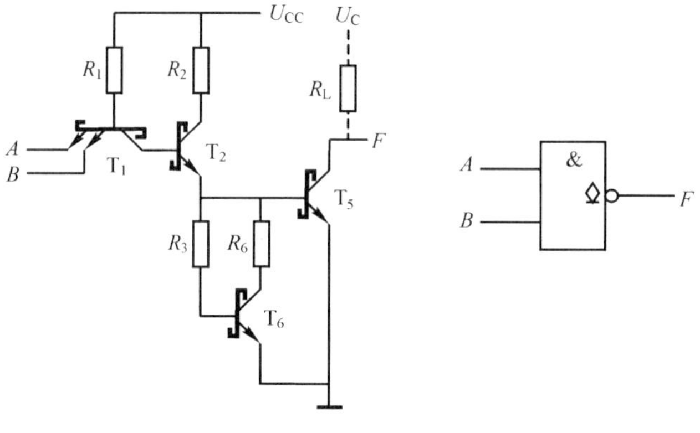

(a) 电路图　　(b) 逻辑符号

图 2.2.2　集电极开路与非门

使用 OC 门时需要外接一个电源 U_C(U_C = 5 ~ 30 V)及负载电阻 R_L,当输入端全为高电平时,T_2、T_5 导通,输出 F 为低电平;输入端有一个为低电平时,T_2、T_5 截止,输出 F 高电平接近电源电压 U_C,因此 OC 门同样可以实现**与非**逻辑功能。只要电阻 R_L 阻值和电源电压 U_C 的数值选择得当,就能够做到既保证输出高、低电平的要求，输出三极管的负载电流又不过大。

（二）OC 门实现线与逻辑

实际应用中，常需要把输出端直接并联使用，实现与逻辑功能，称为**线与**。

为了实现**线与**逻辑功能，将 OC 门输出端直接并联，外接负载电阻 R_L 和电源 U_C，如图 2.2.3(a)所示。F_1 与 A、B 之间实现**与非**逻辑，F_2 与 C、D 之间实现**与非**逻辑，将 F_1、F_2 输出端直接连在一起，只要 F_1、F_2 有一个是低电平，F 就是低电平；只有 F_1、F_2 同时为高电平，F 才是高电平，因此 F 与 F_1、F_2 之间实现**线与**逻辑，表达式为

$$F = F_1 \cdot F_2 = \overline{AB} \cdot \overline{CD} = \overline{AB + CD}$$

由上述表达式可知，将两个 OC 结构的**与非**门**线与**连接可以实现**与或非**的逻辑功能，如图 2.2.3(b)所示。

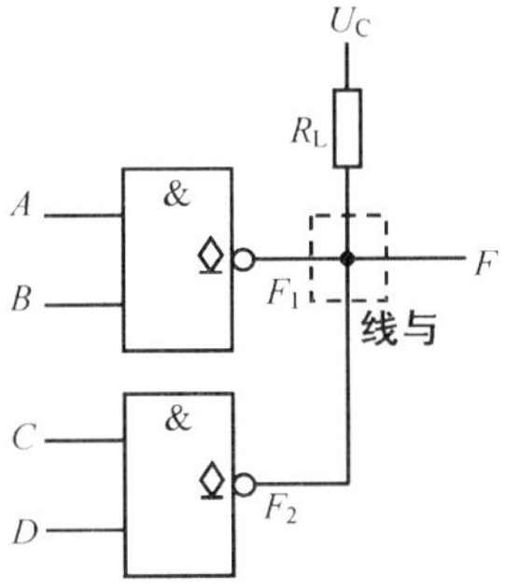

（a）线与逻辑图

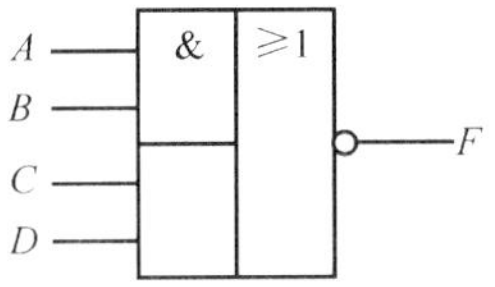

（b）等效逻辑

图 2.2.3　线与连接及其等效逻辑

图 2.2.4 为 n 个 OC 门输出端并联使用，驱动 m 个普通 TTL **与非**门的情况，R_L 可按下述原则选取。

图 2.2.4(a)为 n 个 OC 门全部截止，输出高电平。为了保证输出高电平不低于额定值，R_L 不能选得过大。因此 R_L 最大值的计算为

$$R_{Lmax} = \frac{U_C - U_{OHmin}}{nI_{OH} + mI_{IH}}$$

式中，U_C——外接电源电压；

U_{OHmin}——OC 门额定高电平最小值；

I_{OH}——OC 门截止时的漏电流；

I_{IH}——负载门输入端为高电平时的输入漏电流。

图 2.2.4(b)为只有一个 OC 门导通的情况，此时灌电流最大，为保证输出低电平不高于额定值，R_L 不能选得过小。因此 R_L 最小值的计算为

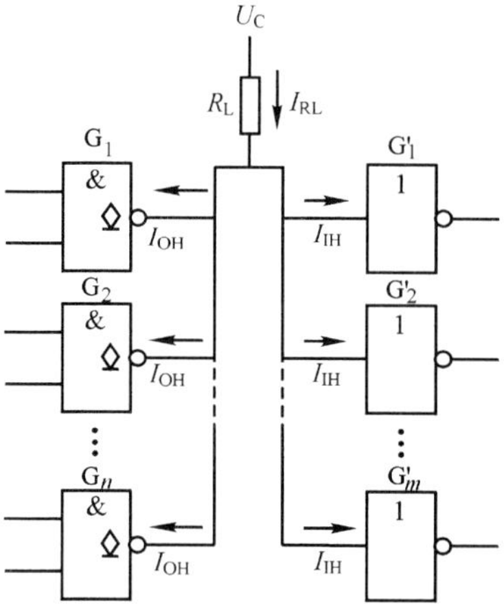

(a) 负载电阻 R_L 最大值的计算

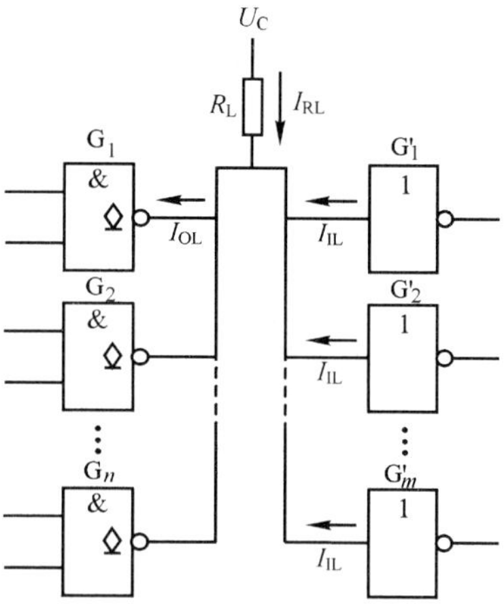

(b) 负载电阻 R_L 最小值的计算

图 2.2.4　负载电阻 R_L 的计算

$$R_{Lmin} = \frac{U_C - U_{OLmax}}{I_{OL} - mI_{IL}}$$

式中，U_C——外接电源电压；

U_{OLmax}——OC 门额定低电平最大值；

I_{OL}——OC 门最大允许灌电流；

I_{IL}——负载门输入短路电流。

综合以上两种情况，R_L 选取应满足下述表达式：

$$R_{Lmin} < R_L < R_{Lmax}$$

设 $n=4, m=3, I_{OH}=50\ \mu A, I_{IH}=40\ \mu A, U_{OHmin}=2.4\ V, U_{OLmax}=0.4\ V, I_{IL}=1.4\ mA, I_{OL}=16\ mA, U_C=5\ V$ 时，由上述公式可求得 $R_{Lmax}=8.1\ k\Omega$，$R_{Lmin}=390\ \Omega$，因此 R_L 取值范围如下：

$$390\ \Omega < R_L < 8.1\ k\Omega$$

上述方法仅仅确定了 R_L 的取值范围，R_L 的具体取值还要考虑电阻的标称值、电路的功耗和开关速度等因素。R_L 越小，电路的开关速度越快，功耗越大；如电路开关速度没有特殊要求，可以将 R_L 取大些，以降低电路的功耗。

（三）OC 门的应用

OC 门除了可以实现多门的**线与**逻辑功能外，还可以实现电平变换、驱动大电流负载等功能。

1. 实现电平变换

OC 门外接电源 U_C 选择范围是 5 ~ 30 V，因此 OC 门可以用来驱动其他不同电平的逻辑电路。

图 2.2.5 为 TTL OC 门电路驱动 CMOS 门电路的连接图。当 CMOS 电源电压 $U_{DD}=5$ V 时，TTL 门可以直接驱动 CMOS 门，如图 2.2.5(a) 所示。如果 CMOS 电路的 $U_{DD}>U_{CC}$ 时，为保证 CMOS 高电平输入的需要，可以选用 TTL 的 OC 门电路实现，电路连接如图 2.2.5(b) 所示。

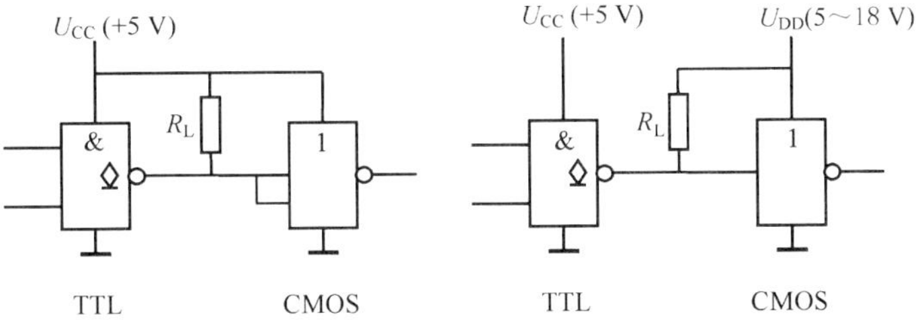

(a) $U_{CC}=U_{DD}$ 的情况　(b) $U_{DD}>U_{CC}$ 的情况

图 2.2.5　TTL OC 门驱动 CMOS 门电路

2. 驱动感性器件

在数字电子设备中，常会碰到用门电路直接驱动较大电流的情况，例如驱动感性器件。利用 OC 门可以实现大电流的驱动，只要合理选择 U_C，使驱动电流小于 OC 门中 T_5 所能承受的最大值即可。图 2.2.6(a)、(b) 为驱动感性器件的电路连接，其中图(a) 为驱动干簧继电器，图(b) 为驱动脉冲变压器。

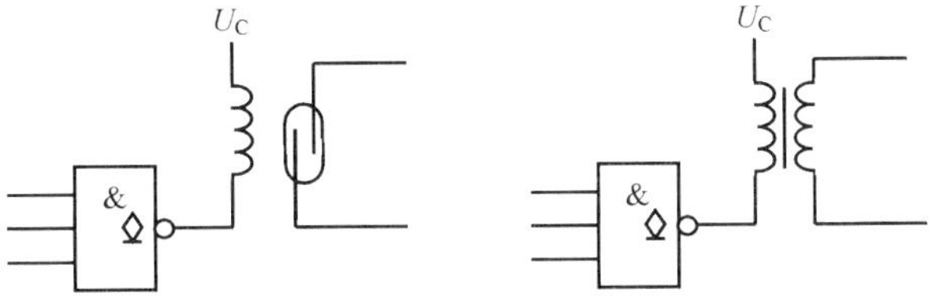

(a) 驱动干簧继电器　(b) 驱动脉冲变压器

图 2.2.6　OC 门驱动感性负载

二、三态输出逻辑门(TSL 门)

三态输出门除具有一般**与非**门的两种低阻输出状态(输出高电平和低电平状态)外，还具有高阻输出的第三种状态，称为高阻态，又称禁止态或失效态。三态门被广泛用于计算机的数据总线中。

(一) 三态门的工作原理

三态门是在一般**与非**门的基础上附加控制电路构成的。图 2.2.7 是一个三态输出的**与非**门电路,它是由两个门电路加上一个二极管 D_2 组成的。图中虚线左半部分(T_1、T_2、T_3、T_4)构成一个**非**门电路,它是三态门的控制电路部分,输入端 $\overline{E}$ 称为使能端。虚线右半部分为六管 TTL **与非**门。

当 $\overline{E}=0$ 时,T_4 截止,C 端输出高电平,使 D_2 截止,此时虚线右侧的电路执行正常的**与非**功能 $F=\overline{AB}$。

当 $\overline{E}=1$ 时,T_4 饱和导通,C 端输出低电平,使 T_6、T_7、T_{10} 截止,同时由于 D_2 导通,使 T_6 的集电极 $u_{C6}=u_{D2}+u_{CE4}=(0.7+0.3)\text{ V}=1\text{ V}$,因此 T_9 截止,此时三态门的输出管 T_9、T_{10} 均处于截止状态,三态门的输出 F 端呈现开路,输出既不是高电平,也不是低电平,这就是三态门的第三种状态——高阻状态,记为 Z。由于输出端有三种可能的状态:高电平、低电平、高阻,故将这种门电路称为三态逻辑门。

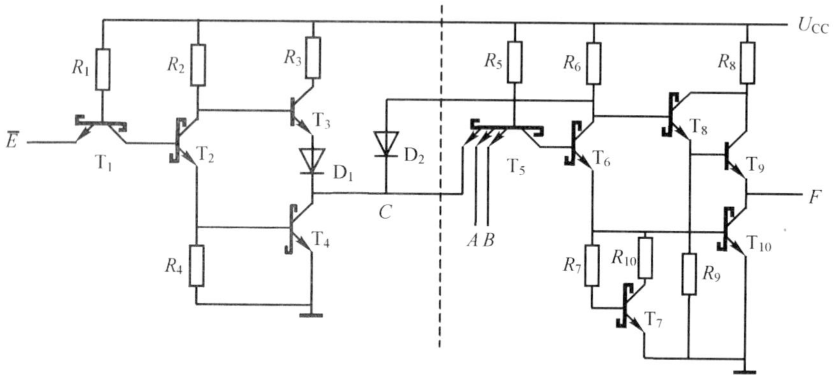

图 2.2.7　TTL 三态门电路

三态门的逻辑符号如图 2.2.8 所示。三态门的使能端有两种控制形式,其中图(a)为低电平使能,图(b)为高电平使能,它们的表达式分别为

$$\text{低电平使能}\begin{cases} F=\overline{AB}\ \Big|_{\overline{E}=0} \\ F=Z\ \Big|_{\overline{E}=1} \end{cases}$$

$$\text{高电平使能}\begin{cases} F=\overline{AB}\ \Big|_{E=1} \\ F=Z\ \Big|_{E=0} \end{cases}$$

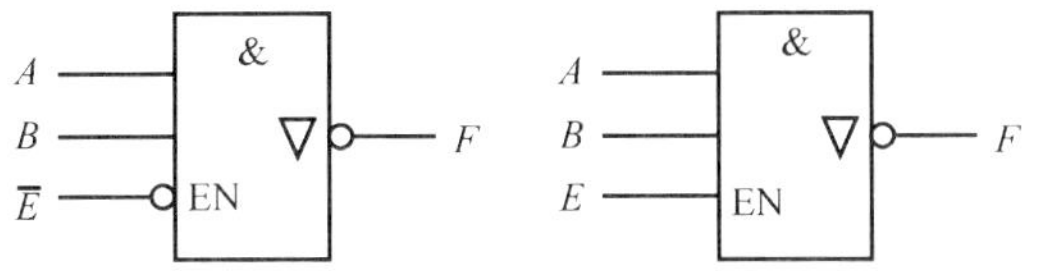

（a）低电平使能　　（b）高电平使能

图 2.2.8 三态门的逻辑符号

（二）三态门的应用

三态门在实际的数字电路或复杂的数字系统中得到广泛的应用，它可以实现输出端的并联连接，广泛用于数据总线和双向数据传输。

1. 实现总线结构

在一些复杂的数字系统中，特别是微型计算机系统，为了减少各个单元电路之间连线的数目，希望能在同一数据通道上分时传输若干路数据，以减少数据传输线的数目，采用总线结构的数据传输。图 2.2.9 所示为三态总线结构的连接方式，只要在工作时，保证任何时刻只有一个控制端有效，即只有一个门处于数据传输状态，其他门处于禁止状态，就可以将各路数据轮流送到公共的数据传输通道上（通常称为总线），各路数据之间互不干扰。

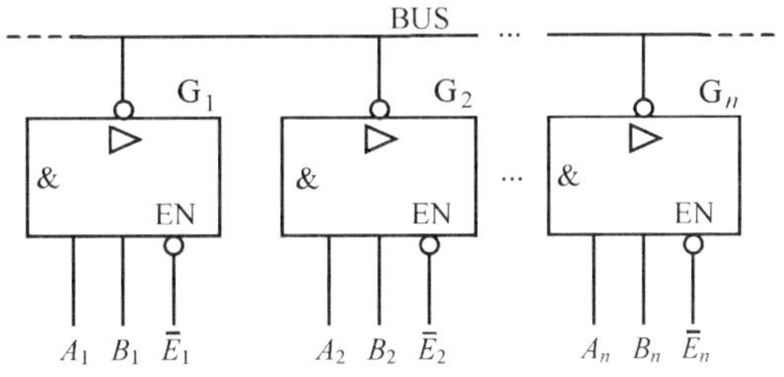

图 2.2.9 三态门实现总线结构

2. 实现双向数据传输

利用三态门的逻辑功能可以实现数据的双向传输，如图 2.2.10 所示。当 $E=\mathbf{0}$ 时，门 1 工作，门 2 禁止，数据从 A 传到 B；当 $E=\mathbf{1}$ 时，门 1 禁止，门 2 工作，数据从 B 传到 A。

三、或非门、与或非门和异或门

在 TTL 逻辑门电路中，还有其他逻辑功能的电路，这里只讨论其中的**或非门**、**与或非门**和**异或门**等门电路的电路组成和工作原理，其他逻辑门的详细内容请读者阅读 TTL 器件手册。

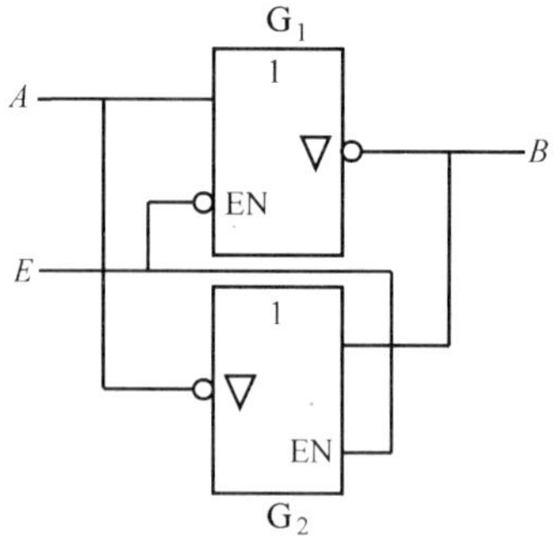

图 2.2.10　三态门实现双向数据传输

(一) TTL 或非门

图 2.2.11 是 74 系列**或非**门标准电路。图中 R_1、T_1、T_2 构成的电路和 R_{11}、T_{11}、T_{12} 构成的电路完全相同，T_2 和 T_{12} 对应的集电极和发射极并联。

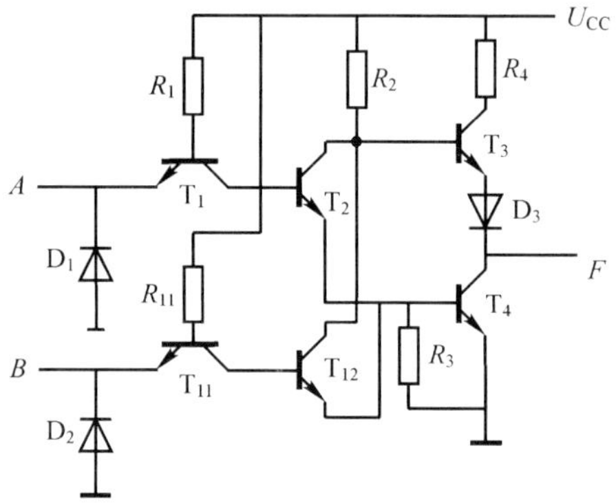

图 2.2.11　TTL 或非门电路

当 $A=\mathbf{1}$ 时，T_2、T_4 同时导通，T_3 截止，输出 $F=\mathbf{0}$；当 $B=\mathbf{1}$ 时，T_{12}、T_4 同时导通，T_3 截止，输出 $F=\mathbf{0}$。只有当 $A=B=\mathbf{0}$ 时，T_2 和 T_{12} 同时截止，T_4 截止，T_3、D_3 导通，输出 $F=\mathbf{1}$，所以电路实现**或非**逻辑功能，其表达式为：$F=\overline{A+B}$。

通过上述分析可知，**或非**门的**或**运算是通过 T_2 和 T_{12} 对应的集电极和发射极并联实现的。

(二) TTL 与或非门

图 2.2.12 是 74 系列**与或非**门标准电路。不难分析，该电路只是将图 2.2.11 **或非**门电路中的每个输入端改用多发射极三极管，由于三极管多发射极之间，即 A、B 之间或 C、D 之间实现**与**逻辑运算，因此图 2.2.12 可以实现**与或非**逻辑运算。其表达式为：$F=\overline{AB+CD}$。

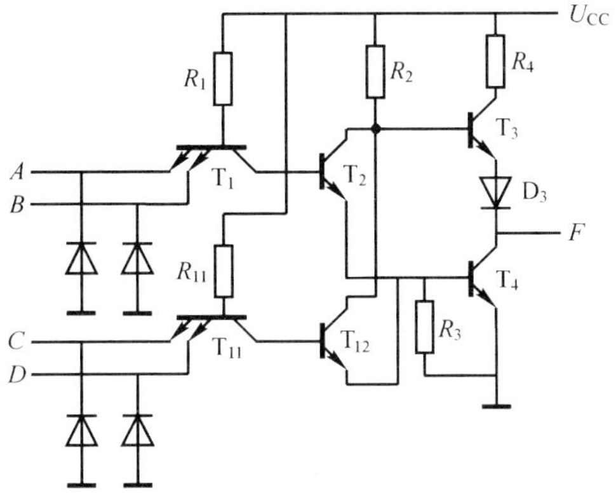

图 2.2.12　TTL 与或非门电路

(三) TTL 异或门

图 2.2.13 是 TTL **异或**门电路。

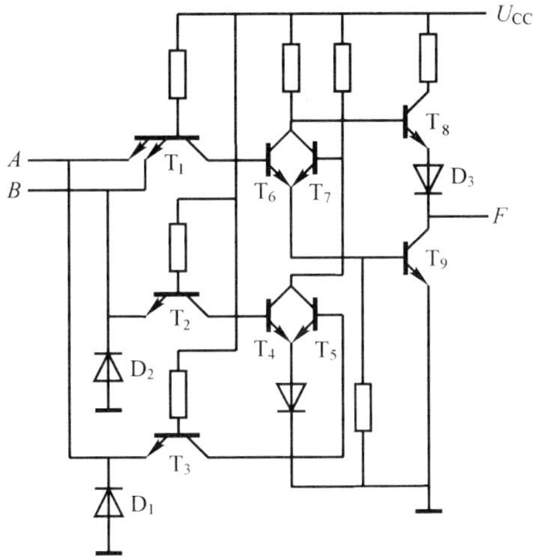

图 2.2.13　TTL 异或门电路

当 $A=B=\mathbf{0}$ 时，T_2、T_3 导通，T_4、T_5 截止，T_7、T_9 导通，T_8、D_3 截止，因此 $F=\mathbf{0}$；

当 $A=B=\mathbf{1}$ 时，T_1、T_2、T_3 倒置，T_6、T_9 导通，T_8、D_3 截止，因此 $F=\mathbf{0}$；

当 $A=\mathbf{0}$，$B=\mathbf{1}$ 或 $A=\mathbf{1}$，$B=\mathbf{0}$ 时，T_1 导通，T_6 截止；T_4、T_5 必有一个导通，T_7 截止。由于 T_6、T_7 同时截止，因此 T_9 截止，T_8、D_3 导通，所以 $F=\mathbf{1}$。输出 F 与输入 A、B 之间实现**异或**逻辑，表达式为：$F=A\overline{B}+\overline{A}B=A\oplus B$。

以上介绍了几种常用门电路的工作原理，TTL 器件数据手册提供了许多可供选择的门电路，表 2.2.1 中列出了部分常用 TTL 集成门电路的型号及其功能。

表 2.2.1　常用 TTL 集成门电路

型　　号	功 能 名 称
74LS/ALS00(H,S,L)	四 2 输入与非门
74LS/ALS01	四 2 输入与非门(OC)
74LS/ALS02(S,L)	四 2 输入或非门
74LS/ALS03(S,L)	四 2 输入与非门(OC)
74LS/ALS04(H,S,L)	六反相器
74LS/ALS05(H,L)	六反相器(OC)
74LS/ALS08(S)	四 2 输入与门
74LS/ALS09(S)	四 2 输入与门(OC)
74LS/ALS10(H,S,L)	三 3 输入与非门
74LS/ALS11(H,S)	三 3 输入与门
74LS/ALS12	三 3 输入与非门(OC)
74LS/ALS15(H,S)	三 3 输入与门(OC)
74LS/ALS20(H,S,L)	双 4 输入与非门
74LS/ALS21(H)	双 4 输入与门
74LS/ALS22(H,S)	双 4 输入与非门(OC)
74LS/ALS27	三 3 输入或非门
74LS/ALS30(H,S,L)	单 8 输入与非门
74LS/ALS32(S)	四 2 输入或门
74LS/ALS86(S)	四 2 输入异或门

第三节　ECL 逻辑门电路

由于标准 TTL 门电路中晶体管工作在饱和区,电路的工作速度受到了限制。为了进一步提高门电路的工作速度,只有将电路中的晶体管工作状态由饱和改为非饱和，使晶体管不进入饱和区，才能从根本上提高电路的工作速度。发射极耦合逻辑电路简称 ECL 电路，是一种非饱和型高速数字集成电路，其平均传输延迟时间在 2 ns 以下。ECL 是目前唯一能提供亚毫微秒开关时间的实用电路，主要应用于每秒运算百万次以上的大型高速计算机、数字通信系统、高精度测量设备以及频率合成器等方面。

一、ECL 门电路工作原理

图 2.3.1 是典型 ECL 或/或非门电路，由于电路中 T_4 管的输入信号是通过发射极电阻 R_E 耦合过来的，因此称该电路为发射极耦合逻辑电路。

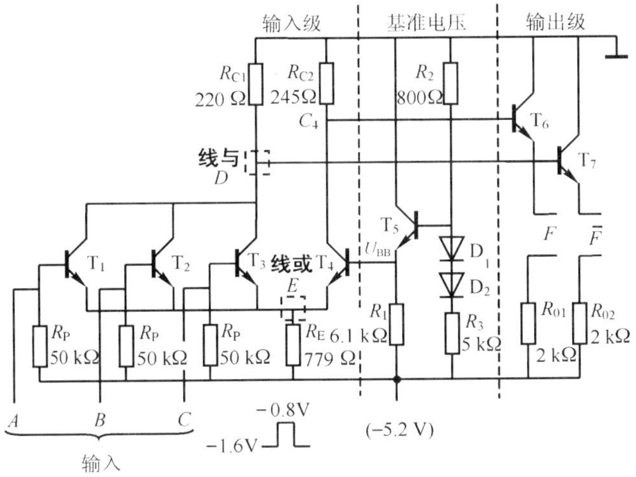

图 2.3.1　ECL 或/或非门电路

ECL 或/或非门电路由三部分构成：基准电压、输入级和输出级。正常工作时，T_4 管基极提供的基准电压 $U_{BB}=-1.2$ V，输入信号的高低电平分别为 -0.8 V和 -1.6 V。

（一）基准电压

基准电压 U_{BB} 由 T_5、D_1、D_2 和电阻 R_1、R_2、R_3 组成的射极输出电路提供，T_4 管基极的基准电压 U_{BB} 为 -1.2 V，为使电路在输入高、低电平时具有相同的噪声容限，U_{BB} 选输入高低电平的平均值。T_5 基极回路接入的二极管 D_1、D_2 用来对 T_5 的发射结进行温度补偿，由于 T_5、D_1、D_2 具有相同的温度特性，补偿由温度引起的 U_{BE5} 的变化。

（二）输入级

T_1、T_2、T_3 三个输入管组成三个输入端，T_4 加有固定偏压 $U_{BB}=-1.2$ V。

当输入端有一个高电平时，设 A 为高电平，则 T_1 管基极电位 -0.8 V，高于

基准电压 U_{BB}，因此 T_1 导通，在设计电路时选取的 R_{C1} 及 R_E 的值使导通管工作在放大区。发射极 E 点的电平为$(-0.8-0.7)$ V $=-1.5$ V，此时 T_4 管发射结上的电压为$(-1.2+1.5)$ V $=0.3$ V，因此 T_4 管截止，C_4 点为高电平，D 点为低电平。由于 T_1、T_2、T_3 三管输出并联，所以只要有一个输入端为高电平，D 点则为低电平，C_4 点为高电平。

当输入全为低电平 -1.6 V 时，由于 U_{BB}电平高于 -1.6 V，所以 T_4 管导通，使发射极电位 $U_E=(-1.2-0.7)\text{V}=-1.9$ V，故各输入管截止，D 点为高电平，C_4 点为低电平。所以 C_4 与 A、B、C 之间的逻辑关系为**或**逻辑，D 与 A、B、C 之间是**或非**逻辑关系，即

$$D=\overline{A+B+C}$$

电路中，R_P 为下拉电阻，其作用是给未使用的输入管提供低电平，保证其可靠截止，防止干扰。

（三）输出级

射级输出器 T_6 和 T_7 组成输出级，下拉电阻 R_{01}、R_{02}与发射极之间是开路的。射极输出器有两个作用：一是实现前后级隔离，增加驱动能力；二是实现电平转移，将 D 点和 C_4 点的高、低电平转换成 -0.8 V 和 -1.6 V。

电路驱动负载时，如果负载较轻，可以将输出端 F、$\bar{F}$ 分别与 R_{01}、R_{02}相连，以获得规定的输出电平。负载较重时，输出电平已能满足要求，输出端与 R_{01}、R_{02}断开连接。这样做既可以方便使用，又能降低功耗。

两输出端 F、$\bar{F}$ 与输入 A、B、C 的关系是

$$F=A+B+C$$

$$\bar{F}=\overline{A+B+C}$$

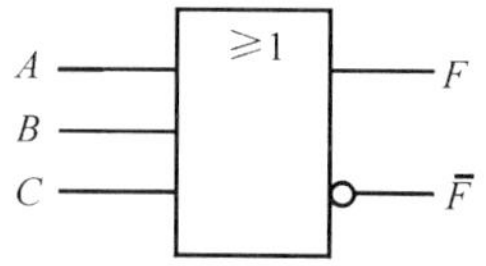

图 2.3.2　ECL 或/或非门逻辑符号

由此可见，该 ECL 电路具有**或/或非**逻辑功能，逻辑符号如图 2.3.2 所示。

二、ECL 门电路的主要特点

与 TTL 门电路相比，ECL 门电路有其突出的特点。

1. 开关速度高

ECL 电路是目前各种数字集成电路中工作速度最快的一种。由于 ECL 中的三极管工作在放大区或截止区，所以消除了由于三极管饱和带来的存储时间。ECL 电路中的电阻取值小，高、低电平之差小，因此大大缩短了电路节点的上升时间和下降时间。ECL 电路的输出方式采用射极输出器，其输出电阻小，使负载电容充电的时间常数减小，因此开关速度高。目前 ECL 传输延迟时间已做到 0.1 ns 以内。

2. 逻辑功能强

ECL门电路具有**或/或非**互补输出端，且采用射极开路形式，允许多个输出端直接并联，实现输出变量的**线或**逻辑功能。图2.3.3利用两个ECL门实现**线或**的电路连接。

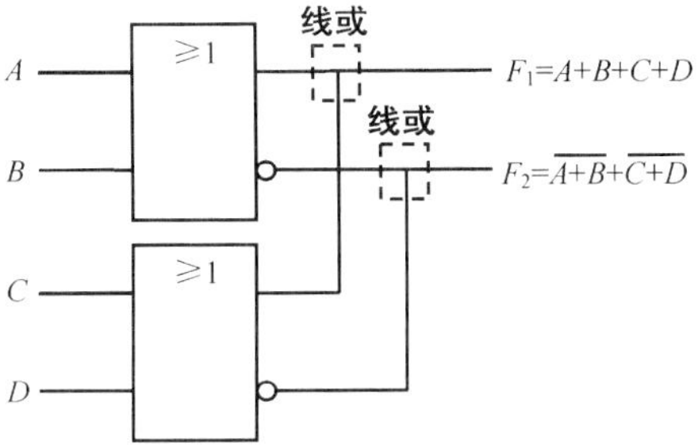

图2.3.3 ECL门电路的线或连接

3. 负载能力强

ECL门电路采用射极输出，电路输出阻抗小，输出电流大；输入级的射极输入电阻 R_E 具有很强的电流串联负反馈作用，所以输入阻抗高，输入电流小。因此电路的扇出系数大，N_O 可达100以上。但是扇出增加时，负载电容也会增加，将使电路失去高速的优越性，因此实际应用时扇出一般不超过10。

ECL门电路工作速度快，常用于高速系统中。使用ECL门电路时，还应注意ECL电路的一些不足：

1. 功耗大

ECL门电路功耗为输入级、基准电压和输出级三部分功耗之和。为了提高工作速度，电路中电阻值较小，而且三极管又工作在非饱和区，所以ECL电路的功耗比TTL大，每门平均功耗达40 mW，可见ECL的高速是以增加功耗为代价的。

2. 抗干扰能力差

ECL电路的逻辑摆幅只有0.8 V左右，直流噪声容限 U_N 约300 mV，因此抗干扰能力差。

3. 输出电平的稳定性差

由于ECL电路中的三极管导通时工作在放大区，电路的输出电平与 T_6、T_7 的发射结压降有关，所以输出电平的变化与温度变化和电路参数的变化直接相关。

三、ECL系列门电路

ECL门电路的品种不多，不如TTL门电路品种齐全，主要有两大系列：ECL10K（又称10000）系列和ECL100K（又称100000）系列。表2.3.1中列出了部分 ECL10K 集成门电路的型号及其功能。

表 2.3.1 ECL10K 系列集成门电路

型号	功能名称
10101 10501	四 2 输入或门/或非门
10102 10502	四 2 输入或非门
10104	四 2 输入与门
10105 10505	三 2－3－2 输入或门/或非门
10106	三 4－3－3 输入或非门
10107 10507	三 2 输入异或/异或非门

第四节 I^2L 逻辑门电路

前面章节介绍的 TTL 和 ECL 虽然工作速度较高，但是由于电路复杂，功耗较大，因此无法满足高密度大规模集成电路的制造需要。20 世纪 70 年代初研制成功了集成注入逻辑电路，简称 I^2L，该电路具有电路结构简单、功耗低的突出特点，特别适合大规模集成电路的制造。I^2L 发展速度快，在大规模和超大规模集成电路中得到广泛应用，例如单片机、电子表、电子琴等。

一、I^2L 基本单元电路

I^2L 基本单元电路组成如图 2.4.1(a) 所示。该电路由一个 PNP 管 T_1 和一个 NPN 型多集电极管 T_2 组成。T_1 构成恒流源电路，T_2 构成反相器，T_2 各集电极之间相互隔离。

电源 U_E 向发射极 T_1 注入电流，经 T_1 的集电极送到 T_2 的基极，故称注入逻辑电路。由于 PNP 管 T_1 的发射极接固定电压 U_E，且基极接地，所以 T_1 工作在恒流状态，恒流用 I_0 表示。

T_2 管的基极作为输入信号端 A，当 A 接低电平 0.1 V 时，T_2 截止，I_0 从输入端 A 流出，C_1、C_2 和 C_3 输出高电平（设 C_1、C_2 和 C_3 分别通过电阻接 U_E）。当 A 端输入高电平 0.7 V 或开路时，I_0 流入 T_2 的基极，使 T_2 饱和导通，C_1、C_2 和 C_3 输出低电平，约 0.1 V。由此可见，电路的任何一个输出与输入之间都是非逻辑关系。逻辑符号如图 2.4.1(b) 所示。

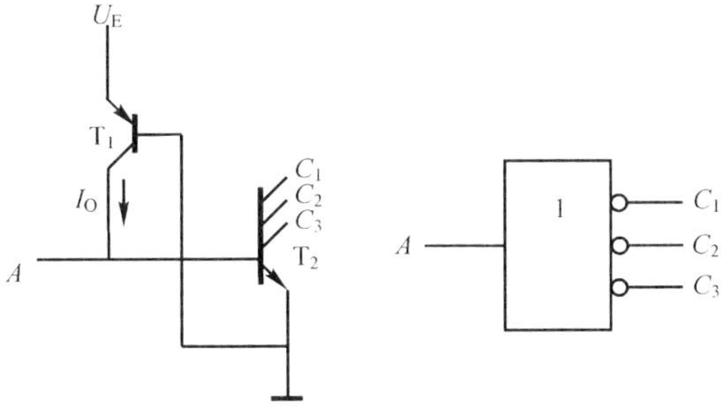

(a) 电路原理图　　(b) 逻辑符号

图 2.4.1　I²L 基本单元电路

在实际的集成电路中 T_1 也制作成多集电极形式，以便用一个多集电极 PNP 管驱动多个 NPN 管，实现大规模集成，电路如图 2.4.2 所示。

二、I²L 门电路

I²L 常采用**线与**形式连接，形成各种门电路。为了表示方便，可以将图 2.4.1(a) 所示的 I²L 基本单元电路用如图 2.4.3 所示的两种简易画法表示。

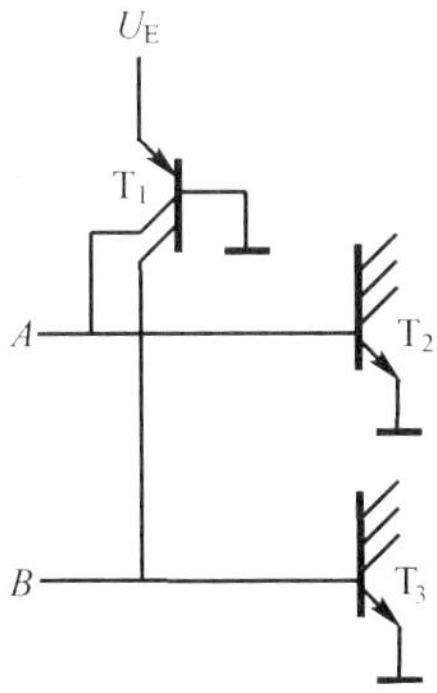

图 2.4.2　多集电极驱动电路

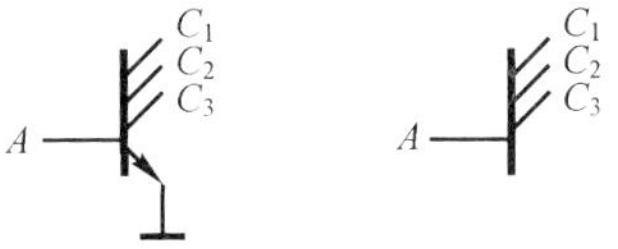

图 2.4.3　I²L 基本单元电路的简易画法

(一) I²L 或非门

将两个 I²L 基本单元电路的输出端**线与**连接，如图 2.4.4(a) 所示，可以实现**或非**逻辑，$F=\bar{A}\ \bar{B}=\overline{A+B}$，逻辑图如图 2.4.4(b) 所示。

(二) I²L 与门

I²L **与**门电路连接如图 2.4.5(a) 所示。图中输入变量 A 和 B 分别经过两次反相，然后将其**线与**，实现 A、B 的**与**逻辑运算。逻辑图如图 2.4.5(b) 所示。

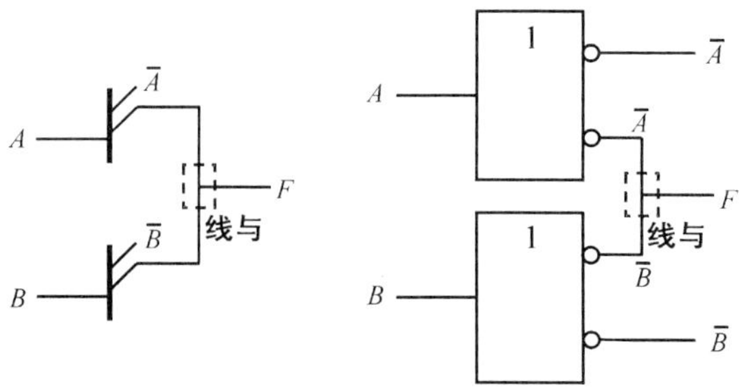

(a) 电路原理图　　(b) 逻辑图

图 2.4.4　I^2L 或非门

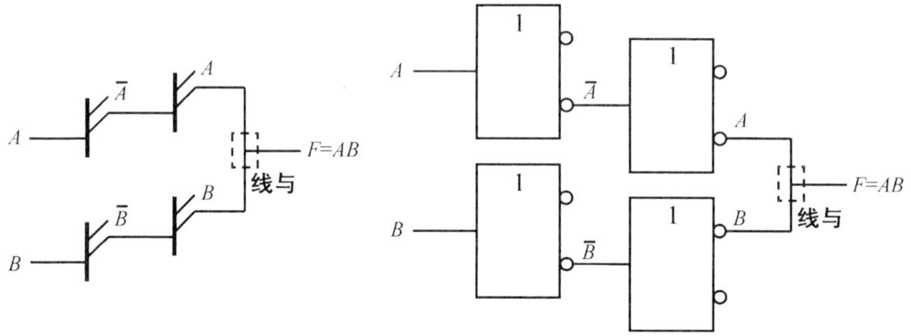

(a) 电路原理图　　(b) 逻辑图

图 2.4.5　I^2L 与门

(三) I^2L 与非门

I^2L **与非**门电路连接如图 2.4.6(a)所示，与图 2.4.1(a) I^2L 基本单元电路的连接进行比较，输入信号 A 连接不变，将注入极电源 U_E 作为信号输入 B 使用，则 I^2L 基本单元电路实现**与非**逻辑运算。

分析图 2.4.6(a)所示电路，当输入 A、B 有低电平时，T_1 截止，无法向 T_2 的基极提供驱动电流，故 T_2 也截止，T_2 集电极处于开路状态，若输出端与下级电路的输入端相连，由于负载门的作用，使 F 输出高电平。当 A、B 均为高电平时，T_1、T_2 导通，输出低电平 0.1 V，因此 F 与 A、B 之间为**与非**逻辑关系：$F=\overline{AB}$，逻辑符号如图 2.4.6(b)所示。

(四) 与或非门

I^2L **与或非**门如图 2.4.7 所示，将两个 I^2L **与非**门输出**线与**，就可以实现**与或非**逻辑：$F=\overline{AB}\cdot\overline{CD}=\overline{AB+CD}$。

从 I^2L 的各种门电路组成结构可以看到，I^2L 电路结构有效地压缩了门的

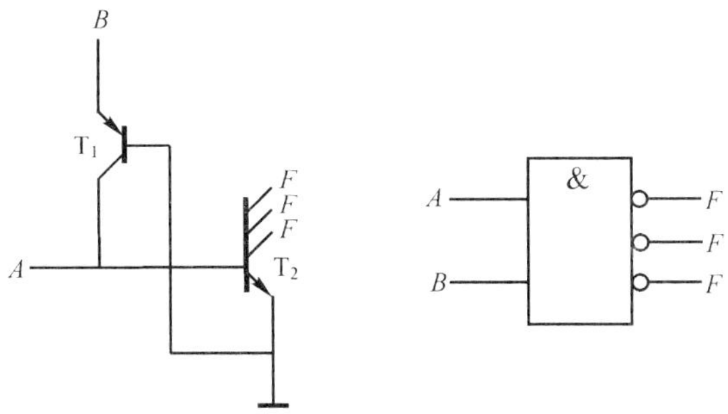

(a) 电路原理图 (b) 逻辑符号

图 2.4.6 I²L 与非门

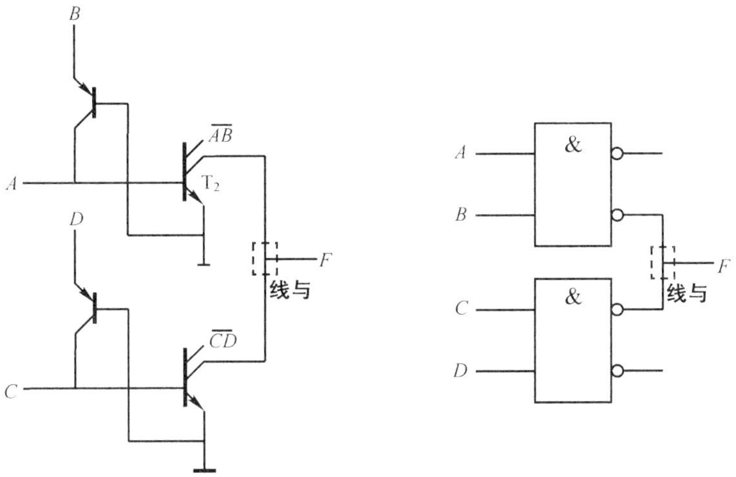

(a) 电路原理图 (b) 逻辑图

图 2.4.7 I²L 与或非门

级数。

三、I²L 门电路的主要特点

I²L 电路与 TTL、ECL 电路相比，其突出特点表现在以下几个方面：

1. 电路结构简单、集成度高

从 I²L 门电路组成可以看出，电路结构紧凑，电路中只包含 NPN 和 PNP 管，电路中没有电阻，各逻辑单元之间不需要隔离，简化了工艺，节省了芯片面积。I²L 的基本逻辑单元面积仅为 TTL 的十分之一。

2. 低电压、微电流下工作，功耗低

由图 2.4.1(a)可知，只要 A 点电压大于 T_1 的饱和压降和 T_2 的发射结导通压降之和,电路就可以正常工作,所以 I^2L 电路能在低电压(0.8 V)、微电流(1 nA/单元)情况下工作,是目前功耗最低的集成电路。

3. 品质因数最佳

对于一个门电路而言,功耗与速度往往是矛盾的,通常用功耗与速度之积,品质因数 $M=P\cdot t_{pd}$表示其优劣,I^2L 是目前品质因数最好的电路。

4. 生产工艺简单

常规的 TTL 要经过六次光刻、四次扩散,而 I^2L 只需四次光刻、两次扩散,工艺简单,成品率高。它还可以利用工艺上的兼容性,与 TTL、ECL 和 MOS 等电路集成在同一芯片上,为使用提供了方便。

I^2L 电路也有突出的不足之处:

1. 开关速度低

I^2L 属于饱和型电路,限制了电路的开关速度,I^2L 反相器的传输时间 t_{pd}一般在 20 ~ 30 ns 之间。

2. 抗干扰能力差

I^2L 的逻辑摆幅仅 700 mV 左右,噪声容限 U_N 不大于 250 mV,比 ECL 还低,抗干扰能力较差。

3. 多块连接性能差

多个 I^2L 芯片一起使用时,由于各管子输入特性的离散性,基极电流分配会出现不均的现象,严重时电路无法正常工作。

I^2L 是一种具有发展前途的电路形式,很少用来制作中小规模集成电路,主要用来制造大规模集成电路的内部电路。随着对电路的不断改进,出现了性能更好的肖特基 I^2L 等电路,目前已有 16 位 I^2L 微机产品投放市场。

第五节 NMOS 逻辑门电路

前面介绍的 TTL、ECL 和 I^2L 集成电路采用的都是双极型晶体管,两种载流子参与导电,故称为双极型集成电路。

本节将要介绍的 MOS 逻辑门电路只有一种载流子(电子或者空穴)参与导电,故称为单极型逻辑门电路。MOS 集成电路主要包括 NMOS 电路、PMOS 电路以及互补 MOS 电路,即 CMOS 电路。MOS 集成电路具有以下特点:制造工艺简单、成品率高、功耗低、集成度高、抗干扰能力强,特别适合大规模集成电路的制造。

本节重点介绍 NMOS 门电路。PMOS 门电路与 NMOS 门电路的原理完全相同,只是电源极性相反而已,且已逐渐被 NMOS 门电路所代替,故教材中不再介绍 PMOS 门电路。

一、NMOS 反相器

MOS 集成电路中采用的大多是增强型 MOS 管，以下所涉及各类 MOS 管，除特殊说明外，都是增强型 MOS 管，图 2.5.1 是 MOS 管符号。在 MOS 集成电路中，常用 MOS 管作为有源负载，不仅节省了硅片面积，而且简化了工艺，有利于大规模集成。

MOS 数字集成电路中最基本的单元电路是 MOS 反相器，学习 MOS 反相器的工作原理是研究 MOS 数字集成电路的基础。NMOS 反相器的电路如图 2.5.2 所示。

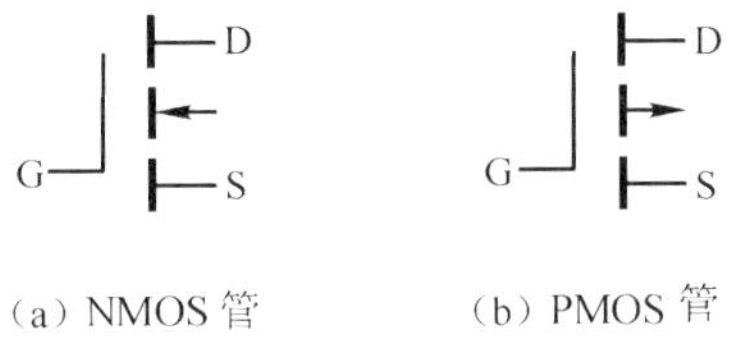

图 2.5.1　MOS 管符号

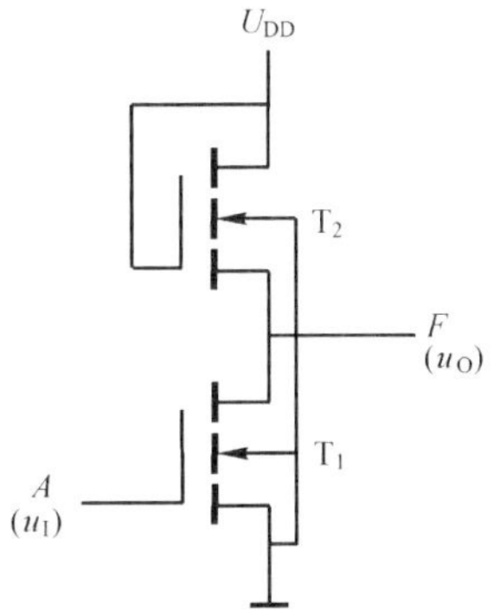

图 2.5.2　NMOS 反相器

NMOS 反相器由两只增强型 NMOS 管组成，T_1 为驱动管、T_2 为负载管，T_1、T_2 构成有源负载反相器。栅漏电压 u_{GD}是否小于开启电压 U_T 决定 MOS 管饱和与否。对于 T_2 管来说，$u_{GD}=0$，所以 T_2 处于饱和状态，故该电路称为饱和型负载反相器。设电源电压 $U_{DD}=10$ V，开启电压 $U_{T1}=U_{T2}=2$ V。

当输入高电平 $U_{IH}=8$ V 时，T_1、T_2 两管均导通，输出为低电平 $U_{OL}\approx 0.3$ V，由于两管均导通，输出低电平是由 T_2 和 T_1 导通内阻之比决定的，所以要获得尽量低的输出低电平，必须使 T_2 的导通内阻远大于 T_1 的导通内阻。

输入低电平 $U_{IL}=0.3$ V 时，T_1 截止、T_2 导通，电路输出高电平 $U_{OH}=U_{DD}-U_{T2}=8$ V。因此该电路执行逻辑**非**功能。

值得注意的是，电路输出高电平不是 U_{DD}，而是 $U_{DD}-U_{T2}$，因此电源利用率不高。

二、NMOS 门电路

在 NMOS 反相器的基础上稍加改变就可以组成各种 NMOS 逻辑门电路。

（一）NMOS 与非门

图 2.5.3 是 NMOS 两输入**与非**门电路。T_1、T_2 为驱动管，且串联连接，T_3 为负载管。

当输入 A 和 B 均为高电平时，T_1 和 T_2 都导通，输出低电平；当输出端有一个为低电平时，与低电平相连的驱动管截止，输出高电平。所以电路实现**与非**逻辑功能。

$$F = \overline{A \cdot B}$$

若要增加扇入，则需增加串联驱动管的个数。因为驱动管串联连接，所以输出低电平是各驱动管导通压降之和，为了保证输出低电平不能过高，且小于开启电压，因此扇入不宜过多，一般不超过 3。

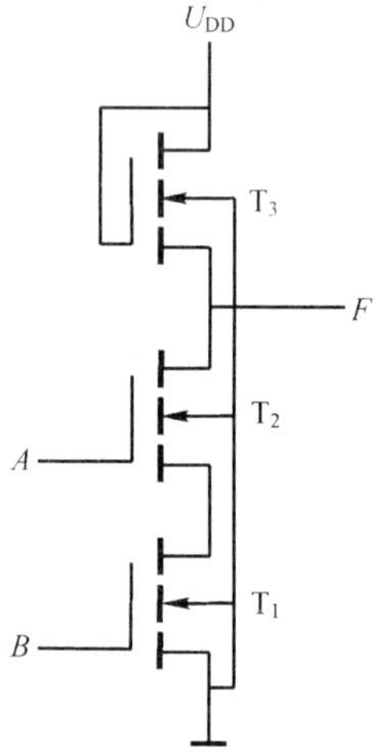

图 2.5.3　NMOS 与非门

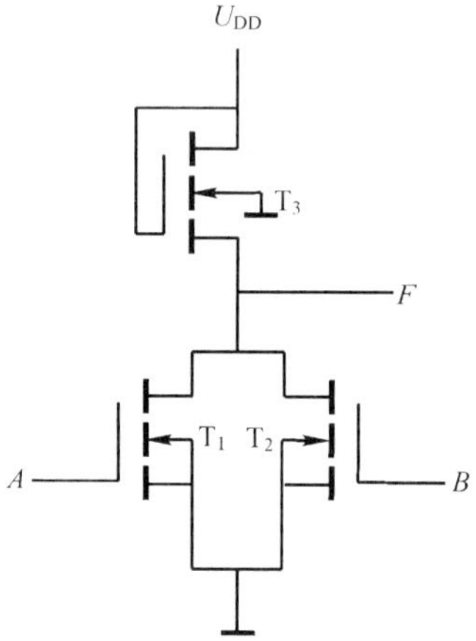

图 2.5.4　NMOS 或非门

（二）NMOS 或非门

图 2.5.4 是 NMOS 两输入端**或非**门电路。T_1、T_2 为驱动管，且并联连接，T_3 为负载管。

当输入 A 或 B 中有一个或一个以上的高电平时，与高电平相连的驱动管导通，输出低电平。当输入 A 与 B 都为低电平时，T_1 和 T_2 均截止，输出高电平。所以电路实现**或非**逻辑功能。

$$F = \overline{A + B}$$

若要增加扇入，只需增加并联驱动管的个数。由于驱动管是并联的，管子越多导通总电阻越小，对输出低电平越有利，因此在 MOS 电路中大多采用**或非**门。

（三）NMOS 与或非门

图 2.5.5 为 NMOS **与或非**门电路。T_5 为负载管，驱动管 T_1 与 T_2 串联、T_3

与 T_4 串联,然后再并联连接。电路具有与或非逻辑功能。

$$F = \overline{AB + CD}$$

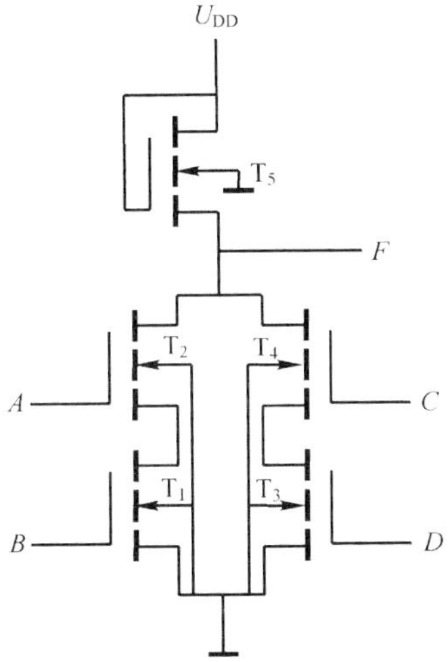

图 2.5.5　NMOS 与或非门

NMOS 电路中,是以 NMOS 管代替负载电阻,不论输出高、低电平,负载管一直处于导通状态,因此电路功耗较大,且电路的输出阻抗高、工作速度低。

第六节　CMOS 逻辑门电路

为提高工作速度,降低输出阻抗和功耗,目前 MOS 数字集成电路广泛采用 CMOS 电路,它是由 PMOS 和 NMOS 两管组成的互补型 MOS 电路,称 CMOS 电路。

一、CMOS 反相器

(一) CMOS 反相器工作原理

CMOS 反相器电路如图 2.6.1 所示。其中 T_1 为 NMOS 管,T_2 为 PMOS 管,两管电气特性完全对称。为使衬底与漏源之间的 PN 结始终处于反偏,NMOS 管的衬底总是接到电路的最低电位,PMOS 管的衬底总是接到电路的最高电位。两管的栅极相连为输入端,漏极相连为输出端,T_2 管的源极 S_2

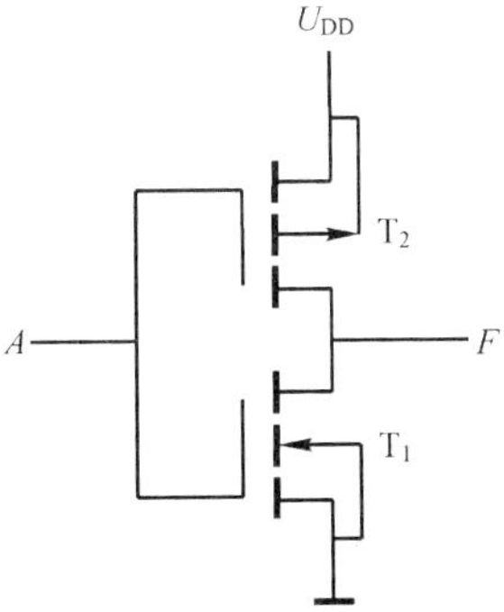

图 2.6.1　CMOS 反相器

接 U_{DD} 而 T_1 管的源极 S_1 接地。NMOS 管的栅源开启电压 $U_{T1}>0$，PMOS 管的栅源开启电压 $U_{T2}<0$。为了使 CMOS 电路能正常工作，要求电源电压 $U_{DD}>(U_{T1}+|U_{T2}|)$，U_{DD} 取值范围较大，可在 3～18 V 之间。

当输入为低电平 $U_{IL}=0$ V 时，$u_{GS1}<U_{T1}$，T_1 截止，内阻很大；$|U_{GS2}|>|U_{T2}|$，T_2 导通，内阻很小。电路中电流近似为零（忽略 T_1 的截止漏电流），输出为高电平 $U_{OH}\approx U_{DD}$。同理，当输入为高电平 $U_{IH}=U_{DD}$ 时，T_1 导通，T_2 截止，输出为低电平 $U_{OL}\approx 0$ V。可见电路实现**非**逻辑功能。

$$F=\overline{A}$$

对于 CMOS 反相器，不论输入高电平还是低电平，T_1 和 T_2 总是一个工作在导通状态，一个工作在截止状态，即两管工作在互补状态。因此，该电路称为互补型 MOS 电路。

因为 CMOS 反相器工作时两管中总有一个是导通的，所以电路输出阻抗很小，有效地减少了对负载电容的充放电时间，因此 CMOS 门电路工作速度快，甚至可以同 TTL 门电路媲美。又因为 CMOS 电路工作时，总有一管截止，因此电源静态电流非常小，电路静态功耗极低，一般在纳瓦数量级。此外由于 CMOS 门输入阻抗高，所以 CMOS 电路级连时扇出系数很大。

（二）CMOS 反相器传输特性

图 2.6.1 所示为 CMOS 反相器电路，设 $U_{DD}>(U_{T1}+|U_{T2}|)$，T_1 和 T_2 的参数完全对称，即 $U_{T1}=|U_{T2}|$，T_1 和 T_2 的导通内阻相同，截止内阻也相同，则电压传输特性曲线如图 2.6.2 所示。电压传输特性曲线大致分为三个部分：*AB* 段、*BC* 段和 *CD* 段。

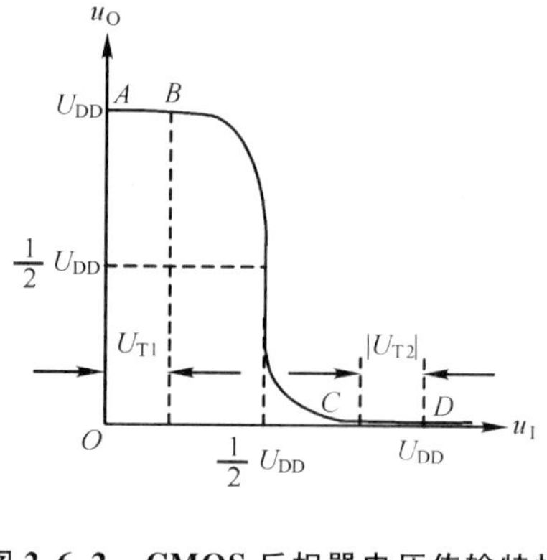

图 2.6.2　CMOS 反相器电压传输特性

反相器工作在特性曲线的 *AB* 段时，由于 $u_I=u_{GS1}<U_{T1}$，$|u_{GS2}|>|U_{T2}|$，故 T_1 截止，T_2 导通。输出高电平 $U_{OH}\approx U_{DD}$。

在特性曲线的 *CD* 段，由于 $u_I=u_{GS1}>U_{T1}$，故 T_1 导通。又由于 $u_I>U_{DD}-$

$|U_{T2}|$,使$|u_{GS2}|<|U_{T2}|$,故 T_2 截止。输出低电平 $U_{OL}\approx 0$ V。

在特性曲线的 BC 段,由于输入电压的工作区间为 $U_{T1}<u_I<U_{DD}-|U_{T2}|$,此时,$u_{GS1}>U_{T1}$,$|u_{GS2}|>|U_{T2}|$,故 T_1 和 T_2 同时导通。在 T_1 和 T_2 管参数完全对称,导通内阻相同的情况下,如 $u_I=\frac{1}{2}U_{DD}$,则 $u_O=\frac{1}{2}U_{DD}$,工作在电压传输特性转折区的中点。由传输特性曲线可知,CMOS 反相器的阈值电压 $U_{TH}\approx\frac{1}{2}U_{DD}$,因此电路具有较大的噪声容限。另外转折区的变化率很大,所以 CMOS 反相器更接近于理想开关特性。

(三) CMOS 反相器噪声容限

不同电源电压 U_{DD}情况下的 CMOS 反相器的噪声容限如图 2.6.3 所示。可以看出,随着电源电压 U_{DD}的增加,噪声容限也相应地变大。在每个固定的 U_{DD}情况下,低电平噪声容限 U_{NL}和高电平噪声容限 U_{NH}始终相等。国产 4000 系列 CMOS 电路的测试结果表明,$U_{NL}=U_{NH}\geqslant 30\%\,U_{DD}$。

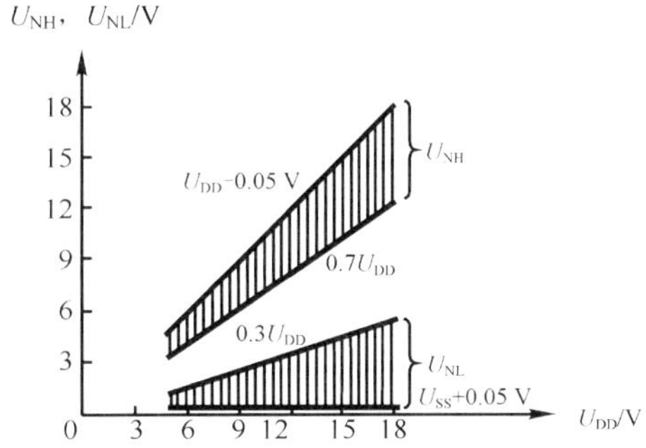

图 2.6.3 不同 U_{DD}下的噪声容限

为了提高 CMOS 反相器的噪声容限,可以通过适当提高电源电压 U_{DD}的方法实现,这在 TTL 门电路中是不可能的。

(四) CMOS 反相器传输延迟时间

虽然 CMOS 反相器在工作过程中不会像 TTL 电路那样发生载流子的聚集和消散,但是由于集成电路内部电阻以及容性负载的影响等多种原因,CMOS 反相器仍然会产生传输延迟。

由于 CMOS 反相器的输出电阻比 TTL 门电路的输出电阻大,所以容性负载对传输延迟时间会产生更大的影响。

由于 CMOS 反相器的互补对称性,当反相器接容性负载时,它的导通延迟时间 t_{PHL}和截止延迟时间 t_{PLH}是相等的。CMOS 反相器的平均传输延迟时间约为几十 ns。

二、其他类型的 CMOS 门电路

(一) CMOS 传输门(TG)

CMOS 传输门与 CMOS 反相器一样,也是构成各种逻辑电路的一种基本单元电路。CMOS 传输门电路图和逻辑符号如图 2.6.4(a)、(b)所示,它由 PMOS 管和 NMOS 管连接而成。

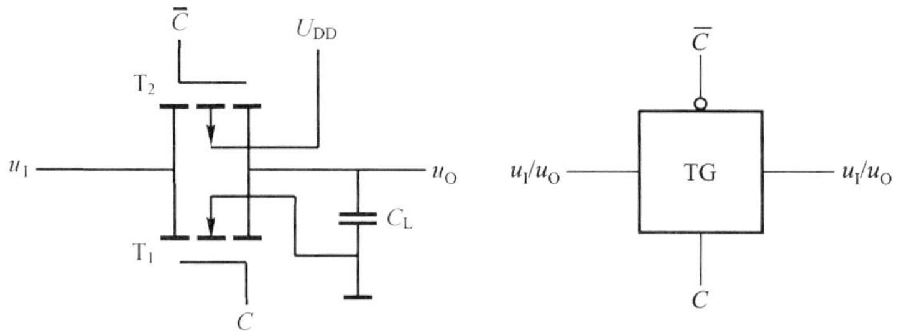

(a) 电路图　　(b) 逻辑符号

图 2.6.4 CMOS 传输门

图 2.6.4(a)中,T_1 是 NMOS 管,T_2 是 PMOS 管,NMOS 管的栅源开启电压为 U_{T1},PMOS 管的栅源开启电压为 U_{T2},设

$$U_{DD} > (U_{T1} + |U_{T2}|)$$

T_1 和 T_2 的参数对称。C、$\overline{C}$是一对互补的电压控制信号,C_L 为负载电容。因为 MOS 管源极和漏极的对称性,所以 CMOS 传输门的输出端与输入端可以互换。一般输入电压变化范围为 $0 \sim U_{DD}$,控制电压为 0 或 U_{DD}。

当控制端电压 $C = 0$ V,$\overline{C} = U_{DD}$,输入信号 u_I 在 $0 \sim U_{DD}$范围内变化时,T_1 和 T_2 均截止,输入与输出之间呈高阻,输入与输出之间相当于开关断开,C_L 上的电平保持不变,这种状态称为传输门截止。

当控制端电压 $C = U_{DD}$,$\overline{C} = 0$ V 时,u_I 在 $0 \sim (U_{DD} - U_{T1})$范围变化时 T_1 导通;u_I 在$|U_{T2}| \sim U_{DD}$范围变化时 T_2 导通,即 u_I 在 $0 \sim U_{DD}$范围变化时,T_1 和 T_2 至少有一个导通,使输入与输出之间呈低阻,相当于开关接通,使输入电压 u_I 的变化传到输出端,即 $u_O = u_I$,这种状态称为传输门导通,可以实现信息的传输。

由于 MOS 管的对称性,其源极和漏极可以互换,传输门的输入和输出端可以互换使用,因此 CMOS 传输门是双向器件。传输门的导通电阻为几百欧姆,当它与输入阻抗为兆欧级电路连接时,导通电阻可以忽略不计。传输门的截止电阻达 50 MΩ 以上,每个门的平均延迟时间为纳秒,已接近理想开关特性。

CMOS 传输门除了作为传输模拟信号的开关外,还可以作为各种逻辑电路的基本单元电路，在后面章节的学习中会看到 CMOS 传输门的广泛应用。

（二）CMOS 模拟开关

利用 CMOS 传输门和 CMOS 反相器可以组成模拟开关，如图 2.6.5 所示。反相器的输入和输出提供传输门两个互补控制信号（C 和 $\overline{C}$）。当控制端 $C=\mathbf{1}$ 时，模拟开关接通；$C=\mathbf{0}$ 时，模拟开关断开。它可以传输幅值在 U_{CH}（控制电压高电平）和 U_{CL}（控制电压低电平）之间任意大小的模拟电压。

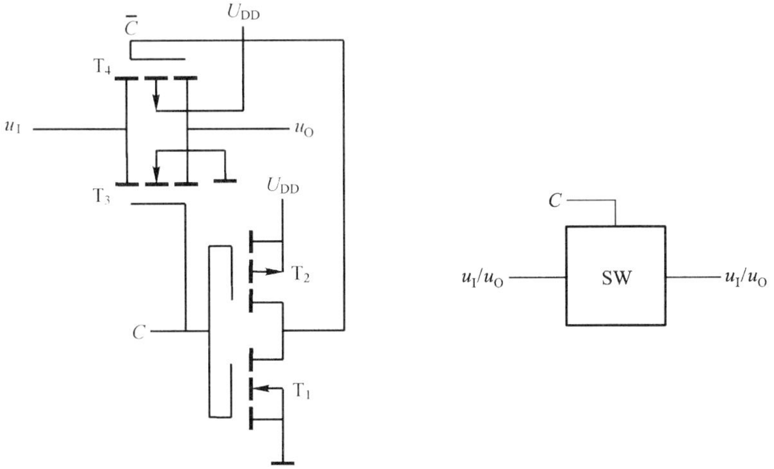

（a）电路图　　（b）逻辑符号

图 2.6.5　CMOS 模拟开关

模拟开关是一种电子开关，模拟开关的接通与断开由数字信号控制，控制模拟电压信号的传输，模拟开关广泛应用于数字系统。

（三）CMOS 门电路

在 CMOS 门电路的数据手册中，除了反相器外，还有与 TTL 门相类似的多种门电路，如：**与非**门、**或非**门、**异或**门和三态门等。

1. CMOS **与非**门

图 2.6.6 为 CMOS 两输入**与非**门电路，负载部分和驱动部分分别由两个并联的 PMOS 管 T_3、T_4 和两个串联的 NMOS 管 T_1、T_2 组成。

当输入端 A 和 B 为高电平时，T_1 和 T_2 导通而 T_3 和 T_4 截止，输出低电平；当输入端 A 和 B 有一个或一个以上为低电平时，与该低电平相连的 NMOS 管截止，对应的 PMOS 管导通，输出高电平，所以该电路实现**与非**逻辑，即 $F=\overline{AB}$。

2. CMOS **或非**门

图 2.6.7 为 CMOS 两输入**或非**门电路。两个串联的 PMOS 管 T_3、T_4 构成负载部分，而两个并联的 NMOS 管 T_1、T_2 构成驱动部分。

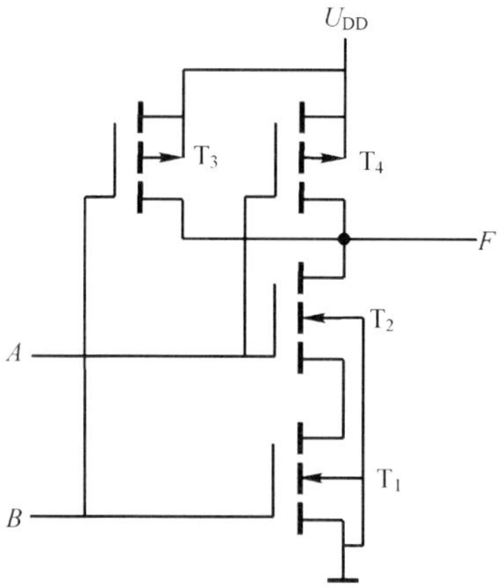

图 2.6.6　CMOS 与非门

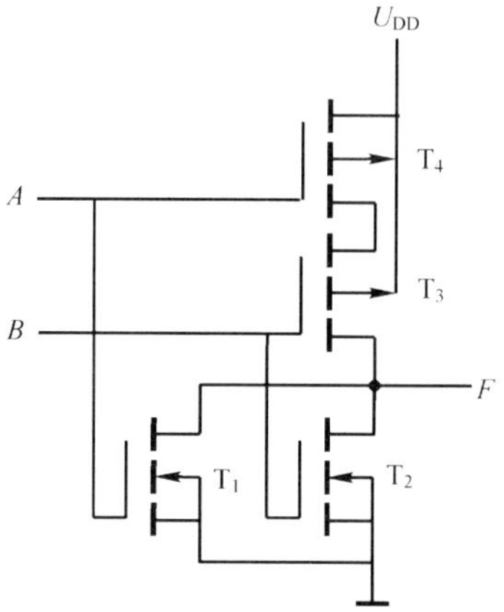

图 2.6.7　CMOS 或非门

当输入 A 和 B 都为低电平时，T_1 和 T_2 截止，T_3 和 T_4 导通，输出高电平；当输入 A 和 B 有一个或一个以上为高电平时，与该高电平相连的 NMOS 管导通，输出低电平。所以该电路实现**或非**逻辑，即 $F=\overline{A+B}$。

3. CMOS **异或**门

CMOS **异或**门如图 2.6.8 所示，由三个 CMOS 反相器和一个 CMOS 传输门 TG 组成。传输门的互补控制信号是 A 和$\overline{A}$。

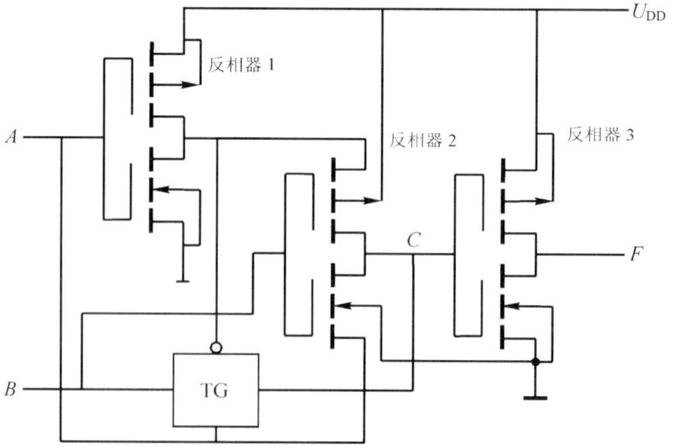

图 2.6.8　CMOS 异或门

工作原理如下：

(1) 输入端 A 和 B 信号相同

当 $A=B=\mathbf{0}$ 时，传输门 TG 输出高阻，反相器 2、3 工作，则 $C=\overline{B}=\mathbf{1}$，$F=\overline{C}=\mathbf{0}$；当 $A=B=\mathbf{1}$ 时，由于受到 A 和$\overline{A}$的控制，使反相器 2 的两只 MOS 管都截止，

反相器 2 输出高阻，传输门 TG 导通，$C = B = \mathbf{1}$，输出 $F = \overline{C} = \mathbf{0}$。

（2）输入端 A 和 B 信号相异

当 $A = \mathbf{1}, B = \mathbf{0}$ 时，反相器 2 输出处于高阻态，传输门 TG 导通，$C = B = \mathbf{0}$，$F = \overline{C} = \mathbf{1}$；

当 $A = \mathbf{0}, B = \mathbf{1}$ 时，传输门 TG 输出高阻，反相器 2 工作，$C = \overline{B} = \mathbf{0}$，$F = \overline{C} = \mathbf{1}$。

综上所述，该电路实现**异或**逻辑，即 $F = A \oplus B = \overline{A}B + A\overline{B}$。

上面介绍了几种常用 CMOS 门电路的工作原理，CMOS 器件数据手册还提供了许多可供选择的门电路，表 2.6.1 中列出了 4000 系列部分 CMOS 集成门电路的型号及其功能。

表 2.6.1 部分常用 CMOS 集成门电路

型号	功能名称
4001	四 2 输入**或非**门
4002	双 4 输入**或非**门
4011	四 2 输入**与非**门
4012	双 4 输入**与非**门
4023	三 3 输入**与非**门
4025	三 3 输入**或非**门
4048	八输入多用三态门
4049	六反相缓冲器
4050	六同相缓冲器
4066	四双向开关
4069	六反相器

三、CMOS 门电路的改进型

CMOS 4000 系列集成电路虽然以其低功耗、高抗干扰能力等独特的优点和完整的系列产品，受到用户的普遍欢迎，发展也相当迅速，但是由于它的工作速度较低，使其应用范围受到一定的限制。

在 CMOS 4000 系列集成电路基础上的改进型电路有高速 CMOS 和 Bi-CMOS 电路，这两种改进型的 CMOS 集成电路的出现是 CMOS 集成电路最重要的突破，改进型的 CMOS 集合了 CMOS 和 TTL 的优点。

（一）高速 CMOS 门电路

CMOS 4000 系列集成电路于 20 世纪 60 年代开发并在 20 世纪 70 年代逐

步完善，由于受到当时工艺条件的限制，该系列用金属栅工艺制造，因此在 MOS 管各极之间存在着较大的寄生电容，如图 2.6.9 所示，图中标出了影响电路开关速度的主要寄生电容的位置，这些寄生电容的存在降低了 MOS 管的开关速度。

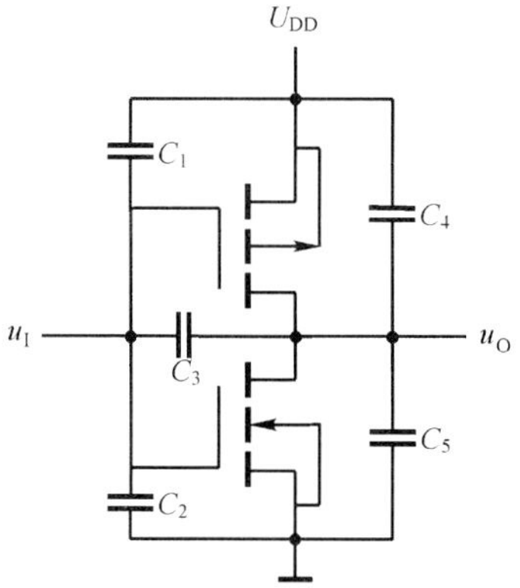

图 2.6.9　CMOS 反相器的寄生电容

高速 CMOS 系列与 4000 系列器件的电路原理图完全相同，仍然采用互补对称型的电路结构，因此高速 CMOS 反相器的电路结构同样是图 2.6.9 所示的形式。

为了减小寄生电容，高速 CMOS 电路从工艺上作了改进，首先采用硅栅工艺制造，另外尽可能地减小沟道的长度，缩小 MOS 管的尺寸，综合工艺上的各种改进措施，使高速 CMOS 的寄生电容减小，高速 CMOS 的开关速度达到 4000 系列的 8 ~ 10 倍。

高速 CMOS 系列与 4000 系列寄生电容的比较如表 2.6.2 所示。

表 2.6.2　高速 CMOS 系列与 4000 系列寄生电容

寄生电容	4000 系列	高速 CMOS 系列
C_1	0.25 pF	0.1 pF
C_2	0.12 pF	0.05 pF
C_3	0.37 pF	0.15 pF
C_4	0.66 pF	0.31 pF
C_5	0.54 pF	0.22 pF

高速 CMOS 系列芯片采用标准 TTL 的型号，命名为 54HC/74HC 系列，只要芯片后面的序号与 54LS/74LS 相同，则表明两种器件的逻辑功能相同，引脚排列也相同。

高速 CMOS 系列具有以下特点：

（1）形成从简单门电路到大规模集成电路的全系列产品；

（2）器件功能、器件引脚与 TTL 74 系列相同；

（3）电源电压范围宽，工作温度范围宽，功耗低，噪声容限高；

（4）高速 CMOS 门的典型传输延迟为 8 ~ 11.5 ns，与 TTL 基本相同，比 CMOS 4000 系列提高一个数量级；

（5）相邻输入端之间电流耦合小，有助于在交通或重工业噪声环境中使用。

高速 CMOS 有三种系列：

HC 系列：输入和输出电压都是 CMOS 电平，且有输出缓冲级。

HCT 系列：输入电压是 TTL 电平，输出电压是 CMOS 电平，且有输出缓冲级。

HCU 系列：输入和输出电压都是 CMOS 电平，没有输出缓冲级。

在上述三种系列中，大部分产品集中在前两个系列中，HCU 系列的产品目前还很少。

（二）双极型 CMOS 门电路

双极型 CMOS 电路简称 Bi-CMOS（Bipolar CMOS），Bi-CMOS 电路有其特殊的电路组成结构，其特点是逻辑功能的实现采用 CMOS 电路，而输出级采用驱动能力强的 TTL 电路。由于同时采用 TTL 和 CMOS 电路，因此 Bi-CMOS 电路不仅具有 CMOS 电路的低功耗，而且具有 TTL 输出电阻低、负载能力强、传输延迟时间短等特点。

下面分析三种 Bi-CMOS 门电路的电路组成和工作原理。

1. Bi-CMOS 非门

Bi-CMOS 非门的电路组成如图 2.6.10 所示。其中 T_1 和 T_3 是驱动管，T_5 和 T_6 是双极型输出管，T_2 和 T_4 分别是输出管 T_5 和 T_6 基极的下拉负载管，形成有源负载电路。C_L 为负载电容。

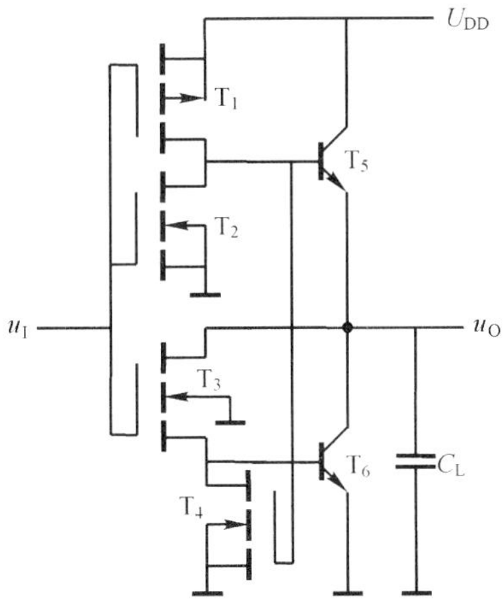

图 2.6.10　Bi-CMOS 非门

当输入高电平时，T_2、T_3 和 T_6 导通，T_1、T_4 和 T_5 截止，输出低电平。当输入低电平时，T_1、T_4 和 T_5 导通，T_2、T_3 和 T_6 截止，输出高电平。输入与输出之间实现非逻辑。

由于 T_5 和 T_6 的导通内阻很小，对负载电容的充放电速度很快，故电路的传输延迟时间很短,可以达到 1 ns 以下。

2. Bi-CMOS 与非门

Bi-CMOS **与非**门的电路组成如图 2.6.11 所示。电路组成和**非**门电路相比,输出方式是一样的,只是 CMOS 电路部分的连接不同。

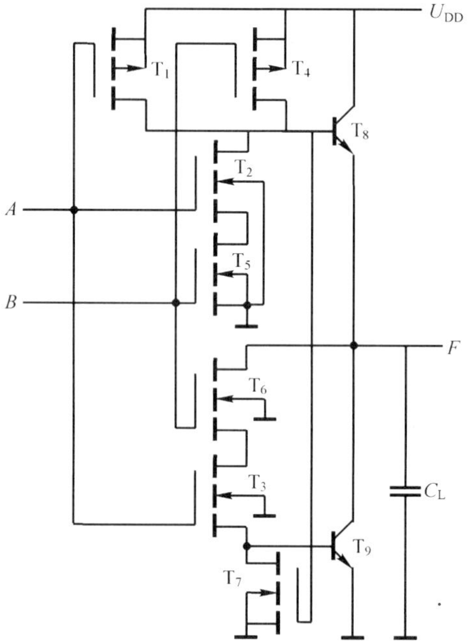

图 2.6.11　Bi-CMOS 与非门

当输入端 A、B 中有低电平时,如 B 为低电平,则有 T_4、T_7 导通,T_5 截止,因此使 T_8 导通、T_9 截止,输出高电平。当输入端 A、B 全为高电平时,则有 T_2 和 T_5 导通,T_7 截止,因此使 T_8 截止、T_9 导通,输出低电平。输入与输出之间实现**与非**逻辑。

3. Bi-CMOS 或非门

Bi-CMOS **或非**门电路组成如图 2.6.12 所示。当输入端 A、B 中有高电平时,例如 A 为高电平,则有 T_2、T_3 导通,T_7 截止,使得 T_8 截止、T_9 导通,输出低电平。当输入端 A、B 全为低电平时,则有 T_1 和 T_4 导通,且 T_7 导通,使得 T_8 导通、T_9 截止,输出高电平。输入与输出之间实现**或非**逻辑。

四、CMOS 电路的特点

1. CMOS 集成电路静态功耗低

CMOS 门电路静态时,总是一管导通另一管截止,电源与地之间呈现高阻,因

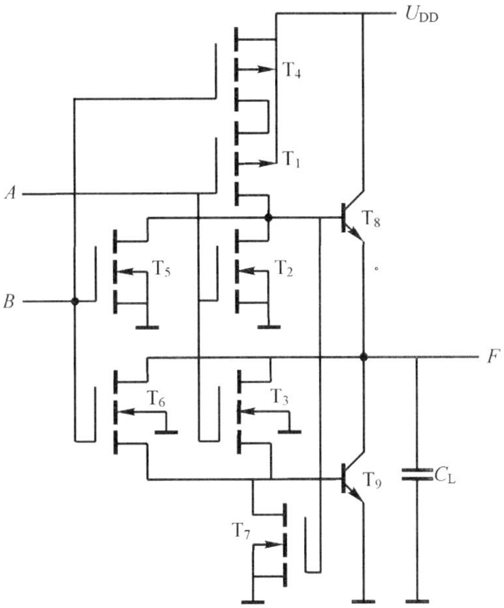

图 2.6.12　Bi-CMOS 或非门

而几乎不从电源吸取电流，其功耗极小。当 $U_{DD}=5$ V 时，CMOS 电路的静态功耗分别是：小规模门电路类约为 2.5～5 μW；缓冲器和触发器类为 5～20 μW；中规模集成电路类为 25～100 μW。

2. CMOS 集成电路集成度高、温度稳定性好

CMOS 集成电路由于功耗低、内部发热量小，所以集成度可大大提高。又由于其电路本身的互补对称结构，当环境温度变化时其参数有互补补偿作用，因而其温度稳定性好。

3. CMOS 集成电路抗辐射能力强

MOS 管是多数载流子受控导电器件，射线辐射对多数载流子浓度影响不大。因此 CMOS 电路特别适于在射线辐射强的航天、卫星和核实验的环境下工作。

4. CMOS 电路的电源利用率高

输出高电平 U_{OH} 近似等于电源电压，低电平 U_{OL} 近似为零，所以逻辑摆幅约等于电源电压，使电源电压得到了充分利用。

5. CMOS 电路的扇出系数大

由于 CMOS 电路的互补特性，其高、低电平输出时，MOS 管导通内阻比单沟道 MOS 管小得多，输出驱动电流比较大；CMOS 电路输入阻抗高，在 $10^{10}\,\Omega$ 左右，栅极几乎不取电流。在频率不太高的情况下，CMOS 电路的扇出能力几乎不受限制。但是 CMOS 管存在着输入电容（每管 5 pF 左右），电路的负载主要是容性负载，扇出增加会使工作速度下降，因此 CMOS 电路的扇出主要决定于工作速

度，一般可以大于50。

6. CMOS 电路电源取值范围宽

CMOS 电路电源一般可取 10 V，由实验可知，电源在很大范围变化时电路仍能保持正确的逻辑关系。国产 CC74HC 系列电源范围为 3 ~ 18 V，CC74C 系列为 7 ~ 15 V。

7. CMOS 电路易受静态干扰

由于 CMOS 电路输入阻抗高，容易受静电感应出现击穿，因此其电路内部设置保护电路。在使用和存放时应注意静电屏蔽，焊接时电烙铁应接地良好。

CMOS 门电路不用的输入端不能悬空，CMOS **与非**门多余输入端应接电源正极，CMOS **或非**门多余输入端应接地，低速场合可将多余的输入端和有用的信号端并联使用。

五、CMOS 门电路主要参数

CMOS 集成电路从 20 世纪 60 年代发展至今，随着工艺水平的不断提高，其技术参数总体上已经达到或接近 TTL 集成电路的水平，其中有些参数还超过了 TTL 集成电路，例如前面提到的 CMOS 集成电路的静态功耗、电源利用率、扇出系数等参数。

早期的 CMOS 集成电路为 4000 系列，随后又有 74C 系列，编号和引脚与 TTL 电路兼容，但是输入电压与输出电压不兼容。近期诞生的 CMOS 高速系列 74HC 系列产品不仅功耗低，而且每个门的传输时间小到 6 ~ 10 ns，与 74LS 系列相当，相同电源电压的情况下，其噪声容限约为 TTL 电路的两倍。此外，还有 74HCT 系列和 74BCT 系列（Bi-CMOS：双极型 CMOS）等，都已经做到与 TTL 电路兼容。

CMOS 集成电路各系列的主要技术参数如表 2.6.3 所示，可以与 TTL 集成电路参数进行比较，TTL 集成电路主要参数请参考表 2.1.3。

表 2.6.3　CMOS 集成电路各系列的主要技术参数

参数 \ 系列	基本 CMOS（4000/4000B 系列）	高速 CMOS（74HC 系列）	与 TTL 兼容的高速 CMOS（74HCT 系列）	与 TTL 兼容的高速 Bi-CMOS（74BCT 系列）
t_{pd}/ns（C_L = 15 pF）	75	10	13	2.9
P_D/mW	0.002	1.55	1.000 2	0.000 3 ~ 7.5

第七节　逻辑门的接口电路

前面讨论的各种不同系列的逻辑门电路给电子设计人员提供了很大的选择余地,可以根据系统设计的需要,从速度、复杂性和功能等方面选择某一种合适的逻辑系列,或者从几种系列中选择性能最佳的逻辑器件,再将它们组装在一起。在不同逻辑器件混合使用的系统中,常常碰到不同系列逻辑器件的接口问题。例如,同时使用 CMOS 和 TTL 门电路,由于各种集成门电路的电压和电流等参数的不同,所以必须考虑两个方面的接口问题:

(1) 驱动门能对负载门提供足够大的灌电流和拉电流。驱动门与负载门电流之间的驱动应满足:$I_{OH(max)} \geqslant nI_{IH(max)}$,$I_{OL(max)} \geqslant mI_{IL(max)}$,$n$ 和 m 是拉电流和灌电流负载的个数。

(2) 驱动门的输出电压应在负载门所要求的输入电压范围内。驱动门与负载门之间的逻辑电平应满足:$U_{OH(min)} \geqslant U_{IH(min)}$,$U_{OL(max)} \leqslant U_{IL(max)}$。

在接口电路的设计过程中,电压、电流参数是门电路之间主要的接口参数,这些参数只要满足上述四个不等式即可。为了方便计算,表 2.7.1 列出了 TTL 门电路和 CMOS 门电路的输入、输出特性参数。

表 2.7.1　TTL 和 CMOS 门电路的输入、输出特性参数

电路种类 参数名称	TTL 74 系列	TTL 74LS 系列	CMOS 4000 系列	高速 CMOS 74HC 系列	高速 CMOS 74HCT 系列
$U_{IH(min)}$/V	2	2	3.5	3.5	2
$U_{IL(max)}$/V	0.8	0.8	1.5	1	0.8
$I_{IH(max)}$/μA	40	20	0.1	0.1	0.1
$I_{IL(max)}$/mA	-1.6	-0.4	-0.1×10^{-3}	-0.1×10^{-3}	-0.1×10^{-3}
$U_{OH(min)}$/V	2.4	2.7	4.6	4.4	4.4
$U_{OL(max)}$/V	0.4	0.5	0.05	0.1	0.1
$I_{OH(max)}$/mA	-0.4	-0.4	-0.51	-4	-4
$I_{OL(max)}$/mA	16	8	0.51	4	4

一、TTL门驱动CMOS门

TTL门电路为驱动门,CMOS门电路为负载门。根据逻辑门的电源电压把接口电路分为两类:电源电压相同的接口和电源电压不同的接口。

1. 电源电压相同的接口

若TTL采用74LS系列,CMOS采用74HC系列,且电源电压都为5 V,由表2.7.1可知,两种门直接连接时,只有一个条件不满足,即TTL门电路输出高电平只有2.7 V,而CMOS电路的输入高电平要求高于3.5 V。

解决上述矛盾的方法之一,在TTL门电路输出端与电源之间接一上拉电阻R_x,使TTL门电路的输出高电平升高到电源电压,以实现与74HC电路的兼容,如图2.7.1(a)所示。电阻R_x值可由下式计算

$$R_{x(min)} \geqslant \frac{U_{CC} - U_{OL(max)}}{I_{OL} - n \cdot I_{IL}};R_{x(max)} \leqslant \frac{U_{CC} - U_{IH(min)}}{n \cdot I_{IH} + I_{OH}}$$

式中,$U_{OL(max)}$、I_{OL}和I_{OH}是TTL门电路参数;$U_{IH(min)}$、I_{IL}和I_{IH}是74HC门电路参数;n是TTL门电路驱动74HC门的个数。

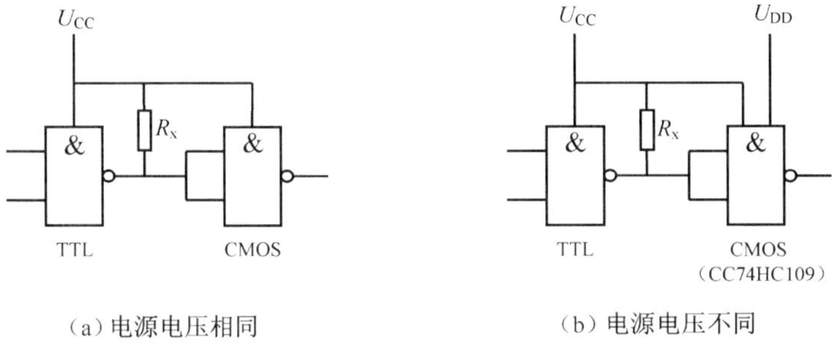

图2.7.1 TTL驱动CMOS门电路

若TTL采用74LS系列,CMOS采用74HCT系列,由于两者电压参数兼容,不需要另外加任何接口电路,因此,在数字系统的设计中,常选用74HCT系列器件,减少上拉电阻的设计。

对于TTL门电路驱动74HC的接口也可以采用另外一种方案,即先用TTL电路驱动74HCT电路,再由74HCT电路驱动74HC电路,这是一种TTL门电路驱动74HC门电路的最佳选择。

2. 电源电压不同的接口

如果CMOS负载电路电源U_{DD}高于TTL驱动电路电源U_{CC},有两种设计方案。

方案一:选用具有电平偏移功能的CMOS门,如CC74HC109,该电路有两个电源输入端U_{CC}和U_{DD},当$U_{CC}=5$ V、$U_{DD}=10$ V时,其输入接收TTL电

平 1.5 V/3.5 V,输出 CMOS 电平 9 V/1 V,满足作为负载的 CMOS 电路对输入电压的要求。TTL 门与 CMOS 门 CC74HC109 的电路连接方式如图 2.7.1(b)所示。

方案二:采用 TTL 的 OC 门作为 CMOS 的驱动门,因 OC 门 T_5 管的耐压远超过 U_{DD},所以将 OC 门 T_5 管的外接电阻 R_L 直接与 CMOS 电源 U_{DD} 连接,电路也能可靠工作。

二、CMOS 门驱动 TTL 门

用 CMOS 电路驱动 TTL 电路时,对于驱动门和负载门应当分系列考虑。

用 4000 系列 CMOS 电路驱动 74 系列 TTL 电路,当 CMOS 电源电压与 TTL 电源电压相同、两种门直接连接时,除要求 CMOS 与 TTL 门的逻辑电平兼容之外,还要看 CMOS 门是否能提供 TTL 负载所需要的灌电流和拉电流。由表 2.7.1 提供的参数可知,CMOS 门的电流驱动能力不满足 TTL 门的要求,主要是在 CMOS 门输出低电平时能承受的灌电流较小,仅为 0.51 mA,而 74 系列 TTL 门的输入短路电流较大,需要 1.6 mA。在这种情况下,用 CMOS 门驱动 TTL 门,将不能保证 CMOS 规定的输出低电平。

为解决这个问题,有多种方法。如采用驱动门并联的方式,提高驱动门的带负载能力。也可采用增加一级 CMOS 驱动器的方法,如选择同相驱动器 CC4010,其电路如图 2.7.2(a)所示。也可以采用漏极开路的 CMOS 驱动器,如 CC40107,如图 2.7.2(b)所示。它可驱动 10 个 74 系列负载门。此外也可以将 CMOS 门输出经一级分立元件驱动电路,实现电流的放大,再驱动 TTL 负载门,其电路如图 2.7.2(c)所示。

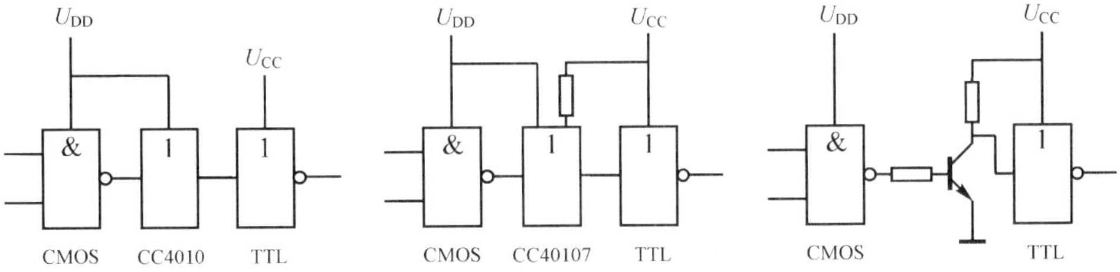

(a) 采用同相驱动器　(b) 采用漏极开路驱动器　(c) 采用分立元件驱动电路

图 2.7.2　CMOS 门驱动 TTL 门

用 4000 系列 CMOS 电路驱动 74LS 系列 TTL 电路,由表 2.7.1 提供的参数可知,当驱动一个 TTL 门时,可以直接相连,但是如果驱动门数增加,则仍然需要采用图 2.7.2 提供的方法,提高 CMOS 的驱动能力。

用 74HC 系列或 74HCT 系列 CMOS 电路驱动 TTL 电路,由表 2.7.1 提供的参数可知，无论负载门是74系列还是74LS系列，都可以直接相连，根据已知参数可以计算出驱动门的个数。

三、门电路带负载的接口电路

在数字电路的应用中，常会碰到应用门电路控制电动机的方向或转速、继电器的接通与断开、显示器件的亮与灭等情况，都需要设计合理的接口电路。无论用门电路驱动哪种负载，只要查询数字电路的数据手册，了解门电路的驱动能力，了解负载的额定电压和额定电流，根据上述参数设计接口电路即可。

以最常见的门电路驱动发光二极管LED的情况为例。门电路驱动发光二极管的连接方式有两种，如图2.7.3(a)和(b)所示。

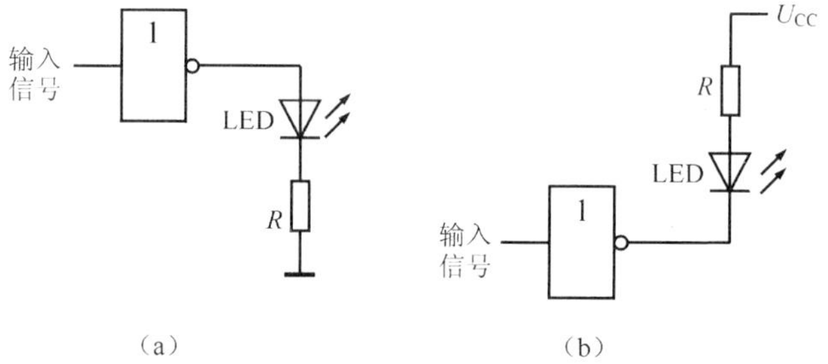

图2.7.3　门电路驱动发光二极管电路

设LED的工作电流为I_D、LED的正向压降为U_D。限流电阻R的选择如下：

对于图2.7.3(a)，门电路输出高电平时，限流电阻的选择应满足如下关系式

$$R=\frac{U_{OH}-U_D}{I_D}$$

对于图2.7.3(b)，门电路输出低电平时，限流电阻的选择应满足如下关系式

$$R=\frac{U_{CC}-U_D-U_{OL}}{I_D}$$

小结

本章主要介绍了目前广泛使用的TTL和CMOS集成逻辑门的电路组成、工作原理及其外部特性。

集成逻辑门电路的种类很多，可以从制造工艺、输出方式、逻辑功能和集成度等多个方面对其进行分类。

- 按制造工艺分
  - 双极型
    - TTL 电路
      - 54/74 系列
      - 54H/74H 系列
      - 54S/74S 系列
      - 54LS/74LS 系列
      - 54AS/74AS 系列
      - 54ALS/74ALS 系列
    - HTL 电路
    - ECL 电路
    - I^2L 电路
  - MOS 型
    - CMOS 电路
      - 4000 系列
      - 54HC/74HC 系列
      - 54HCT/74HCT 系列
    - NMOS 电路
    - PMOS 电路
  - Bi-CMOS 型
- 按集成度分
  - 小规模集成电路 SSI
  - 中规模集成电路 MSI
  - 大规模集成电路 LSI
  - 超大规模集成电路 VLSI

本章学习重点应放在 TTL 和 CMOS 集成电路的外部特性上，外部特性的主要内容有两个方面：一是输入与输出之间的逻辑功能；二是外部的电气特性及其主要参数。

TTL 电路输入级采用多发射极晶体管，输出级采用推拉式结构，所以工作速度快，负载能力强，是目前使用广泛的集成逻辑门之一。CMOS 集成电路具有功耗低、扇出大、电源电压范围宽、抗干扰能力强、集成度高等一系列特点，使之在整个数字集成电路中占据主导地位的趋势日益明显。

在逻辑门电路的实际应用中，经常会碰到不同类型的门电路之间、门电路与负载之间的接口电路的设计问题，正确分析和解决这些问题，是数字电路设计工作者应当掌握的基本功。

名词解释

先进的肖特基 TTL（Advanced Schottky TTL，74AS）：74S 的改进型集成电路，比 74S 系列延迟时间更短。

高速 CMOS（High-Speed CMOS）：CMOS 的改进型集成电路，延迟时间更短、功耗更低。

互补式金属－氧化物半导体(Complementary Metal-Oxide Semiconductor, CMOS)：用场效应管实现的集成电路。

双列直插式封装(Dual In-line Package, DIP)：集成电路的一种封装形式。

射极耦合逻辑电路(Emitter Coupled Logic, ECL)：非饱和状态的双极型晶体管实现的集成电路。

扇出(Fan-out)：允许驱动同类门的个数，表示门电路的带负载能力。

快速 TTL (High TTL, 74H)：采用达林顿管实现的双极型集成电路。

集成注入逻辑电路(Integrated Injection Logic, I^2L)：三极管驱动电流采用发射极注入方式实现的集成电路。

大规模集成电路(Large Scale Integration, LSI)：每片包含 1 000 ~ 10 000 个元件(100 ~ 1 000 个等效门)的集成电路。

低功耗肖特基 TTL(Low-power Schottky TTL, 74LS)：采用肖特基三极管且功耗较低的双极型集成电路。

中规模集成电路(Medium Scale Integration, MSI)：每片包含 100 ~ 1 000 个元件(20 ~ 100 个等效门)的集成电路。

噪声容限(Noise Margin)：允许输入端电压偏离规定数值的大小，表示门电路的抗干扰能力。

集电极开路门(Open Collector gate, OC gate)：为实现**线与**逻辑，将输出三极管集电极设置成开路状态的双极型集成电路。

功耗(Power Dissipation, P_D)：流过电源的电流与电源电压的乘积。

传输延迟时间(Propagation Delay time, t_{PD})：表明输出波形相对于输入波形滞后的时间，表示门电路的开关速度。

肖特基 TTL (Schottky TTL, 74S)：采用肖特基三极管实现的双极型集成电路。

小规模集成电路(Small Scale Integration, SSI)：每片包含 10 ~ 100 个元件(10 ~ 20 个等效门)的集成电路。

阈值电压(Threshold Voltage, U_{TH})：电压传输特性转折区中点所对应的输入电压，近似分析时使用的电压。

晶体管－晶体管逻辑电路(Transistor-Transistor Logic, TTL)：用双极型晶体管实现的集成电路。

超大规模集成电路(Very Large Scale Integration, VLSI)：每片包含 10 000 个以上元件(1 000 个以上等效门)的集成电路。

自我检测

题 2.1 TTL **与非**门输入端采用多发射极管的主要作用是________________________________。

题 2.2 TTL **与非**门多余输入端的处理方法是________________。

题 2.3 TTL **或非**门多余输入端的处理方法是________________。

题 2.4 TTL**与非**门输出端采用推拉式输出的主要作用是________________________________。

题 2.5 TTL **与非**门的灌电流负载发生在输出________________电平情况下，负载电流越大，则输出电平越________________。

题 2.6 门电路输入端个数称为门的________________系数，门电路带同类门数量的多少称为门的________________系数。

题 2.7 TTL 三态门的三种可能的输出状态分别是________________、________________和________________。

题 2.8 在 TTL 三态门、OC 门、**与非**门和**异或**门电路中，能实现**线与**功能的门电路有________________，能实现总线连接方式的门电路有________________。

题 2.9 CMOS 门电路与 TTL 门电路相比最大的优点是________________。

题 2.10 用工作速度来评价 TTL、ECL 和 CMOS 集成电路，速度快的集成电路依次为________________。

题 2.11 用抗干扰能力来评价 TTL、ECL 和 CMOS 集成电路，抗干扰能力强的集成电路依次为________________。

题 2.12 CMOS 传输门可以用来传输________________信号或________________信号。

题 2.13 CMOS 门电路的静态功耗________________。随着输入信号频率的增加，功耗也会________________。

思考题

题 2.1 TTL 标准**与非**门电路由哪几部分组成？

题 2.2 TTL **与非**门的电压传输特性说明什么问题？从特性曲线上可以得到 U_{OH}、U_{OL}、U_{IH}和 U_{IL}等参数，这些参数代表什么意义？

题 2.3 TTL 电路实现**线与**逻辑功能可以采用集电极开路门和三态门，试说明其原理。

题 2.4 抗饱和 TTL 电路为什么可以提高开关速度？

题 2.5 ECL 电路为什么具有很高的开关速度？该类电路有什么特点？

题 2.6 CMOS **与非**门和 CMOS **或非**门从电路结构上看有哪些不同？

题 2.7 CMOS 门电路与 TTL 门电路相比有哪些优点？

题 2.8 CMOS 门电路不使用的输入端不允许悬空，为什么？

题 2.9　当 TTL 门电路驱动 CMOS 门电路时，是否需要增加接口电路？为什么？

题 2.10　为什么说电压、电流参数是门电路之间实现正确连接的主要参数？

习题

习题 2.1　灯控制电路如习题 2.1 图所示。试写出电路的功能表、真值表和逻辑表达式。

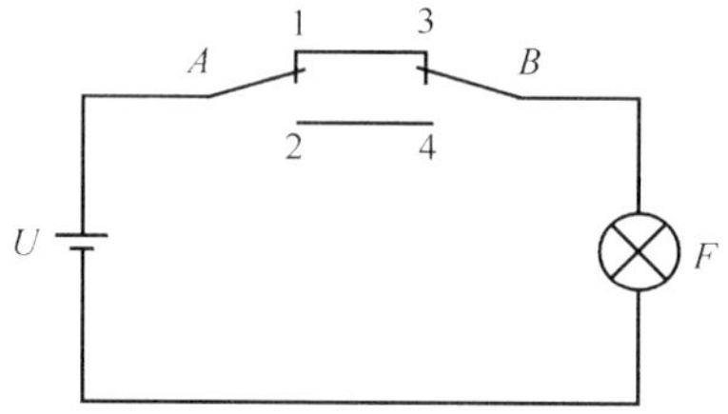

习题 2.1 图

习题 2.2　已知电路如习题 2.2 图(a)所示。

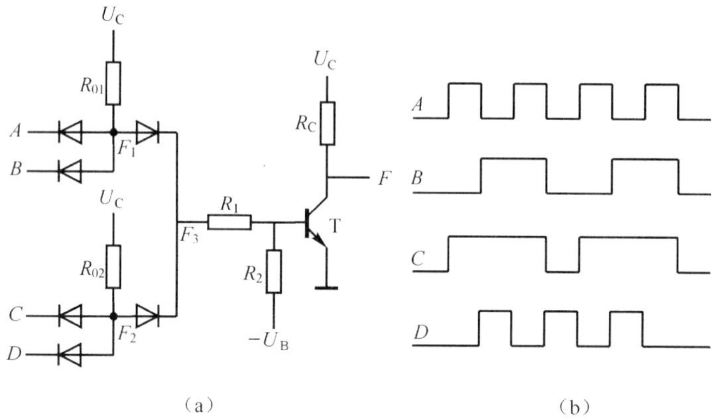

习题 2.2 图

(1) 写出 F_1、F_2、F_3 和 F 与输入之间的逻辑表达式；

(2) 画出逻辑图；

(3) 给定各输入波形如习题 2.2 图(b)所示。试画出 F_1、F_2、F_3 和 F 的波形图。

习题 2.3　试分析习题 2.3 图所示 TTL 电路的工作原理和逻辑功能，并说明 D 的作用，计算 U_{OL}、U_{OH}、I_{IL}、U_N 等。

习题 2.4　用内阻足够大的万用表测量图 2.1.1 TTL 与非门电路的一个悬空输入端的电压 u_I，在下列情况下，表的读数各为多少？

(1) 其余输入端全部悬空时；

(2) 其余输入端全部接 U_{CC} 时；

(3) 其余输入端全部接地时；

(4) 其余输入端全部接 0.3 V 时；

(5) 其余输入端有一个接地时。

习题 2.5　习题 2.5 图为 LS－TTL 门电路，试分析其逻辑功能，计算 U_{OL}、U_{OH}、I_{IL} 等参数。

习题 2.6　如图 2.1.1 所示的 TTL **与非**门电路中，若在某一输入端与地之间接一电阻 R，其余输入端悬空，试问：

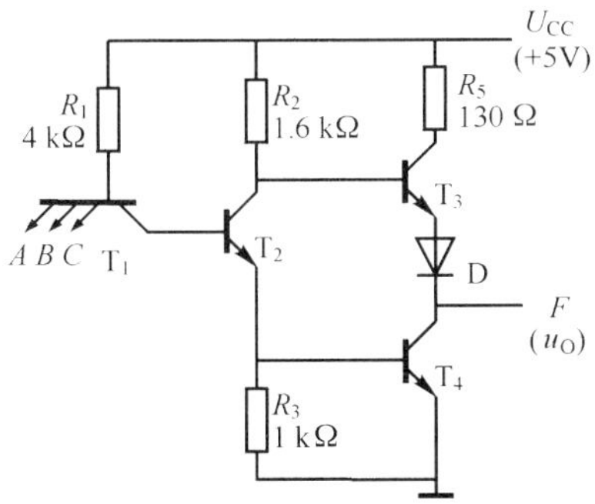

习题 2.3 图

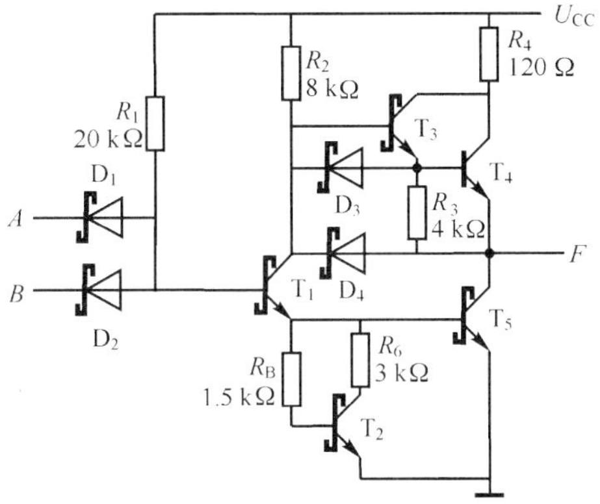

习题 2.5 图

(1) 保证**与非**门可靠关闭时的最大电阻即关门电阻 R_{OFF} 为多大值？

(2) 保证**与非**门可靠导通时的最小电阻即开门电阻 R_{ON} 为多大值？

习题 2.7　习题 2.7 图所示电路由 TTL **与非**门组成。设 G_1 ~ G_4 门的平均传输延迟时间相同，均为 30 ns，现测得输出端 F 的振荡频率为 3.2 MHz，试求 G_5 的平均传输延迟时间 t_{pd5}。

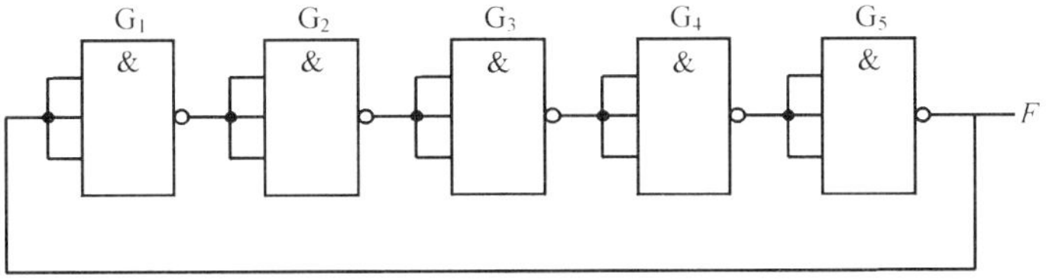

习题 2.7 图

习题 2.8　有两个 TTL **与非**门芯片，测得它们的关门电平分别为 U_{OFFA} = 1.1 V，U_{OFFB} = 0.9 V；开门电平分别为 U_{ONA} = 1.3 V，U_{ONB} = 1.7 V。它们输出的高电平和低电平相同，试判断哪一个门的抗干扰能力大？

习题 2.9　习题 2.9 图所示电路中，输出 F 与 C_1 和 C_2 之间具有**与**逻辑关系，称为**线与**，用虚线框标注。试写出 F 与 C_1 和 C_2 之间的电平关系表、真值表和逻辑式，并画出等效的逻辑图。

习题 2.10　若要实现习题 2.10 图中各 TTL 门电路输出端所示的逻辑功能，各电路的连接是否正确？如果不正确，试说明理由。

习题 2.11　习题 2.11 图所示的电路中，输出 F 与 E_1 和 E_2 之间具有**或**逻辑关系，称为**线**

或，用虚线框标注。试写出 F 与 E_1 和 E_2 之间的电平关系表、真值表和逻辑式，并画出等效的逻辑图。

习题 2.12　分析如习题 2.12 图所示的逻辑电路，写出输入信号与输出信号之间的逻辑表达式。

习题 2.13　TTL 电路如习题 2.13 图(a)、(b)所示，试写出输出端的表达式。已知输入信号 A、B、C 的波形如习题 2.13 图(c)所示，画出对应的输出波形。

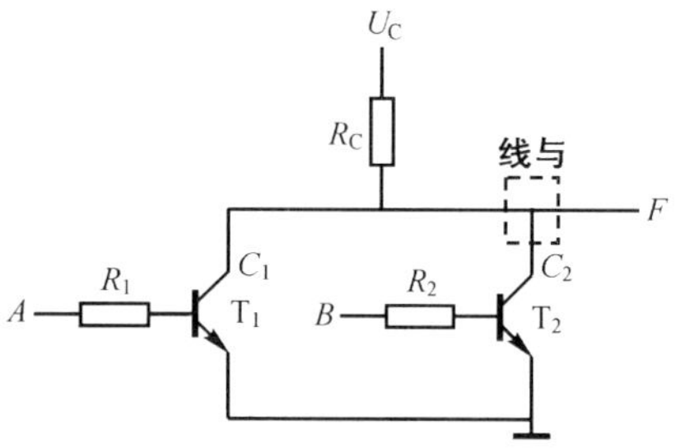

习题 2.9 图

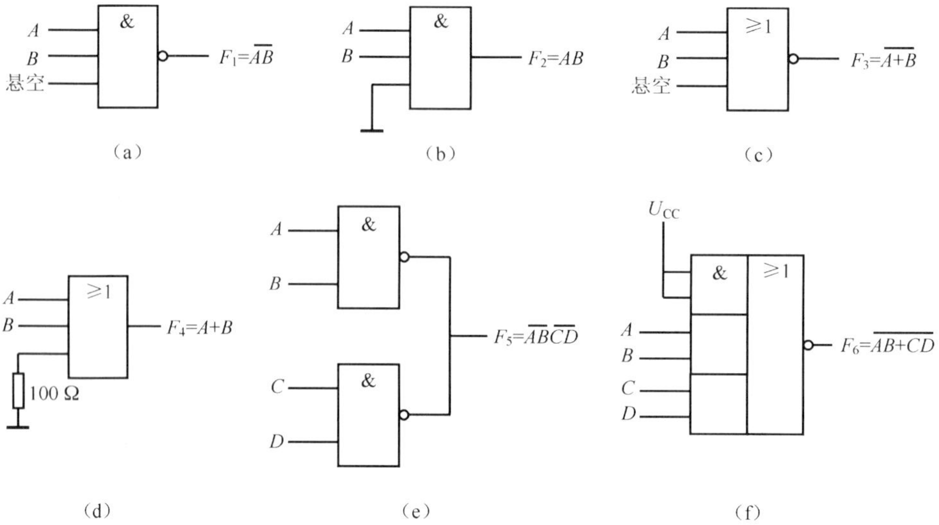

习题 2.10 图

习题 2.14　电路如习题 2.14 图(a)~(g)所示，已知输入信号 A、B 的波形如习题 2.14 图(h)所示，画出各电路的输出波形。

习题 2.15　在习题 2.15 图所示的各电路中，给定输入波形，试画出各输出端的波形。

习题 2.16　习题 2.16 图为 ECL 门电路逻辑图，试写出 F_1、F_2 和 F_3 的逻辑表达式。

习题 2.17　画出用最少数量的扇入为 2 的 ECL 或/或非门实现下列操作的逻辑图。

$$F_1 = A + B + C + D + E + F$$

$$F_2 = \overline{(A + B)(C + D)} + \overline{(E + F)(G + H)}$$

习题 2.18　画出用 I^2L 基本单元电路实现下列操作的电路图及逻辑图。

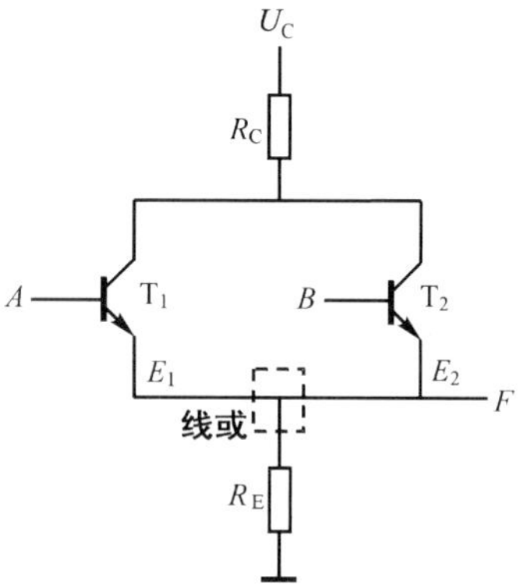

习题 2.11 图

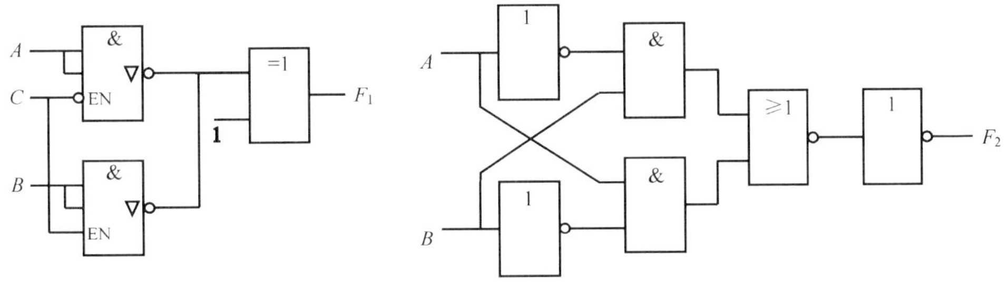

（a）　　　　（b）

习题 2.12 图

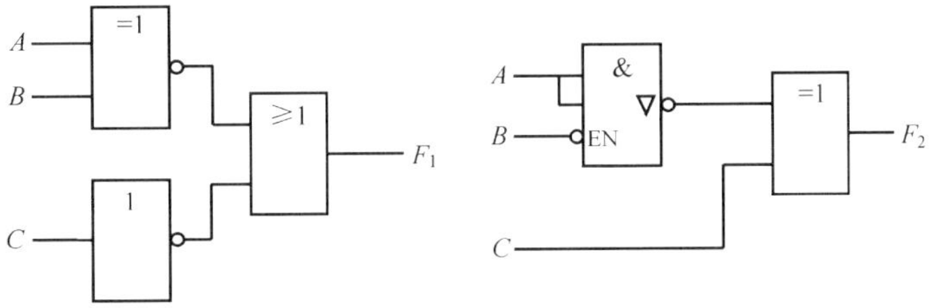

（a）　　　　（b）

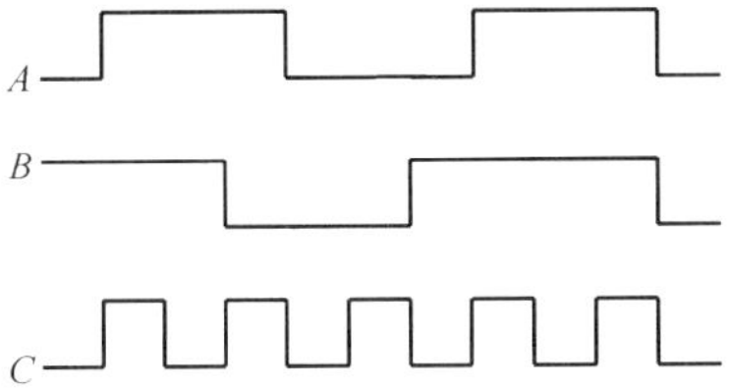

（c）

习题 2.13 图

$$F_1 = \overline{AB}$$

$$F_2 = AB + CD$$

$$F_3 = \overline{A}B \cdot A\overline{B}$$

习题 2.19　分别用四 2 输入与非门（74HC00）和四 2 输入或非门（74HC02）实现 $F_1 = ABCD$ 和 $F_2 = A + B + C + D$，画出逻辑图。

习题 2.20　CMOS 电路如习题 2.20 图所示。

（1）分析电路逻辑功能，分别写出 F_1、F_2 的逻辑表达式；

（2）试说明两种电路的相同之处和不同之处。

习题 2.21　试画出实现方程 $F = AB + C$ 的 CMOS 电路图。

习题 2.22　习题 2.22 图（a）、（b）所示为两种 CMOS 门电路，试分别写出各图的逻辑式，并画出逻辑图。

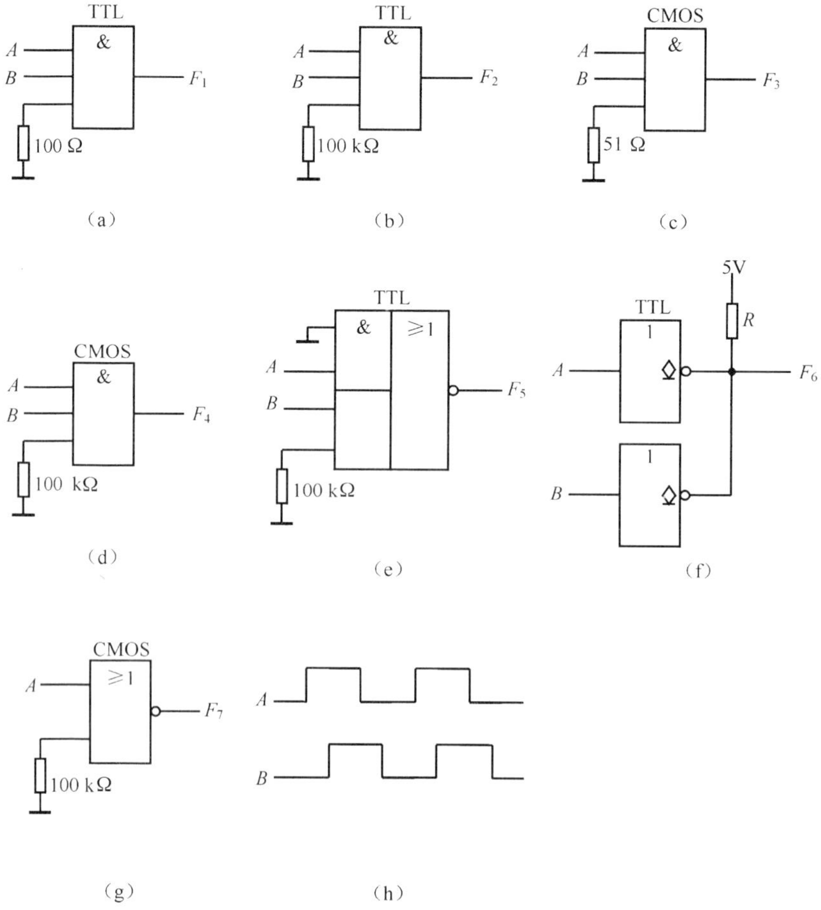

习题 2.14 图

习题 2.23　习题 2.23 图所示电路均为 CMOS 电路，按照电路逻辑功能和图中所示输入状态，指出各电路的输出状态。

习题 2.24　TTL-CMOS 接口电路如习题 2.24 图所示，试从电平匹配的观点分析 R_P 的作用。

习题 2.25　CMOS-TTL 接口电路如习题 2.25 图所示，试说明电路中两个 CMOS 门并联使用的原因。

习题 2.26　已知 7400 为四 2 输入与非门，$I_{OH}=400\ \mu A$、$I_{OL}=16mA$、$U_{OH}=2.4\ V$、$U_{OL}=0.4\ V$，输入信号 A 和 B 均为高电平时推动发光二极管发光。现有发光二极管工作电流为 10 mA，导通时管压降为 1.5 V，试画出逻辑电路图；若要求 A、B 有一个以上为低电平时二极管发光，逻辑图又该如何？

习题 2.27　如习题 2.27 图所示驱动电路，哪些驱动电路的连接是错误的？

习题 2.28　电路如习题 2.28 图所示，已知电路中的门均为 TTL 门，其参数 $U_{ON}=1.8\ V$、$U_{OFF}=0.8\ V$、$R_{ON}=2\ k\Omega$、$R_{OFF}=0.8\ k\Omega$、$I_{IH}\approx 0\ mA$、$I_{IL}=1.4\ mA$、$U_{OH}=3.6\ V$、$U_{OL}=0.3\ V$、

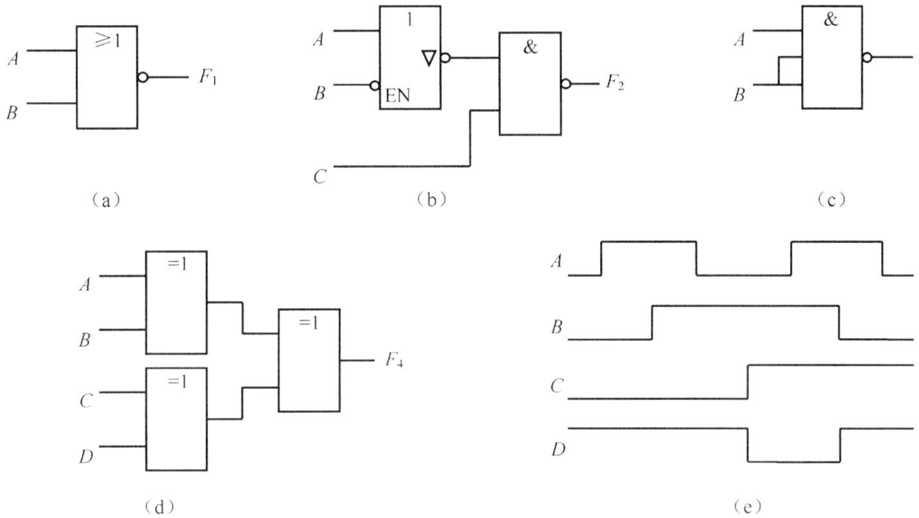

习题 2.15 图

$I_{OHmax}=400\ \mu A$；电路中的晶体管参数 $\beta=60$、$I_{CM}=30$ mA，管子饱和时 $U_{BE}=0.7$ V、$U_{CES}=0.3$ V，输入信号的高低电平分别为 3 V 和 0 V。

(1) 试判断在 A、B、C 不同取值情况下，晶体管的工作状态。

(2) 试分析该电路能否实现 $Y=\overline{(A+B)\cdot C}$ 的逻辑功能。

习题 2.29　电路如习题 2.29 图所示，已知电路中的门均为 TTL 门，其参数 $U_{IH}=3.6$ V、$U_{IL}=0.1$ V、$U_{OH}=3.6$ V、$U_{OL}=0.1$ V、$U_T=1.4$ V，$R_{ON}=20$ kΩ、$R_{OFF}=0.8$ kΩ，$I_{IH}=40\ \mu A$、$I_{IL}=-1$ mA、$I_{OH}=0.4$ mA、$I_{OL}=-8$ mA，试分析并指出电路存在的问题，并加以改正。

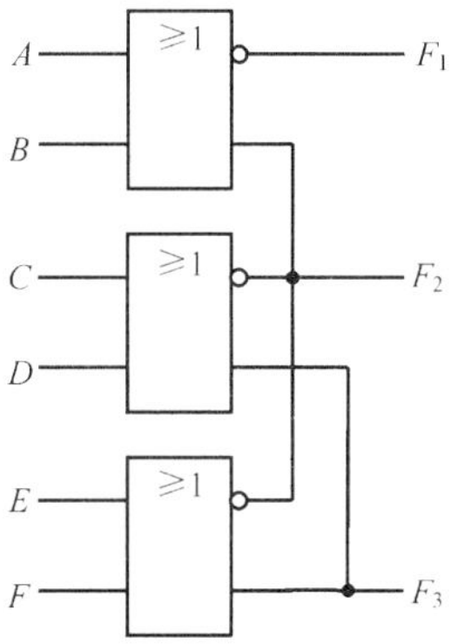

习题 2.16 图

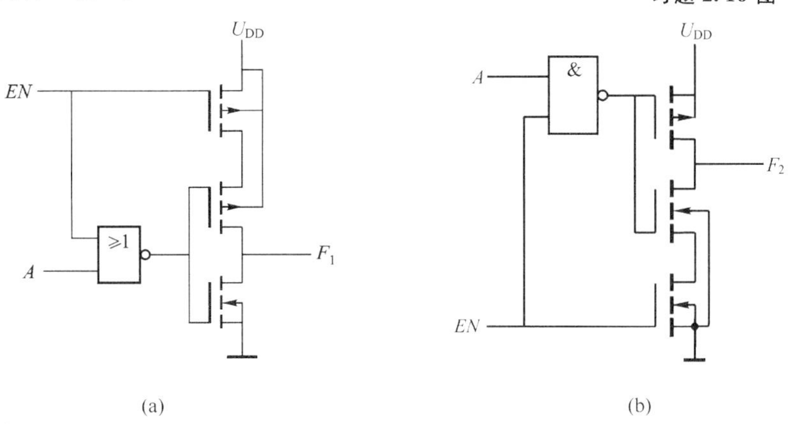

习题 2.20 图

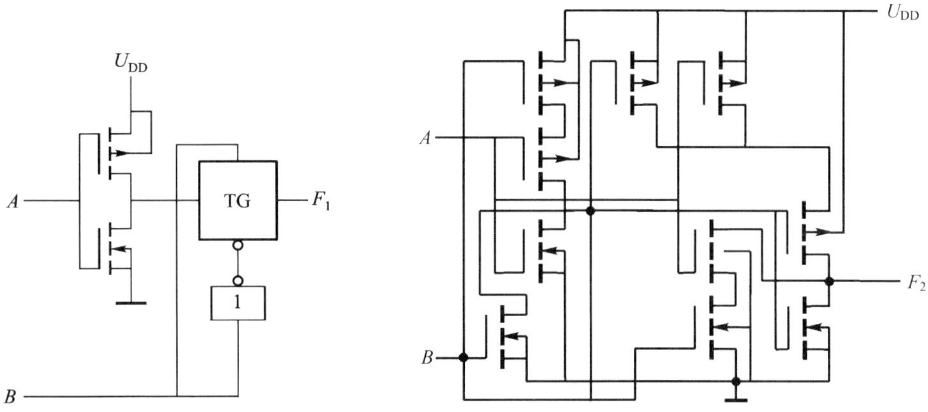

(a)　　　　(b)

习题 2.22 图

习题 2.30　CMOS 门电路如习题 2.30 图(a)所示,已知输入信号 A、B 和控制信号 C 的波形如习题 2.30 图(b)所示,试分析并画出 Z 端的波形。

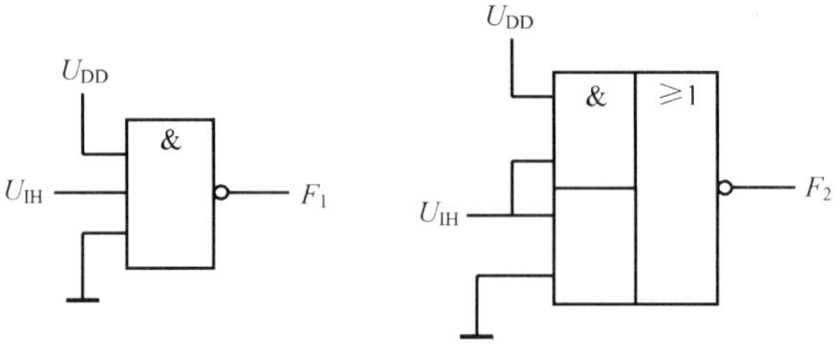

(a)　　　　(b)

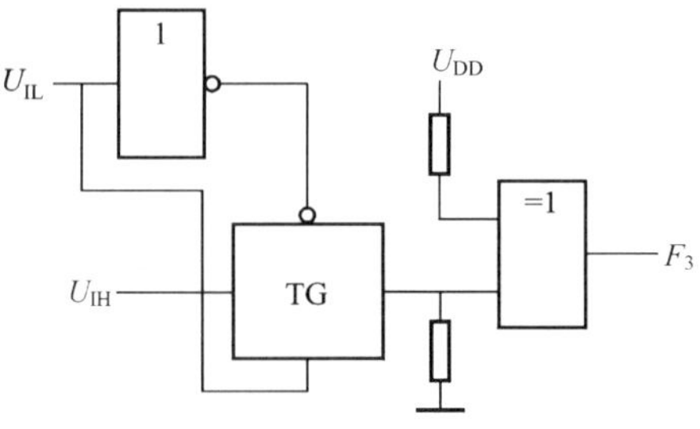

(c)

习题 2.23 图

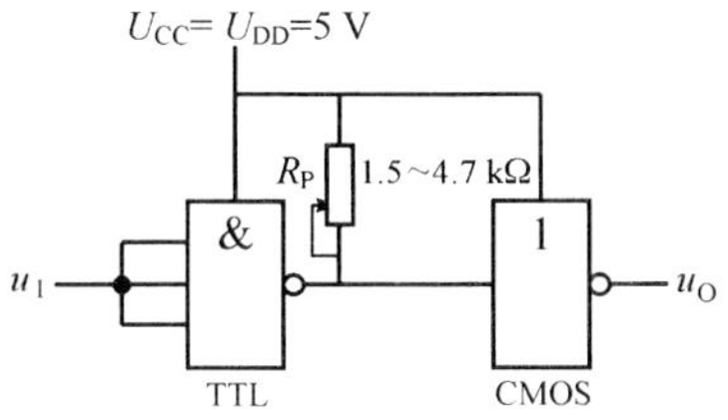

习题 2.24 图

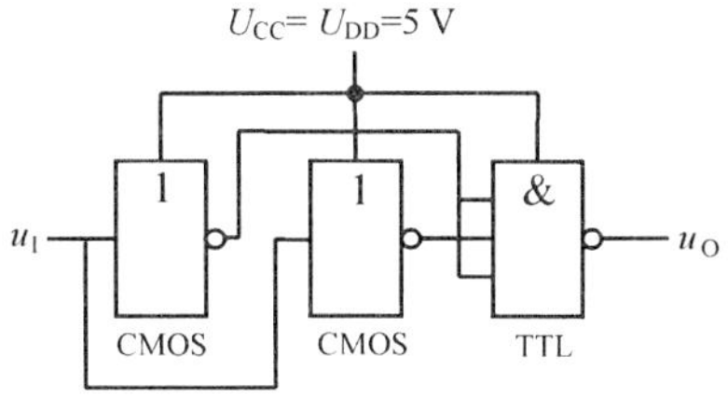

习题 2.25 图

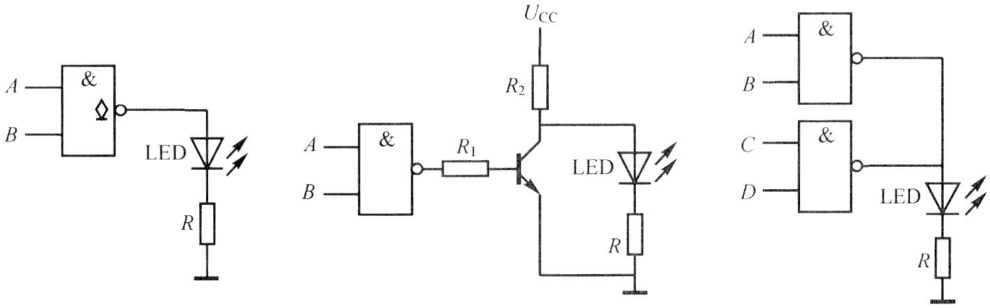

(a)　　　　(b)　　　　(c)

习题 2.27 图

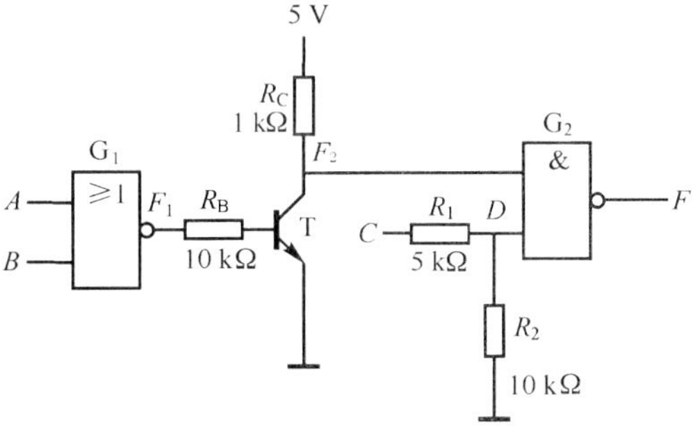

习题 2.28 图

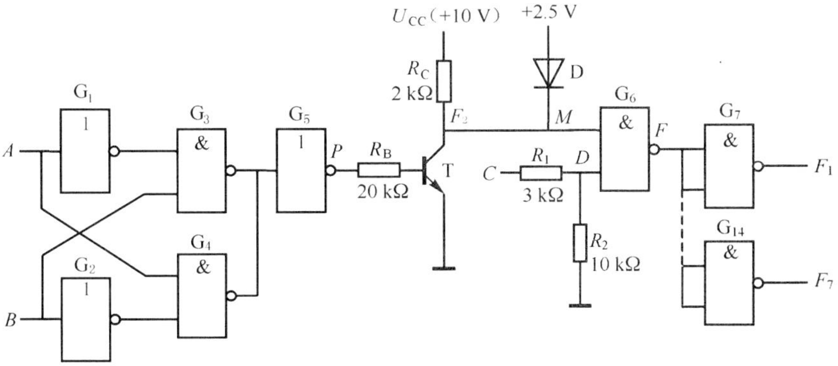

习题 2.29 图

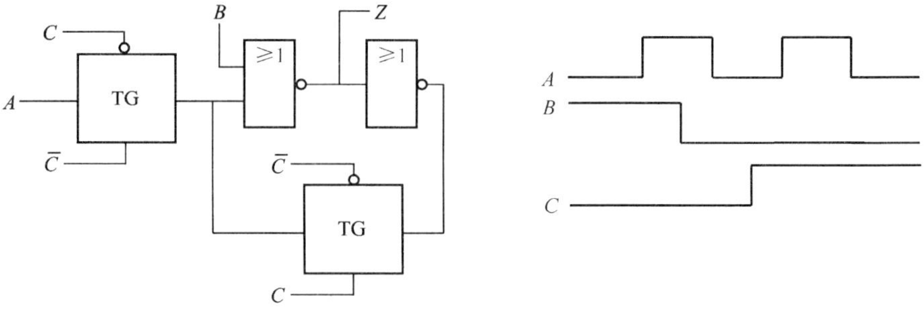

（a）　　（b）

习题 2.30 图

第三章　组合逻辑电路

第一章和第二章介绍了分析和设计数字电路所需的基本数学工具和逻辑门电路。本章将以逻辑代数为数学工具，从逻辑门构成的组合逻辑电路入手，介绍分析和设计数字电路的基本方法，并讨论组合逻辑电路中的竞争和冒险现象。

随着集成电路技术的飞速发展，构建数字电路的手段也在不断改进。目前一个较为复杂的数字逻辑电路的实现有两种基本方法。一种是利用通用集成电路产品，主要是用中、大规模集成电路模块，构成预定功能的逻辑电路。另一种是通过计算机辅助设计工具，利用可编程逻辑器件制作集成电路模块，从而构成复杂的电路系统。

针对逻辑电路的两种实现方法，本章将重点讨论若干常用中规模集成电路模块及其应用方法，引入常用的硬件描述语言——VHDL，并利用 VHDL 语言对典型的集成电路模块加以描述。

通过本章的学习，读者可以在掌握组合逻辑电路的分析和设计方法的同时，了解若干常用组合逻辑电路模块的功能和应用方法，以及用 VHDL 设计组合逻辑电路的方法，为进一步学习带记忆功能的电路奠定基础。

第一节　组合逻辑电路的分析与设计

一、组合逻辑电路的特点

在数字系统中，根据逻辑功能和电路结构的不同特点，数字电路可分为两大类：一类是组合逻辑电路（简称组合电路），另一类是时序逻辑电路（简称时序电路）。

图 3.1.1　组合电路方框图

组合逻辑电路在逻辑功能上的特点是：电路在任一时刻的输出状态仅取决于该时刻各输入信号状态的组合，而与输入信号作用前电路的原状态无关。

一个多输入端和多输出端的组合逻辑

电路框图如图 3.1.1 所示。图中 X_1、X_2、…、X_n 是电路的输入逻辑变量，F_1、F_2、…、F_m 是输出逻辑函数，每一个输出函数是全部或者部分输入变量的函数，输出函数与输入变量的逻辑关系可用逻辑表达式表示为

$$F_i = f_i(X_1、X_2、\cdots、X_n), i = 1,2,\cdots,m$$

由于电路的输出仅取决于该时刻各输入信号状态组合，不具备记忆电路原状态的能力，因此，组合逻辑电路在电路结构上的特点是：

1. 电路不包含记忆(存储)元件，在结构上由逻辑门电路组成。

2. 只有输入到输出的通路，没有从输出到输入的反馈回路。

前面介绍的各种逻辑门电路均属于组合逻辑电路，它们是构成复杂组合电路的单元电路。

二、组合逻辑电路的分析

组合逻辑电路的分析是指根据给定的逻辑图找出其输出信号与输入信号之间的逻辑关系，从而确定其逻辑功能，在实际工作中会遇到大量的数字电路分析问题，如对已设计好的电路加以评估，判断其是否经济合理、器件间是否能替代、两电路是否等效，或者研究电路有确定输出时，其输入的必备条件，以及电路的故障诊断等。组合逻辑电路的分析框图如图 3.1.2 所示，分析步骤如下：

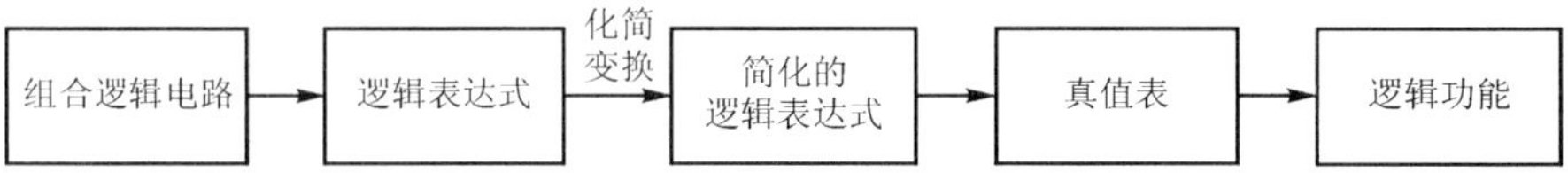

图 3.1.2　组合电路分析步骤

1. 根据给定逻辑电路图，从输入到输出逐级写出各输出端的逻辑表达式，最后得到表示输出与输入关系的逻辑表达式。

2. 利用公式法或卡诺图法，简化或变换输出逻辑表达式。

3. 根据最简逻辑函数表达式，列出真值表。

4. 根据真值表，判断电路的逻辑功能。

实际操作时可根据具体情况略去其中的某些步骤。

例 3.1.1　组合电路如图 3.1.3 所示，分析该电路的逻辑功能。

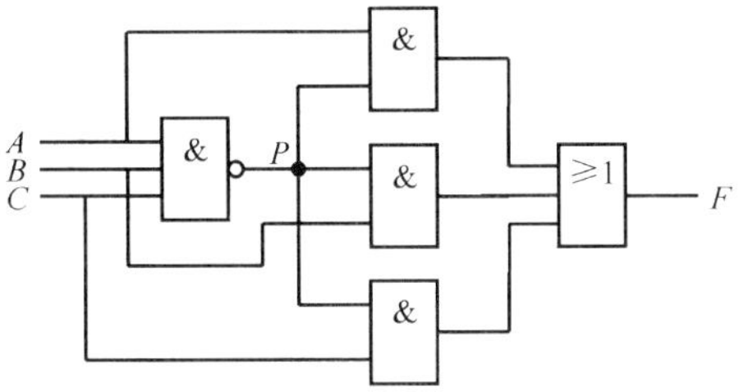

图 3.1.3 例 3.1.1 电路图

表 3.1.1 例 3.1.1 真值表

A	B	C	F
0	0	0	0
0	0	1	1
0	1	0	1
0	1	1	1
1	0	0	1
1	0	1	1
1	1	0	1
1	1	1	0

解:(1) 由逻辑图逐级写出逻辑表达式。为了写表达式方便,借助中间变量 P,然后代入到输出逻辑函数 F 中。

$$P=\overline{ABC}$$
$$F=AP+BP+CP$$
$$=A\,\overline{ABC}+B\,\overline{ABC}+C\,\overline{ABC}$$

(2) 化简与变换。为了使表达式有利于列真值表,一般应将其化简变换成**与 - 或**式或**与 - 或 - 非**式。

$$F=\overline{ABC}(A+B+C)=\overline{ABC+\overline{A+B+C}}=\overline{ABC+\overline{A}\;\overline{B}\;\overline{C}}$$

(3) 由表达式列出真值表。经过化简与变换的表达式为两个积之和的**非**,所以很容易列出真值表,见表 3.1.1 所示。

(4) 分析逻辑功能

由真值表可知,当 A、B、C 三个变量不一致时,电路输出为 **1**,可以称这个电路为“不一致电路”。

上例中输出变量只有一个,对于多输出变量的组合逻辑电路,分析方法也是相同的。

例 3.1.2 试分析图 3.1.4 所示逻辑电路的功能。

解:(1) 由逻辑图写出表达式

$$\begin{cases}G_3=B_3\\G_2=B_3\oplus B_2\\G_1=B_2\oplus B_1\\G_0=B_1\oplus B_0\end{cases}$$

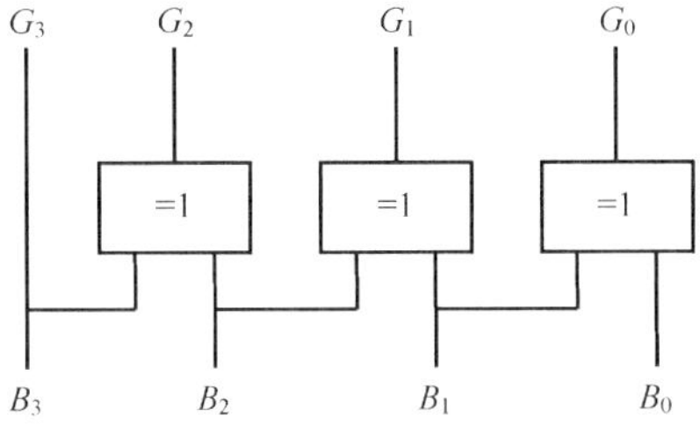

图 3.1.4 例 3.1.2 电路图

(2) 根据表达式列出真值表如表 3.1.2 所示。

(3) 分析功能

由真值表知,该电路为自然二进制码至格雷码的转换电路。

例 3.1.3　试对图 3.1.5 所示电路进行故障诊断。

试问：哪些测试信号可从输出 F 中判别 P 点出现了故障？是何种性质的故障？哪些测试信号可从输出 F 中判别 Q 点出现了故障？是何种性质的故障？哪些信号不能作测试用？假设 P 点和 Q 点的故障不是同时发生的。

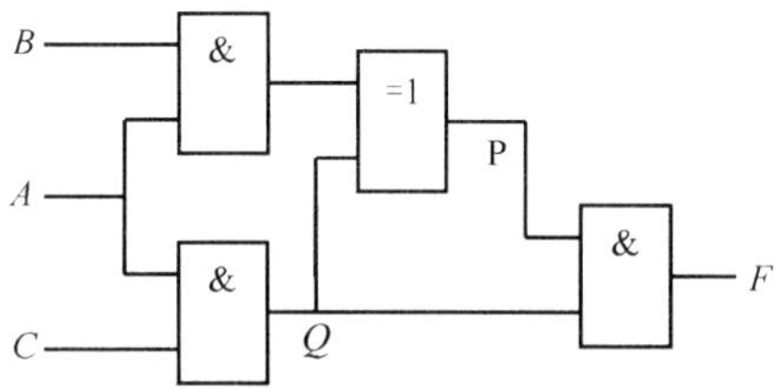

图 3.1.5　例 3.1.3 电路图

表 3.1.2　例 3.1.2 真值表

B_3	B_2	B_1	B_0	G_3	G_2	G_1	G_0
0	**0**	**0**	**0**	**0**	**0**	**0**	**0**
0	**0**	**0**	**1**	**0**	**0**	**0**	**1**
0	**0**	**1**	**0**	**0**	**0**	**1**	**1**
0	**0**	**1**	**1**	**0**	**0**	**1**	**0**
0	**1**	**0**	**0**	**0**	**1**	**1**	**0**
0	**1**	**0**	**1**	**0**	**1**	**1**	**1**
0	**1**	**1**	**0**	**0**	**1**	**0**	**1**
0	**1**	**1**	**1**	**0**	**1**	**0**	**0**
1	**0**	**0**	**0**	**1**	**1**	**0**	**0**
1	**0**	**0**	**1**	**1**	**1**	**0**	**1**
1	**0**	**1**	**0**	**1**	**1**	**1**	**1**
1	**0**	**1**	**1**	**1**	**1**	**1**	**0**
1	**1**	**0**	**0**	**1**	**0**	**1**	**0**
1	**1**	**0**	**1**	**1**	**0**	**1**	**1**
1	**1**	**1**	**0**	**1**	**0**	**0**	**1**
1	**1**	**1**	**1**	**1**	**0**	**0**	**0**

解： 首先假设故障有两类：一类称为 **0** 故障或接地故障，一类称为 **1** 故障，即此点接上高电平，然后写出无故障时和发生各种故障时电路的输出表达式，最后列出函数的真值表。从表上看，使各输出函数值不等的那些输入变量组合均可以用来测试对应的故障。

根据题意要求，写出函数的表达式。

(1) 无故障时，电路的输出函数为 $F=(AB\oplus AC)AC=A\overline{B}C$。

P 点出现 **1** 故障时，输出函数为 $F_{P1}=AC\cdot\mathbf{1}=AC$。

P 点出现 **0** 故障时，输出函数为 $F_{P0}=AC\cdot\mathbf{0}=\mathbf{0}$。

Q 点出现 **1** 故障时，输出函数为 $F_{Q1}=(\mathbf{1}\oplus AB)\cdot\mathbf{1}=\overline{AB}$。

Q 点出现 **0** 故障时，输出函数为 $F_{Q0}=(\mathbf{0}\oplus AB)\cdot\mathbf{0}=\mathbf{0}$。

(2) 列出各函数的真值表如表 3.1.3 所示。

(3) 逻辑分析。

(a) 判别 P 点出现故障的输入码型（输入测试信号）

由表 3.1.3 将 F 列和 F_{P1} 列比较看出，只有在输入第 7 种码型时两者的函数值不等，$F=\mathbf{0}$、$F_{P1}=\mathbf{1}$，说明 $A=B=C=\mathbf{1}$ 此码型可用于判断 P 点是否有 **1** 故障。

(b) 判别 Q 点出现故障的输入码型

同理判定 Q 点是否有 **1** 故障可采用第 0、1、2、3、4 五种输入码型。

(c) 不能判别故障的输入码型

第 5 种输入码型,可用于判断 P 点或 Q 点是否有 **0** 故障,但不能断定故障发生点。

完全不能判别故障的输入码型为第 6 种,即 $A=B=\overline{C}=\mathbf{1}$。因为取此输入码型时无故障和有故障的函数值都是一样的。

数字系统的故障检测和诊断是一门独立课程,通过本例可以了解初浅的概念。

表 3.1.3　例 3.1.3 真值表

N	A	B	C	F	F_{P1}	F_{P0}	F_{Q1}	F_{Q0}
0	**0**	**0**	**0**	**0**	**0**	**0**	**1**	**0**
1	**0**	**0**	**1**	**0**	**0**	**0**	**1**	**0**
2	**0**	**1**	**0**	**0**	**0**	**0**	**1**	**0**
3	**0**	**1**	**1**	**0**	**0**	**0**	**1**	**0**
4	**1**	**0**	**0**	**0**	**0**	**0**	**1**	**0**
5	**1**	**0**	**1**	**1**	**1**	**0**	**1**	**0**
6	**1**	**1**	**0**	**0**	**0**	**0**	**0**	**0**
7	**1**	**1**	**1**	**0**	**1**	**0**	**0**	**0**

三、组合逻辑电路的设计

组合逻辑电路的设计是根据给定的实际逻辑问题,求出实现相应逻辑功能的最简单或者最合理的数字电路的过程。逻辑电路的设计方法有多种,采用小规模、中规模和大规模以及可编程集成电路均可实现数字电路。虽然组合电路的设计方法不相同,但是基本逻辑问题的描述、设计思路和要考虑的实际工程问题是具有共性的。这一节介绍用小规模集成电路实现给定功能的逻辑电路的设计方法。组合逻辑电路设计的一般步骤如下:

1. 逻辑抽象

许多情况下,提出的设计要求是用文字描述的具有一定因果关系的事件,这就需要逻辑抽象,从逻辑的角度用一个逻辑函数来描述这一因果关系。

(1) 设置变量。分析事件的因果关系,把引起事件的原因设置为输入变量,把事件产生的结果设置为输出变量。

(2) 状态赋值。依据输入、输出变量的状态进行逻辑赋值,即确定输入、输出的哪种状态用逻辑 **0** 表示,哪种状态用逻辑 **1** 表示。

(3) 列真值表。将一个工程上的实际逻辑问题抽象为一个函数,并且这个逻辑函数是以真值表的形式给出的。

2. 写出逻辑表达式

由真值表写出逻辑表达式的方法前面已经详细介绍。

3. 选器件类型

为了产生所需要的逻辑函数，可以用小规模集成电路(SSI)、中规模集成组合逻辑器件(MSI)、存储器或可编程器件(PLD)等构成相应的逻辑电路。可根据问题的具体要求、器件的功能和资源情况决定采用哪一种类型的器件。

4. 逻辑函数化简或变换

用小规模集成电路进行设计时，应将逻辑表达式化为最简或变换为与器件种类相适应的最合理的形式。

5. 画出逻辑电路图

根据化简或变换后的逻辑函数表达式，画出逻辑电路图。

组合逻辑电路的设计步骤框图如图 3.1.6 所示。在设计过程中还应考虑逻辑门的扇入系数、驱动能力、传递延时等实际工程问题。

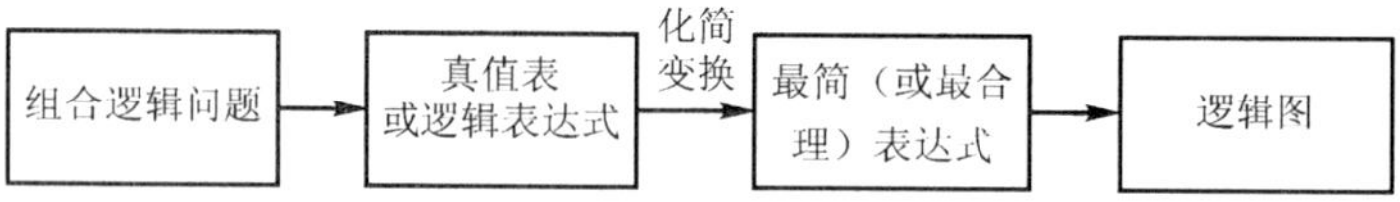

图 3.1.6　组合电路设计步骤

例 3.1.4　人类有 O、A、B 和 AB 四种血型。输血者与受血者必须符合一定的配合原则，如 O 型血可以输给任意血型的人，但只能接受 O 型血型，完整的输血者和受血者之间的血型配合关系如图 3.1.7 所示。试用**与非门**设计一血型关系检测电路，用以检测输血者与受血者之间的血型关系是否相互匹配。

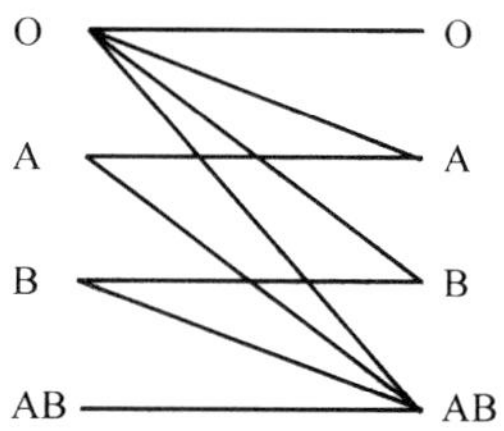

图 3.1.7　血型配合关系

解：(1) 根据题意，输血者的血型和受血者的血型是输入变量，而两者之间的关系是否符合血型配合原则为输出变量 F。如果将输血者和受血者的每种血型都分别作为一个输入变量，则会有 8 个输入变量，显然输入变量太多，会给设计带来诸多不便。如果用 P、Q 两个变量的 4 种组合表示输血者的血型，用 R、S 两个变量的 4 种组合受血者的血型，组合状态的分配见表 3.1.4 所示，则仅用 4 个输入变量即可。

(2) 根据输血者和受血者的血型配合关系图 3.1.7，当两者符合血型配合原则，输出变量 F 为 **1**，否则为 **0**。由此可列出输入、输出变量之间的逻辑真值表如表 3.1.5 所示。

表 3.1.4　输入变量的表示

血型	输血者		受血者	
	P	Q	R	S
O	0	0	0	0
A	0	1	0	1
B	1	0	1	0
AB	1	1	1	1

表 3.1.5　例 3.1.4 真值表

P	Q	R	S	F
0	0	0	0	1
0	0	0	1	1
0	0	1	0	1
0	0	1	1	1
0	1	0	0	0
0	1	0	1	1
0	1	1	0	0
0	1	1	1	1
1	0	0	0	0
1	0	0	1	0
1	0	1	0	1
1	0	1	1	1
1	1	0	0	0
1	1	0	1	0
1	1	1	0	0
1	1	1	1	1

(3) 由真值表，作输出函数 F 的卡诺图，如图 3.1.8 所示。再由卡诺图写出化简后的逻辑表达式，根据使用**与非**门的要求，将函数表达式变换为“**与非**-**与非**”式。

$$F=\overline{P}\,\overline{Q}+RS+\overline{P}S+\overline{Q}R$$
$$=\overline{\overline{\overline{P}\,\overline{Q}}\cdot\overline{RS}\cdot\overline{\overline{P}S}\cdot\overline{\overline{Q}R}}$$

(4) 根据逻辑函数表达式，画出逻辑电路图，如图 3.1.9 所示。

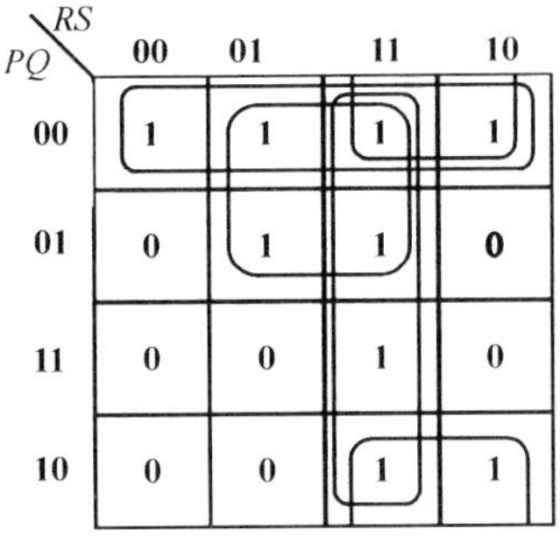

图 3.1.8　例 3.1.4 卡诺图

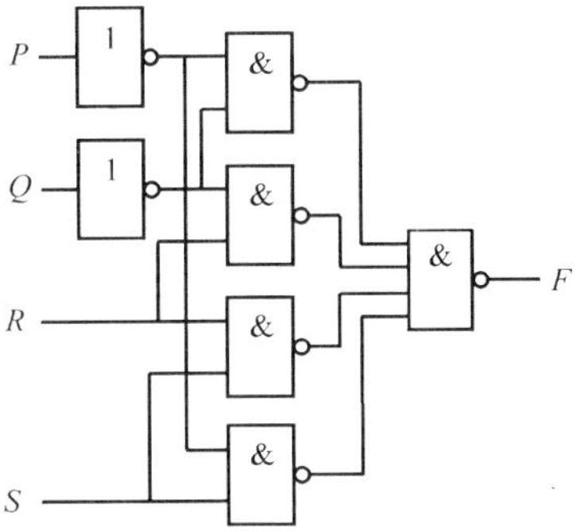

图 3.1.9　例 3.1.4 逻辑图

例 3.1.5　设计一个电话机信号控制电路。电路有 I_0（火警）、I_1（盗警）和 I_2（日常业务）三种输入信号，通过排队电路分别从 F_0、F_1、F_2 输出，在同一时间只能有一个信号通过。如果同时有两个以上信号出现时，应首先接通火警信号，其次为盗警信号，最后是日常业务信号。试按照上述功能设计该信号控制电路。要求用二输入**与非**门实现。

解：对于输入端，设有信号为逻辑**1**；无信号为逻辑**0**。对于输出端，设允许通过为逻辑**1**；设不允许通过为逻辑**0**。

（1）根据题意列真值表，如表3.1.6所示。

表3.1.6　例3.1.5真值表

输入			输出		
I_0	I_1	I_2	F_0	F_1	F_2
0	**0**	**0**	**0**	**0**	**0**
1	×	×	**1**	**0**	**0**
0	**1**	×	**0**	**1**	**0**
0	**0**	**1**	**0**	**0**	**1**

（2）由真值表写出各输出端的逻辑表达式

$$F_0 = I_0$$

$$F_1 = \bar{I}_0 I_1$$

$$F_2 = \bar{I}_0 \bar{I}_1 I_2$$

这三个表达式已是最简，不需化简，但需要用**非**门和**与**门实现，且 F_2 需用三输入端**与**门才能实现，故不符合设计要求。

（3）根据要求，将上式转换为**与非**表达式

$$F_0 = I_0$$

$$F_1 = \overline{\overline{\bar{I}_0 I_1}}$$

$$F_2 = \overline{\overline{\bar{I}_0 \bar{I}_1 I_2}} = \overline{\overline{\overline{\overline{\bar{I}_0 \bar{I}_1}} \cdot I_2}}$$

（4）画出逻辑图如图3.1.10所示，可见在实际设计逻辑电路时，有时并不是表达式最简单，就能满足设计要求，还应考虑所使用集成器件的种类，将表达式转换为能用所要求的集成器件实现的形式，并尽量使所用集成器件最少。

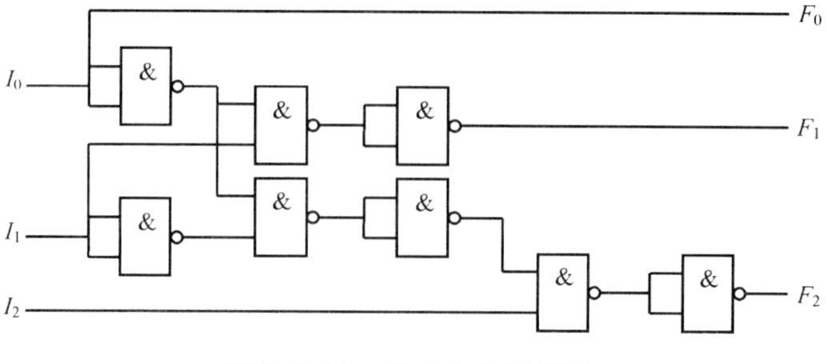

图3.1.10　例3.1.5逻辑图

例 3.1.6　设计一个将余 3 码变换成 8421BCD 码的组合逻辑电路。

解：(1) 根据题目要求，列出真值表如表 3.1.7 所示。

(2) 用卡诺图进行化简。本例为 4 个输入量、4 个输出量，故分别画出 4 个 4 变量卡诺图，如图 3.1.11 所示。应充分利用无关项，使逻辑函数尽量简单。化简后得到的逻辑表达式为

$$F_0=\overline{A}_0$$

$$F_1=A_1\overline{A}_0+A_0\overline{A}_1=A_1\oplus A_0$$

$$F_2=\overline{A}_2\overline{A}_0+A_2A_1A_0+A_3\overline{A}_1A_0=\overline{\overline{\overline{A}_2\overline{A}_0}\cdot\overline{A_2A_1A_0}\cdot\overline{A_3\overline{A}_1A_0}}$$

$$F_3=A_3A_2+A_3A_1A_0=\overline{\overline{A_3A_2}\cdot\overline{A_3A_1A_0}}$$

表 3.1.7　例 3.1.6 真值表

输入(余 3 码)				输出(8421BCD 码)			
A_3	A_2	A_1	A_0	F_3	F_2	F_1	F_0
0	0	1	1	0	0	0	0
0	1	0	0	0	0	0	1
0	1	0	1	0	0	1	0
0	1	1	0	0	0	1	1
0	1	1	1	0	1	0	0
1	0	0	0	0	1	0	1
1	0	0	1	0	1	1	0
1	0	1	0	0	1	1	1
1	0	1	1	1	0	0	0
1	1	0	0	1	0	0	1
1	1	0	1	×	×	×	×
1	1	1	0	×	×	×	×
1	1	1	1	×	×	×	×
0	0	0	0	×	×	×	×
0	0	0	1	×	×	×	×
0	0	1	0	×	×	×	×

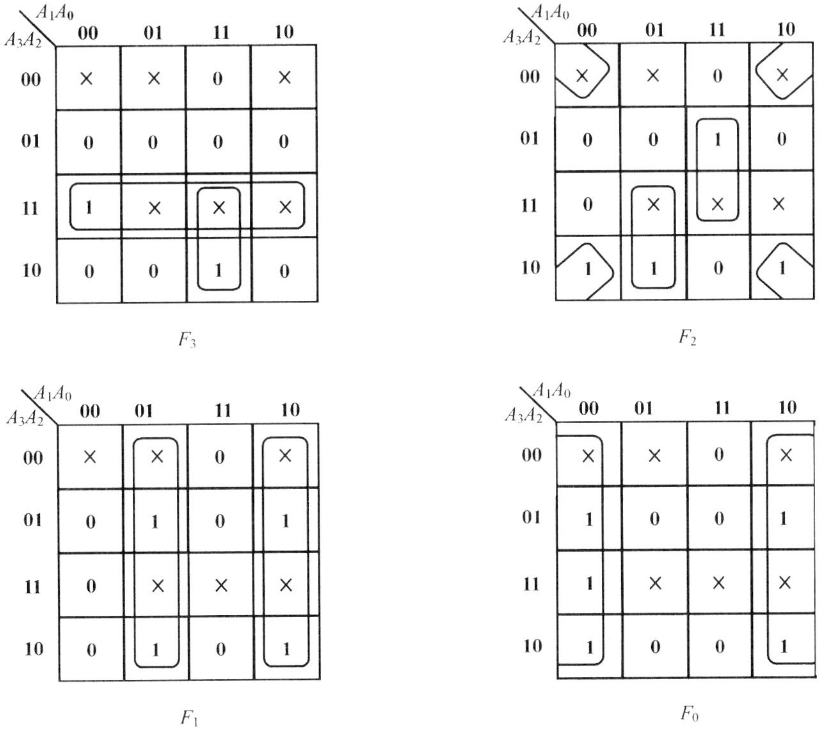

图 3.1.11　余 3 码变换成 8421BCD 码的卡诺图

(3) 由逻辑表达式画出逻辑图如图 3.1.12 所示。

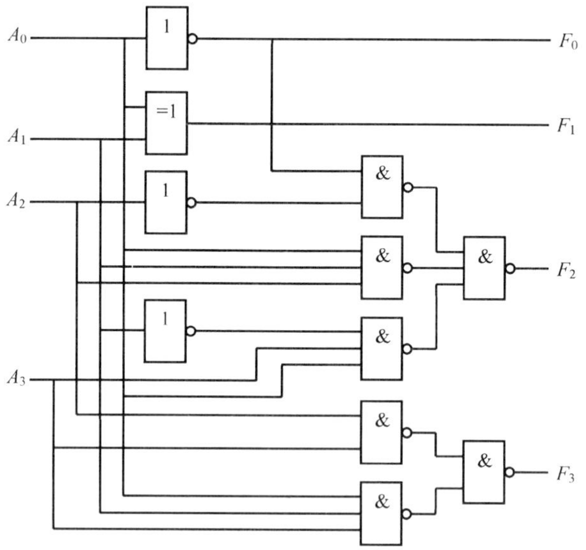

图 3.1.12　余 3 码变换成 8421BCD 码的逻辑图

上面介绍了组合逻辑电路设计的一种基本方法。此外通过电路硬件描述语言和计算机辅助设计工具,利用可编程逻辑器件实现逻辑电路,也是一种常用和有效的设计方法,这种方法将在本章第三节讨论。

第二节　组合逻辑电路中的竞争与冒险

前面在分析和设计组合逻辑电路时,只是讨论电路逻辑输出与输入稳定状态之间的逻辑关系,没有考虑信号变化时的过渡过程和信号在电路内部的传输延迟时间。而在实际电路中,由于信号变化时的过渡过程不一致和门电路的传输延时的存在,会对电路的工作产生不可忽视的影响,如电路工作速度和最高工作频率受到限制,出现竞争与冒险致使电路无法正常工作等。

一、竞争与冒险及其产生的原因

考察图 3.2.1(a)所示的电路,中间变量 $P=\overline{AB}$,输出变量 $F=\overline{AB}\cdot B$。在稳态下,无论 $A=\mathbf{1}$、$B=\mathbf{0}$ 还是 $A=\mathbf{0}$、$B=\mathbf{1}$,与非门 G_1 的输出 P 应总是 $\mathbf{1}$。由于不同输入端信号的上升和下降的过渡过程一般不完全一致,如果 A 端和 B 端的信号同时发生变化,A 端由 $\mathbf{1}$ 变为 $\mathbf{0}$,同时 B 端由 $\mathbf{0}$ 变为 $\mathbf{1}$,假设 A 端信号的下降速度比 B 端信号的上升速度慢,则会在一个极短的时间间隔 Δt 内,A、B 两端的信

号电平都大于 G_1 门电路的输入阈值电压，此时 P 点就会产生一个极窄的负向尖峰脉冲，也称为毛刺，如图 3.2.1(b) 所示(图中考虑了门电路的传输延时)，显然，这个尖峰脉冲是 G_1 门的错误输出，会对整个逻辑电路的正常逻辑功能造成隐患。

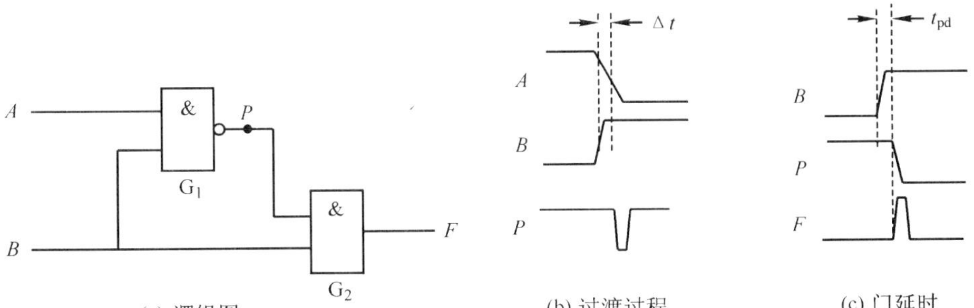

(a) 逻辑图　(b) 过渡过程　(c) 门延时

图 3.2.1　由竞争产生尖峰脉冲

假设 A 端为 **1** 不变，稳态下无论 B 端信号是否发生变化，电路输出 $F=B\overline{B}$，恒为 **0**。然而当 B 端信号由 **0** 变为 **1** 时，B 端信号在一个门的传输延时 t_{pd} 之后传输至 P 点，使之由 **1** 变为 **0**。在这个延时间隔内，G_2 门的两个输入端都为高电平，因此电路输出端会产生一个正向尖峰脉冲，如图 3.2.1(c) 所示，显然这是不符合电路逻辑功能的错误输出。

将一个门电路多个输入端信号同时跳变，或者一个信号经由不同的路径传到同一个门的输入端致使信号到达时间不同的现象称为竞争。有竞争现象并不意味着一定会产生尖峰脉冲，图 3.2.1(b) 中，如果 A 端信号的下降速度比 B 端信号的上升速度快，P 点就不会产生毛刺。图 3.2.1(c) 中，如果 B 端信号由 **1** 变为 **0**，F 端也不会产生毛刺。

由于竞争而可能在电路输出端产生尖峰脉冲的现象称为冒险。

二、冒险现象的识别

在电路输入端只有一个变量改变状态的情况下，可采用代数法和卡诺图法来判断一个组合电路是否存在冒险。

代数判别方法为：写出组合逻辑电路的逻辑表达式，当某些逻辑变量取特定值(**0** 或 **1**)时，如果表达式能转换为 $F=A\overline{A}$ 或者 $F=A+\overline{A}$ 则存在冒险。这是因为输出端门电路的两个输入信号 A 和 $\overline{A}$ 是由输入变量 A 通过不同的途径传输而来的，当 A 跳变时就可能在电路输出端产生尖峰脉冲。

例 3.2.1　判断图 3.2.2 所示电路是否存在冒险。

解：写出逻辑表达式：$F=A\overline{C}+BC$。

若输入变量 $A=B=\mathbf{1}$，则有 $F=C+\overline{C}$。因此，该电路存在冒险。

例 3.2.2　某电路逻辑函数 $F=(A+B)(\overline{B}+\overline{C})$，判断该电路是否存在冒险。

解：如果令 $A=\mathbf{0}$，$C=\mathbf{1}$，则有 $F=B\cdot\overline{B}$，因此，该电路存在冒险。

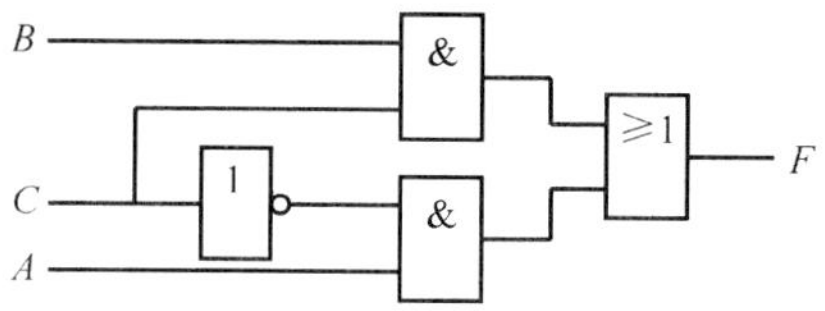

图 3.2.2　例 3.2.1 逻辑图

卡诺图法判别方法为：根据电路逻辑表达式，画出输出变量卡诺图，如果卡诺图上的圈相切，且相切处又无其他圈包含，则存在冒险。例 3.2.1 和例 3.2.2 的卡诺图分别如图 3.2.3（a）和（b）所示，两圈相切故存在冒险。

(a) 例3.2.1卡诺图　　(b) 例3.2.2卡诺图

图 3.2.3　用卡诺图判断冒险

代数法和卡诺图法判断组合电路是否存在冒险，虽然简单，由于不能判断多输入信号同时变化的情况，局限性较大。目前常采用计算机模拟仿真的方法来查找逻辑电路的竞争与冒险情况。在实验室通过示波器和逻辑分析仪检测和查找电路的竞争与冒险也是常用的方法，并且还可以用来对电路设计和计算机模拟仿真的结果进行验证。

三、冒险现象的消除方法

当组合逻辑电路存在冒险现象时，可以采取以下方法来消除冒险现象。

1. 增加冗余项

在例 3.2.1 的电路中，如在其逻辑表达式中增加乘积项 AB，使其变为 $F=A\overline{C}+BC+AB$，则在原来产生冒险的条件 $A=B=\mathbf{1}$ 时，$F=\mathbf{1}$，不会产生冒险。这个函数增加了乘积项 AB 后，已不是“最简”，故这种乘积项称为冗余项。

在例 3.2.2 中，同样在其逻辑表达式中增加冗余的**或**项 $A+\overline{C}$，使其变为 $F=(A+B)(\overline{B}+\overline{C})(A+\overline{C})$，则在原来产生冒险的条件 $A=\mathbf{0}$，$C=\mathbf{1}$ 时，$F=\mathbf{0}$，不会产生冒险。

从图 3.2.4 所示的卡诺图上看，相当于在两圈相切处增加一个圈（从最简化的角度看此圈是多余的）即能消除冒险。

2. 增加选通信号

在可能产生冒险的门电路的输入端增加一个选通脉冲。当输入信号变换完

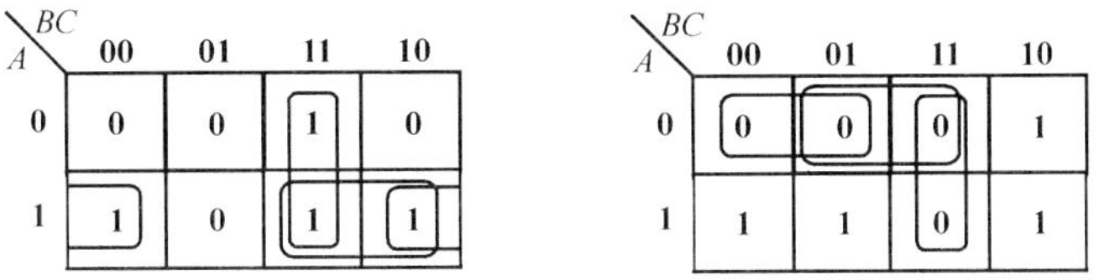

图 3.2.4　卡诺图中增加冗余圈

成，进入稳态后，才启动选通脉冲，将门打开。这样，输出就不会出现冒险脉冲。

3. 输出接滤波电容

由于竞争冒险产生的干扰脉冲的宽度一般都很窄，在可能产生冒险的门电路输出端并接一个滤波电容（一般为 4 ~ 20 pF），使输出波形上升沿和下降沿都变得比较缓慢，从而起到消除冒险现象的作用。

上述三种方法各有优点和不足，增加冗余项可以解决每次只有单个输入信号发生变化时电路的冒险问题，却不能解决多个输入信号同时发生变化时的冒险现象，适用范围有限。增加选通信号的方法比较简单，一般无需增加电路元件，但选通信号必须与输入信号维持严格的时间关系，因此选通信号的产生并不容易。输出端接滤波电容方便易行，但会使输出电压波形变坏，仅适合对信号波形要求不高的场合。

可见消除冒险的方法要因具体电路情况而定，可以同时采用多种方法，消除冒险的效果要经过计算机仿真和实验室验证。

第三节　超高速集成电路硬件描述语言 VHDL

数字电路传统的设计步骤是从逻辑代数的简化，写出最简逻辑表达式，直到绘出电路原理图。若电路系统非常庞大，设计者就不容易在电路原理图上了解电路的原理，而且绘图也是非常繁琐的工作。因此众多软件公司研制开发了具有自己特色的电路硬件描述语言（Hardware Description Language, HDL），这些硬件描述语言必然有很大的差异，一旦选用某种语言作为输入工具，就被束缚在这个设计环境之中，不能在众多的软件工具中选择一个最佳组合作为自己的最优设计环境。因此需要开发一种强大的、标准化的硬件描述语言，作为可相互交流的设计环境。

美国国防部在 20 世纪 80 年代初提出了 VHSIC（Very High Speed Integrated Circuit）计划，其目标之一是为下一代集成电路的生产，实现阶段性的工艺极限以及完成 10 万门级以上的设计而研制一种新的描述方法。1981 年提出了一种新的 HDL，称之为 VHSIC Hardware Description Language，简称为 VHDL，这种语言的成就有两个方面：

（1）描述复杂的电路系统；

（2）VHDL 成为硬件描述语言的标准。

VHDL 的主要优点是：

（1）覆盖面广，描述能力强，是一个多层次的硬件描述语言。即设计的原始描述可以是非常简练的描述，经过层层细化求精，最终成为可直接付诸生产的电路级或版图参数描述，整个过程都可以在 VHDL 的环境下进行。

（2）VHDL 有良好的可读性，它可以被计算机接受，也容易被读者理解。用 VHDL 书写的源文件，既是程序又是文档，既是技术人员之间交换信息的文件，又可作为合同签约者之间的文件。

（3）VHDL 本身的生命周期长，因为 VHDL 的硬件描述与工艺技术无关，不会因工艺变化而使描述过时。与工艺技术有关的参数可通过 VHDL 提供的属性加以修正，工艺改变时，只需修改相应程序中的属性参数即可。

（4）支持大规模设计的分解和已有设计的再利用，一个大规模设计不可能一个人独立完成，它将由多人，多项目组来共同完成。VHDL 为设计的分解和设计的再利用提供了有力的支持。

（5）VHDL 已成为 IEEE 承认的一个工业标准，事实上已成为通用硬件描述语言。

一、VHDL 的基本组成

VHDL 可以把任意复杂的电路系统视作一个模块，一个模块可分为三个主要组成部分，图 3.3.1 给出了 VHDL 设计模块示意图：

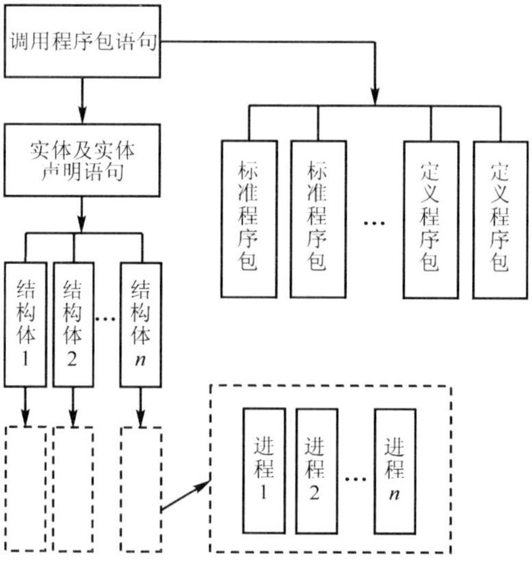

图 3.3.1　设计模块示意图

（一）参数部分——程序包

每个模块中的程序包有 IEEE 标准的标准程序包或设计者自身设计的程序包，而且调用的数量不限。程序包是设计中的子程序和公用数据类型的集合，是构成设计工具的工具箱，工具箱中最基本的工具是数据类型包，调用此标准程序包的 VHDL 语言是：

```
LIBRARY ieee;
USE ieee.std_logic_1164.all;
```

这两句设置在 VHDL 程序的最前面，表示以后在实体或结构体中要用到数据类型包中的数据类型。

（二）接口部分——设计实体

模块中仅有一个设计实体，它提供该设计模块的公共信息，是 VHDL 设计电路的最基本部分。VHDL 设计的电路系统可分层次，所以设计的模块实体既可以是顶层实体，又可以是最底层实体。

设计实体中的一部分是外部可见特性，例如设计模块的名称，端口引脚信息，如图 3.3.2 所示的**异或**门实体，其 VHDL 硬件描述语言如下：

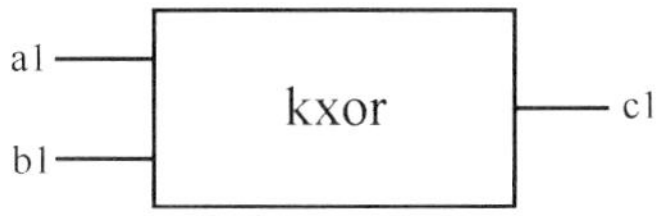

图 3.3.2 异或门实体

```
ENTITY kxor IS
PORT(a1,b1:IN std_logic;
          c1:OUT std_logic);
END kxor;
```

实体部分的大写单词 ENTITY、IS、PORT、IN、OUT 和 END 为关键字。在 ENTITY…END 之间表示实体内容，ENTITY 后的字符串 kxor 表示实体的名称，即电路的符号名。端口（引脚）信息关键字 PORT 中的语句有三个端口，分别是两个输入（IN）模式 a1 和 b1，一个是输出（OUT）模式 c1，并描述了信号的流向。端口信息除了输入输出之外，还可以是双向、缓冲器等。std_logic 表示信号取值的数据类型为标准逻辑位，数据类型除了标准逻辑位之外，还可以是实数、整数、无符号数、物理以及以上数据类型组成的记录和数组集合等等，数据类型也可以由设计者定义。

（三）描述部分——结构体

当**异或**门的符号和外部端口 a1、b1 和 c1 确定之后，就要确定实体的内部电路。电路描述部分称之为结构体 ARCHITECTURE，它描述实体硬件的互连关系、数据的传输和变换以及动态行为。一个实体可以对应多个结构体，每个结构体可以代表该硬件的某一方面特性，例如行为特性，结构特性。而每一特性的描述，又由于其层次、实现方法不同形成多个结构体。与上例 kxor 实体相对应的

逻辑电路图如图 3.3.3 所示,相对应的 VHDL 结构体描述如下:

```
ARCHITECTURE kxor_arc OF kxor IS
BEGIN
 c1 < = (NOT a1 AND b1) OR (a1 AND
NOT b1);
END kxor_arc;
```

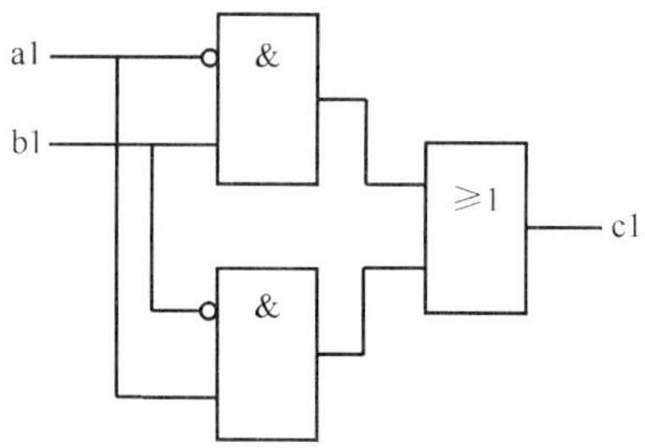

图 3.3.3　异或门逻辑电路图

在关键字 ARCHITECTURE 标明的语句中描述实体的内部结构,结构体的名字为 kxor_arc,且正在描述的结构体是实体 kxor 的结构体。实体和结构体之间的关系是多种多样的,上例在结构体中的描述是行为描述,a1 和 b1 端口信息经过**异或**之后,送到 c1,此行描述读作 c1 得到 a1 和 b1 的**异或**值。在结构体中有多种描述方法,如图 3.3.1 示意图中虚线框内的进程行为语句等将在后面更详细地讨论。

二、VHDL 数据类型和属性

VHDL 硬件描述语言中涉及许多信号、变量和常量,它们用来保持一个数据。用来保持数据的信号,变量和常量,在 VHDL 中称为目标。VHDL 是一种非常严格的数据类型化语言,规定每个信号、常量、变量或每个表达式有确定的数据类型,一般说,在表达式中分配数值给目标时的数据类型不可以被混用。每个目标和表达式的类型可在仿真之前静态地确定。

信号和变量可以赋予一系列的值,而常量一次仅被分配一个值。变量和信号又有不同,赋予信号的数值要到未来的某个时刻,才接受当前的数值,而赋予变量的数值,它立即接受当前的数值。目标的一般形式如下:

<目标种类> <目标<,目标… > >: <目标类型>: = <表达式>;

目标种类:信号、变量和常量。

信号:它表示把元件端口连接在一起的互连线。

变量:用于对暂时数据的局部存储,变量只在进程和子程序内部定义。

常量:对某些特定类型数据赋予的数值。

目标:是一个或多个代表着目标种类的字符串,多个目标时用“,”号分开。

表达式:表达式是为了规定目标的初始值,这是缺省部分。

目标类型:为了规定目标的特征,VHDL 含有很宽范围的数据类型。VHDL 除了有基本的数据类型之外,设计者还可以建立新的数据类型,类型说明部分规定类型名和类型范围,它的一般形式是:

TYPE <类型名> IS <类型范围>;

类型范围包容了从整数类型、实数类型、物理类型、枚举类型到文件类型的任何类型。VHDL 有大量与类型兼容的有关规则：

（1）赋予目标的表达式数据类型必须和目标数据类型相同；

（2）许多预先确定的运算符的操作数必须具有相同的类型；

（3）一个实体的类型和它连接到的形式的类型相同。

VHDL 中可用数据类型共有五类：标量类型、复合类型、子类型、文件类型和寻址类型。

（1）标量数据类型是基本的数据类型，它包括整数、实数、物理和枚举类型。一个目标的数值有可能经常更换或者说是包含多个值，但一个信号一次只能被一种类型说明。整数类型与算术类型相似，它可以定义一个连续性的整数范围用来预定算术函数等，还可用来作次序上升和下降的循环迭代。实数类型可以代替或模仿数学上实数的目标，它可用来表示带小数点的数或带小数点的浮点数，它的最大范围是从 -1.0E+38 到 +1.0E+38。物理类型可用来表示距离、电流和时间等物理量，物理类型要提供一个基本单位，然后在这个基本单位上定义多个或零个次级单位，每个次级单位都是基本单位的整数倍。枚举类型在形式上是定义括弧内的字符串文字表，一个字符串文字在枚举类型定义中只能出现一次，但允许同样一个字符串文字出现在不同的枚举类型的字符串文字表中，枚举类型的字符串文字表中的文字是由设计者定义的，这些值可以是单个字母，也可以是一个字符串，例如：BREAKFAST、Lunch、a 等。

整数类型、实数类型和物理类型比较容易理解，较难理解的只是带有一些抽象味道的枚举类型数据。

例 3.3.1

```
PACKAGE meals_pkg IS
 TYPE meal IS(breakfast,lunch,dinner);
END meals_pkg;
USE work.meals_pkg.all;
ENTITY meals IS
 PORT(previous_meal:IN meal;
         next_meal:OUT meal);
END meals;
ARCHITECTURE meals_arc OF meals IS
BEGIN
 WITH previous_meal SELECT
   next_meal <= breakfast WHEN dinner,
                lunch WHEN breakfast,
                dinner WHEN lunch;
END meals_arc;
```

例 3.3.1 是一个枚举类型数据编程的实例。

自定义程序包中,定义了枚举类型数据为 meal,枚举类型表中有三个符号,代表着枚举信号 breakfast(早饭)、lunch(午饭)和 dinner(晚饭)。在实体中定义的端口信号是两个,一个是输入枚举信号 previous_meal,另一个是输出枚举信号 next_meal。在结构体中,判断输入是枚举数据的哪一个(刚吃过哪一顿饭),然后将另一个枚举型数据送到输出(准备再吃哪一顿饭)。

(2) 复合类型是由数组类型和记录类型组成,它们的元素是标量类型的元素。数组类型是由相同的标量元素组成,即同构复合类型,数组可以是一维、二维或多维,可以是限定性也可以是非限定性,限定性数组的定义指定了数组的上下界,而非限定性数组则并不指定上下界,本节只涉及限定性数组。如

```
TYPE word IS ARRAY(15 DOWNTO 0) OF BIT;
TYPE column IS RANGE 1 TO 40;
TYPE row IS RANGE 1 TO 10;
CONSTANT ROM : BIT_VECTOR(0 TO 15);
TYPE matrix IS ARRAY( row,column) OF std_logic;
TYPE r_ma IS ARRAY( 1 TO 10, 1 TO 40) OF std_logic;
```

第一行到第四行是四个一维数组类型的说明,第五和第六行是两维限定性数组的定义,表示行的范围 1 ~ 10,列的范围是 1 ~ 40。

记录型类型可以把个物理、整数、实数、枚举归成一个单一的目标组,记录的每个元素由它的字段名访问,记录元素包括任何类型的元素,它的元素类型可以不同也可以相同,所以记录类型是异构的。

数组类型和记录类型对于建立较复杂系统和抽象数据类型的建模是非常有用的,用记录和数组的巧妙组合能作出更容易理解的模块。

(3) 子类型可以定义上述类型的子集,为什么需要子类型呢:一是为了对需要赋值的语句加以约束,二是建立一个判断的子类型。子类型的范围要小于或等于它属于的数据类型范围,它属于的数据类型范围的数据不能向子类型赋值,否则将产生一种范围限制错误。如果需要的基本类型范围较大,就可以选择其中一部分作为子类型,子类型还可以再定义子类型。

例 3.3.2　下面是一个 8 位多路选择器 VHDL 程序,它对整数类型范围限定了一个子类型,使其仅使用整数类型中的 8 个离散数据。

```
PACKAGE mux_pkg IS
 SUBTYPE eightval IS INTEGER RANGE 0 TO 7;
END mux_pkg;
LIBRARY ieee;
USE ieee. std_logic_1164. all;
USE work. mux_pkg. all;
```

```
ENTITY mux8 IS
 PORT(I0,I1,I2,I3,I4,I5,I6,I7:IN std_logic;
          sel:IN eightval;
          Q:OUT std_logic);
END mux8;
ARCHITECTURE mux8_arc OF mux8 IS
BEGIN
 WITH sel SELECT
   Q< =I0 WHEN 0,
       I1 WHEN 1,
       I2 WHEN 2,
       I3 WHEN 3,
       I4 WHEN 4,
       I5 WHEN 5,
       I6 WHEN 6,
       I7 WHEN 7;
END mux8_arc;
```

mux_pkg 程序包描述了一个 eightval 的子类型,它对整数类型加了一个限制,允许子类型的数值范围在 0 ~ 7。实体 mux8 的输入端口之一 sel 的数据类型则用子类型 eightval 规定,它的值域是 0 ~ 7,它和定义的子类型的范围相对应,即完全包容子类型的集合。

(4) 文件数据类型要有一个文件类型说明语句,用它来指定文件类型名和基本类型,还有与其相匹配文件对象说明语句,指定目标的名字以及所属数据类型和文件所在的数据通道。它的一般形式为:

```
TYPE <数据类型名> IS FILE OF INTEGER;
FILE <文件名>:<数据类型名> IS IN <"数据通道">
```

用数据类型名指出文件类型 INTEGER。文件名由设计者定义,"数据通道"指出数据文件存放在硬盘的哪个子目录下的哪个文件。文件数据类型只能在子程序或进程中操作,另一种数据类型是寻址类型,在此不再讨论,读者可以参考有关文献。

VHDL 的另一个重要特点是它的属性,VHDL 中的这一特性使得 VHDL 程序更加简明扼要容易理解,VHDL 的属性在时序程序中几乎处处可见,如值类属性的左边界、右边界、上下边界以及值类属性的长度,用于返回数组的边界或长度。

VHDL 用来检测信号上升沿和下降沿以及前一次发生的事件为函数信号属性,它反映一个信号是否正好有值的变化或事件的发生,如 clk'EVENT,这个属性为"EVENT",对检查时钟边沿触发是很有效的。它可用来检查一个刚刚发生变化的信号,即推断出在信号上发生了一个跳变。下面举一个例子,说明函数信号属性的用法：

```
IF clk = '1' AND clk'EVENT THEN
  q <= d;
END IF;
```

上述语句中用到了函数信号属性 clk'EVENT，说明如果时钟信号 clk 为高电平且事件刚刚发生，即时钟上升沿，此时 q 得到 d 的信号。

三、VHDL 的行为描述

在 VHDL 硬件描述语言中，描述电路逻辑的程序称为行为描述，行为描述有并行行为描述、进程行为描述和顺序行为描述。三个行为可以是相互独立成为单独的行为描述体，又可以相互联系成为混合描述体，如进程行为描述之间是并行行为，进程行为内部是顺序行为，本节分别介绍上述三种描述语句。

（一）VHDL 的并行行为

在典型的编程语言如 C 或 Pascal 中，每个赋值语句按规定的次序顺序执行，执行的次序由源文件决定。在 VHDL 中，结构体的内部没有规定语句的次序，执行的次序仅由对语句中的敏感信号发生的事件决定，且语句是同时执行，产生其并行性。结构体中并行赋值语句的一般格式如下：

<对象> <= <表达式>

此形式读作对象得到表达式的值，其作用是将表达式的信号值分配给对象，也就是说每当表达式的信号值变化时执行该语句。每个表达式至少有一个敏感信号，每当敏感信号改变其值时，这个信号赋值语句就执行，如果执行的结果是一个不同于当前信号值的新值，那么就为该对象的信号赋值语句做一个事件处理。如果执行的结果是一个相同的值，那就没有事件处理，但仍然产生一个事项处理。当计算一个模块时，要产生一个事项，但只有信号发生变化时，才引起事件要做处理。

在所有的并行语句中，两个以上的并行赋值语句在字面上的顺序并不表明它们的执行顺序。

例 3.3.3

```
ENTITY exe IS
  PORT(a1,a2:IN BIT;b1,b2:OUT BIT);
END exe;
ARCHITECTURE exe_arc1 OF exe IS  ┐
BEGIN                            │
  b1 <= a1 AND a2;               ├ 1
  b2 <= NOT a1 OR a2;            │
END exe_arc1;                    ┘
```

```
ARCHITECTURE exe_arc2 OF exe IS ┐
BEGIN                           │
  b2 <= NOT a1 OR a2;           ├ 2
  b1 <= a1 AND a2;              │
END exe_arc2;                   ┘
```

例 3.3.3 中的两个结构体在功能上是等价的。

例 3.3.4　以四路数据选择器为例，讨论一个较为复杂的并行信号赋值语句，以便更详细地说明并行概念，四输入数据选择器的 VHDL 程序如下：

```
LIBRARY ieee;
USE ieee.std_logic_1164.all;
ENTITY mux4 IS
 PORT(I0,I1,I2,I3,A,B:IN std_logic;
      Q          :OUT std_logic);
END mux4;
ARCHITECTURE mux4_arc OF mux4 IS
 SIGNAL sel:INTEGER;
BEGIN
  Q <= I0 AFTER 10 ns WHEN sel = 0 ELSE
       I1 AFTER 10 ns WHEN sel = 1 ELSE
       I2 AFTER 10 ns WHEN sel = 2 ELSE
       I3 AFTER 10 ns;
  sel <= 0 WHEN A = '0' AND B = '0' ELSE
         1 WHEN A = '1' AND B = '0' ELSE
         2 WHEN A = '0' AND B = '1' ELSE
         3;
END mux4_arc;
```

此程序从“Q <= ”到“10 ns;”为第一句，其中有一信号为 sel 需要判别，第二句是从“sel <= ”到“3;”计算 sel 的值，这句用的是选择信号赋值语句，根据满足条件给出信号 sel 的值，即根据信号 A 和 B 的值，把 0 ~ 3 的值分配给 sel。

从程序的先后顺序看上去，四输入数据选择器的程序，好像不能工作，因为要用到的选择信号 sel 的值是以后计算出来的，事实上得出这种印象是来自计算 sel 在使用 sel 之后。但是，此程序是能够工作的，这就是因为 VHDL 语言的并行行为的特点，第一句和第二句是并行的。而第二句对信号 A 和 B 是敏感的，每当 A 和 B 的值变化时，将执行第二句来更新信号 sel，第一句的程序对信号 sel 敏感，每当信号 sel 的值发生变化时，就执行第一句程序。

（二）VHDL 的进程行为

VHDL 除了并行行为之外，还有顺序行为。顺序行为执行的顺序是一个接在另一个之后执行。顺序行为的语句存在于 VHDL 程序中的进程行为之中,而进程行为本身之间是并行行为语句。进程行为语句的一般形式如下:

```
<进程标号>: PROCESS <敏感信号表>
                <进程说明区>
                BEGIN
                <语句部分>
                WAIT ON <敏感信号表>;
                WAIT UNTIL <条件表达式>;
                WAIT FOR <时间表达式>;
                END PROCESS;
```

进程标号是该进程的标号,它是可选项。进程行为语句的关键字有 PROCESS、BEGIN、WAIT ON、WAIT UNTIL、WAIT FOR 和 END PROCESS,其中 PROCESS、BEGIN 和 END PROCESS 关键字不能省略,其余关键字可根据程序特定需要决定去留。敏感信号表中可以是一个或多个信号,每当其中一个或多个信号值改变时,进入进程,执行进程中的语句。敏感信号表部分也可省略,但进程语句要有其他形式的敏感信号激励,敏感信号的其他形式是 WAIT UNTIL 和 WAIT FOR,当满足 WAIT UNTIL 和 WAIT FOR 后面的条件表达式或时间表达式时可激活进程。

整个实体模块中的每个进程行为语句可以在敏感信号发生变化的时候被激活,所有被激活的进程是并行执行的。

例 3.3.5

```
ENTITY reg IS
PORT(d,clk:IN BIT;
        q1,q2:OUT BIT);
END reg;
ARCHITECTURE reg_arc OF reg IS
BEGIN
   PROCESS
   BEGIN
      WAIT UNTIL clk = '1';
      q1 < =d;
   END PROCESS;
   PROCESS
   BEGIN
      WAIT UNTIL clk = '0';
      q2 < =d;
   END PROCESS;
```

```
END reg_arc;
```

例 3.3.5 的程序是一个带有进程的 VHDL 程序,以此说明进程语句是如何进行工作的。此例中用到了另一个等待进程语句 WAIT UNTIL,从程序中可以看出结构体中有两个进程,两个进程语句的行为是并行的,第一个进程表示 *D* 触发器是高电平有效,因为进程语句中的信号 d 传到 q1 要等到 clk 为高电平,才能激活进程,完成数据的传输。第二个进程语句中,信号传到 q2 要等到 clk 为低电平才能完成,也就是 clk 低电平时,才能激活第二个进程行为语句。

每当进程的某个敏感信号接受了新值时,所定义的进程内部的顺序行为语句就要依次地执行一次,当进程的最后一句执行完后,进程就被挂起,当敏感信号再次发生变化时,激活进程,再从第一句依次执行。

VHDL 的每个结构体中可以有多个进程行为语句,它的关键之处是:进程行为语句本身是并行关系,进程行为语句内部是顺序关系。

(三) VHDL 的顺序行为

前面讲述了顺序语句在进程语句内部,顺序行为语句可分为两大类:一是条件控制类,如 IF、CASE 等,二是循环控制类,如 FOR、WHILE、…、LOOP、EXIT、ASSERT 等。下面介绍 IF 语句。

IF 语句的一般形式为:

```
条件语句
IF <条件> THEN
     <语句>;
   ELSIF <条件> THEN
     <语句>;
   ELSIF <条件> THEN
     <语句>;
   ELSE
     <语句>;
   END IF;
```

IF 语句的一般形式是以关键字 IF 开头和关键字 END IF 结尾,END IF 应分开写并且分开读。关键字 ELSIF 和 ELSE 是可选句,ELSIF 可以多次使用,而 ELSE 仅可使用一次。<条件>部分是一个布尔表达式,即是一种算出是真或是假的表达式,当条件为真时去执行接下来的语句部分;如果条件为假就去执行接下来可选的顺序语句 ELSIF 或 ELSE。下面举例说明 IF 条件语句的用法。

例 3.3.6　用 VHDL 设计一家用告警系统的控制逻辑,它有来自传感器的三个输入信号 smoke、door、water 和准备传输到告警设备的三个输出触发信号 fire_alarm、burg_alarm、water_alarm 以及使能信号 en 和 alarm_en。VHDL 程序描述如下:

```
LIBRARY ieee;
USE ieee.std_logic_1164.all;
ENTITY alarm IS
    PORT(smoke,door,water:IN std_logic;
            en,alarm_en  :IN std_logic;
            fire_alarm,burg_alarm,water_alarm:OUT std_logic);
END alarm;
ARCHITECTURE alarm_arc OF alarm IS
BEGIN
 PROCESS(smoke,door,water,en,alarm_en)
 BEGIN
   IF((smoke = '1') AND (en = '0')) THEN
     fire_alarm <= '1';
   ELSE
     fire_alarm <= '0';
   END IF;
   IF((door = '1') AND ((en = '0') AND (alarm_en = '0'))) THEN
     burg_alarm <= '1';
   ELSE
     burg_alarm <= '0';
   END IF;
   IF((water = '1') AND (en = '0')) THEN
     water_alarm <= '1';
   ELSE
     water_alarm <= '0';
   END IF;
 END PROCESS;
END alarm_arc;
```

程序中用了三个分开的 IF 语句描述其功能,它们都没有 ELSIF 关键字,可以看出每个 IF 语句描述了一个输出端口。第一个 IF 语句检测有没有烟雾报警情况,有烟雾火警灾情发生立即产生报警信号,触发 fire_alarm。第二和第三 IF 语句检测不同的报警信号,和第一句相仿。

此模块输入端口有两个使能信号,en 使所有的输入都能到达输出,而 alarm_en 端口,只对防盗告警系统使能。需要指出的是这种功能很容易用逻辑方程描述,如前面的并行行为程序的例子。但是有时 IF 语句的形式是更可读、更容易理解。

四、VHDL 的结构描述

实体主要描述元件、端口与信号。元件是硬件的描述，即门、芯片或者电路板，端口是元件与外界的连接点，数据通过端口进入或流出元件，而信号则是作为硬件连线的一种抽象描述，它既能保持变化的数据，又可以连接各个子元件，信号可看作两个元件之间数据传输的通路，信号在端口处将元件连接起来。

对一个硬件结构进行描述，就是要描述它由哪些子元件组成以及各个子元件之间的互连关系。结构描述比行为描述更加具体化，行为描述的基本单元是进程语句，而结构描述的基本单元则是“调用元件语句”。下面举例说明“调用元件语句”的用法。

例 3.3.7　用 VHDL 结构描述设计全减器。

全减器由两个半减器和一个**或**门组成。

首先用 VHDL 的行为描述设计半减器：

```
ENTITY halfsub IS
 PORT(A,B:IN BIT;
       T,C:OUT BIT);
END halfsub;
ARCHITECTURE halfsub_arc OF halfsub IS
BEGIN
  PROCESS(A,B)
  BEGIN
    T <= A XOR B AFTER 10 ns;
    C <= (NOT A) AND B AFTER 10 ns;
  END PROCESS;
END halfsub_arc;
```

半减器结构体中是一个进程行为语句，它由两个信号赋值语句组成。第一个信号赋值语句说明经过 10 ns 的时间延迟后，端口 T 将得到端口 A 和端口 B 两个信号上的数据**异或**的结果。同样，第二个信号赋值语句指定了端口 C 得到端口 A 数据的**非**和端口 B 的数据相**与**的结果。下面再描述**或**门的 VHDL 程序如下：

```
ENTITY orgate IS
PORT(A1,B1:IN BIT;
       O1:OUT BIT);
END orgate;
ARCHITECTURE orgate_arc OF orgate IS
BEGIN
 O1 <= A1 OR B1;
END orgate_arc;
```

半减器和**或**门的符号示于图 3.3.4。通过定义一些中间信号 temp_T、temp_c1 和 temp_c2，将两个半减器，一个**或**门的端口，将其连接起来形成 VHDL 对全减器的结构描述。图 3.3.5(b)所示虚线框有各元件之间的连线命名。temp_T 将第一个半减器的差位输出连到第二个半减器的输入端；信号 temp_c1 将第一个半减器的借位输出连至**或**门的一个输入端；信号 temp_c2 将第二个半减器的借位输出连至**或**门的另一个输入端，用三个元件调用语句定义这三个连接关系。每一个调用元件语句都为调进来的元件（如半减器、**或**门）取了个名字，如 U0、U1 和 U2。下面是全减器的 VHDL 程序描述。

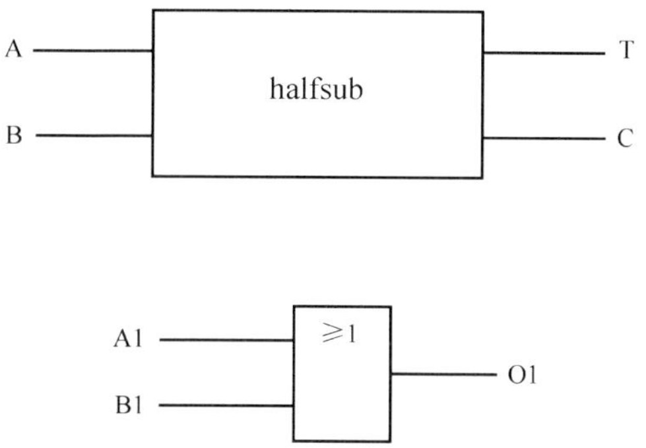

图 3.3.4　半减器和或门符号图

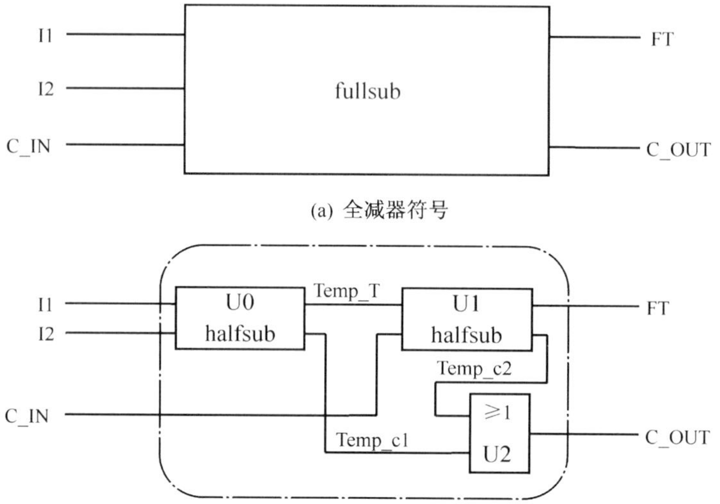

(a) 全减器符号

(b) 全减器的结构描述

图 3.3.5　全减器的实体和全减器的结构图

```
ENTITY fullsub IS
  PORT(I1,I2,C_IN:IN BIT;
         FT,C_OUT:OUT BIT);
END fullsub;
ARCHITECTURE fullsub_arc OF fullsub IS
  SIGNAL temp_T,temp_c1,temp_c2:BIT;
```

```
COMPONENT halfsub
PORT(A,B:IN BIT;
        T,C:OUT BIT);
END COMPONENT;
COMPONENT orgate
PORT(A1,B1:IN BIT;
        O1:OUT BIT);
  END COMPONENT;
BEGIN
 U0:halfsub PORT MAP(I1,I2,temp_T,temp_c1);
 U1:halfsub PORT MAP(temp_T,C_IN,FT,temp_c2);
 U2:orgate PORT MAP(temp_c1,temp_c2,C_OUT);
END fullsub_arc;
```

分析全减器有四个需要讨论的问题:

(1) 实体说明中的端口

从外部看一个元件,看到的是它和外界的连接点,这些连接点是 IC 的引脚。在 VHDL 中这些连接点被视作设计实体的端口,在关键字 PORT 后面加以说明,每个端口说明包括端口名、数据流向以及数据类型。全减器的 VHDL 程序中的第二、三行端口表中的目标 I1、I2、FT、C_IN 和 C_OUT 只能是信号 SIGNAL,这是一个默认的目标,无需作出说明。

(2) 端口的数据流向

VHDL 为设计者提供的端口流向有 IN、OUT、INOUT 和 BUFFER,分别表示数据的流入、流出、双向和缓冲。VHDL 规定,只有端口的流向为 IN、INOUT 和 BUFFER 时,才能往端口写入数据;只有端口的流向为 OUT、INOUT 和 BUFFER 时,才能从该端口读出数据。

(3) 结构体的元件说明

元件说明语句的一般形式如下:

```
COMPONENT <元件名>
  PORT(<端口 1>…<,端口 n>:<端口类型>;
        <端口 1>…<,端口 n>:<端口类型>);
END COMPONENT;
```

元件说明语句是以“COMPONENT”开头和以“END COMPONENT;”结尾,COMPONENT 后是调用的元件名, PORT 后面是被调用元件的端口信息。元件调用语句作用是调用子元件,子元件是设计者事先设计好的存档模块,如上述全减器中调用到的半减器和或门就是设计者事先设计好的模块存档后被全减器调用,这是 VHDL 硬件描述语言的优点之一。

(4) 元件调用语句

元件调用语句的一般形式是:

<标号标识符>:<元件符号>PORT MAP(<关联表>);

标号标识符是对被调用元件重起的元件名。而元件符号就是被调用的元件模块名,即和元件说明语句中的 COMPONENT 语句说明的元件名相对应。下面看全减器调用语句:

```
ARCHITECTURE fullsub_arc OF fullsub IS
  SIGNAL temp_T,temp_c1,temp_c2:BIT;
  COMPONENT halfsub
  PORT(A,B:IN BIT;
         T,C:OUT BIT);
  END COMPONENT;
              ⋮
BEGIN
  U0:halfsub PORT MAP(I1,I2,temp_T,temp_c1);
                  ⋮
END fullsub_arc;
```

元件说明语句 COMPONENT 是在结构体的说明区部分,说明了元件名 halfsub、输入引脚 A 和 B、输出引脚 T 和 C。虽然仅看见元件名和元件端口等,实际上已将全减器所用到的模块调出,且按功能连接好。元件调用语句首先要使得调用语句的元件符号和元件说明语句的名一致,然后产生映射 MAP。MAP 后面的括弧中是引脚的关联关系,即实体的端口或者是结构体说明区中定义的信号,映射到调用元件语句中的关联表中。全减器结构体的语句部分使用了三个调用语句 U0、U1 和 U2,其中 U0 调用了一个半减器,PORT MAP 是将半减器的端口映射到全减器的局部元件 U0 的端口,I1 对应半减器的 A,I2 对应半减器的 B,temp_T 对应半减器的 T,temp_c1 对应半减器的 C,在全减器中重新为局部调用元件引脚命名。U1 和 U2 调用方法和 U0 相同,利用中间信号将 U0、U1 和 U2 正确连接组成全减器。

从以上可以看出 VHDL 的结构描述类似于绘逻辑电路原理图,比行为描述更容易掌握。

第四节　组合逻辑电路模块及其应用

随着微电子技术的发展,许多常用的组合逻辑电路具有可选的集成模块,不需要再用门电路设计。本节将介绍由门电路组成的集成模块, 如编码器、译码器、数据选择器、数值比较器、加法器等常用组合逻辑集成电路,并讨论这些集成电路的逻辑功能、实现原理及应用方法。同时,给出了部分逻辑模块的 VHDL 描述。

一、编码器

用文字、数码等字符表示特定对象的过程称为编码,如电话号码、邮政编码、城市名称等均属于编码。在数字系统中,常采用多位二进制数码的组合对具有某种特定含义的信号进行编码。完成编码功能的逻辑部件称为编码器。编码器有若干个输入,对每一个有效的输入信号,给予电平信号的形式表示的特定对象,产生唯一的一组二进制代码与之对应。编码器是一个多输入、多输出电路,m 个输入信号,需要 n 位二进制编码,显然 m 应不大于 2^n。

常用的编码器有二进制编码器和二 - 十进制编码器两种。

(一) 二进制编码器

用 n 位二进制代码对 $N=2^n$ 个信号进行编码的电路称为二进制编码器。二进制编码器输入为 $N=2^n$ 个信号,输出为 n 位二进制代码。根据编码器输出代码的位数,二进制编码器可分为 3 位二进制编码器和 4 位二进制编码器。

1. 3 位二进制编码器

3 位二进制编码器功能真值表见表 3.4.1,输入为高电平有效。有 8 个输入端、3 个输出端,所以常称为 8 线 - 3 线编码器。

用 3 位二进制代码表示 8 个输入信号的方案很多。可以规定任何时刻 $I_0 \sim I_7$ 中只有一个取值为 **1**,即输入变量取值组合仅有表 3.4.1 中列出的 8 种状态。考虑到除这 8 种状态外,其他输入端的取值组合对应的输出是无关项,利用无关项化简可得到 3 个输出信号表达式

$$F_2 = I_4 + I_5 + I_6 + I_7$$
$$F_1 = I_2 + I_3 + I_6 + I_7$$
$$F_0 = I_1 + I_3 + I_5 + I_7$$

表 3.4.1　8 线 -3 线编码器真值表

输入								输出		
I_0	I_1	I_2	I_3	I_4	I_5	I_6	I_7	F_2	F_1	F_0
1	**0**	**0**	**0**	**0**	**0**	**0**	**0**	**0**	**0**	**0**
0	**1**	**0**	**0**	**0**	**0**	**0**	**0**	**0**	**0**	**1**
0	**0**	**1**	**0**	**0**	**0**	**0**	**0**	**0**	**1**	**0**
0	**0**	**0**	**1**	**0**	**0**	**0**	**0**	**0**	**1**	**1**
0	**0**	**0**	**0**	**1**	**0**	**0**	**0**	**1**	**0**	**0**
0	**0**	**0**	**0**	**0**	**1**	**0**	**0**	**1**	**0**	**1**
0	**0**	**0**	**0**	**0**	**0**	**1**	**0**	**1**	**1**	**0**
0	**0**	**0**	**0**	**0**	**0**	**0**	**1**	**1**	**1**	**1**

利用反演律可改写为

$$F_2 = \overline{\overline{I_4}\,\overline{I_5}\,\overline{I_6}\,\overline{I_7}}$$

$$F_1 = \overline{\overline{I_2}\,\overline{I_3}\,\overline{I_6}\,\overline{I_7}}$$

$$F_0 = \overline{\overline{I_1}\,\overline{I_3}\,\overline{I_5}\,\overline{I_7}}$$

用与非门电路实现其逻辑电路,如图 3.4.1 所示。

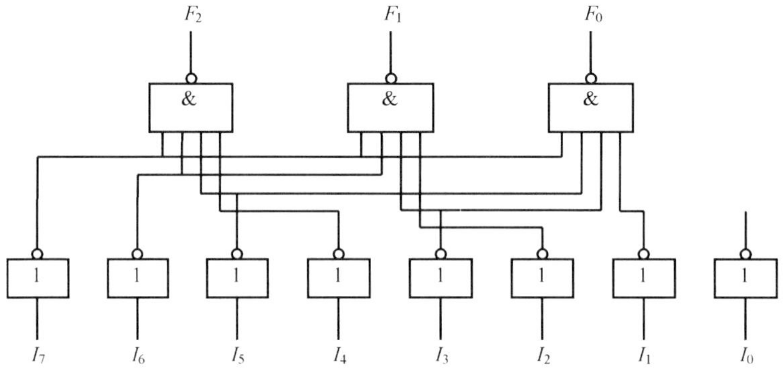

图 3.4.1　三位二进制编码器

2. 优先编码器

前面讨论的 3 位二进制编码器任何时候只允许一个输入信号有效,否则将产生错误的输出。优先编码器是一种允许同时输入两个以上的有效输入信号的编码器。优先编码器给所有的输入信号规定了优先顺序,当多个输入信号同时有效时,只对其中优先级最高的一个信号进行编码。

74148 是一种常用的 8 线 -3 线优先编码器,其功能如真值表 3.4.2 所示,逻辑电路图如图 3.4.2(a)所示,其中 $\overline{I}_0 \sim \overline{I}_7$ 为编码输入端,低电平有效。$\overline{F}_0 \sim \overline{F}_2$ 为编码输出端,也为低电平有效。$\overline{S}$ 是使能输入端;F_S 是使能输出端,$\overline{F}_{EX}$ 是扩展输出端,此两输出端用于编码器的扩展。图 3.4.2(b)给出了 74LS148 的国标符号,图 3.4.2(c)给出了常用逻辑符号。

表 3.4.2　74148 优先编码器真值表

输入									输出				
$\overline{S}$	$\overline{I}_0$	$\overline{I}_1$	$\overline{I}_2$	$\overline{I}_3$	$\overline{I}_4$	$\overline{I}_5$	$\overline{I}_6$	$\overline{I}_7$	$\overline{F}_2$	$\overline{F}_1$	$\overline{F}_0$	$\overline{F}_{EX}$	F_S
1	×	×	×	×	×	×	×	×	1	1	1	1	1
0	1	1	1	1	1	1	1	1	1	1	1	1	0
0	×	×	×	×	×	×	×	0	0	0	0	0	1
0	×	×	×	×	×	×	0	1	0	0	1	0	1
0	×	×	×	×	×	0	1	1	0	1	0	0	1

续表

输入									输出				
$\bar{S}$	$\bar{I}_0$	$\bar{I}_1$	$\bar{I}_2$	$\bar{I}_3$	$\bar{I}_4$	$\bar{I}_5$	$\bar{I}_6$	$\bar{I}_7$	$\bar{F}_2$	$\bar{F}_1$	$\bar{F}_0$	$\bar{F}_{EX}$	F_S
0	×	×	×	×	0	1	1	1	0	1	1	0	1
0	×	×	×	0	1	1	1	1	1	0	0	0	1
0	×	×	0	1	1	1	1	1	1	0	1	0	1
0	×	0	1	1	1	1	1	1	1	1	0	0	1
0	0	1	1	1	1	1	1	1	1	1	1	0	1

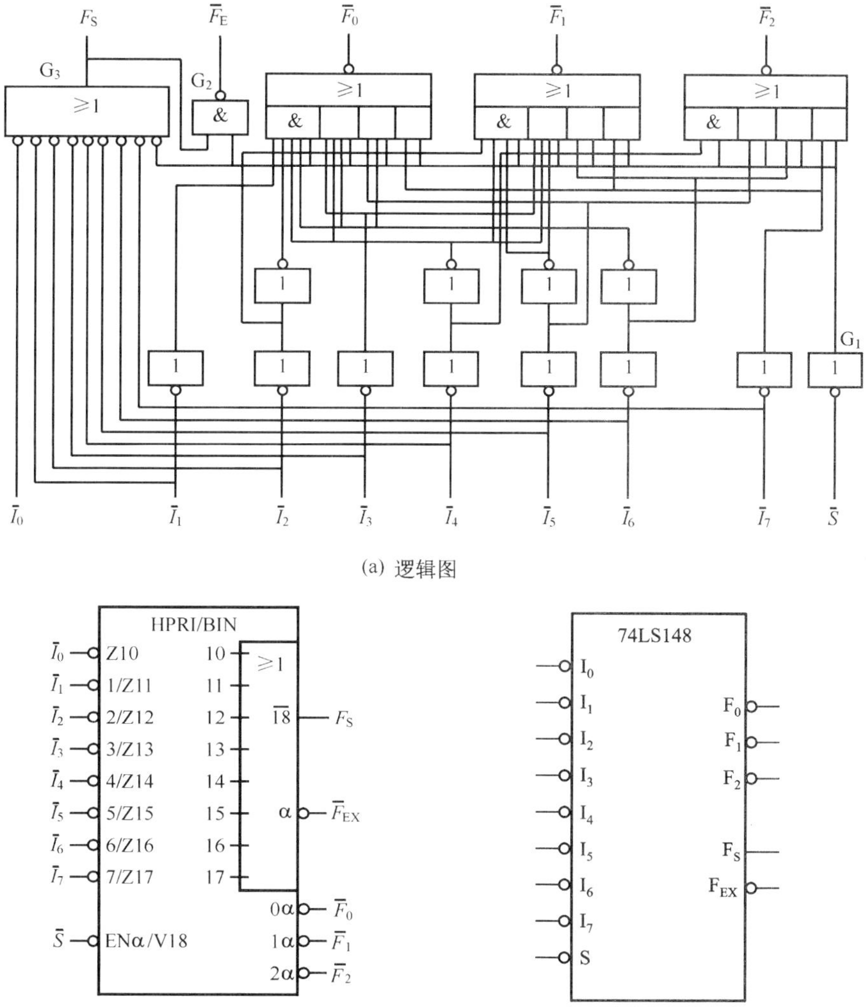

(a) 逻辑图

(b) 国标符号

(c) 常用符号

图 3.4.2　74LS148 优先编码器

使能输入端 $\overline{S}=\mathbf{0}$ 时，编码器正常工作；当 $\overline{S}=\mathbf{1}$ 时，各输出门均被封锁，编码器所有输出都是高电平。

由真值表看出，当 $\overline{I}_7=\mathbf{0}$ 时，不管 $\overline{I}_0\sim\overline{I}_6$ 端有无信号，输出只对 $\overline{I}_7$ 编码，即 $\overline{F}_2\ \overline{F}_1\ \overline{F}_0=\mathbf{000}$；若 $\overline{I}_7=\mathbf{1}$，$\overline{I}_6=\mathbf{0}$，无论 $\overline{I}_0\sim\overline{I}_5$ 端有无信号，输出按 $\overline{I}_6$ 编码得 $\overline{F}_2\ \overline{F}_1\ \overline{F}_0=\mathbf{001}$ 等等。

由图 3.4.2(a)可知

$$F_S=I_0+I_1+\cdots+I_7+\overline{S}=\overline{\overline{I}_0\cdot\overline{I}_1\cdot\cdots\cdot\overline{I}_7\cdot S}$$

当 $\overline{S}=\mathbf{0}$ 时，只有 $\overline{I}_0\sim\overline{I}_7$ 均为 $\mathbf{1}$（无信号输入）情况下，才使 $F_S=\mathbf{0}$。可见，F_S 的低电平输出表示电路正常工作，但无信号输入。

$$\overline{F}_{EX}=\overline{\overline{\overline{I}_0\cdot\overline{I}_1\cdot\cdots\cdot\overline{I}_7\cdot S}\cdot S}=\overline{(I_0+I_1+\cdots+I_7)\cdot S}$$

可见，当 $\overline{S}=\mathbf{0}$ 时，只要输入端有有效信号存在，则 $\overline{F}_{EX}=\mathbf{0}$。因此，$\overline{F}_{EX}$ 的低电平表示该编码器正常工作，并且有有效输入信号；而 $\overline{F}_{EX}=\mathbf{1}$ 表示无输入信号。

（二）二－十进制编码器

将十进制的十个数字 0～9 编成二进制代码的电路称为二－十进制编码器，即将代表十进制数的十个输入信号 $I_0\sim I_9$ 分别编成对应的 BCD 代码输出的电路。常用的具有高位优先编码功能的编码器有 74147、74LS147，也称为 BCD 码输出的 10 线－4 线优先编码器。

图 3.4.3 为 74147 编码器的逻辑图。图中 $\overline{I}_1\sim\overline{I}_9$ 为编码器输入端，$\overline{F}_0\sim\overline{F}_3$ 为 8421BCD 码输出端，表 3.4.3 为其功能表。

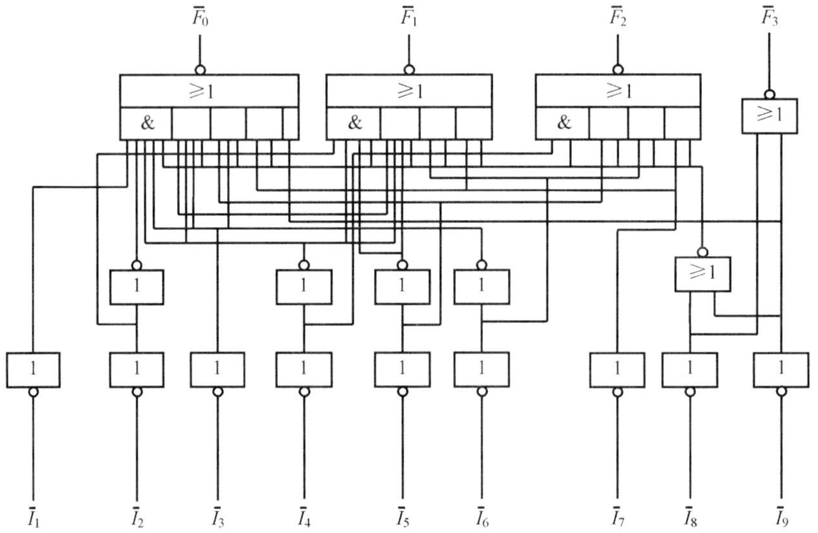

图 3.4.3　74147 编码器

表 3.4.3 74147 功能表

$\bar{I}_9$	$\bar{I}_8$	$\bar{I}_7$	$\bar{I}_6$	$\bar{I}_5$	$\bar{I}_4$	$\bar{I}_3$	$\bar{I}_2$	$\bar{I}_1$	$\bar{F}_3$	$\bar{F}_2$	$\bar{F}_1$	$\bar{F}_0$
0	×	×	×	×	×	×	×	×	**0**	**1**	**1**	**0**
1	**0**	×	×	×	×	×	×	×	**0**	**1**	**1**	**1**
1	**1**	**0**	×	×	×	×	×	×	**1**	**0**	**0**	**0**
1	**1**	**1**	**0**	×	×	×	×	×	**1**	**0**	**0**	**1**
1	**1**	**1**	**1**	**0**	×	×	×	×	**1**	**0**	**1**	**0**
1	**1**	**1**	**1**	**1**	**0**	×	×	×	**1**	**0**	**1**	**1**
1	**1**	**1**	**1**	**1**	**1**	**0**	×	×	**1**	**1**	**0**	**0**
1	**1**	**1**	**1**	**1**	**1**	**1**	**0**	×	**1**	**1**	**0**	**1**
1	**1**	**1**	**1**	**1**	**1**	**1**	**1**	**0**	**1**	**1**	**1**	**0**
1	**1**	**1**	**1**	**1**	**1**	**1**	**1**	**1**	**1**	**1**	**1**	**1**

由表可知,输入 $\bar{I}_9 \sim \bar{I}_1$ 是按高位优先编码,$\bar{I}_9$ 优先权最高,$\bar{I}_1$ 最低。输入信号低电平有效。当 $\bar{I}_9 \sim \bar{I}_1$ 均为 **1** 时,相当于 $\bar{I}_0 = \mathbf{0}$,输出代码为 **1111**,故 $\bar{I}_0$ 端被省略了。编码器输出是 8421BCD 码的反码,如 $\bar{I}_9$ 编码输出为 **0110**,$\bar{I}_1$ 编码输出为 **1110**。

在二 - 十进制编码器中,每一个十进制数分别独立编码,不需扩展编码位数,因此可不设扩展功能的使能端。

二 - 十进制编码器也可以由 3 位二进制编码器扩展组成,图 3.4.4 是利用

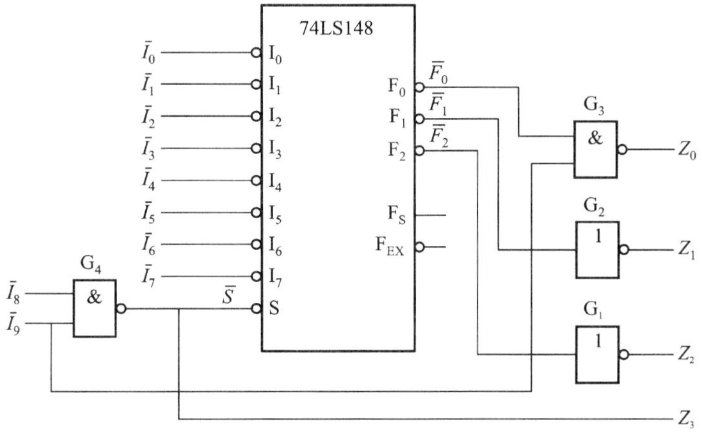

图 3.4.4 74148 组成 8421BCD 编码器

74148 和门电路组成的 8421BCD 编码器，输入仍为低电平有效，输出为 8421BCD 码。

当 $\overline{I}_9$、$\overline{I}_8$ 无输入（即 $\overline{I}_9$、$\overline{I}_8$ 均为高平）时，与非门 G_4 的输出 $Z_3=\mathbf{0}$，同时使 74148 的 $\overline{S}=\mathbf{0}$，允许 74148 工作，74148 对输入 $\overline{I}_0 \sim \overline{I}_7$ 进行编码。如 $\overline{I}_5=\mathbf{0}$，则 $\overline{Y}_2\ \overline{Y}_1\ \overline{Y}_0=\mathbf{010}$，经门 G_1、G_2、G_3 处理后，$Z_2Z_1Z_0=\mathbf{101}$，所以总输出 $Z_3Z_2Z_1Z_0=\mathbf{0101}$，恰好是 5 的 8421BCD 码。

当 $\overline{I}_9$ 或 $\overline{I}_8$ 有输入（低电平）时，与非门 G_4 的输出 $Z_3=\mathbf{1}$，同时使 74148 的 $\overline{S}=\mathbf{1}$，禁止 74148 工作，使 $\overline{F}_2\ \overline{F}_1\ \overline{F}_0=\mathbf{111}$。如果此时 $\overline{I}_9=\mathbf{0}$，总输出 $Z_3Z_2Z_1Z_0=\mathbf{1001}$。如果 $\overline{I}_8=\mathbf{0}$，总输出 $Z_3Z_2Z_1Z_0=\mathbf{1000}$。正好是 9 和 8 的 8421BCD 码。

（三）优先编码器的 VHDL 描述

前面介绍的 74148 是 8 输入 3 位二进制码输出的优先编码器。当某一个输入有效时，就可以输出一个对应的 3 位二进制编码。当同时有多个输入有效时，将对优先级最高的那个输入信号进行编码。

图 3.4.5 是 VHDL 实体创建的优先编码器模块引脚图，它有 8 个输入 input(0) ~ input(7)代表数码 0 ~ 7，3 位由低位到高位排列的二进制数码输出。

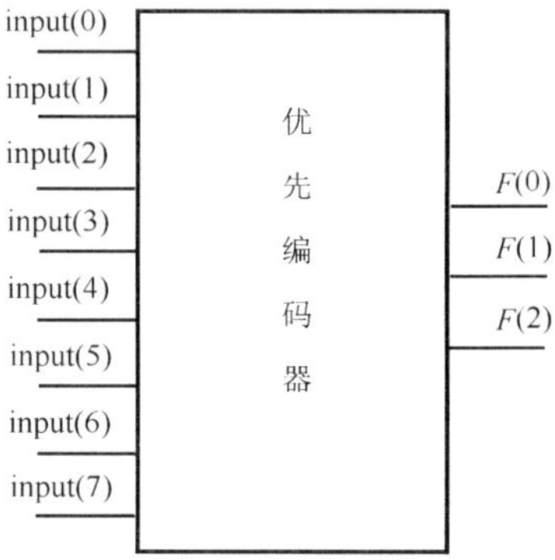

图 3.4.5　VHDL 创建的优先编码器符号

VHDL 程序中没有完全仿照 74148 的功能设计输入使能、扩展输出和输出使能，仅设计了 74148 的主要功能。进程语句中用的是 IF 顺序语句，首先判断 input(7)是否为低，若为低，执行接下来的语句，将结果送到输出，然后退出进程。否则继续判别 IF 语句，执行程序。用 VHDL 语言描述优先编码器的程序如下：

```
LIBRARY IEEE;
USE IEEE. std_logic_1164. all;
ENTITY priorityencoder IS
    PORT (input:IN STD_LOGIC_VECTOR(7 DOWNTO 0);
        F:OUT STD_LOGIC_VECTOR(2 DOWNTO 0);
END priorityencoder;
ARCHITECTURE rtl Of priorityencoder IS
      BEGIN
      PROCESS(input)
```

```
        IF(input(7) = '0') THEN
            F <= "000";
        ELSIF (input(6) = '0' ) THEN
            F <= "001";
        ELSIF(input(5) = '0' ) THEN
            F <= "010";
        ELSIF (input(4) = '0' ) THEN
            F <= "011";
        ELSIF (input(3) = '0' ) THEN
            F <= "100";
        ELSIF (input(2) = '0' ) THEN
            F <= "101";
        ELSIF (input(1) = '0' )then
            F <= "110";
        ELSE
            F <= "111";
        END IF;
    END PROCESS;
end rtl;
```

二、译码器

译码是编码的逆过程，译码器的功能与编码器相反，它将具有特定含义的不同的二进制代码辨别出来，翻译成为对应的输出信号。下面介绍两种常用的译码器，变量译码器和数字显示译码器。

（一）变量译码器

译码器是多输入、多输出电路，对于译码器每一组输入编码，在若干个输出端中仅有一个端输出有效电平，其余输出端皆处于无效电平，这类译码器称为变量译码器。假设一个变量译码器有 n 个二进制输入信号和 m 个输出信号，如果 $m=2^n$，就称为二进制全译码器，常见的二进制全译码器有 2 线 -4 线译码器、3 线 -8 线译码器、4 线 -16 线译码器等。如果 $m<2^n$，称为部分译码器，如二 - 十进制译码器（也称作 4 线 -10 线译码器）等。

1. 2 线 -4 线译码器

2 线 -4 线译码器的功能如表 3.4.4 所示。由表 3.4.4 可写出各输出函数表达式

$$\overline{F}_0=\overline{\overline{\overline{S}}\ \overline{A}\ \overline{B}},\overline{F}_1=\overline{\overline{\overline{S}}\ \overline{A}B},\overline{F}_2=\overline{\overline{\overline{S}}A\overline{B}},\overline{F}_3=\overline{\overline{\overline{S}}AB}$$

表 3.4.4　译码器真值表

输　入			输　出			
$\overline{S}$	A	B	$\overline{F}_0$	$\overline{F}_1$	$\overline{F}_2$	$\overline{F}_3$
1	×	×	**1**	**1**	**1**	**1**
0	**0**	**0**	**0**	**1**	**1**	**1**
0	**0**	**1**	**1**	**0**	**1**	**1**
0	**1**	**0**	**1**	**1**	**0**	**1**
0	**1**	**1**	**1**	**1**	**1**	**0**

用门电路实现 2 线 –4 线译码器的逻辑电路如图 3.4.6 所示。

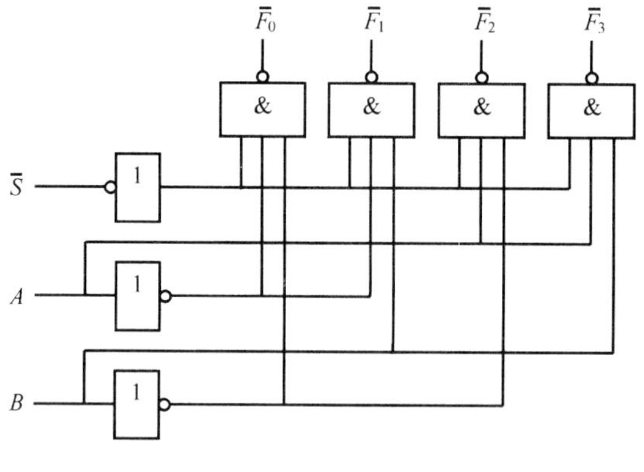

图 3.4.6　2 线 –4 线译码器编辑图

2. 集成译码器 74138

74138 是一种典型的二进制全译码器，它有 3 个输入端 A_2、A_1、A_0，8 个输出端 $\overline{F}_0\sim\overline{F}_7$，所以常称为 3 线 –8 线译码器。如图 3.4.7 所示，其功能表示于表 3.4.5，结构图如图 3.4.7(a)所示。图中，$A_0\sim A_2$ 为地址输入端，G_1、$\overline{G}_{2A}$ 和 $\overline{G}_{2B}$ 为使能输入端，$\overline{F}_0\sim\overline{F}_7$ 为八个输出端，其中 $\overline{G}_{2A}$ 和 $\overline{G}_{2B}$、$\overline{F}_0\sim\overline{F}_7$ 均为低电平有效。图 3.4.7(b)表示国标符号，在图 3.4.7(c)表示的常用符号中，当 $G_1=\mathbf{1}$、$\overline{G}_{2A}=\overline{G}_{2B}=\mathbf{0}$ 时正常译码，此时任一组代码输入只有与之相应的一个输出端输出 **0**，其余输出均为 **1**；当 $G_1=\mathbf{0}$ 或 $\overline{G}_{2A}$ 和 $\overline{G}_{2B}$ 中有一个为 **1** 时译码器处于禁止状态，输出 $\overline{F}_0\sim\overline{F}_7$ 均为 **1**，与输入变量取值无关。

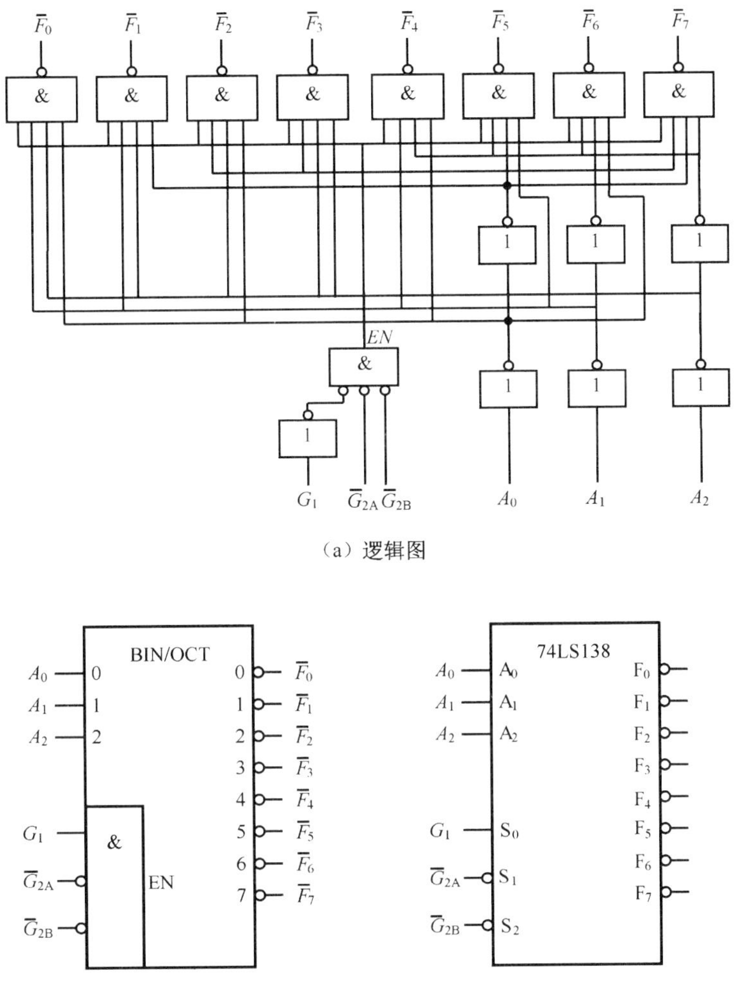

（a）逻辑图

(b) 国标符号　　（c）常用符号

图 3.4.7　74138 集成译码器

译码器中的使能端 $\overline{G}_{2A}$、$\overline{G}_{2B}$ 和 G_1 有两个作用：

第一个作用是消除译码器输出尖峰干扰，在一次有多位输入改变时 A_2、A_1、A_0 三位数码的改变不能保证发生在同一时刻，在输入变化的过渡过程中，在非译码结果的输出端可能出现瞬时的负脉冲。这种尖峰脉冲可能造成后级电路的误动。若使 $\overline{G}_{2A}$、$\overline{G}_{2B}$ 和 G_1 所决定的 EN 端的正电平的到来在 A_2、A_1、A_0 三位数码变化稳定之后，正电平的撤除在 A_2、A_1、A_0 再一次发生改变之前，这样输出端就不会产生干扰脉冲。

表 3.4.5　3 线 -8 线译码器 74138 功能表

输入						输出							
G_1	G_{2A}	G_{2B}	A_2	A_1	A_0	$\overline{F}_0$	$\overline{F}_1$	$\overline{F}_2$	$\overline{F}_3$	$\overline{F}_4$	$\overline{F}_5$	$\overline{F}_6$	$\overline{F}_7$
×	1	×	×	×	×	1	1	1	1	1	1	1	1
×	×	1	×	×	×	1	1	1	1	1	1	1	1
0	×	×	×	×	×	1	1	1	1	1	1	1	1
1	0	0	0	0	0	0	1	1	1	1	1	1	1
1	0	0	0	0	1	1	0	1	1	1	1	1	1
1	0	0	0	1	0	1	1	0	1	1	1	1	1
1	0	0	0	1	1	1	1	1	0	1	1	1	1
1	0	0	1	0	0	1	1	1	1	0	1	1	1
1	0	0	1	0	1	1	1	1	1	1	0	1	1
1	0	0	1	1	0	1	1	1	1	1	1	0	1
1	0	0	1	1	1	1	1	1	1	1	1	1	0

第二个作用是用于逻辑功能的扩展。利用译码器的使能端可以方便地扩展译码器的容量，图 3.4.8 所示电路是将两片 74138 扩展为 4 线 -16 线译码器。

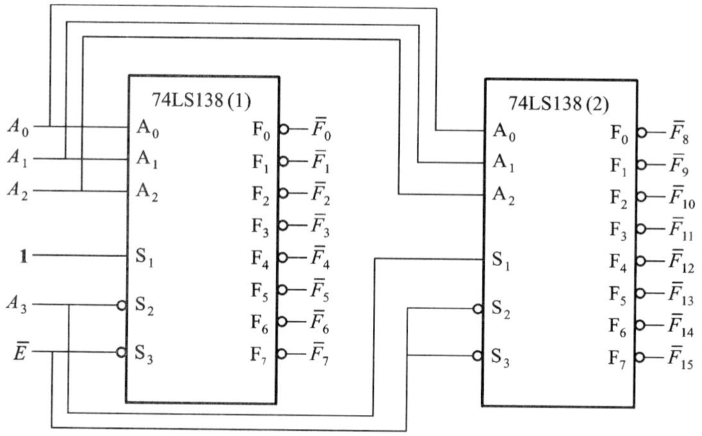

图 3.4.8　两片 74138 扩展为 4 线 -16 线译码器

其工作原理为：当 $\overline{E}=1$ 时，两个译码器都禁止工作，输出全 1；当 $\overline{E}=0$ 时，译码器工作。这时，如果 $A_3=0$，高位片禁止，低位片工作，输出 $\overline{F}_0 \sim \overline{F}_7$ 由输入二进制代码 $A_2A_1A_0$ 决定；如果 $A_3=1$，低位片禁止，高位片工作，输出 $\overline{F}_8 \sim \overline{F}_{15}$ 由输入二进制代码 $A_2A_1A_0$ 决定。从而实现了 4 线 -16 线译码器功能。

3. 8421BCD 译码器

将 BCD 码翻译成十个对应的输出信号称为二－十进制译码器，它有四个输入端和十个输出端，所以又称 4 线－10 线译码器。7442 是常用的 4 线－10 线译码器，其功能表和逻辑符号分别如表 3.4.6 和图 3.4.9 所示。

表 3.4.6　4 线－10 线 7442 译码器功能表

输入				输出									
A_3	A_2	A_1	A_0	$\overline{F_0}$	$\overline{F_1}$	$\overline{F_2}$	$\overline{F_3}$	$\overline{F_4}$	$\overline{F_5}$	$\overline{F_6}$	$\overline{F_7}$	$\overline{F_8}$	$\overline{F_9}$
0	0	0	0	0	1	1	1	1	1	1	1	1	1
0	0	0	1	1	0	1	1	1	1	1	1	1	1
0	0	1	0	1	1	0	1	1	1	1	1	1	1
0	0	1	1	1	1	1	0	1	1	1	1	1	1
0	1	0	0	1	1	1	1	0	1	1	1	1	1
0	1	0	1	1	1	1	1	1	0	1	1	1	1
0	1	1	0	1	1	1	1	1	1	0	1	1	1
0	1	1	1	1	1	1	1	1	1	1	0	1	1
1	0	0	0	1	1	1	1	1	1	1	1	0	1
1	0	0	1	1	1	1	1	1	1	1	1	1	0

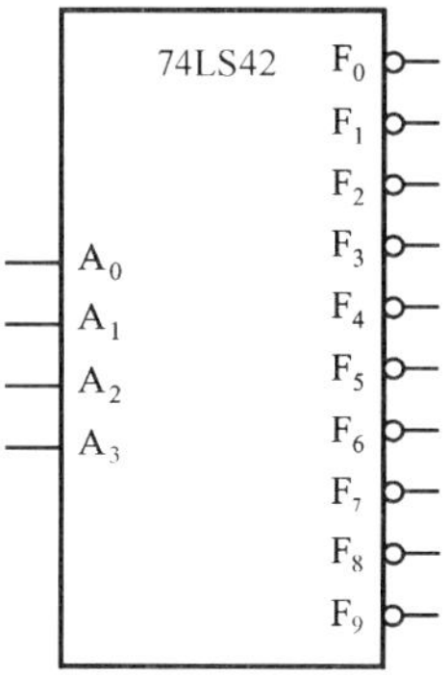

图 3.4.9　7442 二－十进制译码器逻辑符号

4 位二进制码 **1010～1111**，不属于 8421BCD 码，称它们为“伪码”或“非法码”。当有伪码加到输入端时，各输出端都为高电平，称这种电路有拒绝伪码输入的能力。

在一些 CMOS 译码器中为了电路简单，利用了伪码项作为任意项将输出函数进行了简化，由于利用了任意项，在使用时不允许输入端有伪码输入，否则译码器将产生错误输出，这种电路被称为不拒绝伪输入电路。如译码器 7428。

4. 利用译码器实现组合逻辑电路

二进制码译码器的每个输出端分别与输入端表示的逻辑变量的一个最小项相对应，译码器被看成所构成函数的产生电路，因此辅以适当的门电路，便可实现输入变量的任意组合逻辑函数。

例 3.4.1　试用译码器和门电路实现下列逻辑函数

$$F = AB + BC + AC$$

解：将逻辑函数转换成最小项表达式，再转换成**与非－与非**形式。

$$F = \overline{A}BC + A\overline{B}C + AB\overline{C} + ABC = m_3 + m_5 + m_6 + m_7$$

$$= \overline{\overline{m_3} \cdot \overline{m_5} \cdot \overline{m_6} \cdot \overline{m_7}}$$

该函数有三个输入变量，所以选用 3 线 - 8 线译码器 74138。设 $A = A_2, B = A_1, C = A_0$。用一片 74138 加一个**与非**门就可实现逻辑函数 F，逻辑如图 3.4.10 所示。

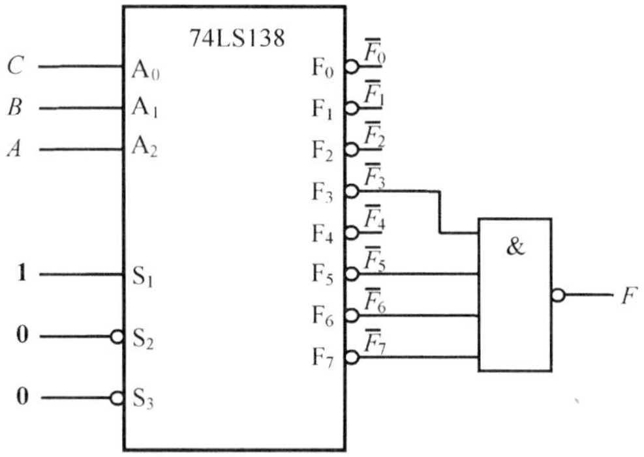

图 3.4.10　例 3.4.1 逻辑图

例 3.4.2　某组合逻辑电路的真值表如表 3.4.7 所示，试用译码器和门电路设计该逻辑电路。

解：写出各输出的最小项表达式，再转换成**与非** - **与非**形式。

$$L = \overline{A}\,\overline{B}C + \overline{A}B\overline{C} + A\overline{B}\,\overline{C} + ABC = m_1 + m_2 + m_4 + m_7$$

$$= \overline{\overline{m_1} \cdot \overline{m_2} \cdot \overline{m_4} \cdot \overline{m_7}}$$

$$F = \overline{A}BC + A\overline{B}C + AB\overline{C} = m_3 + m_5 + m_6 = \overline{\overline{m_3} \cdot \overline{m_5} \cdot \overline{m_6}}$$

$$G = \overline{A}\,\overline{B}\,\overline{C} + \overline{A}B\overline{C} + A\overline{B}\,\overline{C} + AB\overline{C} = m_0 + m_2 + m_4 + m_6$$

$$= \overline{\overline{m_0} \cdot \overline{m_2} \cdot \overline{m_4} \cdot \overline{m_6}}$$

选用 3 线 - 8 线译码器 74138。设 $A = A_2$、$B = A_1$、$C = A_0$。

表 3.4.7　例 3.4.2 真值表

输　　入			输　　出		
A	B	C	L	F	G
0	0	0	0	0	1
0	0	1	1	0	0
0	1	0	1	0	1
0	1	1	0	1	0
1	0	0	1	0	1
1	0	1	0	1	0
1	1	0	0	1	1
1	1	1	1	0	0

对应三个输出信号，分别使用一个适当的**与非**门，使**与非**门的输入端接入上面式中的最小项，即可实现要求的逻辑，如图 3.4.11 所示。可见，用译码器实现多输出逻辑函数时，优点更明显。

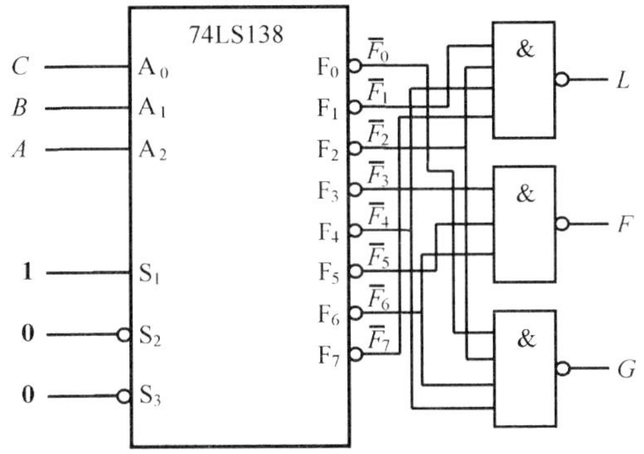

图 3.4.11　例 3.4.2 逻辑图

5. 用译码器构成数据分配器

数据分配器是将一路输入数据根据地址选择码的指示分配给多路数据输出中的某一路输出的逻辑电路。它的作用与图 3.4.12 所示的单刀多掷开关相似，由 n 位地址选择信号决定开关位置，从而确定了数据在 2^n-1 个可能的通道中选择一个输出。

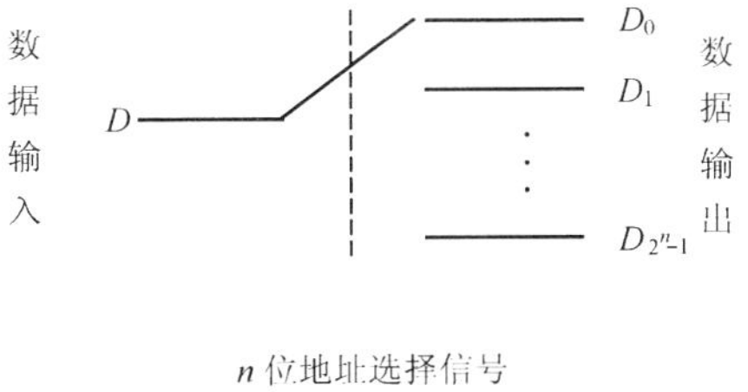

图 3.4.12　数据分配器示意图

例 3.4.3　用译码器设计一个"1 线 -8 线"数据分配器。

解： 由于译码器和数据分配器的功能非常接近，所以译码器一个很重要的应用就是构成数据分配器。将地址端 $A_2A_1A_0$ 接到译码器的 2、1、0 端，数据输入 D 接到一个低使能端，另两个使能端使其有效，3 线 -8 线译码器的输出端相应地接到数据输出端 $D_0 \sim D_7$。连接图如图 3.4.13 所示，数据分配器功能表如表 3.4.8 所示。

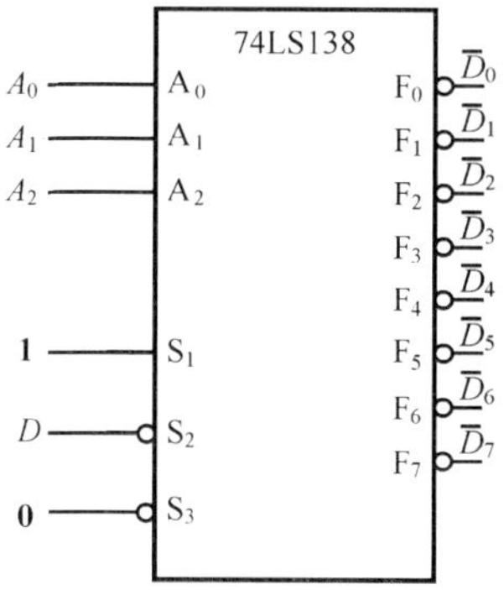

图 3.4.13　用译码器构成数据分配器

表 3.4.8　数据分配器功能表

地址选择信号			输出
A_2	A_1	A_0	
0	0	0	$D_0=D$
0	0	1	$D_1=D$
0	1	0	$D_2=D$
0	1	1	$D_3=D$
1	0	0	$D_4=D$
1	0	1	$D_5=D$
1	1	0	$D_6=D$
1	1	1	$D_7=D$

(二) 数字显示译码器

在数字系统中,常常需要将数字、字母、符号等直观地显示出来,供人们读取或监视系统的工作情况。能够显示数字、字母或符号的器件称为数字显示器。

在数字电路中,数字量都是以一定的代码形式出现的,所以这些数字量要先经过译码,才能送到数字显示器去显示。这种能把数字量翻译成数字显示器所能识别的信号的译码器称为数字显示译码器。

常用的数字显示器有多种类型。按显示方式分为字形重叠式、点阵式、分段式等;按发光物质分为半导体显示器[又称发光二极管(LED)显示器]、荧光显示器、液晶显示器、气体放电管显示器等。目前应用最广泛的是由发光二极管构成的七段数字显示器。

1. 七段数字显示器原理

中小型的荧光数码管和发光二极管显示器多采用七段形式显示。

荧光数码管是一种真空管,其外形引脚示意图如图 3.4.14(a)所示,图 3.4.14(b)显示数字示意图。灯丝兼作阴极,阳极由涂发光物质的材料制成,其形状为 a、b、c、d、e、f 及 g 七个笔划段构成的 8 字,也可增加一个点状显示灯表示小数点。阳极与阴极间设有栅极,当灯丝加热时发射电子,经加 20 V 电压的栅极加速后撞击到阳极,如该阳极接有 20 V 高压则发出荧光;若该阳极未接高压则不发荧光,由此显示相应的字形。

七段发光二极管(LED)显示器与荧光显示器相似,用七个发光二极管做成 a、b、c、…、g 七个笔划段,并分为共阴极与共阳极两种连接方法,如图 3.4.15 所示。共阳极是将七个发光二极管的阳极接在一起并接在正电源上,阴极接到译码器的各输出端,当哪个发光二极管的阴极为低电平时对应的那个发光管就导

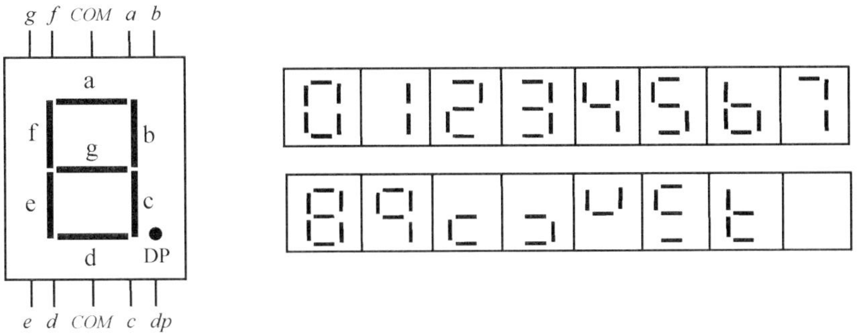

(a) 显示器　　(b) 发光段组合

图 3.4.14　七段数字显示器及发光段组合图

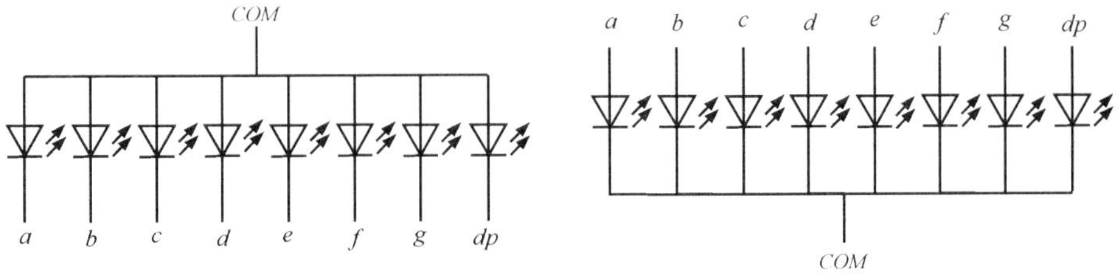

(a) 共阳极接法　　(b) 共阴极接法

图 3.4.15　半导体数字显示器的内部电路

通发光。共阴极则是将七个发光二极管的阴极联在一起并接地，阳极接译码器的各输出端，哪一个阳极为高电平时对应的那个发光二极管就发光。

2. 七段显示译码器 7448

七段显示译码器 7448 是一种与共阴极数字显示器配合使用的集成译码器，它的功能是将输入的 4 位二进制代码转换成显示器所需要的七个段信号 $a\sim g$。

七段显示译码器国标符号和常用逻辑符号分别如图 3.4.16(a)、(b)，功能表如表 3.4.9 所示。$a\sim g$ 为译码输出端。另外，它还有 3 个控制端：试灯输入端$\overline{LT}$、灭零输入端$\overline{RBI}$、特殊控制端$\overline{BI}/\overline{RBO}$。其功能为：

(1) 正常译码显示。$\overline{LT}=\mathbf{1}$，$\overline{BI}/\overline{RBO}=\mathbf{1}$ 时，对输入为十进制数 1～15 的二进制码(**0001**～**1111**)进行译码，产生对应的七段显示码(10～15 用特殊符号显示)。

(2) 灭零。当输入$\overline{RBI}=\mathbf{0}$，而输入二进制码 **0000** 时，则译码器的 $a\sim g$ 输出全 **0**，使显示器全灭；只有当$\overline{RBI}=\mathbf{1}$ 时，才产生 0 的七段显示码。所以$\overline{RBI}$称为灭零输入端。

(3) 试灯。当$\overline{LT}=\mathbf{0}$ 时，无论输入什么信号，$a\sim g$ 输出全 **1**，数码管七段全亮。由此可以检测显示器七个发光段的好坏。$\overline{LT}$称为试灯输入端。

(4) 特殊控制端$\overline{BI}/\overline{RBO}$。$\overline{BI}/\overline{RBO}$可以作输入端，也可以作输出端。作输入使用时，如果$\overline{BI}=\mathbf{0}$时，不管其他输入端为何值，$a \sim g$ 均输出 **0**，显示器全灭，因此$\overline{BI}$称为灭灯输入端。作输出端使用时，受控于$\overline{RBI}$。当$\overline{RBI}=\mathbf{0}$，输入为 **0** 的二进制码 **0000** 时，$\overline{RBO}=\mathbf{0}$，用以指示该片正处于灭零状态。所以，$\overline{RBO}$又称为灭零输出端。

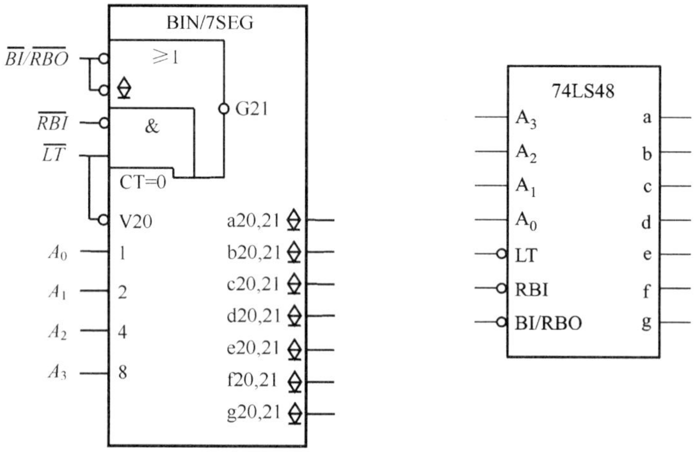

(a) 国标符号　　(b) 常用符号

图 3.4.16　七段显示译码器

表 3.4.9　七段显示译码器 7448 的逻辑功能表

功能（输入）	输入						输入/输出	输出							显示字形
	$\overline{LT}$	$\overline{RBI}$	A_3	A_2	A_1	A_0	$\overline{BI}/\overline{RBO}$	a	b	c	d	e	f	g	
0	**1**	**1**	**0**	**0**	**0**	**0**	**1**	**1**	**1**	**1**	**1**	**1**	**1**	**0**	0
1	**1**	×	**0**	**0**	**0**	**1**	**1**	**0**	**1**	**1**	**0**	**0**	**0**	**0**	1
2	**1**	×	**0**	**0**	**1**	**0**	**1**	**1**	**1**	**0**	**1**	**1**	**0**	**1**	2
3	**1**	×	**0**	**0**	**1**	**1**	**1**	**1**	**1**	**1**	**1**	**0**	**0**	**1**	3
4	**1**	×	**0**	**1**	**0**	**0**	**1**	**0**	**1**	**1**	**0**	**0**	**1**	**1**	4
5	**1**	×	**0**	**1**	**0**	**1**	**1**	**1**	**0**	**1**	**1**	**0**	**1**	**1**	5
6	**1**	×	**0**	**1**	**1**	**0**	**1**	**0**	**0**	**1**	**1**	**1**	**1**	**1**	6

续表

功能（输入）	输入						输入/输出	输出							显示字形
	$\overline{LT}$	$\overline{RBI}$	A_3	A_2	A_1	A_0	$\overline{BI}/\overline{RBO}$	a	b	c	d	e	f	g	
7	1	×	0	1	1	1	1	1	1	1	0	0	0	0	
8	1	×	1	0	0	0	1	1	1	1	1	1	1	1	
9	1	×	1	0	0	1	1	1	1	1	0	0	1	1	
10	1	×	1	0	1	0	1	0	0	0	1	1	0	1	
11	1	×	1	0	1	1	1	0	0	1	1	0	0	1	
12	1	×	1	1	0	0	1	0	1	0	0	0	1	1	
13	1	×	1	1	0	1	1	1	0	0	1	0	1	1	
14	1	×	1	1	1	0	1	0	0	0	1	1	1	1	
15	1	×	1	1	1	1	1	0	0	0	0	0	0	0	
灭灯	×	×	×	×	×	×	0	0	0	0	0	0	0	0	
灭零	1	0	0	0	0	0	0	0	0	0	0	0	0	0	
试灯	0	×	×	×	×	×	1	1	1	1	1	1	1	1	

将$\overline{BI}/\overline{RBO}$和$\overline{RBI}$配合使用，可以实现多位数显示时的"无效 0 消隐"功能。在多位十进制数码显示时，整数前和小数后的 0 是无意义的，称为"无效 0"。在图 3.4.17 所示的多位数码显示系统中，假设显示十进制数 60.25，就可将无效 0 灭掉。从图中可见，由于整数部分 7448 除最高位的$\overline{RBI}$接 **0**、最低位的$\overline{RBI}$接 **1**

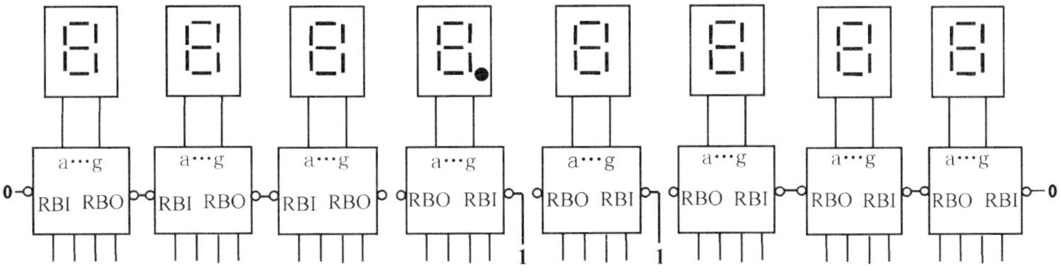

图 3.4.17　多位数码显示系统

外，其余各位的$\overline{RBI}$均接收高位的$\overline{RBO}$输出信号。整数部分只有在高位是**0**，而且被熄灭时，低位才有灭零输入信号。同理，小数部分除最高位的$\overline{RBI}$接**1**、最低位的$\overline{RBI}$接**0**外，其余各位均接受低位的$\overline{RBO}$输出信号。小数部分只有在低位是**0**，而且被熄灭时，高位才有灭零输入信号，而实现多位十进制数码显示器的“无效0消隐”功能。

（三）译码器的 VHDL 描述

1. 3线-8线译码器的 VHDL 描述

在编写3线-8线译码器的 VHDL 程序的功能前，确定输入、输出引脚。前面已经讨论过3线-8线译码器有3个二进制输入端，在程序实体中定义 a、b、c，8个输出端定义为 $y_0 \sim y_7$。对输入 a、b、c 的值进行译码，使输出端 $y_0 \sim y_7$ 对应的输出有效（低电平）。3线-8线译码器还有3个选通输入端 g1、g2a 和 g2b。只有在 g1 = 1，g2a = 0，g2b = 0 时，3线-8线译码器才进行正常译码，否则 $y_0 \sim y_7$ 输出均为高电平。用 VHDL 语句描述的3线-8线译码器程序如下：

```
LIBRARY IEEE;
USE IEEE.std_logic_1164.all;
ENTITY decoder_3_to_8 IS
    PORT (a,b,c,g1,g2a,g2b:IN STD_LOGIC;
        y:OUT STD_LOGIC_VECTOR(7 DOWNTO 0));
END decoder_3_to_8;
ARCHITECTURE rtl OF decoder_3_to_8 IS
      SIGNAL indata: STD_LOGIC_VECTOR (2 DOWNTO 0);
BEGIN
    indata <= c&b&a;
    PROCESS(indata,g1,g2a,g2b)
    BEGIN
        IF(g1 = '1' AND g2a = '0' AND g2b = '0') THEN
            CASE indata IS
                WHEN "000" => y <= "11111110";
                WHEN "001" => y <= "11111101";
                WHEN "010" => y <= "11111011";
                WHEN "011" => y <= "11110111";
                WHEN "100" => y <= "11101111";
                WHEN "101" => y <= "11011111";
                WHEN "110" => y <= "10111111";
                WHEN others => y <= "01111111";
```

```
        END case;
      ELSE
      y< ="11111111";
      END if;
   END process;
END rtl;
```

2. 七段显示译码器的 VHDL 描述

根据已经讨论过的 7448 工作原理,编写显示译码器程序如下所示。观察程序发现编写重点放在 3 个控制引脚上,当控制端按功能编写好后,最基本的显示用一条语句 CASE 就可以完成。

```
LIBRARY IEEE;
USE IEEE.std_logic_1164.all;
ENTITY segment7 IS
      PORT(xin: IN STD_LOGIC_VECTOR (3 DOWNTO 0);
         lt,rbi: IN STD_LOGIC;
         yout: OUT STD_LOGIC_VECTOR (6 DOWNTO 0);
         birbo: INOUT STD_LOGIC);
END segment7;
ARCHITECTURE seg7448 OF segment7 IS
SIGNAL sig_xin: STD_LOGIC_VECTOR (3 DOWNTO 0);
BEGIN
      sig_xin < = xin;
   PROCESS(sig_xin,lt,rbi,birbo)
   BEGIN
   IF (birbo ='0') THEN
     yout< ="0000000";
   ELSIF (lt='0') THEN
         yout< ="1111111";
         birbo< ='1';
   ELSIF (rbi ='0' AND sig_xin ="0000") THEN
          yout< ="0000000";
          birbo< ='0';
   ELSIF (rbi ='1' AND sig_xin ="0000") THEN
          yout< ="1111110";
          birbo< ='1';
   ELSE
        birbo< ='1';
```

```
CASE sig_xin IS
        WHEN "0001" = > yout < = "0110000";
        WHEN "0010" = > yout < = "1101101";
        WHEN "0011" = > yout < = "1111001";
        WHEN "0100" = > yout < = "0110011";
        WHEN "0101" = > yout < = "1011011";
        WHEN "0110" = > yout < = "0011111";
        WHEN "0111" = > yout < = "1110000";
        WHEN "1000" = > yout < = "1111111";
        WHEN "1001" = > yout < = "1110011";
        WHEN "1010" = > yout < = "0001101";
        WHEN "1011" = > yout < = "0011001";
        WHEN "1100" = > yout < = "0100011";
        WHEN "1101" = > yout < = "1001011";
        WHEN "1110" = > yout < = "0001111";
        WHEN "1111" = > yout < = "0000000";
        WHEN others = > yout < = "0000000";
END CASE;
END IF;
END PROCESS;
END seg7448;
```

三、数据选择器

(一) 数据选择器的基本概念及工作原理

数据选择器(Multiplexer,简称 MUX)又称多路选择器或多路开关,其功能是根据地址选择信号,从多路输入数据中选择一路送到输出端的逻辑电路。它的作用与图 3.4.18 所示的单刀多掷开关相似。

常用的数据选择器有 4 选 1、8 选 1、16 选 1 等多种类型。下面以 4 选 1 为例介绍数据选择器的基本功能、工作原理及设计方法。

4 选 1 数据选择器的功能如表 3.4.10 所示。根据功能表,可写出输出逻辑表达式

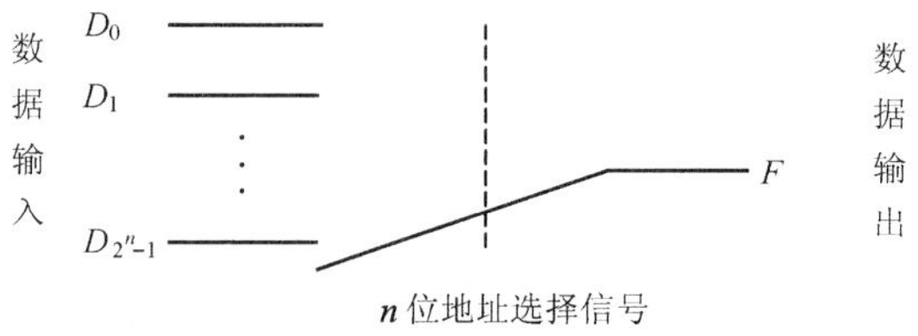

图 3.4.18　数据选择器示意图

表 3.4.10　4 选 1 数据选择器功能表

输入							输出
$\overline{S}$	A_1	A_0	D_3	D_2	D_1	D_0	F
1	×	×	×	×	×	×	0
0	0	0	×	×	×	0	0
			×	×	×	1	1
	0	1	×	×	0	×	0
			×	×	1	×	1
	1	0	×	0	×	×	0
			×	1	×	×	1
	1	1	0	×	×	×	0
			1	×	×	×	1

$$F = (\overline{A_1}\ \overline{A_0}D_0 + \overline{A_1}A_0D_1 + A_1\overline{A_0}D_2 + A_1A_0D_3)\cdot\overline{S}$$

由逻辑表达式画出逻辑图如图 3.4.19 所示。

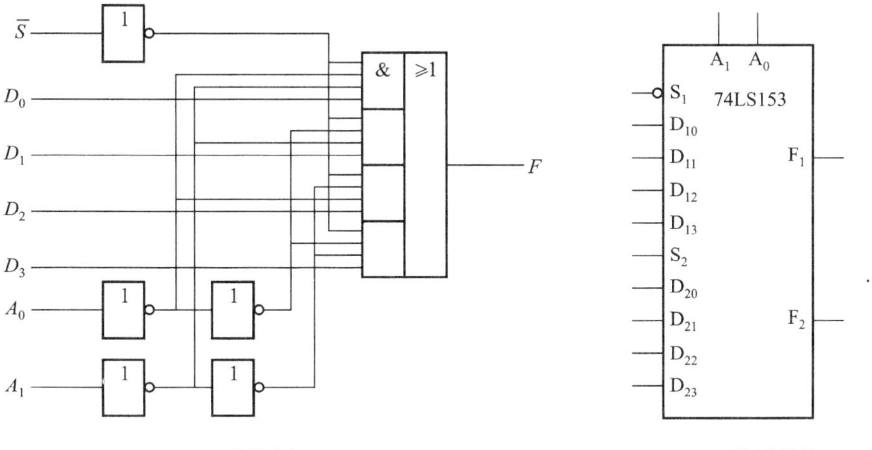

(a) 逻辑图　　(b) 常用符号

图 3.4.19　集成芯片 4 选 1(74153)

(二) 集成数据选择器 74151

74151 是一种集成 8 选 1 数据选择器,其逻辑图与前述 4 选 1 数据选择器相似,这里不再画出。图 3.4.20(a)所示为其国标符号,图 3.4.20(b)是常用符号,有 8 个数据输入端 $D_0 \sim D_7$,3 个地址输入端 A_2、A_1、A_0,2 个互补的输出端 F 和 $\overline{F}$,1 个使能输入端 $\overline{S}$,使能端 $\overline{S}$ 仍为低电平有效。74151 的功能表如表 3.4.11 所示。

表 3.4.11　74151 的功能表

$\overline{S}$	A_2	A_1	A_0	F	$\overline{F}$
1	×	×	×	0	1
0	0	0	0	D_0	$\overline{D_0}$
0	0	0	1	D_1	$\overline{D_1}$
0	0	1	0	D_2	$\overline{D_2}$
0	0	1	1	D_3	$\overline{D_3}$
0	1	0	0	D_4	$\overline{D_4}$
0	1	0	1	D_5	$\overline{D_5}$
0	1	1	0	D_6	$\overline{D_6}$
0	1	1	1	D_7	$\overline{D_7}$

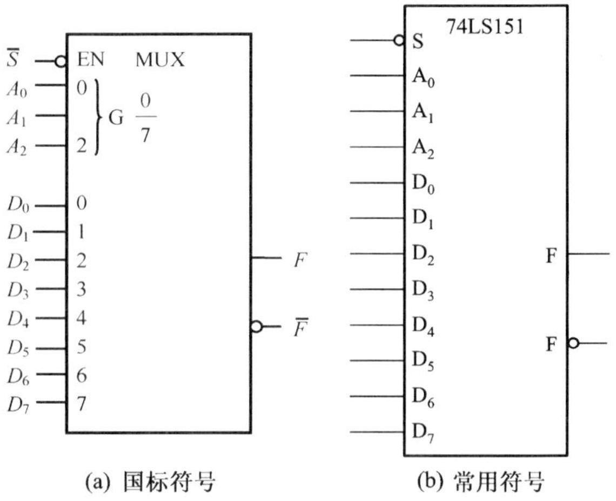

图 3.4.20　8 选 1 数据选择器逻辑符号

（三）数据选择器的通道扩展

作为一种集成器件，最大规模的数据选择器是 16 选 1。如果需要更大规模的数据选择器，可进行通道扩展。

用两片 8 选 1 的数据选择器进行扩展可构成 16 选 1 的数据选择器。16 选 1 数据选择器有 16 个数据通道，要用 $A_3 \sim A_0$ 四位地址码才能形成 16 个地址，以选择 16 个对应的通道。图 3.4.21 所示是 2 片 74151 和 3 个门电路组成的 16

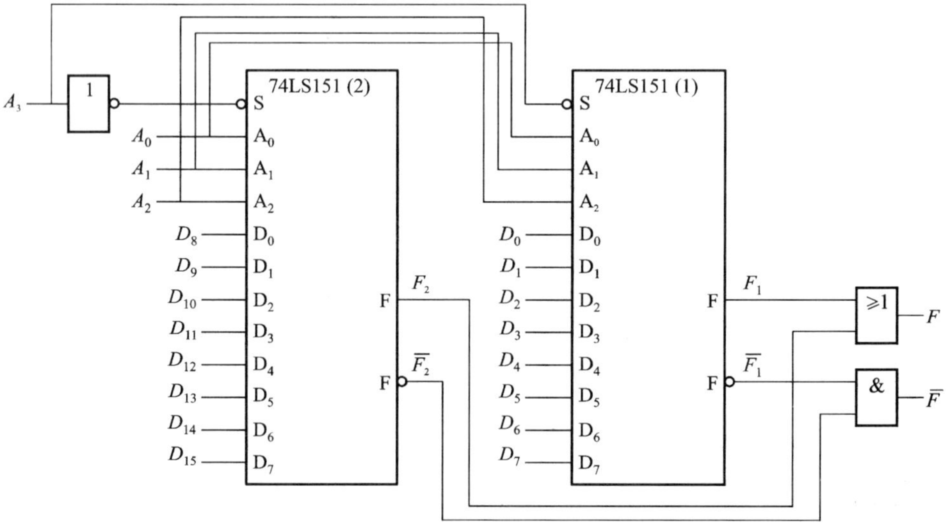

图 3.4.21　用两片 74151 组成的 16 选 1 数据选择器的电路图

选 1 的数据选择器。将低位片(1)的使能端 S 经过一个**与非**门反相后与高位片(2)的使能端 S 相连,作为最高位的地址选择信号 A_3。如果 $A_3=\mathbf{0}$,则(1)片工作,根据 $A_2\sim A_0$,从 $D_7\sim D_0$ 中选择一路输出;如果 $A_3=\mathbf{1}$,则(2)片工作,根据 $A_2\sim A_0$,从 $D_{15}\sim D_8$ 中选择一路输出,从而实现了 16 选 1 的功能。

(四)实现组合逻辑函数

当逻辑函数的变量个数和数据选择器的地址输入变量个数相同时,可直接用数据选择器来实现组合逻辑函数。

例 3.4.4 试用 8 选 1 数据选择器 74151 实现下列逻辑函数

$$F=AB+BC+AC$$

解:(1)将逻辑函数转换成最小项表达式

$$F=\overline{A}BC+A\overline{B}C+AB\overline{C}+ABC=m_3+m_5+m_6+m_7$$

(2)将输入变量接至数据选择器的地址输入端,即 $A=A_2,B=A_1,C=A_0$。输出变量接至数据选择器的输出端 F。将逻辑函数 F 的最小项表达式与 74151 的功能表相比较,显然,F 式中出现的最小项,对应的数据输入端应接 **1**,F 式中没出现的最小项,对应的数据输入端应接 **0**。即 $D_3=D_5=D_6=D_7=\mathbf{1};D_0=D_1=D_2=D_4=\mathbf{0}$。

(3)画出连线图如图 3.4.22 所示。

当逻辑函数的变量个数大于数据选择器的地址输入变量个数时,不再用前述方法。应分离出多余的变量加到适当的数据输入端。

例 3.4.5 试用 4 选 1 数据选择器实现逻辑函数

$$F=\overline{A}\,\overline{B}\,\overline{C}+AB+AC+BC$$

解:(1)由于函数 F 有三个输入信号 A、B、C,而 4 选 1 选择器仅有两个地址端 A_1 和 A_0,所以选 A、B 接到地址输入端,且 $A=A_1,B=A_0$。

(2)上述逻辑函数可变换为

$$F=\overline{A}\,\overline{B}\,\overline{C}+\overline{A}BC+A\overline{B}C+AB$$

C 和 $\overline{C}$ 信号对应到选择器地址相对应的数据端,因此 4 选 1 选择器的输出表达式写成

$$F=\overline{A_1}\,\overline{A_0}D_0+\overline{A_1}A_0D_1+A_1\overline{A_0}D_2+A_1A_0D_3$$

比较上面两式,只要 $D_0=\overline{C},D_1=D_2=C,D_3=\mathbf{1}$,即可实现逻辑函数 F。

(3)画出电路连接图如图 3.4.23 所示。

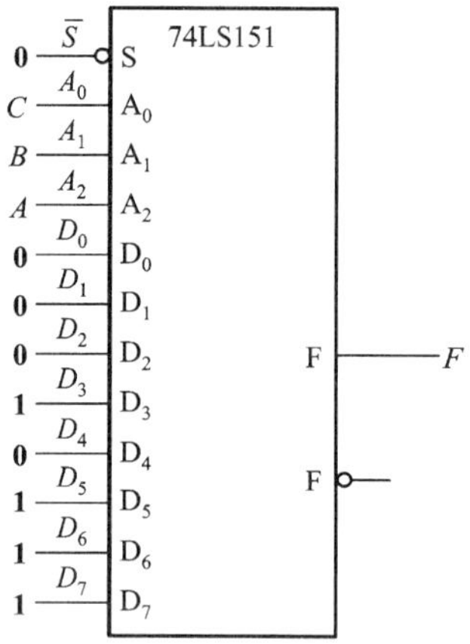

图 3.4.22　例 3.4.4 电路图

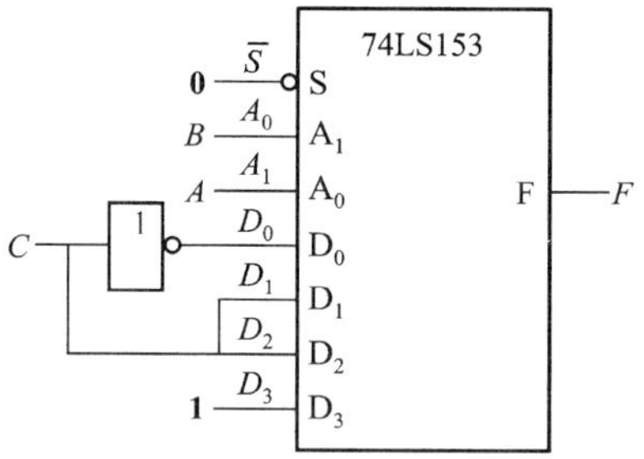

图 3.4.23　例 3.4.5 电路图

四、数值比较器

(一) 数值比较器的基本概念及工作原理

在数字电路中,经常需要对两个位数相同的二进制数进行比较,以判断它们的相对大小或者是否相等,实现这一功能的逻辑电路称为数值比较器。

1. 1 位数值比较器

首先讨论两个 1 位二进制数 A 和 B 相互比较大小的情况,比较结果有三种可能,即:$A>B$、$A<B$、$A=B$。其真值表如表 3.4.12 所示。

由真值表写出逻辑表达式

$$F_{A>B}=A\overline{B},\quad F_{A<B}=\overline{A}B,\quad F_{A=B}=\overline{A}\,\overline{B}+AB$$

由以上逻辑表达式可画出逻辑图如图 3.4.24 所示。

表 3.4.12　1 位数值比较器真值表

输入		输出		
A	B	$F_{A>B}$	$F_{A<B}$	$F_{A=B}$
0	0	0	0	1
0	1	0	1	0
1	0	1	0	0
1	1	0	0	1

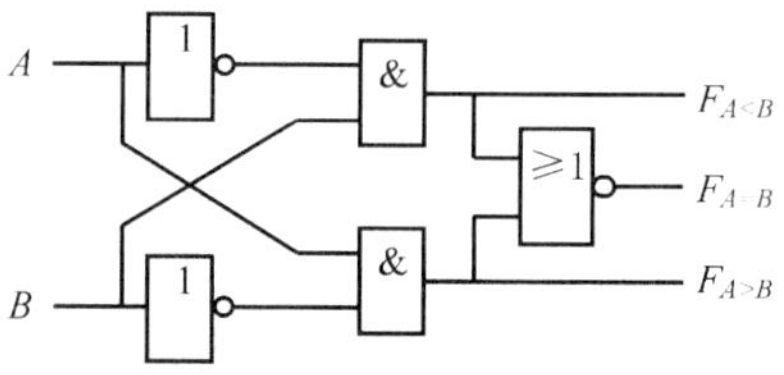

图 3.4.24　1 位数值比较器的逻辑图

2. 多位比较器

在比较两个多位数的大小时，自高向低地逐位比较，只能在高位相等时，才需要比较低位。

2 位数值比较器的真值表如表 3.4.13 所示。其中 A_1、B_1、A_0、B_0 为数值输入端，$I_{A>B}$、$I_{A<B}$、$I_{A=B}$为级联输入端，是为了实现 2 位以上数码比较时，输入低位片比较结果而设置的。$F_{A>B}$、$F_{A<B}$、$F_{A=B}$为三种不同比较结果输出端。

表 3.4.13 2 位数值比较器的真值表

数值输入		级联输入			输出		
A_1 B_1	A_0 B_0	$I_{A>B}$	$I_{A<B}$	$I_{A=B}$	$F_{A>B}$	$F_{A<B}$	$F_{A=B}$
$A_1>B_1$	× ×	×	×	×	**1**	**0**	**0**
$A_1<B_1$	× ×	×	×	×	**0**	**1**	**0**
$A_1=B_1$	$A_0>B_0$	×	×	×	**1**	**0**	**0**
$A_1=B_1$	$A_0<B_0$	×	×	×	**0**	**1**	**0**
$A_1=B_1$	$A_0=B_0$	**1**	**0**	**0**	**1**	**0**	**0**
$A_1=B_1$	$A_0=B_0$	**0**	**1**	**0**	**0**	**1**	**0**
$A_1=B_1$	$A_0=B_0$	**0**	**0**	**1**	**0**	**0**	**1**

由 2 位比较器真值表可写出如下逻辑表达式

$$F_{A>B}=(A_1>B_1)+(A_1=B_1)\cdot(A_0>B_0)+(A_1=B_1)\cdot(A_0=B_0)\cdot I_{A>B}$$

$$F_{A<B}=(A_1<B_1)+(A_1=B_1)\cdot(A_0<B_0)+(A_1=B_1)\cdot(A_0=B_0)\cdot I_{A<B}$$

$$F_{A=B}=(A_1=B_1)\cdot(A_0=B_0)\cdot I_{A=B}$$

根据表达式画出逻辑图如图 3.4.25 所示。图中用了两个 1 位数值比较器，分别比较(A_1、B_1)和(A_0、B_0)，并将比较结果作为中间变量，这样逻辑关系比较明确。更多位数的数值比较器可依此类推。

(二) 集成数值比较器

7485 是常用的集成 4 位二进制数比较器。其原理及输入输出逻辑关系与前述 2 位数值比较器相同，这里不再赘述。7485 逻辑符号如图 3.4.26 所示。

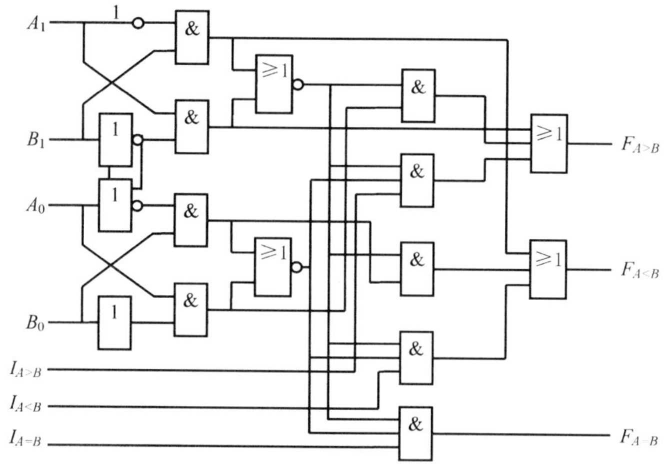

图 3.4.25　2 位数值比较器电路图

一个 4 位数值比较器可以对两个 4 位二进制数进行比较，此时级联输入端 $I_{A>B}$、$I_{A<B}$、$I_{A=B}$ 应分别接 **0**、**0**、**1**。当参与比较的二进制数少于 4 位时，高位多余输入端可同时接 **0** 或 **1**。

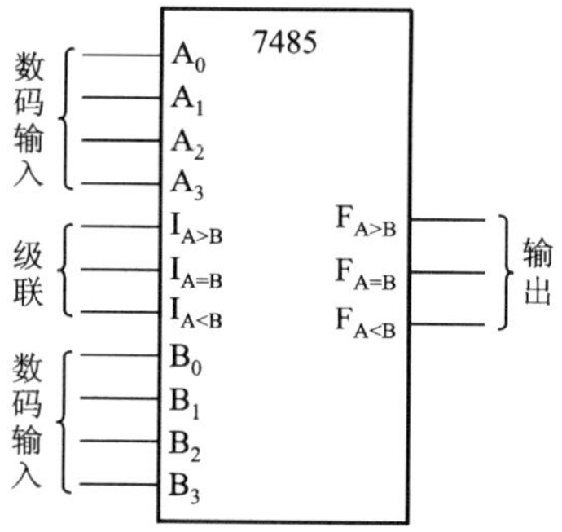

图 3.4.26　4 位比较器逻辑符号

(三) 数值比较器的位数扩展

1. 串联扩展方式

图 3.4.27 为两片 4 位比较器构成 8 位比较器的级连方法。低位片(2)对低 4 位进行比较，因为没有更低位比较结果输入，其级联输入端 $I_{A>B}$、$I_{A<B}$、$I_{A=B}$ 应接 **0**、**0**、**1**。高位片(1)对高 4 位进行比较，级联输入端接低 4 位的比较结果输出端。显然，如果两个高 4 位数不等，则电路输出取决于高位片的比较结

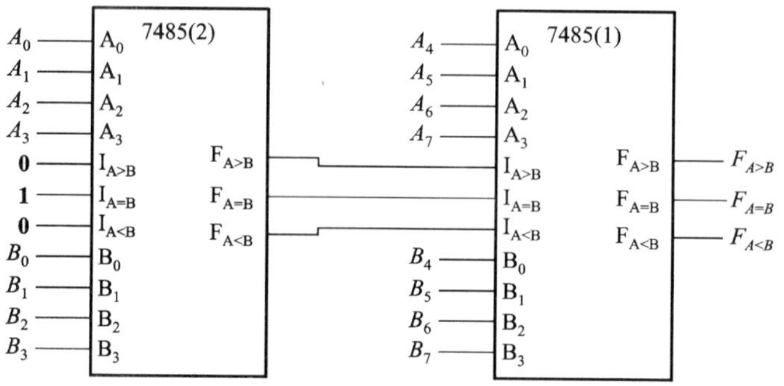

图 3.4.27　采用串联方式组成的 8 位数值比较器

果。否则输出取决于低位片的比较结果。

由于这种级联方式中比较结果是逐级进位的,级联芯片数越多,传递时间越长,工作速度越慢。因此,当扩展位数较多时,常采用并联方式。

2. 并联扩展方式

图 3.4.28 所示是采用并联方式用 5 片 7485 组成的 16 位二进制数比较器。将 16 位按高低位次序分成 4 组,每组用 1 片 7485 进行比较,各组的比较是并行的。将每组的比较结果再经 1 片 7485 进行比较后得出比较结果。这样总的传递时间为 7485 的延迟时间的两倍。若用串联方式,则需要 7485 的延迟时间的 4 倍。

(四) 数值比较器的 VHDL 描述

用 VHDL 语言描述 8 位无符号数数值比较器的程序如下所示。程序中实体描述的引脚 EQ 表示“等于”;NE 表示“不等于”;GT 表示“大于”;GE 表示“大于等于”;LT 表示“小于”;LE 表示“小于等于”。

```
LIBRARY IEEE;
USE IEEE.std_logic_1164.all;
ENTITY vcompare IS
      PORT (A, B: in STD_LOGIC_VECTOR (7 DOWNTO 0);
         EQ, NE, GT, GE, LT, LE:out STD_LOGIC);
END vcompare;
ARCHITECTURE vcompare_zrch OF vcompare IS
BEGIN
PROCESS(A, B)
  BEGIN
     EQ <= '0';NE <= '0';GT <= '0';LT <= '0';LE <= '0';
     IF A = B THEN EQ <= '1';
     END IF;
     IF A/ = B THEN NE <= '1';
     END IF;
     IF A > B THEN GT <= '1';
     END IF;
     IF A >= B THEN GE <= '1';
     END IF;
     IF A < B THEN LT <= '1';
     END IF;
     IF A <= B THEN LE <= '1';
```

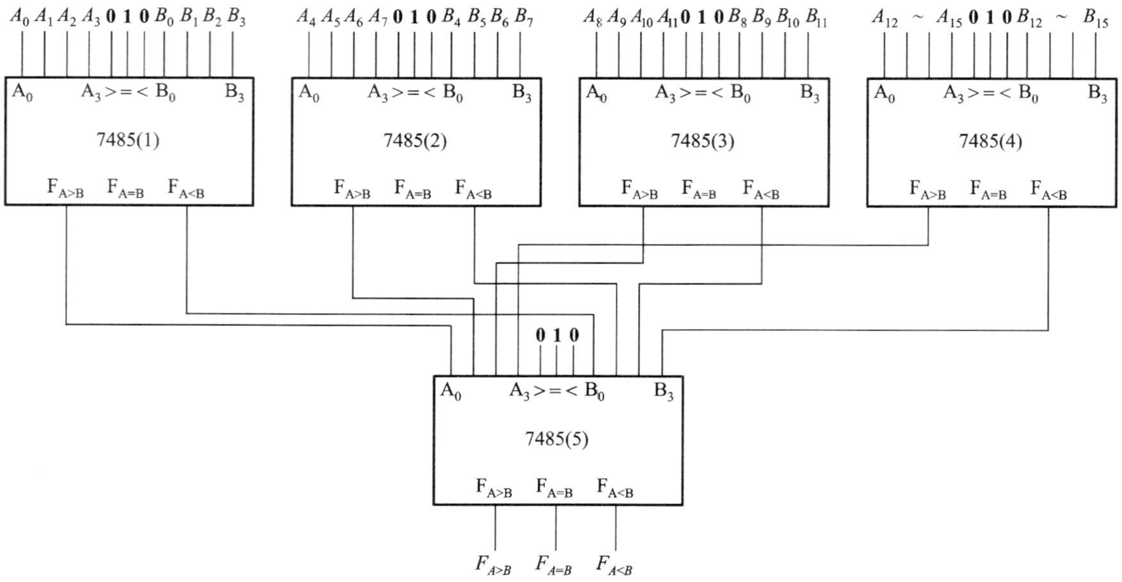

图 3.4.28　采用并联方式组成的 16 位数值比较器

```
        END IF;
      END PROCESS;
    END vcompare_arch;
```

五、加法器

在数字计算机中，两个二进制数之间的算数运算，无论加、减、乘、除，都由若干的加法运算来完成，加法器是构成运算器的基本单元。

（一）加法器的工作原理

1．半加器

不考虑来自低位的进位的两个1位二进制数相加称为半加。实现半加运算的电路称为半加器。半加器的真值表如表3.4.14所示。表中的A和B分别表示被加数和加数输入，S为和输出，C为向相邻高位的进位输出。由真值表可直接写出输出逻辑函数表达式

$$S = \overline{A}B + A\overline{B} = A \oplus B$$

$$C = AB$$

可用一个**异或**门和一个**与**门组成半加器，如图3.4.29(a)所示。半加器的逻辑符号如图3.4.29(b)所示。

表3.4.14　半加器的真值表

输入		输出	
被加数A	加数B	和数S	进位数C
0	0	0	0
0	1	1	0
1	0	1	0
1	1	0	1

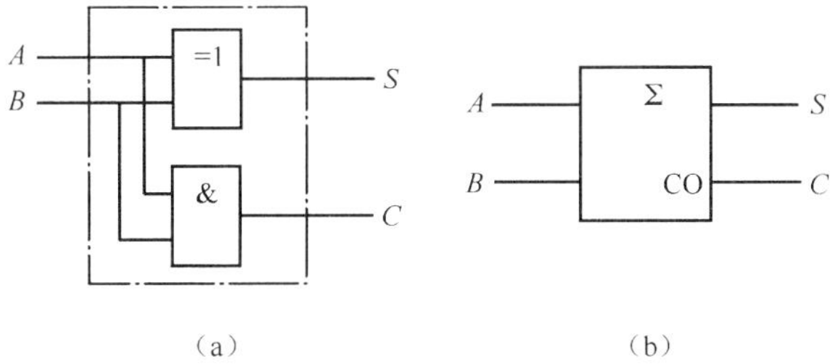

图3.4.29　半加器电路与逻辑符号

2．全加器

在多位数加法运算时，除最低位外，其他各位都需要考虑低位送来的进位。全加器就是同时进行本位加数、被加数和相邻低位进位的加法运算的逻辑部件。全加器的真值表如表3.4.15所示。表中的A_i和B_i分别表示被加数和加数输入，C_{i-1}表示来自相邻低位的进位输入。S_i为和输出，C_i为向相邻高位的进位输出。

表 3.4.15　全加器的真值表

输入			输出	
A_i	B_i	C_{i-1}	S_i	C_i
0	**0**	**0**	**0**	**0**
0	**0**	**1**	**1**	**0**
0	**1**	**0**	**1**	**0**
0	**1**	**1**	**0**	**1**
1	**0**	**0**	**1**	**0**
1	**0**	**1**	**0**	**1**
1	**1**	**0**	**0**	**1**
1	**1**	**1**	**1**	**1**

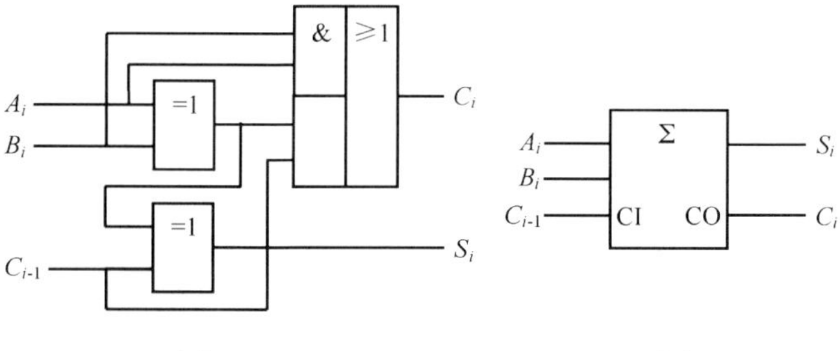

(a)　　　　(b)

图 3.4.30　全加器电路与逻辑符号

由真值表直接写出 S_i 和 C_i 的输出逻辑函数表达式，再经代数法化简和转换得

$$S_i = \overline{A_i}\,\overline{B_i}C_{i-1} + \overline{A_i}B_i\overline{C_{i-1}} + A_i\overline{B_i}\,\overline{C_{i-1}} + A_iB_iC_{i-1}$$

$$= \overline{(A_i \oplus B_i)}C_{i-1} + (A_i \oplus B_i)\overline{C_{i-1}} = A_i \oplus B_i \oplus C_{i-1}$$

$$C_i = \overline{A_i}B_iC_{i-1} + A_i\overline{B_i}C_{i-1} + A_iB_i\overline{C_{i-1}} + A_iB_iC_{i-1}$$

$$= A_iB_i + (A_i \oplus B_i)C_{i-1}$$

根据以上两式画出全加器的逻辑电路如图 3.4.30(a)所示。图 3.4.30(b)为全加器的逻辑符号。

（二）串行进位加法器

要进行多位数相加，最简单的方法是将多个全加器进行级联，称为串行进位加法器。图 3.4.31 所示是 4 位串行进位加法器。从图中可见，两个 4 位相加数 $A_3A_2A_1A_0$ 和 $B_3B_2B_1B_0$ 的各位同时送到相应全加器的输入端，进位信号则串行传送。全加器的个数等于相加数的位数。最低位全加器的 C_{i-1}端应接 **0**。

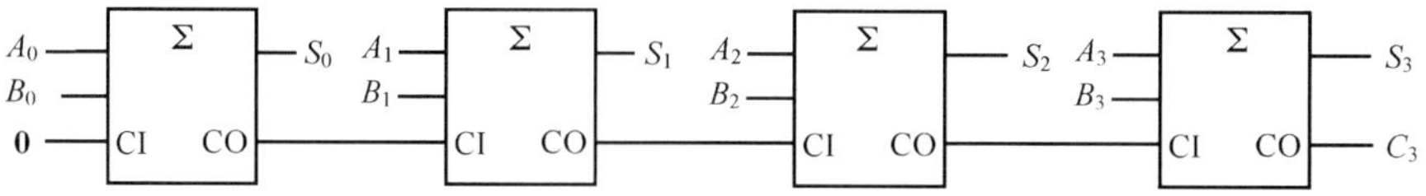

图 3.4.31　4 位串行进位加法器

由于进位信号是串行传递，图 3.4.31 中最后一位的进位输出 C_3 要经过 4 位全加器传递之后才能形成。可见，串行进位加法器虽然电路比较简单，但是速度比较慢。

（三）快速进位集成 4 位加法器 74283

为了提高速度，人们又设计了一种多位快速进位（又称超前进位）的加法器。所谓快速进位，是指加法运算过程中，各级进位信号同时送到各位全加器的进位输入端。下面介绍快速进位的原理。全加器 S_i 和 C_i 的输出逻辑表达式

$$S_i = A_i \oplus B_i \oplus C_{i-1} \tag{3.4.1}$$

$$C_i = A_iB_i + (A_i \oplus B_i)C_{i-1} \tag{3.4.2}$$

定义中间变量 $G_i = A_iB_i$，$P_i = A_i \oplus B_i$，则

当 $A_i = B_i = \mathbf{1}$ 时，$A_iB_i = \mathbf{1}$，得 $C_i = \mathbf{1}$，即产生进位，因此 G_i 称为产生变量。

当 $A_i \oplus B_i = \mathbf{1}$，$A_iB_i = \mathbf{0}$，得 $C_i = C_{i-1}$，即低位的进位信号能传送到高位的进位输出端，因此，P_i 称为传输变量。G_i 和 P_i 都只与被加数 A_i 和加数 B_i 有关，而与进位信号无关。将 G_i 和 P_i 代入式（3.4.1）和式（3.4.2）得

$$S_i = P_i \oplus C_{i-1} \tag{3.4.3}$$

$$C_i = G_i + P_iC_{i-1} \tag{3.4.4}$$

由式（3.4.4）通过迭代运算得各位进位信号的逻辑表达式如下

$$\left.\begin{aligned} C_0 &= G_0 + P_0C_{-1} \\ C_1 &= G_1 + P_1C_0 = G_1 + P_1G_0 + P_1P_0C_{-1} \\ C_2 &= G_2 + P_2C_1 = G_2 + P_2G_1 + P_2P_1G_0 + P_2P_1P_0C_{-1} \\ C_3 &= G_3 + P_3C_2 = G_3 + P_3G_2 + P_3P_2G_1 + P_3P_2P_1G_0 \\ &\quad + P_3P_2P_1P_0C_{-1} \end{aligned}\right\} \tag{3.4.5}$$

由式（3.4.5）可以看出：各位的进位信号都只与 G_i、P_i 和 C_{-1} 有关，而 C_{-1} 是最低位的进位输入信号，其值为 $\mathbf{0}$，所以各位的进位信号都只与被加数 A_i 和加数 B_i 有关且并行产生，从而可实现快速进位。

根据以上思路构成的快速进位集成 4 位加法器 74283 的逻辑图如图 3.4.32（a）所示，图 3.4.32（b）为其国标符号，图 3.4.32（c）为常用逻辑符号。

（四）集成加法器的应用

1. 加法器级联实现多位二进制数加法运算

一片 74283 只能进行 4 位二进制数的加法运算，将多片 74283 进行级联，可扩展加法运算的位数。用 2 片 74283 组成的 8 位二进制数加法电路如图 3.4.33

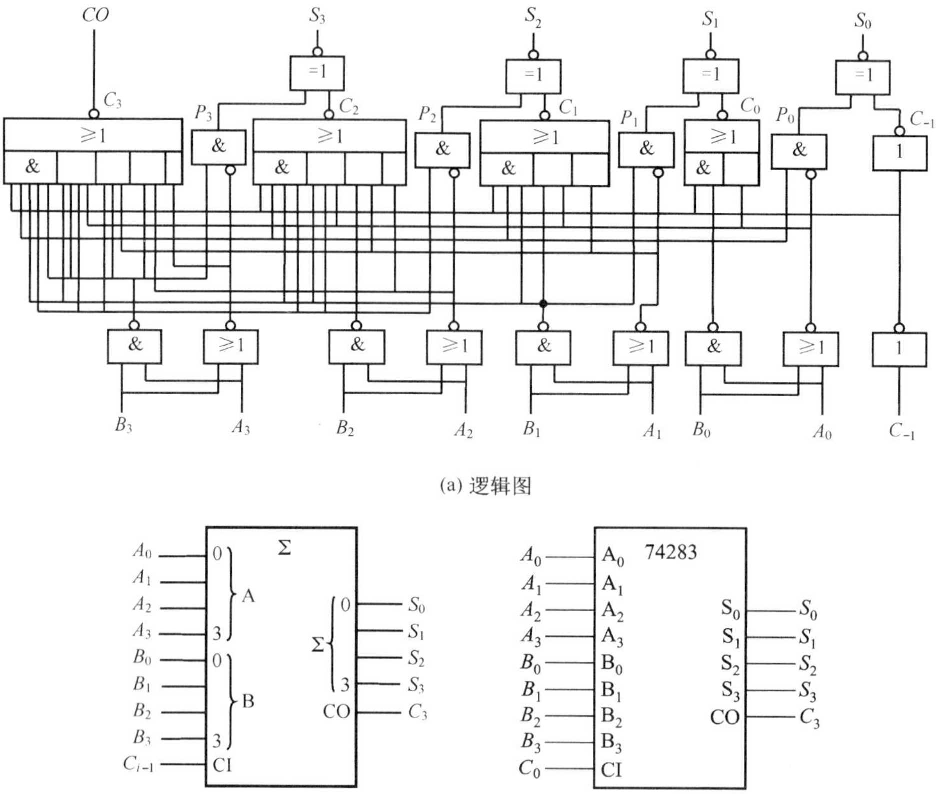

(a) 逻辑图

(b) 国标符号　　(c) 常用符号

图 3.4.32　集成 4 位加法器 74283

所示。

2. 实现余 3 码到 8421BCD 码的转换

对同一个十进制数码，余 3 码比 8421BCD 码多 3。因此实现余 3 码到 8421BCD 码的变换，只需从余 3 码中减去 3（即 **0011**）。利用二进制补码运算的概念，通过补码的加法运算实现上述减法运算。由于 **0011** 的补码为 **1101**，减 **0011** 与加 **1101** 等效。所以，从 74283 的 $A_3 \sim A_0$ 输入余 3 码的 4 位代码，$B_3 \sim B_0$ 接固定代码 **1101**，就能实现相应的转换，其逻辑图如图 3.4.34 所示。

3. 构成 1 位 8421BCD 码加法器

一个 8421BCD 码十进制加法器应有 9 个输入端（其中加数和被加数各 4 位，1 位进位输入）和 5 个输出端（4 位次和数，1 位进位输出）。两个 8421BCD 码表示的 1 位十进制数 $A(A_3A_2A_1A_0)$ 和 $B(B_3B_2B_1B_0)$ 相加时，每个数都不大于 9（**1001**），考虑到低位来的进位，最大的和为 $9+9+1=19$。

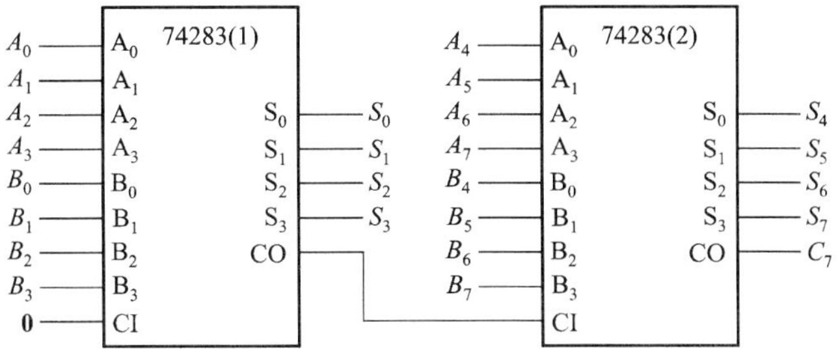

图 3.4.33 2 片 74283 组成的 8 位二进制数加法电路图

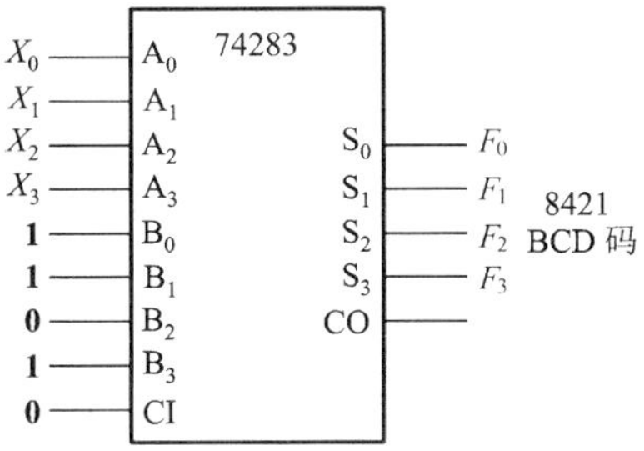

图 3.4.34 将余 3 码转换成
8421BCD 码

将 0 ~ 19 的十进制数、二进制码和 8421BCD 码列于表 3.4.16。

表 3.4.16 0 ~ 19 的代码表示

十进制	二进制代码					8421BCD 码				
N	C	S_3	S_2	S_1	S_1	C'	S'_3	S'_2	S'_1	S'_1
0	0	0	0	0	0	0	0	0	0	0
1	0	0	0	0	1	0	0	0	0	1
2	0	0	0	1	0	0	0	0	1	0
3	0	0	0	1	1	0	0	0	1	1
4	0	0	1	0	0	0	0	1	0	0
5	0	0	1	0	1	0	0	1	0	1
6	0	0	1	1	0	0	0	1	1	0
7	0	0	1	1	1	0	0	1	1	1
8	0	1	0	0	0	0	1	0	0	0
9	0	1	0	0	1	0	1	0	0	1
10	0	1	0	1	0	1	0	0	0	0
11	0	1	0	1	1	1	0	0	0	1
12	0	1	1	0	0	1	0	0	1	0
13	0	1	1	0	1	1	0	0	1	1

续表

十进制	二进制代码					8421BCD 码				
N	C	S_3	S_2	S_1	S_1	C'	S'_3	S'_2	S'_1	S'_1
14	**0**	**1**	**1**	**1**	**0**	**1**	**0**	**1**	**0**	**0**
15	**0**	**1**	**1**	**1**	**1**	**1**	**0**	**1**	**0**	**1**
16	**1**	**0**	**0**	**0**	**0**	**1**	**0**	**1**	**1**	**0**
17	**1**	**0**	**0**	**0**	**1**	**1**	**0**	**1**	**1**	**1**
18	**1**	**0**	**0**	**1**	**0**	**1**	**1**	**0**	**0**	**0**
19	**1**	**0**	**0**	**1**	**1**	**1**	**1**	**0**	**0**	**1**

观察表 3.4.16 发现，当一个数不大于 9 时，二进制数码与 BCD 码相同；当一个数大于 9 时，只要在二进制码上加 6(**0110**)就可以把二进制码转换为 BCD 码，同时产生进位输出。进一步观察可以看出，当二进制代码进位 $C=\mathbf{1}$，或者当 $S_3=\mathbf{1}$ 且 S_2 和 S_1 中至少有一个 **1** 时，8421BCD 码进位输出 C' 为 **1**，所以 $C'=C+S_3(S_2+S_1)$。当 $C'=\mathbf{1}$ 时，把 **0110** 加到二进制数码上，即可完成二进制码 8421BCD 码的转换。

根据上述分析，1 位 8421BCD 码加法器可先由一个 4 位二进制加法器 74283 完成求和运算，再由前述转换电路将和数的二进制代码转换为 8421BCD 码，其逻辑电路如图 3.4.35 所示。

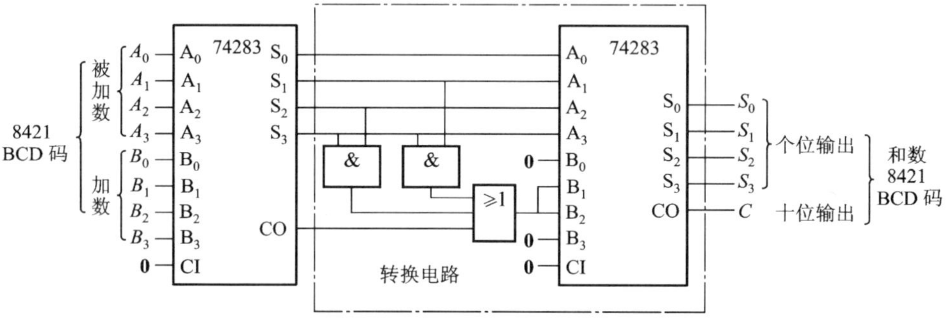

图 3.4.35　1 位 8421BCD 码加法器

小结

本章介绍了组合逻辑电路的特点、组合逻辑电路的分析和设计方法，讨论了电路中的竞争和冒险现象及其判断和消除方法。介绍了一种逻辑电路硬件描述语言 VHDL。说明了若干常用中规模集成电路模块及其应用方法，并对这些常用的逻辑电路进行了 VHDL 语言描述。

组合逻辑电路的特点是任一时刻的输出状态只决定于该时刻各输入信号的

组合,而与电路的原状态无关。电路中没有记忆单元,没有反馈通路。分析组合逻辑电路的目的在于确定电路的逻辑功能,分析步骤是,根据电路图写出电路输出端的逻辑表达式,并对其作必要的化简和变换,然后列出真值表,确定电路逻辑功能。采用逻辑门电路设计组合逻辑电路的步骤是,分析要求的逻辑功能,列出真值表或者写出逻辑表达式,根据所用器件对输出逻辑表达式进行化简和变换,最后画出逻辑图。

组合逻辑电路的竞争与冒险现象是电路工作状态转换过程中常会出现的一种现象,掌握其判别和消除方法,有利于分析异常电路故障和完善电路设计。

应用硬件描述语言表达和设计逻辑电路是一种越来越重要的手段,VHDL语言已成为通用的硬件描述语言。它把一个任意复杂度的电路模块视作一个单元。一个单元又可分为接口(实体)部分和描述部分(结构)部分。设计实体中提供该单元的公共信息,而结构体则用于定义该单元的内容操作特性。一个设计实体和某一特定的结构体结合起来共同定义一个元件模型。VHDL的行为描述主要描述该单元的功能。并行行为描述程序语句是在同一时刻执行,即电路工作的并发性。顺序行为按编写的程序顺序来执行。进程之间是并行行为,而进程内部是顺序行为。结构描述则是描述电路的硬件结构,即该硬件是如何构成的。

常用的中规模组合逻辑模块包括编码器、译码器、数据选择器、数值比较器、加法器等。为了增加使用的灵活性和便于功能扩展,在多数中规模组合逻辑器件中都设置了输入、输出使能端或输入、输出扩展端。它们既可控制器件的工作状态,又便于构成较复杂的逻辑系统。应用中规模组合逻辑器件设计组合逻辑电路时应注意使用的芯片的个数和品种尽量少,芯片之间的连线尽量少,还应注意合理处理未被使用的输入和输出端口。

名词解释

结构体(Architecture):描述实体硬件的互连关系,数据的传输和变换以及动态行为部分称之为结构体,每个结构体可以代表该硬件的某一方面特性。

比较器(Comparator):比较两个位数相同的二进制数的数值,判断并输出其大小比较结果的组合逻辑电路。

译码器(Decoder):将一组二进制代码翻译成与其对应的某特定输出信号的组合逻辑电路。

编码器(Encoder):在一组具有特定含义的输入信号中,对每一个输入信号分别编成一组二进制代码输出的组合逻辑电路。

实体(Entity):实体提供电路设计的公共信息,是VHDL设计电路的最基本部分。

事件(Event)：某个信号有值的变化。

全加器(Full - adder)：完成当前位加数、被加数和相邻低位的进位的加法运算的组合逻辑电路。全加器的“全”字主要是指在进行 1 位二进制加法运算时，考虑相邻低位的进位输入。

半加器(Half - adder)：完成当前位加数和被加数的加法运算的组合逻辑电路。半加器的“半”字主要是指在进行 1 位二进制加法运算时，不考虑相邻低位的进位输入。

冒险(Hazard)：由于竞争而可能在电路输出端产生毛刺的现象。

多路选择器(Multiplexer)：由输入地址码决定从多个输入端选择一路数据信号输出的组合逻辑电路。

进程(Process)：VHDL 语言定义的一种语句，其内部语句的执行顺序是一个接在另一个之后。

竞争(Race)：指一个门电路多个输入信号同时跳变，或者一个信号经由不同的路径传到同一个门的输入端致使信号到达时间不同的现象。

超高速集成电路描述语言(VHDL)：描述复杂电路的国际通用电路系统硬件描述语言。

自我检测

题 3.1　组合逻辑电路如自我检测题 3.1 图(a)所示，其输入信号 A、B、C 的波形如自我检测题 3.1 图(b)所示。

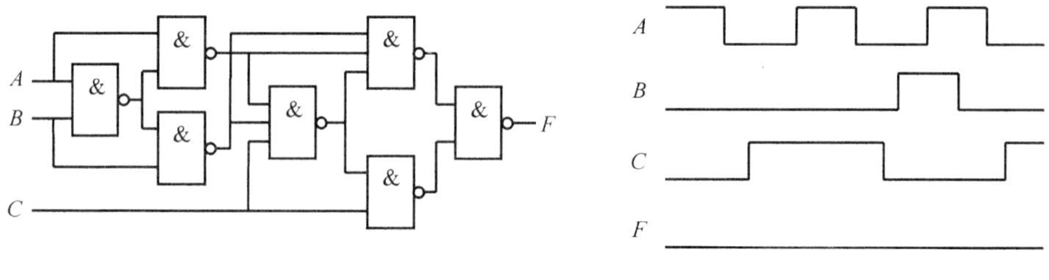

(a) 逻辑图　　(b) 波形图

自我检测题 3.1 图

(1) 填写真值表自我检测题 3.1 表；

自我检测题 3.1 表

输　入		输　出
A	B	F

续表

输入		输出
A	B	F

(2) 逻辑表达式

$$F = \underline{\qquad\qquad\qquad\qquad}$$

化简后

$$F = \underline{\qquad\qquad\qquad\qquad}$$

(3) 在自我检测题 3.1 图(b)上画出输出信号 F 的波形图;

(4) 该组合逻辑电路的功能是________________________________。

题 3.2　典型的 VHDL 语言由三部分________、________和________组成。

题 3.3　进程行为之间执行顺序为__________________________,进程行为内部执行顺序为__________。

题 3.4　行为描述的基本单元是____________________________,结构描述的基本单元是____________。

题 3.5　结构体中的每条 VHDL 语句的执行顺序与排列顺序__________。

题 3.6　标量数据类型包括________、________、________和________。

题 3.7　自我检测题 3.7 图所示是十进制 - BCD 码编码器的逻辑图。试根据逻辑图回答下列问题。

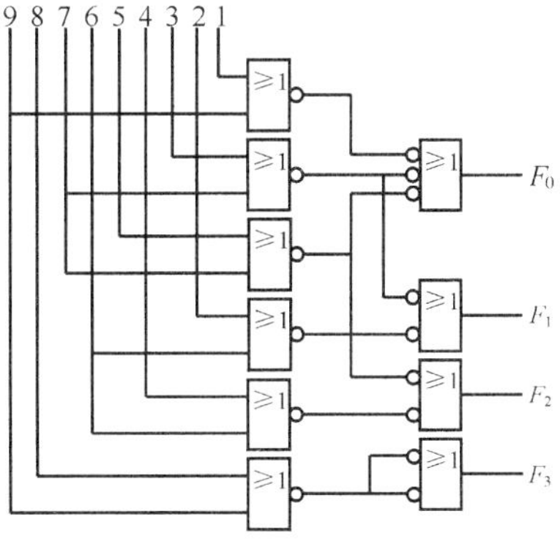

自我检测题 3.7 图

(1) 写出输出端 F_0、F_1、F_2 和 F_3 的逻辑表达式。

(2) 列出真值表。

(3) 选择填空。

(a) 编码器的功能是__________________。

(A) 将十进制数转换成二进制码;

(B) 将十进制数转换成 8421BCD 码;

(C) 将十进制数转换成格雷码。

(b) 若输入端仅 5 为高电平,则输出 $F_3F_2F_1F_0$ =__________。

(A) **0101**;　(B) **1010**;　(C) **1011**;　(D) **1001**。

(c) 编码器输出端________有效。

(A) 低电平; (B) 高电平; (C) 任意电平; (D) 未知。

(d) 若欲输入十进制数 0,则输入端应________。

(A) 全部为高电平;

(B) 全部为低电平。

(e) 编码器____优先编码功能,因而____多个输入端同时为 **1**。

(A) 有;　　　　(B) 无;

(C) 允许;　　　(D) 不允许。

题 3.8　是非题(对的填“对”,错的填“错”)

(1) 数字显示电路由译码器、驱动器和数字显示器组成。(　　)

(2) 译码器的作用是将二进制代码翻译成另一种代码或特定的输出信号。它是由逻辑门电路或计数器组成的。(　　)

(3) 对共阴极的显示器件,译码器输出低电平有效,对共阳极结构的显示器件,译码器输出高电平有效。(　　)

思考题

题 3.1　简述组合逻辑电路的分析步骤和设计步骤。

题 3.2　组合逻辑电路如思考题 3.2 图所示。

(1) 写出函数 F 的表达式;

(2) 将函数 F 化为最简**与或**表达式,并用**与非**门实现之;

(3) 若改用**或非**门实现,试写出相应的表达式。

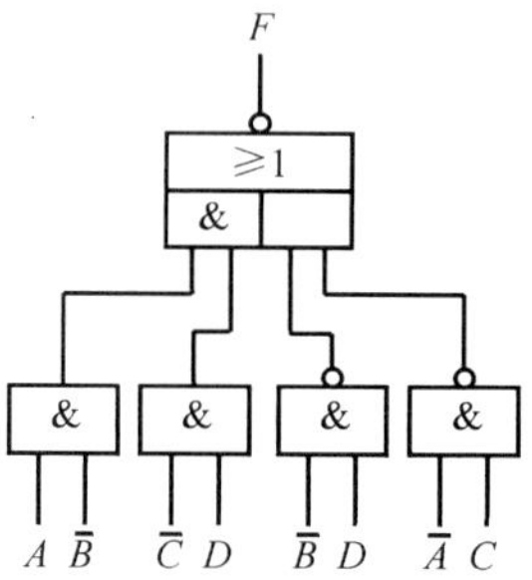

思考题 3.2 图

题 3.3　什么叫竞争 - 冒险现象?当门电路的两个输入端同时向相反的逻辑状态转换(即一个从 **0** 变成 **1**,另一个从 **1** 变成 **0**)时,输出是否一定有干扰脉冲产生?

题 3.4　简述 VHDL 的主要优点。

题 3.5　一个 VHDL 设计是否必须有一个结构体?结构体的目的是什么?一个设计可以有多个结构体吗?

题 3.6　端口模式 IN 和 INOUT 有什么不同?

题 3.7　编码器的逻辑功能是什么?优先编码器与一般编码器有何区别?

题 3.8　要区别 24 个不同信号,或者说给 24 个输入信号编码,需要几位二进制代码?电路有多少个输出?区别 64 个信号呢?

题 3.9　什么叫译码器?有哪些常用译码器?各有何特点?

题 3.10　数据选择器和数据分配器各具有什么功能?若想将一组并行输入的数据转换成串行输出,应采用哪种电路?

题 3.11　一个有使能端的译码器能否用作数据分配器?怎样接线可以使一个八路输出的数据分配器成为一个 3 线 - 8 线译码器?

习题

习题 3.1　组合电路的逻辑框图如习题 3.1 图所示。电路要求如下:

(1) 当变量 A_1A_0 表示的二进制数大于等于 B_1B_0 表示的二进制数时,函数 $F_1 = \mathbf{1}$,否则为 **0**。

(2) 当变量 A_1、A_0 的逻辑**与非** $(\overline{A_1 \cdot A_0})$ 和变量 B_1、B_0 的逻辑**异或** $(B_1 \oplus B_0)$ 相等时,函

数 F_2 为高电平，否则为 **0**。

试设计此组合电路。

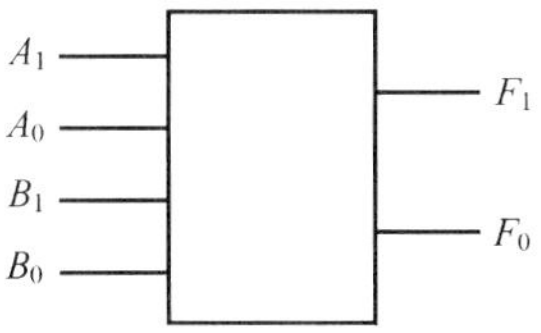

习题 3.1 图

习题 3.2　用**与非**门设计四变量的多数表决电路。设输出为 F，当输入变量 A、B、C、D 有 3 个或 3 个以上为 **1** 时输出为 **1**，输入为其他状态时输出为 **0**。

习题 3.3　一个组合逻辑电路有两个控制信号 C_1 和 C_2，要求：

(1) $C_1C_2 = \mathbf{00}$ 时，$F = A \oplus B$；

(2) $C_1C_2 = \mathbf{01}$ 时，$F = \overline{AB}$；

(3) $C_1C_2 = \mathbf{10}$ 时，$F = \overline{A + B}$；

(4) $C_1C_2 = \mathbf{11}$ 时，$F = AB$。

试设计符合上述要求的逻辑电路（器件不限）。

习题 3.4　试设计一个具有两种功能的码制转换电路，并画出电路图。K 为控制变量。$K = \mathbf{0}$ 时，输入 C、B、A 为二进制码，输出 $F_3F_2F_1$ 为循环码。$K = \mathbf{1}$ 时，输入 C、B、A 为循环码，输出 $F_3F_2F_1$ 为二进制码。写出输出函数的逻辑表达式。

习题 3.5　试设计一个 5211BCD 码的判决电路。当输入代码 D、C、B、A 中有奇数个 **1** 时，电路的输出 F 为 **1**，否则为 **0**。试用**与非**门实现该电路，写出输出函数 F 的**与非 - 与非**表达式。

习题 3.6　试分析习题 3.6 图电路中当 A、B、C、D 单独一个改变状态时是否存在竞争 - 冒险现象？如果存在竞争 - 冒险现象，那么都发生在其他变量为何种取值的情况下？

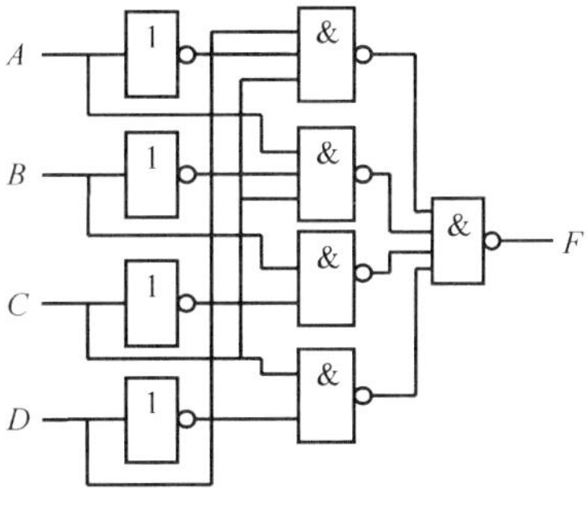

习题 3.6 图

习题 3.7　习题 3.7 图示电路有无竞争 - 冒险现象？若有，请说明出现冒险的输入条件，并修改设计。画出无冒险的逻辑图。

习题 3.8　试设计一个无冒险的电路，其工作条件是：当输入 4 位码为 $\sum m(0,2,4,5,13,14,15)$ 时显示绿灯，输入其余码时显示红灯。

习题 3.9　按习题 3.2 已知条件完成下列要求：

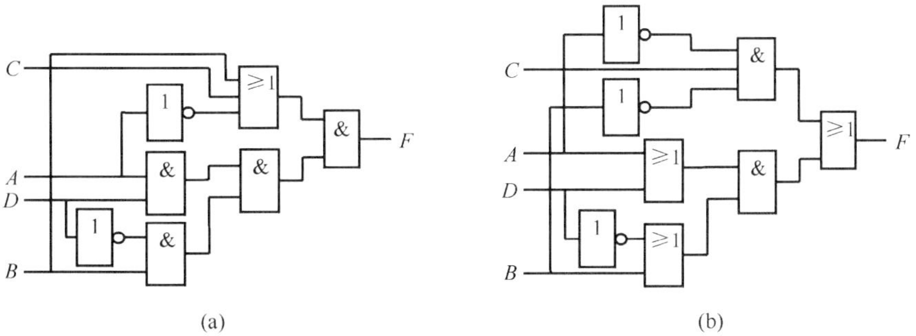

习题 3.7 图

（1）试用最少数目的**与非**门设计此电路。

（2）检查电路是否存在竞争－冒险？若存在，则讨论在什么时刻可能出现冒险现象。

（3）用增加冗余项的办法来消除冒险现象。

习题 3.10　用 VHDL 硬件描述语言设计一个 10 输入的优先编码器。

习题 3.11　用 VHDL 行为描述语言设计一个 3 线－8 线译码器。

习题 3.12　设计一个译码显示电路。显示器为共阳极七段 LED 字形显示器，显示译码器的输入 $G_4G_3G_2G_1$ 为 BCD 循环码。

（1）设计出 BCD 循环码的显示译码器，写出输出函数 $a,b,c,\cdots,g$ 的表达式；

（2）按共阳极显示器的要求，显示译码器输出 $a,b,c,\cdots,g$ 和显示器相连时应取的逻辑电平是什么？

（3）画出显示译码器和显示器的接线图。

习题 3.13　用 VHDL 描述语言设计一个 BCD 码显示译码器，并且显示发光管是共阳极。

习题 3.14　试设计一个将 8421BCD 码转换成余 3 码的电路。

（1）用**与非**门实现；

（2）用**或非**门实现；

（3）用译码器 74138 实现；

（4）用数据选择器 74153 实现。

习题 3.15　试用两片双 4 选 1 数据选择器 74153 和 3 线－8 线译码器 74138 接成 16 选 1 的数据选择器。

习题 3.16　设计一个代码转换电路，输入为 4 位二进制代码，输出为 4 位循环码。可以采用各种逻辑功能的门电路来实现。

习题 3.17　分别用 4 选 1 集成电路 74153 和 8 选 1 集成电路 74151 实现下列函数。

（1）$F(A,B,C)=\sum m(1,3,4,6,7)$；

（2）$F(A,B,C)=\sum m(0,2,4,5,6,7)$；

（3）$F(A,B,C,D)=\sum m(0,1,3,5,6,8,9,11,12,13)$；

（4）$F(A,B,C,D)=\sum m(0,1,3,5,10,13,14)+\sum \Phi(9,11,15)$。

习题 3.18　组合电路的逻辑电路如习题 3.18 图所示。试分析输出 $F_3F_2F_1F_0$ 与 $B_3B_2B_1B_0$ 的关系。

习题 3.19　用 8 选 1 数据选择器设计一个组合逻辑电路。该电路有 3 个输入逻辑变量 A、B、C 和 1 个工作状态控制变量 M。当 $M=\mathbf{0}$ 时电路实现“意见一致”功能（A、B、C 状态一致时输出为 **1**，否则输出为 **0**），而 $M=\mathbf{1}$ 时电路实现“多数表决”功能，即输出与 A、B、C 中多数的状态一致。

习题 3.20　用若干个 7485 4 位比较器，连接成一个 12 位数码比较器。

习题 3.21　若使用 4 位数值比较器组成 10 位数值比较器，需要用几片？各片之间应如何连接？

习题 3.22　设 A、B、C 为三个互不相等的 4 位二进制数。试用 4 位数值比较器和 2 选 1 选择器设计一个能在三个数中选出最小数的逻辑电路。

习题 3.23　试用 4 位二进制加法器 74283 构成可控的加法、减法器（可附加少量门）。

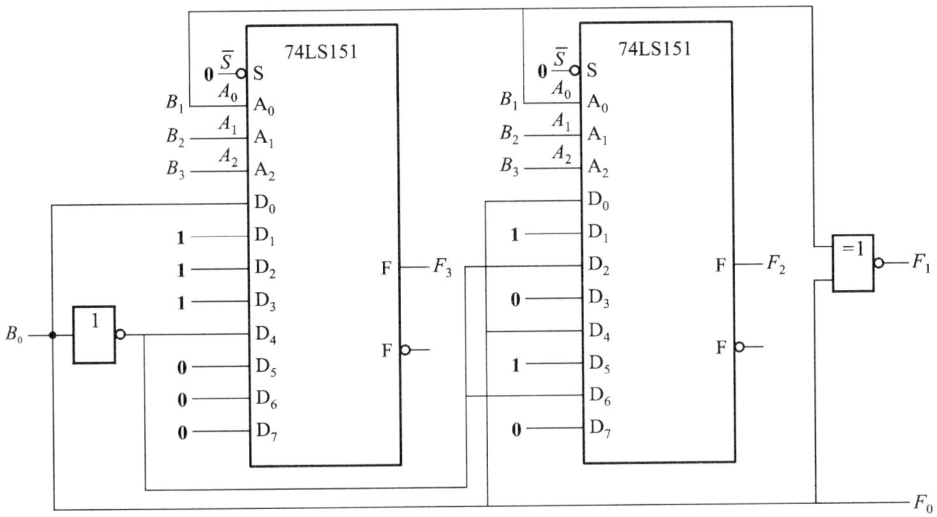

习题 3.18 图

习题 3.24　设计一个电路，可以把带符号的二进制数（包括符号在内共 8 位）变换成该数的补码。可供选择的集成电路为 4 位二进制加法器和其他门电路（数量不限）。

习题 3.25　设 X、Y 均为 4 位二进制数，它们分别是一个逻辑电路的输入与输出，当 $0 \leqslant X \leqslant 4$ 时，$Y = X + 1$；当 $5 \leqslant X \leqslant 9$ 时，$Y = X - 1$，且 X 不大于 9。试用**与非**门实现该电路。

习题 3.26　1 位全加器的电路如习题 3.26 图所示。

(1) 写出一个延时为 5 ns 的**与非**门 VHDL 程序；

(2) 写出用**与非**门构成 1 位全加器的 VHDL 结构描述模块；

(3) 用 1 位全加器作为元件设计 8 位全加器。

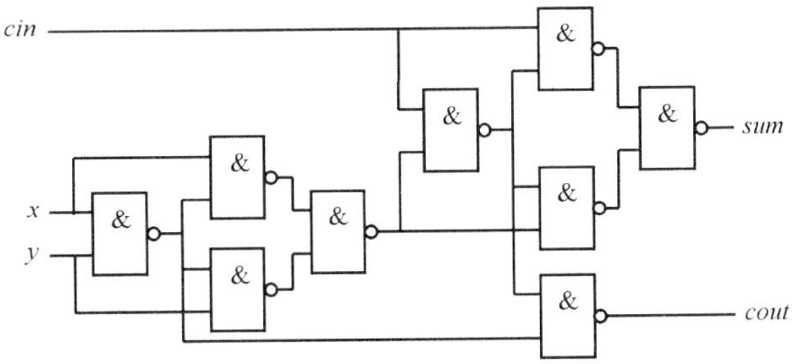

习题 3.26 图

第四章　时序逻辑电路

通常将数字逻辑电路分为两大类，一类是组合逻辑电路，另一类是时序逻辑电路。前两章分别介绍了组合电路的基本单元电路——门电路，常用组合电路和组合电路的分析方法与设计方法。组合电路能够进行各种逻辑运算和算术运算，但是组合电路没有记忆功能。时序逻辑电路具有记忆功能，简称时序电路。

本章首先介绍能够存储1位二值信息的基本单元电路触发器，主要内容有触发器的电路结构、工作原理和逻辑功能。接着介绍时序电路的基本概念、组成结构、逻辑功能及时序电路的分析方法与设计方法。

掌握触发器的逻辑功能、小规模时序电路的分析方法与设计方法，将为第五章深入学习具有特定功能的中规模时序电路奠定良好的基础。

第一节　触发器

数字系统中，经常需要对二值信息进行保存，需要有记忆功能的逻辑电路。我们把能够存储1位二值信息的基本单元电路称为触发器。

为了能够存储1位二值信息，触发器应具备两个基本特点：一是触发器具有两个稳定状态逻辑**0**和逻辑**1**；二是在输入信号作用下，触发器可以从一种状态转换到另一种状态，当输入信号消失后，能保持其状态不变。

触发器种类很多。按触发方式分，有电平触发方式、主从触发方式及边沿触发方式。按逻辑功能分，有 *RS* 触发器、*D* 触发器、*JK* 触发器和 *T* 触发器等。同一种触发方式可以有实现不同逻辑功能的触发器，如边沿触发方式可以有 *D* 触发器，也可以有 *JK* 触发器。同一种逻辑功能的触发器也可以用不同的触发方式来实现，如 *JK* 触发器有主从 *JK* 触发器，也有边沿 *JK* 触发器。

目前触发器的集成电路种类很多，这里将重点讨论各种触发器的外部逻辑功能及其触发方式，学习如何正确理解并使用触发器。

一、基本 *RS* 触发器

基本 *RS* 触发器是各种触发器中结构最简单的触发器，也是其他触发器的组成部分，因此基本 *RS* 触发器是最基本的触发器，故称作基本 *RS* 触发器。

基本 *RS* 触发器有多种构成方式，可以由**与非**门构成，也可以由**或非**门构成。基本 *RS* 触发器主要作为中、大规模集成电路的基本记忆单元使用，小规模 *RS* 触发器很少单独使用。

（一）与非门构成的基本 *RS* 触发器

图 4.1.1(a)是与非门构成的基本 *RS* 触发器的逻辑图，图 4.1.1(b)是基本 *RS* 触发器的逻辑符号。

$\overline{R}_D$、$\overline{S}_D$ 是基本 *RS* 触发器的两个直接输入端，Q、$\overline{Q}$ 是两个输出端。$\overline{R}_D$ 端称为直接置 **0** 端或直接复位端，$\overline{S}_D$ 称直接置 **1** 端或直接置位端，$\overline{R}_D$ 和 $\overline{S}_D$ 信号是低有效信号，在符号的边框处用小圆圈表示。Q 端称为触发器的原端或 **1** 端，$\overline{Q}$ 端称为触发器的非端或 **0** 端。通常将 Q 端状态作为触发器的输出状态。若 Q 端处于高电平，$\overline{Q}$ 端处于低电平，称触发器是 **1** 状态；相反，Q 端处于低电平，$\overline{Q}$ 端处于高电平，称触发器是 **0** 状态。

图 4.1.1(a)中的门 1 输出作用于门 2 输入端，门 2 输出又反馈给门 1 输入端，构成一个正反馈。如果 Q 端的初始状态为 **1**，$\overline{R}_D$、$\overline{S}_D$ 端为高电平（逻辑 **1**），则 $\overline{Q}$ 一定为 **0**，这是触发器的一个稳定状态；同理，若触发器的初始状态 Q 为 **0** 而 $\overline{Q}$ 为 **1**，在 $\overline{R}_D$、$\overline{S}_D$ 为 **1** 的情况下这种状态也不会改变，这是触发器的另一个稳定状态。可见，基本 *RS* 触发器具有两个稳定状态，且 Q 及 $\overline{Q}$ 端状态总是相反的。

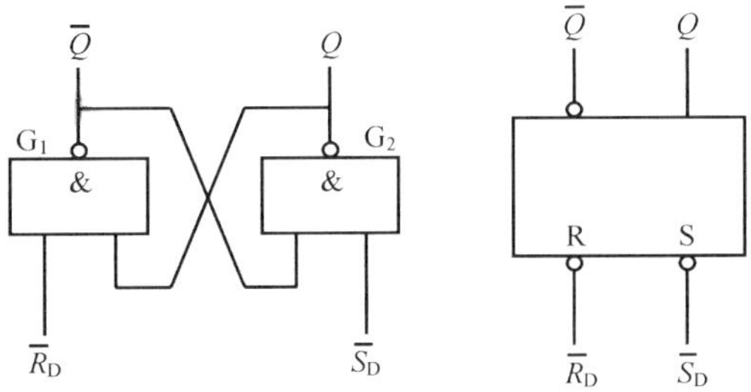

(a) 逻辑图　　(b) 逻辑符号

图 4.1.1　与非门构成的基本 *RS* 触发器

基本 *RS* 触发器的逻辑功能分析如下：

当 $\overline{R}_D=\mathbf{0}$，$\overline{S}_D=\mathbf{1}$ 时，不论触发器的初始状态如何，Q 端为 **0**，$\overline{Q}$ 端为 **1**，称触发器为 **0** 状态。当 $\overline{R}_D$ 由 **0** 恢复到 **1** 时，由于 Q 端 **0** 信号的作用，触发器的 **0** 状态保持不变，因此称 $\overline{R}_D$ 为置 **0** 端，且 $\overline{R}_D$ 信号为低有效。

当 $\overline{R}_D=\mathbf{1}$，$\overline{S}_D=\mathbf{0}$ 时，不论触发器的初始状态如何，Q 端为 **1**，$\overline{Q}$ 端为 **0**，称触发器为 **1** 状态，当 $\overline{S}_D$ 由 **0** 恢复到 **1** 时，由于 $\overline{Q}$ 端 **0** 信号的作用，触发器的 **1** 状态保持不变，因此称 $\overline{S}_D$ 为置 **1** 端，且 $\overline{S}_D$ 信号为低有效。

当 $\overline{R}_D=\mathbf{1}$，$\overline{S}_D=\mathbf{1}$ 时，如前所述，Q 及 $\overline{Q}$ 的状态保持不变。

当 $\overline{R}_D=\mathbf{0}$，$\overline{S}_D=\mathbf{0}$ 时，不论触发器的初始状态如何，$Q=\overline{Q}=\mathbf{1}$，若 $\overline{R}_D$、$\overline{S}_D$ 同时由 **0** 变成 **1**，无法判断 Q 及 $\overline{Q}$ 究竟哪一个为 **1**，哪一个为 **0**。在正常工作时不允许 $\overline{R}_D$ 和 $\overline{S}_D$ 同时为 **0**。

1. 特征表

为了表达触发器在不同输入信号作用下触发器的新状态与输入信号之前的原状态之间的关系，可以根据以上分析建立 $\overline{R}_D$、$\overline{S}_D$、触发器原状态与触发器新状态之间的关系表，这个表格称为 RS 触发器的特征表。新状态也叫次态，用 Q_{n+1} 表示，原状态也称为现态，用 Q_n 表示。

RS 触发器的特征表如表 4.1.1 所示。当 $\overline{R}_D=\overline{S}_D=\mathbf{0}$ 时触发器状态不定，状态不定指的是 $\overline{R}_D$、$\overline{S}_D$ 由 **0** 同时变为 **1** 时，Q 及 $\overline{Q}$ 的状态无法确定的情况，用 × 表示。

表 4.1.1　与非门构成的基本 RS 触发器特征表

$\overline{R}_D$	$\overline{S}_D$	Q_n	Q_{n+1}
0	0	0	×
0	0	1	×
0	1	0	0
0	1	1	0
1	0	0	1
1	0	1	1
1	1	0	0
1	1	1	1

2. 特征方程

触发器的逻辑功能也可以用特征方程来描述。由基本 RS 特征表 4.1.1 绘出它的次态 Q_{n+1} 卡诺图，如图 4.1.2 所示，$\overline{R}_D$、$\overline{S}_D$ 及 Q_n 为自变量，Q_{n+1} 为函数，经简化得到基本 RS 触发器的特征方程如下

$$\begin{cases} Q_{n+1}=S_D+\overline{R}_D Q_n \\ \overline{R}_D+\overline{S}_D=1 \end{cases}$$

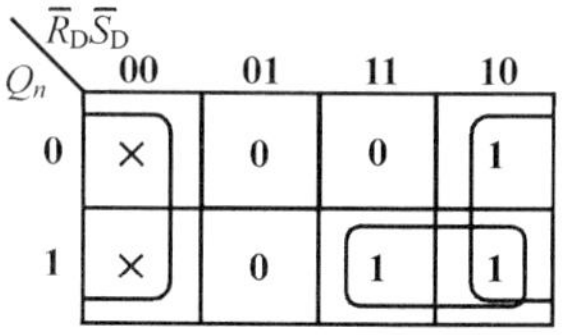

图 4.1.2　RS 触发器次态 Q_{n+1} 卡诺图

其中 $\overline{R}_D+\overline{S}_D=\mathbf{1}$ 是基本 RS 触发器的约束条件，意味着 $\overline{R}_D$ 与 $\overline{S}_D$ 正常工作时不能同时为 **0**。

3. VHDL 描述

根据已经讨论过的基本 *RS* 触发器工作原理,用 VHDL 行为描述方法写出基本 *RS* 触发器的逻辑功能,程序如下:

```
ENTITY rsff2 IS
  PORT (r,s:IN bit;
        q,nq:OUT bit);
END rsff2;
ARCHITECTURE rsff_a OF rsff2 IS
BEGIN
  PROCESS(r,s)
    VARIABLE state:bit:='0';
  BEGIN
    ASSERT NOT(r='0'AND s='0')  ┐
    REPORT "Both r and s='0'    ├约束条件
    SEVERITY error;             ┘
    IF r ='1'AND s='1'THEN  ┐
       state:=state;        ┘状态保持
    ELSIF r='1'AND s='0'THEN  ┐
       state:='1';            ┘置 1
    ELSE         ┐
       state:='0';┘置 0
    END IF;
    q<=state;
    nq<=NOT(state);
  END PROCESS;
END rsff_a;
```

行为描述可以直观地看到 *RS* 触发器的逻辑功能。VHDL 程序中从 IF 语句开始到 END IF 语句结束部分,描述的是**与非**门构成的基本 *RS* 触发器正常使用时的逻辑功能。利用断言语句 ASSERT 描述的是输入信号不能同时为零的情况,当输入信号 r=s=0 时,终止模拟过程,显示"Both r and s ='0'"且给出错误的严重性。

(二) 或非门构成的基本 *RS* 触发器

图 4.1.3(a)是由两个**或非**门构成的基本 *RS* 触发器的逻辑图,图 4.1.3(b)是它的逻辑符号,表 4.1.2 是**或非**门构成的基本 *RS* 触发器特征表,工作原理由读者自己分析。

应该注意的是,**或非**门构成的基本 *RS* 触发器输入信号 R_D 和 S_D 是高电平有效,也就是说,输入信号为高电平时,才对触发器起到置 **1** 或置 **0** 的作用,所以在逻辑符号边框处没有加小圆圈。

表 4.1.2　或非门构成的基本 RS 触发器特征表

R_D	S_D	Q_{n+1}
0	0	Q_n
0	1	1
1	0	0
1	1	×

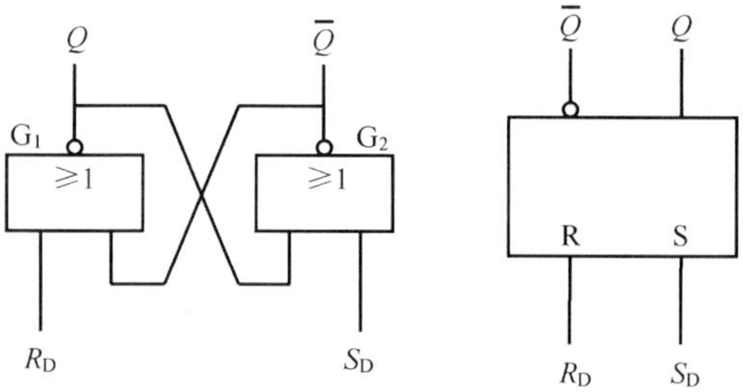

(a) 逻辑图　　(b) 逻辑符号

图 4.1.3　或非门构成的基本 RS 触发器

根据基本 RS 触发器的特征表，可以求出 RS 触发器的特征方程如下

$$\begin{cases} Q_{n+1} = S_D + \overline{R}_D Q_n \\ R_D S_D = 0 \end{cases}$$

约束条件 $R_D S_D = \mathbf{0}$ 指的是正常工作时 R_D 及 S_D 不能同时为 **1**。

(三) 同步 RS 触发器

基本 RS 触发器的特点是输入信号直接控制触发器的翻转过程，所以称其输入信号为直接置 **0** 信号 R_D 和直接置 **1** 信号 S_D。在实际应用中，常常希望输入信号在规定的时刻起作用，即按一定的节拍将输入信号反映在触发器的输出端，节拍信号通常是时钟信号 CP。同步 RS 触发器就是带有时钟控制的 RS 触发器，同步 RS 触发器也称为时钟控制 RS 触发器。

图 4.1.4(a) 是由四个**与非门**构成的同步 RS 触发器电路，图 4.1.4(b) 是同步 RS 触发器的逻辑符号。**与非门** 1 和 2 构成基本 RS 触发器，门 3 和门 4 构成控制电路，S 及 R 信号分别作用于门 3 和门 4，CP 时钟控制信号同时作用于门 3 和门 4。

$CP = \mathbf{0}$ 时，门 3 和门 4 同时被封锁，且其输出均为 **1**，S 和 R 信号不会影响触发器的输出，同步 RS 触发器的状态不变。只有当 $CP = \mathbf{1}$ 时，门 3 和门 4 打开，输入端 S、R 的信号才有效。

为了研究同步 RS 触发器的逻辑功能，参看图 4.1.5 所示的波形图，假设时钟脉冲 $CP = \mathbf{1}$ 期间 R 和 S 信号保持不变。

$S = \mathbf{0}, R = \mathbf{0}$ 时，在 CP 脉冲到达后，即 $CP = \mathbf{1}$，门 3 和门 4 的输出均为 **1**，相当于基本 RS 触发器输入信号均为 **1**，所以触发器输出保持不变，即 $Q_{n+1} = Q_n$。

$S = \mathbf{1}, R = \mathbf{0}$ 时，在 $CP = \mathbf{1}$ 以后，门 3 输出为 **0**，门 4 输出为 **1**，相当于基本 RS 触发器置 **1**，所以 $Q_{n+1} = \mathbf{1}$。

$S = \mathbf{0}, R = \mathbf{1}$ 时，在 $CP = \mathbf{1}$ 以后，门 3 输出为 **1**，门 4 输出为 **0**，相当于基本 RS

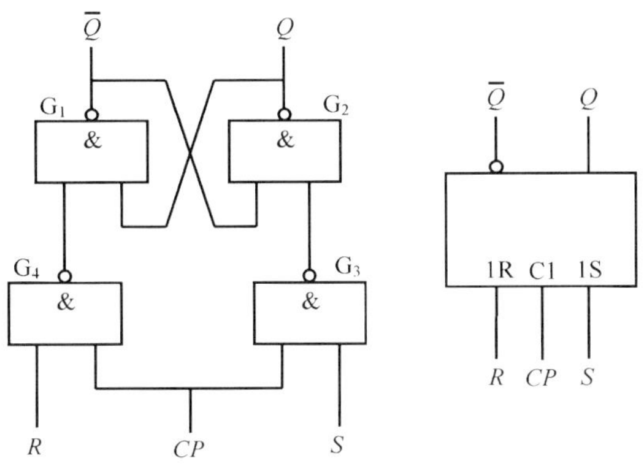

（a）逻辑图 （b）逻辑符号

图 4.1.4 同步 *RS* 触发器

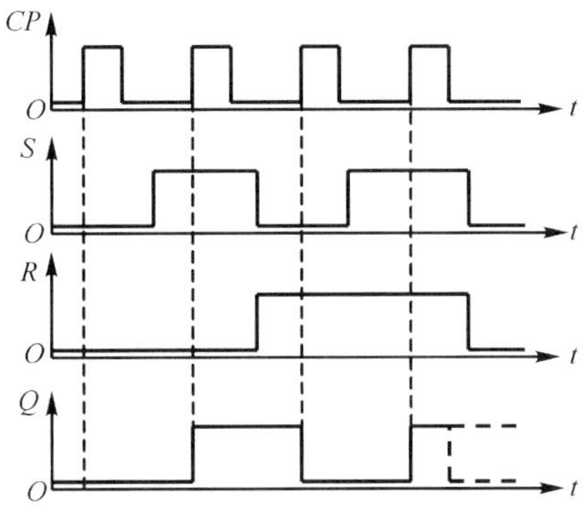

图 4.1.5 同步 *RS* 触发器的波形图

触发器置 **0**，所以 $Q_{n+1}=\mathbf{0}$。

$S=\mathbf{1}$，$R=\mathbf{1}$ 时，在 $CP=\mathbf{1}$ 期间，门 3 和门 4 的输出均为 **0**，此时门 1 和门 2 的输出均为 **1**，当 CP 由 **1** 变为 **0**，触发器的状态无法确定，即 $Q_{n+1}=\times$（任意态）。

根据以上分析，可以得到同步 *RS* 触发器的特征表，如表 4.1.3 所示。

表 4.1.3 同步 *RS* 触发器的特征表

R	S	Q_{n+1}
0	**0**	Q_n
0	**1**	**1**
1	**0**	**0**
1	**1**	×

为了使时钟脉冲由 **1** 变为 **0** 后触发器有确定的状态，在时钟脉冲等于 **1** 期间应该避免 R 和 S 端同时为 **1**。为分析简单起见，图 4.1.5 所示波形图分析中忽略了**与非**门的传输延迟时间。

根据同步 RS 触发器的特征表可以推出 Q_{n+1} 的卡诺图，得到特征方程为

$$\begin{cases} Q_{n+1} = S + \overline{R}Q_n \\ SR = 0 \end{cases}$$

其中 $SR = \mathbf{0}$ 是约束条件，正常工作时，S 和 R 不能同时为 **1**。

需要说明的是，同步 RS 触发器在 $CP = \mathbf{1}$ 期间，输入信号 R 和 S 始终作用于触发器。如果输入信号出现干扰，发生多次的改变，那么触发器的状态也会发生多次的翻转，因此同步 RS 触发器的抗干扰能力不高。

二、主从触发器

主从触发器是目前使用较多的触发器之一，它克服了同步 RS 触发器抗干扰能力差的缺点，提高了电路的可靠性。主从结构的触发器有主从 RS 触发器、主从 JK 触发器和主从 T 触发器等。

（一）主从 *RS* 触发器

图 4.1.6(a)是主从 RS 触发器的逻辑图，图 4.1.6(b)是主从 RS 触发器的逻辑符号。由图 4.1.6(a)可以看出，主从 RS 触发器由两个同步 RS 触发器级联而成。**与非**门 1、2、3、4 构成的同步 RS 触发器称为主触发器；**与非**门 5、6、7、8 构成的同步 RS 触发器称为从触发器。时钟 CP 直接作用于主触发器，反相后作用于从触发器。依据主、从两个触发器时钟反相的特点，可以很容易地分析主从 RS 触发器的工作原理。

当时钟 CP 为高电平时，门 1、2 打开，主触发器输出 A、B 按照同步 RS 触发器的功能翻转，参考特征表 4.1.3。此时由于 $\overline{CP}$ 为低电平，门 5、6 封锁，从触发器的状态不变，即 Q 和 $\overline{Q}$ 状态保持。

当时钟 CP 变为低电平，$\overline{CP}$ 变为高电平时，主触发器的输出信号 A、B 将作为从触发器 S、R 信号输入，从触发器按照表 4.1.3 所述的功能动作。从触发器的动作发生在 CP 由 **1** 变为 **0** 期间，即 CP 的下降沿。当 CP 到达 **0** 以后，门 1、2 被封锁，主触发器维持原状态不变，故从触发器的状态不再改变，因此主从 RS 触发器的翻转只发生在 CP 的下降沿期间。

例如，输入 $S = 1$，$R = \mathbf{0}$，当 $CP = \mathbf{1}$ 时主触发器的 A 端变为 **1**，B 端变为 **0**，因为 $\overline{CP} = \mathbf{0}$，所以 Q、$\overline{Q}$ 保持不变；当 CP 由高电平变为低电平时，从触发器的 S、R 端接受主触发器 A、B 端信号，使主从 RS 触发器的 Q 变为 **1**，$\overline{Q}$ 变为 **0**。

综上所述，主从 RS 触发器的工作过程是 CP 为高电平时，按照输入信号 R、

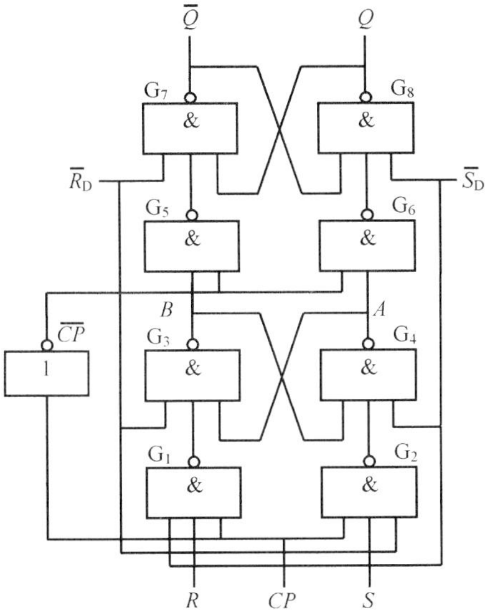

(a) 逻辑图

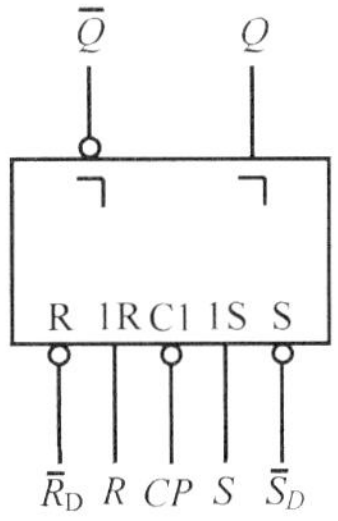

(b) 逻辑符号

图 4.1.6 主从 RS 触发器

S 的电平,主触发器工作,从触发器状态不变;当 CP 变为低电平时,主触发器状态不变,从触发器按主触发器预先存储的状态改变,这就是主从触发器名称的由来。

主从 RS 触发器的特征表与表 4.1.3 相同。主从 RS 触发器的符号如图 4.1.6(b)所示,CP 表示在下降沿时输出信号。图中 $\overline{R}_D$ 及 $\overline{S}_D$ 为异步置 **0**、置 **1** 端,它们可以直接对 Q 端置 **0** 或置 **1**,不受 CP 信号的控制。

(二) 主从计数触发器

主从计数触发器的原理图如图 4.1.7 所示。它由主从 RS 触发器构成,$\overline{Q}$ 端与 S 端相接,Q 端与 R 端相接。由于 $S=\overline{Q}_n$,$R=Q_n$,将其代入 RS 触发器的特征方程,则计数触发器特征方程为 $Q_{n+1}=\overline{Q}_n$。该方程表明,每当 CP 为下降沿时都会使触发器的输出状态发生一次变化。因此,该触发器相当于以 1 位二进制数方式记录 CP 时钟信号个数的计数器,所以称其为计数触发器,该触发器也称为 T' 触发器。

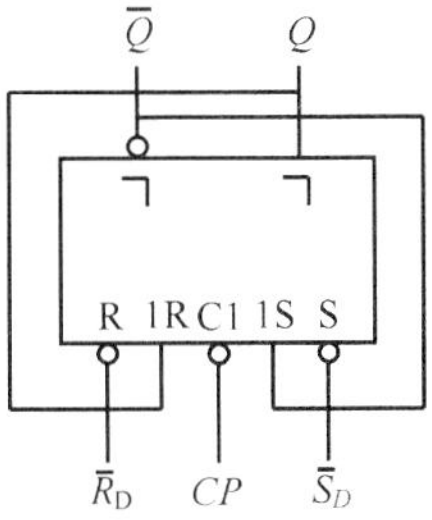

图 4.1.7 主从计数触发器

计数触发器可以用来构成多位二进制计数器。图 4.1.8 用四个计数触发器构成 4 位二进制计数器。电路连接的特点是第一个触发器的 CP 端作为计数脉冲输入端,Q_1 与第二个触发器的 CP_2 端相连,依次有 Q_i 与 CP_{i+1} 相连,触发器的输出 $Q_4Q_3Q_2Q_1$ 代表

4 位二进制数。

每一个 CP 脉冲的下降沿，都会使 Q_1 的状态变化一次。Q_1 的下降沿又会使 Q_2 发生变化，依次有 Q_i 的下降沿使 Q_{i+1} 发生变化，4 位二进制计数器的工作波形如图 4.1.9 所示。由于 4 位触发器输出信号共有 16 种状态组合，因此也可以认为该计数器是一个 1 位十六进制计数器。

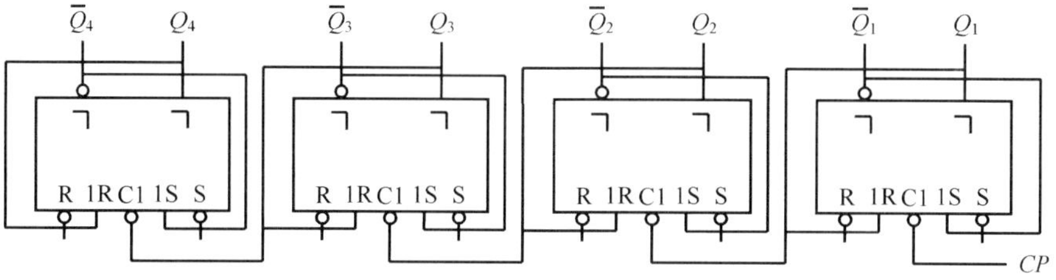

图 4.1.8　计数触发器构成的二进制计数器

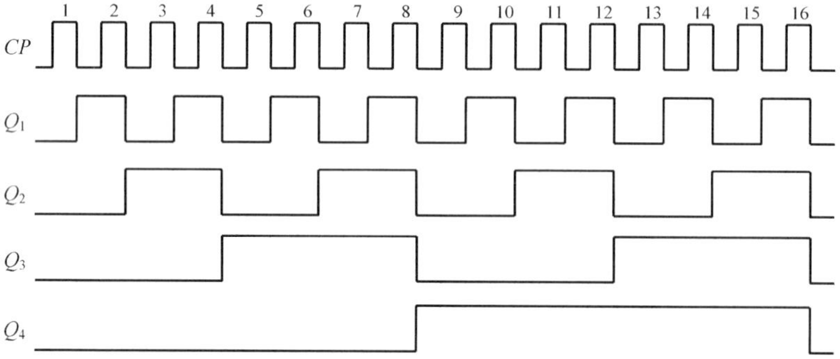

图 4.1.9　4 位二进制计数器工作波形图

从 CP 信号的频率与每个 Q 端信号频率之间的关系，可以看出输入脉冲信号每经过一个触发器频率减半，Q_4 输出信号的频率是 CP 信号频率的 $\frac{1}{16}$，这种频率之间的关系称为“分频”。如 Q_1 输出信号是 CP 信号的二分频，Q_4 端信号是 CP 信号的十六分频。

（三）主从 *JK* 触发器

主从 JK 触发器的逻辑图如图 4.1.10(a)所示，图 4.1.10(b)是它的逻辑符号。符号中 $\overline{R}_D$ 及 $\overline{S}_D$ 是直接置 **0** 和直接置 **1** 端，所谓直接置 **0** 或直接置 **1** 是指该信号对输出 Q 端的作用不受时钟 CP 的控制，因此也称作异步置 **0** 端和异步置 **1** 端，符号上的小圆圈表示 $\overline{R}_D$ 及 $\overline{S}_D$ 信号是低电平有效信号。在集成触发器中信号 K 及信号 J 可以有多个，它们之间构成与逻辑关系，即 $J = J_1J_2J_3\cdots$，

$K = K_1K_2K_3 \cdots$。JK 触发器的逻辑图 4.1.10(a)只画了一个 J 端和一个 K 端。

1. 逻辑功能

分析如图 4.1.10(a)所示的 JK 触发器逻辑图,可以看出主从 JK 触发器是在主从 RS 触发器的基础上稍加改动形成的。JK 触发器的 J、K 信号端与 RS 触发器的 R、S 信号之间的关系为

$$S = J \cdot \overline{Q}_n, \quad R = K \cdot Q_n$$

将上式代入 RS 触发器的特征方程

$$Q_{n+1} = J\overline{Q}_n + \overline{KQ_n} \cdot Q_n$$

整理方程后,得到 JK 触发器的特征方程

$$Q_{n+1} = J\overline{Q}_n + \overline{K}Q_n$$

根据 JK 触发器的特征方程,代入 J、K 输入信号,可得到主从 JK 触发器特征表如表 4.1.4 所示。

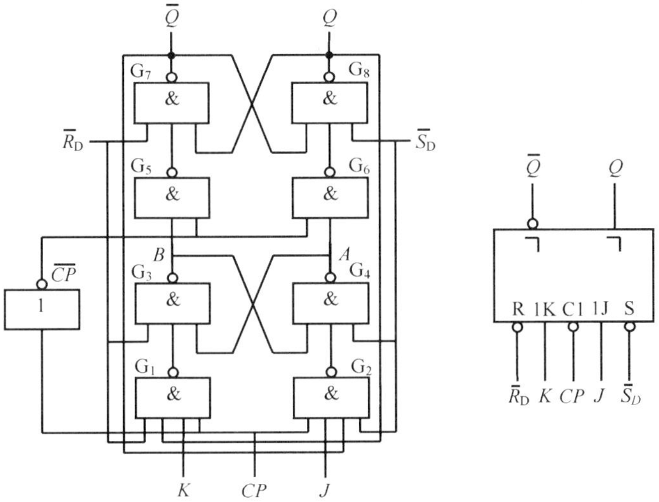

(a) 逻辑图 (b) 逻辑符号

图 4.1.10 主从 *JK* 触发器

表 4.1.4 *JK* 触发器特征表

K	J	Q_{n+1}
0	**0**	Q_n
1	**0**	**0**
0	**1**	**1**
1	**1**	$\overline{Q}_n$

2. 状态转换图和激励表

触发器逻辑功能除了用特征表描述外,还可以用状态转换表和状态转换图表示。

触发器的状态转换图用下面的方法构成:两个圆圈内的 **1** 和 **0** 分别代表触发器的两个状态,状态转换的方向用带箭头的弧线表示,箭尾表示触发器的初态,箭头指向触发器的次态,弧线旁注明状态转换时对激励信号的要求,如果是 JK 触发器的状态转换图,则注明对 J 和 K 信号的要求。状态转换图可以更加形

象地描述触发器的状态转换过程，根据 JK 触发器的特征表可以求出该触发器的状态转换图，图 4.1.11 给出 JK 触发器的状态转换图。

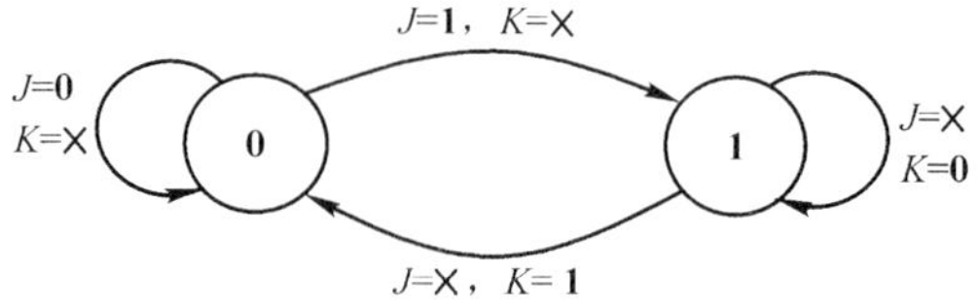

图 4.1.11　JK 触发器的状态转换图

根据 JK 触发器的状态转换图，可以得到表 4.1.5(a)所示的 JK 触发器的激励表，该表说明了在已知现态和需要转换的次态情况下，对激励信号 J 和 K 的要求，例如 $Q_n=\mathbf{0}$，要求 $Q_{n+1}=\mathbf{1}$，J 端应为 **1**，K 端可为 **0** 或为 **1**，可将其表示为任意信号 ×。将激励表进一步简化，可以得到表 4.1.5(b)JK 触发器的简化激励表。

表 4.1.5(a)　激　励　表

Q_n	Q_{n+1}	J	K
0	0	0	0
0	0	0	1
0	1	1	0
0	1	1	1
1	0	0	1
1	0	1	1
1	1	0	0
1	1	1	0

表 4.1.5(b)　简化激励表

Q_n	Q_{n+1}	J	K
0	0	0	×
0	1	1	×
1	0	×	1
1	1	×	0

3. 主从 JK 触发器对激励信号的要求

通过上面的分析，可以看到主从 JK 触发器在时钟脉冲 $CP=\mathbf{1}$ 期间，主触发器接受激励信号，主触发器状态改变，从触发器状态不变；在 CP 由 **1** 变为 **0** 时(这种变化称为 CP 的下降沿)，从触发器按照主触发器的状态翻转。因为主触发器是一个同步触发器，所以在 $CP=\mathbf{1}$ 期间，激励信号始终作用于主触发器。图 4.1.12 画出了在 $CP=\mathbf{1}$ 期间主从 JK 触发器 J、K 端发生变化时，输出状态的变化波形。

如图 4.1.12 所示，在第二个时钟 $CP=\mathbf{1}$ 期间，t_1 时刻之前，$J=\mathbf{1}$、$K=\mathbf{0}$，$Q=\mathbf{1}$。在 $t=t_1$ 时刻，由于 K 由 **0** 变成 **1**，主触发器状态 A 称为 $Q_{主}$ 则由 **1** 变为 **0**。当 $t=t_2$ 时，K 又由 **1** 变回到 **0**，$Q_{主}$ 保持 **0** 不变。当第二个时钟 CP 的下降沿到来时，从触发器 Q 接受主触发器 $Q_{主}=0$ 的状态，变为 **0**。根据 JK 触发器逻辑功能，在 CP 下降沿时，激励信号 $J=\mathbf{1}$，$K=\mathbf{0}$，Q 应当变为 **1**，显然 Q 状态的变化没有按照特征表所描述的方式动作。

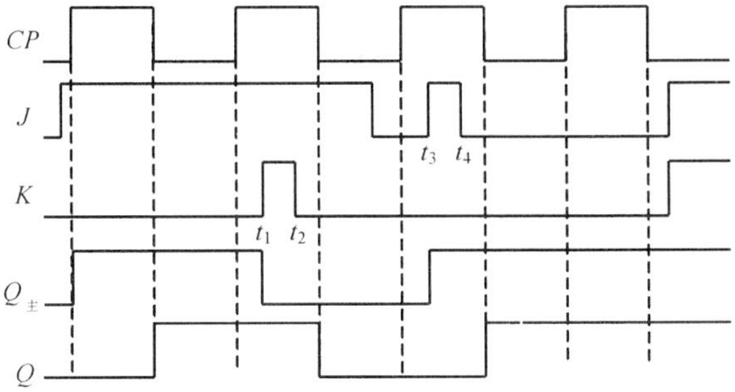

图 4.1.12 主从 JK 触发器波形图

同理，在第三个时钟 $CP=\mathbf{1}$ 期间，$t=t_3$ 之前 $J=\mathbf{0}$、$K=\mathbf{0}$、$Q=\mathbf{0}$，在 $t=t_3$ 时刻 J 由 **0** 变为 **1**，则 $Q_主$ 由 **0** 变为 **1**，在 $t=t_4$ 时刻 J 又由 **1** 变为 **0**，这时 $Q_主$ 保持 **1** 不变。在第三个时钟 CP 的下降沿到来时，从触发器 Q 将按照主触发器 $Q_主=\mathbf{1}$ 状态发生变化，显然，这也与特征表描述的 $J=\mathbf{0}$，$K=\mathbf{0}$ 时状态不变的情况不符。

为了使主从触发器不发生逻辑错误，符合特征表的结论，J、K 激励信号要求在时钟 CP 上升沿到来之前输入，并且一直保持到时钟下降沿到来之后。如果时钟 CP 的频率较低，CP 为 **1** 的时间较长，J 或 K 端的脉冲干扰将会破坏触发器的正常输出。为了克服这一缺点，可以在电路上采取一些措施，如主从 JK 触发器 74111 增加"延时线"，这种触发器要求在时钟的上升沿之后，在延时线的延时时间内 J、K 端的数据维持不变，触发器的输出就不会出现错误，因此增强了触发器的抗干扰能力。

74111 的逻辑图如图 4.1.13 所示，**与或非**门 3、4 构成主触发器，集电极开路**与**门 1、2 和两个晶体管构成两个**与非**门，形成从触发器的引导电路，与 5、6 门一起构成从触发器，图中 DL 是延时线。可以进一步将 74111 的逻辑图等效成图 4.1.14 所示的形式。

当时钟 CP 为高电平时，A 点为 **0**，从触发器保持。当 CP 由 **1** 变为 **0** 后，主触发器的状态传给从触发器。如图 4.1.14 所示，时钟 CP 形成信号 C，直接作用于主触发器；时钟 CP 还经过反相、延迟，形成 B 信号，B 与 C 共同作用于主触发器。在稳态情况下，B、C 信号反相，主触发器始终被封锁，J、K 信号对主触发器不起作用。当时钟 CP 由 **0** 变为 **1** 的短暂时间内，由于延时线 DL 的作用 B、C 同时为 **1**，此时 J、K 的信号才能作用于主触发器。

综上所述，74111 是在时钟 CP 上升沿的瞬间将输入 J、K 信号存入主触发器，在 CP 的下降沿，再将主触发器的状态送入从触发器。J、K 信号与 Q 状态之间的逻辑关系与表 4.1.4 所述逻辑关系是一样的。74111 的功能表如表 4.1.6 所示。

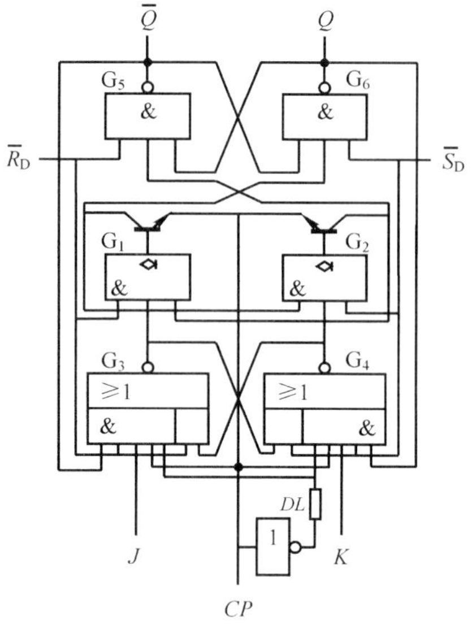

图 4.1.13　74111 逻辑图

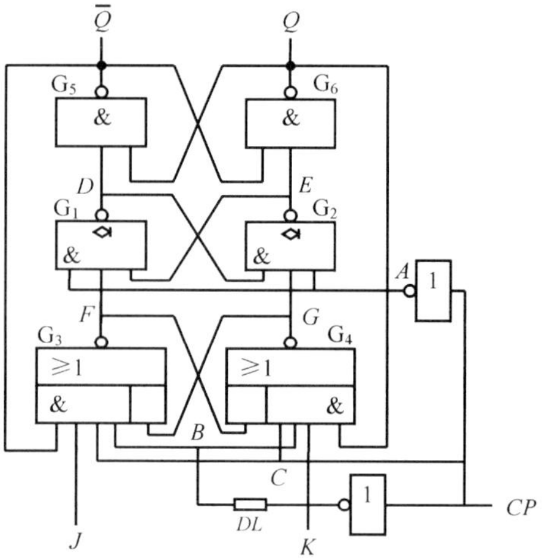

图 4.1.14　74111 等效逻辑图

表 4.1.6　74111 功能表

功能名称	输　　入					输　　出	
	$\overline{R}_D$	$\overline{S}_D$	CP	J	K	Q_{n+1}	$\overline{Q}_{n+1}$
置　位	**1**	**0**	×	×	×	**1**	**0**
复　位	**0**	**1**	×	×	×	**0**	**1**
不允许	**0**	**0**	×	×	×	**1**	**1**
保　持	**1**	**1**	⎍↓	**0**	**0**	Q_n	$\overline{Q}_n$
翻　转	**1**	**1**	⎍↓	**1**	**1**	$\overline{Q}_n$	Q_n
送　数	**1**	**1**	⎍↓	**1**	**0**	**1**	**0**
	1	**1**	⎍↓	**0**	**1**	**0**	**1**

（四）主从 T 触发器

将 JK 触发器的 J 和 K 端连接在一起，称为 T 端，当 $T=\mathbf{0}$ 时，$Q_{n+1}=Q_n$；当 $T=\mathbf{1}$ 时，在时钟脉冲的作用下 $Q_{n+1}=\overline{Q}_n$，这种触发器称为 T 触发器。T 触发器的特征方程为

$$Q_{n+1}=T\overline{Q}_n+\overline{T}Q_n=T\oplus Q_n$$

T 触发器逻辑符号如图 4.1.15(a)所示，状态转换图如图 4.1.15(b)所示，

其特征表与激励表如表 4.1.7 和表 4.1.8 所示。

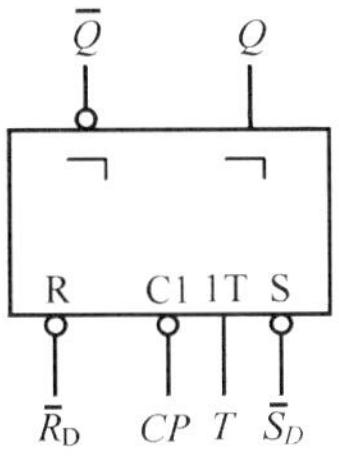

(a) T 触发器的逻辑符号

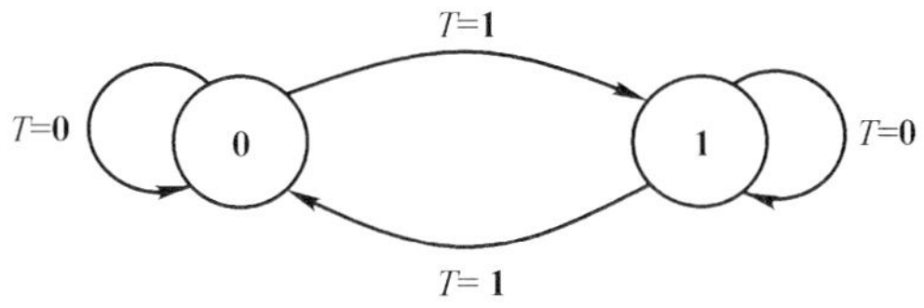

(b) T 触发器的状态转换图

图 4.1.15 T 触发器

当 T 触发器的 T 端为 **1** 时，特征方程为 $Q_{n+1}=\overline{Q}_n$，此时相当于 T' 触发器。

表 4.1.7 T 触发器的特征表

T	Q_{n+1}
0	Q_n
1	$\overline{Q}_n$

表 4.1.8 T 触发器的激励表

Q_n	Q_{n+1}	T
0	**0**	**0**
0	**1**	**1**
1	**0**	**1**
1	**1**	**0**

三、边沿触发器

前面讨论的主从触发器对激励信号的要求比较严格，抗干扰能力弱，而边沿触发器具有较强的抗干扰能力，可靠性高。边沿触发器只要求激励信号在时钟触发边沿的前后几个延迟时间内保持不变，触发器就可以稳定地工作。边沿触发器的时钟触发方式有两种：一种是上升沿触发，另一种是下降沿触发。

（一）维持阻塞 *D* 触发器

图 4.1.16(a)是维持阻塞 D 触发器的逻辑图，图 4.1.16(b)是它的逻辑符号，逻辑符号中 D 的矩形框代表**与**运算，$D=D_1D_2\cdots$，$\overline{S}_D$ 和 $\overline{R}_D$ 是直接置 **1** 端和直接置 **0** 端，维持阻塞 D 触发器是在时钟脉冲 CP 的上升沿触发。

如图 4.1.16(a)所示，$\overline{S}_D$ 和 $\overline{R}_D$ 直接接到**与非**门 1、2 所构成的基本 RS 触发器的输入端，起到直接置 **1** 和直接置 **0** 的作用，且为低有效。分析 D 触发器的工作原理时，将 $\overline{S}_D$ 和 $\overline{R}_D$ 接到高电平。在图 4.1.16(b)中的维持阻塞 D 触发器的逻辑符号里，和 CP 信号连接的“∧”符号代表边沿触发，且为上升沿触发。

当 $CP=$**0** 时，门 6 和门 5 输出都是 **1**，触发器的状态不变。因为门 6、5 的输出将门 3、4 打开，所以可以接受 D 信号。门 3 的输出等于 $\overline{D}$，门 4 的输出等于 D。

设 $D=$**1**，则门 3 输出为 **0**，门 4 输出为 **1**。当 CP 由 **0** 变为 **1** 时，门 6 输出仍

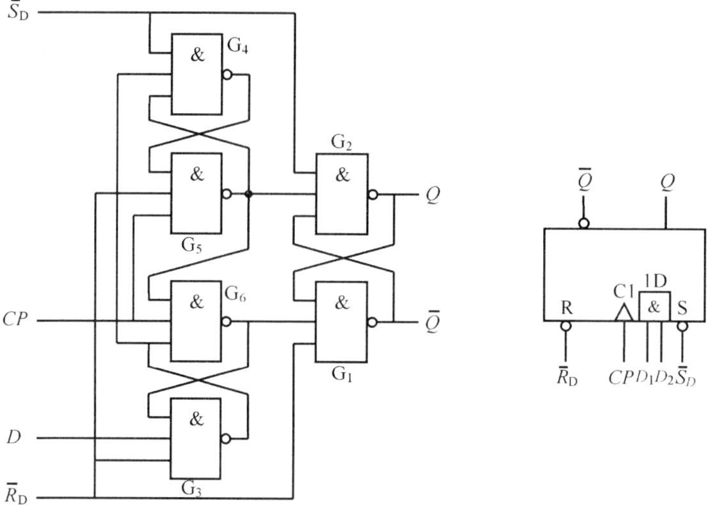

(a) 逻辑图　　(b) 逻辑符号

图 4.1.16　维持阻塞 *D* 触发器

为 **1**,由于门 4 输出 **1**,所以门 5 输出为 **0**。门 5 输出的 **0** 一方面使 Q 的状态变为 **1**;另一方面使门 6 的输出为 **1**,避免使触发器置零;另外,门 5 到门 4 的反馈线使门 4 输出维持 **1**,继续维持门 5 输出为 **0**。因此,即使输入端 D 的状态发生变化也不会影响到门 6 和门 5 的输出,也就不会影响 $\overline{Q}$ 及 Q 的状态,触发器的状态稳定在 $Q=\mathbf{1}$。

设 $D=\mathbf{0}$,则门 3 输出 **1**,门 4 输出 **0**。当 CP 由 **0** 变为 **1** 时,门 5 输出为 **1**,门 6 输出为 **0**,从而使 $\overline{Q}$ 为 **1**,Q 为 **0**。因为门 6 与门 3 之间的反馈线,以及门 3 输出到门 4 的连接,所以即使输入 D 信号发生改变,门 6 及门 5 的状态仍然保持不变,触发器的状态也能稳定在 $Q=\mathbf{0}$。

由上述分析可知,不论 D 触发器的初态如何,在时钟 CP 上升沿的作用下,触发器的状态均与输入信号 D 一致。D 触发器在 CP 的上升沿前两个门的延迟时间接受输入信号,上升沿时触发器输出变化,上升沿作用后 D 信号只要保持三个门的延迟时间,触发器就开始封锁输入信号。由于 D 触发器维持了正确状态,阻塞了不正确的状态,故称为维持阻塞 D 触发器。

综上所述,D 触发器的特征方程为

$$Q_{n+1} = D$$

特征表如表 4.1.9 所示,表 4.1.10 给出 D 触发器的激励表,图 4.1.17 为 D 触发器的状态转换图。

表 4.1.9 D 触发器的特征表

D	Q_{n+1}
0	0
1	1

表 4.1.10 D 触发器的激励表

Q_n	Q_{n+1}	D
0	0	0
0	1	1
1	0	0
1	1	1

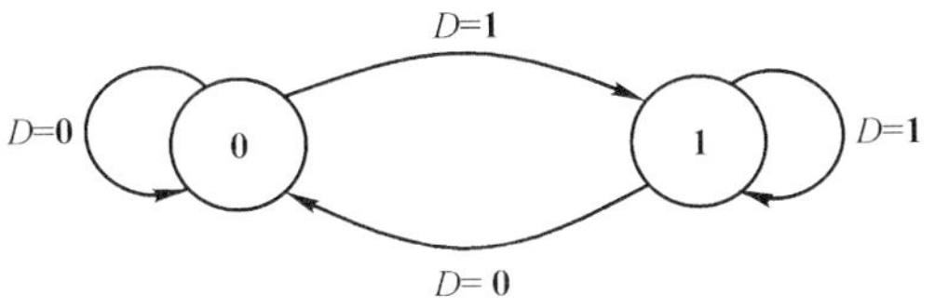

图 4.1.17 D 触发器的状态转换图

(二) 边沿 JK 触发器

图 4.1.18(a)是 74109 边沿触发高速双 JK 触发器的逻辑图,图(b)是它的逻辑符号。时钟 CP 端的小圆圈表示时钟的下降沿触发器发生状态的改变。**与或非门** 3、4 构成基本触发器,**与非门** 1、2 是输入引导电路,门 1 及 2 都是集电极开路门,采取措施使其传输延迟时间比**与或非门**的延迟时间长。

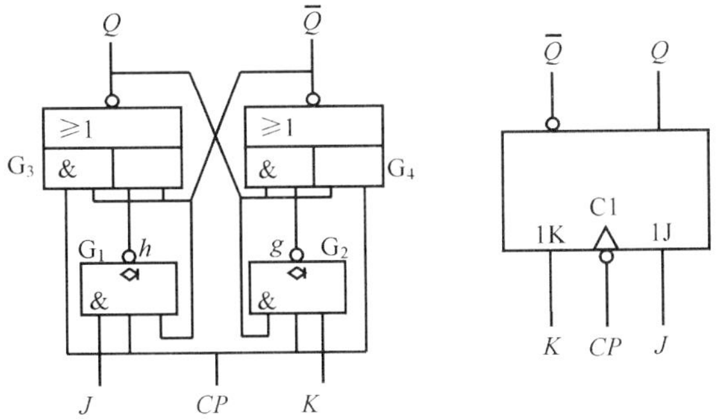

(a) 逻辑图　　(b) 逻辑符号

图 4.1.18 74109JK 触发器

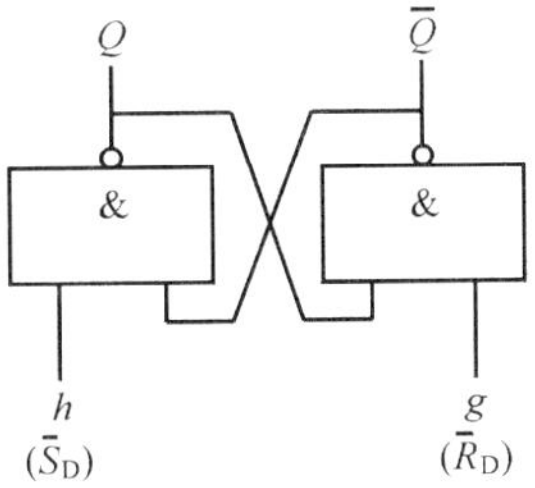

图 4.1.19 等效电路

当时钟 CP 为 **0** 时,**与或非门** 3 及 4 被部分封锁,又由于 h 和 g 端为 **1**,故触发器状态保持。

当时钟 CP 为 **1** 时,触发器的状态可以由下面的表达式表示

$$Q = \overline{\overline{Q} \cdot 1 + \overline{Q} \cdot Q_h} = Q \quad (Q_h = \overline{J \cdot \overline{Q}})$$

$$\overline{Q} = \overline{Q \cdot 1 + Q \cdot Q_g} = \overline{Q} \quad (Q_g = \overline{K \cdot Q})$$

上式说明 $CP=1$ 时触发器的状态维持不变。

当时钟 CP 由 **1** 变为 **0** 时，两个**与或非**门可以等效成图 4.1.19 的形式，相当于是一个基本 RS 触发器，g 端相当于 $\overline{R}_D$ 端，h 端相当于 $\overline{S}_D$ 端，基本 RS 触发器的输出状态由 g、h 的电平高低决定。当时钟 CP 由 **1** 变为 **0** 的瞬间，由于门 1、2 的延迟时间较长，g 及 h 的状态将保持一段时间。故触发器的状态按照 CP 下降沿之前的瞬间 g 及 h 的状态翻转。

由以上分析可见，只要在时钟脉冲下降沿前一个门的延迟时间里 J、K 端的信号保持不变，触发器就能稳定地翻转，在时钟脉冲变为 **0** 后，即使输入信号 J、K 发生变化，由于门 1、2 延迟时间的作用，因此触发器的输出状态不再受输入信号变化的影响。

依照上述分析方法，给出 CP、J、K 的波形后，可以得到图 4.1.20 的波形。由波形可以看出，74109 是一个时钟下降沿翻转的 JK 触发器。其特征表、状态转换图、特征方程都与主从 JK 触发器相同，这里不再赘述。

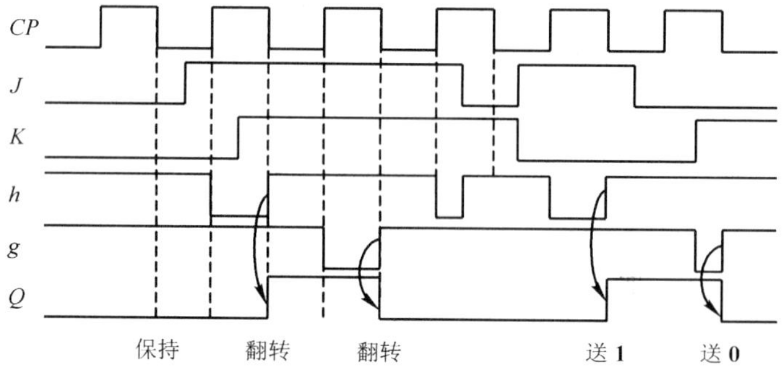

图 4.1.20　74109 波形图

四、触发器的应用

触发器的应用范围很广，第五章的学习将会看到这一点，这里仅举几个典型实例。

（一）移位寄存器

图 4.1.21 是 4 位移位寄存器，电路由四个 D 触发器构成，各触发器的时钟端 CP 接在一起，称移位脉冲；D 触发器置位端接在一起，外加信号接高电平；D 触发器复位端连在一起，外加信号作为清零复位端，在此端加入一个负脉冲，各触发器的状态全为 **0**。串行数码从 D_4 端逐个输入，在移位脉冲的作用下逐个将数码往右移，故称为右移移位寄存器。图 4.1.22 给出了输入数码为 **1011** 的波形图。

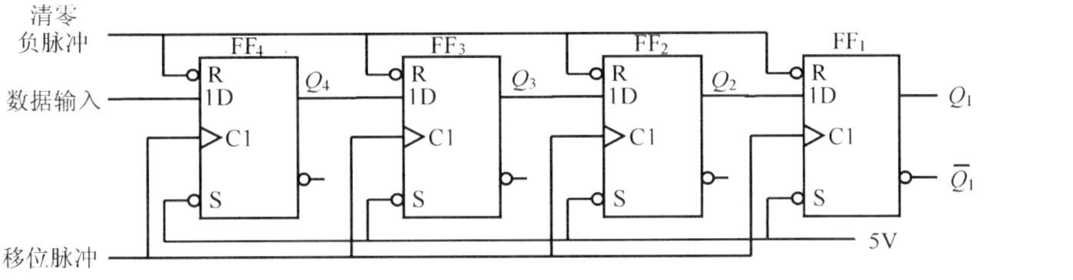

图 4.1.21 *D* 触发器构成的移位寄存器

（二）计数器

D 触发器构成的 4 位二进制计数器如图 4.1.23 所示。图中 *D* 触发器的 $\overline{Q}$ 端和 *D* 端相连，*D* 触发器的特征方程则为 $Q_{n+1}=\overline{Q}_n$，*D* 触发器变为 *T′* 触发器的逻辑功能，在每个时钟脉冲的上升沿作用下，*Q* 端的状态改变一次。各级触发器之间的 $\overline{Q}_i$ 与 CP_{i+1} 相连。波形如图 4.1.24 所示，由波形可知这是一个递增计数器。如果采用 Q_i 与 CP_{i+1} 相连，电路将成为递减计数器，读者可以自己分析递减计数器的波形图。

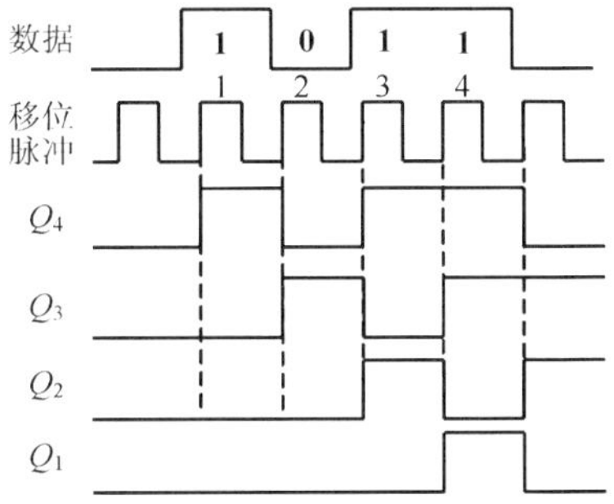

图 4.1.22 移位寄存器波形图

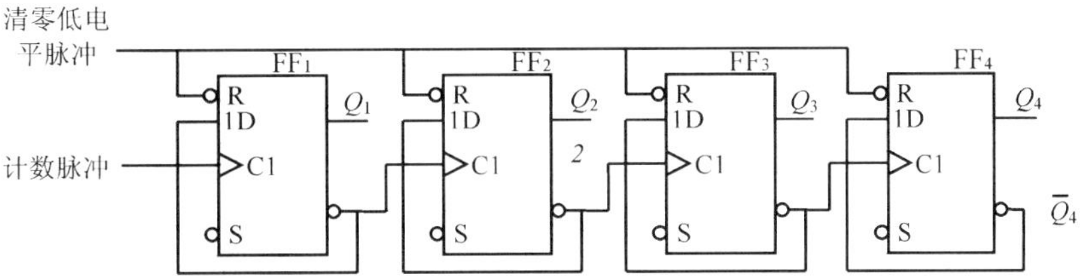

图 4.1.23 *D* 触发器构成的 4 位二进制计数器

（三）触发器逻辑功能变换

虽然各种触发器的逻辑功能不同，但是按照一定的原则，进行适当的变换，可以将一种逻辑功能的触发器转换成另一种逻辑功能的触发器。

若要将 *D* 触发器转换为 *JK* 触发器，比较两个触发器的特征方程，可以得到转换电路。已知 *D* 触发器的特征方程为 $Q_{n+1}=D$，*JK* 触发器特征方程为 $Q_{n+1}=J\overline{Q}_n+\overline{K}Q_n$。比较两个触发器的特征方程，求得转换电路的方程如下

$$D=J\overline{Q}_n+\overline{K}Q_n$$

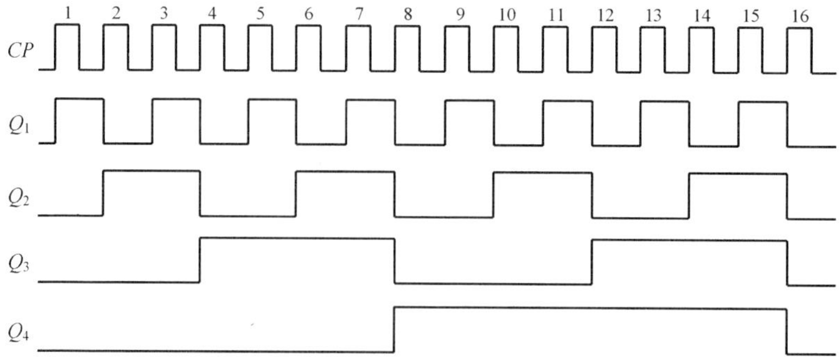

图 4.1.24　4 位二进制计数器波形图

如果用与非门实现上述表达式,则

$$D = \overline{\overline{J\overline{Q}_n} \cdot \overline{\overline{K}Q_n}}$$

用 D 触发器和转换电路构成的 JK 触发器如图 4.1.25 所示。应该注意的是,新构成的 JK 触发器与原 D 触发器时钟边沿一致,都是时钟 CP 的上升沿触发。

若要将 JK 触发器转换为 D 触发器,可以采用相似的方法。

JK 触发器的特征方程为 $Q_{n+1} = J\overline{Q}_n + \overline{K}Q_n$,$D$ 触发器的特征方程式为 $Q_{n+1} = D$,比较两式,将 D 触发器的特征方程进行下面的变换

$$Q_{n+1} = D = D(Q_n + \overline{Q}_n) = DQ_n + D\overline{Q}_n$$

比较 JK 及 D 触发器变换后的方程,令 $J = D$,$K = \overline{D}$,则可将 JK 触发器的逻辑功能转换成 D 触发器的逻辑功能,电路如图 4.1.26 所示。变换后的 D 触发器是在时钟 CP 的下降沿翻转。

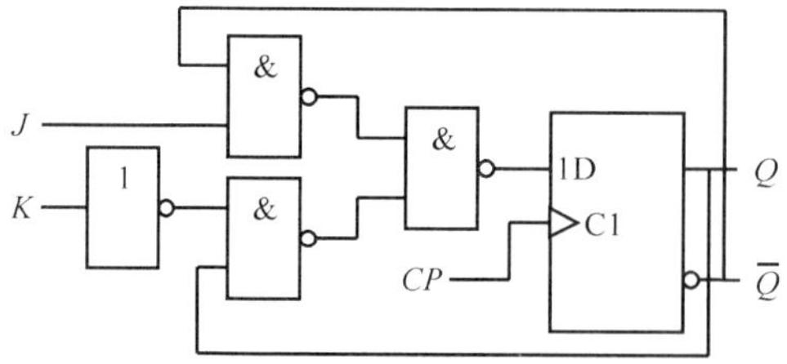

图 4.1.25　D 触发转换为 JK 触发器

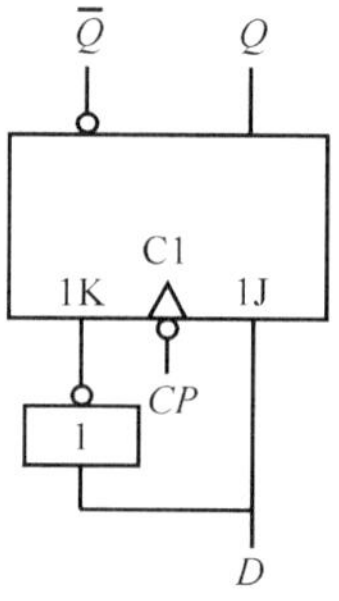

图 4.1.26　JK 触发器转换为 D 触发器

JK 触发器和 D 触发器是目前数字电路中最常用的触发器,JK 和 D 触发器产品种类较多,表 4.1.11 列出了部分常用 TTL 集成触发器的型号及其功能。

表 4.1.11 常用 TTL 集成触发器

型　　号	功 能 名 称
74LS/ALS74(H,S,L)	双 D 触发器,上升沿触发
74LS75	四 D 锁存器
74LS/ALS109	双 JK 触发器,上升沿触发
74LS/ALS112(S)	双 JK 触发器,下降沿触发
74LS/ALS113(S)	双 JK 触发器,下降沿触发,仅含预置端
74LS/ALS114(S)	双 JK 触发器,下降沿触发,共用时钟、共用复位
74LS/ALS174(S)	六 D 触发器,共用清零
74LS/ALS175(S)	四 D 触发器,共用时钟、共用清零
74LS/ALS273	八 D 触发器,带异步清零
74LS/ALS373	八透明 D 锁存器,三态输出
74LS/ALS374	八 D 触发器,含输出使能,三态输出

第二节 时序电路概述

一、时序电路的特点及其结构

在有些逻辑电路中,任一时刻的输出信号不仅取决于该时刻输入信号,而且还与电路原来的状态有关,或者说,与电路原来的输入信号有关,具备这种功能的电路被称为时序逻辑电路,简称时序电路。时序电路具有记忆能力,能保存电路原来的输入状态。从电路组成上看,时序电路中含有存储电路,以便存储电路某一时刻之前的状态,这些存储电路多数由触发器构成。

时序电路的基本结构如图 4.2.1 所示,它由组合电路和存储电路两部分组成。

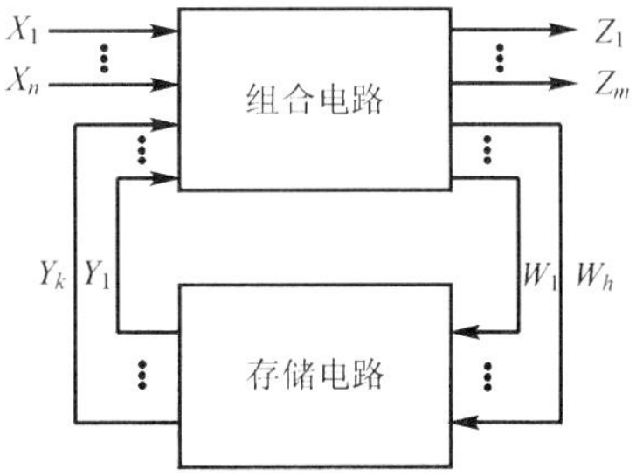

图 4.2.1 时序电路结构图

图 4.2.1 中 $X(X_1、X_2、\cdots、X_n)$ 是时序电路的输入信号,$Z(Z_1、Z_2、\cdots、Z_m)$ 是时序电路的输出信号,$W(W_1、W_2、\cdots、W_h)$ 是存储电路的输入信号,$Y(Y_1、Y_2、\cdots、Y_k)$ 是存储电路的输出信号,存储电路所需要的时钟信号未标出,这些信号之间的逻辑关系可以用下列三个方程表示

$$\text{输出方程：}\quad Z(t_n) = F[X(t_n), Y(t_n)] \tag{4.2.1}$$

$$\text{驱动方程：}\quad W(t_n) = H[X(t_n), Y(t_n)] \tag{4.2.2}$$

$$\text{状态方程：}\quad Y(t_{n+1}) = G[W(t_n), Y(t_n)] \tag{4.2.3}$$

方程中 t_n、t_{n+1}表示相邻的两个离散时间，$Y(t_n)$表示各触发器在加入时钟之前的状态，简称现态或原状态。$Y(t_{n+1})$则表示加入时钟之后触发器的状态，简称次态或新状态。由输出方程可知，t_n 时刻时序电路的输出 $Z(t_n)$与该时刻的输入 $X(t_n)$和触发器现态 $Y(t_n)$有关。

二、时序电路的分类

时序电路应用范围广，电路种类多，因此时序电路有多种分类方式。

根据时序电路输出信号的特点不同，可以将时序电路分为穆尔型(Moore)电路和米里型(Mealy)电路。实际中，有的时序电路输出只与触发器现态 $Y(t_n)$有关，与输入$X(t_n)$无关。因此，时序电路的输出方程可写成

$$Z(t_n) = F[Y(t_n)] \tag{4.2.4}$$

这种时序电路称穆尔型电路。输出符合方程式(4.2.1)的时序电路，则称为米里型电路。根据时序电路中时钟信号的连接方式，可将其分为同步时序电路和异步时序电路两大类。

在同步时序电路中，存储电路里所有触发器的时钟端与同一个时钟脉冲源相连，在同一个时钟脉冲作用下，所有触发器的状态同时发生变化。因此，时钟脉冲对存储电路的更新，起着同步作用，故称这种时序电路为同步时序电路。

异步时序电路没有统一的时钟脉冲，有的触发器的时钟输入与时钟脉冲相接，而有些触发器的时钟输入不与时钟脉冲相连，后者触发器的状态变化则不与时钟脉冲源同步。

第三节　同步时序电路的分析

同步时序电路的分析是根据给定的同步时序电路，首先列写方程，然后分析在时钟信号和输入信号的作用下，电路状态的转换规律以及输出信号的变化规律，最后说明该电路完成的逻辑功能。由于同步时序电路中所有触发器都是在同一个时钟信号作用下工作，因此同步时序电路的分析要比异步时序电路的分析简单。

下面介绍同步时序电路的分析步骤，通过分析实例，加深对分析方法及同步时序电路的理解。

一、同步时序电路的分析步骤

同步时序电路的分析一般可以按照下述步骤进行：

（1）根据给定的同步时序电路列写方程，主要方程有：时序电路的输出方程，各触发器的驱动方程。

（2）将触发器的驱动方程代入对应触发器的特征方程，求出各触发器的状态方程，也就是时序电路的状态方程。

（3）根据时序电路的输出方程和状态方程，计算时序电路的状态转换表、画出状态转换图或时序图。

描述时序电路状态转换的方式可以是状态转换表、状态转换图或时序图三种形式中的任何一种，它们之间可以互相转换。状态转换表也称态序表。

（4）根据上述分析结果，用文字描述给定同步时序电路的逻辑功能。

这里给出的分析步骤不是必须执行且固定不变的步骤，实际应用中可以根据具体情况有所取舍。例如，有的时序电路没有输出信号，分析时也就没有输出方程。

二、同步时序电路分析举例

例 4.3.1　已知同步时序电路的逻辑图如图 4.3.1 所示，试分析电路的逻辑功能。

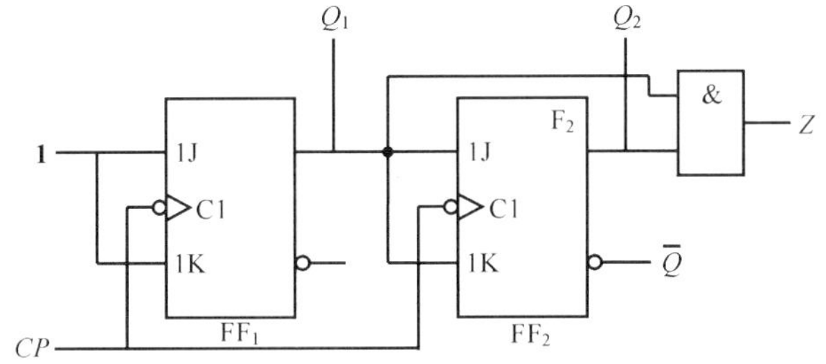

图 4.3.1　例 4.3.1 的逻辑图

解：图 4.3.1 所示电路是一个同步时序电路。时序电路的存储电路由两个 JK 触发器组成，时序电路的输出信号为 Z。

分析方法如下：

（1）列写触发器的驱动方程和电路的输出方程

触发器的驱动方程为

$$J_{1n} = K_{1n} = \mathbf{1}$$

$$J_{2n} = K_{2n} = Q_{1n}$$

电路的输出方程为

$$Z_n = Q_{2n}Q_{1n}$$

为了书写方便起见，通常在列写触发器驱动方程和电路输出方程时，不再写下标 n。

（2）求触发器的状态方程

JK 触发器的特征方程为

$$Q_{n+1} = J\overline{Q}_n + \overline{K}Q_n$$

将各触发器的驱动方程代入特征方程，得到状态方程

$$\begin{aligned} Q_{1n+1} &= J_{1n}\overline{Q}_{1n} + \overline{K}_{1n}Q_{1n} \\ &= \overline{Q}_{1n} \\ Q_{2n+1} &= J_{2n}\overline{Q}_{2n} + \overline{K}_{2n}Q_{2n} \\ &= Q_{1n}\overline{Q}_{2n} + \overline{Q}_{1n}Q_{2n} \end{aligned}$$

（3）列出电路的状态转换表及状态转换图

在时序电路的分析中，输入与状态转换之间的关系可以用表格来表示，即状态转换表，简称状态表。也可以用图形方式表示，即状态转换图，简称状态图。

状态转换表的具体求法是：首先将触发器的现态 $Q_{2n}Q_{1n}$ 的组合列入表内，再将 $Q_{2n}Q_{1n}$ 的取值代入状态方程，求出触发器的次态 $Q_{2n+1}Q_{1n+1}$；带入输出方程，求时序电路的输出 Z，填入表内。所得表 4.3.1 为状态转换表。

表 4.3.1 例 4.3.1 的状态转换表

现态		次态		输出
Q_{2n}	Q_{1n}	Q_{2n+1}	Q_{1n+1}	Z
0	0	0	1	0
0	1	1	0	0
1	0	1	1	0
1	1	0	0	1

为了更形象直观，状态转换表还可以绘成状态转换图的形式，如图 4.3.2 所示。

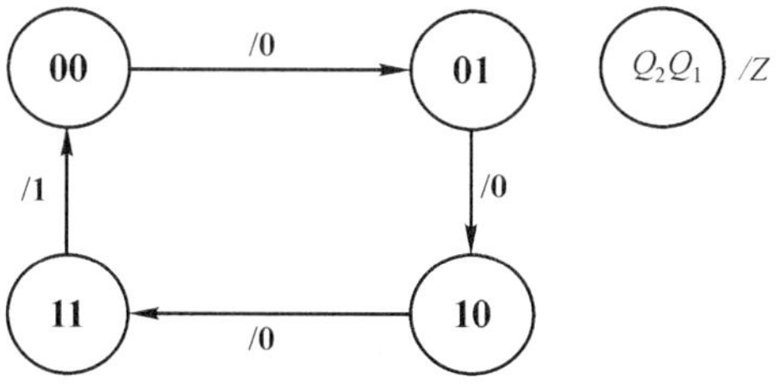

图 4.3.2 例 4.3.1 的状态转换图

电路中有两个触发器，顺序为 Q_2Q_1，共有四种状态，将这四个状态用四个圆圈表示，并在圈中标上状态。

带箭头的连线表示状态之间的转换，箭头尾部是初态，箭头指向次态，在连线旁标输入信号及输出，通常将输入信号取值写在斜线左侧，输出值写在斜线右侧，图 4.3.1 电路只有输出，则记为/Z。

例如，若现态 **00**，输出 $Z=\mathbf{0}$，时钟脉冲作用后，现态为 **01**，用从 **00** 状态出发，指向 **01** 状态带箭头连线表示，并在连线旁边标/**0**。用同样的方法，可画出该电路的状态转换图，如图 4.3.2 所示。

(4) 作时序图

有时为了更好地描述电路的工作过程，常给出时序图或称波形图，画出同步时序电路在时钟脉冲和输入信号的作用下，状态和输出信号变化的波形图。

设该电路的初始状态 Q_2Q_1 为 **00**，在时钟脉冲下降沿的作用下，画出电路的波形图。

首先画时钟信号，然后利用状态表或状态图，画出时序电路的状态 Q_2Q_1 波形图，再画输出波形。触发器状态变化的顺序是 **00→01→10→11→00**，画出状态变化的波形。再根据触发器状态序列，作出输出波形图，如图 4.3.3 所示。

(5) 逻辑功能分析

通过状态转换图的分析，可以清楚地看出，每经过 4 个时钟脉冲的作用，Q_2Q_1 的状态从 **00** 到 **11** 顺序递增，电路的状态循环一次，同时在输出端产生一个 **1** 信号输出。因此，图 4.3.1 所示电路是一个模 4 计数器，时钟脉冲 CP 为计数脉冲输入，输出端 Z 是进位输出。也可将该计数器称为 2 位二进制计数器。

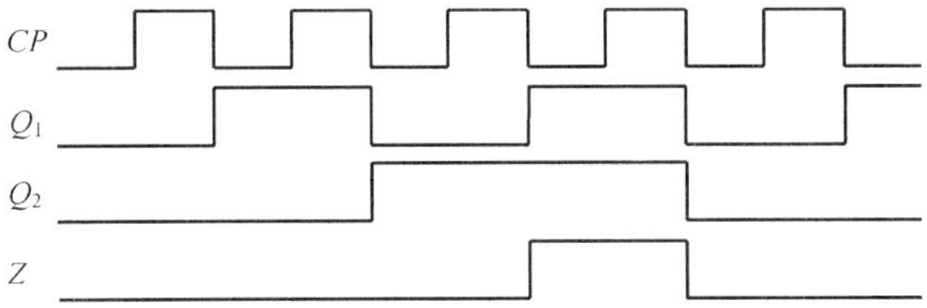

图 4.3.3　例 4.3.1 的时序图

例 4.3.2　分析图 4.3.4 所示同步时序电路的逻辑功能。

解：(1) 列写驱动方程及输出方程

驱动方程

$$J_1=\overline{X}\cdot\overline{Q}_{2n},\quad K_1=\mathbf{1}$$

$$J_2=\overline{X}Q_{1n},\quad K_2=X$$

输出方程

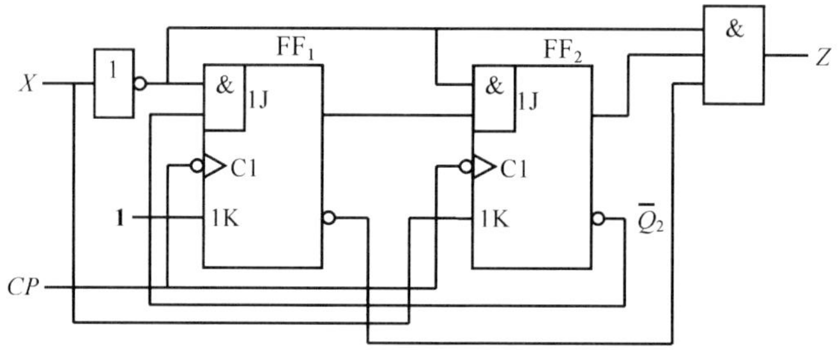

图 4.3.4　例 4.3.2 的逻辑图

$$Z = \overline{X}Q_2\overline{Q}_1$$

(2) 求状态方程

JK 触发器的特征方程为

$$Q_{n+1} = J\overline{Q}_n + \overline{K}Q_n$$

将各触发器的驱动方程代入特征方程

$$Q_{1n+1} = J_1\overline{Q}_{1n} + \overline{K}_1Q_{1n} = \overline{X}\cdot\overline{Q}_{2n}\overline{Q}_{1n}$$

$$Q_{2n+1} = J_2\overline{Q}_{2n} + \overline{K}_2Q_{2n} = \overline{X}Q_{1n}\overline{Q}_{2n} + \overline{X}Q_{2n}$$

$$= \overline{X}(Q_{1n} + Q_{2n})$$

(3) 求全状态转换表及状态转换图

全状态转换表如表 4.3.2 所示，状态转换图如图 4.3.5 所示。

表 4.3.2　例 4.3.2 的全状态转换表

输入	现态		次态		输出
X	Q_{2n}	Q_{1n}	Q_{2n+1}	Q_{1n+1}	Z
1	0	0	0	0	0
1	0	1	0	0	0
1	1	0	0	0	0
1	1	1	0	0	0
0	0	0	0	1	0
0	0	1	1	0	0
0	1	0	1	0	1
0	1	1	1	0	0

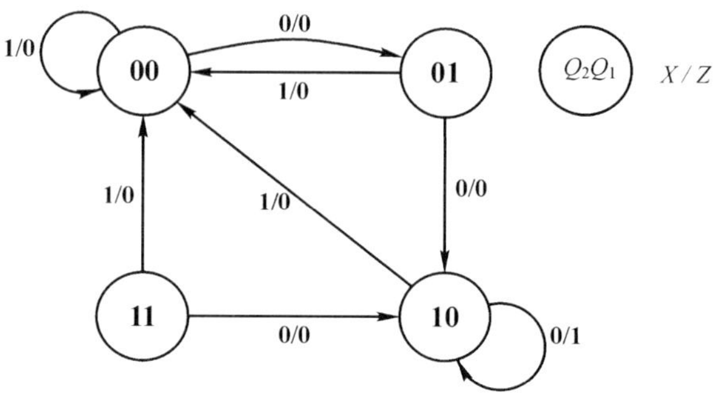

图 4.3.5　例 4.3.2 的状态转换图

（4）作时序图

若输入 X 的序列为 **010001**，则电路的时序图如图 4.3.6 所示。

（5）逻辑功能分析

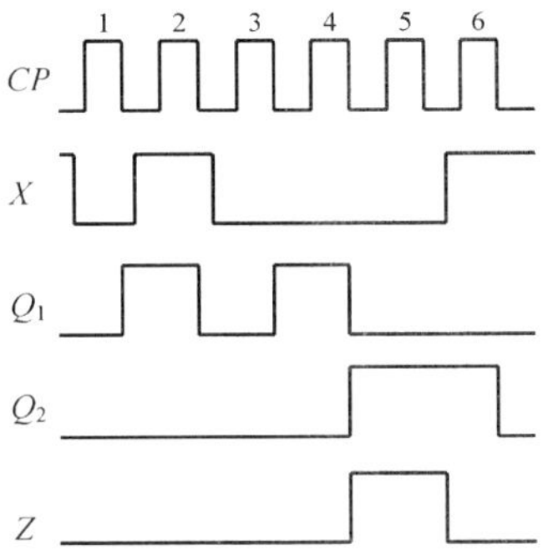

图 4.3.6　例 4.3.2 的时序图

由状态转换图可以看出，当 $X=\mathbf{0}$ 时，Q_2Q_1 的状态从 **00→01→10→10** 变化，每经过 3 个或 3 个以上时钟脉冲，电路的状态就停在 **10** 状态，同时在 Z 输出端产生输出信号 **1**。当 $X=\mathbf{1}$ 时，不论电路处于什么状态，时钟脉冲作用之后，都变为 **00** 状态，且输出为 **0**。因此，当 X 输入连续 3 个或 3 个以上的 **0** 时，则输出信号 **1**，否则输出 **0**。该电路是 3 个或 3 个以上连续 **0** 的序列信号检测器。

描述时序电路状态转换及其逻辑功能的方式可以是状态转换表、状态转换图或时序图三种形式中的任何一种，可以根据实际情况给出其中的某一种形式。

例 4.3.3　分析图 4.3.7 所示同步时序电路的逻辑功能。

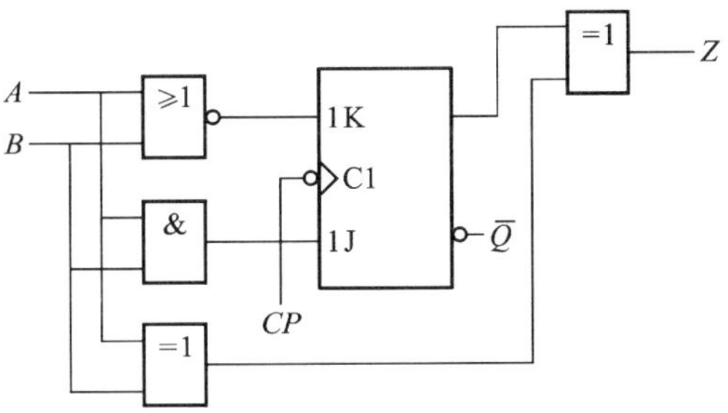

图 4.3.7　例 4.3.3 的逻辑图

解：（1）列写驱动方程及输出方程

$$J = AB$$

$$K = \overline{A + B}$$

$$Z = A \oplus B \oplus Q$$

（2）求状态方程

$$Q_{n+1} = J\overline{Q}_n + \overline{K}Q_n = AB\overline{Q}_n + (A + B)Q_n$$

（3）求状态转换表及状态转换图

状态转换表如表 4.3.3 所示，状态转换图如图 4.3.8 所示。

由状态转换表或状态转换图可以看出：该电路是一个串行二进制加法器，其中 A、B 为加法器的被加数和加数，Z 为加法器的和数，JK 触发器存放进位位。Q_n 相当于低位产生的进位，Q_{n+1} 为向高位传送的进位。

表 4.3.3　例 4.3.3 的状态转换表

输入		现态	次态	输出
A	B	Q_n	Q_{n+1}	Z
0	0	0	0	0
0	1	0	0	1
1	1	0	1	0
1	0	0	0	1
0	0	1	0	1
0	1	1	1	0
1	1	1	1	1
1	0	1	1	0

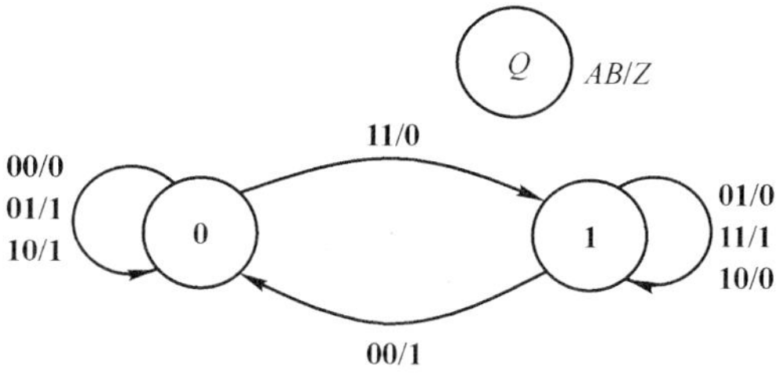

图 4.3.8　例 4.3.3 的状态转换图

第四节　同步时序电路的设计

一、同步时序电路的设计步骤

时序电路的设计是根据给定具体的逻辑功能要求，给出符合其功能要求的时序电路。设计又称为综合，设计的过程是分析的逆过程。本节介绍用小规模集成电路进行设计的相关问题，这种设计的基本思想是用最少的触发器和门电路实现符合要求的时序电路。

设计同步时序电路的一般步骤是：

1. 根据给定的逻辑功能建立原始状态转换图

分析给定的逻辑问题，定义输入变量、输出变量以及电路的状态，状态可以用字母或数字表示。根据实际的逻辑问题，分析每一种输入信号情况下的状态变化和相应的输出，从而构成原始状态转换图或原始状态转换表。

建立原始状态转换图或原始状态转换表时，设计者需要根据设计要求，对所设计的同步时序电路的工作情况进行全面细致的分析，明确电路的输入和输出，输出与输入之间的关系以及状态之间的转换关系，才能建立正确的状态转换图。

状态转换图或状态转换表是用图形或表格形式反映同步时序电路的逻辑特性，是设计时序电路的依据，其他各个设计步骤都是在状态转换图或状态转换表的基础上进行的。正确作出状态转换图或状态转换表，是设计时序电路最关键的一步。

2. 状态化简

原始状态转换图不一定是最简状态转换图,可能包含多余的状态,状态数目越多,设计的电路越复杂。状态简化,即进行状态合并,求出最小化的状态转换图或状态转换表。

对于任意两个或两个以上状态,不论同时加入何种相同的输入序列,电路均产生相同的输出序列,即状态转换效果相同,称这些状态为等价状态,等价状态可以合并为一个状态。否则为不等价状态,不等价状态不能合并。

3. 状态编码

对化简后的状态转换表中每一个状态用一个二进制代码来表示,即进行状态编码,也叫做状态分配。状态编码不同,实现的电路也就不同,选择合理的编码方案,会得到简捷的设计电路。

n 个触发器可以组成 2^n 个二进制代码。如果最简状态转换图中有 M 个状态,则需用 M 个二进制代码来表示。所需触发器个数 n 可以按下式计算:

$$2^{n-1} < M \leqslant 2^n$$

如果状态编码的方案不同,所得到的电路结构及其复杂程度不同,状态编码应当以有利于触发器驱动方程的简化为原则。目前,没有可以遵循的编码原则,一般选用自然二进制码的编码方案,这里也给出几点作为参考。

(1) 如果某些状态的次态组合相同,或在某些输入条件下次态相同,应尽可能给这些状态分配相邻代码。

(2) 当两个或更多个状态是某一状态的次态,应尽可能给这些状态分配相邻代码。

(3) 为了使输出表达式简单些,应尽可能给输出相同的状态分配相邻代码。

4. 选择触发器

选择不同类型的触发器,设计出的电路不同。选什么类型的触发器,首先从整机所用器件统一化考虑,再从电路最简考虑。利用编码后的状态转换表,根据选定触发器的类型,求驱动方程和输出方程。

5. 画逻辑电路图

6. 画全状态转换图

全状态转换图是指包含触发器所有状态组合的转换图。画全状态转换图是为了检查是否符合设计要求,电路能否自启动。若电路能自启动,符合要求,设计完毕。否则,需修改设计。

若电路进入无效状态后,能自动返回有效状态,称电路能自启动。否则电路不能自启动。下面举例,进一步说明同步时序电路的设计步骤。

例 4.4.1 设计一个序列检测器。当输入 **011** 码时,对应最后一个 **1**,电路

输出为 **1**,否则输出为 **0**。

解: (1) 根据给定的逻辑功能求原始状态转换图

根据设计要求,电路应有一个输入信号 X 和一个输出信号 Z,输入 X 为一串行随机信号,当其中出现 **011** 序列时,电路输出 Z 为 **1**,在其他输入序列情况下,电路输出 Z 为 **0**。

由于事先并不知道实现上述逻辑功能的同步时序电路需要多少个状态,因而用字母 A、B 等描述电路的状态。假定某个状态为初始状态,再根据输入条件分析状态的变化,依此类推,直到所有现态到次态的转换关系都被确定为止。该时序电路只有一个输入,所以每个现态可能有两个转移方向。

设电路的初态为 A,若输入 X 为 **1**,根据题目要求,该输入序列不需要识别,停在状态 A,电路输出为 **0**。若输入 X 为 **0**,意味着出现了需要识别序列 **011** 的第 1 位代码 **0**,电路从初态 A 进入次态 B,电路输出仍为 **0**。状态 B 表示有一个代码 **0** 输入。

若电路处于状态 B,输入 X 为 **0** 时,可能是又一个序列开始的第 1 位代码 **0**,电路停在状态 B,输出 Z 为 **0**。若输入 X 为 **1**,表示出现了被识别的输入序列 **011** 的第 2 位代码 **1**,于是电路转换到状态 C,输出 Z 为 **0**。状态 C 表示有序列 **01** 输入。

若电路处于状态 C,输入 X 为 **0** 时,相当于一个序列开始的第 1 位代码 **0**,应转移到状态 B,输出 Z 为 **0**。如果输入 X 继续为 **1**,表明出现被识别的输入序列 **011** 的第 3 位代码 **1**,电路输出 Z 为 **1**,同时电路转换到状态 D。状态 D 表示有序列 **011** 输入。

若电路处于状态 D,输入 X 为 **0** 时,表示又一个序列开始的第 1 位代码 **0** 出现,转移到状态 B,输出 Z 为 **0**。若输入 X 为 **1**,电路应回到初始状态 A,同时电路输出为 **0**。

根据上述分析,求出如图 4.4.1 所示的原始状态转换图,原始状态转换表如表 4.4.1 所示。表中 X 为输入,S_n 为现态,S_{n+1} 为次态,Z 为输出。

表 4.4.1　例 4.4.1 原始状态转换表

S_n \ X	0	1
A	B/**0**	A/**0**
B	B/**0**	C/**0**
C	B/**0**	D/**1**
D	B/**0**	A/**0**

S_{n+1}/Z

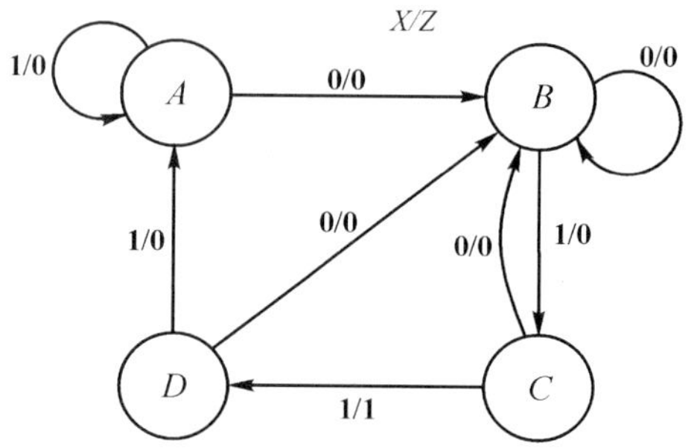

图 4.4.1　例 4.4.1 原始状态转换图

（2）状态化简

分析原始状态转换表 4.4.1 中的状态 A 与 B，当输入 $X=\mathbf{1}$ 时，转换的次态不同，因此状态 A 和 B 不等价，不能合并。同理可以分析状态 A 和 C、状态 B 和 C 等均不是等价状态，这些状态不能合并。

分析状态 A 和 D，在输入 X 为 **0** 时，它们的次态都是 B，输出都是 **0**。在输入 X 为 **1** 时，次态都是 A，输出都是 **0**。即在相同的输入时，它们的次态和输出都是相同的。因此，状态 A 和状态 D 是等价状态，可以合并为一个状态，合并后用 A 代替，故得到简化状态转换表 4.4.2。

（3）状态编码

将简化状态表 4.4.2 用二进制代码进行编码，表中有 A、B、C 三个状态，需要两位编码，两个触发器。两位编码有 **00**、**01**、**10**、**11** 四种组合，用其中的三种分别代表 A、B、C 三个状态。状态 A 和 B 输入相同时输出相同，可以赋予相邻的代码。用 **00** 代替 A，用 **01** 代替 B，状态 C 可以取 **10** 或 **11**。不论取哪一个都不能做到既和 A 相邻又和 B 相邻，取 **10** 代替状态 C，于是得到表 4.4.3，其中 $Q_{1n}Q_{0n}$ 代表两个触发器的状态。

表 4.4.2　简化状态转换表

S_n \ X	0	1
A	$B/\mathbf{0}$	$A/\mathbf{0}$
B	$B/\mathbf{0}$	$C/\mathbf{0}$
C	$B/\mathbf{0}$	$A/\mathbf{1}$

S_{n+1}/Z

表 4.4.3　状态转换表

$Q_{1n}Q_{0n}$ \ X	0	1
0　0	**01/0**	**00/0**
0　1	**01/0**	**10/0**
1　0	**01/0**	**00/1**

$Q_{1n+1}Q_{0n+1}/Z$

（4）选择触发器

若选择 T 触发器，根据 T 触发器的激励表和表 4.4.3，作出电路的状态转换表如表 4.4.4 所示。根据表 4.4.3 所示内容，先填表 4.4.4 中 $X=\mathbf{0}$ 与 $X=\mathbf{1}$ 时电路的现态与次态，及其相应的输出；再根据 T 触发器的激励表填写相应的 T_1、T_0，次态与现态相同时.，T 填 **0**，次态与现态相反时，T 填 **1**。如：$X=\mathbf{0}$ 时，现态为 **00**，时钟脉冲作用后，电路转为次态 **01**，Q_{1n}状态没变，则 T_1 填 **0**，状态 Q_{0n}由 **0** 变为 **1**，则 T_0 填 **1**。将电路的有效状态的变化情况填入表 4.4.4 中虚线的上方。

根据表 4.4.4 可作出 T_1、T_0 的卡诺图如图 4.4.2 所示。图中状态 **11** 没有被利用，为无效状态，相当于约束项。卡诺图化简后，求出驱动方程如下

$$T_1 = Q_{1n} + XQ_{0n}$$

$$T_0 = \overline{X}\,\overline{Q}_{0n} + XQ_{0n}$$

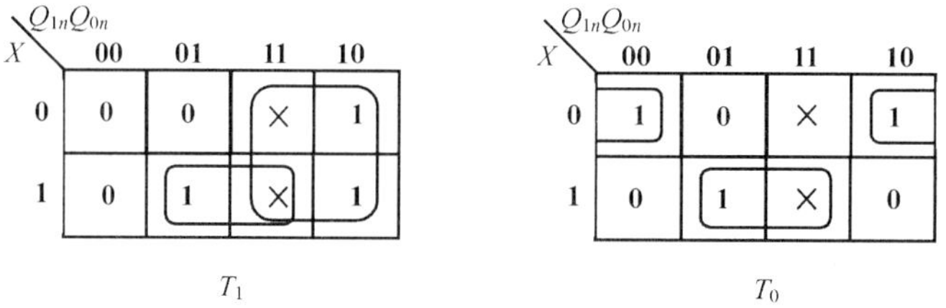

图 4.4.2　例 4.4.1 激励信号卡诺图

输出方程 Z 为

$$Z = XQ_{1n}\overline{Q}_{0n}$$

根据卡诺图中对于约束项的使用情况，将无效状态 **11** 的变化情况填入状态转换表，见表 4.4.4 的虚线下方，得到全状态转换表 4.4.4。

表 4.4.4　例 4.4.1 全状态转换表

输入	现态		次态		驱动信号		输出
X	Q_{1n}	Q_{0n}	Q_{1n+1}	Q_{0n+1}	T_1	T_0	Z
0	**0**	**0**	**0**	**1**	**0**	**1**	**0**
0	**0**	**1**	**0**	**1**	**0**	**0**	**0**
0	**1**	**0**	**0**	**1**	**1**	**1**	**0**
1	**0**	**0**	**0**	**0**	**0**	**0**	**0**
1	**0**	**1**	**1**	**0**	**1**	**1**	**0**
1	**1**	**0**	**0**	**0**	**1**	**0**	**1**
0	**1**	**1**	**0**	**1**	**1**	**0**	**0**
1	**1**	**1**	**0**	**0**	**1**	**1**	**0**

对于无效状态的变化填入状态表时，应先根据卡诺图填激励信号 T，再填次态。例如：对照 T_0 卡诺图，当 $XQ_{1n}Q_{0n}$ 为 **111** 时，T_0 卡诺图中已被圈入，则 T_0 应以 **1** 对待，在表 4.4.4 中，对应栏中 T_0 填 **1**，**011** 未被圈入，则 T_0 以 **0** 对待，在表 4.4.4 对应栏中，T_0 应填 **0**。T_1、T_0 各项填完之后，再根据 T 值填入次态。$T = \mathbf{0}$ 时次态与现态相同，$T = \mathbf{1}$ 时次态与现态相反。

（5）画逻辑电路图

根据 T_1、T_0、Z 的逻辑表达式，绘出序列检测器的逻辑电路图如图 4.4.3 所示。

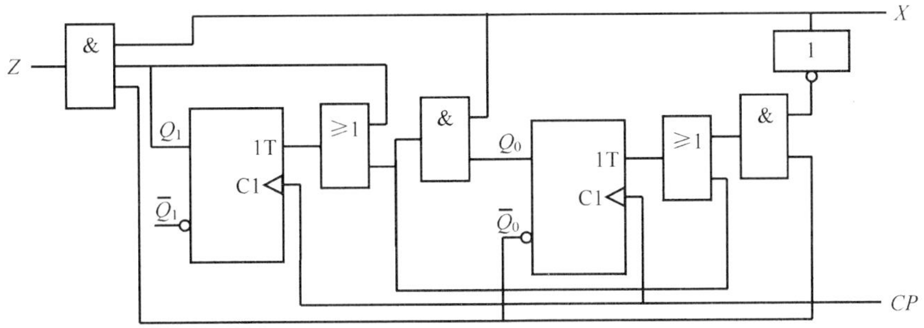

图 4.4.3　例 4.4.1 逻辑电路图

(6) 画全状态转换图

根据全状态转换表 4.4.4,画出全状态转换图如图 4.4.4 所示。由图 4.4.4 可以看出,该电路只有在输入序列 X 为 **011** 时,输出 Z 才为 **1**,符合设计要求。**11** 状态为无效状态,但不是孤立状态,该电路是一个能自启动的电路。

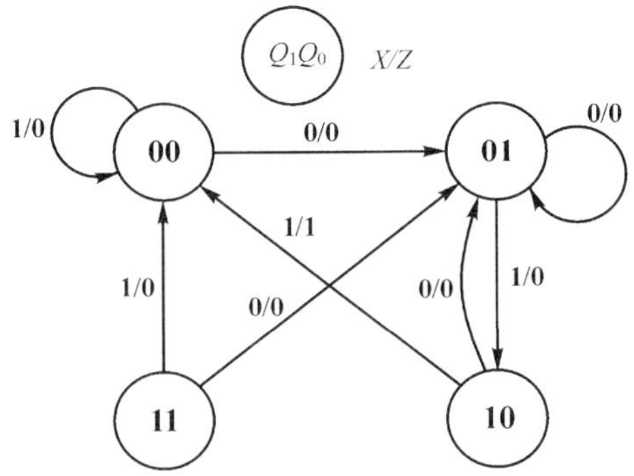

图 4.4.4　例 4.4.1 全状态转换图

(7) VHDL 实现

用 VHDL 实现本时序电路的设计步骤比较简单。首先分析设计要求,得到原始状态转换图,再根据原始状态转换图,编写 VHDL 程序。

根据原始状态转换图 4.4.1,编写的 VHDL 程序清单如下:

```
ENTITY li4_4_1 IS
  PORT(clk,reset,x:IN bit;
          z:OUT bit);
END li4_4_1;
ARCHITECTURE behv OF li4_4_1 IS
  TYPE FSM_ST IS (s0,s1,s2,s3);
  SIGNAL current_state,next_state:FSM_ST;
BEGIN
REG:PROCESS (reset,clk)
```

```
      BEGIN
        IF reset = '1' THEN current __ state  < = s0;
        ELSIF clk = '1'AND clk'EVENT THEN
          current __ state < = next __ state;
        END IF;
        END PROCESS;
  COM:PROCESS(current __ state,x)
          BEGIN
            CASE current __ state IS
          WHEN s0 = > z < = '0';
            IF x = '1' THEN next __ state < = s0;
            ELSE next __ state < = s1;
              END IF;
          WHEN s1 = > z < = '0';
            IF x = '0' THEN next __ state < = s1;
            ELSE next __ state < = s2;
            END IF;
          WHEN s2 = > z < = '0';
            IF x = '0' THEN next __ state < = s1;
            ELSE next __ state < = s3;
            END IF;
          WHEN s3 = > z < = '1';
            IF x = '0' THEN next __ state < = s1;
            ELSE next __ state < = s0;
            END IF;
         END CASE;
       END PROCESS;
 END behv;
```

对于以上 VHDL 程序,有几点需要注意:

(1) 程序中增加了一个异步复位信号 reset。

(2) 用 CASE 语句描述了状态转换表中的四个状态,四个状态分别用 s0、s1、s2 和 s3 表示。

(3) VHDL 综合工具将对状态机进行化简,因此进行 VHDL 程序设计时,简化了人工设计过程中分析状态,对原始状态表进行简化的步骤。

二、完全给定状态转换表的化简

设计电路的复杂程度取决于状态转换表中状态的数目,为了合理经济地实现同步时序电路的设计，应将状态转换表中的状态减少到最少，求取最简状态转换表。

如果状态转换表中的次态和输出都是确定的，没有任意值，这种状态转换表被称为完全给定状态转换表；状态转换表中的次态和输出中含有任意值时被称为不完全给定状态转换表。下面以完全给定状态转换表的简化为例，介绍两种状态简化的方法，观察法和隐含表法。

（一）观察法

假设电路的初态分别为 S_i 和 S_j，若 S_i 和 S_j 是等价状态或等价状态对，记作 $[S_i,S_j]$。凡是相互等价的状态均可以合并成一个状态。在状态转换表中判断两个状态是否等价的条件如下：

（1）在相同的输入条件下具有相同的输出。

（2）在相同的输入条件下次态也等价。

次态等价的判断条件是：

（1）次态相同或某些次态和各自的现态相同。

（2）次态交错。

（3）次态互为隐含条件。

分析并判断表 4.4.5 所示的原始状态转换表的等价状态。分析状态 B 和 E，当输入 $X=\mathbf{0}$ 时输出相同为 $\mathbf{1}$，次态相同为 E；当 $X=\mathbf{1}$ 时输出相同为 $\mathbf{0}$，次态相同为 C。也就是说，对于任何输入序列，电路都有相同的输出序列，所以状态 B 和 E 是等价状态，记为 $[B,E]$。

分析状态 F 和 G，当 $X=\mathbf{1}$ 时输出相同，次态相同。当 $X=\mathbf{0}$ 时输出相同，次态交错。也就是说无论以 F 还是以 G 为初态，在接收到输入信号 $\mathbf{1}$ 之前，将不断在 F、G 之间相互转换，而且输出一直为 $\mathbf{1}$；一旦接收到了输入信号 $\mathbf{1}$，则均转向 E。从转换效果看它们是相同的，因此状态 F 和 G 是状态等价，记作 $[F,G]$。

分析状态 A 和 C，当 $X=\mathbf{1}$ 时，输出相同，次态交错；当 $X=\mathbf{0}$ 时，输出相同，次态分别为 B、D。由此可见，A 和 C 等价与否取决于 B、D 是否等价，若 B、D 等价，则 A、C 等价。称 B、D 等价是 A 和 C 等价的先决条件或称隐含条件。

分析状态 B 和 D 是否等价。当 $X=\mathbf{0}$ 时，输出相同，次态相同；当 $X=\mathbf{1}$ 时，输出相同，次态分别为 A、C。因此，B 和 C 等价的隐含条件是 A 和 C 等价。因为出现次态互为隐含条件的情况，所以 A 和 C 等价，B 和 D 也等价，记作 $[A,C]$、$[B,D]$。

通过以上分析可知，状态等价的基本条件是输出必须相同，然后再比较次态是否等价。等价状态具有传递性：若 B 与 E 等价，又有 B 与 D 等价，则 E 与 D 也等价。即若 $[B,E]$，且 $[B,D]$，则 $[E,D]$。相互等价状态的集合称为等价类，凡不被其他等价类所包含的等价类称为最大等价类。

例如，根据等价状态的传递性可知，若有 $[B,E]$ 且 $[B,D]$，则 $[E,D]$，它们都称为等价类,而只有[B,E,D]为最大等价类。另外,在状态转换表中若某一状态和其他状态都不等价,则其本身就是一个最大等价类。

状态转换表化简过程实际就是寻找所有的最大等价类,将等价状态合并,得到最简状态转换表。表 4.4.5 的最大等价类为[A,C]、[F,G]、[B,D,E]。若将等价状态 A、C 合并,合并后用 A 表示;等价状态 F、G 合并,合并后用 F 表示;等价状态 B、D、E 合并,合并后用 B 表示,得到最简状态转换表如表 4.4.6 所示。

表 4.4.5　原始状态转换表

S_n \ X	0	1
A	$B/0$	$C/0$
B	$E/1$	$C/0$
C	$D/0$	$A/0$
D	$E/1$	$A/0$
E	$E/1$	$C/0$
F	$G/1$	$E/0$
G	$F/1$	$E/0$

S_{n+1}/Z

表 4.4.6　简化状态转换表

S_n \ X	0	1
A	$B/0$	$A/0$
B	$B/1$	$A/0$
F	$F/1$	$B/0$

S_{n+1}/Z

(二) 隐含表法

对简单的状态转换表可以采用上述观察法简化,但对较复杂的状态转换表应当采用隐含表法进行状态简化。隐含表法是一种系统的比较方法,更适合于软件编程实现。下面通过实例的分析介绍隐含表法。

例 4.4.2　利用隐含表法对表 4.4.7 所示的状态转换表进行简化。

解: 隐含表法需要通过作隐含表、顺序比较、关联比较和寻找最大等价类等步骤,最后得到最简状态转换表。

(1) 作隐含表

表 4.4.7　例 4.4.2 状态转换表

S_n \ X_1X_2	0 0	0 1	1 1	1 0
A	$D/0$	$D/0$	$F/0$	$A/0$
B	$C/1$	$D/0$	$E/1$	$F/0$
C	$C/1$	$D/0$	$E/1$	$A/0$
D	$D/0$	$B/0$	$A/0$	$F/0$
E	$C/1$	$F/0$	$E/1$	$A/0$
F	$D/0$	$D/0$	$A/0$	$F/0$
G	$G/0$	$G/0$	$A/0$	$A/0$
H	$B/1$	$D/0$	$E/1$	$A/0$

S_{n+1}/Z

隐含表是一种直角三角形的表格。表 4.4.7 的状态转换表中共有八个状态 A、B、C、D、E、F、G、H。先作出如图 4.4.5(a)所示的隐含表,也称为状态对图。其特点是"缺头"、"少尾",即纵坐标为 B、C、D、E、F、G、H 七个状态,缺第一个状态 A,横坐标为 A、B、C、D、E、F、G 七个状态,少最后一个状态 H。表中每个方格对应由纵坐标和横坐标所决定的一对状态,如左上角的方格代表状态对 A、B,右下角的方格代表状态对 G、H,用这些方格表示状态对之间的关系。

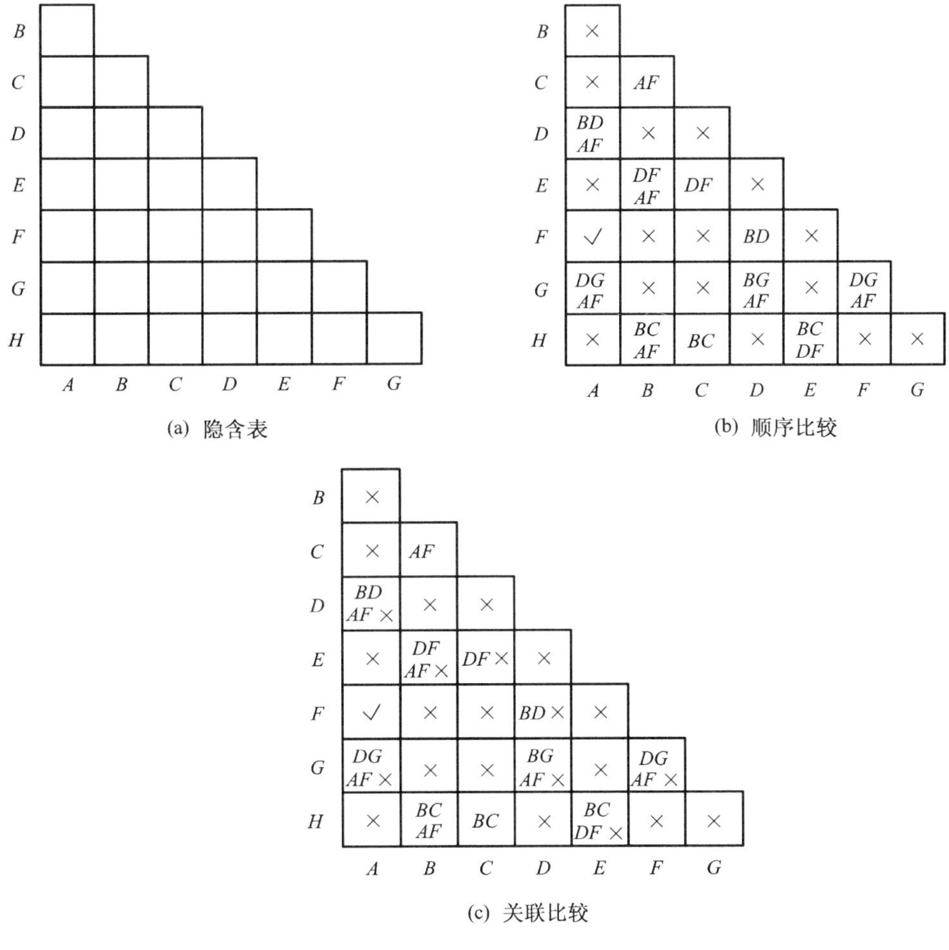

图 4.4.5　隐含表及其比较

(2) 顺序比较

顺序比较隐含表中所有的状态对,将比较结果填入相应的方格内。比较结果分三种情况。

第一种是两个状态不等价，在对应的方格中用“×”表示。例如，分析表4.4.7所示的状态 A 和状态 B，输入 **00** 和 **11** 时其输出不同，状态 A 和 B 不等价，则在图4.4.5(b)对应的方格中标“×”号。

第二种是两个状态等价，在对应的方格中用“√”表示。例如，分析表4.4.7中的状态 A 和 F，在相同输入情况下其输出均相同。输入 **00**、**01** 时次态相同；输入 **11** 时，次态交错；输入 **10** 时，次态均为各自的现态，则这两个状态等价，在图4.4.5(b)对应的方格中标“√”。

第三种是状态是否等价取决于是否满足隐含条件，表4.4.7中的状态 A 和 D 等价的隐含条件是状态 B 与 D、状态 A 与 F 是否等价。这时把这两个隐含条件 BD 和 AF 填入图4.4.5(b)对应的方格中。

利用上述规则进行状态对的顺序比较，用符号填满隐含表，如图4.4.5(b)所示。

(3) 关联比较

经顺序比较填满隐含表后，还需继续进行关联比较，检查每一个填有隐含条件的方格。若检查发现所填的隐含条件肯定不满足，在该方格内打“×”，在图4.4.5(b)中 D、G 相交的方格填有 BG 和 AF 两个隐含条件。在该隐含表中查看 B、G 是不等价的，所以 D、G 也不等价，于是在这一方格中重新打“×”，如图4.4.5(c)所示，这样的检查有时要反复多次。例如在方格 D、G 打“×”后，发现方格 A、G 和 F、G 也应打“×”。这个检查过程应进行到不能再在任何一个方格中打“×”为止。关联比较后的隐含表如图4.4.5(c)所示。

(4) 寻找最大等价类

隐含图4.4.5(c)中，凡是填有状态对或标有“√”的方格，都代表一个等价状态对。于是得到全部等价状态对：[A，F]、[B，C]、[B，H]、[C，H]。等价状态对[B，C]、[B，H]、[C，H]构成等价类[B，C，H]，[A，F]也是一个等价类。

[B,C,H]和[A,F]互不包含在对方的等价类中，所以，[B,C,H]和[A,F]都是最大等价类。再观察图4.4.5(c)可知，状态 D、E 和 G 不同任何其他状态等价，因此它们自身也是一个最大等价类。分别记作[D]、[E]和[G]。于是，全部最大等价类为[B,C,H]、[A,F]、[D]、[E]、[G]。

(5) 状态合并，求出最简状态转换表

将最大等价类中的状态进行合并，每个最大等价类可用一个状态代替，得到最简状态转换表。

最大等价类[B,C,H]可用状态 B 表示；[A,F]用状态 A 表示；[D]、[E]、[G]仍用状态 D、E、G 表示，由此得到表4.4.8所示的最简状态转换表。

表 4.4.8　最简状态转换表

S_n \ X_1X_2	00	01	11	10
A	D/**0**	D/**0**	A/**0**	A/**0**
B	B/**1**	D/**0**	E/**1**	A/**0**
D	D/**0**	B/**0**	A/**0**	A/**0**
E	B/**1**	A/**0**	E/**1**	A/**0**
G	G/**0**	G/**0**	A/**0**	A/**0**

S_{n+1}/Z

三、同步时序电路设计举例

上面讨论了同步时序电路设计的步骤以及状态化简方法，在实际设计中，应当灵活运用这些方法，不用局限在固定不变的步骤上。下面通过各种设计实例，进一步深入学习并灵活运用同步时序电路的设计方法。

例 4.4.3　设计一个串行 8421BCD 码判别器，先输入低位后输入高位，当串行输入的 4 位二进制码是 8421BCD 码，在 **0000** ~ **1001** 范围内，输出为 **0**，若 4 位二进制码不是 8421BCD 码，即在 **1010** ~ **1111** 范围，输出为 **1**。

解：(1) 求原始状态转换图

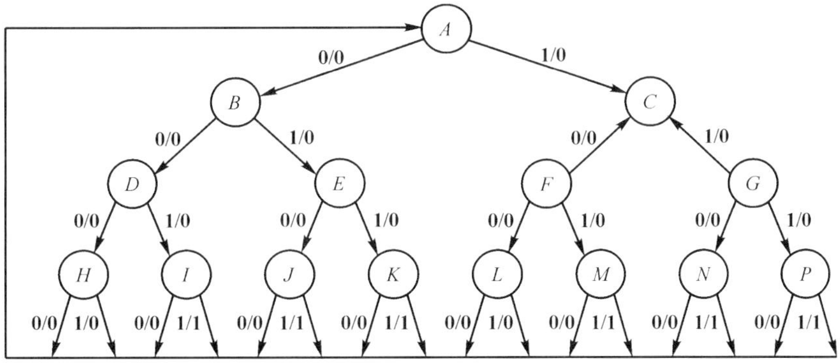

图 4.4.6　例 4.4.3 原始状态转换图

判别器在收到二进制码之前，在各触发器的 $\overline{R}_D$ 端加一负脉冲，使各触发器均处于 **0** 状态，设该状态为判别器的初始状态 A。第一个数码输入有两种可能 **0** 或 **1**，因此判别器设置两个状态 B、C 来区别最低位是 **0** 还是 **1**。在状态图上，状态 A 根据输入 **0** 还是 **1** 分别转到状态 B 或 C。同样，第二个数码输入也有两种可能 **0** 或 **1**。于是，状态 B 根据输入 **0** 或 **1** 将分别转到状态 D 或 E，同理状态 C 可能转到状态 F 或 G。继续输入数码得到如图 4.4.6 所示的原始状态转换图，对应的状态转换表如表 4.4.9 所示。

若输入序列为**0110**,初始状态为A,第一个数码**0**使状态$A \to B$,且输出为**0**;第二个数码**1**使状态$B \to E$,且输出为**0**;第三个数码**1**使状态$E \to K$,且输出为**0**;第四个数码**0**使状态$K \to A$,最后输出为**0**。说明输入序列**0110**是8421BCD码。

若输入序列为**1011**,则状态变化的序列将为$A \to C \to G \to N \to A$,最后输出为**1**。说明该输入序列不是8421BCD码。

表 4.4.9　例 4.4.3 原始状态转换表

S_n \ X	0	1	S_n \ X	0	1
A	B/**0**	C/**0**	I	A/**0**	A/**1**
B	D/**0**	E/**0**	J	A/**0**	A/**1**
C	F/**0**	G/**0**	K	A/**0**	A/**1**
D	H/**0**	I/**0**	L	A/**0**	A/**0**
E	J/**0**	K/**0**	M	A/**0**	A/**1**
F	L/**0**	M/**0**	N	A/**0**	A/**1**
G	N/**0**	P/**0**	P	A/**0**	A/**1**
H	A/**0**	A/**0**			

S_{n+1}/Z

(2) 状态化简

由表4.4.9看出,I、J、K、M、N、P状态在相同输入的条件下,输出相同,次态相同。故I、J、K、M、N、P状态为等价状态且可以合并,合并后用状态I代替。

状态H与状态L在相同输入的条件下,输出相同,次态相同,也为等价状态,合并后用状态H代替。经过对状态的初步化简,得到简化状态转换表如表4.4.10所示。

表 4.4.10　简化状态转换表

S_n \ X	0	1
A	B/**0**	C/**0**
B	D/**0**	E/**0**
C	F/**0**	G/**0**
D	H/**0**	I/**0**
E	I/**0**	I/**0**
F	H/**0**	I/**0**
G	I/**0**	I/**0**
H	A/**0**	A/**0**
I	A/**0**	A/**1**

S_{n+1}/Z

	A	B	C	D	E	F	G	H
B	BD CE							
C	BF CG	DF EG						
D	×	×	×					
E	×	×	×	×				
F	×	×	×	✓	×			
G	×	×	×	×	✓	×		
H	AB AC	AD AE	AF AG	×	×	×	×	
I	×	×	×	×	×	×	×	×

图 4.4.7 隐含表

	A	B	C	D	E	F	G	H
B	BD CE×							
C	BF CG×	DF EG						
D	×	×	×					
E	×	×	×	×				
F	×	×	×	✓	×			
G	×	×	×	×	✓	×		
H	AB AC×	AD AE×	AF AG×	×	×	×	×	
I	×	×	×	×	×	×	×	×

图 4.4.8 隐含表简化

用隐含表法进一步对表 4.4.10 所示的状态转换表进行简化。作隐含表如图 4.4.7 所示。在隐含表中进行简化得到图 4.4.8。

图 4.4.8 所示的隐含表中，有以下等价状态对，最大等价类有[B,C]、[D,F]和[E,G]。将最大等价类进行合并，合并后用状态 B、D 和 E 表示。状态 A、H 和 I 不同任何其他状态等价，它们自身也是一个最大等价类[A]、[H]和[I]，于是得到最简状态转换表 4.4.11。

表 4.4.11 最简状态转换表

S_n \ X	**0**	**1**
A	B/**0**	B/**0**
B	D/**0**	E/**0**
D	H/**0**	I/**0**
E	I/**0**	I/**0**
H	A/**0**	A/**0**
I	A/**0**	A/**1**

S_{n+1}/Z

(3) 状态编码

因为有六个状态，所以用 3 位二进制代码表示。令 A = **000**，B = **001**，D = **011**，E = **111**，H = **110**，I = **010**。

(4) 选择触发器

若选择 D 触发器，根据 D 触发器的激励表和最简状态转换表 4.4.11，作出电路的状态转换表如表 4.4.12 所示的有效状态部分，即状态表的横线的上半部分。为简化起见,现态、次态角标不再标出。由状态转换表,画出触发器各激励函数的卡诺图如图 4.4.9 所示。

表 4.4.12　例 4.4.3 全状态转换表

输入	现态			次态			激励输入			输出
X	Q_3	Q_2	Q_1	Q_3	Q_2	Q_1	D_3	D_2	D_1	Z
0	0	0	0	0	0	1	0	0	1	0
0	0	0	1	0	1	1	0	1	1	0
0	0	1	0	0	0	0	0	0	0	0
0	0	1	1	1	1	0	1	1	0	0
0	1	1	0	0	0	0	0	0	0	0
0	1	1	1	0	1	0	0	1	0	0
1	0	0	0	0	0	1	0	0	1	0
1	0	0	1	1	1	1	1	1	1	0
1	0	1	0	0	0	0	0	0	0	1
1	0	1	1	0	1	0	0	1	0	0
1	1	1	0	0	0	0	0	0	0	0
1	1	1	1	0	1	0	0	1	0	0
0	1	0	0	0	0	1	0	0	1	0
0	1	0	1	0	1	1	0	1	1	0
1	1	0	0	0	0	1	0	0	1	0
1	1	0	1	1	1	1	1	1	1	0

由卡诺图求激励函数的逻辑表达式,即驱动方程

$$D_3 = \overline{Q}_2 Q_1 X + \overline{Q}_3 Q_2 Q_1 \overline{X}$$

$$D_2 = Q_1$$

$$D_1 = \overline{Q}_2$$

电路的输出方程

$$Z = \overline{Q}_3 Q_2 \overline{Q}_1 X$$

(5) 画逻辑电路图

根据激励函数和输出方程,画逻辑电路图如图 4.4.10 所示。

(6) 画全状态转换图

根据卡诺图的包围圈,填写全状态转换表 4.4.12 横线下方的无效状态变化。由全状态转换表得到全状态转换图如图 4.4.11 所示。

例 4.4.4　设计带进位输出端 Z 的同步 8421BCD 码加法计数器。

解: 根据同步 8421BCD 码加法计数器的工作原理可知,该计数器的状态数是 **10**,每个状态的二进制码也是确定的,状态转换关系满足 8421BCD 码的加法计数规律。因此,可以跳过设计步骤中的状态化简、状态编码等步骤。

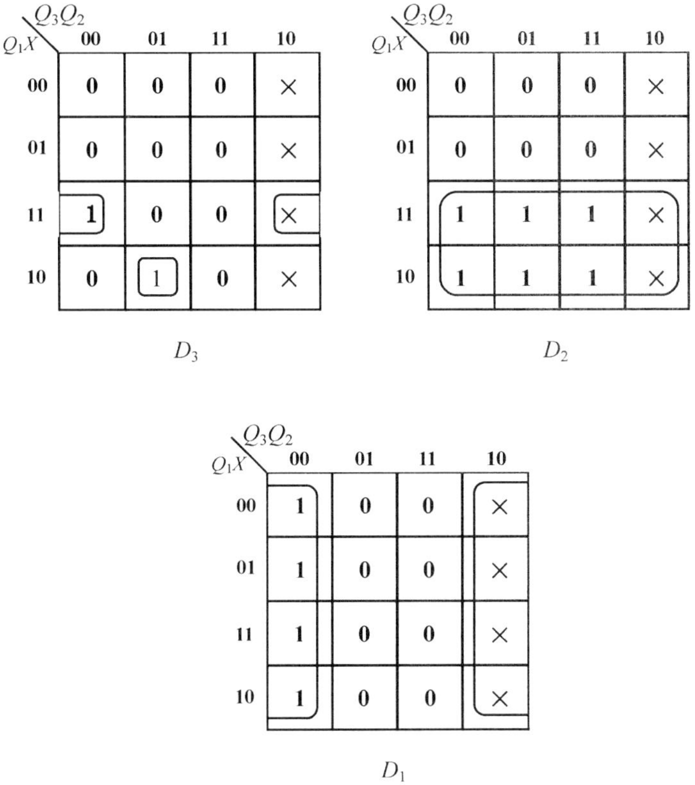

图 4.4.9　例 4.4.3 激励信号卡诺图

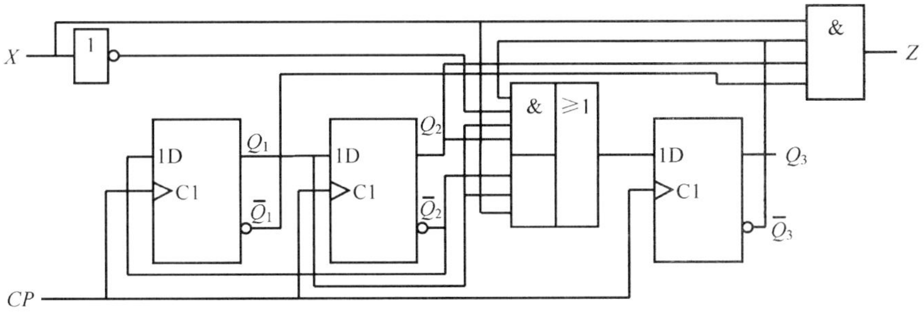

图 4.4.10　例 4.4.3 逻辑电路图

（1）求状态转换图

计数器状态转换符合 8421BCD 码的计数规律，故状态转换图如图 4.4.12 所示。

（2）选择触发器，求驱动方程和输出方程

十进制计数器的状态数 $M=10$，因此，选用 4 个 JK 触发器来实现设计。JK

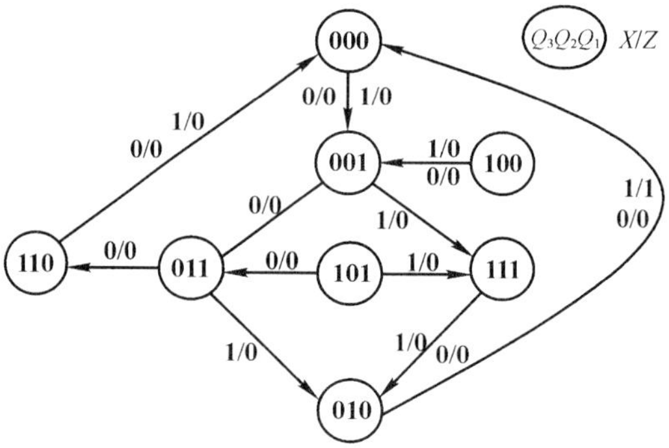

图 4.4.11　例 4.4.3 全状态转换图

触发器的激励表如表 4.4.13 所示。

根据状态转换图和激励表 4.4.13 作出电路的全状态转换表，如表 4.4.14 所示。

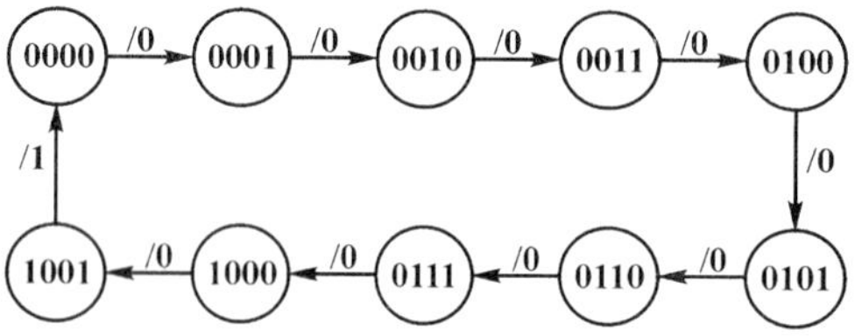

图 4.4.12　例 4.4.4 状态转换图

表 4.4.13　*JK* 触发器激励表

Q_n	Q_{n+1}	J	K
0	0	0	×
0	1	1	×
1	0	×	1
1	1	×	0

根据状态转换图填写前 10 行的现态、次态及输出，再根据 *JK* 触发器的激励表填写各触发器激励信号的取值。

表 4.4.14　例 4.4.4 全状态转换表

序号	现　态				次　态				激励信号								输出
	Q_3	Q_2	Q_1	Q_0	Q_3	Q_2	Q_1	Q_0	J_3	K_3	J_2	K_2	J_1	K_1	J_0	K_0	Z
0	0	0	0	0	0	0	0	1	0	×	0	×	0	×	1	×	0
1	0	0	0	1	0	0	1	0	0	×	0	×	1	×	×	1	0
2	0	0	1	0	0	0	1	1	0	×	0	×	×	0	1	×	0
3	0	0	1	1	0	1	0	0	0	×	1	×	×	1	×	1	0
4	0	1	0	0	0	1	0	1	0	×	×	0	0	×	1	×	0
5	0	1	0	1	0	1	1	0	0	×	×	0	1	×	×	1	0
6	0	1	1	0	0	1	1	1	0	×	×	0	×	0	1	×	0
7	0	1	1	1	1	0	0	0	1	×	×	1	×	1	×	1	0
8	1	0	0	0	1	0	0	1	×	0	0	×	0	×	1	×	0
9	1	0	0	1	0	0	0	0	×	1	0	×	0	×	×	1	1

续表

序号	现　态				次　态				激励信号								输出
	Q_3	Q_2	Q_1	Q_0	Q_3	Q_2	Q_1	Q_0	J_3	K_3	J_2	K_2	J_1	K_1	J_0	K_0	Z
10	**1**	**0**	**1**	**0**	**1**	**0**	**1**	**1**	**0**	**0**	**0**	**0**	**0**	**0**	**1**	**1**	**0**
11	**1**	**0**	**1**	**1**	**0**	**1**	**0**	**0**	**0**	**1**	**1**	**1**	**0**	**1**	**1**	**1**	**0**
12	**1**	**1**	**0**	**0**	**1**	**1**	**0**	**1**	**0**	**0**	**0**	**0**	**0**	**0**	**1**	**1**	**0**
13	**1**	**1**	**0**	**1**	**0**	**1**	**0**	**0**	**0**	**1**	**0**	**0**	**0**	**1**	**1**	**1**	**0**
14	**1**	**1**	**1**	**0**	**1**	**1**	**1**	**1**	**0**	**0**	**0**	**0**	**0**	**0**	**1**	**1**	**0**
15	**1**	**1**	**1**	**1**	**0**	**0**	**0**	**0**	**1**	**1**	**1**	**1**	**0**	**1**	**1**	**1**	**0**

根据表 4.4.14 可作出各激励信号的卡诺图，如图 4.4.13 所示。电路实现需要 4 个触发器，可以构成 16 个状态，8421BCD 码计数器只有 10 个有效状态，其他 6 个状态正常计数过程中不会出现，作任意项处理，卡诺图中用 × 表示。

由卡诺图求驱动方程如下

$$J_3 = Q_2 Q_1 Q_0, \quad K_3 = Q_0$$

$$J_2 = K_2 = Q_1 Q_0$$

$$J_1 = \overline{Q}_3 Q_0, \quad K_1 = Q_0$$

$$J_0 = K_0 = 1$$

输出方程 Z 为

$$Z = Q_3 \overline{Q}_2 \overline{Q}_1 Q_0$$

根据卡诺图中对于任意项的使用情况，填写状态转换表 4.4.14 中横线以下的 J、K 取值，根据各初态及相应的 J、K 取值填写次态。最终得到表 4.4.14 所示的全状态转换表。

(3) 画逻辑电路图

根据触发器驱动方程 J、K 以及输出方程 Z，画带进位输出端的同步 8421BCD 码加法计数器逻辑电路图，如图 4.4.14 所示。

(4) 画全状态转换图

根据全状态转换表 4.4.14，绘出如图 4.4.15 所示的全状态转换图。

由全状态转换图看出，所设计的计数器是一个能自启动电路。即电路无论处于何种无效状态，经过几个时钟脉冲作用后，都能进入正常的有效循环中。或者说，在电路的全状态转换图中不存在孤立状态和偏离环。

例 4.4.5　设计一个模可变且带进位输出端的同步加法计数器。当控制信号 $X = \mathbf{0}$ 时为三进制加法计数器；$X = \mathbf{1}$ 时为四进制加法计数器。

解：(1) 求状态转换图

设电路的输入端为 X，输出端为 Z_1、Z_2，其中 Z_1 为三进制计数器的进位输出

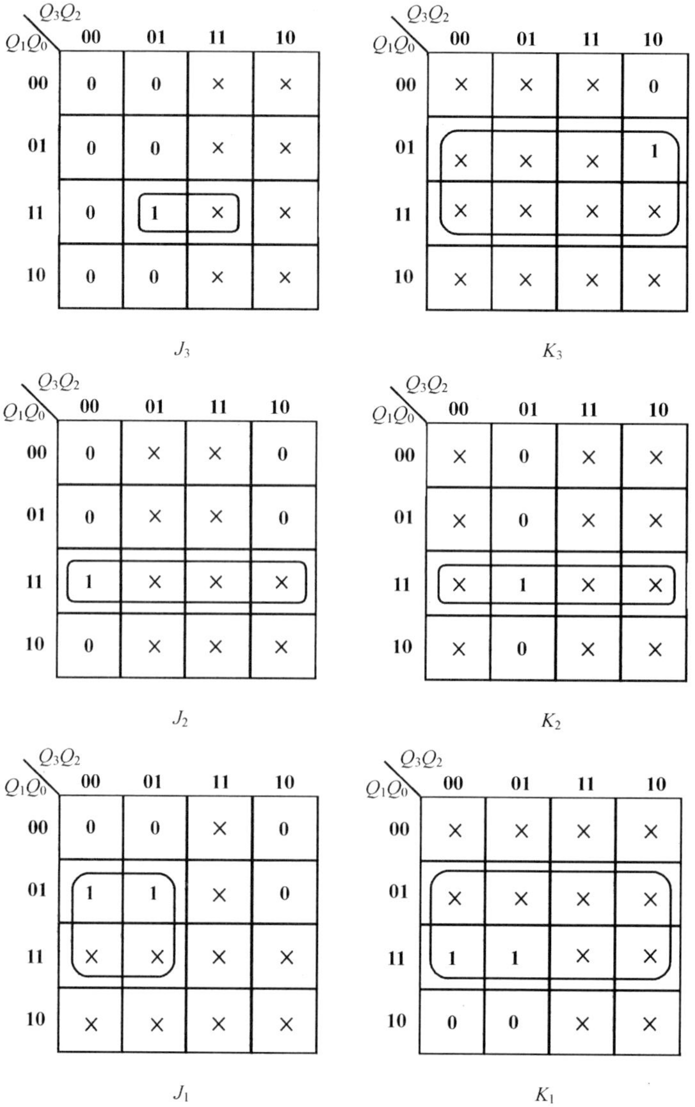

图 4.4.13　例 4.4.4 激励信号卡诺图

端，Z_2 为四进制计数器的进位输出端。计数状态按自然二进制码编码，则原始状态转换图如图 4.4.16 所示。

（2）选择触发器，求驱动方程和输出方程

状态数为 4，因此，可以选用两个 D 触发器实现。根据 D 触发器的激励表和图 4.4.16 所示的原始状态转换图，作出电路的全状态转换表，如表 4.4.15 所示。

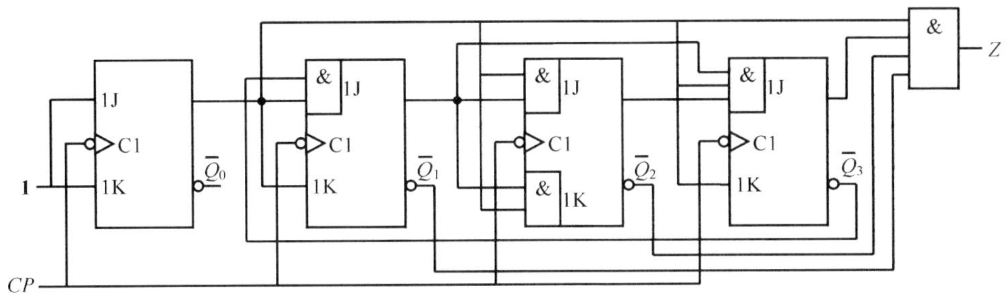

图 4.4.14　例 4.4.4 逻辑电路图

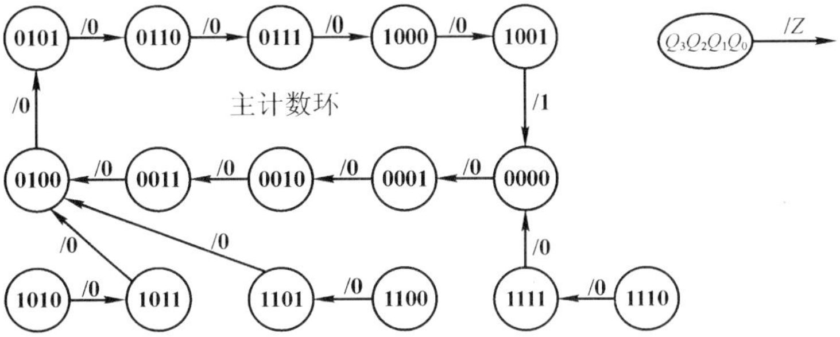

图 4.4.15　例 4.4.4 全状态转换图

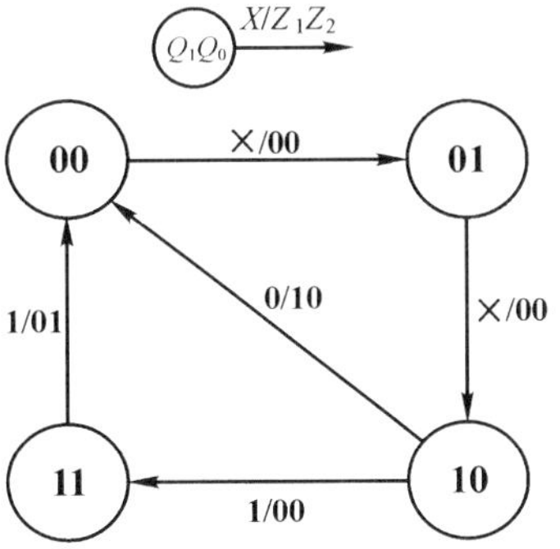

图 4.4.16　例 4.4.5 原始状态转换图

表 4.4.15　例 4.4.5 全状态转换表

输入	现态		次态		激励信号		输出	
X	Q_1	Q_0	Q_1	Q_0	D_1	D_0	Z_1	Z_2
0	0	0	0	1	0	1	0	0
0	0	1	1	0	1	0	0	0
0	1	0	0	0	0	0	1	0

续表

输入	现态		次态		激励信号		输出	
X	Q_1	Q_0	Q_1	Q_0	D_1	D_0	Z_1	Z_2
1	0	0	0	1	0	1	0	0
1	0	1	1	0	1	0	0	0
1	1	0	1	1	1	1	0	0
1	1	1	0	0	0	0	0	1
0	1	1	0	0	0	0	0	0

先根据图 4.4.16 所示的原始状态转换图，填写横线以上的输入、现态、次态及输出，根据 D 触发器的激励表，填写各触发器激励信号的取值。

根据表 4.4.15 可作出激励信号 D_1、D_0 的卡诺图，如图 4.4.17 所示。由于两个触发器共四个状态，而三进制计数器只有三个有效状态，还有一个状态在正常计数过程中不会出现，当作任意项处理，在卡诺图中用 × 表示。

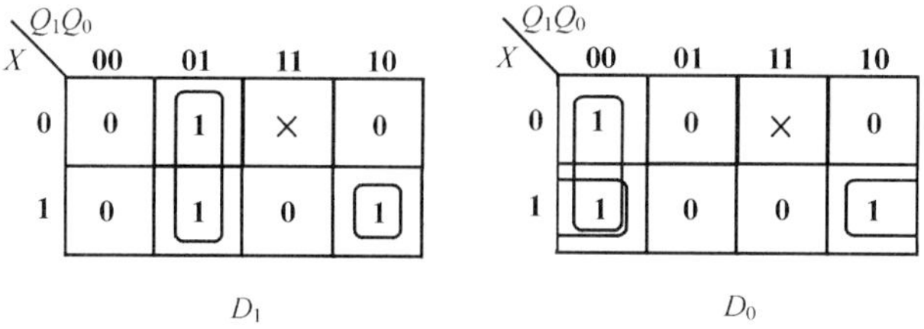

图 4.4.17　例 4.4.5 激励信号卡诺图

由卡诺图得出驱动方程如下

$$D_1 = \overline{Q}_1 Q_0 + Q_1 \overline{Q}_0 X$$

$$D_0 = \overline{Q}_1 \overline{Q}_0 + \overline{Q}_0 X$$

输出方程 Z_1、Z_2 为

$$Z_1 = Q_1 \overline{Q}_0 \overline{X}, \quad Z_2 = Q_1 Q_0 X$$

根据卡诺图中任意项的使用情况，填写状态转换表 4.4.15 中横线以下的激励信号 D_1、D_0 的取值，再根据现态及 D_1、D_0 的取值决定次态，得到表 4.4.15 所示的全状态转换表。

（3）画逻辑电路图

根据驱动方程 D_1、D_0 及输出方程 Z_1、Z_2，画出模可变的同步计数器逻辑电路图如图 4.4.18 所示。

（4）画全状态转换图

根据全状态转换表 4.4.15，可以绘出图 4.4.19 所示的全状态转换图。

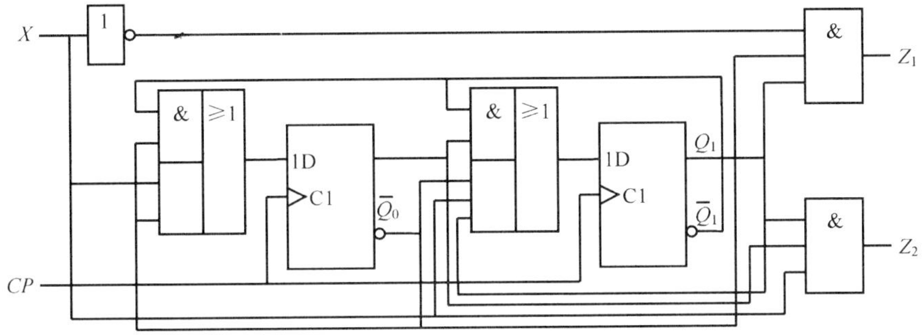

图 4.4.18　例 4.4.5 逻辑电路图

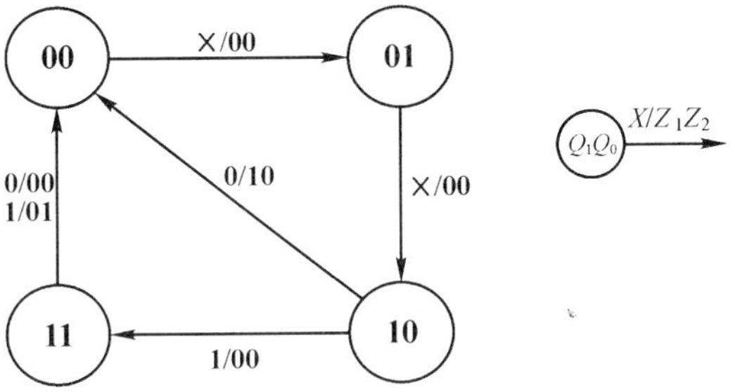

图 4.4.19　例 4.4.5 全状态转换图

由全状态转换图可看出：图 4.4.19 所示电路是一个自启动电路，满足带进位输出端且模可变计数器的设计要求。

(5) VHDL 实现

根据模可变同步加法计数器的设计要求，编写的 VHDL 程序清单如下：

```
LIBRARY IEEE;
USE IEEE.STD_LOGIC_1164.ALL;
USE IEEE.STD_LOGIC_UNSIGNED.ALL;
ENTITY li4_4_5 IS
    PORT (cp,x:IN STD_LOGIC;
          q,z:OUT STD_LOGIC_VECTOR(1 DOWNTO 0));
END li4_4_5;
ARCHITECTURE behav OF li4_4_5 IS
BEGIN
  PROCESS(cp)
    VARIABLE cq:STD_LOGIC_VECTOR(1 DOWNTO 0);
  BEGIN
    IF cp'EVENT AND cp = '1' THEN
```

```
            IF x ='0' THEN              —控制信号 X=0 时
                IF cq <'10' THEN        —三进制加法计数器
                    cq:=cq+1;
                ELSE
                    cq:="00";
                END IF;
                IF cq="10"THEN
                    z<="10";
                ELSE
                    z<="00";
                END IF;
            ELSE                        —控制信号 X=1 时
                IF cq<"11"THEN          —四进制加法计数器
                cq:=cq+1;
                ELSE
                cq:="00";
                END IF;
                IF cq="11"THEN
                z<="01";
                ELSE
                z<="00";
                END IF;
            END IF;
        END IF;
            q<=cq;
        END PROCESS;
    END behav;
```

第五节　异步时序电路

同步时序电路有统一的时钟信号，在时钟脉冲作用下电路中所有触发器状态同时改变，触发器的次态由激励信号和现态决定。异步时序电路没有统一的时钟信号，分析异步时序电路时，首先要看各触发器的时钟信号是否有效，再由激励信号和现态决定触发器次态的变化。本节通过讨论典型异步时序电路的分析与设计方法，进一步加深对异步时序电路的理解。

一、异步时序电路的分析

异步计数器是一种典型的异步时序电路，下面通过实例讨论异步计数器的分析方法。

例 4.5.1　分析图 4.5.1 所示的异步时序电路。

解：图 4.5.1 所示电路的时钟连接方式是 CP_0、CP_2 与计数脉冲 CP 相连，CP_1 与 Q_0 相连。由于触发器的时钟输入端不统一，因此各触发器的状态转换不是同时进行的，该电路是异步时序电路。

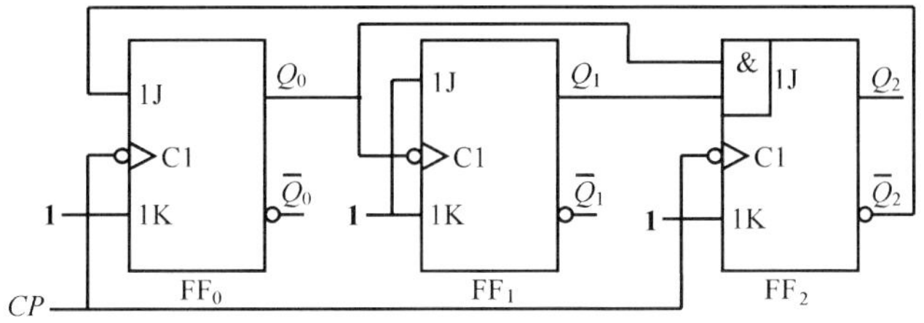

图 4.5.1　例 4.5.1 的逻辑电路图

分析异步时序电路的状态转换时，要特别注意各触发器的时钟输入端是否有边沿信号，只有当触发器的时钟边沿有效时，该触发器才能翻转，否则触发器将保持原状态不变。

(1) 列写各触发器的驱动方程和时钟方程

$$J_0 = \overline{Q}_2, \quad K_0 = \mathbf{1}$$

$$J_1 = K_1 = \mathbf{1}$$

$$J_2 = Q_0 Q_1, \quad K_2 = \mathbf{1}$$

$$CP_0 = CP_2 = CP$$

$$CP_1 = Q_0$$

(2) 求触发器的状态方程

$$Q_{0n+1} = (J_0 \overline{Q}_{0n} + \overline{K}_0 Q_{0n}) CP_0 = (\overline{Q}_{2n} \overline{Q}_{0n}) CP_0$$

$$Q_{1n+1} = (J_1 \overline{Q}_{1n} + \overline{K}_1 Q_{1n}) CP_1 = (\overline{Q}_{1n}) CP_1$$

$$Q_{2n+1} = (J_2 \overline{Q}_{2n} + \overline{K}_2 Q_{2n}) CP_2 = (\overline{Q}_{2n} Q_{1n} Q_{0n}) CP_2$$

(3) 求状态转换表

电路中的 JK 触发器为下降沿触发，所以各状态方程只有在它的时钟下降沿到来时才成立。

假设电路现态为 $Q_{2n}Q_{1n}Q_{0n}=\mathbf{011}$，在计数脉冲 CP 作用下，$Q_{0n+1}=\overline{Q}_{2n}\overline{Q}_{0n}=\mathbf{1}\cdot\mathbf{0}=\mathbf{0}$，此时 Q_0 由 $\mathbf{1}\to\mathbf{0}$，Q_0 产生一个下降沿作用于触发器 **1**，使 $Q_{1n+1}=\overline{Q}_{1n}=\overline{\mathbf{1}}=\mathbf{0}$，在计数脉冲 CP 的作用下，$Q_{2n+1}=(\overline{Q}_{2n}Q_{1n}Q_{0n})=\overline{\mathbf{0}}\cdot\mathbf{1}\cdot\mathbf{1}=\mathbf{1}$，因此电路的状态由 **011** 转换到 **100**。

若电路的现态为 $Q_{2n}Q_{1n}Q_{0n}=\mathbf{100}$，在计数脉冲 CP 作用下，$Q_{0n+1}=\overline{Q}_{2n}\overline{Q}_{0n}=\overline{\mathbf{1}}\cdot\overline{\mathbf{0}}=\mathbf{0}$，$Q_{0n+1}$没有产生下降沿，因此触发器 1 维持原状态不变，$Q_{1n+1}=\mathbf{0}$；在计数脉冲 CP 作用下，$Q_{2n+1}=(\overline{Q}_{2n}Q_{1n}Q_{0n})=\overline{\mathbf{1}}\cdot\mathbf{0}\cdot\mathbf{0}=\mathbf{0}$。因此电路状态由 **100** 转换到 **000**。

其余各状态转换同上面分析相同，由此可得到该电路的状态转换表如表 4.5.1 所示，时序图如图 4.5.2 所示。由状态转换表可以看出，该电路是一个模 5 异步计数器。

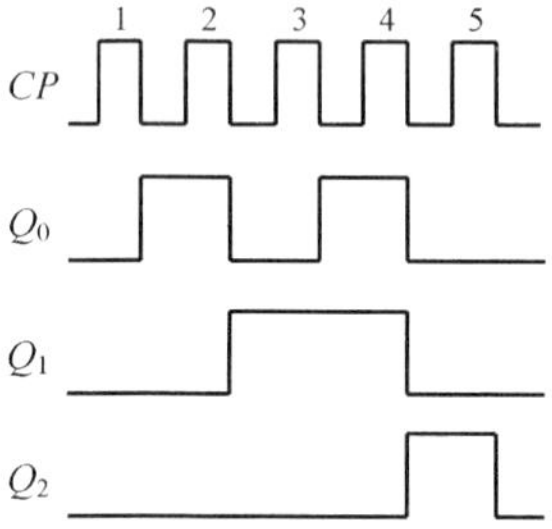

图 4.5.2　例 4.5.1 的时序图

表 4.5.1　状态转换表

初态			时钟			次态		
Q_{2n}	Q_{1n}	Q_{0n}	CP_2	CP_1	CP_0	Q_{2n+1}	Q_{1n+1}	Q_{0n+1}
0	**0**	**0**	↓	**0**	↓	**0**	**0**	**1**
0	**0**	**1**	↓	↓	↓	**0**	**1**	**0**
0	**1**	**0**	↓	**0**	↓	**0**	**1**	**1**
0	**1**	**1**	↓	↓	↓	**1**	**0**	**0**
1	**0**	**0**	↓	**0**	↓	**0**	**0**	**0**

异步计数器与同步计数器的时序图表面看相同，实际上各触发器的动作不相同。同步计数器各触发器的动作是同时发生的，而异步计数器各触发器的动作不是同时发生的。如图 4.5.2 所示，当加入第二个时钟脉冲 CP 的下降沿时，触发器 Q_0 先由 $\mathbf{1}\to\mathbf{0}$，出现 Q_0 的下降沿，才会使触发器 Q_1 由 $\mathbf{0}\to\mathbf{1}$。加入第四个时钟脉冲 CP 的下降沿时，触发器 Q_0 由 $\mathbf{1}\to\mathbf{0}$，Q_0 产生下降沿，才使触发器 Q_1 由 $\mathbf{1}\to\mathbf{0}$。因此，异步计数器各触发器的动作有先有后。

二、异步时序电路的设计

异步计数器的设计方法和步骤与同步计数器大致相同。但是，由于异步时序电路中的触发器不是同时动作的，因此对于异步时序电路的设计，除了需要完成同步时序电路的设计步骤以外，还应当为每个触发器选择合适的时钟信号。

例 4.5.2　设计带有进位输出端的 8421BCD 码异步加法计数器。

解：（1）列写状态转换表

根据设计要求，状态数目及状态编码是确定的，故可直接得到原始状态转换表如表 4.5.2 所示，不需要对状态进行化简。设进位输出端为 Z。

表 4.5.2 例 4.5.2 的原始状态转换表

计数脉冲	Q_4	Q_3	Q_2	Q_1	Z
0	**0**	**0**	**0**	**0**	**0**
1	**0**	**0**	**0**	**1**	**0**
2	**0**	**0**	**1**	**0***	**0**
3	**0**	**0**	**1**	**1**	**0**
4	**0**	**1**	**0***	**0***	**0**
5	**0**	**1**	**0**	**1**	**0**
6	**0**	**1**	**1**	**0***	**0**
7	**0**	**1**	**1**	**1**	**0**
8	**1**	**0***	**0***	**0***	**0**
9	**1**	**0**	**0**	**1**	**1**
10	**0***	**0**	**0**	**0***	**0**

(2) 选定触发器类型,求时钟方程、驱动方程和输出方程

选择四个 JK 触发器,时钟脉冲 CP 作为计数脉冲。下面需要选择每个触发器的时钟信号,选择时钟信号的原则是:触发器状态改变时必须有时钟信号,触发器状态不变时,尽量少安排时钟信号,这将有利于驱动方程的化简。

分析表 4.5.2 所示的状态转换规律,每来一个计数脉冲,状态 Q_1 均发生一次变化,因此选择计数脉冲 CP 作为第一级触发器的时钟信号 CP_1。由于 $J=K=\mathbf{1}$ 时,JK 触发器为计数触发器,因此将 J_1、K_1 输入端均接高电平,即 $J_1=K_1=\mathbf{1}$,$CP_1=CP$。

分析第二级触发器 Q_2,每当 Q_1 有下降沿时(表 4.5.2 中用 * 号表示),Q_2 翻转一次,因此,Q_1 可作为第二级触发器的时钟信号,即 $CP_2=Q_1$。当计数脉冲由第 9→第 10 时,虽然 Q_1 有下降沿,但是触发器 Q_2 状态不变。这时需要合理控制触发器的激励信号 J_2、K_2,使 Q_1 输出第五个下降沿时,触发器状态 Q_2 保持不变,需要进一步求 J_2、K_2 的驱动方程。

分析第三级触发器 Q_3,其状态转换均发生在 Q_2 的下降沿(表 4.5.2 中用 * 号表示),因此令 $CP_3=Q_2$,且 $J_3=K_3=\mathbf{1}$。

分析第四级触发器 Q_4,其状态转换发生在 Q_1 的下降沿,所以令 $CP_4=Q_1$。但是,在 Q_1 的前三个下降沿时,状态 Q_4 不变。与第二级触发器一样,需要进一步求 J_4、K_4 的驱动方程。

结合上述分析,可将表 4.5.2 简化为表 4.5.3 的形式,根据表 4.5.3 得到状态转换表 4.5.4,由于 $J_3=K_3=\mathbf{1}$,因此在激励信号栏没有列入 J_3 和 K_3。

根据表 4.5.4 作出驱动信号卡诺图如图 4.5.3 所示。表 4.5.4 没有列出的状态组合在卡诺图中可以当作任意项处理。

表 4.5.3　简化状态转换表

计数脉冲	Q_4	Q_3	Q_2
0	**0**	**0**	**0**
2	**0**	**0**	**1**
4	**0**	**1**	**0**
6	**0**	**1**	**1**
8	**1**	**0**	**0**
10	**0**	**0**	**0**

表 4.5.4　例 4.5.2 的状态转换表

计数脉冲	现态			次态			激励信号			
	Q_{4n}	Q_{3n}	Q_{2n}	Q_{4n+1}	Q_{3n+1}	Q_{2n+1}	J_4	K_4	J_2	K_2
0	**0**	**0**	**0**	**0**	**0**	**1**	**0**	×	**1**	×
2	**0**	**0**	**1**	**0**	**1**	**0**	**0**	×	×	**1**
4	**0**	**1**	**0**	**0**	**1**	**1**	**0**	×	**1**	×
6	**0**	**1**	**1**	**1**	**0**	**0**	**1**	×	×	**1**
8	**1**	**0**	**0**	**0**	**0**	**0**	×	**1**	**0**	×

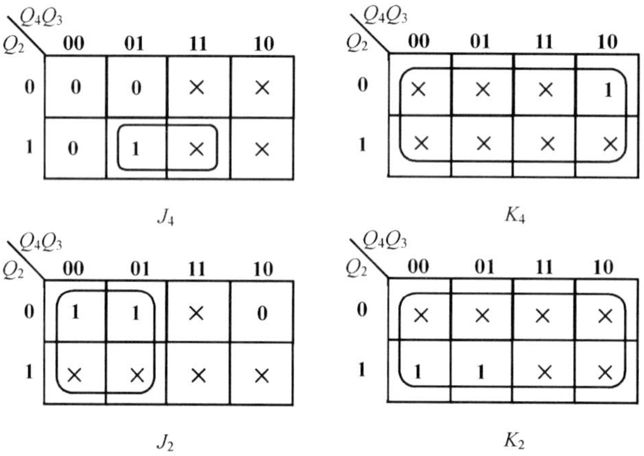

图 4.5.3　例 4.5.2 驱动信号卡诺图

卡诺图化简，得到 J_4、K_4、J_2、K_2 表达式如下

$$J_4 = Q_3Q_2, \quad K_4 = \mathbf{1}$$

$$J_2 = \overline{Q}_4, \quad K_2 = \mathbf{1}$$

根据原始状态转换表，可以看出只有当计数器状态进入 $Q_4Q_3Q_2Q_1 = \mathbf{1001}$ 时，进位输出端 Z 才会产生输出，即 $Z = \mathbf{1}$。故输出方程 $Z = Q_4\overline{Q}_3\overline{Q}_2Q_1$。

(3) 画逻辑电路图与波形图

根据上述分析，得到触发器的时钟方程、驱动方程及输出方程如下

$$\begin{cases} CP_1 = CP \\ CP_2 = Q_1 \\ CP_3 = Q_2 \\ CP_4 = Q_1 \end{cases} \quad \begin{cases} J_1 = K_1 = \mathbf{1} \\ J_2 = \overline{Q}_4, \quad K_2 = \mathbf{1} \\ J_3 = K_3 = \mathbf{1} \\ J_4 = Q_3Q_2, \quad K_4 = \mathbf{1} \end{cases} \quad Z = Q_4\overline{Q}_3\overline{Q}_2Q_1$$

根据以上方程，画出逻辑电路图如图 4.5.4 所示。

该电路的工作波形图如图 4.5.5 所示。

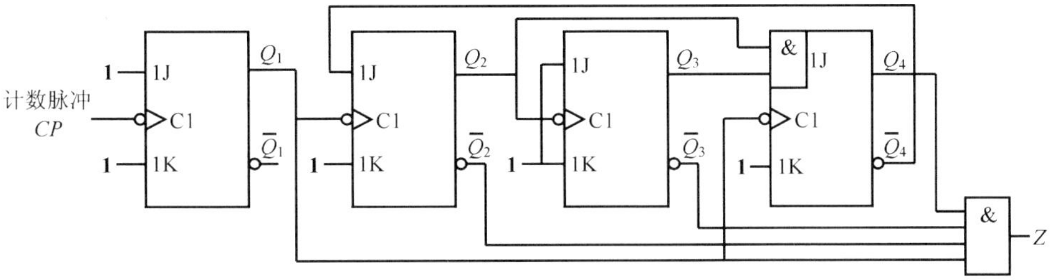

图 4.5.4　例 4.5.2 的逻辑电路图

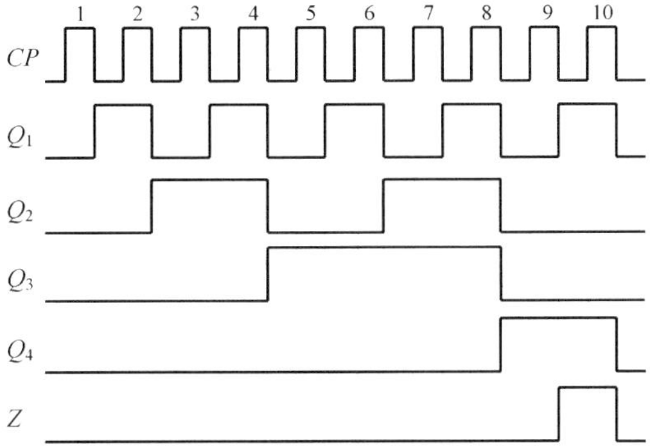

图 4.5.5　例 4.5.2 的波形图

小结

本章主要内容有两部分，一是时序电路的基本单元电路——触发器，二是时序逻辑电路。

触发器具有两个稳定状态逻辑 **0** 和逻辑 **1**，在输入信号作用下，触发器可以从一种状态翻转到另一种状态。当输入信号消失后，能保持其状态不变。触发器的输出不仅与输入信号有关，而且还与电路原来的状态有关，触发器具有记忆功能。触发器是构成时序逻辑电路的基本单元电路。

触发器的控制信号分为三类。一是置位和复位信号，对触发器置 **1** 或置 **0**，有同步和异步两种，前者受时钟信号控制，后者不受时钟信号的控制。二是时钟脉冲信号，决定触发器何时发生状态的改变。三是激励信号，在时钟脉冲的作用下控制触发器的状态。

触发器有不同的分类方式。若按触发方式分类，有电平触发方式、主从触发方式和边沿触发方式三种。若按逻辑功能分类，则有 *RS* 触发器、*D* 触发器、*JK* 触发器和 *T* 触发器等。

描述触发器逻辑功能的主要方法有：特征表和特征方程、状态转换图和激励表、时序图或波形图。

时序电路在某一时刻的输出不仅取决于该时刻的输入，还取决于电路原来的状态，时序电路有记忆功能。

时序逻辑电路有不同的分类方法。若按触发器动作方式进行分类，有同步时序电路和异步时序电路。若按逻辑功能不同进行分类，有本章讨论过的计数器、寄存器等。关于第二种分类的更详细内容，将在本书的下一章进行讨论。

触发器是存储电路的基本单元电路，是非常重要的元件，因此应重点掌握触发器的特点、电路结构和逻辑功能。正确理解异步信号和同步信号的区别，正确理解低有效信号和高有效信号的区别。在数字系统设计中，时序电路是系统的核心，应熟练掌握时序电路的基本概念、时序电路的分析方法与设计方法。

名词解释

异步(Asynchronous)：没有固定时间关系的工作方式。

异步时序逻辑电路(Asynchronous Sequential Logic Circuit)：构成时序电路的触发器没有统一的时钟脉冲，触发器的状态变化不是同时发生的。

特征方程(Characteristic Equation)：描述触发器逻辑功能的方程。

清零信号(Clear)：使触发器输出端置 **0** 的输入信号。

时钟脉冲(Clock Pulse)：在所有时钟周期内，**0**、**1** 信号有规律地交替变化。

边沿触发(Edge Triggered)：在时钟边沿处触发器状态发生改变的触发方式。

边沿触发器(Edge-Triggered Flip-Flop)：在时钟边沿处改变输出状态的触发器。

触发器(Flip-Flop)：在激励信号的作用下改变输出状态的双稳态电路，可以存储 1 位二值信息。

JK 触发器(*JK* Flip-Flop)：有 *J*、*K* 输入信号，并具有置位、复位、保持和计数功能的触发器。

电平触发(Level Tiggered)：在时钟电平期间发生状态改变的触发方式。

主从触发器(Master-Slave Flip-Flop)：由两个同步 *RS* 触发器组成的触发器。在时钟高(低)电平时存储输入信号，输出状态不变，在时钟下降沿(上升沿)输出状态改变。

次态(Next State)：时钟信号作用之后的触发器状态。

置位信号(Preset)：使触发器输出端置 **1** 的输入信号。

现态(Present State)：时钟信号作用之前的触发器状态。

复位(Reset)：触发器恢复为输出为 **0** 的状态。

置位(Set)：触发器置于输出为 **1** 的状态。

状态(转换)图(State Diagram)：描述状态变化规律的图形。

状态(转换)表(State Table)：描述状态变化规律的表格。

同步(Synchronous)：具有固定时间关系的工作方式。

同步时序逻辑电路(Synchronous Sequential Logic Circuit)：时序电路中的触发器在同一个时钟脉冲作用下工作，所有触发器的状态同时发生变化的时序电路。

时序图(Timing Diagram)：描述时钟信号与状态之间变化的时序波形。

自我检测

题 4.1　具有两个稳定状态，能够存储 1 位二值信息的基本单元称为________。

题 4.2　触发器有________个稳定状态，它可记录________位二进制代码。若要存储 8 位二进制信息需要________个触发器。

题 4.3　下列触发器中对输入信号没有约束条件的是________。

（A）基本 RS 触发器；　　（B）主从 RS 触发器；

（C）主从 JK 触发器；　　（D）边沿 D 触发器。

题 4.4　**或非**门构成的基本 RS 触发器，若要使触发器保持原态，则输入信号为________。

（A）$R=S=\mathbf{0}$；　（B）$R=S=\mathbf{1}$；　（C）$R=\mathbf{0},S=\mathbf{1}$；　（D）$R=\mathbf{1},S=\mathbf{0}$。

题 4.5　对于 JK 触发器，如果令 $J=K$，则 JK 触发器可以完成________触发器的逻辑功能；若另 $J=\overline{K}$，则可完成________触发器的逻辑功能。

题 4.6　主从 JK 触发器电路状态变化通常发生在________。

（A）CP 上升沿；　　（B）CP 下降沿；

（C）在 $CP=\mathbf{1}$ 时；　　（D）在 $CP=\mathbf{0}$ 时。

题 4.7　维持阻塞 D 触发器是________。

（A）CP 上升沿触发；　　（B）CP 下降沿触发；

（C）在 $CP=\mathbf{1}$ 时触发；　　（D）在 $CP=\mathbf{0}$ 时触发。

题 4.8　对于 D 触发器，如果令 $D=\overline{Q}$，则 D 触发器可以完成________触发器的逻辑功能。

题 4.9　写出 JK 触发器、D 触发器、T 触发器、RS 触发器的特征方程。

题 4.10　边沿触发器与主从触发器相比，解决了________问题。

题 4.11　时序逻辑电路一般由________和________两部分组成。

题 4.12　时序逻辑电路可以分为________和________两大类。

题 4.13　全面描述一个时序电路的逻辑功能有三个方程组，分别是________、________和________。

题 4.14　有四个 JK 触发器，R 和 S 无效，J 和 K 接高电平，第一个 JK 触发器的时钟接外加时钟信号,其输出 Q 端作为第二个 JK 触发器的时钟,第二个的输出 Q 端作为第三个 JK 触发器的时钟,第三个的输出 Q 端作为第四个 JK 触发器的时钟,且每个 JK 触发器时钟为下降沿有效,电路完成________功能。若每个 JK 触发器时钟为上升沿有效,电路完成________功能。

题 4.15　指出下列哪种电路结构类型的触发器能构成移位寄存器,哪些不能构成移位寄存器。如果能够,请在(　)内画√,否则画×。

(A) 基本 RS 触发器(　);　(B) 同步 RS 触发器(　);

(C) 主从结构触发器(　);　(D) 维持阻塞触发器(　)。

题 4.16　同步计数器和异步计数器比较,同步计数器的显著优点是________。

(A) 工作速度高;　(B) 触发器利用率高;

(C) 电路简单;　(D) 不受 CP 时钟控制。

思考题

题 4.1　与非门构成的基本 RS 触发器,在什么情况下,触发器出现不定状态?

题 4.2　下降沿触发的主从触发器,相对于时钟信号而言输入激励信号在什么时刻前加入,输出信号能获得稳定的输出?

题 4.3　边沿触发器与主从触发器比较,具有哪些主要优点?

题 4.4　如果按照电路结构分类,触发器可以分为哪几类?

题 4.5　为什么 RS 触发器具有约束条件?

题 4.6　如何利用 JK 触发器构成 T 触发器?

题 4.7　如何利用 D 触发器构成 JK 触发器?

题 4.8　触发器逻辑功能的描述方法有哪几种?

题 4.9　时序逻辑电路与组合逻辑电路的主要区别是什么?

题 4.10　同步时序逻辑电路与异步时序逻辑电路的主要区别是什么?

题 4.11　描述时序电路逻辑功能的方法有哪几种?它们之间有何关系?

题 4.12　状态转换表和状态转换图是如何构成的?

题 4.13　时序逻辑电路的分析步骤大致分为哪几步?

题 4.14　异步时序电路与同步时序电路比较,分析方法有哪些不同?

题 4.15　同步时序电路的设计步骤大致分为哪几步?

题 4.16　什么是等价状态?

习题

习题 4.1　与非门组成的基本 RS 触发器,当在 $\overline{R}_D$ 和 $\overline{S}_D$ 端加习题 4.1 图(a)和(b)所示波形时,试分别绘出 Q 的波形,设触发器的初态为 **0**。

习题 4.2　试用基本 RS 触发器构造一个消除机械开关抖动的电路,分析该电路原理,机械开关产生的波形如习题 4.2 图所示。

习题 4.3　习题 4.3 图(a)是一个锁存器逻辑图,D 是输入信号,CP 是锁存命令,若 CP 和 D 的波形如习题 4.3 图(b)所示,试绘出 Q 及 $\overline{Q}$ 的波形。

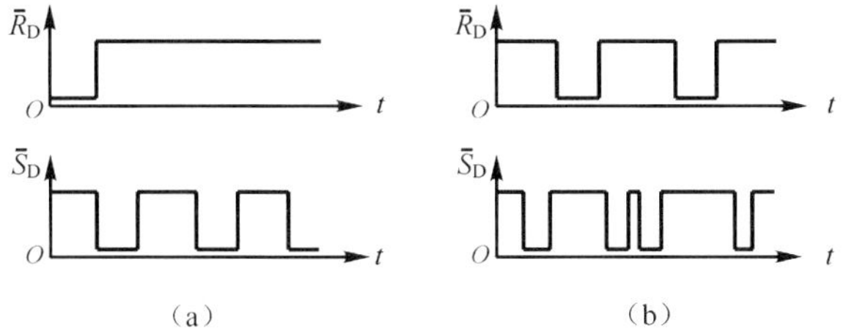

习题 4.1 图

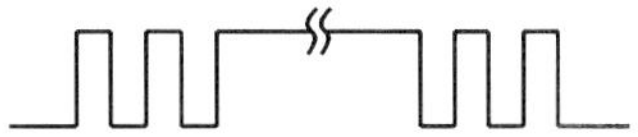

习题 4.2 图

习题 4.4　习题 4.4 图是作用于某主从 *JK* 触发器 *CP*、*J*、*K*、$\overline{R}_D$ 及 $\overline{S}_D$ 端的信号波形图，试绘出 *Q* 端的波形图。

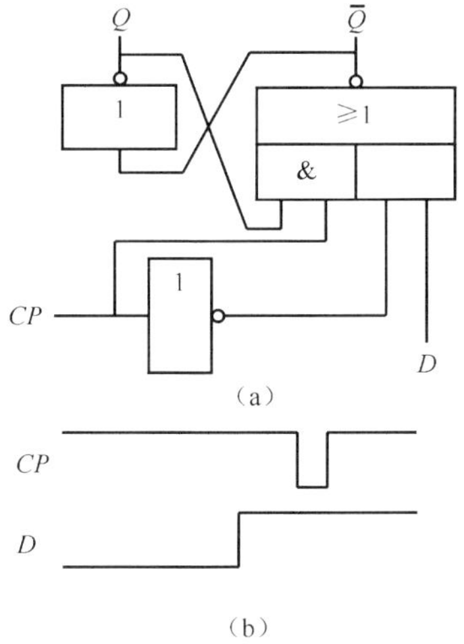

习题 4.3 图

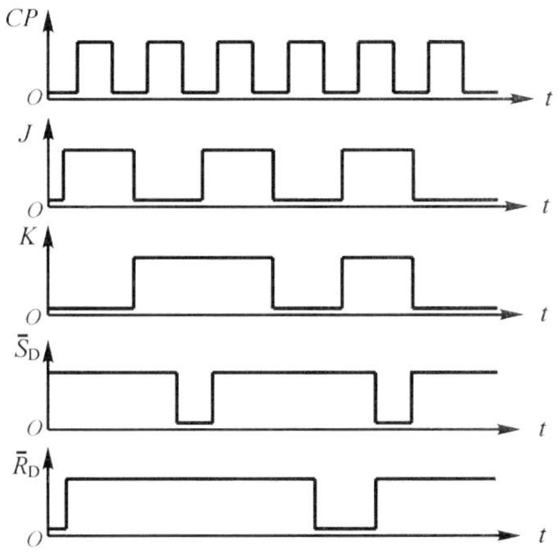

习题 4.4 图

习题 4.5　习题 4.5 图(a)是由一个 *JK* 触发器及三个非门构成的“冲息电路”，习题 4.5 图(b)是时钟 *CP* 的波形，假定触发器及各个门的平均延迟时间都是 10 ns，试绘出输出 *F* 的波形。

习题 4.6　习题 4.6 图(a)是一个 **1** 检出电路，图(b)是 *CP* 及 *J* 端的输入波形图，试绘出 $\overline{R}_D$ 端及 *Q* 端的波形图(注：触发器是主从触发器，逻辑图如图 4.1.10(a)所示，分析时序逻辑图时，要注意 *CP* = **1** 时主触发器的存储作用)。

习题 4.7　习题 4.7 图(a)是用主从 *JK* 触发器构成的信号检测电路，用来检测 *CP* 高电平期间 u_I 是否有输入脉冲，若 *CP*、u_I 电压如习题 4.7 图(b)所示，试画出输出电压 u_O 的波形。

习题 4.8　习题 4.8 图(a)是由一个维持阻塞 *D* 触发器及一个边沿 *JK* 触发器构成的电路，图(b)是输入信号，试绘出 Q_1 及 Q_2 的波形。

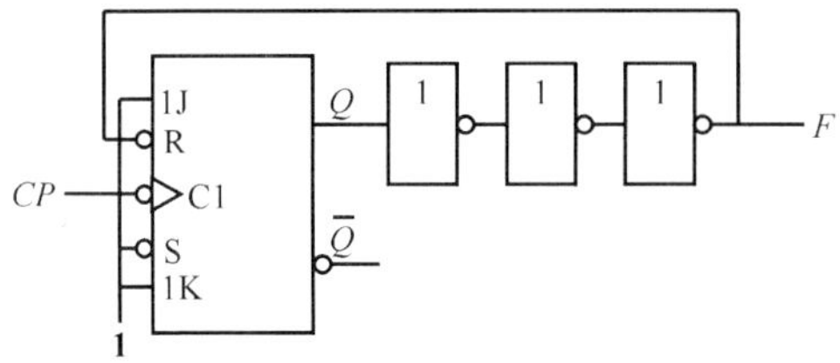

(a)

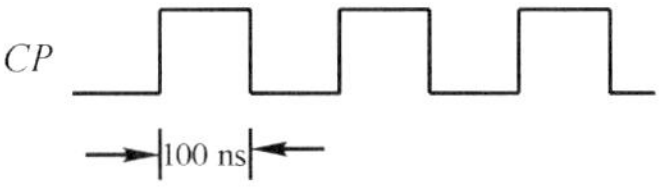

(b)

习题 **4.5** 图

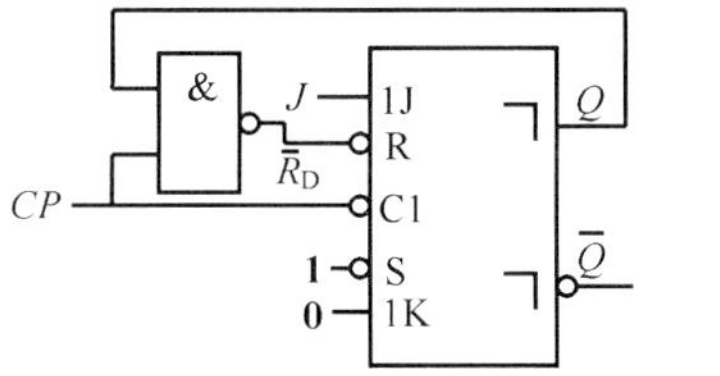

(a)

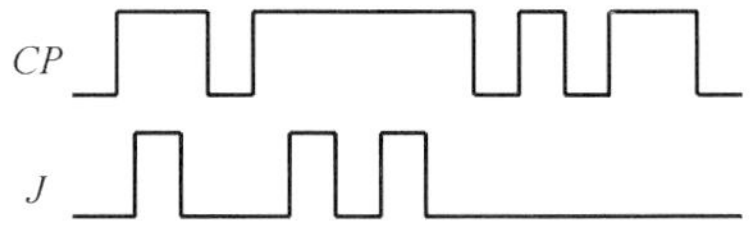

(b)

习题 **4.6** 图

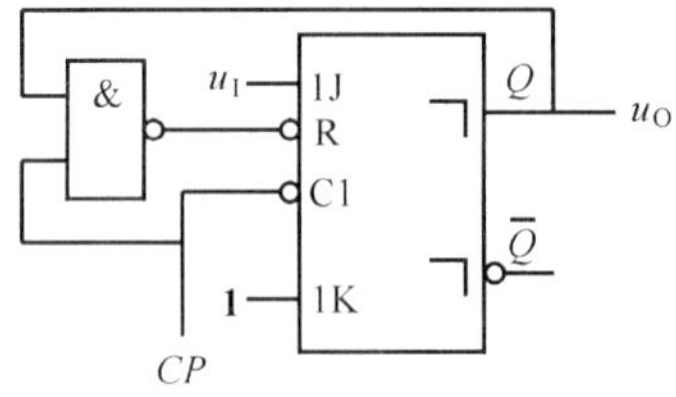

(a)

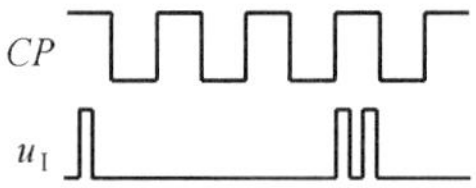

(b)

习题 **4.7** 图

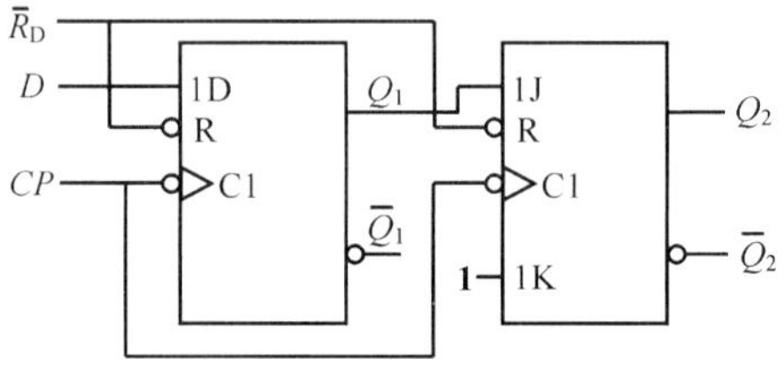

(a)

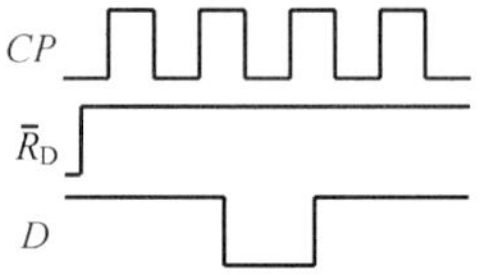

(b)

习题 **4.8** 图

习题4.9　试利用触发器的特征方程式写出习题4.9图(a)、(b)、(c)中各触发器次态输出 Q_{n+1} 与现态 Q_n 和 A、B 之间的逻辑函数式。

习题4.10　设习题4.10图中各触发器初始状态为**0**，试画出各触发器在 CP 作用下 Q 端的波形。

习题4.11　已知电路如习题4.11图(a)所示，若 CP 及 A 波形如习题4.11图(b)所示，各触发器初态为**0**，试画出各触发器输出端 Q_1 和 Q_2 的波形。

习题4.12　分析习题4.12图所示时序电路，作出它的状态转换表和状态转换图。作出当电平输入 X 序列为**1011100**时电路的时序波形图，设初态为**0**。

习题4.13　习题4.13图所示同步计数器，由 JK 触发器构成。写出状态转换表与状态转

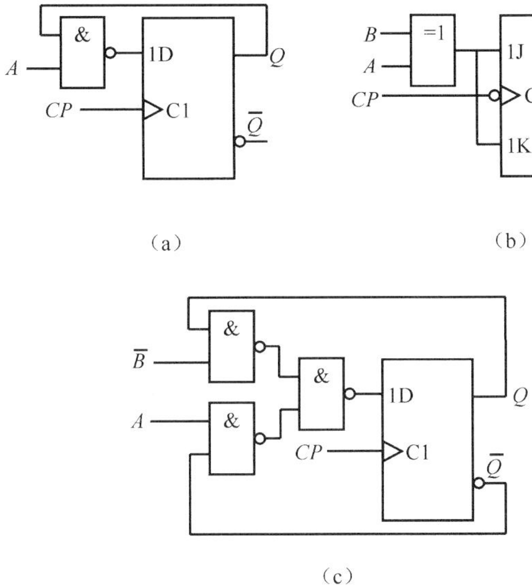

习题 4.9 图

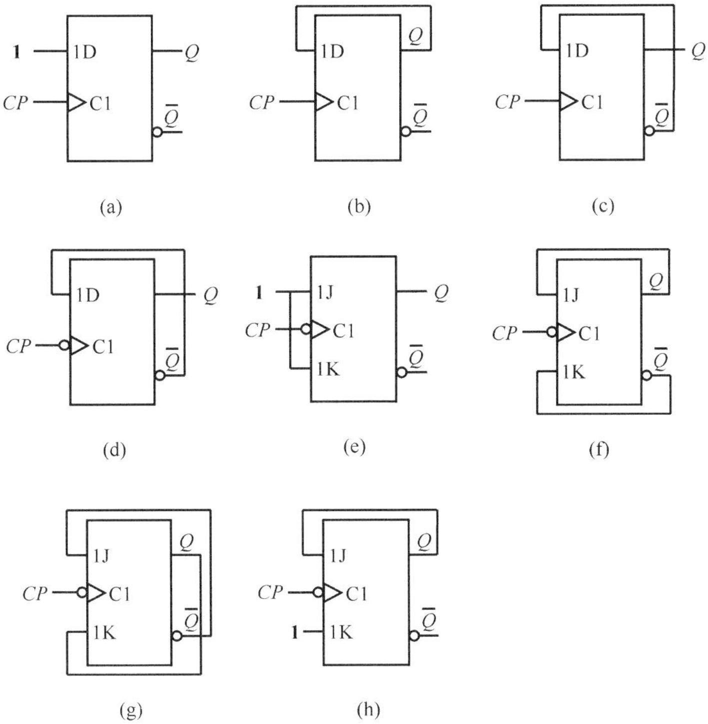

习题 4.10 图

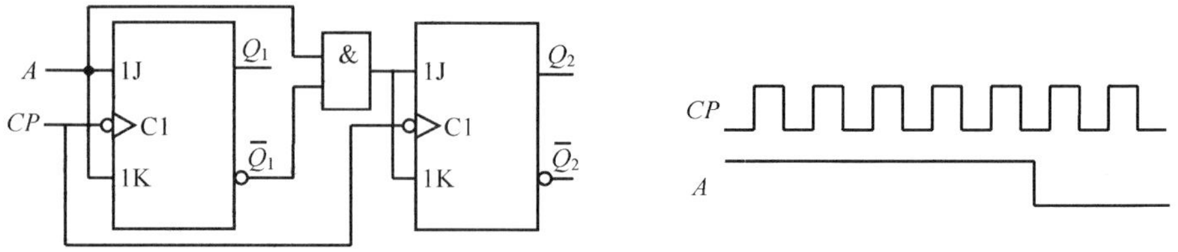

(a)　　　　(b)

习题 4.11 图

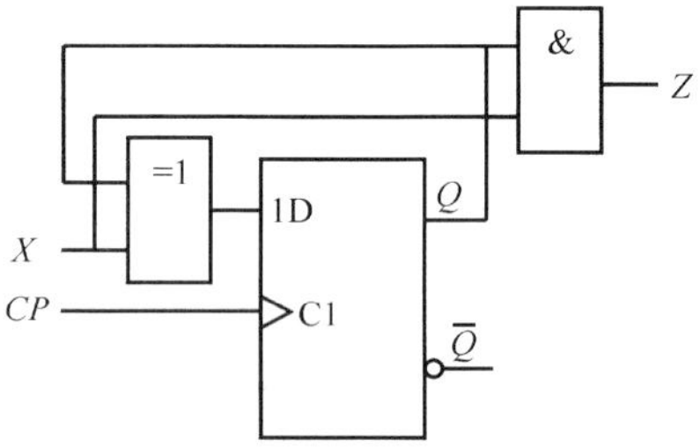

习题 4.12 图

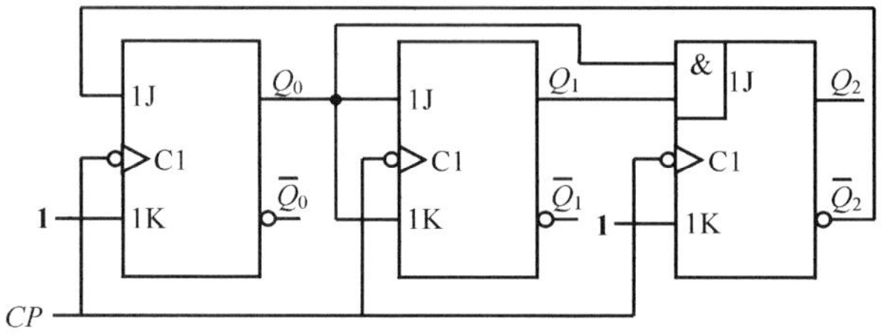

习题 4.13 图

换图,并说明该计数器的模是多少。

习题 4.14　分析习题 4.14 图所示时序电路,画出状态转换图,并说明该电路的逻辑功能。

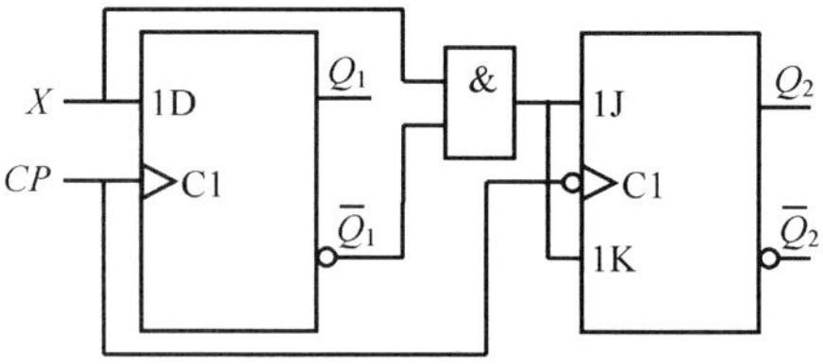

习题 4.14 图

习题 4.15　试画出习题 4.15 图所示电路的状态转换表及状态转换图,说明它是几进制计数器。

习题 4.16　试分析习题 4.16 图所示时序电路的逻辑功能。

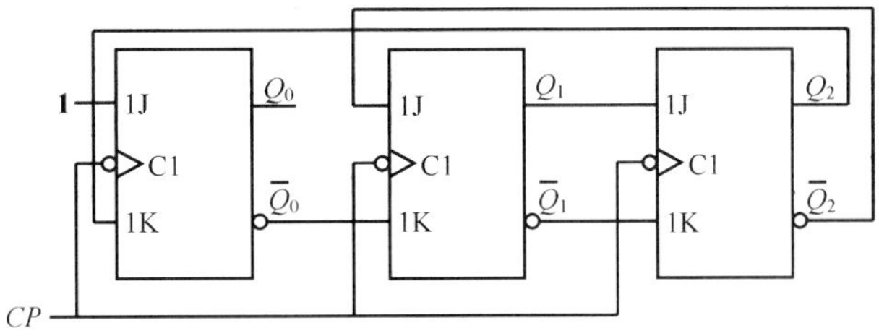

习题 4.15 图

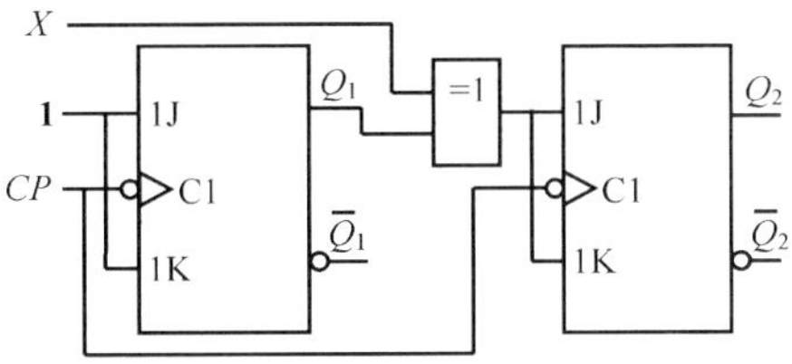

习题 4.16 图

习题 4.17　分析习题 4.17 图所示同步时序电路的功能，并作出当电平输入 X = **110111110010** 的序列时，电路的时序波形图（设初态 Q_1、Q_2 均为 **0**）。

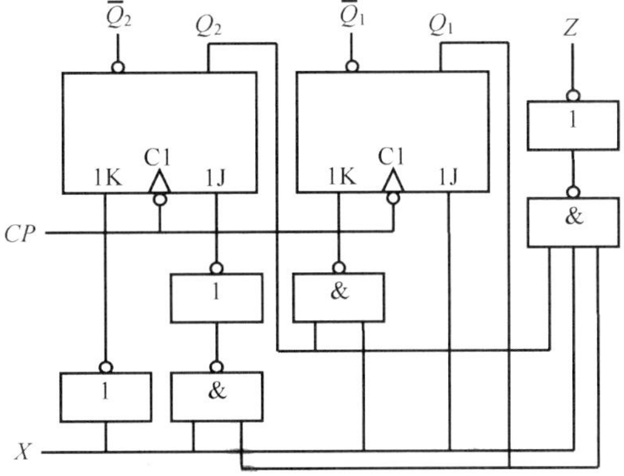

习题 4.17 图

习题 4.18　试分析习题 4.18 图所示电路的逻辑功能。

习题 4.19　设计一个同步时序电路，识别串行输入码 X 中的 **01** 码，即当 X 中有 **01** 码时输出 Z 为 **1**，而其他输入码时，输出 Z 为 **0**，用 JK 触发器实现。用 VHDL 实现上述功能的行为描述。

习题 4.20　设计一个两输入端 X_1、X_2 的时序电路，只有在连续两个或两个以上时钟作用期间，两个输入都一致时，才能使输出为 **1**，用 D 触发器实现。

习题 4.21　设计一个串行检测器，要求连续输入 3 个或 3 个以上的 **1** 时，电路输出为 **1**，否则输出为 **0**，要求采用 JK 触发器实现。用 VHDL 实现上述功能的行为描述。

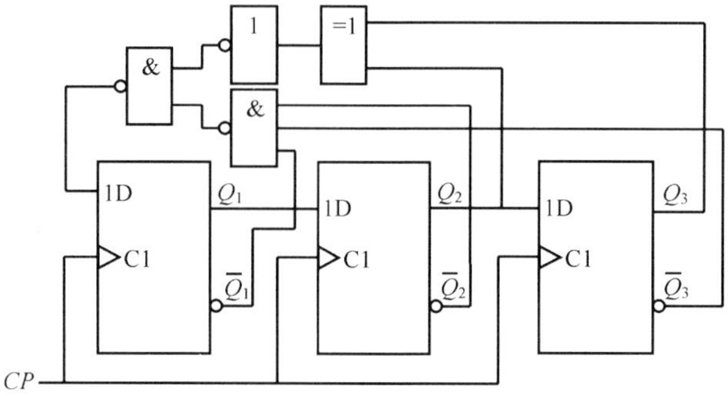

习题 4.18 图

习题 4.22 设计巴克码序列检测器。巴克码是一种具有尖锐的自相关性的编码,常用在信息传输设备中作同步信号。有几种巴克码,**1110010** 序列码就是一种常用的巴克码,要求采用 *JK* 触发器实现。

习题 4.23 用观察法简化习题 4.23 表给出的各状态转换表。

习题 4.23 表(a) 状态转换表

S_n \ X	I	J
A	$A/\mathbf{0}$	$E/\mathbf{1}$
B	$E/\mathbf{1}$	$C/\mathbf{0}$
C	$A/\mathbf{1}$	$D/\mathbf{1}$
D	$F/\mathbf{0}$	$G/\mathbf{1}$
E	$B/\mathbf{1}$	$C/\mathbf{0}$
F	$F/\mathbf{0}$	$E/\mathbf{1}$
G	$A/\mathbf{1}$	$D/\mathbf{1}$

S_{n+1}/Z

习题 4.23 表(b) 状态转换表

S_n \ X	I	J	K
A	$A/\mathbf{0}$	$B/\mathbf{1}$	$E/\mathbf{1}$
B	$B/\mathbf{0}$	$A/\mathbf{1}$	$F/\mathbf{1}$
C	$A/\mathbf{1}$	$D/\mathbf{0}$	$E/\mathbf{0}$
D	$F/\mathbf{0}$	$C/\mathbf{1}$	$A/\mathbf{0}$
E	$A/\mathbf{0}$	$D/\mathbf{1}$	$E/\mathbf{1}$
F	$B/\mathbf{0}$	$D/\mathbf{1}$	$F/\mathbf{1}$

S_{n+1}/Z

习题 4.24 用隐含表简化习题 4.24 表给出的状态转换表。

习题 4.24 表 状态转换表

S_n \ X	0	1
A	$A/\mathbf{0}$	$C/\mathbf{0}$
B	$D/\mathbf{1}$	$A/\mathbf{0}$
C	$F/\mathbf{0}$	$F/\mathbf{0}$
D	$E/\mathbf{1}$	$B/\mathbf{0}$
E	$G/\mathbf{1}$	$G/\mathbf{0}$
F	$C/\mathbf{0}$	$C/\mathbf{0}$
G	$B/\mathbf{1}$	$H/\mathbf{0}$
H	$H/\mathbf{0}$	$C/\mathbf{0}$

S_{n+1}/Z

习题 4.25　已知电路如习题 4.25 图(a)所示,若 CP 波形如习题 4.25 图(b)所示,设触发器初态为 **0**,试画出各触发器输出端 Q_1、Q_2 和 Q_3 的波形。

习题 4.26　已知电路如习题 4.26 图(a)所示,各触发器初态为 **0**,CP 及 A 的波形如习题 4.26 图(b)所示,试画出各触发器输出端 B、C 的波形。

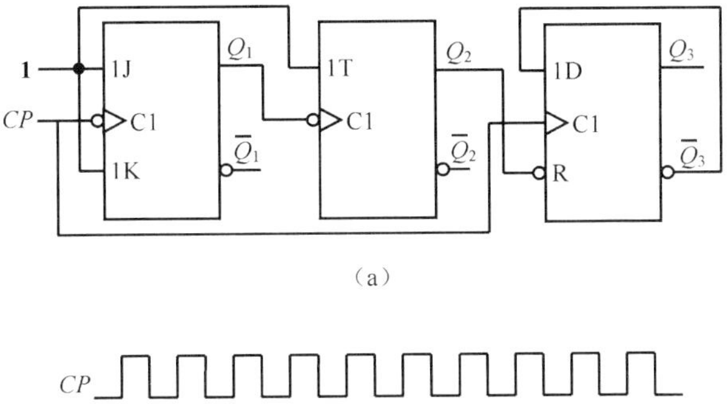

(a)　(b)

习题 4.25 图

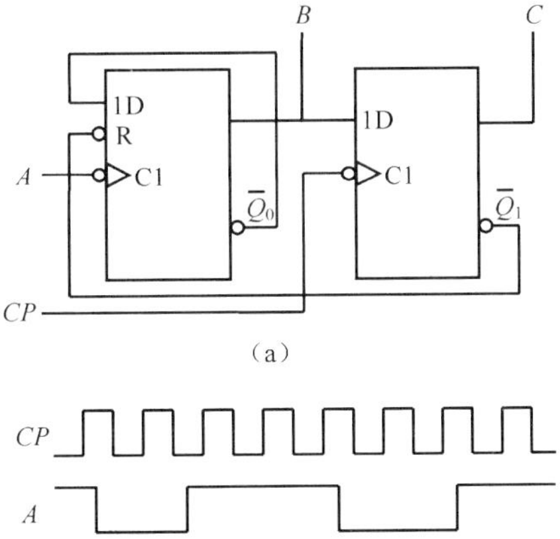

(a)　(b)

习题 4.26 图

习题 4.27　已知电路如习题 4.27 图所示,各触发器初态为 **0**,试画出在连续七个时钟脉冲 CP 作用下输出端 Q_1、Q_2 和 Z 的波形,分析输出 Z 与时钟脉冲 CP 的关系。

习题 4.28　作 **0010** 序列检测器的状态转换图,并求出最简状态转换表。序列码可以重叠。如:

输入:X = **1001001000010010**…

输出:Z = **0000100100001001**…

习题 4.29　试设计一个可控的同步加法计数器,当控制信号 X = **0** 时为六进制,X = **1** 时

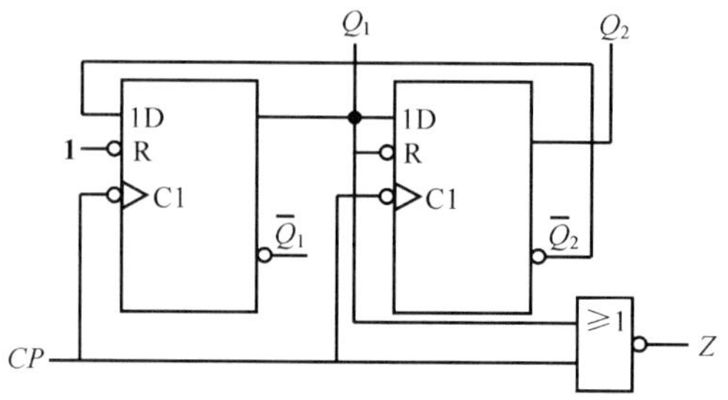

习题 4.27 图

为三进制，要求采用 *JK* 触发器实现。用 VHDL 实现上述功能的行为描述。

习题 4.30　试设计如习题 4.30 表所描述的模可变计数器，表中 X、Y 是控制端，要求采用 *JK* 触发器实现。用 VHDL 实现上述功能的行为描述。

习题 4.30 表　功　能　表

现态		次态							
		XY = **00**		XY = **01**		XY = **10**		XY = **11**	
Q_2	Q_1	Q_2	Q_1	Q_2	Q_1	Q_2	Q_1	Q_2	Q_1
0	**0**	**0**	**1**	**1**	**1**	**1**	**1**	**0**	**0**
0	**1**	**1**	**0**	**0**	**0**	**1**	**0**	**0**	**1**
1	**0**	**1**	**1**	**0**	**1**	**0**	**1**	**1**	**0**
1	**1**	**0**	**0**	**1**	**0**	**0**	**0**	**1**	**1**

习题 4.31　同步时序电路有三个输入端 A、B、C，三个信号 A、B、C 在同一时刻只能有 1 个为 **1**，另外两个为 **0** 或 A、B、C 皆为 **0**。电路中各状态之间的转换关系如下：

（1）当触发器 Q_1Q_2 为 **00** 状态时：(a) 当 A = **1** 时转向 **01** 状态；(b) 当 B = **1** 时转向 **10** 状态；(c) 当 C = **1** 时转向 **11** 状态；(d) 当 $A = B = C$ = **0** 时转向 **00** 状态。

（2）当触发器 Q_1Q_2 状态为 **01** 时，下一个状态必为 **10**。

（3）当触发器 Q_1Q_2 状态为 **10** 时，下一个状态必为 **11**。

（4）当触发器 Q_1Q_2 状态为 **11** 时，下一个状态必为 **00**。

采用 *JK* 触发器和最少的门电路实现该时序电路。

习题 4.32　试设计一个加 1、加 2 同步计数器。当控制信号 X 为 **0** 时，计数器作十进制加 **1** 计数；当控制信号为 **1** 时，作加 2 计数，但 X 不会在计数器状态为奇数时由 **0** 变 **1**。试绘出原始状态转换图与原始状态转换表。

习题 4.33　如习题 4.33 图(a)所示时序电路，该电路由 D 触发器和全加器组成，其中 C、S 分别是全加器的进位输出端以及和输出端，时序电路有两个输入端 X 和 Y，一个输出端 S。

（1）试求该电路的状态转换图。

（2）画出在如习题 4.33 图(b)所示输入信号的作用下，Q 和 S 的波形，设初态为 **0**。

（3）分析该电路的逻辑功能。

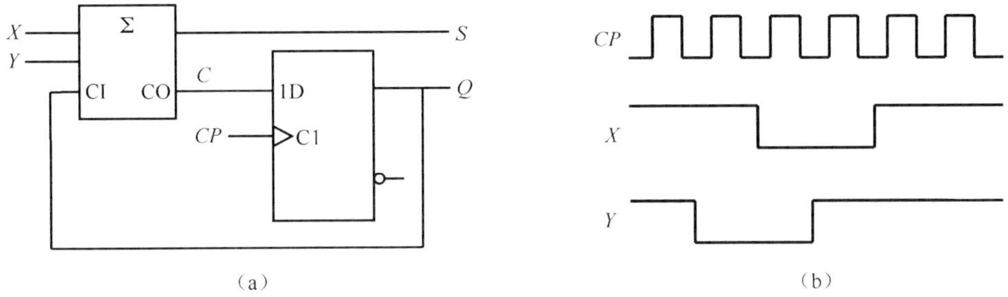

习题 4.33 图

习题 4.34 一个数字电路子系统如习题 4.34 图所示，该系统由时序电路和组合电路两部分组成，F 是该系统的输出端，图中组合电路真值表如习题 4.34 表所示。

(1) 分析时序电路，画出其状态转换图。

(2) 说明图中组合电路的名称。

(3) 若输入信号 $D_3D_2D_1D_0=\mathbf{0110}$ 并保持不变，试画出 F 与时钟 CP 的对应波形，设触发器的初态均为 **1**。

习题 4.34 表

Q_2	Q_1	Q_0	F
1	×	×	**0**
0	**0**	**0**	D_0
0	**0**	**1**	D_1
0	**1**	**0**	D_2
0	**1**	**1**	D_3

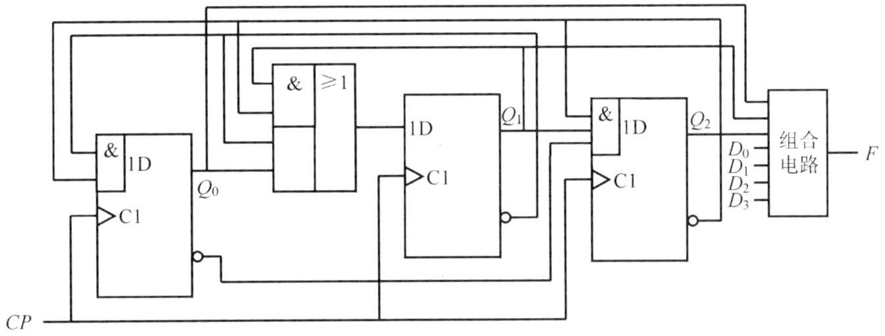

习题 4.34 图

习题 4.35 试用三个 JK 触发器构成一个同步二进制计数器，将其输出信号 $Q_2Q_1Q_0$ 译码后控制交通路口红、绿、黄灯，要求设计结果符合习题 4.35 表的要求，用**与非**门实现其中的译码电路。

习题 4.35 表

时钟脉冲	计数状态			南北信号灯（红黄绿）			东西信号灯（红黄绿）		
CP	Q_2	Q_1	Q_0	A_1	B_1	C_1	A_2	B_2	C_2
0	0	0	0	1	0	0	0	0	1
1	0	0	1	1	0	0	0	0	1
2	0	1	0	1	0	0	0	0	1
3	0	1	1	0	1	0	0	1	0
4	1	0	0	0	0	1	1	0	0
5	1	0	1	0	0	1	1	0	0
6	1	1	0	0	0	1	1	0	0
7	1	1	1	0	1	0	0	1	0

习题 4.36　电路如习题 4.36 图(a)所示，已知输入信号 $\overline{R}_D$、CP、A 和 B 的波形如习题 4.36 图(b)所示。试画出输出 F_1、F_2 和 F_3 的波形，并分析说明电路的功能。

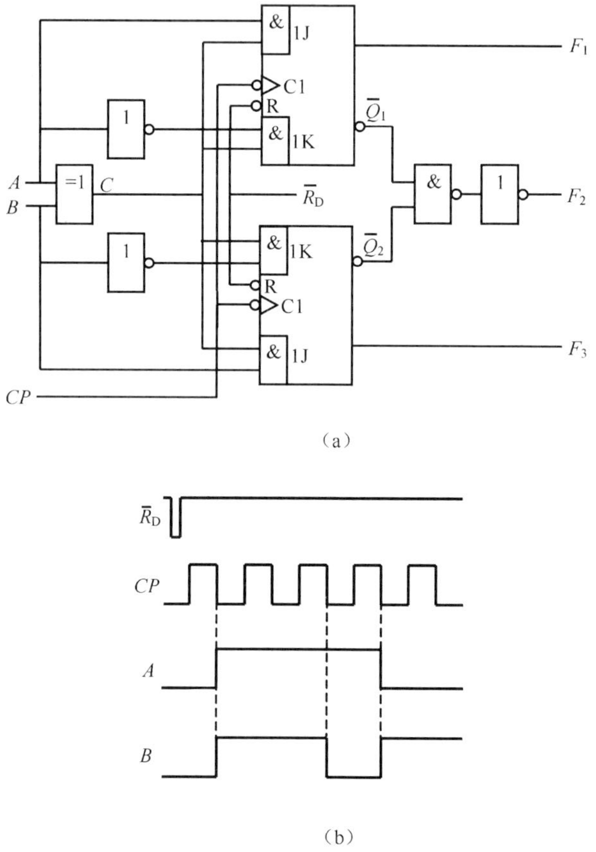

习题 4.36 图

习题 4.37　CMOS 主从 D 触发器如习题 4.37 图(a)所示。

(1) 试分析电路的工作原理。

(2) 已知输入信号 S_D、R_D、C 和 D 的波形如习题 4.37 图(b)所示，试画出 Q 端波形。

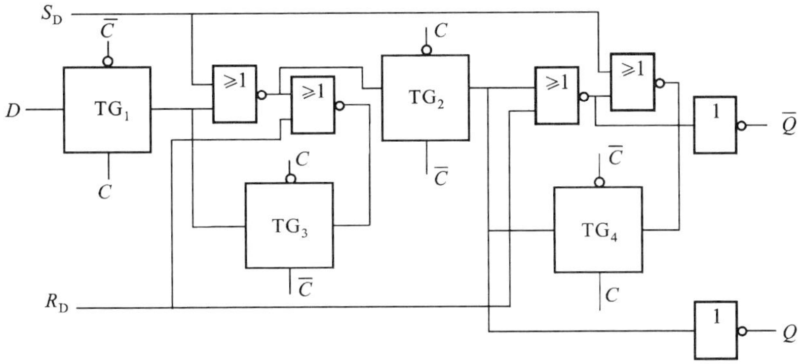

(a)

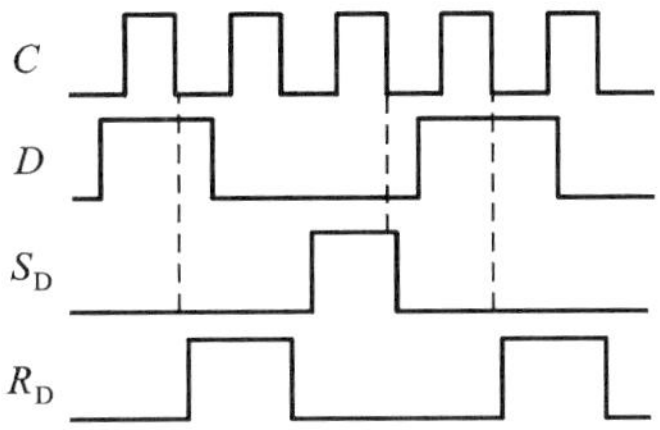

(b)

习题 4.37 图

习题 4.38　如习题 4.38 图(a)所示电路是一个未完成的逻辑电路，习题 4.38 图(b)给出该电路的 CP 和输出 u_O 的波形，试分析并完成该逻辑电路的连接。

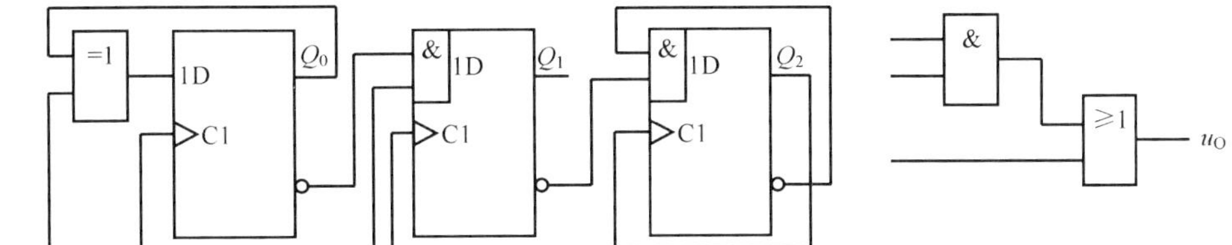

(a)

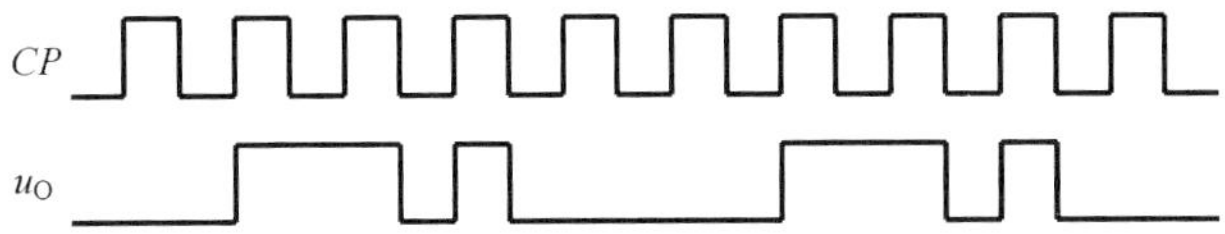

(b)

习题 4.38 图

习题 4.39　习题 4.39 图是一个序列信号发生器，它由一个计数器和一个 4 选 1 数据选择器构成。分析计数器的工作原理，确定电路的模和状态转换关系，确定在计数器输出控制下，数据选择器的输出序列。

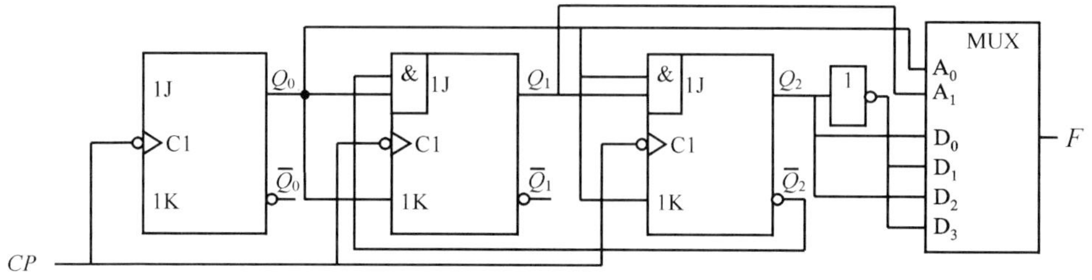

习题 4.39 图

习题 4.40　试导出习题 4.40 图所示电路的状态转换表及状态转换图。

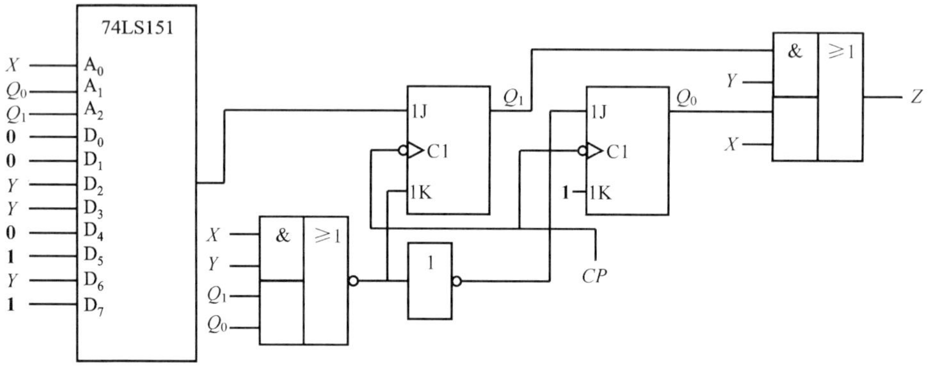

习题 4.40 图

习题 4.41　习题 4.41 图为 CMOS 传输门构成的基本触发器电路。它由两个传输门 TG_1、TG_2 和非门相连构成基本触发器。请分析工作原理，并说明该触发器的功能。

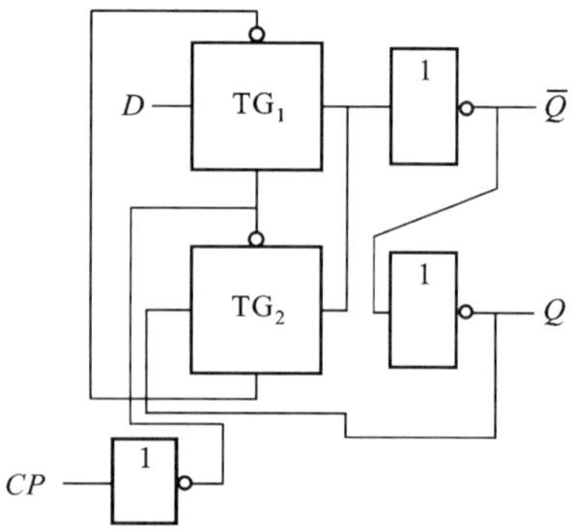

习题 4.41 图

第五章　常用时序集成电路模块及其应用

在第四章，学习了时序电路的基本概念和工作原理，重点介绍了小规模同步、异步时序电路的分析方法和设计方法与步骤。实际上在各种电路系统或仪器上处处可见这些电路的应用，因此它们被设计出具有不同功能的中规模模块，设计人员可以选用这些集成模块构成各种逻辑电路和系统。本章将通过介绍部分常用的中规模计数器、移位寄存器，让读者了解它们的工作原理，掌握用中规模芯片设计时序电路的方法。最后还引入了计数器、移位寄存器和第三章中介绍的中规模组合电路的混合电路分析方法。本章内容的掌握将为今后设计电路系统时熟练使用中规模时序集成电路奠定良好的基础。

第一节　计数器

计数器是用来计算输入脉冲数目的时序逻辑电路。它是用电路的不同状态来表示输入脉冲的个数，计数器所能表示状态数目的最大值称为模。它是数字系统中用途最广泛的基本电路之一。计数器的种类繁多，可以从不同的角度来分类。

第四章已经介绍了按进位方式、按进制方式分类方法，它还可以逻辑功能分类：可分为加法计数器、减法计数器和可逆计数器等。加法计数器的状态变化和数的依次累加相对应。减法计数器的状态变化和数的依次递减相对应。可逆计数器由控制信号实现相应状态的累加或递减，可实现加法或减法计数。

本节介绍的中规模集成计数器一般用四个集成触发器和若干个门电路经内部连接集成在一块硅片上，它是计数功能比较完善并能扩展的逻辑电路。

目前 TTL 和 MOS 电路构成的中规模集成计数器品种较多，应用广泛。它们分同步、异步两大类。其中各有模 16 和模 10 等不同进制的计数器，并且还分可逆与不可逆计数。另外，按预置清零功能还分同步预置、异步预置及同步清零、异步清零。这些计数器功能比较完善，而且还可以自扩展，通用性强。表 5.1.1 列出了部分常用集成计数器。

表 5.1.1　通用集成计数器

型号	计数方式	模及码制	逻辑方式	预制方式	复位方式	触发方式
74160	同步	模 10,8421BCD 码	加法	同步	异步	上升沿
74161	同步	模 16,二进制	加法	同步	异步	上升沿
74162	同步	模 10,8421BCD 码	加法	同步	同步	上升沿
74163	同步	模 16,二进制	加法	同步	同步	上升沿
74190	同步	模 10,8421BCD 码	单时钟,加/减	异步		上升沿
74191	同步	模 16,二进制	单时钟,加/减	异步		上升沿
74192	同步	模 10,8421BCD 码	双时钟,加/减	异步	异步	上升沿
74193	同步	模 16,二进制	双时钟,加/减	异步	异步	上升沿
CD4020	异步	模 2^{14},二进制	加法		异步	下降沿

一、4 位二进制同步计数器

(一) 4 位二进制同步计数器(异步清除)——74161

74161 是一种二进制可预置同步计数器,它采用四个主从 JK 触发器作为记忆单元,故又称为 4 位二进制同步计数器,图 5.1.1(a)所示是 74161 的逻辑符号,总定性符 CTRDIV16 表明它是模 16 计数器或分频器。图 5.1.1(b)为 74161 外引线功能端排列图。

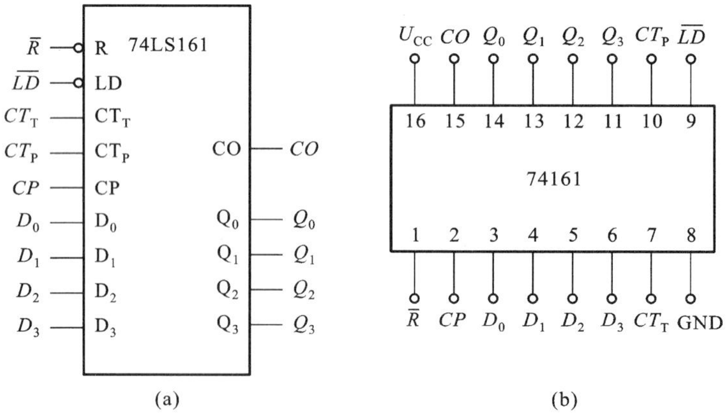

图 5.1.1　74161 的逻辑符号及外引线排列图

1. 异步清除

74161 计数器采用异步清除方式,当引线 $\overline{R}$ 为低电平时,计数器的输出端

$Q_0 \sim Q_3$ 就全部被复位为 **0**，计数器的输出呈现“**0000**”状态。$\overline{R}$为异步复位端。它与其他输入端信号（包括 CP 时钟信号）均无关。

2. 同步预置（送数）

74161 计数器具有并行输入数据的功能。当$\overline{LD}$为低电平时，为置数工作方式。在 CP 脉冲上升沿来到时，输出端反映输入数据 D_0、D_1、D_2 和 D_3 的状态。

3. 计数

当 $\overline{R}=\overline{LD}=\mathbf{1}$ 时，计数器处于计数工作方式，且 $CT_T=\mathbf{1}$、$CT_P=\mathbf{1}$ 时，计数器执行加 1 计数。在此计数状态下，74161 为一种典型的二进制同步计数器。计数脉冲由 CP 送入，电路状态按自然二进制码转换，Q_3 为最高位，Q_0 为最低位。当 CP 脉冲出现上升沿时，触发器翻转。当 CT_T 有效且计数器状态 $Q_3Q_2Q_1Q_0=\mathbf{1111}$ 时，进位输出 CO 引线输出高电平，即 $CO=CT_T \cdot Q_3Q_2Q_1Q_0$。这表示计数器的第 15 个计数脉冲作用后，计数器状态为 **1111**，且当 CT_T 有效时，进位输出 CO 为 **1**，信号为高电平的进位。当第 16 个计数脉冲作用后，计数器恢复到初始的全零状态。态序表如表 5.1.2 所示。

表 5.1.2 态 序 表

计数	输出			
N	Q_3	Q_2	Q_1	Q_0
0	**0**	**0**	**0**	**0**
1	**0**	**0**	**0**	**1**
2	**0**	**0**	**1**	**0**
3	**0**	**0**	**1**	**1**
4	**0**	**1**	**0**	**0**
5	**0**	**1**	**0**	**1**
6	**0**	**1**	**1**	**0**
7	**0**	**1**	**1**	**1**
8	**1**	**0**	**0**	**0**
9	**1**	**0**	**0**	**1**
10	**1**	**0**	**1**	**0**
11	**1**	**0**	**1**	**1**
12	**1**	**1**	**0**	**0**
13	**1**	**1**	**0**	**1**
14	**1**	**1**	**1**	**0**
15	**1**	**1**	**1**	**1**

4. 保持

74161 计数器有两种保持状态，当 $\overline{R}=\overline{LD}=\mathbf{1}$ 时，只要 CT_T、CT_P 中有一个为 **0**，无论 CP 端有无计数脉冲输入，各触发器均处于保持状态。

74161 的上述功能可用表 5.1.3 所示的功能表来描述。它的功能可以概括为异步复位、响应时钟上升沿同步预置功能的模 16 同步加法电路。

表 5.1.3 74161 功能表

输入									输出			
CP	$\overline{R}$	$\overline{LD}$	CT_P	CT_T	D_3	D_2	D_1	D_0	Q_3	Q_2	Q_1	Q_0
×	**0**	×	×	×	×	×	×	×	**0**	**0**	**0**	**0**
↑	**1**	**0**	×	×	D_3	D_2	D_1	D_0	D_3	D_2	D_1	D_0
×	**1**	**1**	**0**	×	×	×	×	×	保持			
×	**1**	**1**	×	**0**	×	×	×	×	保持			
↑	**1**	**1**	**1**	**1**	×	×	×	×	计数			

用 VHDL 可以相当容易地实现中规模集成芯片 74161，下面就是实现 4 位二进制计数器 74161 的程序。第三句用到的 IEEE. std _ logic _ arith. all 库包含无符号数 UNSIGNED，如果需要完成无符号数的加、减运算时，可用“ + ”和“ - ”运算。

在程序中，使用了一个中间信号 IQ，它是为了交换数据而设置的。如果直接用输出 Q，那么定义的输出必须为缓冲而不是输出。实体中的输入、输出信号对应 74161 的管脚定义。定义的 CR _ L 表示清零信号且为低电平有效。进入进程后的第一句是如果清零信号有效，则中间信号 IQ 全置为零，此时的程序不考虑时钟是否到来将输出清零，即为异步清零。

4 位二进制计数器 74161 可以完成 16 个状态的计数，若需要扩展完成 256 个状态的计数时，仅仅改动语句 UNSIGNED（3 downto 0）中的 3 为 7 和 IQ = 15 为 IQ = 255 即可。如果设计任意状态的计数，将上面提到的两个语句中的有关数值做相应的改变。4 位二进制计数器 74161VHDL 实现的编程如下：

```
LIBRARY IEEE
USE IEEE.std_logic_1164.all;
USE IEEE.std_logic_arith.all;
ENTITY v74LS161 IS
  PORT (CP,CR_L,LD_L,CTP,CTT:IN STD_LOGIC;
            D:IN UNSIGNED (3 DOWNTO 0);
            Q:OUT UNSIGNED (3 DOWNTO 0);
            CO:OUT STD_LOGIC);
END v74LS161;
ARCHITECTURE v74LS161_arch OF v74LS161 IS
SIGNAL IQ: UNSIGNED (3 DOWNTO 0);
BEGIN
PROCESS (CP,CTT,CR_L)
  BEGIN
   IF CR_L = '0' THEN IQ <= (OTHERS => '0');
   END IF;
   IF (CP'EVENT AND CP = '1') THEN
     IF LD_L = '0' THEN IQ <= D;
     ELSIF (CTT AND CTP) = '1' THEN IQ <= IQ + 1
     END IF;
     IF (IQ = 15) AND (CTT = '1') THEN CO <= '1';
     ELSE CO <= '0';
     END IF;
   END IF;
   Q <= IQ;
```

```
END PROCESS;
END v74LS161 __ arch;
```

用 VHDL 设计计数器不像中规模集成电路那样受到芯片的限制，它可以根据设计者的需求省略不需要的功能。例如：当设计者仅仅需要计数功能，不要求置数和清零功能，可在程序中删去不必要的语句，从而节约部分硬件资源。

74163 的外引线排列，它的置数，计数，保持等功能操作都与 74161 相同，仅仅是清零功能不同，74163 采用同步清零方式。当清零端$\overline{R}$为 **0** 时，不论送数控制端$\overline{LD}$和使能端 CT_T、CT_P 为任何状态，必须在时钟脉冲 CP 的上升沿来到时，所有触发器的输出 $Q_0Q_1Q_2Q_3$ 才被清零。在表 5.1.3 中将第一行 CP 列的 × 改为 ↑ 就是 74163 的逻辑符号，它表示 CP 到来以后$\overline{R}$有效，输出才清零。

（二）同步计数器的分析方法

一个 4 位二进制同步计数器可以连接成一个任意模数 $M(M \leqslant 16)$ 的计数器，连接方法有三种。

1. 同步预置法

以 $M=10$ 为例说明同步预置法。图 5.1.2(a)为 $M=10$ 计数器的外部连接图。先对计数器置数“6”(**0110**)，并以此为初态开始计数。当第 9 个计数脉冲作用后，计数器输出状态为 **1111** 时，进位输出 $CO=\mathbf{1}$，用 CO 发出的高电平经反相器反馈给预置控制端，使$\overline{LD}=\mathbf{0}$，等到第 10 个计数脉冲作用后，计数器预置成初态 **0110**，完成一个循环。其态序表如表 5.1.4 所示。它是选用模 16 计数器的后 10 个状态为有效状态，前 6 个状态为无效状态。若改用前 10 个状态为有效状态时（后 6 个状态为无效状态），其逻辑电路外部连接图如图 5.1.2(b)所示，请读者自己分析其工作原理。

表 5.1.4 态 序 表

计数 N	输出 Q_3	Q_2	Q_1	Q_0
0	**0**	**1**	**1**	**0** ←
1	**0**	**1**	**1**	**1**
2	**1**	**0**	**0**	**0**
3	**1**	**0**	**0**	**1**
4	**1**	**0**	**1**	**0**
5	**1**	**0**	**1**	**1**
6	**1**	**1**	**0**	**0**
7	**1**	**1**	**0**	**1**
8	**1**	**1**	**1**	**0**
9	**1**	**1**	**1**	**1** → (返回 0)

在图 5.1.2 中，因为采用同步预置方法，所以可以选 74161 或 74163。

上述两种利用反馈的方法，使计数器返回到预置的初态，从而将大模数计数器修改为小模数计数器，称为同步预置法。采用同步预置的方法还可以构成模数更大的计数器，例如用两级 74161 或两级 74163 及少量**与非**门组成一个计数由 1 至 24 循环的 $M=24$ 的分频器。

因$(24)_{10}=(\mathbf{11000})_2$，所以用两片同步二进制计数器才能组成 $M=24$ 的分频器。为构成同步式计数链，必须利用计数控制端 CT_T、CT_P。只有低位片(1)有溢出（即 $CO=\mathbf{1}$），高位片(2)才能计数。运用反馈预置法实现由 1 至 24 循环，电路

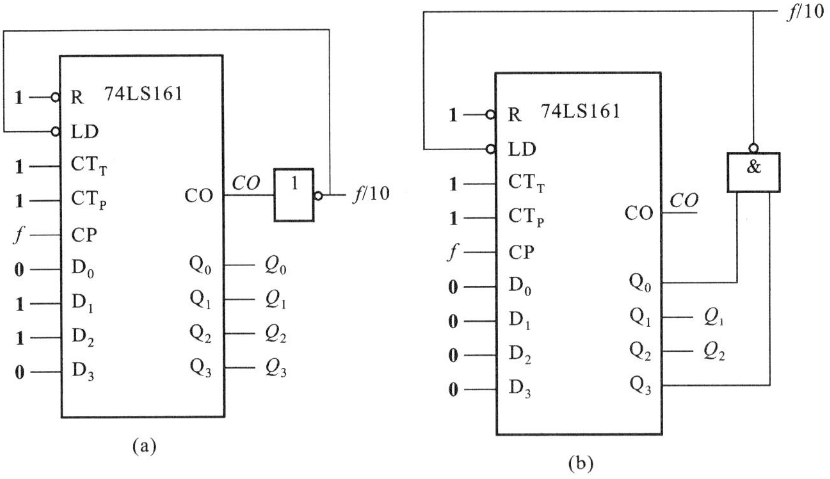

图 5.1.2　$M=10$ 计数器的逻辑图

外部连接图如图 5.1.3 所示。为使电路初态为 **1**,必须在计数前进行同步预置。

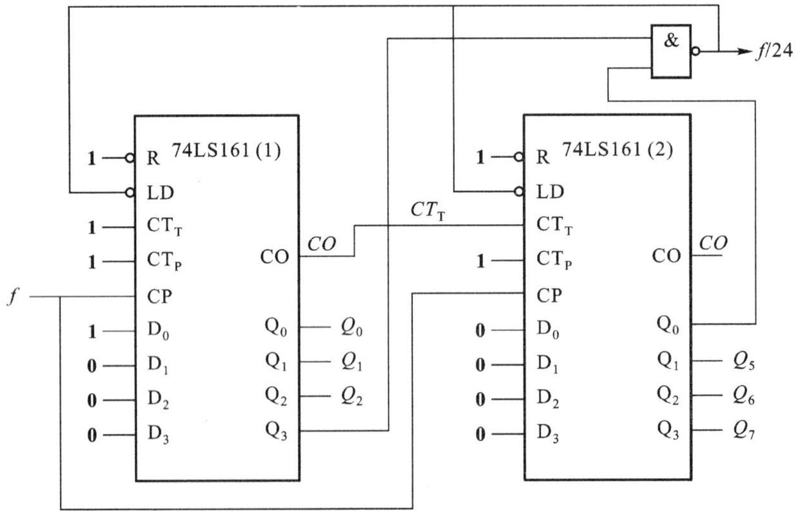

图 5.1.3　1 ~ 24 循环的 $M=24$ 分频器

2. 多次预置数法

利用同步计数器的同步预置功能,使计数和预置功能交替进行而达到任意模数 M 计数的方法。图 5.1.4 为 $M=10$ 的外部连接图,表 5.1.5 为其态序表。

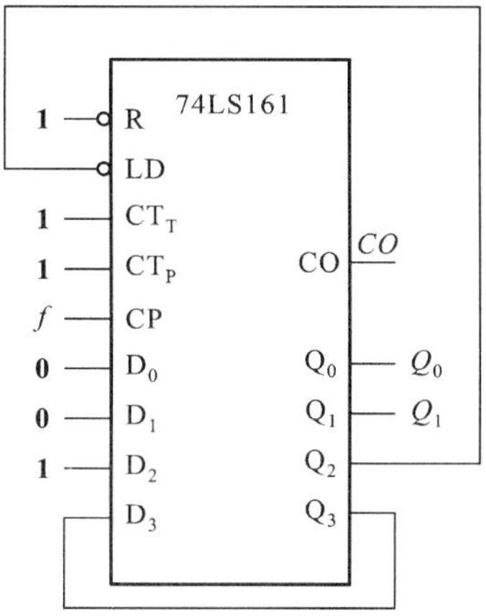

图 5.1.4 多次预置计数器

表 5.1.5 $M=10$ 态序表

计数	输	出		
N	Q_0	Q_1	Q_2	Q_3
0	**0**	**0**	**0**	**0**
1	**0**	**0**	**1**	**0**
2	**1**	**0**	**1**	**0**
3	**0**	**1**	**1**	**0**
4	**1**	**1**	**1**	**0**
5	**0**	**0**	**0**	**1**
6	**0**	**0**	**1**	**1**
7	**1**	**0**	**1**	**1**
8	**0**	**1**	**1**	**1**
9	**1**	**1**	**1**	**1**

上面介绍的是用中规模芯片 74161 实现的多次预置的十进制计数器，多次预置也可用 VHDL 实现，并且可省去 74161 的许多其他功能，以便节省硬件资源，例如设计集成电路时，将实体中 CTT、CTP、CR_L、CO 和 LD_L 信号略掉，设计成的集成模块就不需要像 74161 具备的使能、清零、进位、预置等信号了。多次预置十进制计数器 VHDL 程序如下：

```
LIBRARY IEEE
USE IEEE.std_logic_1164.all;
USE IEEE.std_logic_arith.all;
ENTITY count10 IS
  PORT (CP:IN STD_LOGIC;
        Q:OUT STD_LOGIC_VECTOR (3 DOWNTO 0));
END count10;
ARCHITECTURE count10_arch OF count10 IS
BEGIN
PROCESS
  VARIABLE IQ: STD_LOGIC_VECTOR (3 DOWNTO 0);
  BEGIN
   WAIT UNTIL CP'EVENT AND CP = '1' ;
   IF IQ  ="1111"THEN IQ  ="0000";
   ELSIF
   IQ (2) = '0'THEN IQ (2 DOWNTO 0): ="100";
   ELSE IQ: = IQ +1;
   END IF;
```

```
        Q <= IQ;                                    —19
    END PROCESS;                                    —20
    END count10__arch;                              —21
```

在上述程序中,虽然没有在结构体中设置中间信号,但在进程说明区设置了中间变量,用中间变量传递信号。程序 13 句表示当时钟 CP 上升沿到时,进入进程语句。程序 14 句为当中间变量 $IQ=15$ 时,时钟上升沿到后中间变量清零。多次预置的 VHDL 程序关键在于 16 句。当 $IQ(2)='0'(Q_2=\mathbf{0})$ 时,有两种情况:(1)当 $Q_3Q_2Q_1Q_0=\mathbf{0000}$ 时($Q_2=\mathbf{0}$),第一次预置 $Q_3Q_2Q_1Q_0=\mathbf{0100}$,然后开始加 1 计数。(2)加 1 计数到 $Q_3Q_2Q_1Q_0=\mathbf{1000}$ 时($Q_2=\mathbf{0}$),第二次预置 $Q_3Q_2Q_1Q_0=\mathbf{1100}$,然后再开始加 1 计数。通过这样的两次预置,不断地 10 个状态循环完成 10 进制的计数。

从上面的程序可以看出,这是一个同步预置的计数器,因为当预置时,首先要考虑时钟是否到来的因素,显然这个程序也适应集成电路计数器 74163。由此可以联想到,一个用 VHDL 程序设计出的模 n 计数器可以代替或适用各种计数器,显然用 VHDL 程序设计计数器有其独到之处。

3. 反馈清零法

74161 计数器是采用直接清零方式工作,利用直接清零输入端 $\overline{R}$,按图 5.1.5(a)所示连接方法可以实现 $M=12$ 的计数器,其态序表如表 5.1.6 所示,当第 12 个计数脉冲作用后,电路进入 $Q_3Q_2Q_1Q_0=\mathbf{1100}$ 状态时,计数器便被直接置成全 **0** 状态(不受计数脉冲控制),因而 **1100** 不能作为计数器的一个状态,称为过渡状态,在态序表中由虚线框出,故此电路 $M=12$。

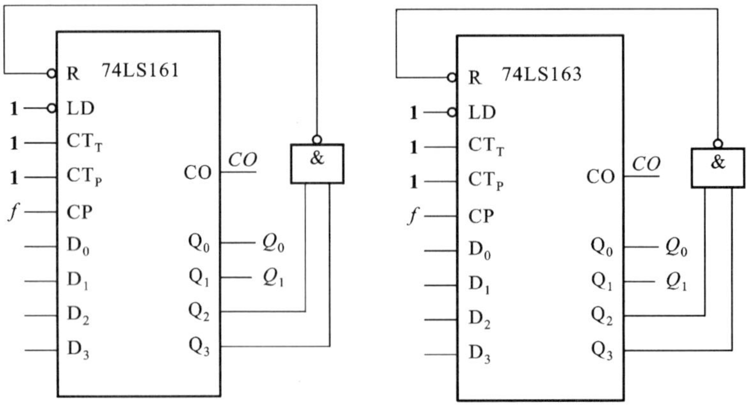

(a) 用 74161 连接的 $M=12$ 的计数器　　(b) 用 74163 连接的 $M=13$ 的计数器

图 5.1.5　采用清零方式连接的计数器

74163 具有同步清零功能，图 5.1.5(b)所示电路与图 5.1.5(a)连接方法是一样的，但当计到 **1100** 状态时，清零端 $\overline{R}=\overline{Q_3Q_2}=\mathbf{0}$，在下一个计数脉冲到来时，将计数器恢复为全 **0** 状态，所以 $M=13$，其态序表如表 5.1.7 所示。

表 5.1.6　态　序　表

计数 N	Q_3	Q_2	Q_1	Q_0
0	**0**	**0**	**0**	**0**
1	**0**	**0**	**0**	**1**
2	**0**	**0**	**1**	**0**
3	**0**	**0**	**1**	**1**
4	**0**	**1**	**0**	**0**
5	**0**	**1**	**0**	**1**
6	**0**	**1**	**1**	**0**
7	**0**	**1**	**1**	**1**
8	**1**	**0**	**0**	**0**
9	**1**	**0**	**0**	**1**
10	**1**	**0**	**1**	**0**
11	**1**	**0**	**1**	**1**
12	**1**	**1**	**0**	**0**

表 5.1.7　态　序　表

计数 N	Q_3	Q_2	Q_1	Q_0
0	**0**	**0**	**0**	**0**
1	**0**	**0**	**0**	**1**
2	**0**	**0**	**1**	**0**
3	**0**	**0**	**1**	**1**
4	**0**	**1**	**0**	**0**
5	**0**	**1**	**0**	**1**
6	**0**	**1**	**1**	**0**
7	**0**	**1**	**1**	**1**
8	**1**	**0**	**0**	**0**
9	**1**	**0**	**0**	**1**
10	**1**	**0**	**1**	**0**
11	**1**	**0**	**1**	**1**
12	**1**	**1**	**0**	**0**

二、同步计数器的级联

若干片同步计数器组成同步计数链时，就要利用计数控制端 CT_T、CT_P 传递进位信号。图 5.1.6 所示三片 74161 或 74163 组成的模 2^{12} 计数器电路中，高位

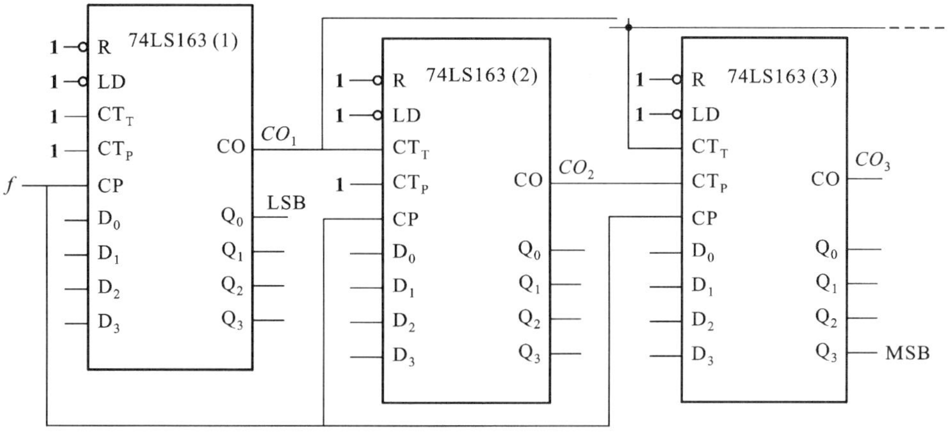

图 5.1.6　模 $M=2^{12}$ 计数器

片计数的条件是：必须使 $CT_T \cdot CT_P = \mathbf{1}$，因此只有等低位片输出为全 **1**，其进位输出 $CO = \mathbf{1}$ 时才能使高位片在输入下一个计数脉冲后接收进位信号开始计数，否则只能为保持状态。

三、可逆计数器

（一）电路及功能

TTL 中规模可逆计数器主要有两类，一类是单时钟控制的可逆计数器，适用于计数速度较快的系统。另一类为双时钟控制的可逆计数器，即加计数、减计数分开控制的计数器，这两类可逆计数器应用都比较广泛。图 5.1.7 为 74193 双时钟可逆计数器。

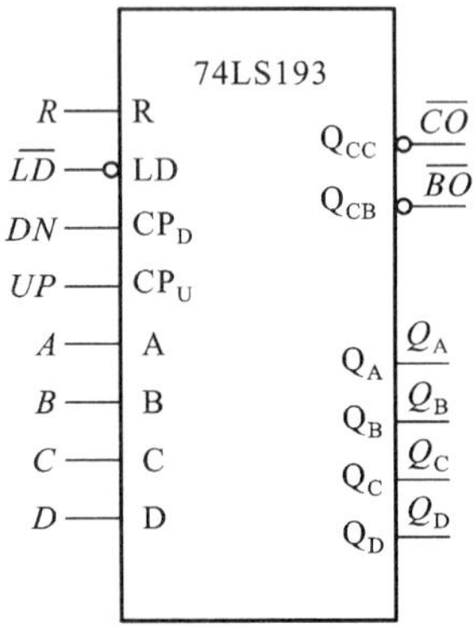

(a) 逻辑符号

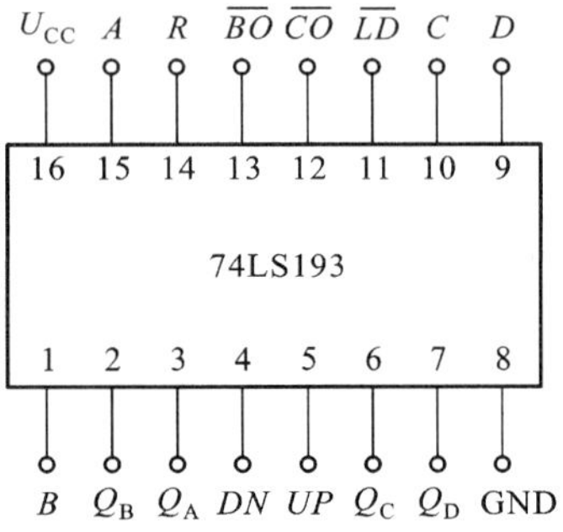

(b) 功能端外引线排列图

图 5.1.7　74193 双时钟可逆计数器

74193 为双时钟输入 4 位二进制同步可逆计数器，其符号图见图 5.1.7(a)，功能端外引线排列图见图 5.1.7(b)。

74193 的功能可以概括为异步复位、响应时钟脉冲上升沿的同步预置功能的可逆模 16 同步加法电路。74193 的上述功能可用表 5.1.8 所示的功能表来描述，加法（减法）计数真值表见表 5.1.9。

加法计数时，进位输出 $\overline{CO} = \overline{UP \cdot Q_A \cdot Q_B \cdot Q_C \cdot Q_D}$；

减法计数时，借位输出 $\overline{BO} = \overline{DN \cdot \overline{Q}_A \cdot \overline{Q}_B \cdot \overline{Q}_C \cdot \overline{Q}_D}$。

从功能表可分析得出，74193 具有异步清零（$R = \mathbf{1}$，高电平清零）和异步预置功能（$R = \overline{LD} = \mathbf{0}$），不受时钟脉冲影响。

表 5.1.8　74193 功能表

输入								输出			
UP	DN	R	$\overline{LD}$	A	B	C	D	Q_A	Q_B	Q_C	Q_D
×	×	**1**	×	×	×	×	×	**0**	**0**	**0**	**0**
×	×	**0**	**0**	A	B	C	D	A	B	C	D
↑	**1**	**0**	**1**	×	×	×	×	加法计数			
1	↑	**0**	**1**	×	×	×	×	减法计数			
1	**1**	**0**	**1**	×	×	×	×	保　持			

表 5.1.9　74193 计数真值表

Q_A	**0**	**1**	**0**	**1**	**0**	**1**	**0**	**1**	**0**	**1**	**0**	**1**	**0**	**1**	**0**	**1**
Q_B	**0**	**0**	**1**	**1**	**0**	**0**	**1**	**1**	**0**	**0**	**1**	**1**	**0**	**0**	**1**	**1**
Q_C	**0**	**0**	**0**	**0**	**1**	**1**	**1**	**1**	**0**	**0**	**0**	**0**	**1**	**1**	**1**	**1**
Q_D	**0**	**0**	**0**	**0**	**0**	**0**	**0**	**0**	**1**	**1**	**1**	**1**	**1**	**1**	**1**	**1**
$\overline{CO}$	**1**	**1**	**1**	**1**	**1**	**1**	**1**	**1**	**1**	**1**	**1**	**1**	**1**	**1**	**1**	**0**
$\overline{BO}$	**0**	**1**	**1**	**1**	**1**	**1**	**1**	**1**	**1**	**1**	**1**	**1**	**1**	**1**	**1**	**1**

（二）功能扩展

1. 构成模数为 M 的计数器

利用双时钟计数器的减法计数的借位输出端$\overline{BO}$或加法计数的进位输出端$\overline{CO}$接到置数控制端$\overline{LD}$即可以将数据直接置入相应的触发器。因此，改变置数端的数码，便可以连成模数为 M 的计数器。图 5.1.8 是当并行输入数据为 **1001** 时连成 $M=9$ 减法计数器的连接图。

图 5.1.9 为预置数据 **0110** 时的模 9 加计数器连接图。态序表分别示于表 5.1.10 与表 5.1.11。

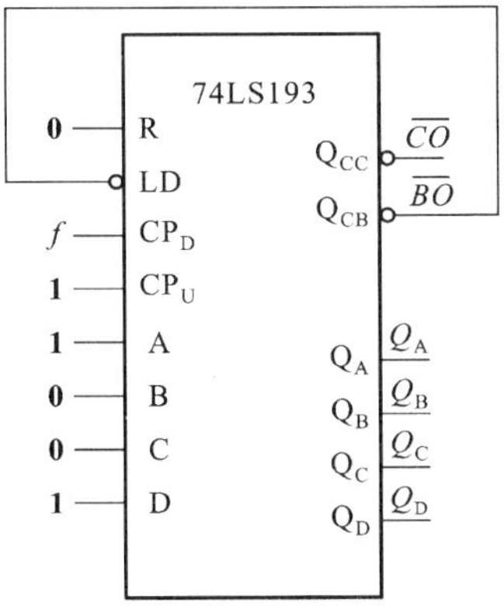

图 5.1.8　模 9 减计数器连接图

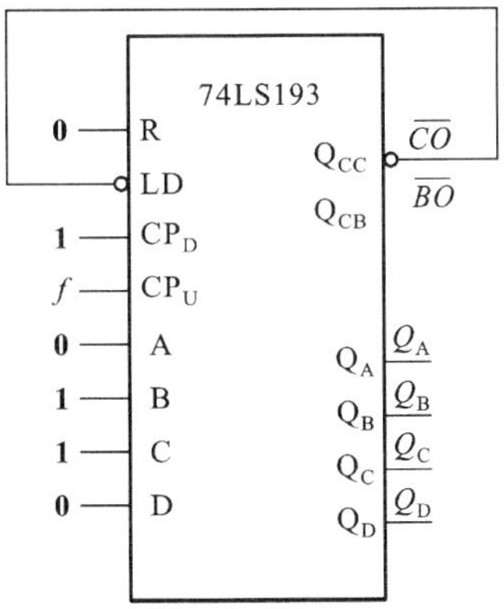

图 5.1.9　模 9 加计数器连接图

表 5.1.10　态　序　表

计数 N	输出 Q_D	Q_C	Q_B	Q_A
0	**1**	**0**	**0**	**1**
1	**1**	**0**	**0**	**0**
2	**0**	**1**	**1**	**1**
3	**0**	**1**	**1**	**0**
4	**0**	**1**	**0**	**1**
5	**0**	**1**	**0**	**0**
6	**0**	**0**	**1**	**1**
7	**0**	**0**	**1**	**0**
8	**0**	**0**	**0**	**1**
9	**0**	**0**	**0**	**0**

表 5.1.11　态　序　表

计数 N	输出 Q_D	Q_C	Q_B	Q_A
0	**0**	**1**	**1**	**0**
1	**0**	**1**	**1**	**1**
2	**1**	**0**	**0**	**0**
3	**1**	**0**	**0**	**1**
4	**1**	**0**	**1**	**0**
5	**1**	**0**	**1**	**1**
6	**1**	**1**	**0**	**0**
7	**1**	**1**	**0**	**1**
8	**1**	**1**	**1**	**0**
9	**1**	**1**	**1**	**1**

2. 串接成异步计数器

如图 5.1.10 所示。电路各集成片组成异步方式工作,只有低位片溢出时,高位片才有时钟作用。

3. 多片计数器可以实现多位计数器

一个模数 $M=(147)_{10}=(\mathbf{10010011})_2$ 的加法计数器的连接图见图 5.1.11,作减法计数时的连接图如图 5.1.12 所示。

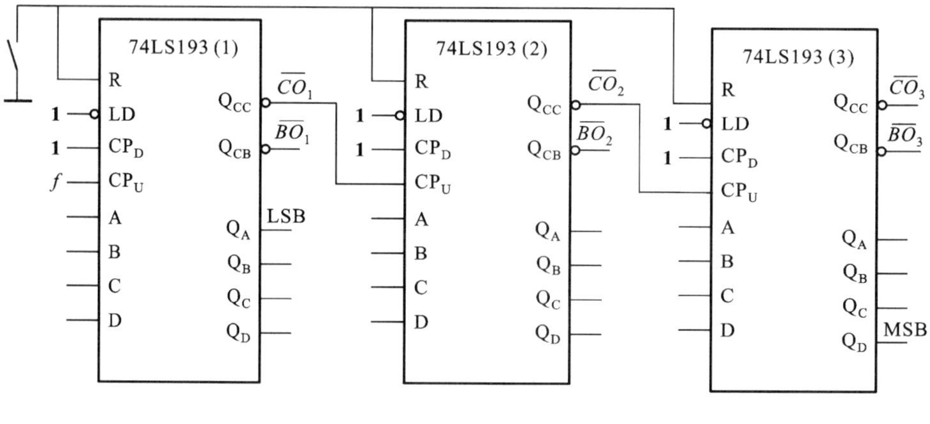

图 5.1.10　异步串接的计数器

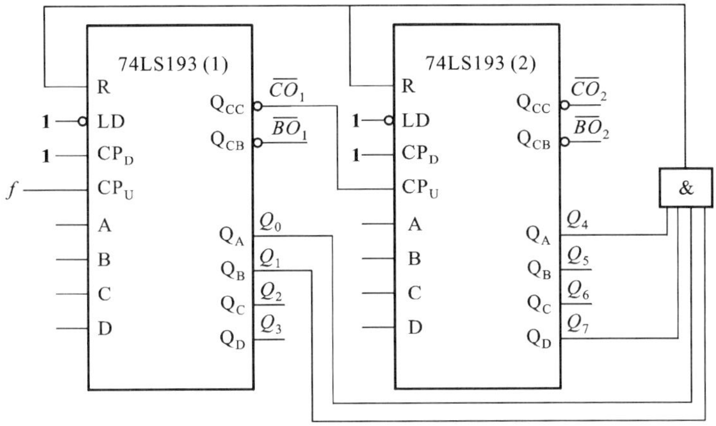

图 5.1.11 用 74193 作加法计数构成模 $M=147$ 的计数器

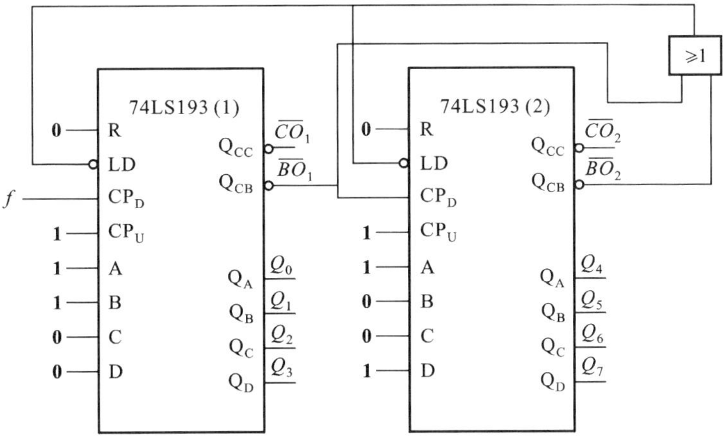

图 5.1.12 用 74193 作减法计数构成模 $M=147$ 的计数器

四、异步计数器

二－五－十进制计数器 74290、CT210 是一种较为典型的异步计数器，其符号图和功能端外引线排列图见图 5.1.13(a)与图 5.1.13(b)。功能表和计数真值表分别示于表 5.1.12 和表 5.1.13。

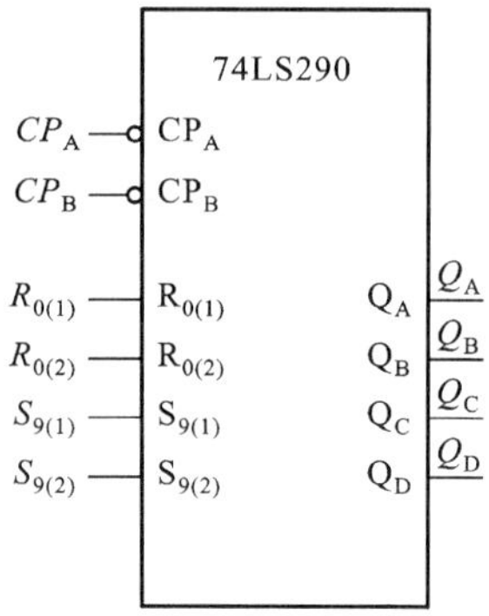

(a) 逻辑符号

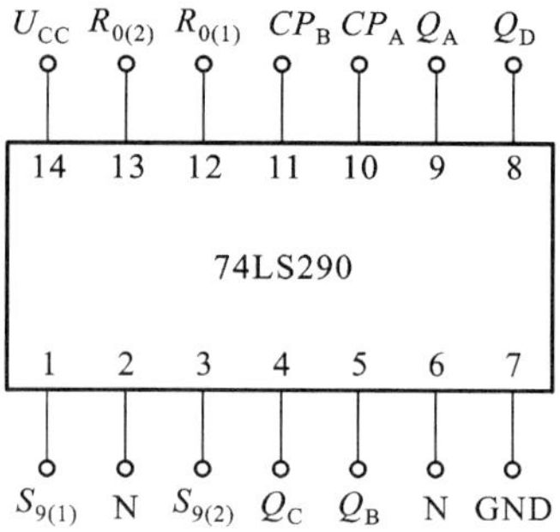

(b) 功能端外引线排列图

图 5.1.13　74290 二－五－十进制计数器

表 5.1.12　74290 功能表

输入					输出			
CP	$R_{0(1)}$	$R_{0(2)}$	$S_{9(1)}$	$S_{9(2)}$	Q_A	Q_B	Q_C	Q_D
×	**1**	**1**	**0**	×	**0**	**0**	**0**	**0**
	1	**1**	×	**0**	**0**	**0**	**0**	**0**
	×	×	**1**	**1**	**1**	**0**	**0**	**1**
↓	×	**0**	×	**0**	计数			
	0	×	**0**	×				
	0	×	×	**0**				
	×	**0**	**0**	×				

表 5.1.13　74290 计数真值表

计数	8421BCD 码①				5421BCD 码②			
	Q_D	Q_C	Q_B	Q_A	Q_A	Q_D	Q_C	Q_B
0	**0**	**0**	**0**	**0**	**0**	**0**	**0**	**0**
1	**0**	**0**	**0**	**1**	**0**	**0**	**0**	**1**
2	**0**	**0**	**1**	**0**	**0**	**0**	**1**	**0**
3	**0**	**0**	**1**	**1**	**0**	**0**	**1**	**1**
4	**0**	**1**	**0**	**0**	**0**	**1**	**0**	**0**
5	**0**	**1**	**0**	**1**	**1**	**0**	**0**	**0**

续表

计数	8421BCD 码①				5421BCD 码②			
	Q_D	Q_C	Q_B	Q_A	Q_A	Q_D	Q_C	Q_B
6	**0**	**1**	**1**	**0**	**1**	**0**	**0**	**1**
7	**0**	**1**	**1**	**1**	**1**	**0**	**1**	**0**
8	**1**	**0**	**0**	**0**	**1**	**0**	**1**	**1**
9	**1**	**0**	**0**	**1**	**1**	**1**	**0**	**0**

① 在外部将 Q_A 和 CP_B 连接

② 在外部将 Q_D 和 CP_A 连接

（一）功能分析

1. 电路结构

二－五－十进制计数器的整个电路内部分为两个独立的计数单元。

（1）第一个计数单元构成模 2 计数器。

（2）第二个计数单元构成模 5 异步计数器。

当作为十进制计数器时，可将这两个独立的计数单元按表 5.1.13 所示采用两种方式组合而成。

2. 电路功能

（1）置 9（输出为 **1001**）。当 $S_{9(1)}$、$S_{9(2)}$ 全为高电平时，第一个二进制计数单元输出为 1，同时第二个计数单元输出为 4（**100**），即输出为 $Q_DQ_CQ_BQ_A$ = **1001**，实现置 9 功能。

（2）直接清零。$S_{9(1)}$、$S_{9(2)}$ 有低电平时，且当 $R_{0(1)}$、$R_{0(2)}$ 全为高电平，使计数器强制置 0，实现清零功能。

（3）计数。当 $R_{0(1)}$、$R_{0(2)}$ 及 $S_{9(1)}$、$S_{9(2)}$ 输入有低电平时，实现某种进制的计数。因此在使用时务必按功能表的要求，使 R_0、S_9 各输入端的电平满足给定的条件，有 CP 下降沿即可计数。

（二）功能扩展

中规模异步计数器 74290 设置多输入端的目的是为了扩展其逻辑功能，通过电路外部不同方式的连接，可以获得任意模数 M 的计数器。

例如使 $M=6$，可以将 74290 的 Q_B、Q_C 分别和复位端 $R_{0(1)}$、$R_{0(2)}$ 相连接，计数器初态为 0，当计数脉冲 $N=6$，输出 $Q_DQ_CQ_BQ_A$ = **0110** 时，计数器立即返回 0 状态，从而实现 $M=6$ 的计数功能。其态序表见表 5.1.14，连接图如图 5.1.14 所示，波形图如图 5.1.15 所示。

表 5.1.14　$M=6$ 态序表

计数 N	Q_A	Q_B	Q_C	Q_D
0	**0**	**0**	**0**	**0**
1	**1**	**0**	**0**	**0**
2	**0**	**1**	**0**	**0**
3	**1**	**1**	**0**	**0**
4	**0**	**0**	**1**	**0**
5	**1**	**0**	**1**	**0**
6	**0**	**1**	**1**	**0**

表 5.1.15　$M=7$ 态序表

计数 N	Q_A	Q_B	Q_C	Q_D
0	**0**	**0**	**0**	**0**
1	**1**	**0**	**0**	**0**
2	**0**	**1**	**0**	**0**
3	**1**	**1**	**0**	**0**
4	**0**	**0**	**1**	**0**
5	**1**	**0**	**1**	**0**
6	**0**	**1**	**1**	**0**
	1	**0**	**0**	**1**

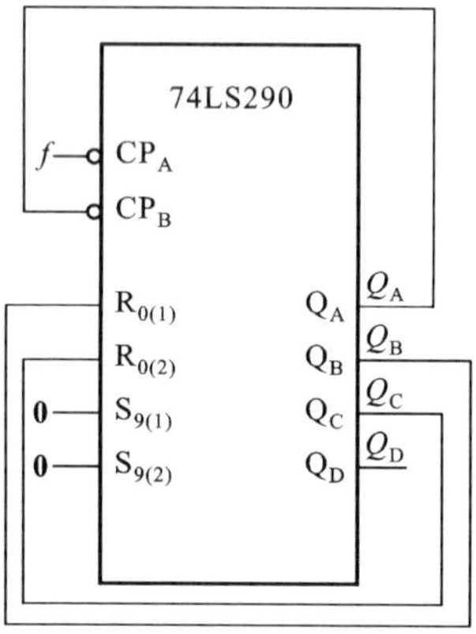

图 5.1.14　$M=6$ 计数器连接图

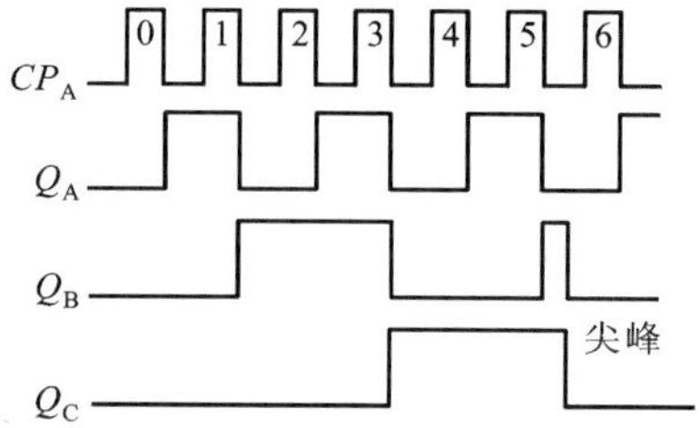

图 5.1.15　$M=6$ 计数器工作波形图

合理利用 S_9 输入端，也可构成任意模数的计数器。如欲使 $M=7$，可将 Q_B、Q_C 与 $S_{9(1)}$、$S_{9(2)}$ 相连，计数器初态为 0，计数到 $Q_DQ_CQ_BQ_A=$ **0110**(6)时，将计数器置成 **1001**，下一个 CP 脉冲到来，使计数器回到全 0，构成 $M=7$ 的计数器，连接线路见图 5.1.16 所示，态序表见表 5.1.15。

如果欲按 5421 编码构成 $M=10$ 的计数器，只需将 74290 输出端 Q_D 连接到 CP_A 输入端，输入计数脉冲 CP 送至 CP_B 输入端，如图 5.1.17 所示，则 Q_A 成为最高位。这时 Q_A 对 CP 为十分频脉冲。其工作波形图见图 5.1.18 所示。

图 5.1.19 所示计数器 $M=88$。当个位和十位均计数到最大数 8(**1000**)时，两个 74290 的 Q_D 端都为 **1**，从而门 G_1 输出 E 由 **1** 变 **0**，使基本 RS 触发器置 **1**($A=$**1**，$B=$**0**)。因而使计数器 74290(1)和 74290(2)清零，达到 $M=88$ 计数的目的。清零后，在下一个 CP 脉冲的前沿来到时，使基本 RS 触发器清零，计数又重新开始。

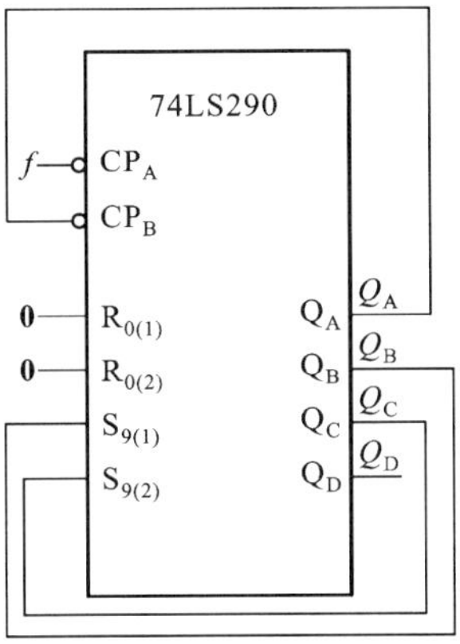

图 5.1.16 $M=7$ 计数器连接图

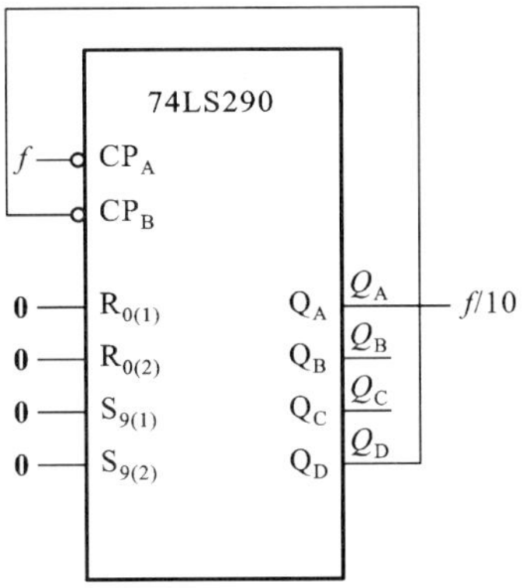

图 5.1.17 5421 码十进制计数器连接图

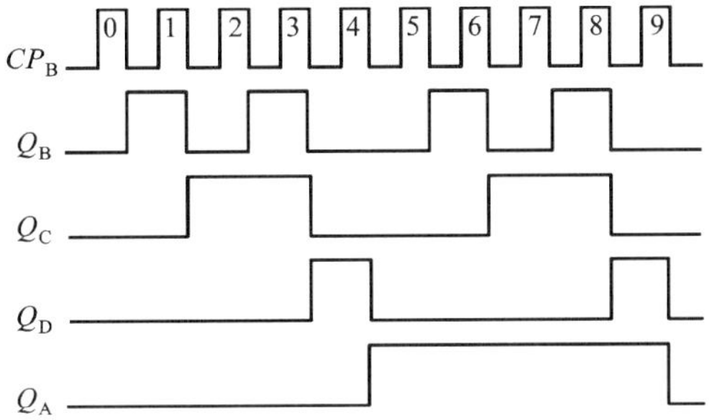

图 5.1.18 5421 码十进制计数器波形图

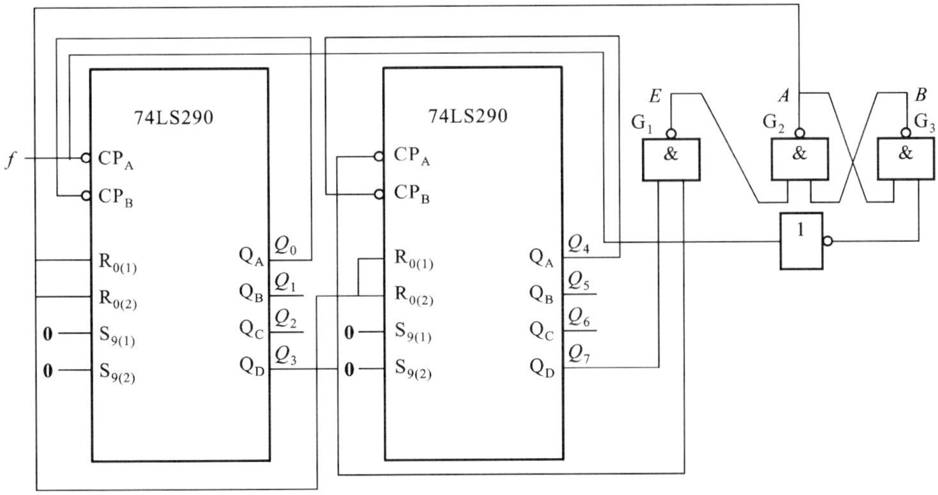

图 5.1.19 模 $M=88$ 计数器连接图

五、CMOS 集成计数器

国产 CMOS 中、大规模集成电路的产品已有许多种，其中计数器类的品种就多于 TTL。下面我们分析两个 CMOS 中规模集成电路：二 - 十六进制同步加计数器 CC186。

图 5.1.20 是 CC186 的逻辑符号。图 5.1.20 的时序块部分是由 4 个计数型触发器组成的二进制串行计数器。CC186 有一个清零端 R，表示此信号为高电平（不考虑任何时钟的情况）就可使计数器各输出端全部为低电平。当 CC186 输入 EN 为高电平，CP 时钟且为上升沿时，计数器作加 1 计数。CP 为低电平，EN 作为时钟且为下降沿时，计数器作加 1 计数。表 5.1.16 列出了 CC186 的功能表。

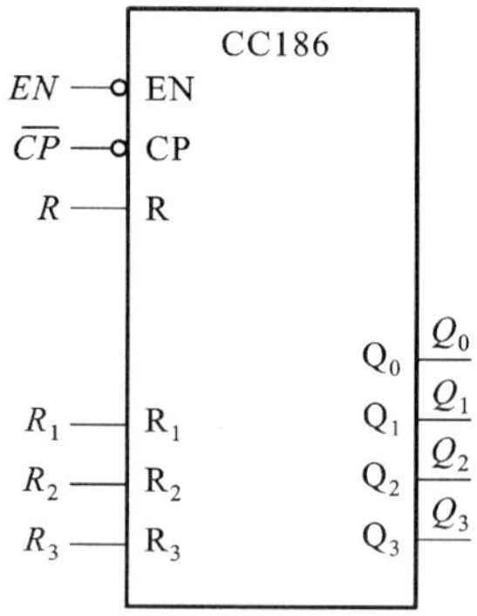

图 5.1.20　CC186 逻辑符号

表 5.1.16　CC186 功能表

CP	EN	R	功　能
↑	1	0	加 1 计数
0	↓	0	加 1 计数
↓	×	0	不计数
×	↑	0	不计数
↑	0	0	不计数
1	↓	0	不计数
×	×	1	$Q_0 \sim Q_3 = 0$

输入端 R_1、R_2 和 R_3 可使 CC186 不需外加电路就能实现二 - 十六任意进制计数，只需将适当的 Q 输出端反馈连接到 R_1、R_2 和 R_3。$R_1 \sim R_3$ 如果有多余端不用，可接高电平。表 5.1.17 列出了 CC186 作二 - 十六任意进制外引线连接表。

表 5.1.17　CC186 作任意进制计数外引线连接表

进制	反馈输入端			进制	反馈输入端		
	R_1	R_2	R_3		R_1	R_2	R_3
二	U_{SS}	U_{SS}	U_{SS}	五	Q_2	U_{DD}	U_{DD}
三	Q_1	U_{DD}	U_{DD}	六	Q_0	Q_2	U_{DD}
四	U_{SS}	U_{SS}	U_{SS}	七	Q_1	Q_2	U_{DD}

续表

进制	反馈输入端			进制	反馈输入端		
	R_1	R_2	R_3		R_1	R_2	R_3
八	U_{SS}	U_{SS}	U_{SS}	十三	Q_2	Q_3	U_{DD}
九	Q_3	U_{DD}	U_{DD}	十四	Q_0	Q_2	Q_3
十	Q_0	Q_3	U_{DD}	十五	Q_1	Q_2	Q_3
十一	Q_1	Q_3	U_{DD}	十六	U_{SS}	U_{SS}	U_{SS}
十二	Q_0	Q_1	Q_3				

CC186 主要用作分频和任意进制计数。图 5.1.21 是用两块 CC186 组成的六十进制加法计数器。按表 5.1.17 所示的连接要求，将第一块 CC186 接成十进制计数器，将第二块 CC186 接成六进制计数器，然后将这两块电路级联起来，就构成了六十进制计数器。需要指出的是，第一块 CC186 要由 Q_3 输出与第二块的 EN 端连接。即第二块 CC186 是用下降沿触发，只有这样才能由第一块得到十分频。

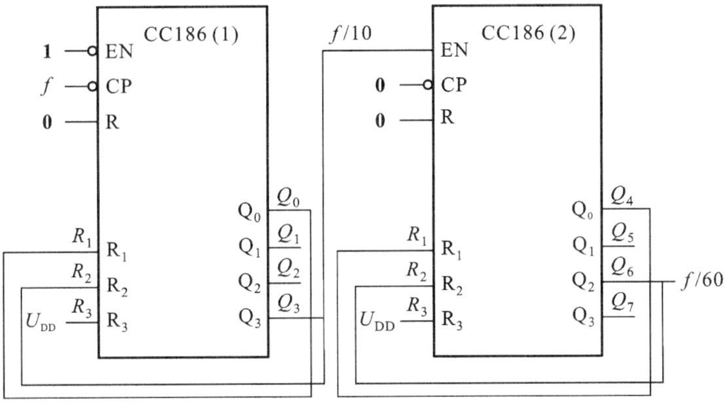

图 5.1.21　用 CC186 连接的六十进制加法计数器

第二节　寄存器与移位寄存器

寄存器与移位寄存器均是数字系统中常见的主要器件，寄存器用来存放二进制数码或信息，移位寄存器除具有寄存器的功能外，还可将数码移位。

一、寄存器

寄存器的功能是存放二进制数码，就必须具有记忆单元即触发器，每个触发器能存放 1 位二进制码，存放 N 位数码就应具备 N 个触发器。寄存器为了保证正常存数，还必须有适当的门电路组成控制电路。

图 5.2.1 是由基本 RS 触发器和控制门组成的 2 位代码寄存器。图(a)为双拍工作方式，先由负脉冲清零，再由正脉冲接收输入代码；图(b)是单拍工作方式，不需要事先清零。凡有置 **0**、置 **1** 功能的各种结构触发器均可作寄存器。

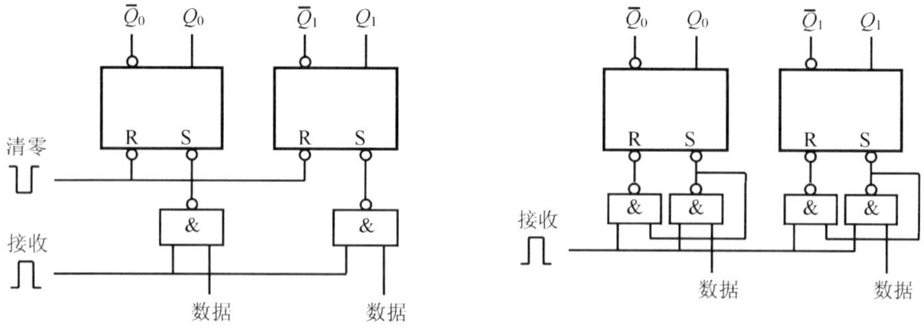

(a) 双拍工作方式　　(b) 单拍工作方式

图 5.2.1　2 位代码寄存器

图 5.2.2 是中规模寄存器 74175 逻辑符号，它由四个 D 型触发器（具有公共清零端）构成。这种类型的寄存器是一种较为典型的逻辑暂存器件，逻辑结构简单，但应用面甚广。其中逻辑符号端 $\overline{R}$ 表示由此输入信号 $\overline{R}$ 为低电平时，输出原端立即清零。当清零信号 $\overline{R}$ 无效时，在 CP 上升沿作用下，将输入端 $D_0 \sim D_3$ 的数码送至触发器保存。若 CP 非上升沿时，触发器状态保持不变，此时输出端 Q 的状态与 D 端状态无关。

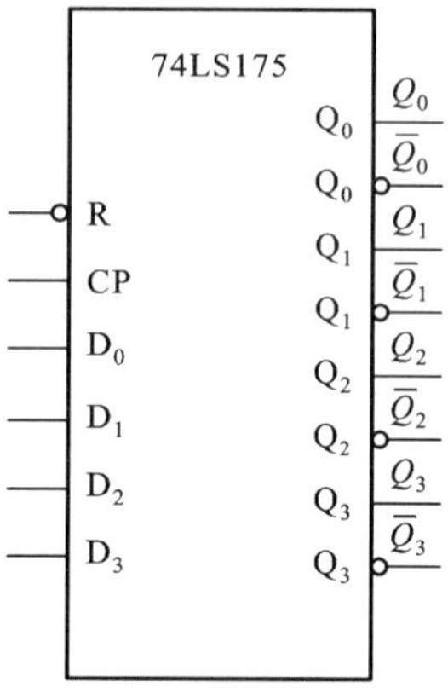

图 5.2.2　74175 逻辑符号

二、移位寄存器

具有移位功能的寄存器称为移位寄存器，简称移存器。移存器除了可以寄存数据以外，还可以在时钟脉冲的控制下将所存的数据向右或向左移位。

图 5.2.3 是单向移位寄存器的逻辑电路图。它有一个串行数据输入端，四个并行数据 A、B、C、D 输入端及其接收信号输入端，$\overline{R}_D$ 为置 **0** 端，CP 为移位脉冲输入端，一个串行输出端及四个并行输出端 Q_4、Q_3、Q_2 及 Q_1。电路可按串入－串出、串入－并出、并入－串出及并入－并出等多种方式进行工作。

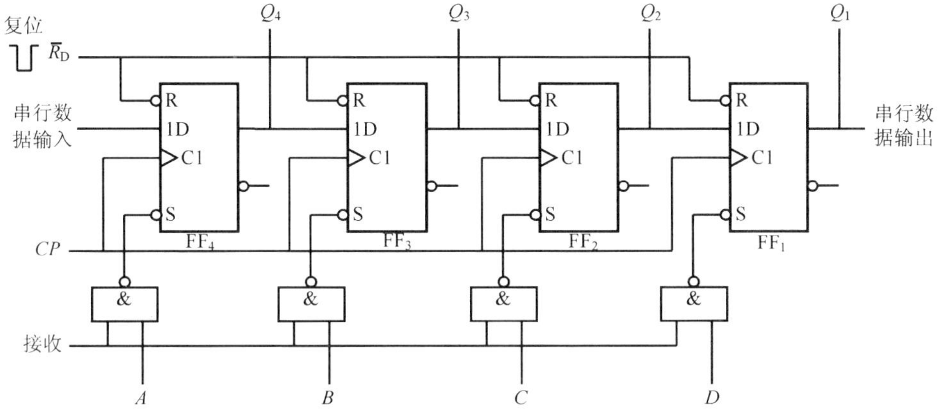

图 5.2.3 单向移位寄存器逻辑电路图

(一) 串入-串出及串入-并出

由逻辑图可见，D_4 端是串行数据输入端，中间各级按 $D_3 = Q_4$，$D_2 = Q_3$，$D_1 = Q_2$ 连接。各触发器的清零端连在 $\overline{R}_D$ 作为复位端，当此端加入一个负向脉冲时，各触发器的状态全为 **0**。串行输入数码从高位触发器 D_4 端逐个输入，数码输入的顺序是低位先入，在移位脉冲 CP 的作用下，逐个地往右移位，故称为右移移位寄存器。图 5.2.4 是输入数码为 **1101** 的移位波形图，表 5.2.1 是移位过程表。由表可见，在四个移位脉冲 CP 作用后，四个数码恰好全部送入寄存器，这时可从四个触发器的 Q 端得到并行数据输出，即表 5.2.1 中最后一行 $Q_4Q_3Q_2Q_1 =$ **1101**。最低位触发器的输出端 Q_1 作为串行输出端，只要继续输入

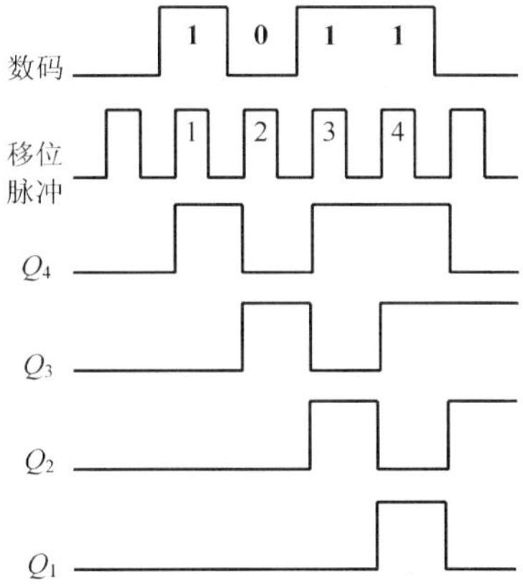

图 5.2.4 单向移位寄存器波形图

表 5.2.1 移位过程

移位脉冲 CP	串行输入数码 D_4	移位寄存器中数码			
		Q_4	Q_3	Q_2	Q_1
1	**1**	**1**	**0**	**0**	**0**
2	**0**	**0**	**1**	**0**	**0**
3	**1**	**1**	**0**	**1**	**0**
4	**1**	**1**	**1**	**0**	**1**

移位脉冲，所寄存的数码将按先低位后高位顺序即 **1011** 顺序由 Q_1 端串行输出，若继续输入四个 CP 脉冲后，所存数码便全部移出。

（二）并入－串出及并入－并出

移位寄存器采用并行输入时，应用两拍接收方式。第一拍用$\overline{R}_D$ 复位信号将全部触发器置 **0**。第二拍用接收信号将**与非**门开启，并行数据作用于每个触发器的置 **1** 端，若输入数码仍为 **1101**，则在图 5.2.3 中 $ABCD$ = **1101**，则触发器的状态 $Q_4Q_3Q_2Q_1$ = **1101**，如表 5.2.2 中第一、二行，然后在移位脉冲的作用下，数据逐位右移，如表 5.2.2 中第三行所示。由该表还可以看到，从 Q_1 串行输出的数码顺序是 **1011**。这种转换常用在数字系统的转换电路中。如果将电路工作于并入－并出方式，则该电路就变成了两拍接收方式的寄存器。

表 5.2.2　移位过程表

CP	置 **0** 端	接　收	并行输入数码				移位寄存器中数码			
	R_D		A	B	C	D	Q_4	Q_3	Q_2	Q_1
×	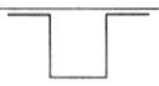		×	×	×	×	**0**	**0**	**0**	**0**
×			**1**	**1**	**0**	**1**	**1**	**1**	**0**	**1**
1							×	**1**	**1**	**0**
2							×	×	**1**	**1**
3							×	×	×	**1**
4							×	×	×	×

1. 4 位单向移位寄存器（并行存取，J、$\overline{K}$ 输入）74195

移位寄存器 74195 逻辑符号图见图 5.2.5。移位寄存器 74195 的复位端的信号 $\overline{R}$ 为低电平时，立即将四个触发器清零。$\overline{LOAD}$ 为低电平时，在 CP 正沿脉冲的作用下，执行并行送数功能。$\overline{LOAD}$为高电平时，并行数据被禁止送入，第一级 J、$\overline{K}$ 输入数据有效，执行 J、$\overline{K}$ 功能。在 CP 脉冲的正边沿作用下，执行右移功能。74195 功能表示于表 5.2.3。

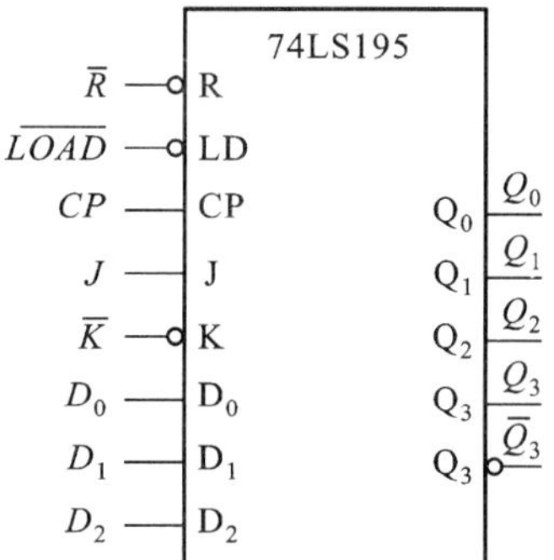

图 5.2.5　74195 逻辑符号

表 5.2.3　74195 功能表

输入								输出				
$\overline{R}$	CP	$\overline{LOAD}$	D_0	…	D_3	J	$\overline{K}$	Q_{0n+1}	Q_{1n+1}	Q_{2n+1}	Q_{3n+1}	$\overline{Q}_{3n+1}$
0	×	×	×		×	×	×	**0**	**0**	**0**	**0**	**1**
1	↑	**0**	d_0	…	d_3	×	×	d_0	d_1	d_2	d_3	$\overline{d}_3$
1	**0**	**1**	×		×	×	×	Q_{0n}	Q_{1n}	Q_{2n}	Q_{3n}	$\overline{Q}_{3n}$
1	↑	**1**	×		×	**0**	**1**	Q_{0n}	Q_{0n}	Q_{1n}	Q_{2n}	$\overline{Q}_{2n}$
1	↑	**1**	×		×	**0**	**0**	**0**	Q_{0n}	Q_{1n}	Q_{2n}	$\overline{Q}_{2n}$
1	↑	**1**	×		×	**1**	**1**	**1**	Q_{0n}	Q_{1n}	Q_{2n}	$\overline{Q}_{2n}$
1	↑	**1**	×		×	**1**	**0**	$\overline{Q}_{0n}$	Q_{0n}	Q_{1n}	Q_{2n}	$\overline{Q}_{2n}$

2. 4 位双向移位寄存器(并行存取)74194

图 5.2.6 是 4 位双向移位寄存器 74194 的逻辑符号,表 5.2.4 为功能表。这是一种功能比较齐全的移位寄存器。它具有左移、右移、并行输入数据、保持以及清除等五种功能。第一是当 $\overline{R}$ 端为低电平时,74194 的四个触发器不受任何信号约束全被清零。当 $M_A = M_B =$ **0** 时,寄存器执行保持功能。当 $M_A = M_B =$ **1**,寄存器为并行送数工作方式,在 CP 的上升沿作用下,将 A、B、C 和 D 送入 Q_0、Q_1、Q_2 和 Q_3。当 $M_A =$ **1**、$M_B =$ **0** 时,在 CP 上升沿的作用下,寄存器执行右移操作。右移操作数据从 D_{SR} 端串行输入。当 $M_B =$ **1**、$M_A =$ **0** 时,在 CP 上升沿的作用下,寄存器则执行左移操作。左移操作时数据从 D_{SL} 端串行输入。

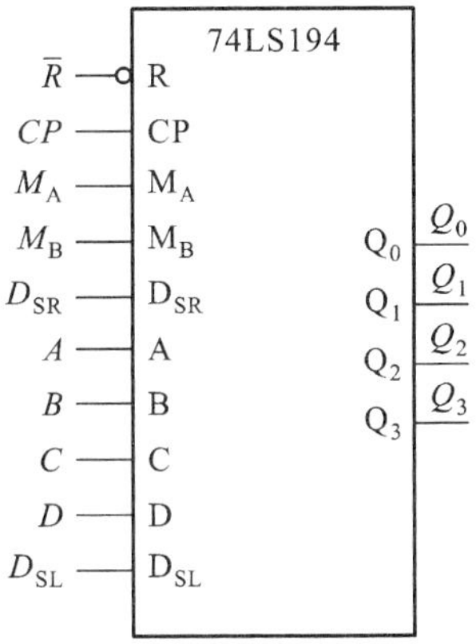

图 5.2.6　74194 逻辑符号

表 5.2.4　74194 功能表

输入									输出			
$\overline{R}$	CP	D_{SR}	D_0	…	D_3	M_B	M_A	D_{SL}	Q_{0n+1}	Q_{1n+1}	Q_{2n+1}	Q_{3n+1}
0	×	×	×		×	×	×	×	**0**	**0**	**0**	**0**
1	**0**	×	×		×	×	×	×		保	持	
1	↑	×	d_0	…	d_3	**1**	**1**	×	d_0	d_1	d_2	d_3
1	↑	**1**	×		×	**0**	**1**	×	**1**	Q_{0n}	Q_{1n}	Q_{2n}
1	↑	**0**	×		×	**0**	**1**	×	**0**	Q_{0n}	Q_{1n}	Q_{2n}
1	↑	×	×		×	**1**	**0**	**1**	Q_{1n}	Q_{2n}	Q_{3n}	**1**
1	↑	×	×		×	**1**	**0**	**0**	Q_{1n}	Q_{2n}	Q_{3n}	**0**
1	×	×	×		×	**0**	**0**	×		保	持	

用 VHDL 程序可以方便地实现 74194 移位寄存器。以下我们介绍一个 8 位移位寄存器,并且功能和 74194 相比有所扩展。8 位移位寄存器功能表见表 5.2.5 所示,从表 5.2.5 可以看出共有 8 种功能:保持、置数、右移补 D_{SR}、左移补 D_{SL}、循环右移、循环左移、算数右移和算数左移。

表 5.2.5　8 位移位寄存器功能表

功　能	输		入				输		出		
	D_0	…	D_7	M_C	M_B	M_A	Q_0	Q_1	…	Q_6	Q_7
保持	×	…	×	**0**	**0**	**0**	Q_0	Q_1	…	Q_6	Q_7
置数	d_0	…	d_7	**0**	**0**	**1**	d_0	d_1	…	d_6	d_7
右移	×	…	×	**0**	**1**	**0**	Q_1	Q_2	…	Q_7	D_{SR}
左移	×	…	×	**0**	**1**	**1**	D_{SL}	Q_0	…	Q_5	Q_6
循环右移	×	…	×	**1**	**0**	**0**	Q_1	Q_2	…	Q_7	Q_0
循环左移	×	…	×	**1**	**0**	**1**	Q_7	Q_0	…	Q_5	Q_6
算数右移	×	…	×	**1**	**1**	**0**	Q_1	Q_2	…	Q_7	Q_7
算数左移	×	…	×	**1**	**1**	**1**	Q_0	Q_0	…	Q_5	Q_6

表 5.2.5 扩展的 8 位移位寄存器的 VHDL 程序显示如下:

```
LIBRARY IEEE
USE IEEE. std_logic_1164. all;
ENTITY vshiftreg IS
  PORT (CP,R,DSR,DSL:IN STD_LOGIC;
        S: STD_LOGIC_VECTOR (2 DOWNTO 0);   —FUNCTION SELECT
        D: STD_LOGIC_VECTOR (7 DOWNTO 0);   —DATA IN
        Q:OUT STD_LOGIC_VECTOR (7 DOWNTO 0)   —DATA OUT
        );
END vshiftreg;
ARCHITECTURE vshiftreg_arch OF vshiftreg IS
  SIGNAL IQ: STD_LOGIC_VECTOR (7 DOWNTO 0);
BEGIN
PROCESS(CP,R,IQ)
  BEGIN
   IF ( R = '1') THEN IQ < = ( OTHERS = > '0');
    ELSIF (CP'EVENT AND CP = '1') THEN
    CASE CONV_INTEGER(S) IS
     WHEN 0 = > NULL;                          —hold
```

```
        WHEN 1  = > IQ  < =D;                          — load
        WHEN 2  = > IQ  < = DSR & IQ(7 DOWNTO 1);      — shift right
        WHEN 3  = > IQ  < = IQ(6 DOWNTO 0) & DSL;      — shift left
        WHEN 4  = > IQ  < = IQ(0) & IQ(7 DOWNTO 1);    — shift circular right
        WHEN 5  = > IQ  < = IQ(6 DOWNTO 0) & IQ(7);    — shift circular left
        WHEN 6  = > IQ  < = IQ(7) & IQ(7 DOWNTO 1);    — shift arithmetic right
        WHEN 7  = > IQ  < = IQ(6 DOWNTO 0) & IQ(0);    — shift arithmetic left
        WHEN OTHERS  = > NULL;
      END CASE;
    END IF;
    Q  < = IQ;
  END PROCESS;
END vshiftreg_arch;
```

在程序中的信号应具有按功能表 5.2.5 所需的性质。几个性质讨论如下：

(1) 定义一个中间信号 IQ；

(2) R 信号是异步清零，不考虑 CP 信号，因此在程序中放在进程中的第一句；

(3) 根据 M_A、M_B、M_C 的值，用 CASE 语句描述了 8 种移位操作；

(4) 在 CASE 语句中，用 WHEN OTHERS 覆盖没有考虑到的值域；

(5) "NULL"语句描述无任何操作，即保持原状态；

(6) 用"&"操作使 7 个一维数组的 IQ 合并为 8 个一维数组的 IQ；

(7) 将表 5.2.5 中的三个信号 $M_CM_BM_A$ 定义成一个数组 S(3)；

(8) 由于 VHDL 语言具有非常强的数据类型的匹配，因此用 CONV_INTEGER 将 S 所属数据类型 STD_LOGIC_VECTOR 转换到整数类型。

三、移位寄存器在数据转换中的应用

移位寄存器作数据变换是指数据由串行变并行传递或由并行变串行传递。这种变换在数字逻辑系统中占有重要地位。如计算机中外部设备与主机之间信息交换，运算器中半字交换，一些慢速数字设备同快速设备之间信息交换，都要进行数据变换。利用移位寄存器可以方便地实现这种转换。

(一) 7 位串行－并行转换

在图 5.2.7 中，串行输入码加在 74194 (1) 的右移串行输入端 D_{SR} 和并行输入端 D_0，设串行输入数据 7 位一组，即 $D_6'D_5'D_4'D_3'D_2'D_1'D_0'\cdots D_6'D_5'D_4'D_3'D_2'D_1'D_0'$。数据转换过程如表 5.2.6 所示。

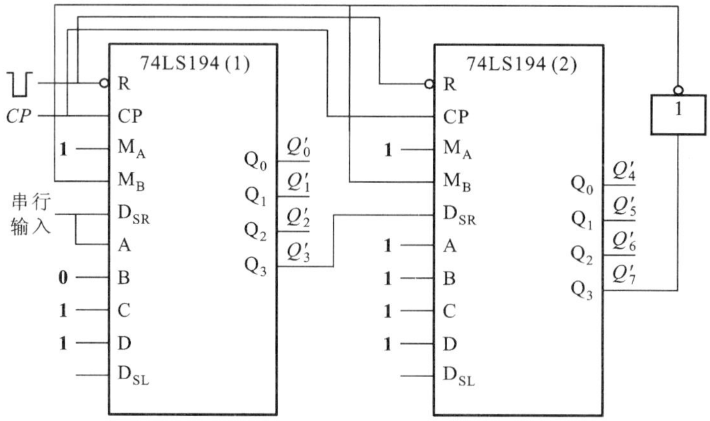

图 5.2.7 74194 构成的 7 位串行 - 并行转换电路连接图

表 5.2.6 7 位串行 - 并行数据转换过程表

CP	Q'_0	Q'_1	Q'_2	Q'_3	Q'_4	Q'_5	Q'_6	Q'_7	M_A	$M_B=\overline{Q'_7}$	操 作
0	**0**	**0**	**0**	**0**	**0**	**0**	**0**	**0**	**1**	**1**	并行送数
1	D'_0	**0**	**1**	**1**	**1**	**1**	**1**	**1**	**1**	**0**	右移
2	D'_1	D'_0	**0**	**1**	**1**	**1**	**1**	**1**	**1**	**0**	右移
3	D'_2	D'_1	D'_0	**0**	**1**	**1**	**1**	**1**	**1**	**0**	右移
4	D'_3	D'_2	D'_1	D'_0	**0**	**1**	**1**	**1**	**1**	**0**	右移
5	D'_4	D'_3	D'_2	D'_1	D'_0	**0**	**1**	**1**	**1**	**0**	右移
6	D'_5	D'_4	D'_3	D'_2	D'_1	D'_0	**0**	**1**	**1**	**0**	右移
7	D'_6	D'_5	D'_4	D'_3	D'_2	D'_1	D'_0	**0**	**1**	**1**	并行送数（取数）
	一组 7 位并行输出数码										

开始时电路清零使 74194(1) 和 74194(2) 的 $M_A=M_B=\mathbf{1}$，移位寄存器执行并行送数操作输出数据为第二行。在第一个 CP 上升沿作用下，输出端 $Q'_0\sim Q'_7$ 的状态为 $D'_1D'_0\mathbf{011111}$。在后续时钟脉冲作用下，电路作右移操作，第七个 CP 时钟脉冲来到后，输出状态为 $D'_6D'_5D'_4D'_3D'_2D'_1D'_0$，实现了 7 位串行 - 并行转换操作。

74194(2) 的 Q'_7 是标志位，表征此电路的转换过程。当 $Q'_7=\mathbf{1}$ 时表示正在执行串行 - 并行转换过程中；当 $Q'_7=\mathbf{0}$ 时，表示已经转换成并行数码。

（二）7 位并行 - 串行转换

图 5.2.8 是由 74194 组成的 7 位并行 - 串行转换器。其转换过程如表 5.2.7 所示。设 7 位一组的并行输入数码为 D'_0、D'_1、D'_2、D'_3、D'_4、D'_5、D'_6，74194(1) 的

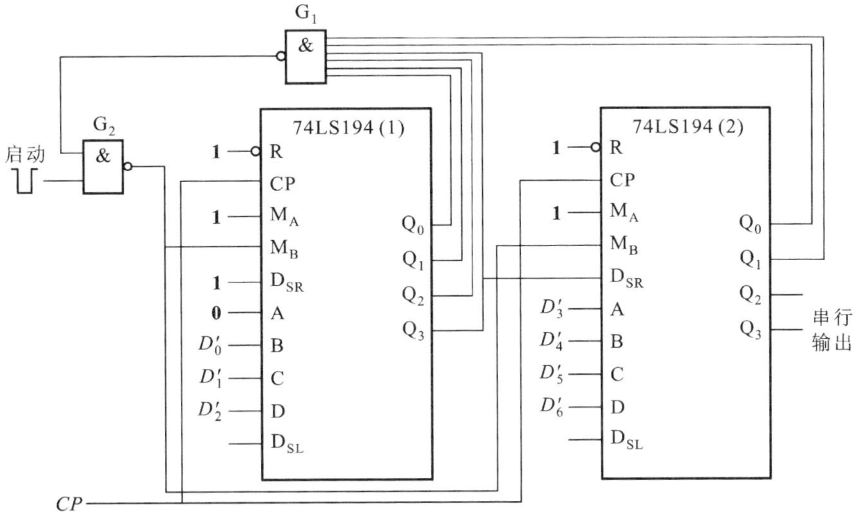

图 5.2.8　74194 构成的 7 位并行－串行转换电路连接图

D_0 端作为标志码输入。请读者自行分析其工作原理。

表 5.2.7　7 位并行－串行数据转换过程表

CP	74194(1)				74194(2)			
	Q_0	Q_1	Q_2	Q_3	Q_0	Q_1	Q_2	Q_3
0	**0**	**0**	**0**	**0**	**0**	**0**	**0**	**0**
1	**0**	D'_0	D'_1	D'_2	D'_3	D'_4	D'_5	D'_6
2	**1**	**0**	D'_0	D'_1	D'_2	D'_3	D'_4	D'_5
3	**1**	**1**	**0**	D'_0	D'_1	D'_2	D'_3	D'_4
4	**1**	**1**	**1**	**0**	D'_0	D'_1	D'_2	D'_3
5	**1**	**1**	**1**	**1**	**0**	D'_0	D'_1	D'_2
6	**1**	**1**	**1**	**1**	**1**	**0**	D'_0	D'_1
7	**1**	**1**	**1**	**1**	**1**	**1**	**0**	D'_0

四、移位寄存器型计数器

(一) 环形计数器

图 5.2.9 所示芯片是 74195，它将移位寄存器的最后一级输出反馈到第一级的 J、$\overline{K}$ 输入端，构成环形计数器的连接图。当逻辑符号中的LD外引脚加低电平信号进行预置后，在 CP 作用下构成一个计数循环，其态序表见表 5.2.8 所

示，计数器的模 $M=n=4$（n 为移位寄存器的位数）。

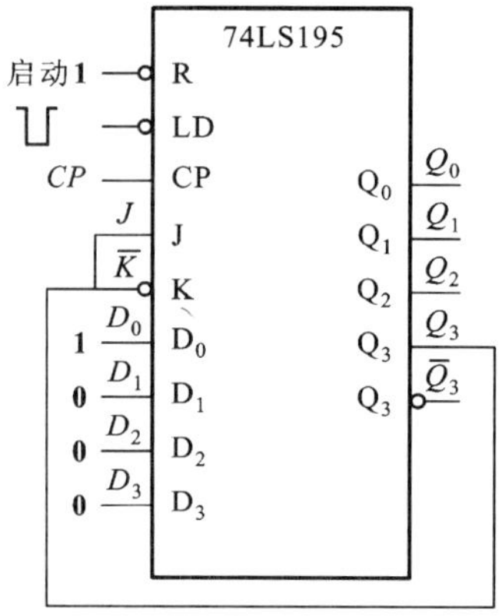

图 5.2.9　环形计数器连接图

表 5.2.8　态　序　表

Q_0	Q_1	Q_2	Q_3
1	0	0	0
0	1	0	0
0	0	1	0
0	0	0	1

由表 5.2.9 看出：在计数循环中的每个计数状态中只有一个 **1**，其他均为 **0**，而且此 **1** 是随 CP 向右移，因此可以从各个触发器输出的高电位来区别计数器的状态，而无需另加译码器。这四个状态的循环称为主计数循环，计数器工作时，先必须在预置端加启动信号，使电路状态置入主循环中。

（二）扭环形计数器

图 5.2.10 是简单的扭环形计数器，J、$\overline{K}$ 两端连接在一起，并同 $\overline{Q}_3$ 相连接。当电路清零后，$\overline{Q}_3$ 为 **1**，$J=\overline{K}=$ **1**。第一个 CP 脉冲来后，Q_0 变成 **1**，电路作右移操作，第四个 CP 脉冲来后，使 Q_0、Q_1、Q_2、Q_3 全为 **1**，因而有 $\overline{Q}_3=$ **0**，这时 $J=\overline{K}=$ **0**，在 CP 脉冲作用下，输出 Q_0、Q_1、Q_2 和 Q_3 逐位变成 **0**。表 5.2.9 是计数器的态序表，其模数为 $M=2n=8$（n 为移位寄存器的位数）。

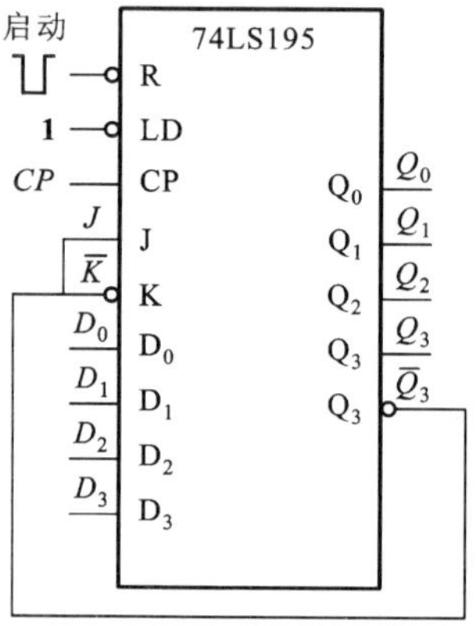

图 5.2.10　扭环形计数器连接图

表 5.2.9　态　序　表

Q_0	Q_1	Q_2	Q_3
0	0	0	0
1	0	0	0
1	1	0	0
1	1	1	0
1	1	1	1
0	1	1	1
0	0	1	1
0	0	0	1

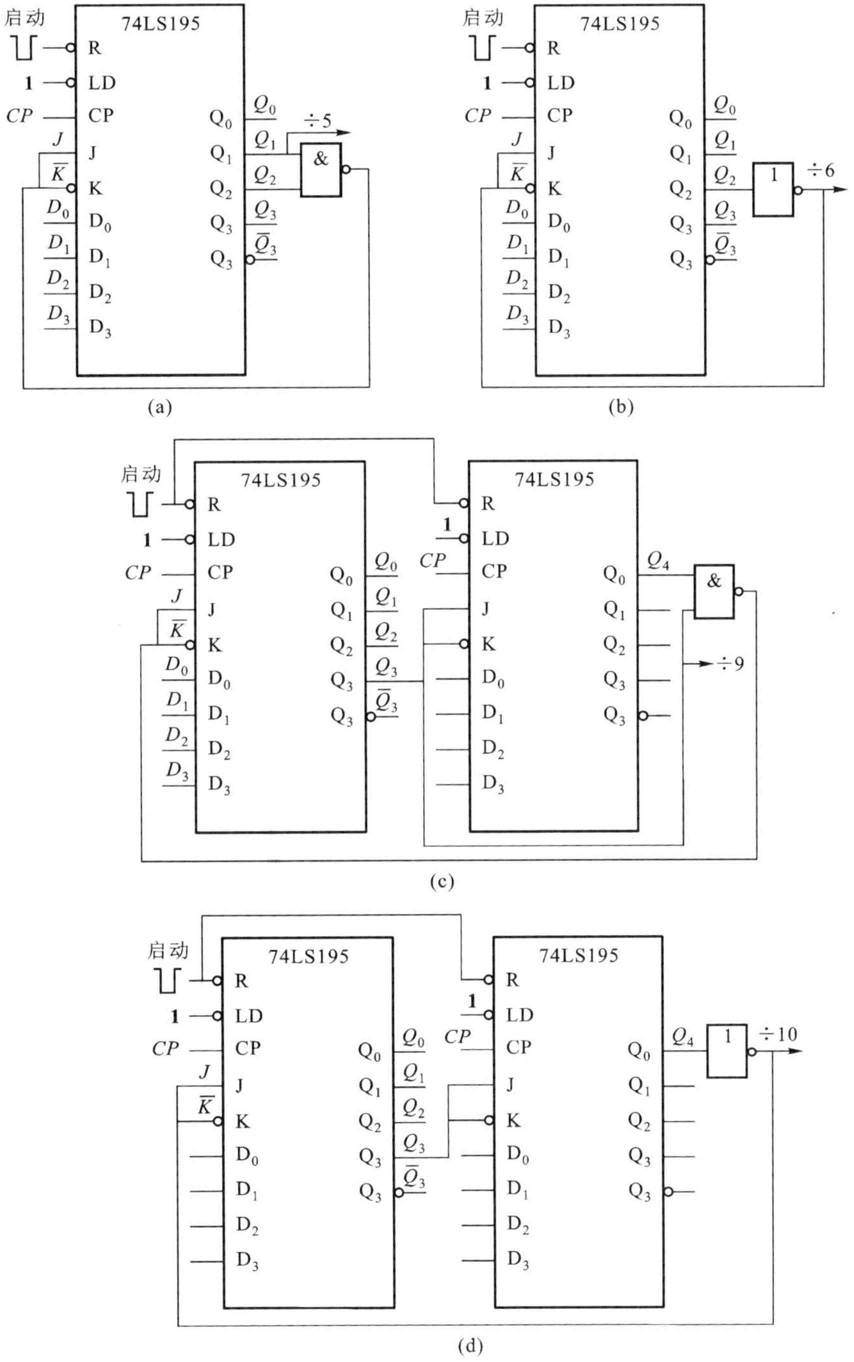

图 5.2.11　÷5；÷6；÷9；÷10 分频器连接图

图 5.2.10 电路中,采用了 4 个触发器,共有 16 个状态,而表 5.2.9 所示态序表中只有 8 个状态,这 8 个状态的循环称为主计数循环。剩下的另 8 个状态可构成一个计数循环(读者可自行画出)。在使用计数器时,必须首先对电路进行清零,使电路置入主计数循环。主计数循环中的每相邻两状态之间只有 1 位码发生变化,因此将它们译码时不会产生冒险现象,而且译码电路简单。

(三) 分频器

各种计数器对输入时钟脉冲来说实际上也是个分频器,如扭环形八进制计数器($M=8$),其 Q_0、Q_3 输出脉冲周期是时钟脉冲 CP 的 8 倍,因此频率为 CP 的 1/8,用($\div 8$)表示,可称作八分频器。

图 5.2.11 所示各电路为由移位寄存器构成的分频器电路,分频信号取出端用箭头表示,并标上了分频数,请读者自行分析其工作原理。

由连接图看出,若在反馈**与非**门输入端接两个相邻触发器输出端 Q_i 和 Q_{i+1},则可构成计数器的 $M=2i+1$,形成奇数分频器。应注意的是,这些电路工作之前先由清零端加负脉冲清零。

第三节　序列信号发生器

序列信号是按照一定规则排列的周期性串行二进制码,它通常用来作为数字系统的同步信号或地址码,也可以作为可编程逻辑电路的控制信号等。因此在通信、雷达、遥控、遥测、数字式噪声源等方面都有广泛的应用。

序列信号发生器是能够循环产生一组或多组序列信号的时序电路,它可以用移位寄存器或计数器构成。

一、反馈移位型序列信号发生器

反馈移位型序列码发生器由移位寄存器和组合反馈电路组成。如图 5.3.1 所示电路,4 位双向移位寄存器 74194 是工作在左移操作状态,其左移数据输入端 D_{SL} 的函数为

$$D_{SL}=\overline{\overline{Q_0Q_3}\cdot Q_2}$$

设电路的初始状态为 $Q_0Q_1Q_2Q_3=\mathbf{0111}$,由此可列出此电路的态序表如表 5.3.1 所示。在时钟脉冲作用下,Q_3 输出…**110011110011**…,在这种序列信号的每个循环周期内,代码 **0** 和 **1** 是按一定规律排列的,每个循环周期内,包含代码的个数称为循环长度,亦称为序列长度,用字母 S 表示。在上述序列信号中,**110011** 是一个循环周期,其循环长度 $S=6$。如果由不同的 Q 端输出,其序列中

1 和 **0** 的排列相同，仅是初始相位不同。

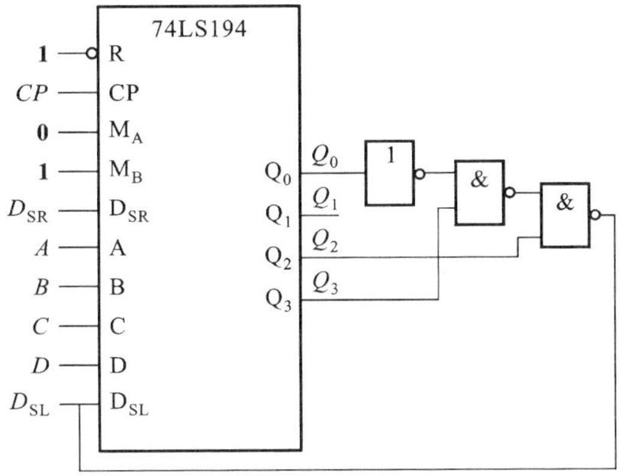

图 5.3.1　移位型序列信号发生器

表 5.3.1　态　序　表

序号	Q_0	Q_1	Q_2	Q_3	D_{SL}
0	**0**	**1**	**1**	**1**	**1**
1	**1**	**1**	**1**	**1**	**0**
2	**1**	**1**	**1**	**0**	**0**
3	**1**	**1**	**0**	**0**	**1**
4	**1**	**0**	**0**	**1**	**1**
5	**0**	**0**	**1**	**1**	**1**

二、计数器型序列信号发生器

计数器型序列信号发生器由计数器和组合输出电路两部分组成，在组合电路输出序列码。设计过程分为两步：一是根据序列码的长度 S 设计模 S 计数器，状态可以自定；二是按计数器的状态转换关系和序列码的要求设计组合输出电路。由于计数器的状态设置和输出序列没有直接关系，因此这种结构更改输出序列比较方便，而且还能同时产生多组序列码。

例 5.3.1　设计一个产生 **110001001110** 序列码的计数器型序列码发生器。

解： 第一步设计计数器。

因序列长度 $S=12$，可选用 74161 设计一个模 12 计数器，现采用同步预置法所设计如图 5.3.2(b) 逻辑电路图中所示计数器实现，有效状态 $Q_DQ_CQ_BQ_A$ 为 **0100** ~ **1111**。

第二步设计组合输出电路。

令计数器计数过程中每一状态的输出符合给定序列的要求，可列出真值表如表 5.3.2 所示。对应 Z 输出的卡诺图如图 5.3.2(a) 所示。若采用 8 输入数据选择器实现逻辑函数，则根据卡诺图所示，将 74161 的 Q_D、Q_C、Q_B 作用于数据选择器的地址输入端 A_2、A_1、A_0，则选择器的数据输入端 $D_0=D_1=D_3=D_5=\mathbf{0}$，$D_2=D_6=\mathbf{1}$，$D_4=Q_A$，$D_7=\overline{Q}_A$，其逻辑电路图如图 5.3.2(b) 所示。

三、最长线性移位寄存器序列信号（m 序列）发生器

能满足长度 S 要求的序列信号有许多种，下面主要介绍序列长度 $S=2^n-1$ 最长线性序列码发生器，又称 m 序列码发生器。

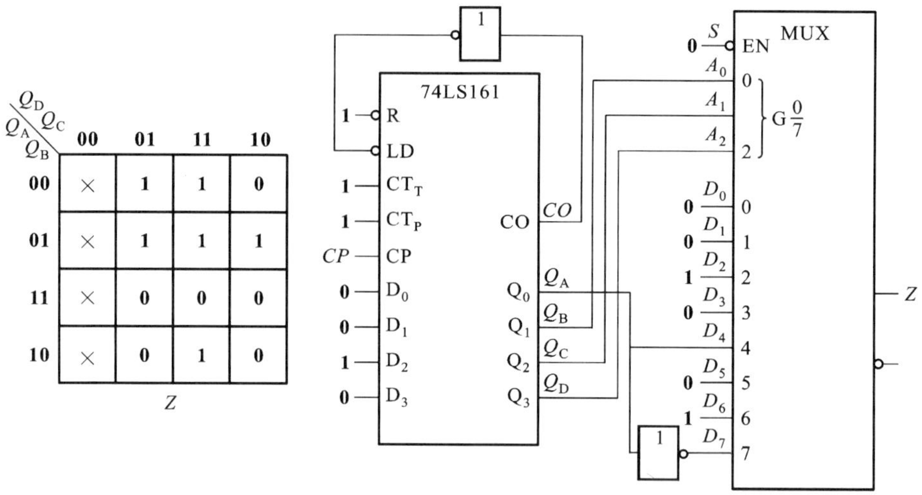

(a) Z 卡诺图　　　　(b) 逻辑电路图

图 5.3.2　计数器型序列信号发生器

m 序列码也称伪随机序列码，其主要特点是：（1）每个周期中，**1** 码出现 2^{n-1} 次，**0** 码出现 $2^{n-1}-1$ 次，即 **0**、**1** 出现的概率几乎相等。（2）序列中最大连 **1** 的数目最大是 n，最大连 **0** 的数目最大是 $n-1$。（3）分布无规律，具有与白噪声相似的伪随机特性。由于这些特点使它在通信、雷达、系统可靠性测试方面被广泛应用。

m 序列码发生器是一种反馈移位型结构的电路，它由 n 位移位寄存器加**异或**反馈电路组成。由于其结构已定型，且反馈函数和连接形式都有一定规律，因此利用查表的方法就可以设计出序列码。

表 5.3.3 列出了 N 级移位寄存器型 *m* 序列发生器的反馈函数，根据反馈函数，就可以连成序列长度 $S=2^n-1$ 的 *m* 序列发生器电路。

表 5.3.2　真　值　表

Q_D	Q_C	Q_B	Q_A	Z
0	1	0	0	1
0	1	0	1	1
0	1	1	0	0
0	1	1	1	0
1	0	0	0	0
1	0	0	1	1
1	0	1	0	0
1	0	1	1	0
1	1	0	0	1
1	1	0	1	1
1	1	1	0	1
1	1	1	1	0

表 5.3.3　序列的反馈函数表

N	$f(Q)$	N	$f(Q)$
1	Q_0	4	$Q_2 \oplus Q_3$
2	$Q_0 \oplus Q_1$	5	$Q_2 \oplus Q_4$
3	$Q_1 \oplus Q_2$	6	$Q_4 \oplus Q_5$

续表

N	$f(Q)$	N	$f(Q)$
7	$Q_5 \oplus Q_6$	15	$Q_{13} \oplus Q_{14}$
8	$Q_1 \oplus Q_2 \oplus Q_3 \oplus Q_7$	16	$Q_{10} \oplus Q_{12} \oplus Q_{13} \oplus Q_{15}$
9	$Q_4 \oplus Q_8$	17	$Q_{13} \oplus Q_{16}$
10	$Q_6 \oplus Q_9$	18	$Q_0 \oplus Q_1 \oplus Q_4 \oplus Q_{17}$
11	$Q_8 \oplus Q_{10}$	19	$Q_{13} \oplus Q_{16} \oplus Q_{17} \oplus Q_{18}$
12	$Q_5 \oplus Q_7 \oplus Q_{10} \oplus Q_{11}$	20	$Q_{16} \oplus Q_{19}$
13	$Q_8 \oplus Q_9 \oplus Q_{11} \oplus Q_{12}$	21	$Q_{18} \oplus Q_{20}$
14	$Q_8 \oplus Q_{10} \oplus Q_{12} \oplus Q_{13}$	22	$Q_{20} \oplus Q_{21}$

例如要产生 $S=7$ 的 m 序列码，首先根据 $S=2^n-1$ 确定 $N=3$，再查表 5.3.3，可得反馈函数 $f(Q)=Q_1 \oplus Q_2$。

由于电路处于全 **0** 状态时 $F=\mathbf{0}$，故采用此方法设计的 m 序列发生器不具有自启动特性，为了使电路具有自启动能力可以采取两种方法：

(1) 在反馈方程中加全 **0** 校正项，使

$$D_{SL}=F(Q)=Q_1 \oplus Q_2+\overline{Q}_0\overline{Q}_1\overline{Q}_2=Q_1 \oplus Q_2+\overline{Q_0+Q_1+Q_2}$$

其逻辑电路如图 5.3.3(a)所示。

(2) 利用全 **0** 状态重新置数以实现自启动，其逻辑电路如图 5.3.3(b)所示。

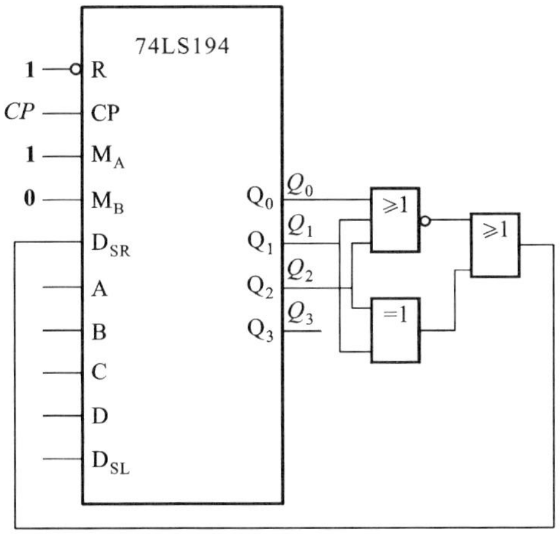

(a)

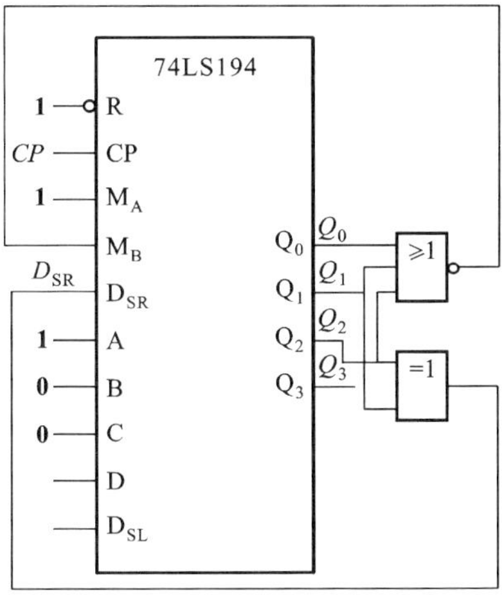

(b)

图 5.3.3　$S=7$ 的 m 序列码发生器

表 5.3.4 是 $S=7$ 的 m 序列码发生器的态序表，其输出的 m 序列码为…**0010111**…。

表 5.3.4　$S=7$ 的 m 序列码态序表

D_{SR}	Q_1	Q_2	Q_3
0	**1**	**0**	**0**
1	**0**	**1**	**0**
1	**1**	**0**	**1**
1	**1**	**1**	**0**
0	**1**	**1**	**1**
0	**0**	**1**	**1**
1	**0**	**0**	**1**

第四节　时序模块的应用

一、程序分频器

图 5.4.1 是用中规模集成块组成的程序分频器。

脉冲信号源产生 2 560 kHz 的矩形波，用两片计数器 74161 实现各种分频比的脉冲信号，再用寄存器 74175 和数据选择器 74151 实现对输出分频信号的频率范围及频率微调的控制，只改变寄存器的数据输入信号 $X_0 \sim X_6$，就能将脉冲信号按预定要求及程序进行分频输出，得到各种不同频率的矩形波。

当给定 $X_1X_2X_3$ 一组数码时，寄存器 74175(1)的 $Q_0Q_1Q_2$ 输给选择器 74151 同样的数码，这组数码作为 74151 的地址码选择 10～1 280 kHz 的其中之一作为输出，并将其送至计数器 74161(3)的时钟端，再经 74161(3)分频后输出。而 74161(3)的分频次数则由 74161(3)的预置输入 $ABCD$ 的数码所决定，即由 $X_3X_4X_5X_6$ 所决定。例如当 $X_0X_1X_2X_3X_4X_5X_6$ 为 **1110110** 时，74151 的地址码 CBA 为 **111**，数码输入端 D_7 被选中，输出 10 kHz 的信号。此信号作为 74161(3)的时钟输入信号。74161(3)的预置端 $ABCD$ 与 $X_3X_4X_5X_6$ 相同为 **0110**，可知其分频次数为 10，所以程序分频器的输出 $F=10\div10\ \text{kHz}=1\ \text{kHz}$。

二、可编程序列码发生器

可编程序列码发生器电路图如图 5.4.2(a)所示。电路由两片移位寄存器

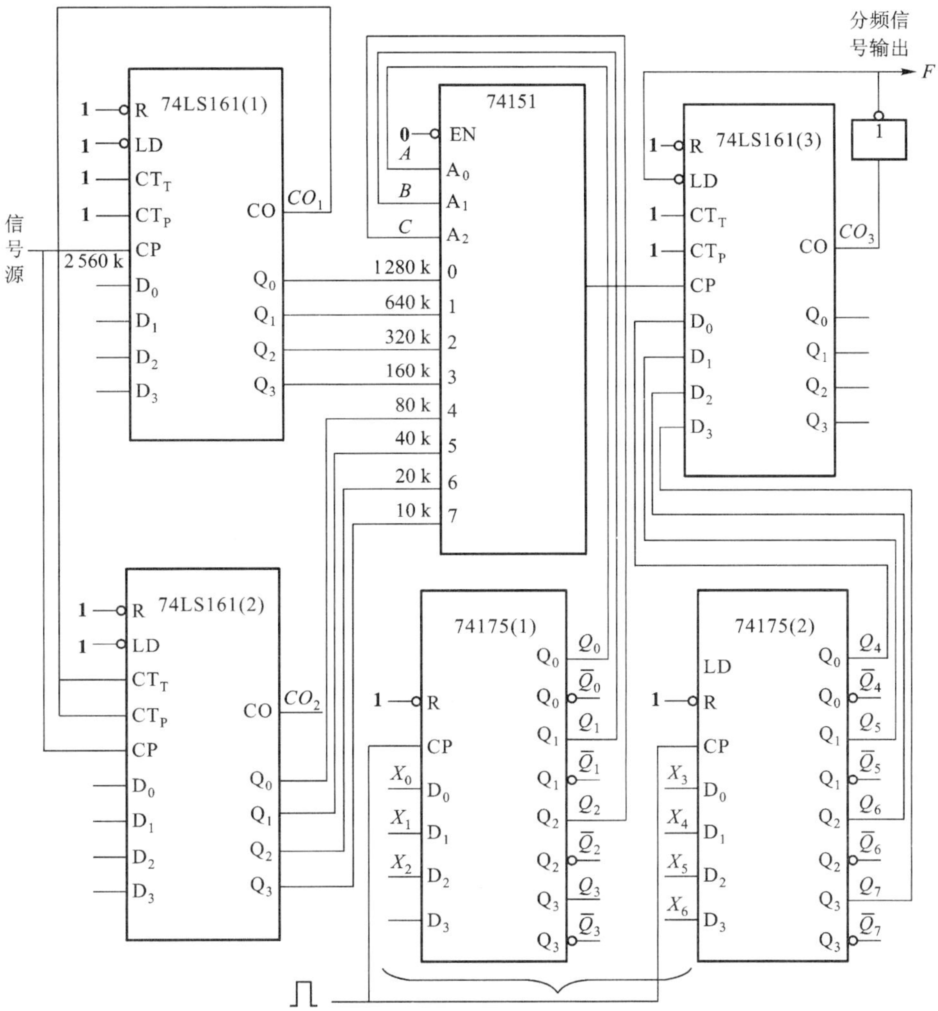

图 5.4.1　程序分频器

74194 和 3 线 - 8 线译码器 74138 构成。它可以实现分频，分频后的脉冲信号从移位寄存器 74194(2)的 Q_7 输出，分频比由 3 线 - 8 线译码器确定，改变译码器的地址码即可改变分频比，当 3 线 - 8 线译码器的地址码为 N 时，可得到 $N+1$ 的分频输出脉冲($1\leqslant N\leqslant 7$)。例如当 $A_2A_1A_0=\mathbf{110}$ 时，$\overline{Y}_6=\mathbf{0}$，其余均为 **1**，清零脉冲作用后，第一个 CP 来到时，寄存器进行并行输入操作，使两个寄存器状态为 **10111111**，从第二个 CP 开始移位寄存器进行右移操作，直到第 7 个 CP 后，移位寄存器状态为 **11111110**，并使 $M_B=\mathbf{1}$，第 8 个 CP 到达时，移位寄存器再次并行输入，开始下一个分频循环，见图 5.4.2(b)所示波形图。该电路可以从 F 端输出 **1111110** 序列码，$\overline{F}$ 端输出反序列码，改变 3 线 - 8 线译码器的地址码即可

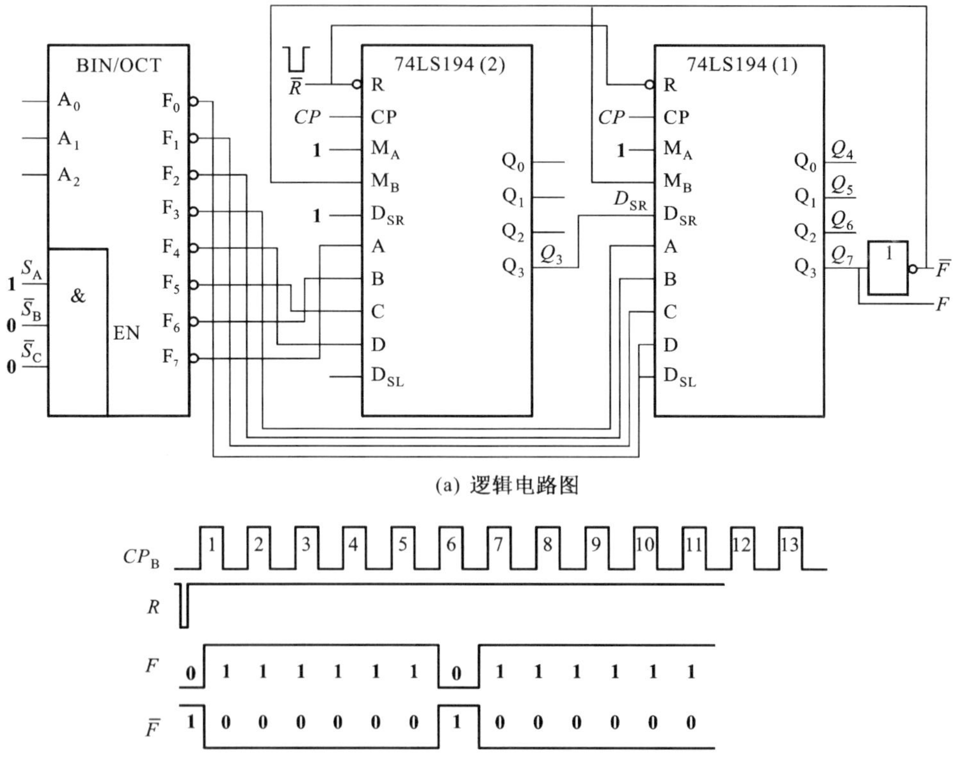

图 5.4.2　可编程序列码发生器

改变序列码的长度。

三、数字电子钟

数字电子钟是一种直接用数字显示时间的计时装置。已广泛用于车站、码头和会场等公共场所。它一般由晶体振荡器、分频器、计数器、译码器、显示器、校时电路和电源等部分组成,其原理方框图如图 5.4.3 所示。

石英晶体振荡器是数字电子钟的核心部分。由于石英晶体振荡器的频率稳定度很高,因此数字电子钟也有很高的计时准确度和稳定性。晶体振荡器的振荡频率一般较高,需经分频器分频,变为计时基本单元——秒基准信号。

秒基准信号进入六十进制的秒计数器,经译码器和显示器获得秒的显示,每 60 s,秒计数器输出一个分脉冲信号。分脉冲信号进入六十进制的分计数器,经译码器和显示器后,获得分的显示,每 60 min,分计数器输出一个时脉冲信号,时脉冲信号进入十二进制的时计数器(也可以是二十四进制计数器),经译码器和

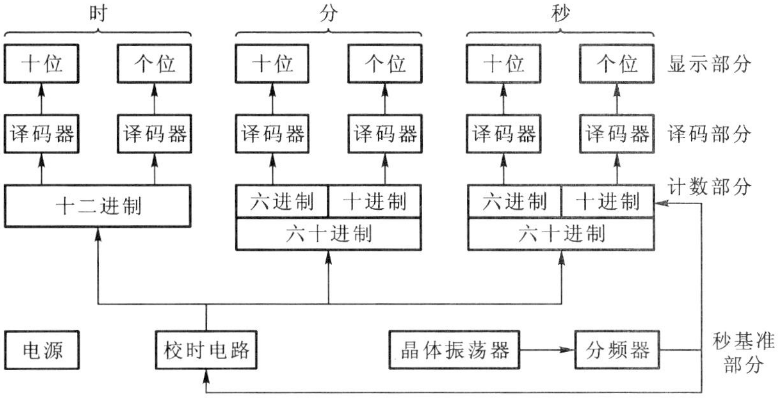

图 5.4.3　数字电子钟原理方框图

显示器得到时的显示。校时电路用来校正计时误差。

（一）秒基准信号的产生

CD4060 是中规模集成秒基准信号发生器，它的逻辑简图如图 5.4.4 所示。图中门 G_2 的输入需外接两个电阻、两个电容和一个石英晶体组成晶体振荡器，晶体振荡器频率为 32 768 Hz。$F_1 \sim F_{14}$ 为 14 位异步二进制计数器，当振入为 32 768 Hz 信号时，经 14 级二进制计数器分频后得 2 Hz，从 F_{14} 输出。

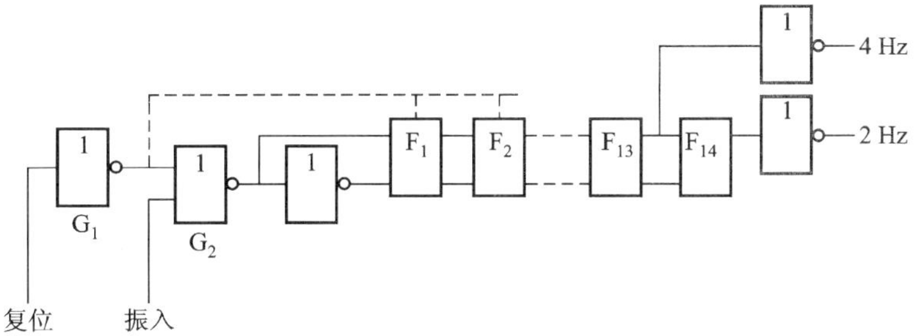

图 5.4.4　秒基准信号发生器 CD4060 的逻辑电路图

（二）计数器

分、秒计数器都是六十进制，个位为十进制，十位为六进制。因此六十进制的分计数器和秒计数器都可以分别用两个计数器组合而成，第一块计数器是十进制计数器，作为个位计数，第二块计数器是六进制计数器，作为十位计数。图 5.4.5 中，分、秒的个位计数器由二 – 十进制同步加法计数器 74160 构成；分、秒的十位计数器由 4 位任意进制计数器 74160 接成六进制计数器构成。74160 都有 *CP* 端和 G3 端，在图 5.4.5 中，74160(2) 的 G3 端接 74160(1) 的 G3 端，其信号控制 74160(2) 的 G3 端输入。

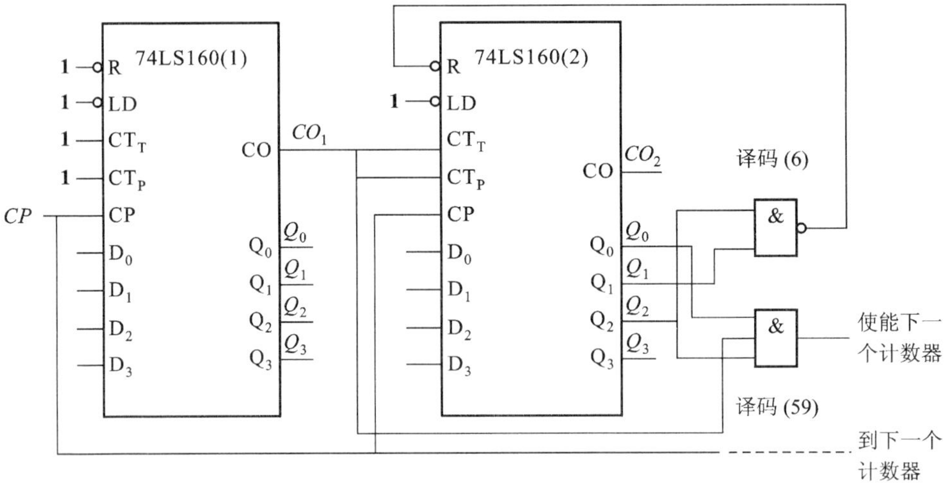

图 5.4.5　由十进制计数器 74160 组成的六十进制计数器

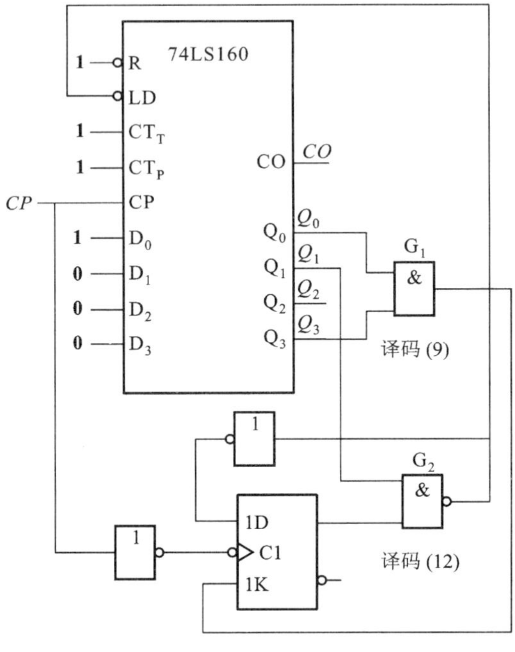

图 5.4.6　由十进制计数器 74160 组成的十二进制计数器

时计数器是十二进制，如图 5.4.6 所示。时个位为十进制，因此用一块 74160，时十位是二进制，所以一个 *JK* 触发器就可以达到目的。反馈电路由门 G_1、G_2 组成，当 G_2 输出为 **0** 时（即 *JK* 触发器输出为 **1** 和 74160 的 Q_1 为 **1** 时），为 74160 的置位端有效,使整个电路置 **1**。然后电路重新计数,达到十二进制循环计数目的。

(三) 译码器、显示器

时、分、秒的个位和十位计数器分别经七段译码器接七段显示器就可以显示时间数字。

(四) 校时电路

数字电子钟的误差,需要用校时电路加以校正。校时电路有多种形式,最简单的一种可在电路中加三个开关 S_1、S_2、S_3 分别为秒、分、时的校时开关。开关 S_2、S_3 的作用是将秒级信号切断,若接在秒基准信号上,分、时计数器可以每秒递增一个数字的速度来校正分和时。开关 S_1 的作用可使秒计数器清零。

小结

本章主要讨论了几种常用的时序模块计数器、寄存器、移位寄存器以及由它们组成的序列信号发生器等。计数器可以分为同步、异步两种。同步计数器的工作速率较高,异步计数器的电路较简单。移位寄存器可分为左移、右移及双向移位寄存器等几种。它们的应用都十分广泛,目前已经生产出各种中规模时序模块,可供设计者选用。

本章重点在于让读者具有识别、掌握中规模模块功能以及扩展其功能的灵活应用能力,而不要求详尽地去研究其内部电路。读者应该具备应用时序模块及组合模块来构成给定逻辑功能的电路的能力,为后续内容及相关课程打下良好基础。

名词解释

双向移位寄存器(Bidirectional):由一组触发器构成的数据可以左移,也可以右移的寄存器,具体方向取决于寄存器的逻辑结构和模式控制信号。

功能表(Function Table):描述计数器、寄存器和移位寄存器全功能的输入和输出关系的表格。

置入(Load):将数据输入到触发器。

模 n 计数器(Modulo-n Counter):计数器的循环的状态个数为 n。

寄存器(Register):由一组触发器构成,用于存储二进制数据,数据可以在一组时钟作用下并行或串行置入触发器。

环形计数器(Ring Counter):环形计数器由一组同步时钟触发器构成,通常是 D 触发器。每个触发器的输出连接到下一个触发器的输入,使每个时钟脉冲到来时数据能够从左边触发器迁移到右边触发器,类似于移位寄存器。最右端的触发器输出反馈到最左端的触发器输入,使得计数器的内容能够再循环。

移位寄存器(Shift Register)：由一组触发器构成，其输入和输出连接具有四个特征：(1)并行置入和串行输出数据；(2)并行置入和并行输出数据；(3)串行置入和并行输出数据；(4)串行置入和串行输出数据。一旦数据被置入，就能够左移或能够右移，具体方向取决于寄存器的逻辑结构和模式控制信号。

扭环形计数器(Twisted Ring Counter)：扭环行计数器由一组同步时钟触发器构成，通常是 D 触发器。每个触发器的输出连接到下一个触发器的输入，使每个时钟脉冲到来时数据能够从左边触发器迁移到右边触发器，类似于移位寄存器。而最右端的触发器输出反相端反馈到最左端的触发器输入，使得计数器的内容能够再循环。

可逆计数器(Up/Down Counter)：由一组触发器构成的计数器，计数可以是递增，也可以是递减，具体方向取决于计数器的逻辑结构和模式控制信号。

自我检测

题 5.1　从功能上讲，常用时序模块有________、________和________等。

题 5.2　计数器的功能是________________________________，它是用电路的____________________________________来表示计数值。计数器的模是指________________________。

题 5.3　在单片计数器 74161 和 74163 的清零方式中，哪一个动作快？

题 5.4　移位寄存器分为______________和________________两种。

题 5.5　8 位移位寄存器串行输入时经____个 CP 脉冲后，8 位数码全部移入寄存器中。若该寄存器已存满 8 位数码，欲将其串行输出，则需要经____个 CP 脉冲后数码才能全部输出。

题 5.6　有一个移位寄存器，高位在左，低位在右，欲将存放在该移位寄存器中的二进制数乘上十进制数 $(4)_{10}$，则需将该移位寄存器中的数左移____位，需要________个移位脉冲。

题 5.7　有一个移位寄存器，高位在左，低位在右，欲将存放在该移位寄存器中的二进制数除以十进制数 $(16)_{10}$，则需将该移位寄存器中的数右移____位，需要________个移位脉冲。

题 5.8　五个 D 触发器构成环形计数器，其计数长度为__________。

(A) 5；　(B) 10；　(C) 25；　(D) 32。

题 5.9　n 级反馈移位寄存器产生的序列，不可能的循环长度是________。

(A) 2^n；　(B) $>2^n$；　(C) $\leqslant 2^n$；　(D) $<2^n$。

题 5.10　用反馈移位寄存器产生 **11101000** 序列，至少需要____________个触发器。

(A) 2；　(B) 3；　(C) 4；　(D) 8。

题 5.11　用________方式构成模 8 计数器的译码电路最简单。

(A) 同步计数器；　(B) 异步计数器；

(C) 环形计数器；　(D) 扭环形计数器。

题 5.12　n 级线性移位寄存器能产生的最大线性序列的循环长度是________。

(A) 2^n；　(B) 2^{n-1}；　(C) 2^n-1；　(D) n。

思考题

题 5.1　在使用某个中规模时序模块前，需要了解哪些内容？

题 5.2　一个 512 位移位寄存器用作延迟线，若时钟脉冲频率为 4 MHz，问数据通过该移位寄存器被延迟了多少时间？

题 5.3　在四则运算中，移位寄存器可完成哪几种运算？

题 5.4　同步清零和异步清零、同步置数和异步置数的区别是什么？

题 5.5　TTL 集成电路 74161 与 74163 有什么不同？如果写出 74163 的 VHDL 程序，怎样修改 74161 的 VHDL 程序？

题 5.6　计数器可作数字分频用。从本质上讲，计数器和分频器有何区别？

题 5.7　试考虑有一个 74161 和一个四－十六线译码器设计一个 4 位 12 比特序列码发生器。

题 5.8　当设计两个 1 位十进制数相加，其和也是 1 位数，并且显示七段发光管只有一个，你可能用到几个书中介绍的中规模时序模块？

题 5.9　在设计某些时序电路（例如计数器、移位寄存器连接的计数器）时，会由于种种原因落入非工作状态，你应该如何考虑电路设计方案？

习题

习题 5.1　习题 5.1 图为一片 4 位二进制同步计数器（74161 或 74163），试分析下列各种连接图，可构成模几计数器，并写出态序表。

习题 5.2　习题 5.2 图为一片 4 位二进制同步计数器（74161 或 74163）连成电路，试问可构成模几计数器，写出态序表。

习题 5.3　用 74193（双时钟可逆计数器）按习题 5.3 图所示外部接线，可构成模几计数器，写出态序表，并用 VHDL 语言实现习题 5.3 图功能。

习题 5.4　用 74193 按习题 5.4 图所示外部接线，可构成模几计数器。

习题 5.5　分析习题 5.5 图所示电路为模几计数器，并写出态序表。

习题 5.6　试用 74161 构成模 $M=462$ 计数器。

习题 5.7　试用 74193 构成模 $M=176$ 计数器。

习题 5.8　试用 74290 采用 8421BCD 码形式构成 $M=7$ 计数器，并写出态序表。

习题 5.9　试分析习题 5.9 图所示计数器的逻辑功能，并写出态序表。

习题 5.10　试用 74290 构成模 $M=48$ 计数器，并用 VHDL 语言实现。

习题 5.11　设习题 5.11 图(a)和(b)中移位寄存器保存的原始信息为 **1111**。试问下一个时钟脉冲后，它保存什么样的信息？多少个时钟脉冲作用后，信息循环一周。

习题 5.12　在 74194 构成串行－并行转换器中，如果要实现 8 位转换，则增加 1 位触发器后，线路应作何改变？

习题 5.13　在 74194 构成并行－串行转换器中，如果要实现 8 位转换，则增加 1 位触发器后，线路应作何改变？

习题 5.14　习题 5.14 图中为由 74195 构成的分频器，试分析分频比 N 为多少？

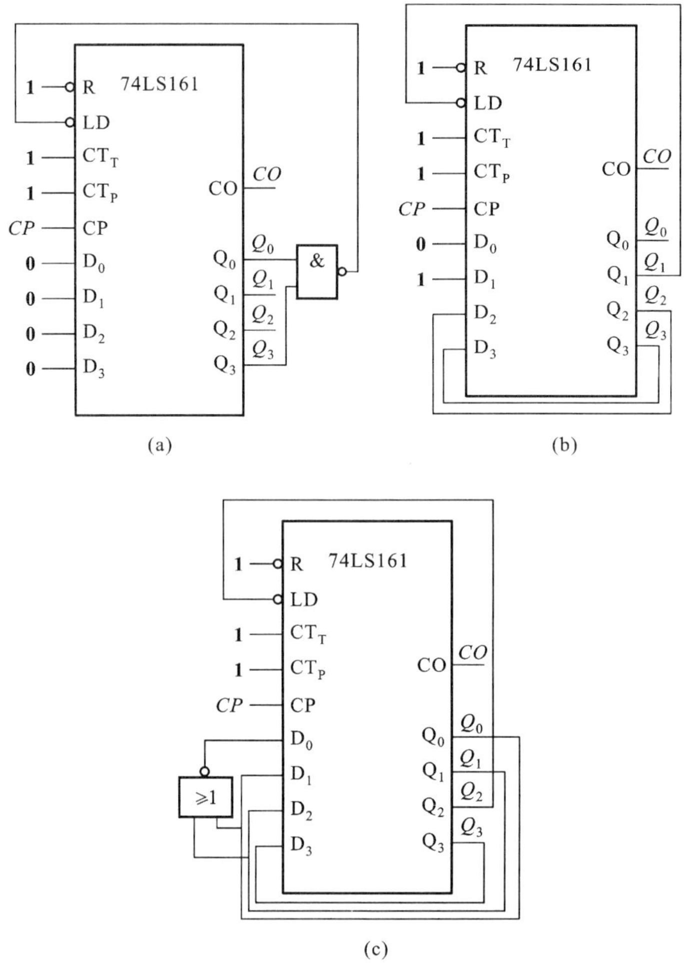

习题 5.1 图　用 74161 接成的电路

习题 5.15　试画出由 74195 电路构成的 13 分频（÷13）、7 分频（÷7），并用 VHDL 语言实现上述功能。

习题 5.16　根据 *m* 序列发生器的反馈函数，绘出一个由三个 *D* 触发器构成的 *m* 序列发生器，并写出态序表与输出的序列码（设电路的初始状态为 $Q_1Q_2Q_3 = \mathbf{001}$）。

习题 5.17　用 4 位同步二进制计数器 74161 及 16 选 1 数据选择器联成一函数发生器，使产生 **1011000111010100** 序列信号，用 VHDL 语言实现产生序列信号电路。

习题 5.18　习题 5.18 图是集成化 $m/(m+1)$ 分频器 E12012 的内部主要部分电原理图，Q_3 有两个输出端，其中一个在封装内部实现**线或**。试问：

（1）如图（a）所示，从 CP_1 输入时钟 CP，L 接控制信号，CP_2 悬空，此分频器的分频次数 $m/(m+1)$ 为多少（设初始状态 $Q_3Q_2Q_1 = \mathbf{110}$）。

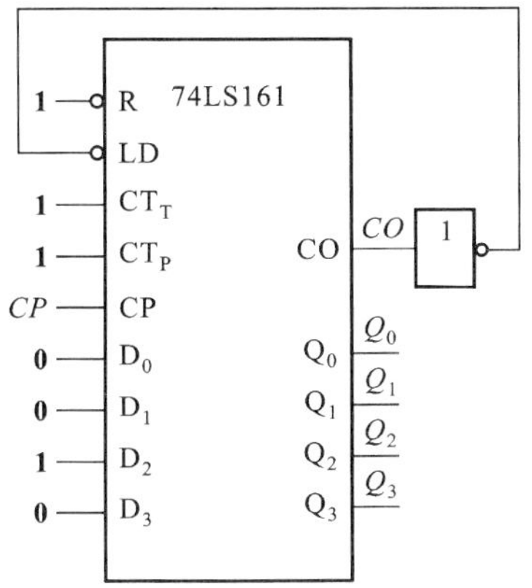

习题 5.2 图

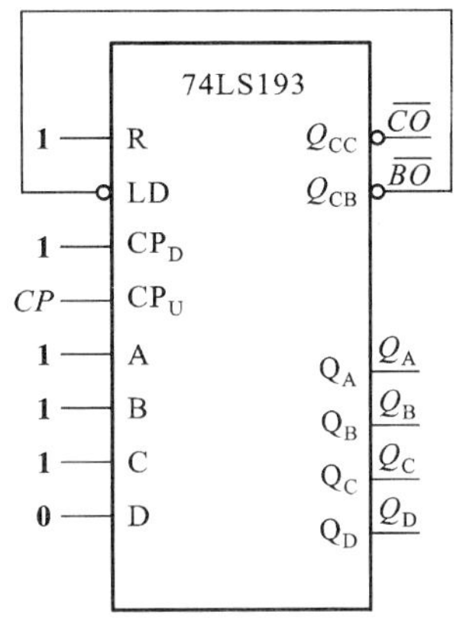

习题 5.3 图

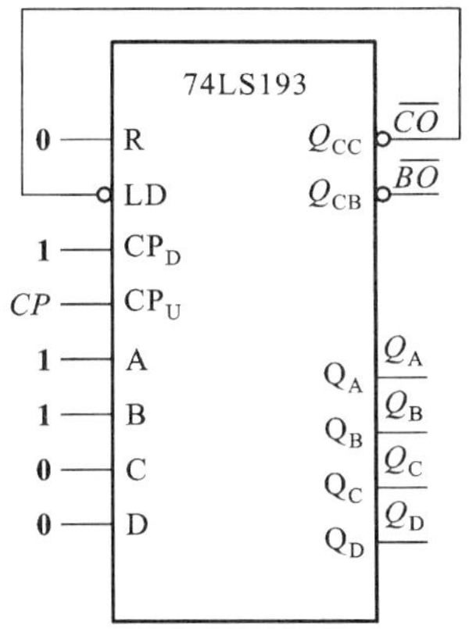

习题 5.4 图

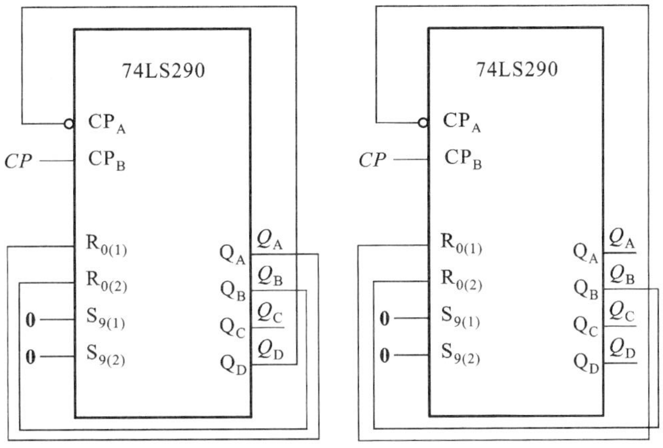

(a)　　(b)

习题 5.5 图

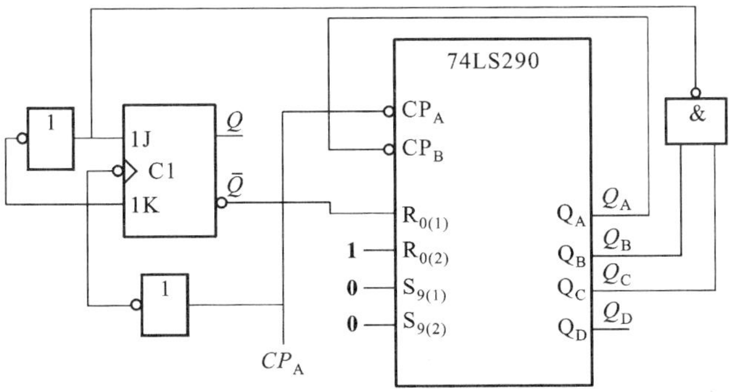

习题 5.9 图

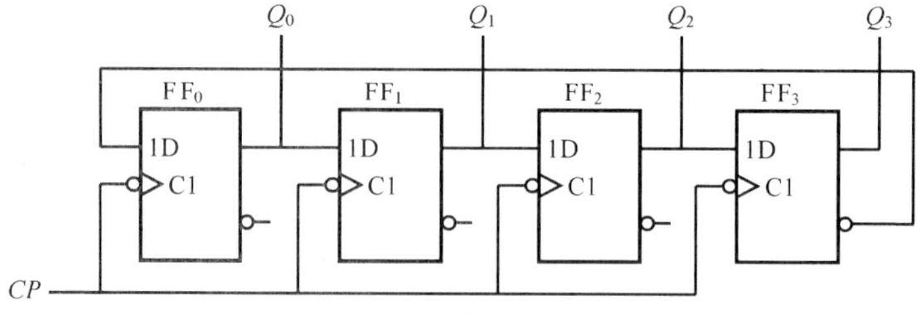

(a)

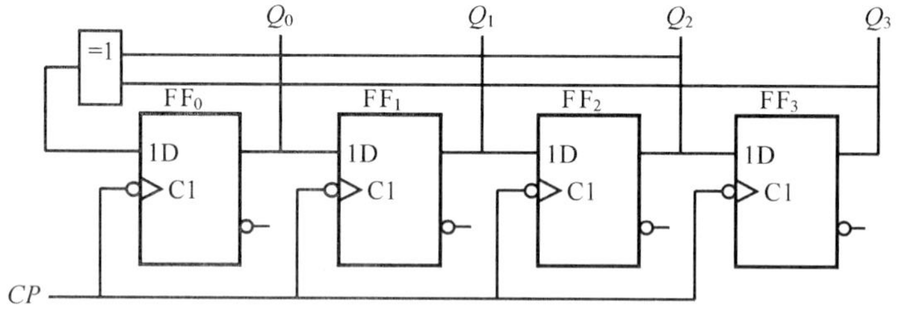

(b)

习题 5.11 图

(2) 如图 (b)所示。将 CP_2 与 $\overline{Q}_3$ 相接，时钟 CP 仍从 CP_1 输入，$m/(m+1)$又为多少？(设初始状态 $Q_4Q_3Q_2Q_1$ = **1110**)。

写出态序表(此电路是在时钟脉冲的下降沿时翻转)。

习题 5.19　试用 74195 构成 8 位环形、扭环形计数器。

习题 5.20　分析习题 5.20 图所示电路的逻辑功能，并用 VHDL 语言实现此电路功能，然后比较两种实现方法的特点。

习题 5.21　试用 74161 构成计数器/移位寄存器。

习题 5.22　试用两片 4 位双向移位寄存器 74194 构成 8 位双向移位寄存器。

习题 5.23　试用 74194 构成环形、扭环形计数器。

习题 5.24　采用中规模组件设计一个计数器型序列码发生器，产生周期序列 **1101000101**(组合电路采用八输入数据选择器)。

习题 5.25　(1) 将双时钟输入 4 位二进制同步可逆计数器 74193 设计成可控的、单时钟输入的可逆计数器。时钟输入端为 CP，控制输入端为 $U/\overline{D}$。控制输入端为高电平时为加计数，低电平时为减计数。

(2) 用 VHDL 语言实现(1)。

习题 5.26　用 74163 构成 12 位二进制计数器。

习题 5.27　习题 5.27 图为由移位寄存器 74194 和 JK 触发器构成的数字/模拟转换器的连接图，设初始状态 $QQ_3Q_2Q_1Q_0$ = **10000**。试解释其工作原理和输出电压。

习题 5.28　利用移位寄存器 74195 和译码器 74138 构成的程序分频器如习题图 5.28 所示。通过译码器 74138 的程序输入可实现 2 ~ 8 任意数分频。试分析其工作过程。

习题 5.29　(1) 采用双向移位寄存器 74194 及 3 线 - 8 线译码器设计一个能同时产生

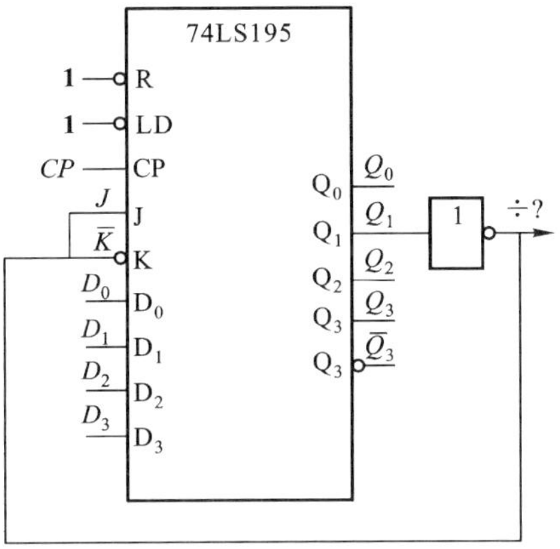

(a)

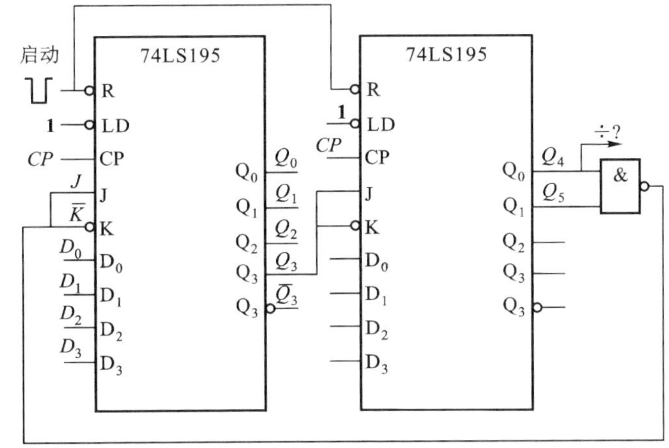

(b)

习题 5.14 图

两组代码的序列码发生器，这两组代码分别是 F_1:**110101** 和 F_2:**010110**；

(2) 用 VHDL 语言实现(1)中要求；

(3) 比较(1)和(2)两种方法的特点。

习题 5.30　采用双向移位寄存器 74194 及门电路设计一个具有自启动的序列长度 $S=63$ 的 m 序列发生器。

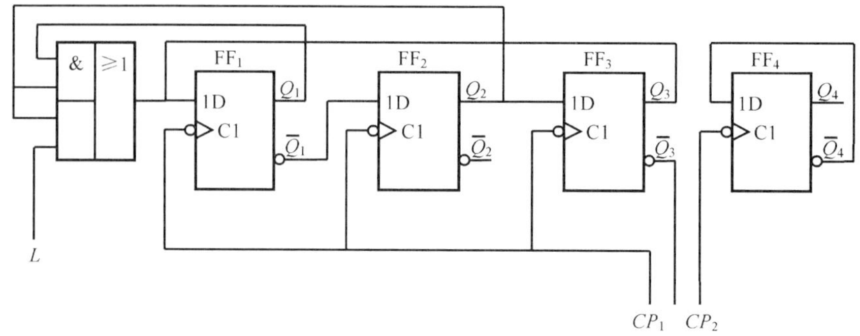

(a)

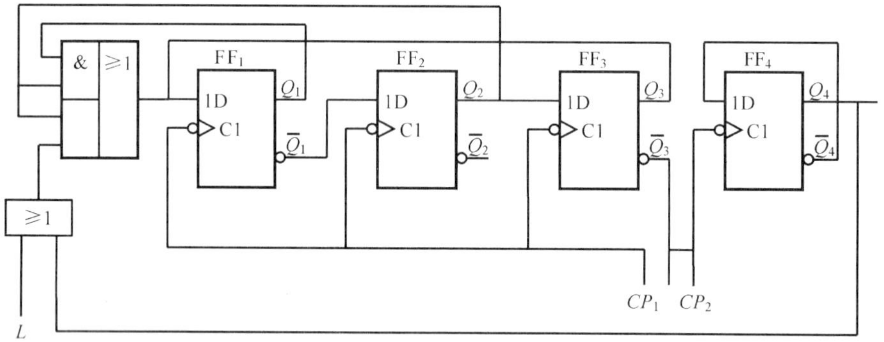

(b)

习题 5.18 图

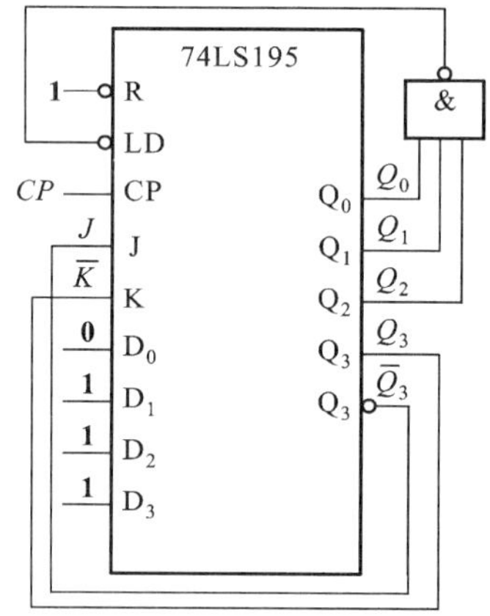

习题 5.20 图

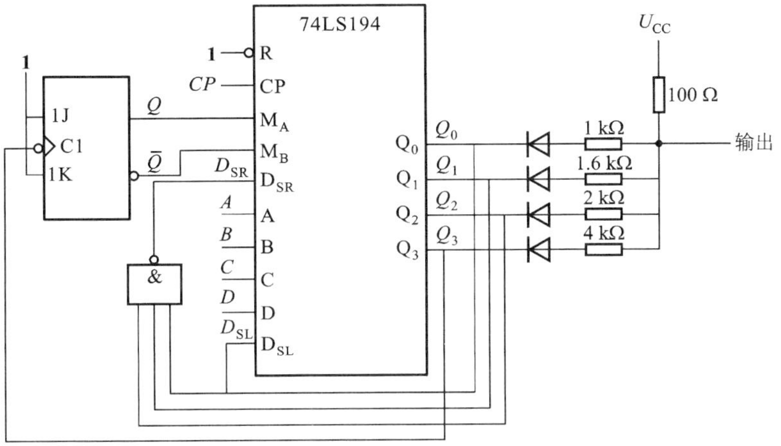

习题 5.27 图

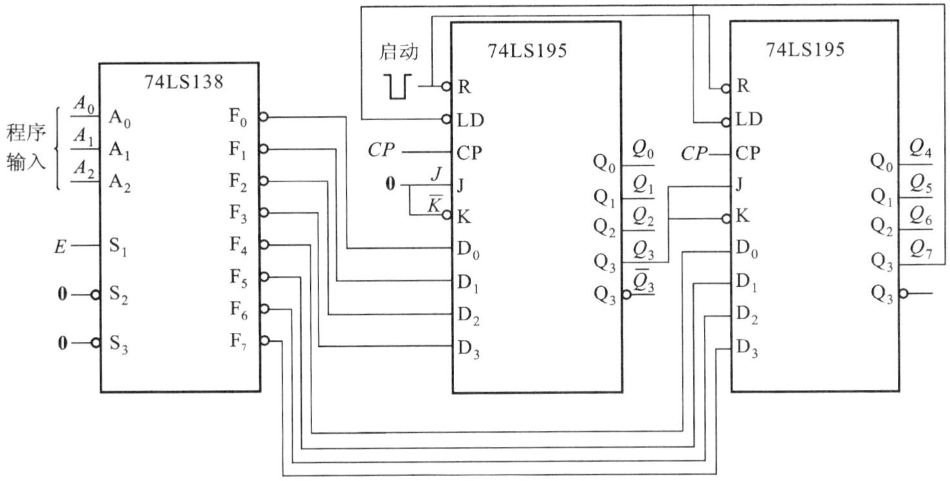

习题 5.28 图

第六章 可编程逻辑器件 PLD

前面几章已经讨论了标准 SSI、MSI 集成电路以及用这些集成电路设计的数字电路，从而实现预定的逻辑功能。这种方法设计逻辑系统规模不宜很大，因为随着系统规模的扩大，系统需用很多芯片，芯片之间、芯片与印制板之间必有很多复杂的连接线和接点，导致电路的可靠性下降、功耗增加、电路或系统占用空间扩大。为此，可以运用大规模集成或超大规模集成技术，把需要许多标准通用集成电路构成功能复杂的特定电路或系统集成在一个芯片内，以克服上述问题，提高性能价格比。这种能完成特定功能的集成电路芯片称之为专用集成电路(Application Specific Integrated Circuit，ASIC)。

ASIC 是一种用户定制集成电路(Custom Design IC)，它包括全定制和半定制两种类型。全定制集成电路(Full Custom Design IC)是指制造厂直接按照用户提出的特定逻辑要求设计和生产的器件，这一类 IC 专用性强，适合在大批量定型产品中使用，如常见的电子表机芯、洗衣机和照相机的控制电路、电子玩具的驱动电路等。半定制集成电路(Semi-Custom Design IC)是指制造厂生产出标准的半成品，再根据用户要求由工厂或用户自己对半成品进行再加工，制成具有特定功能的专用集成电路器件。半定制电路主要有三种类型：标准单元(Standard Cell)、门阵列(Gate Array)和可编程逻辑器件(Programmable Logic Device，PLD)。

标准单元是制造厂将各种成熟的优化单元电路，制成标准单元送入半成品库。设计时可根据用户要求从半成品库中取出需要的标准单元进行组合，构成所需的 ASIC 芯片。门阵列是在硅片上预先做好大量相同的门和连线，并且整齐地排列成阵列，制成一片片的母片，送入半成品库，同样，设计时可根据用户要求从半成品库中取出母片进行编程，构成所需的 ASIC 芯片。可编程逻辑器件 PLD 是制造厂将制成的未编程的集成电路投向市场，由用户借助计算机和编程设备，自行对集成电路进行编程，使之具有预定的逻辑功能，成为用户设计的 ASIC 芯片。近年来，可编程逻辑器件从芯片密度上、速度上发展相当迅速，已成为专用集成电路的一个重要分支。

本章将从可编程逻辑器件的编程单元讲授，使读者了解其工作原理，掌握用可编程逻辑器件设计数字电路的方法。为掌握使用电子设计自动化软件和可编程逻辑器件设计电路系统的后续课程打下良好的基础。

第一节　可编程逻辑器件 PLD 概述

可编程逻辑器件 PLD 是 20 世纪 70 年代发展起来的新型集成电路芯片，相继出现了 PROM、PLA、PAL、GAL 和 EPLD 等多个品种，它们的组成和工作原理基本相似。

一、PLD 的基本结构

PLD 的基本结构如图 6.1.1 所示，图中虚线框内是 PLD 的主体，它由**与**阵列和**或**阵列构成。**与**阵列用以产生有关**与**项，**或**阵列把所有**与**项构成**与或**形式的逻辑函数。前面已经讨论过，任何组合逻辑函数均可表示为**与** - **或**表达式，因而用**与**门 - **或**门两级电路可实现任何组合电路，又因为任何时序电路是由组合电路加上存储元件（触发器）构成的，因而 PLD 的**与或**结构对实现数字电路具有普遍意义。

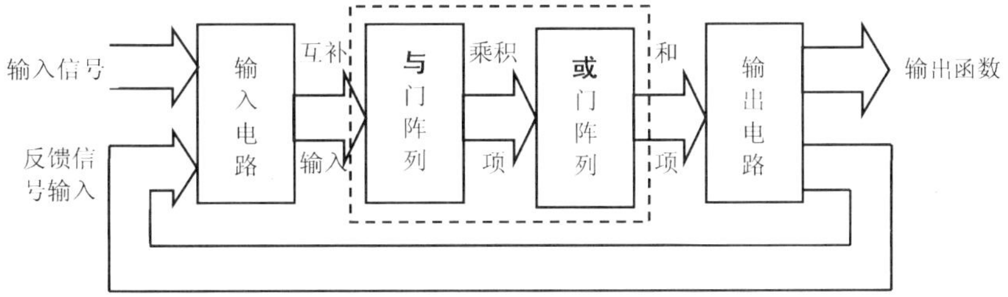

图 6.1.1　PLD 基本结构框图

图 6.1.1 中输入电路中为了适应各种输入情况，每一个输入信号都配有缓冲电路，使其具有足够的驱动能力，同时产生原变量和反变量（互补信号）输出作为**与**门阵列的输入。输出电路的输出方式有多种，可以由**或**阵列直接输出，构成组合方式输出，也可以通过寄存器输出，构成时序方式输出。输出既可以是低电平有效，也可以是高电平有效；既可以直接接外部电路，也可以反馈到输入**与**阵列。由此可见 PLD 的输出电路根据不同的可编程逻辑器件有所不同，以后将会逐步介绍。

二、PLD 的逻辑符号表示方法

由于 PLD 具有较大的**与**阵列和**或**阵列，PLD 逻辑图的画法与传统的画法就有所不同，为了便于描述其内部电路的逻辑关系，通常采用逻辑表示法：在芯片内部配置和逻辑之间建立起一一对应关系，把逻辑图和真值表结合在一起，构成一种紧凑而易于识读的形式。

（一）缓冲器表示方法

PLD 的输入缓冲器和反馈缓冲器均采用互补输出的结构，它的两个输出分别是输入的原码和反码，如图 6.1.2 所示。

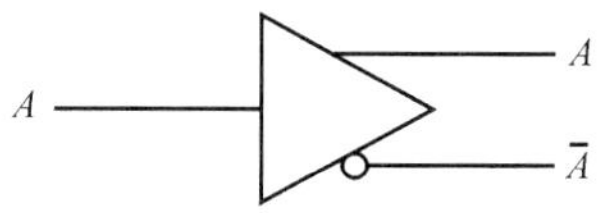

图 6.1.2　PLD 缓冲器表示方法

（二）与门和或门的表示方法

PLD 电路中采用两种基本门电路，即**与**门和**或**门。一个门有多个输入，仅有一个输出，图 6.1.3 给出了**与**门和**或**门的国标逻辑符号，图 6.1.4 为**与**门和**或**门在 PLD 中采用的表示方法。在这种描述方法中，垂直线作为输入信号，水平线为所有垂直线的积，习惯上称之为乘积项（乘积线），如图 6.1.4（a）所示。而垂直线为乘积项，水平线为所有垂直线的**或**，如图 6.1.4（b）所示的就是**与** - **或**组成的逻辑函数。输入信号和乘积项构成了**与**阵列，乘积项和逻辑函数构成了**或**阵列，这些阵列形成交叉点。阵列上交叉点连接方式有三种表示方法，如图 6.1.5 所示。交叉点上的“•”表示固定连接，不可编程；“×”表示用户可编程连接；无任何标记则表示不连接。如图 6.1.4 中**与**门和**或**门输出函数分别为

$$F_1 = A \cdot B \cdot C$$

$$F_2 = B + C + D$$

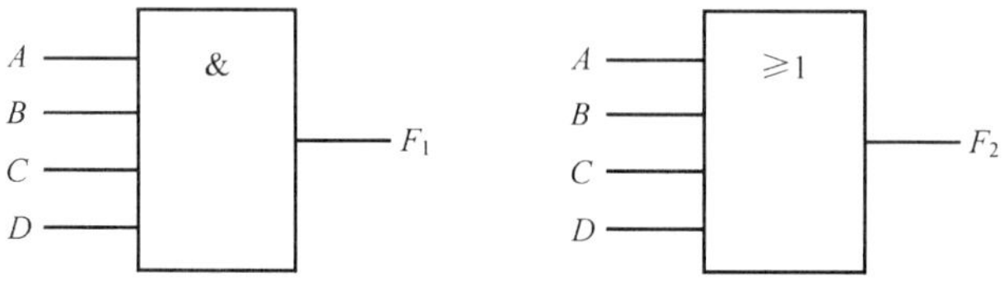

（a）与门　　（b）或门

图 6.1.3　逻辑符号

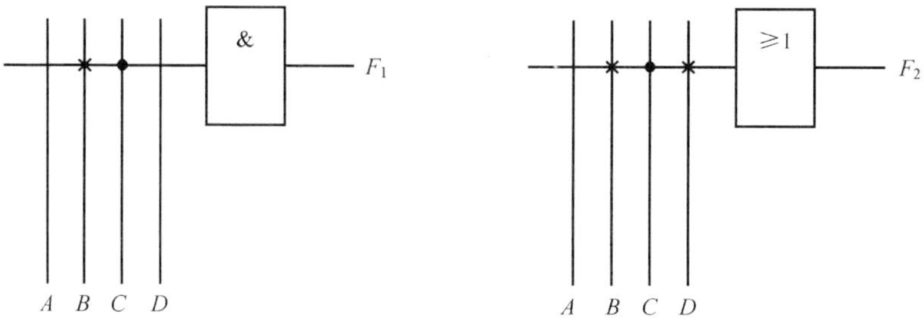

（a）与门　　（b）或门

图 6.1.4　PLD 中采用的表示方法

图 6.1.5　PLD 连接表示法

图 6.1.6 列出了**与**门连接的三种特殊情况，由图可以看出，当门的输入全部编程，它的输出乘积项为 **0**，即 $D=A\overline{A}B\overline{B}=\mathbf{0}$，对于这种情况，可以简单地在对应的**与**门中画一个“×”号以代替输入项和乘积线上所对应的“×”，如图 6.1.6 中第二个**与**门所表示，因此，$E=D=\mathbf{0}$。乘积项与任何输入信号都没有接通，相当于**与**门输出为逻辑 **1**。由于**与**阵列的输出是**或**阵列的输入，$F=\mathbf{1}$ 将导致关断其他乘积项的输出，所以在电子设计自动化的手动设计时要特别注意。

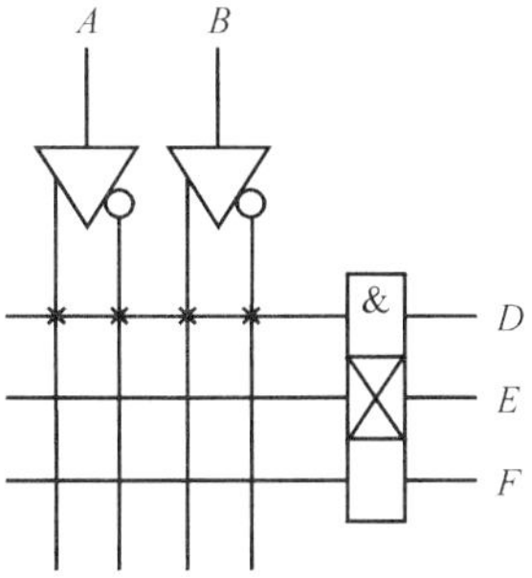

A　B	D　E　F
0　0	0　0　1
0　1	0　0　1
1　0	0　0　1
1　1	0　0　1

图 6.1.6　与门的三种特殊表示方法

图 6.1.7(a)给出了最简单的 PROM 电路图，它是图 6.1.1 PLD 框图的一个特例，图 6.1.7(b)是图 6.1.7(a)的简化形式。实现的函数为

$$F_1=\overline{A}\cdot B+A\cdot\overline{B},\quad F_2=\overline{A}\cdot\overline{B}+A\cdot B,\quad F_3=A\cdot B$$

三、PLD 的分类

PLD 有着大致相同的基本结构，而根据**与**阵列和**或**阵列是否可编程，分为三种基本类型：① **与**阵列固定，**或**阵列可编程：可编程只读存储器 PROM，或可擦除编程只读存储器 EPROM；② **与**阵列，**或**阵列均可编程：可编程逻辑阵列 PLA；③ **与**阵列可编程，**或**阵列固定：可编程阵列逻辑 PAL、通用阵列逻辑 GAL、高密度可编程逻辑器件 HDPLD。

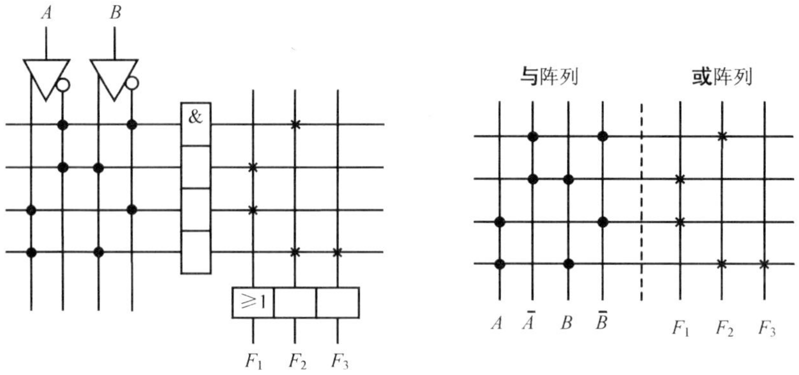

(a) 电路图　　(b) 简化形式

图 6.1.7　PROM 编程阵列图

(一) 与阵列固定,或阵列可编程

这一类型的代表器件是可编程只读存储器(Programmable Read Only Memory,PROM),图 6.1.8 所示是一个 8×3 位可编程阵列结构。因为**与**阵列固定,输入信号的每个组合都固定连接(不管这个组合是否会被使用),所以**与**门阵列为全译码阵列,它经常被用来作为数据存储器。若用 PROM 或 EPROM 来实现逻辑函数,则会随着输入信号的增加,使得芯片面积增大,利用率和工作速度降低等情况发生,例如,输入信号有 10 个,所需要的函数乘积项仅有 40 个的时候,由于固定的**与**阵列所产生的 10 个信号的乘积项有 2^{10} = 1 024 个,所以将所有的乘积项 1 024 减去所需的乘积项 40 就有 984 个乘积项被空闲。

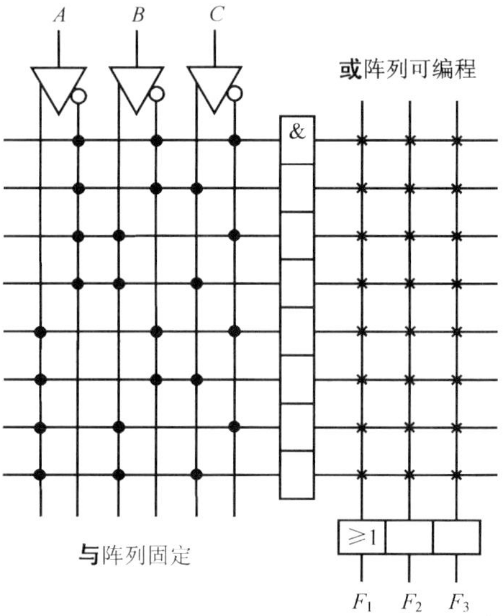

图 6.1.8　PROM 阵列结构

(二) 与或阵列均可编程

这种类型的代表器件是可编程逻辑阵列(Programmable Logic Array,PLA),图 6.1.9 给出了 PLA 的阵列结构,在可编程逻辑器件中,它的灵活性最高。由于它具有**与或**阵列均能编程的特点,在实现函数时,只需形成所需的乘积项,使阵列规模比输入数相同的**与**阵列固定、**或**阵列可编程的 PROM 小得多。但是目前 PLA 的编程缺少高质量的支持软件和编程工具,且器件价格偏高,门的利用率不高，因而未得到广泛应用。

（三）与阵列可编程，或阵列固定

与阵列可编程，**或**阵列固定的代表器件是可编程阵列逻辑（Programmable Array Logic，PAL）和通用阵列逻辑（Generic Array Logic，GAL），这种结构中，**或**阵列固定若干个乘积项输出，图 6.1.10 中，每个输出对应的乘积项有 2 到 3 个。在典型的 PAL、GAL 器件中，乘积项可达 8 个，在高密度 PLD 中乘积项可高达几十个。PAL 和 GAL 门阵列结构把 PROM 器件的成本低、速度高、编程容易以及 PLA 器件的灵活性等优点结合在一起，成为早期实现可编程 ASIC 的主要器件。现将各种 PLD 的结构特点，列于表 6.1.1。

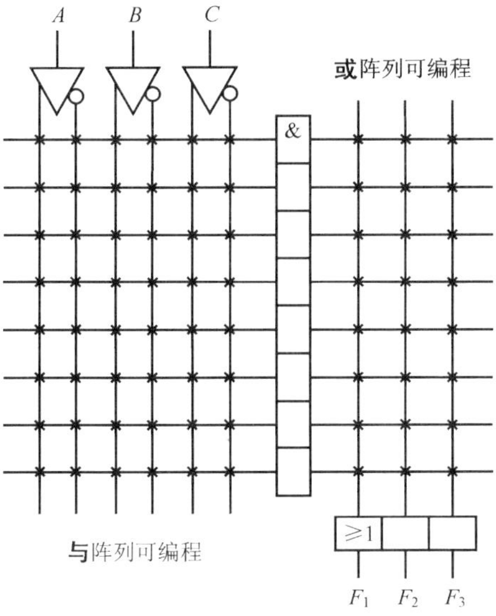

图 6.1.9 PLA 阵列结构

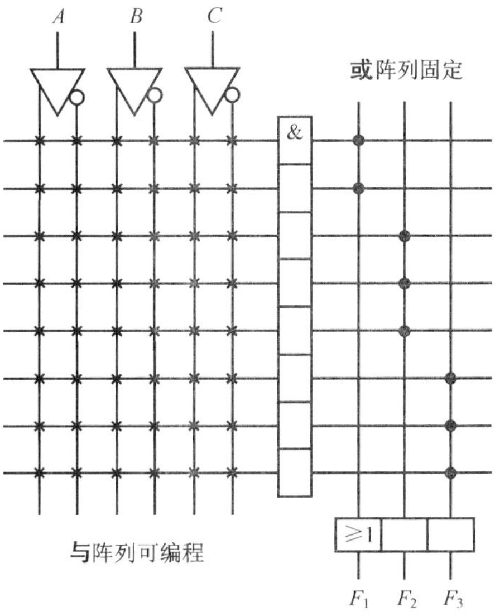

图 6.1.10 PAL 和 GAL 阵列结构

表 6.1.1 各种 PLD 的结构特点

类型	阵列		输出方式
	与	或	
PROM	固定	可编程	TS，OC
PLA	可编程	可编程	TS，OC，H，L
PAL	可编程	固定	TS，I/O，寄存器
GAL	可编程	固定	用户定义

四、PLD 的性能特点

可编程逻辑器件的出现对传统的用中小规模集成电路设计数字电路系统产生了很大的影响，采用 PLD 设计数字系统具有如下特点：

(1) 减小系统体积：单片 PLD 具有相当高的密度，能实现的逻辑功能大约是中小规模集成电路的 20 倍以上，高密度 PLD 器件甚至能达千倍。因此，使用 PLD 器件能大量节省空间，减小设备体积。

(2) 增强逻辑设计的灵活性：使用 PLD 器件设计的系统，可以不受标准系列器件在逻辑功能上的限制。在系统设计和系统调试过程中的任何阶段都能对 PLD 器件的逻辑功能进行修改，给系统设计提供了很大的灵活性。

(3) 缩短设计周期：由于 PLD 具有可编程特性，用它来设计一个系统所需时间比传统方式大为缩短，而且在调试和生产阶段，对 PLD 器件的逻辑进行调整十分简便迅速，无需重新布线和更换印制板。

(4) 提高系统处理速度：利用 PLD **与或**两级结构实现任何逻辑功能，比用中小规模器件所需的逻辑级数少。这不仅简化了系统设计，而且减少了级间延迟，提高了系统的处理速度。

(5) 降低系统成本：采用 PLD 器件设计的系统，虽然单片 PLD 器件要比单片中小规模芯片贵，但由于 PLD 集成度高，而且测试与装配的工作量大大减少，加上避免了改变逻辑带来的重新设计和修改等一系列问题，有效地降低了成本。

(6) 提高系统的可靠性：用 PLD 器件设计的系统减少了芯片和印制板数量及相互间的连线，从而增加了系统的平均寿命和抗干扰能力，提高了系统的可靠性。

(7) 系统具有加密功能：某些 PLD 器件，如 GAL 或高密度可编程逻辑器件本身具有加密功能。设计者在设计时选中加密项，可编程逻辑器件就被加密，器件的逻辑功能无法被读出，有效地防止逻辑系统被抄袭。因而，使用可编程逻辑器件设计的系统具有保密性。

五、用 PLD 实现逻辑电路的方法与过程

目前，用可编程逻辑器件来设计电路需要依靠相应的开发软件平台和编程器，可编程逻辑器件开发软件和相应的编程器多种多样，特别是一些较高级的软件平台，其功能更加灵活，具有图形输入、语言输入、波形输入、状态机输入；功能分析、时序分析、电路划分、布局连线、编程等。一个系统除了方案设计和输入电路外，都可用编程软件自动完成。

可编程逻辑器件设计电路过程如图 6.1.11 所示，它和传统的采用中小规模集成电路设计方法的主要区别在于增加了“编程”和计算机“参与”。

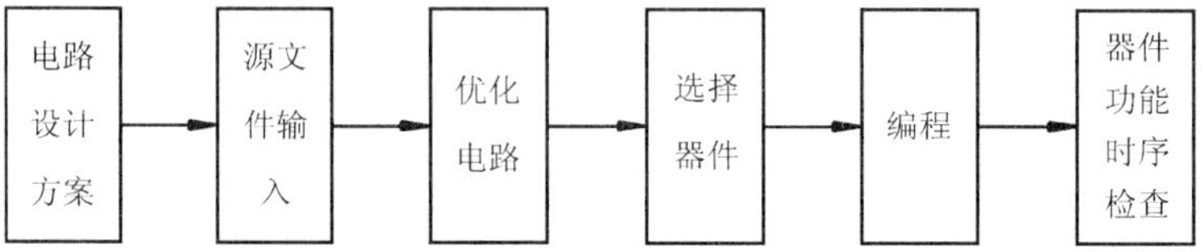

图 6.1.11　采用 PLD 设计逻辑电路的基本过程

第二节　可编程逻辑器件 PLD 编程单元

可编程逻辑器件中用来存放数据的基本单元称为编程单元，编程单元可分为易失性和非易失性两种。

易失性单元：这种基本单元采用的是静态随机存储器(SRAM)结构，其特点为掉电以后信息就要丢失，现场可编程门阵列(FPGA)采用这种编程单元。

非易失性单元：非易失性有多种编程单元，其特点为掉电后信息不会丢失。它一般用于只读存储器，用来存储固定的信息。这些信息若由制造厂按用户的要求或者用户一次编程固定好的，称之为一次编程元件 PROM，如用熔丝型开关、反熔丝型开关为编程单元的器件等；由用户根据需要将数据储存在编程单元中，并可以多次写入和擦除，称之为多次编程元件。这类器件有紫外线擦除、电编程的 UV EPROM 和电擦除、电编程的 E^2PROM，它们的编程单元采用的是浮栅技术。

一、熔丝型开关

PLD 初期的可编程逻辑器件是靠熔丝的接通与断开产生逻辑，图 6.2.1 给出了 4 字 ×4 位熔丝结构的 PROM。它包括地址译码器、十六个存储单元、四个驱动放大器和四个电阻。四条字线为 X_0、X_1、X_2 和 X_3，四条位线为 Y_0、Y_1、Y_2 和 Y_3，字线由两输入的地址译码器的输出控制，它给出了每个地址码所对应的字。被选中的字线为高电平，使接有熔丝的位线有电流通过，在相应的电阻上产生压降，其输出为高电平 **1**，未标有熔丝的位线表示熔丝被烧断，输出为 **0**。例如，对应 A_1A_0 取值为 **10**，选中字线 X_2，其输出字为 **0100**。熔丝型开关图对应的真值表如表 6.2.1 所示，由表 6.2.1 可以看出，输出是输入 A_1A_0 的平方值。

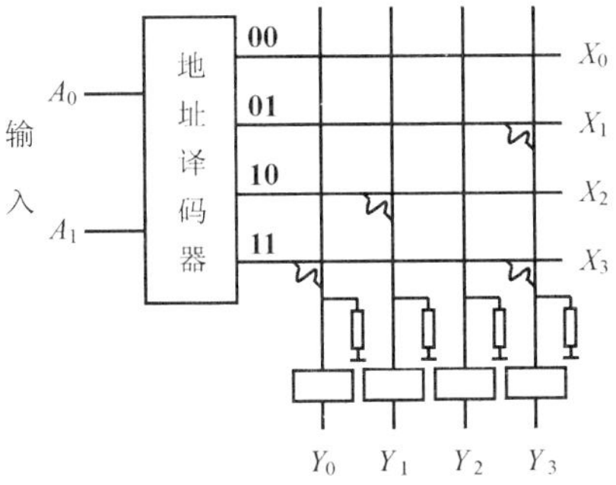

图 6.2.1　熔丝型开关

表 6.2.1　真　值　表

A_1	A_2	Y_0	Y_1	Y_2	Y_3	十进制
0	**0**	**0**	**0**	**0**	**0**	0
0	**1**	**0**	**0**	**0**	**1**	1
1	**0**	**0**	**1**	**0**	**0**	4
1	**1**	**1**	**0**	**0**	**1**	9

二、反熔丝型开关

反熔丝开关 PLICE 编程单元如图 6.2.2(a)所示,阴影区域是场氧化物,当中是 PLICE 介质,它阻断了两层 PLICE 多晶硅导体之间的通路,当具有一定的高压加到此单元上时,介质被击穿,把两层导电材料连在一起形成通路,如图 6.2.2(b)所示。PLICE 反熔丝是一个两端、非易失性一次可编程元件,击穿之前通常呈现十分高的电阻(>100 MΩ),击穿后呈双向低电阻。图 6.2.3 中输入信号 A 和 B,通过输入缓冲器形成四条信号线 A、$\overline{A}$、B 和 $\overline{B}$,信号线和乘积线交叉处是 PLICE 编程单元,依赖 PLICE 的介质击穿与否形成逻辑 **0** 和 **1**,此图中乘积项 $P_1 = A \cdot B$ 和 $P_2 = \overline{A} \cdot \overline{B}$。或阵列输出为 $F = A \cdot B + \overline{A} \cdot \overline{B}$。

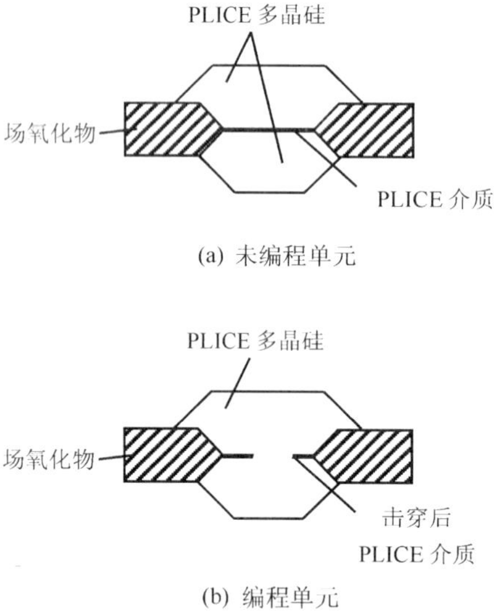

图 6.2.2　PLICE 编程单元

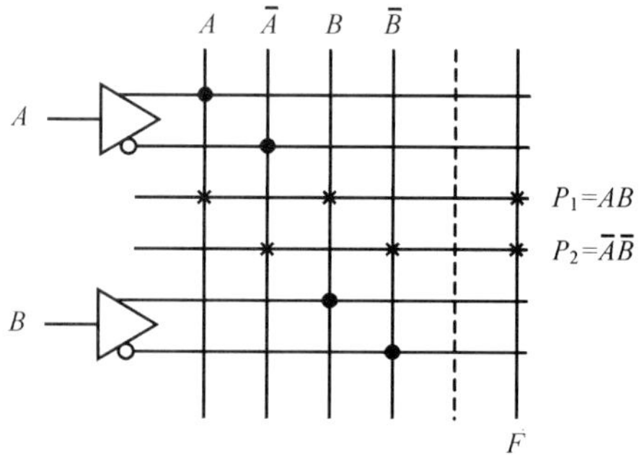

图 6.2.3　反熔丝型开关

三、浮栅编程技术

用浮栅编程技术生产的编程单元是一种能多次改写的 ROM,即已写入的内容可以擦去,也可以重新写入新的内容。它的特点同样是断电之后,写入的内容仍然保留在编程单元中,它包括 UV EPROM、E^2PROM 以及闪速(Flash)存储器,这三种存储器都是利用绝缘栅场效应管中的浮栅存储电荷使开启电压发生变化来记忆信息的。

(一) 叠栅型(SIMOS)存储单元

图 6.2.4 是叠栅型存储单元,图 6.2.4(a)是它的剖面示意图,图 6.2.4(b)是一个 SIMOS 储存单元。SIMOS 管与普通的 MOS 管相似,只是由多晶硅做成栅极而且

对外没有引出线，浮在氧化层中，所以称为浮动栅或浮栅，信息靠浮栅储存。叠栅型管靠栅极 G 选通，又称为选择栅。选择栅用于控制编程或读出操作。浮栅用于存储电荷，以改变 MOS 管的阈值电压。负载管采用耗尽型 MOS 管。

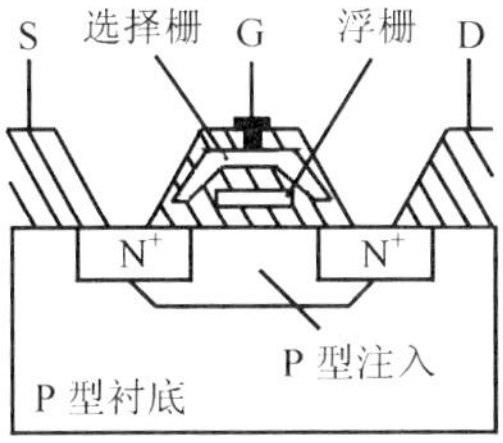

(a) SIMOS 管剖面示意图

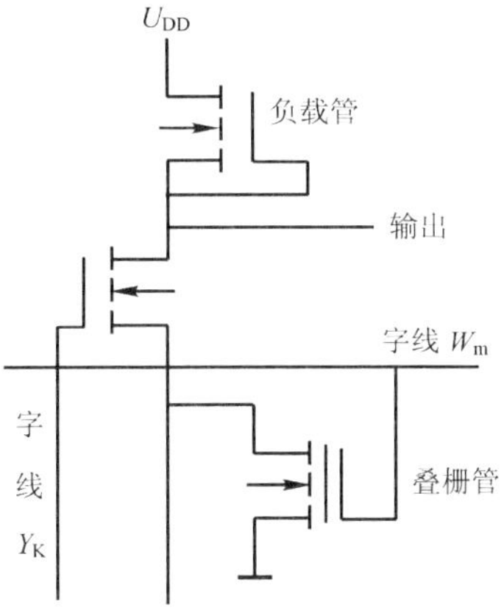

(b) SIMOS 存储单元

图 6.2.4　叠栅型存储单元

在需要编写 **1** 时，U_{DD}及字线都加 25 V 的电压，于是叠栅管的漏、栅极上都加上 25 V 的电压，反型层中的某些电子获得足够的能量，从沟道经过厚度为 $1\ 000 \times 10^{-10}$ m 的氧化层移到浮栅上，使浮栅带上负电荷，这种负电荷使沟道感应更多的正电荷，MOS 管的阈值电压变高，因此更不容易导通。在正常工作时，U_{DD} 加上 5 V，字线电压也是 5 V，使叠栅管不导通，读出数据为 **1**。相反，那些浮栅上没有储存负电荷的单元被选中时由于阈值电压低而导通，读出为地电位，即逻辑 **0**。

浮栅上的电荷无放电通路，没法泄漏。但是，电荷保存时间的长短与环境温度、光照有关。据资料介绍，在 70 ℃环境中保存一年，仍能正确地反映信息，电荷全部放完需要 100 年，但直接在阳光下照射保存时间仅一周左右；暴露在室内荧光灯下，可保存三年；若用紫外线照射，则形成光电电流，把栅极电子带回到多晶硅衬底，SIMOS 管恢复到初始的不导通状态。

用 SIMOS 做成的 EPROM 集成模块电路上方有一个石英玻璃窗口，当需要改写时，放在波长为 $2\ 537 \times 10^{-10}$ m 的紫外线灯光下照射 15～20 分钟，便可以将所有单元恢复到初始状态，又可以重新写入信息。要注意的是，当信息写入完毕之后，为避免信息丢失，应将玻璃窗口用不透光的纸封严。

（二）隧道型（FLOTOX）存储单元

前面研究的可擦写存储器的缺点是擦除已存入的信息必须用紫外光照射一定的时间，因此不能用于快速改变储存信息的场合，用隧道型储存单元制成的存储器克服了这一缺点，它称为电可改写只读存储器 E^2PROM，即电擦除、电编程的只读存储器。

FLOTOX 管的结构剖面示意图如图 6.2.5(a)所示，它与叠栅型管的不同在于浮栅延长区与漏区 N 之间的交叠处有一个厚度约为 8 μm 的薄绝缘层，当控制栅 G 加足够高的正电压而漏极接地时，在这个交叠区产生 10^7 V/cm 的强电场，在强电场的作用下，将有一定量的电子获得能量，通过绝缘层到达浮栅，使浮栅获得负电荷，这一现象称为“隧道效应”。相反，将控制栅接地，在漏极上加一适当的正电压，则产生与上述相反的过程，即浮栅放电。当浮栅获得负电荷时，使 FLOTOX 管的开启电压提高；当浮栅放电后，FLOTOX 管的开启电压降低。由开启电压的不同分别代表存 **1** 还是存 **0**。

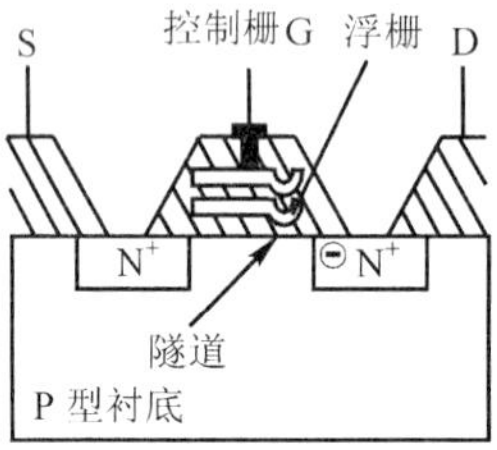

(a) FLOTOX管剖面示意图

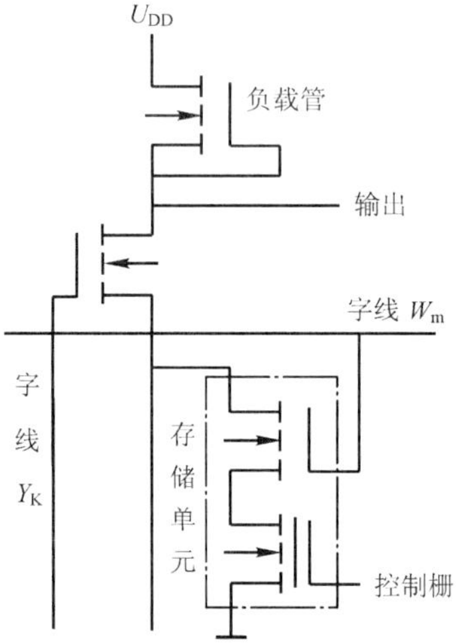

(b) FLOTOX存储单元

图 6.2.5　隧道型存储单元

图 6.2.5(b)是由 FLOTOX 管构成的 E^2PROM 储存单元，这里浮栅具有负电荷，为逻辑 **1**，浮栅没有负电荷，为逻辑 **0**。如果浮栅上已经获得负电荷，正常工作时 U_G 为较低的电压(如 3 V)，当此单元被选中后，即字线为高电位，FLOTOX 管不通，输出为 **1**。若浮栅上没有负电荷，因 FLOTOX 管的开启电压低而导通，使输出为低电位，即逻辑 **0**。

E^2PROM 在写入新的信息前先进行擦除，擦除时，U_{DD} 加 5 V 电压，U_G 加 20 V电压，当字线选中后，FLOTOX 管浮栅上获得负电荷，输出为 **1**。若每个单元都擦除后，此 E^2PROM 各单元全为 **1**。写入数据时，若写入 **1**，可使此单元控制栅悬浮，即开路，编程时不能被选中，仍保持 **1**。若要写入 **0**，可在控制栅加较负的电压，使浮栅放电，降低 FLOTOX 管的开启电压。当读出时，U_G 加 3 V 电压，FLOTOX 管导通，使输出为低电位，即逻辑 **0**。

（三）闪速型（Flash）存储单元

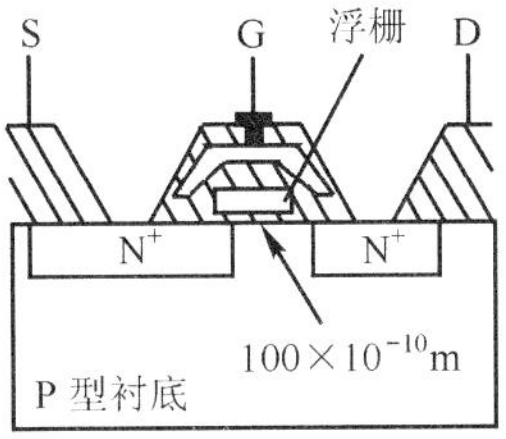

图 6.2.6　闪速存储单元剖面示意图

从 6.2.5（b）虚线框内可以看出由 FLOTOX 管制成的隧道型存储单元需要有一选择管，以便选中或不选此单元，选择管是初期电擦除、电编程（E^2PROM）只读存储器的必要部件，因此限制了高密度存储单元的尺寸。闪速存储单元解决了这一问题，闪速存储单元又称为快擦快写存储单元。图 6.2.6 是闪速存储单元剖面图，由它组成的存储单元类似于图 6.2.4（b）所示。闪速存储单元去掉了隧道型存储单元的选择管，它不像 E^2PROM那样一次只能擦除一个字，而是可以用一个信号，在几毫秒内擦除一大区段。因此，闪速存储单元比隧道型存储单元的芯片结构更简单、更有效，使用闪速存储单元制成的 PLD 器件密度更高。

闪速存储单元存放信息的工作原理十分类似于叠栅型存储单元，但有两点不同之处：

（1）叠栅存储单元的区域 S^{N+} 和漏极的区域 D^{N+} 是对称的，而闪速存储单元源极的区域 S^{N+} 大于漏极的区域 D^{N+}，这两块区域不是对称的，使浮栅上的电子进行分级双扩散，电子扩散的速度远远大于叠栅型存储单元。

（2）叠栅存储单元的浮栅到 P 型衬底间的氧化物层约 20 μm 左右，而闪速存储单元的氧化物层更薄，约为 10 μm。

最初的闪速存储单元像叠栅型制成的 EPROM 一样，需要两个供电电压，+5 V 的逻辑供电和 +12 V 左右的编程供电。目前已采用 +5 V 单一电源供电，使得闪速存储单元制成的 PLD 器件不移出系统就可以编程和擦除。进一步将利用 3.3 V、1 V 的电源供电，这样可将智能电压用于闪速存储器，允许存储器靠智能电压接口供电执行读操作和再编程操作。

四、六管静态存储单元

闪速存储单元的可再编程能力非常接近于随机存储器的理想要求，可以在任何时候以新的数据进行电再编程。虽然闪速存储器的再编程能力约为 10 万次左右，但还是不及静态存储单元 SRAM 那样有无限制的再编程能力，基于 SRAM 为存储单元的现场可编程门阵列（FPGA）可以实现无限次从一种运行逻辑转换到另一种运行逻辑的功能。

图 6.2.7（a）是一个典型 SRAM 六管存储单元，它是由两个具有有源下拉 N 沟道晶体管和有源上拉 P 沟道晶体管交互耦合的倒相器组成，高和低电平是用具有分别到电源 U_{CC}和地 GND 的低阻抗通道的有源器件定义的两个电平。T_1、T_2 为两个传输 NMOS 管，其栅极接到字线，源极分别接到两条互补的位线上，起

传输作用。当字线选中时，位线上的互补数据通过传输管传到两个倒相器，使倒相器工作，稳定数据。

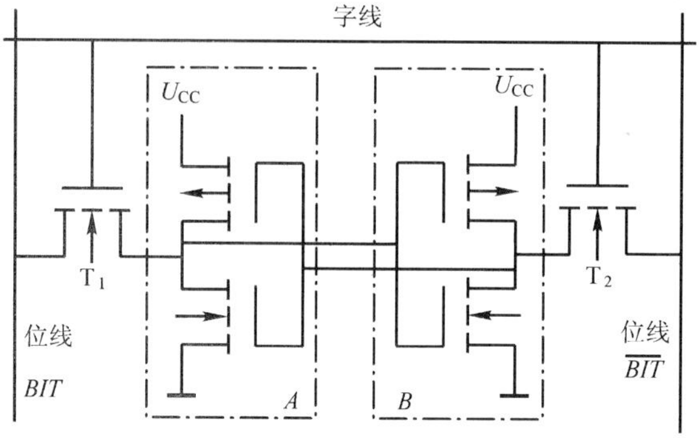

(a) 六管静态存储单元

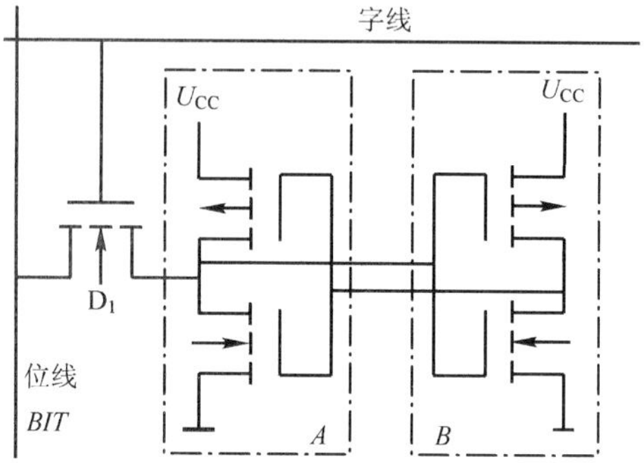

(b) 五管静态存储单元

图 6.2.7　SRAM 静态存储器

图 6.2.7(b)是五管静态存储单元，它是将六管存储单元去掉一个传输管 T_2 形成的。由于取消了这个传输管，提高了芯片的密度，它对器件的正常运行时的性能没有影响。

第三节　可编程只读存储器 PROM 和可编程逻辑阵列 PLA

一、可编程只读存储器 PROM

前面已经讨论过 PROM 的结构是**与**阵列固定、**或**阵列可编程的 PLD 器件，这类器件还有紫外线擦除、电编程的 UV EPROM，它们除了在编程基本单元结构和擦除方法不同之外，应用时无根本区别。这种结构的乘积项的数量是 n 个输入信号的 2^n 次方，而且乘积项按 n 个输入信号的所有组合顺序排列。对于有大量输入信号的 PROM，比较适合作为存储器来存放数据，它在计算机系统和数据自动控制等方面起着重要的作用。对于较少的输入信号组成的**与**阵列固定、**或**阵列可编程的器件中，也可以很方便地实现任意组合逻辑函数。

图 6.3.1 给出了一个 8(字线)×4(数据输出)的存储器数据阵列图。它是由 3 线 -8 线译码器，8×4 存储单元矩阵和输出缓冲器三部分组成。A_2、A_1、A_0 是地址码输入端，$D_0 \sim D_3$ 是数据输出端，$P_0 \sim P_7$ 为字线，由地址译码器选中不同的字线，被选中字线上的 4 位数据通过输出缓冲器输出。如当地址码 $A_2A_1A_0$ = **000** 时，通过地址译码器，使字线 P_0 = **1**，将字线 P_0 上的存储单元存储的数据 **0000** 输出，即 $D_0 \sim D_3$ = **0000**。若改变地址码 $A_2A_1A_0$ 时，则选中的字线不同，将输出不同的存储字。表 6.3.1 是地址对应的字线以及字线上的存储数据。

表 6.3.1　地址、字线、存储数据对应表

地　址			字　线	储存数据			
A_2	A_1	A_0	P	D_0	D_1	D_2	D_3
(A_i	B_i	C_i)	(乘积线)	(S_i	C_{i+1}	T_i	C_{i-1})
0	**0**	**0**	P_0	**0**	**0**	**0**	**0**
0	**0**	**1**	P_1	**1**	**0**	**1**	**1**
0	**1**	**0**	P_2	**1**	**0**	**1**	**1**
0	**1**	**1**	P_3	**0**	**1**	**0**	**1**
1	**0**	**0**	P_4	**1**	**0**	**1**	**0**
1	**0**	**1**	P_5	**0**	**1**	**0**	**0**
1	**1**	**0**	P_6	**0**	**1**	**0**	**0**
1	**1**	**1**	P_7	**1**	**1**	**1**	**1**

上面讲述的存储器是 8×4 存储矩阵，有 32 个存储单元，即它的总容量为 32，但习惯上把容量表示为"字×位"，即存储容量为 8 字×4 位。将图 6.3.1 中的地址扩展成 n 条地址线，n 位地址码可寻址 2^n 个信息，产生字线为 2^n 条，其输出若是 m 位，则存储器的总容量为 $2^n \times m$ 位。图 6.3.2 为可编程只读存储器作为数据存储器的结构框图。

目前，在市场上 EPROM 有各种类型的产品，规格多种多样，图 6.3.3 是紫外线擦除、电可编程的 EPROM2716 器件逻辑框图和引脚图。表 6.3.2 列出了 2716 的工作模式选择。EPROM2716 是 $2^{11} \times 8$ 位可改写存储器，有 11 位地址线 $A_0 \sim A_{10}$，产生字线为 2 048 条，$D_7 \sim D_0$ 是 8 位数据输入/输出线，编程或读操作时，数据由此输入输出。$\overline{CS}$为片选控制信号，低电平有效，$\overline{OE}/PGM$ 为读出/写入控制端，该端低电平输出有效，高电平进行编程，写入数据。

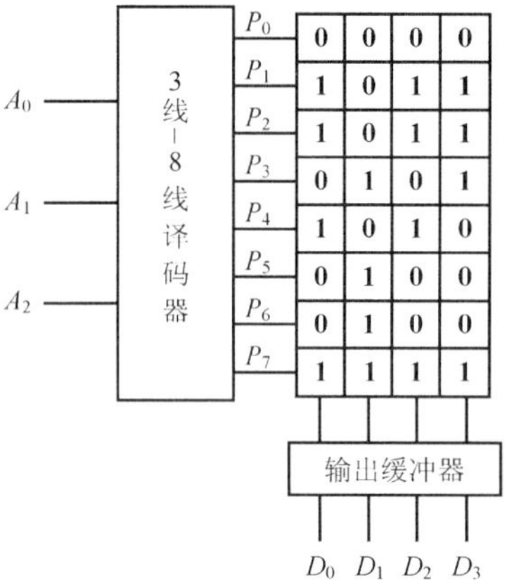

图 6.3.1　8×4 存储器阵列示意图

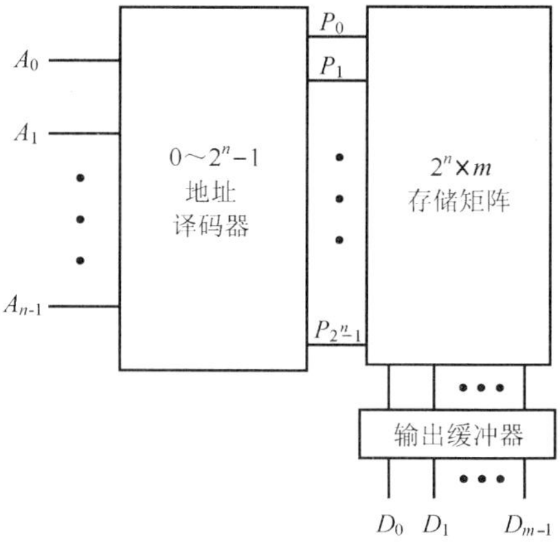

图 6.3.2　PROM 作为存储器结构框图

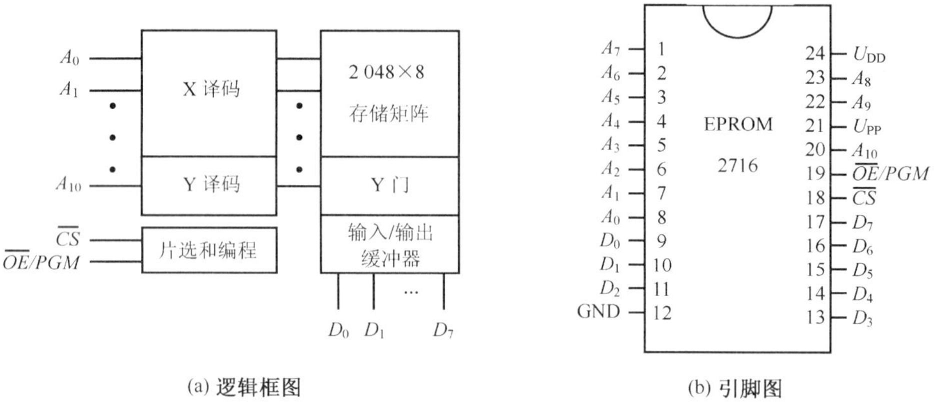

图 6.3.3　EPROM2716 逻辑框图和引脚图

表 6.3.2　2716 工作模式

信号 / 方式	$\overline{CS}$	$\overline{OE}/PGM$	$D_7\sim D_0$
保持	1	×	高　阻
编程	0	1	数据输入
读出	0	0	数据读出

若当 EPROM2716 的容量不能满足使用要求，且仅有 2716 芯片时，可以用多片并联来扩展地址线和数据线。图 6.3.4 是将 2 片 2716 扩展成 2 048×16 的数据位进行扩展连接示意图，两片的数据线排列成 $D_0\sim D_{15}$，使数据线由 8 位扩为 16 位，芯片的其余线全部并联。

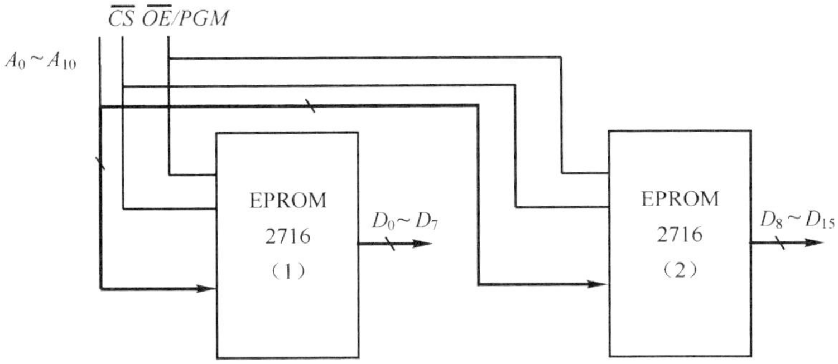

图 6.3.4 EPROM2716 数据位扩展

从组合电路角度来看,图 6.3.2 中的输入地址信号即为电路的输入逻辑变量,固定**与**阵列产生 2^n 个乘积项,**或**阵列把乘积项组合成 m 个逻辑函数输出。其逻辑结构框图如图 6.3.5 所示,而对应图 6.3.1 的**与或**阵列图如图 6.3.6 所示。图 6.3.6 所示的逻辑是 1 位全加器和 1 位全减器。表 6.3.1 为它的真值表,表中 A_i、B_i 和 C_i 为全加器的被加数、加数和进位数,或全减器的被减数、减数和借位数,S_i、C_{i+1} 为全加器的和位和向高位进位数,T_i、C_{i-1} 为全减器的差和低位来的借位数。输出逻辑表达式为

$$S_i = \sum m(1,2,4,7)$$

$$C_{i+1} = \sum m(3,5,6,7)$$

$$T_i = \sum m(1,2,4,7)$$

$$C_{i-1} = \sum m(1,2,3,7)$$

例 6.3.1 试用适当容量的 PROM 实现两个 2 位二进制数比较的比较器。

解:(1)两个 2 位二进制数分别为 A_1A_0 和 B_1B_0,当 A_1A_0 大于 B_1B_0 时,输出 $F_1=\mathbf{1}$,A_1A_0 等于 B_1B_0 时,输出 $F_2=\mathbf{1}$,A_1A_0 小于 B_1B_0 时,输出 $F_3=\mathbf{1}$,表 6.3.3 给出了 2 位二进制数和比较结果的输入输出对照表,由此可写出输出逻辑函数的最小项表达式为

$$F_1 = \sum m(4,8,9,12,13,14)$$

$$F_2 = \sum m(0,5,10,15)$$

$$F_3 = \sum m(1,2,3,6,7,11)$$

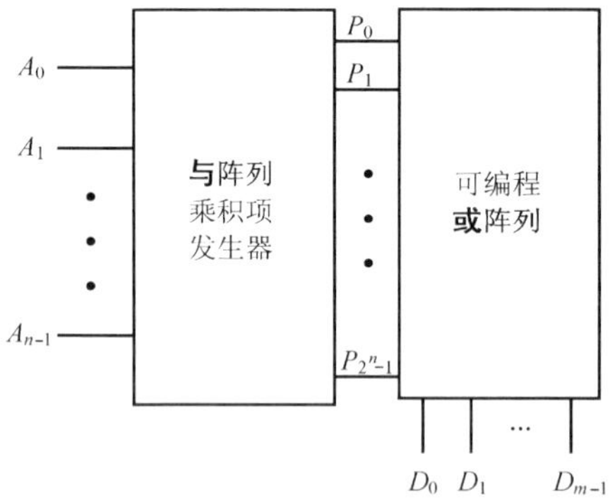

图 6.3.5　PROM 作为逻辑结构框图

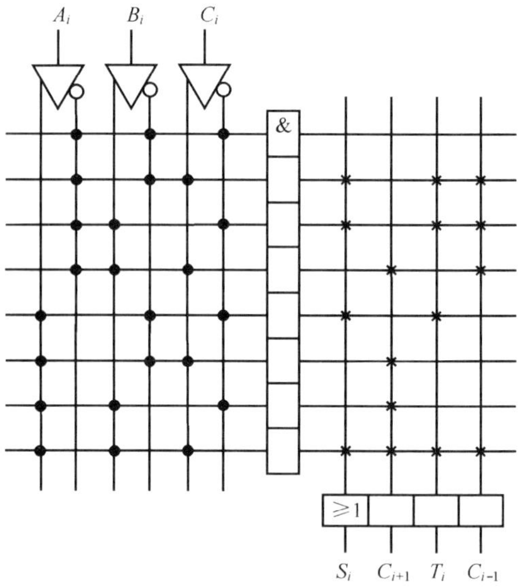

图 6.3.6　PROM 实现 1 位全加器和全减器

表 6.3.3　真　值　表

NO	A_1	A_0	B_1	B_0	F_1	F_2	F_3
0	**0**	**0**	**0**	**0**	**0**	**1**	**0**
1	**0**	**0**	**0**	**1**	**0**	**0**	**1**
2	**0**	**0**	**1**	**0**	**0**	**0**	**1**
3	**0**	**0**	**1**	**1**	**0**	**0**	**1**
4	**0**	**1**	**0**	**0**	**1**	**0**	**0**
5	**0**	**1**	**0**	**1**	**0**	**1**	**0**
6	**0**	**1**	**1**	**0**	**0**	**0**	**1**
7	**0**	**1**	**1**	**1**	**0**	**0**	**1**
8	**1**	**0**	**0**	**0**	**1**	**0**	**0**
9	**1**	**0**	**0**	**1**	**1**	**0**	**0**
10	**1**	**0**	**1**	**0**	**0**	**1**	**0**
11	**1**	**0**	**1**	**1**	**0**	**0**	**1**
12	**1**	**1**	**0**	**0**	**1**	**0**	**0**
13	**1**	**1**	**0**	**1**	**1**	**0**	**0**
14	**1**	**1**	**1**	**0**	**1**	**0**	**0**
15	**1**	**1**	**1**	**1**	**0**	**1**	**0**

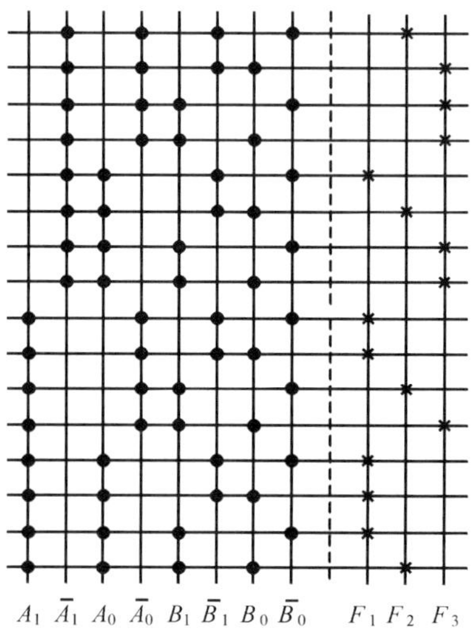

图 6.3.7　比较器 PROM 阵列图

（2）把 A_1A_0 和 B_1B_0 作为 PROM 的输入信号，F_1、F_2 和 F_3 为或阵列的输出，图 6.3.7 是用 PROM 实现比较器的阵列图。

(3) 选用 PROM 的容量为 16×3 位即可满足要求。

例 6.3.2 试用 PROM 实现 4 位自然二进制码转换成 4 位格雷码。

解:(1) 设 4 位自然二进制码为 $B_3B_2B_1B_0$,4 位格雷码为 $G_3G_2G_1G_0$,其对应的真值表如表 6.3.4 所示,根据真值表写出 G_3、G_2、G_1、G_0 的表达式

$$G_3 = \sum m(8,9,10,11,12,13,14,15)$$

$$G_2 = \sum m(4,5,6,7,8,9,10,11)$$

$$G_1 = \sum m(2,3,4,5,10,11,12,13)$$

$$G_0 = \sum m(1,2,5,6,9,10,13,14)$$

(2) 根据各输出函数作出 PROM 阵列图,如图 6.3.8 所示,显然 PROM 的总容量为 16×4 位。

从另一角度来分析,若将输入信号作为十六进制计数器的输出,它从**0000**~**1111** 周期性地变化,使 G_3、G_2、G_1、G_0 产生序列信号,就可以作为序列信号发生器使用。若用 EPROM2716 实现序列信号发生器,它可以同时发出 8 路序列信号,其序列信号长度为 2 048。

表 6.3.4 真 值 表

NO	B_3	B_2	B_1	B_0	G_3	G_2	G_1	G_0
0	**0**	**0**	**0**	**0**	**0**	**0**	**0**	**0**
1	**0**	**0**	**0**	**1**	**0**	**0**	**0**	**1**
2	**0**	**0**	**1**	**0**	**0**	**0**	**1**	**1**
3	**0**	**0**	**1**	**1**	**0**	**0**	**1**	**0**
4	**0**	**1**	**0**	**0**	**0**	**1**	**1**	**0**
5	**0**	**1**	**0**	**1**	**0**	**1**	**1**	**1**
6	**0**	**1**	**1**	**0**	**0**	**1**	**0**	**1**
7	**0**	**1**	**1**	**1**	**0**	**1**	**0**	**0**
8	**1**	**0**	**0**	**0**	**1**	**1**	**0**	**0**
9	**1**	**0**	**0**	**1**	**1**	**1**	**0**	**1**
10	**1**	**0**	**1**	**0**	**1**	**1**	**1**	**1**
11	**1**	**0**	**1**	**1**	**1**	**1**	**1**	**0**
12	**1**	**1**	**0**	**0**	**1**	**0**	**1**	**0**
13	**1**	**1**	**0**	**1**	**1**	**0**	**1**	**1**
14	**1**	**1**	**1**	**0**	**1**	**0**	**0**	**1**
15	**1**	**1**	**1**	**1**	**1**	**0**	**0**	**0**

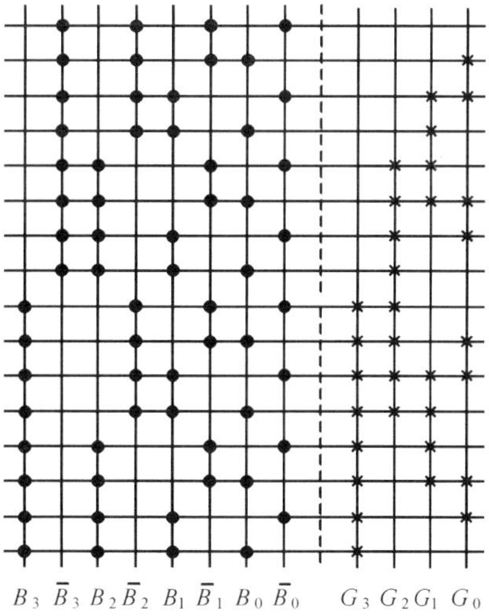

图 6.3.8 B-G 码变换器 PROM 阵列图

以 PROM 实现简单的组合逻辑电路函数是很方便的。但一般的 PROM 输入的地址线都较多,容量也较大,又由于 PROM 的**与**阵列固定,必须进行

全译码，而产生全部的最小项。实际上，大多数组合逻辑函数的最小项不超过 40 个，则使得 PROM 芯片的面积利用率不高，功耗增加。为解决这一问题，考虑**与**阵列也设计成可编程形式来实现组合逻辑，这就是可编程逻辑阵列 PLA。

二、可编程逻辑阵列 PLA

可编程逻辑阵列 PLA 和 PROM 相比之下，有如下特点：

(1) PROM 是**与**阵列固定、**或**阵列可编程，而 PLA 是**与**和**或**阵列全可编程。

(2) PROM **与**阵列是全译码的形式，而 PLA 是根据需要产生乘积项，从而减小了阵列的规模。

(3) PROM 实现的逻辑函数采用最小项表达式来描述（标准**与或**表达式），而用 PLA 实现逻辑函数时，运用简化后的最简**与或**式，即由**与**阵列构成乘积项，根据逻辑函数由**或**阵列实现相应乘积项的**或**运算。

(4) 在 PLA 中，对多输入、多输出的逻辑函数可以利用公共的**与**项，因而，提高了阵列的利用率。

例 6.3.3　改用 PLA 实现例 6.3.2 的要求。

解：(1) 根据表 6.3.4 的真值表，列出逻辑函数并简化，得最简输出表达式

$$G_3 = B_3$$

$$G_2 = B_3\overline{B}_2 + \overline{B}_3B_2$$

$$G_1 = B_2\overline{B}_1 + \overline{B}_2B_1$$

$$G_0 = B_1\overline{B}_0 + \overline{B}_1B_0$$

(2) 转换器有四个输入信号，化简后需用到 7 个不同的乘积项，组成 4 个输出函数，故选用四输入的 7×4+7×8 PLA 实现，图 6.3.9 是 4 位自然二进制码转换为 4 位格雷码转换器 PLA 阵列图。

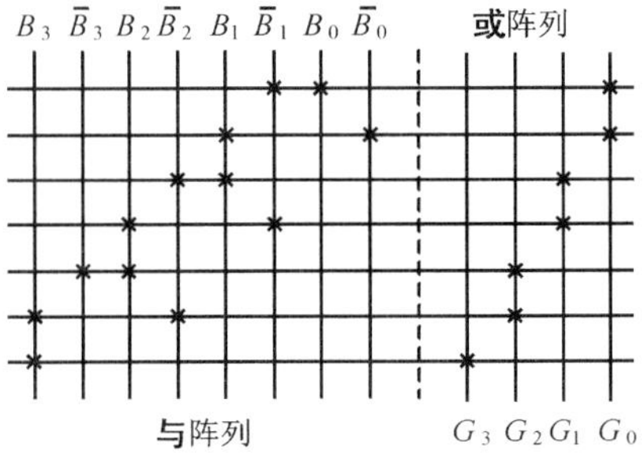

图 6.3.9　B - G 码变换器 PLA 阵列图

比较例 6.3.2 和例 6.3.3，图 6.3.9 的**与**阵列仅 7 个乘积项比图 6.3.8 的 16 个乘积项少了 9 个，但实现的逻辑功能是相同的，从而降低了芯片的面积，提高了芯片的利用率，所以用它来实现多输入、多输出的复杂逻辑函数较 PROM 有优越之处。

PLA 除了能实现各种组合电路外，还可以在**与**阵列和**或**阵列之间接入触发器组，作为反馈输入信号，实现时序逻辑电路。

例 6.3.4 用 PLA 及若干个触发器实现最大分频次数为 8 的程序分频器。

解：前面已经研究过程序分频器，它是在输入信号控制下的模数可变的计数器，即多模计数器。此例是用分频次数为 2、3、4、5、6、7、8 的程序分频器来说明如何用 PLA 和触发器设计时序电路。PLA 程序分频器框图如图 6.3.10 所示。

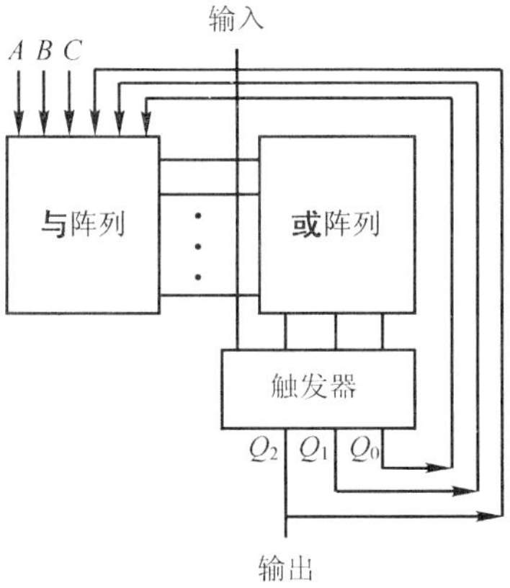

图 6.3.10 PLA 程序分频器框图

表 6.3.5 真 值 表

N	Q_2	Q_1	Q_0
2	**0**	**0**	**1**
3	**0**	**1**	**0**
4	**0**	**1**	**1**
5	**1**	**0**	**0**
6	**1**	**0**	**1**
7	**1**	**1**	**0**
8	**1**	**1**	**1**

其中 A、B、C 为输入信号，用以控制分频次数。设定计数按自然二进制码的顺序进行，则分频次数 N 与计数器的最后一个状态对应关系如表 6.3.5 所示。例如分频次数为 7，当计数器计到 **110** 时，再来一个计数脉冲，状态应回到 **000** 状态。实现这一功能的方法是各触发的控制输入应是两个函数 f 和 F。在按正常顺序计数时，一个函数 f 起作用，当计数到最后一个状态后，应是另一个函数 F 起作用，迫使计数器回到 **000** 状态。假定使计数器正常计数时的各触发器的控制函数为 f，强迫回到 **000** 状态的控制函数为 F，则总的控制函数可以写成

$$P = \overline{X}F + Xf$$

式中的 X 称为"符合函数"，它是由 PLA 的输入信号与计数器的状态 $Q_2Q_1Q_0$ 综合而成的。当计数器尚未计到最后一个状态时，X 为 **1**，控制函数 $P = f$，即按二进制码顺序计数；而当计到最后一个状态后，X 为 **0**，控制函数 $P = F$，再来一个计数脉冲后，计数器回到 **000** 状态。如果输入信号和计数器的最后状态取相同值，则符合函数为

$$X = A \oplus Q_2 + B \oplus Q_1 + C \oplus Q_0$$

f 的设计和以前所讨论过的计数器设计相同，如果采用 T 触发器，则

$$f_0 = 1, f_1 = Q_0, f_2 = Q_1Q_0$$

F 的设计应根据 T 触发器的激励表进行。T 触发器的特点是 T 为 **1** 时，触发器的状态改变，而 T 为 **0** 时，触发器的状态不变，所以 F 应当等于 Q，即

$$F_2 = Q_2, F_1 = Q_1, F_0 = Q_0$$

到此为止，已经求出了 f、F、X。各触发器控制函数为

$$T_2 = P_2 = \overline{X}Q_2 + XQ_1Q_0$$

$$T_1 = P_1 = \overline{X}Q_1 + XQ_0$$

$$T_0 = P_0 = \overline{X}Q_0 + X$$

$$X = \overline{Q}_2A + Q_2\overline{A} + \overline{Q}_1B + Q_1\overline{B} + \overline{Q}_0C + Q_0\overline{C}$$

根据以上各式，作出图 6.3.11PLA 程序分频器。

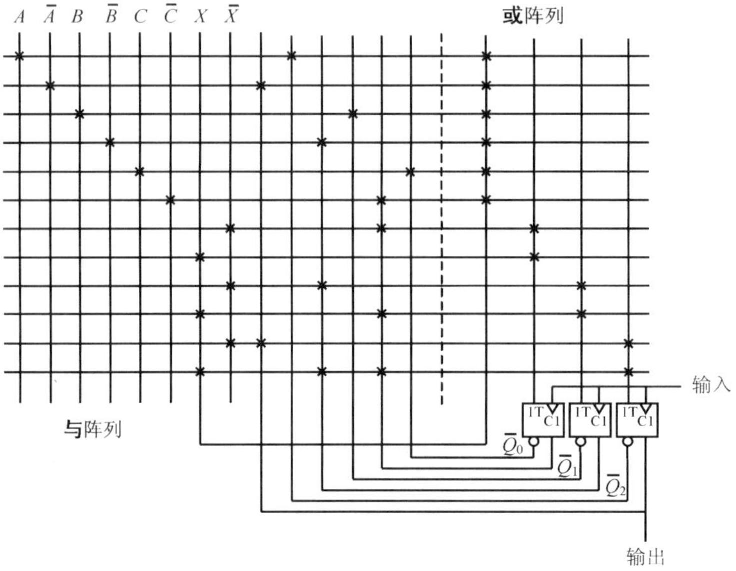

图 6.3.11 PLA 程序分频图

由以上分析可知，在不改变电路结构的情况下，只要改变输入的控制信号 A、B、C，便可方便地得到不同的分频次数。

利用可编程逻辑阵列 PLA 结构的特点设计组合逻辑和时序逻辑电路时有许多优点，但目前，还没有很好的支持 PLA 器件的软件平台，因此 PLA 器件应用不广泛，导致器件价格偏高。因而又开发出新型的可编程阵列逻辑 PAL 器件和通用阵列逻辑 GAL 器件。

第四节 可编程阵列逻辑 PAL 器件和通用阵列逻辑 GAL 器件

一、可编程阵列逻辑器件 PAL

可编程阵列逻辑 PAL 器件的制作是采用双极型熔丝式工艺,其工作速度较高。前面已经简要介绍了 PAL 的结构是**与**阵列可编程和**或**阵列固定,这种结构为大多数逻辑函数提供了较高级的性能,为 PLD 进一步的发展奠定了基础。

PAL 器件的输入、输出结构以及输入、输出的数目是由集成电路制造商根据实际需要情况大致估计确定。PAL 器件的型号很多,它的典型输出结构通常有四种,其余的结构是在这四种结构基础上变形而来。

1. 专用输出基本门阵列结构

这种输出结构如图 6.4.1 所示,图中表示一个输入、一个输出和四个乘积项,输出部分采用**或非**门,称作低电平有效 PAL 器件。如输出采用**或**门,则称为高电平有效 PAL 器件。若采用互补输出的**或**门,则称互补输出器件。

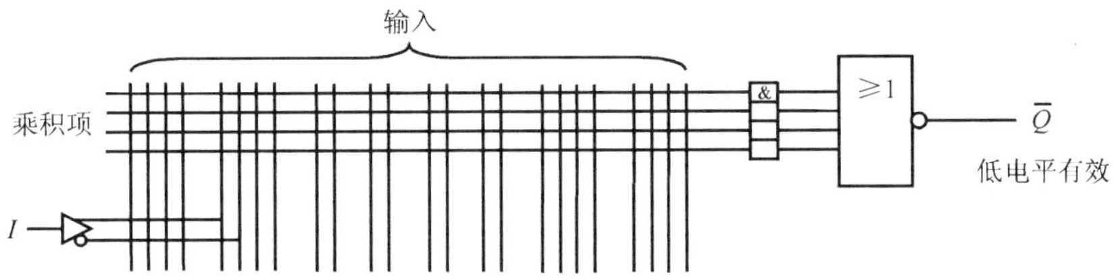

图 6.4.1 专用输出基本门阵列结构

2. 可编程 I/O 输出结构

可编程 I/O 结构如图 6.4.2 所示。这种结构有 8 个乘积项、两个输入,其中一根来自外部的输入信号 I,另一根则是来自组合函数的输出反馈或者是来自 I/O引脚。I/O 引脚的输入或输出方式靠编程决定,当最上面的乘积项信号为高电平时,三态门开通,I/O 引脚可作为输出,并可作为一路信号反馈到**与**阵列作为输入;而当最上面的乘积项信号为低电平时,三态门关断,I/O 引脚作为输入使用,这样 I/O 引脚具有双向功能,也可以提供动态的 I/O 控制,这种结构适合于双向移位和传送数据等场合。

3. 寄存器型输出结构

寄存器型输出结构也可以称作时序结构,如图 6.4.3 所示。这种结构有 8 个乘积项进入**或**门,**或**门的输出通过 D 触发器,在 CP 的上升沿时到达输出。触

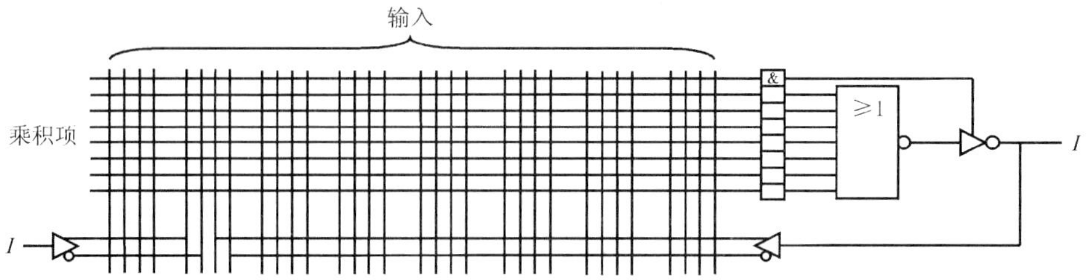

图 6.4.2　可编程 I/O 输出结构

发器的 Q 端可以通过三态缓冲器送到输出引脚，而触发器的 $\overline{Q}$ 端反馈回与阵列，作为输入信号参与更复杂的时序逻辑运算。该结构组成的 PAL 器件的时钟 CP 和使能 OC 是 PAL 器件的公共端。寄存器型输出结构适用于计数器和移位寄存器等。

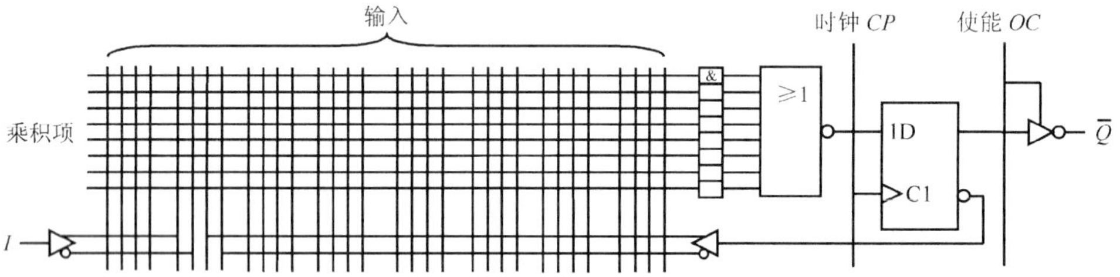

图 6.4.3　寄存器输出结构

4. 带**异或**门的寄存器型输出结构

带**异或**门的寄存器型输出结构见图 6.4.4 所示。这类 PAL 结构实际上是在寄存器型输出结构上增加了一个**异或**门，它把乘积项分割成两个和项，这两个和项在触发器的输入端**异或**之后，在时钟上升沿到来时存入触发器内。这种结构的 PAL 器件适用于计数器和保持逻辑等。

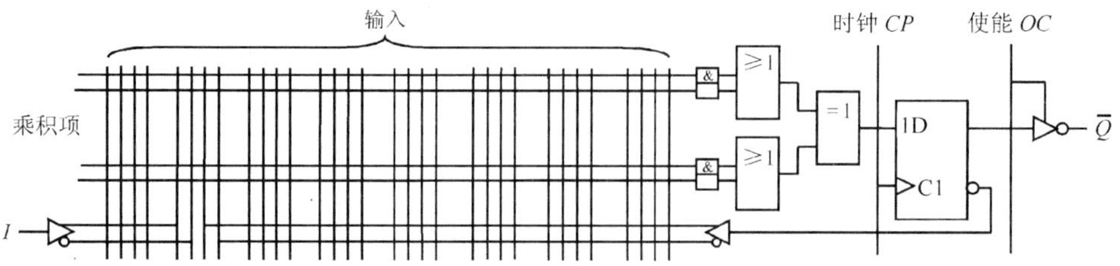

图 6.4.4　带异或门的寄存器输出结构

一些 PAL 器件是由数个同一结构类型组成，有的则是由不同类型结构混合组成。如由 8 个寄存器型输出结构组成的 PAL 器件命名为 PAL16R8，由 8 个可编程 I/O 结构组成的 PAL 器件输出低电平有效则命名为 PAL16L8。关于 PAL

器件的应用方法，可参考有关参考书。

二、通用阵列逻辑 GAL 器件

通用阵列逻辑 GAL 器件是在 PAL 基础上发展起来的一种具有较高可靠性和灵活性的新型可编程逻辑器件，它采用 E^2CMOS 工艺和灵活的输出结构，能将数片中小规模集成电路集成在芯片内部，并具有电擦写反复编程的特性。在基本阵列结构上仍是**与**阵列可编程，**或**阵列固定的 PAL 结构。与 PAL 相比，GAL 的输出结构配置了可以任意组态的输出逻辑宏单元（Output Logic Macro Cell，OLMC），适当地为输出逻辑宏单元进行编程，GAL 就可以在功能上代替前面讨论过的 PAL 四种输出类型以及其派生类型，为在同一片 GAL 中，实现组合逻辑电路和时序逻辑电路的分块设计提供了方便。GAL 和 PAL 在结构上的区别见图 6.4.5 所示。图中虚线框外是 GAL 和 PAL 两种结构都具有的输入电路和**与**阵列。上面虚线框内是 PAL 的**或**阵列和输出电路，输出电路的结构是随着芯片的选定而确定；下面虚线框内是 GAL 的输出逻辑宏单元，它包括**或**阵列结构和输出结构，输出结构的类型依赖于设计者的编程来确定。

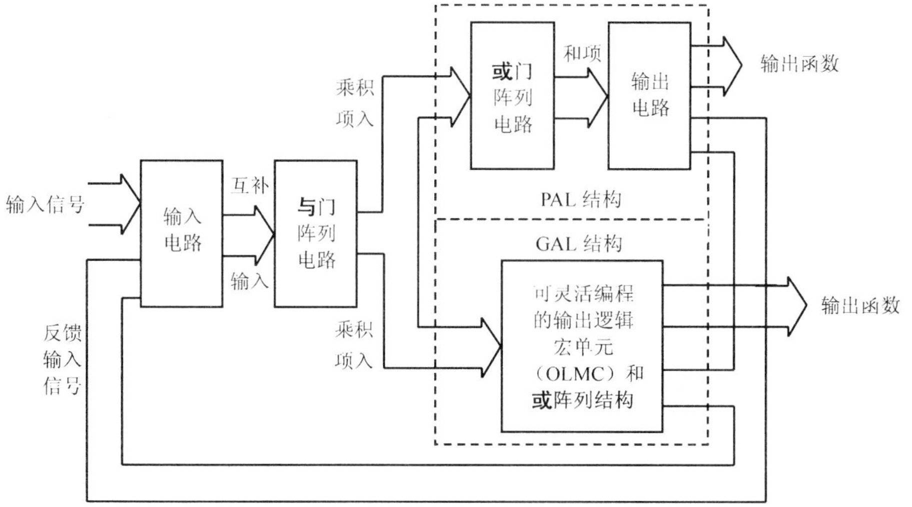

图 6.4.5　PAL 和 GAL 基本结构比较框图

GAL 器件型号定义和 PAL 一样根据输入输出的数量来确定，GAL16V8 中的 16 表示阵列的输入端数量，8 表示输出端数量，V 则表示输出形式可以改变的普通型。本节以 GAL16V8 器件为例，介绍 GAL 芯片的结构和特点。

1. GAL16V8 的基本结构

GAL16V8 的片内逻辑阵列图如图 6.4.6 所示。图中包括了 8 个输入缓冲

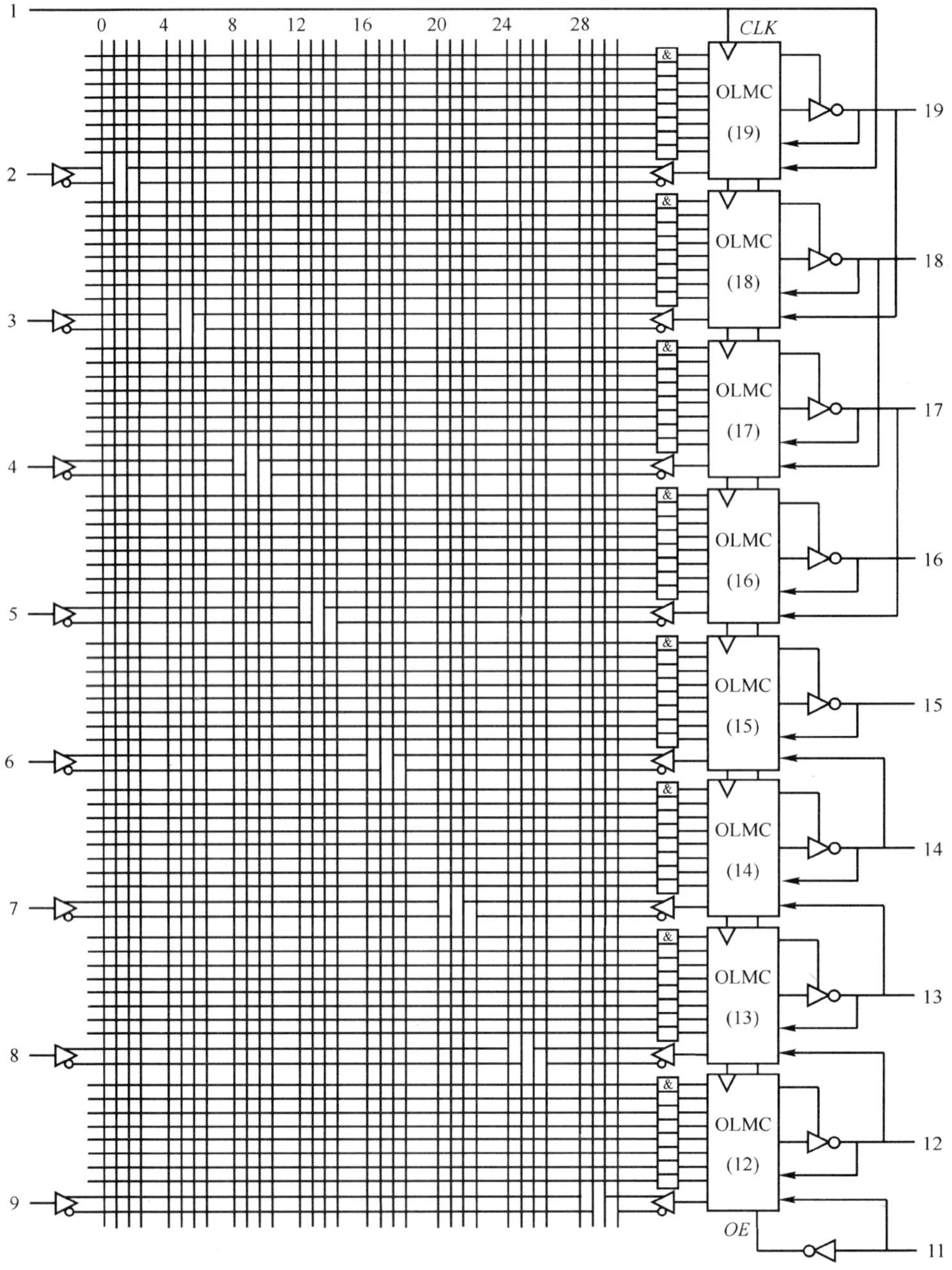

图 6.4.6　GAL16V8 逻辑阵列结构图

器和 8 个输出反馈/输入缓冲器、8 个三态输出缓冲器、8 个输出逻辑宏单元，还有一个输出使能且低电平有效缓冲器 *OE* 和一个时钟 *CLK* 输入缓冲器。**与**阵列是由 16 个信号形成 32 条互补输入垂直线和 64 条水平乘积线构成的 32×64 的矩阵，即有 2 048 个可编程单元。16 个引脚中有 8 个引脚(2～9)作为固定输入，12～19 既可以设置成输入引脚又可以设置成输出引脚；而引脚 1 既可作为输入又可作为全局时钟，引脚 11 既可作为输入又可作为全局使能。每个输出逻辑宏单元均配有 8 个乘积项作为输入，经过 OLMC 编程配置成所需的工作模式输出到 I/O 引脚。

2. GAL 输出逻辑宏单元 OLMC 的组成

输出逻辑宏单元 OLMC 由**或**门、**异或**门、*D* 触发器、多路选择器 MUX、时钟控制、使能控制和编程元件等组成，如图 6.4.7 所示。

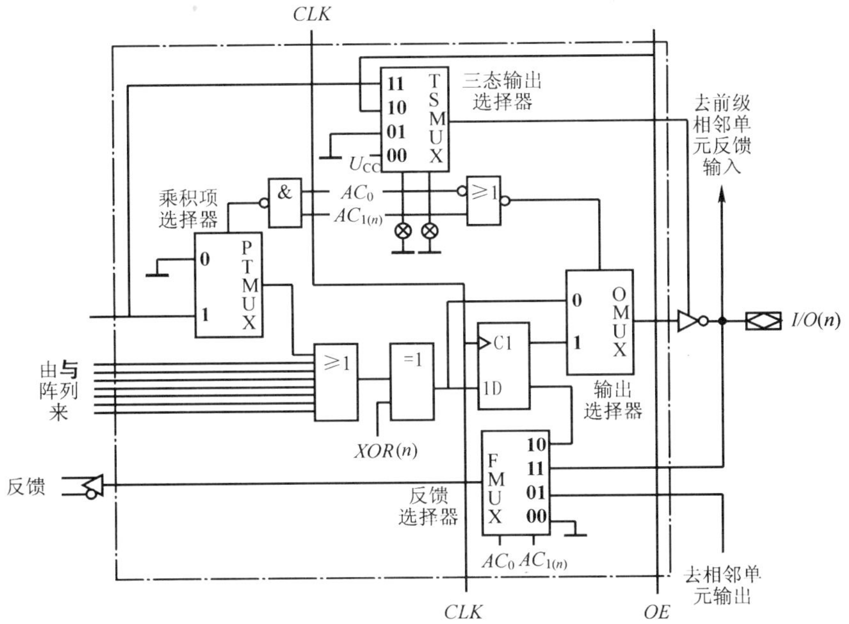

图 6.4.7　输出逻辑宏单元 OLMC 的内部逻辑连接

在图 6.4.7 中，有一个 8 输入的**或**门，每个输入对应一个乘积项，其中七个乘积项直接和**或**门相连，第一个乘积项来自两路乘积项数据选择器 PTMUX 的输出，即根据 PTMUX 的地址选择信号(**0** 或 **1**)分别得到 **0** 信号或第一个乘积项，使得**或**门的输出为 7 个或为 8 个乘积项之和。

或门的输出和另一编程信号 *XOR*(*n*)加至**异或**门，通过对 *XOR*(*n*)的编程(**0** 或 **1**)，使得输入信号反相或同相，当 *XOR*(*n*)为 **1** 时，或门的输入信号通过**异**

或门反相；当 $XOR(n)$ 为 **0** 时，**异或**门的输出即为**或**门的信号。

异或门的输出进入 D 触发器，D 触发器对**异或**门的输出起存储作用，使 OLMC 组成时序逻辑电路，D 触发器的输出 Q 端接到 OMUX 的一个输入端，另一方面，**异或**门的输出也同时加到 OMUX 的另一个输入端，这样使得两路选择器 OMUX 的两路输入分别来自**异或**门的组合输出和 D 触发器的 Q 输出端，通过对 OMUX 的编程，可选择组合型或时序型逻辑运算到输出缓冲器。

四路反馈数据选择器 FMUX，用以决定送到**与**阵列的反馈信号的来源是通过对 FMUX 的控制端 $AC_{1(n)}$ 和 AC_0 的编程，决定哪一个输入端作为反馈信号：D 触发器的反相端 $\overline{Q}$、本级逻辑宏单元的输出、相邻逻辑宏单元的输出和固定低电平。

四路三态数据选择器 TSMUX 的输出是控制输出使能的控制信号，通过对 $AC_{1(n)}$ 和 AC_0 的编程，决定 U_{CC}、地、OE 还是第一个乘积项作为输出缓冲器的使能信号。

3. 输出逻辑宏单元 OLMC 组态

输出逻辑宏单元由对 $AC_{1(n)}$ 和 AC_0 进行编程决定 PTMUX、TSMUX、OMUX 和 FMUX 的输出，共有 5 种基本组态：专用输入组态、专用输出组态、复合输入/输出组态、寄存器组态和寄存器组合 I/O 组态。8 个宏单元可以处于相同的组态，或者有选择地处于不同组态。

(1) 专用输入组态

专用输入组态如图 6.4.8 所示。此时 $AC_{1(n)}=\mathbf{1}$，$AC_0=\mathbf{0}$，使 TSMUX 输出为 **0**，三态输出缓冲器的输出呈现高电阻，本单元输出功能被禁止，但可以作为输入端，提供给相邻的逻辑宏单元。本级输入信号却来自另一相邻宏单元。

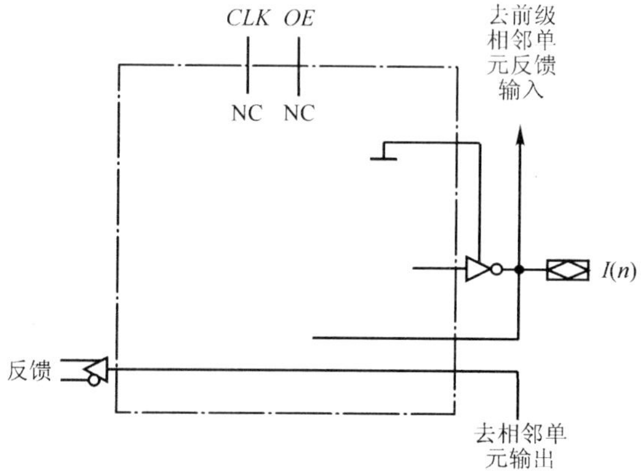

图 6.4.8　输出逻辑宏单元组成专用输入组态

应当提出注意的是引脚 15 和引脚 16 的逻辑宏单元没有设置接至相邻逻辑宏单元的连线，因而 OLMC(15)和 OLMC(16)这两个逻辑宏单元处在专用输入组态时，不能作为相邻 OLMC 的输入信号使用。

(2) 专用输出组态

专用输出组态如图 6.4.9 所示。此时 $AC_{1(n)}=\mathbf{0}$，$AC_0=\mathbf{0}$，四路反馈数据选择器 FMUX 输出接在低电平，本单元的反馈信号和相邻单元的信号都被阻断。四路三态数据选择器 TSMUX 选择 U_{CC}，且由于**或非**门 $AC_0\cdot\overline{AC_{1(n)}}=\mathbf{0}$，使**异或**门的输出不经过 D 触发器，直接由处于使能状态的三态门输出。又由于**与非**门 $\overline{AC_0\cdot AC_{1(n)}}=\mathbf{1}$ 时，使第一个乘积项经过乘积项数据选择器作为**或**门的输入。因此，专用输出组态属组合输出。

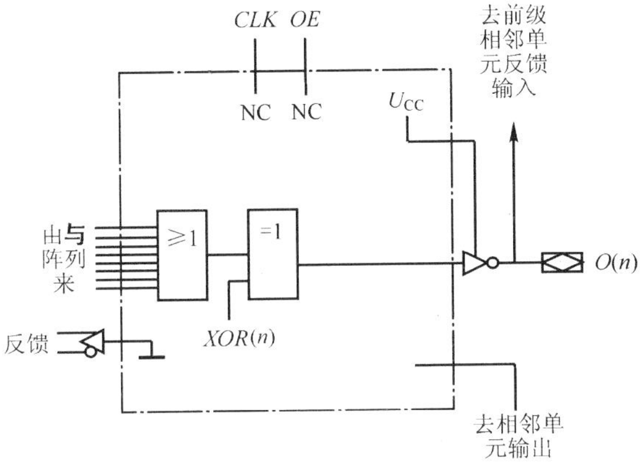

图 6.4.9　输出逻辑宏单元组成专用输出组态

(3) 复合输入/输出(I/O)组态

图 6.4.10 给出了复合输入/输出(I/O)组态图，此时 $AC_{1(n)}=\mathbf{1}$，$AC_0=\mathbf{1}$，使能线 OE 仍然不起控制三态输出缓冲器的作用，由第一根乘积项控制三态输出缓冲器，使**或**门的输出最多有 7 个乘积项。**异或**门的输出不经过 D 触发器直接到输出缓冲器，组态成组合电路。反馈信号是由本逻辑宏单元的输出而来。在此种组态的情况下，使能信号 OE 和时钟信号 CLK 可以作为直接输入使用。

(4) 寄存器组态

当 $AC_{1(n)}=\mathbf{0}$，$AC_0=\mathbf{1}$ 时，组成寄存器组态，如图 6.4.11 所示。此时 OMUX 选中触发器的输出同相 Q 端作为输出信号，OE 作为输出缓冲器的使能信号，反馈输入信号来自 D 触发器的反相端，**或**门的输入有 8 个乘积项。在此种组态时，时钟 CLK 和使能信号 OE 是数个逻辑宏单元的公用端。它适用于时序逻辑电路设计的场合，如计数器、移位寄存器等。

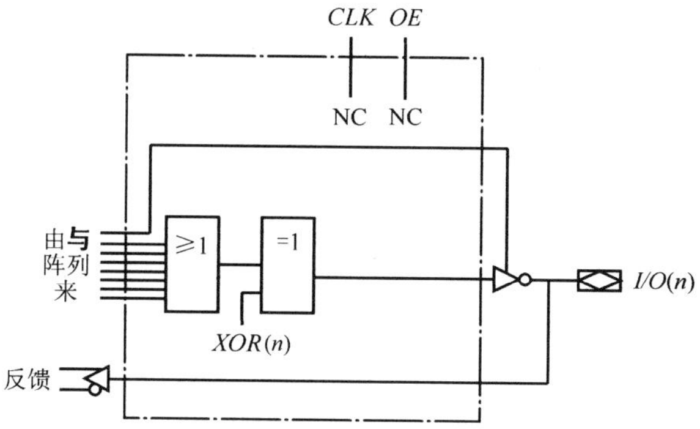

图 6.4.10　输出逻辑宏单元组成复合输入/输出组态

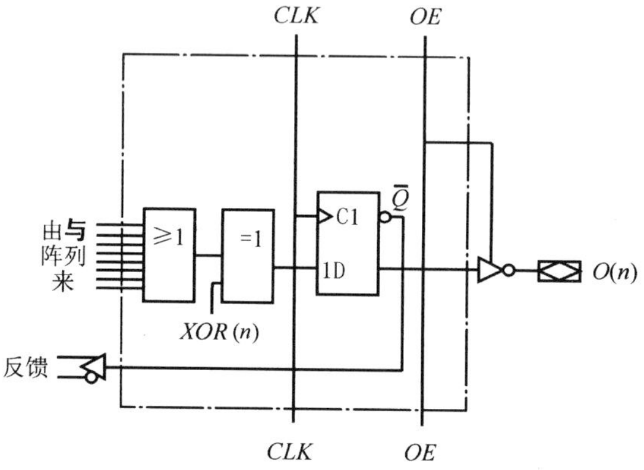

图 6.4.11　输出逻辑宏单元组成寄存器组态

(5) 寄存器组合 I/O 组态

寄存器组合 I/O 组态如图 6.4.12 所示。它和图 6.4.10 有些相似,但这种组态和复合输入/输出(I/O)组态存在着不同之处。在单片通用阵列逻辑(GAL)器件中,不是所有输出逻辑宏单元都设置成寄存器组态时,余下的逻辑宏单元必须设置成寄存器组合 I/O 组态,这是因为在这种组态时,*OE* 已作为全局使能信号,*CLK* 已作为全局时钟信号,不能再像复合输入/输出组态那样,将 *CLK* 和 *OE* 作为输入信号。寄存器组合 I/O 组态和寄存器组态可以实现带寄存器的组合逻辑输出器件。

单片 GAL 是由多个逻辑宏单元组成,极个别的逻辑宏单元在结构上和上述的有一些差别,如逻辑宏单元(12、15、16、19),在此不再详述。

4. GAL 器件的主要性能和特点

GAL 是继 PAL 之后推出的具有较高性能的可编程逻辑器件,和 PAL 相比,

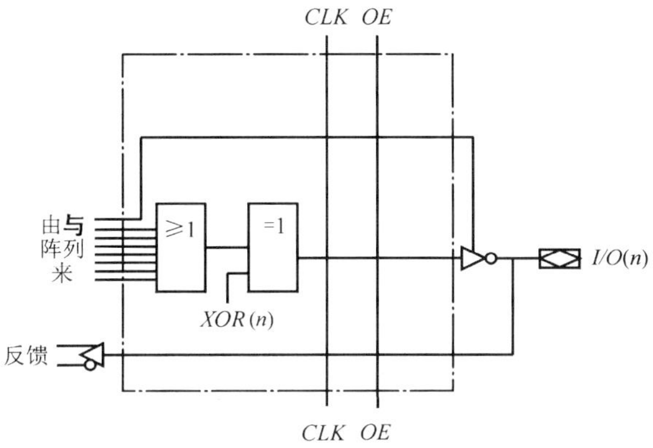

图 6.4.12 输出逻辑宏单元组成寄存器组合输入/输出组态

具有以下特点：

（1）有较高的通用性和灵活性

它的每个逻辑宏单元可以根据需要任意组态既可实现组合电路，又可实现时序电路。当输入引脚数量不足时，还可将 OLMC 构成专用输入组态，使用起来十分方便，使 GAL 器件具有较大的灵活性。

（2）100% 可编程

大多数 GAL 采用的是浮栅编程技术，使得**与**阵列以及逻辑宏单元可以重复编程，使整个器件实现的功能可以重新配置。当编程或逻辑设计有错时，可以擦除重新编程、反复修改，直到得到正确的结果，因而每个芯片可 100% 编程，通常 GAL 可改写近百次。

（3）100% 可测试

GAL 的宏单元接成时序状态，可以通过测试软件对它们的状态进行预置，从而可以随意将电路置于某一状态，以缩短测试过程，保证电路在编程以后，对编程结果 100% 可测。

（4）采用高性能的 E^2COMS 工艺

保证了 GAL 的高速度和低功耗，存取速度为 12 ~ 40 ns，功耗仅为双极型 PAL 器件的 1/2 或 1/4，编程数据可保存 20 年以上。

正是由于这些良好的特性，使 GAL 器件成为数字系统设计的初期理想器件。

对 GAL 器件的编程是设计电路的最后一个重要环节。除了对**与**阵列编程之外，还要对逻辑宏单元进行编程，以达到预定的输出逻辑关系。用单片 GAL 制作规定的逻辑电路或多片 GAL 组成电路系统，应当具备 GAL 编程的开发系统：软件开发平台和硬件编程设备，而软件平台是不可缺少的。

目前 GAL 的编程方法有两种，一种是早期的 GAL 器件编程需要使用专门的编程器（编程设备），将需要编程的 GAL 器件插入编程器进行编程，然后将编程后的 GAL 器件连接在设计者的设计系统。用这种方法，GAL 器件经过多次反复编程后，经常是器件的电气特性没有损坏之前，使器件引脚损坏而不能使用；另一种是新一代的 GAL 器件，可以脱离开编程器，直接在设计者的电路系统上编程。

GAL 的开发软件有许多种，大体上分为两类，一类是汇编型软件，如 FM，这类软件没有简化功能，要求输入文件采用最简**与 - 或**表达式的逻辑描述方式；另一类是编译软件，如 Synario 软件平台，这类软件的特点是待实现的逻辑电路是由设计者根据软件平台规定的图形输入文件或硬件描述语言编写的语言输入文件（输入语言文件中可以采用布尔代数、真值表和状态转换图等）进行描述，然后软件平台对设计者的电路进行描述转换，分析，简化，自动生成适合编辑的配置文件。通常开发平台还可以对系统进行模拟仿真、自动进行错误定位，便于及时修改，确保电路的正确性。

不断推出的新型软件平台，功能越来越丰富，使 GAL 的编程操作越来越简单，为设计者实现各种逻辑电路或系统带来很大的方便。

第五节　高密度可编程逻辑器件 HDPLD 原理及应用

高密度可编程逻辑器件（High Density Programmable Logic Device，HDPLD）从芯片密度上有了很大的改进，单片芯片内可以集成成千上万个等效门，因此在单片高密度可编程逻辑器件内集成数字电路系统成为可能。HDPLD 器件在结构上仍延续 GAL 的结构原理，因而还是电擦写、电编程的 EPLD 器件。目前，HDPLD 编程方式有两种，一种是在系统编程（in-system programmable，isp）；另外一种是需要编程器编程。前者是从后者发展起来的新型器件，两种器件结构基本相同。本节将介绍一种在系统编程逻辑芯片 EPM7128S 用来讨论高密度可编程逻辑芯片的结构及其特点。

一、在系统编程芯片 EPM7128S 的基本结构

在系统编程芯片 EPM7128S 是美国 Altera 公司生产的典型高密度、高性能 CMOS 可编程逻辑器件之一，图 6.5.1 是其 PLCC 封装 84 端子的引脚图，从图中可以看出，它有 4 个直接输入（INPUT）2、1、84、83 和 64 个 I/O 引脚，输入/输出（I/O）引脚既可作为输入，又可作为输出引脚。TMS、TDI、TDO 和 TCK 是在系统编程引脚。图 6.5.2 所示是 EPM7128S 器件结构图，它是由 8 个相似的逻辑阵

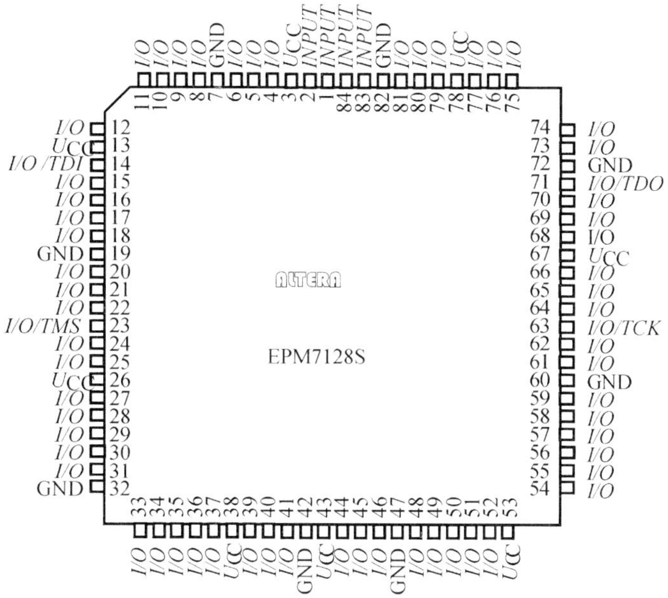

图 6.5.1　EPM7128SPLCC 封装 84 引脚图

列块(Logic Array Block,LAB)、一个可编程内连阵列(PIA)和多个输入/输出控制块组成。每个 LAB 有 16 个宏单元(Macrocell)、2 个独立的全局时钟和一个全局清除。来自直接输入引脚 INPUT 或任何一个 I/O 引脚的输入信号,既可有 6 ~ 12 条(根据芯片封装确定)进入 LAB,又可以有 6 ~ 12 条进入可编程内连矩阵 PIA。PIA 在芯片的中央,相当于中转调度控制,它既可接收来自输入/输出控制块(6 ~ 12)、逻辑阵列块(16)和全局的时钟、清零和使能信号,又可将 36 个信号发送至 LAB 的宏单元中的**与**阵列,6 个使能信号发送到输入/输出控制块用以控制它的三态输出缓冲器。

(一) 宏单元(Macrocell)

EPM7128S 的每个逻辑阵列块 LAB 中有 16 个宏单元,宏单元在组态功能上与 GAL 的 OLMC 相似,能够单独地组态为时序逻辑或组合逻辑工作方式。宏单元由三个功能块组成:**与**逻辑阵列、乘积项选择矩阵和可编程寄存器,如图 6.5.3所示。**与**逻辑阵列实现组合逻辑,为每个宏单元提供5个乘积项;乘积项选择矩阵将乘积项分配至**或**门、**异或**门实现组合逻辑函数。另外,这些乘积项还可作为宏单元中触发器的清除、置位、时钟和时钟使能控制输入。每个宏单元有一个乘积项反相后反馈到**与**阵列,这个乘积项能够连到同一个 LAB 中任何其他乘积项上,称它为可共享乘积项。宏单元中的触发器可以编程为 *D*、*T*、*JK* 或 *RS* 触发器,以实现时序逻辑电路。若适当地编程寄存器旁路数据选择器,可将

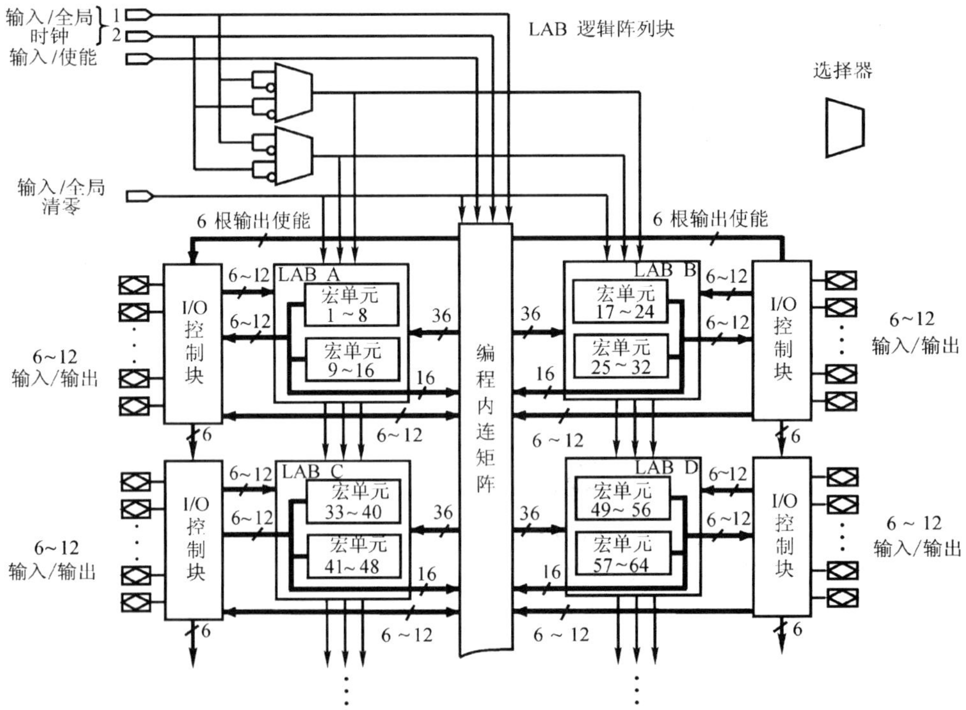

图 6.5.2　EPM7128S 器件结构简图

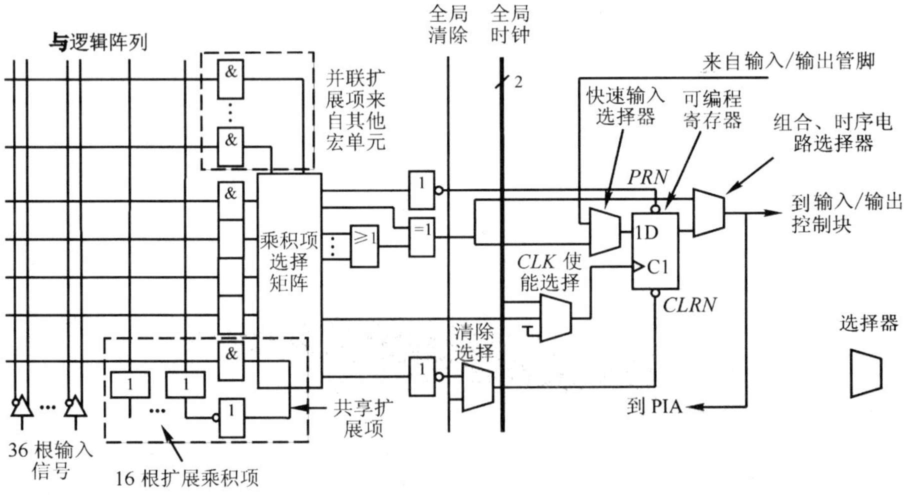

图 6.5.3　EPM7128S 宏单元结构简图

触发器断开，以实现组合逻辑电路。触发器的清除、置位、时钟和时钟使能控制可来自全局信号或乘积项信号。

（二）扩展乘积项

大多数的逻辑函数由 5 个乘积项之和就可实现，这样用一个宏单元即可。对于较为复杂的逻辑函数需要附加乘积项，那么用一个宏单元是不够的，若用另一个宏单元的输出，会增加系统的延时。EPM7128S 结构中提供了共享和并联扩展乘积项，它可作为附加的乘积项直接送到该 LAB 的每个宏单元中。

1. 共享扩展乘积项

每个 LAB 最多有 16 个共享扩展乘积项。共享扩展乘积项就是由每个宏单元提供一个未投入使用的乘积项，并将它们反相后反馈到**与**逻辑阵列，便于集中使用。每个共享扩展乘积项可被 LAB 内任何或全部宏单元使用和共享，如图 6.5.4 所示。

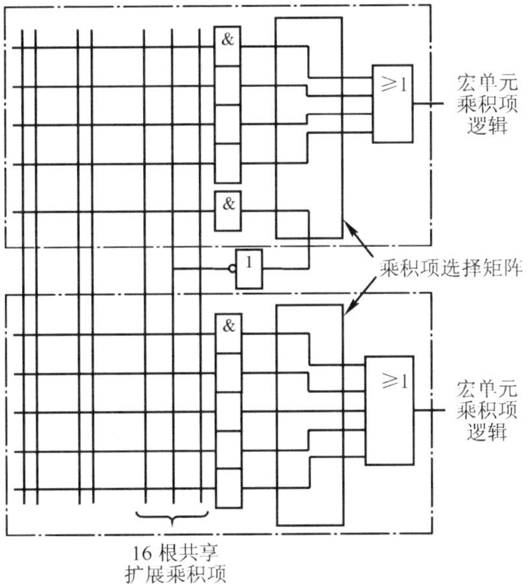

图 6.5.4　共享扩展乘积项

2. 并联扩展乘积项

并联扩展乘积项是一些宏单元没有使用的乘积项，它可分配到邻近的宏单元去快速实现复杂的逻辑函数。并联扩展乘积项最多可达 20 个乘积项直接馈送到宏单元的**或**逻辑，其中 5 个乘积项是由宏单元本身提供的，15 个并联扩展乘积项是由 LAB 中邻近宏单元提供。在一个 LAB 中有两组宏单元，每组有 8 个，顺序编号是 1 到 8，并且具有两条借出或借用并联扩展项的链。通过借出或借用链，一个宏单元可从较小编号的宏单元中借用并联扩展项。如宏单元 8 从宏单元 7 借用,可形成最大乘积项为 10 的组合逻辑函数;若宏单元 8 从宏单元 7、6 和 5 借用并联扩展项,可形成最大乘积项为 20 的逻辑函数。在 8 个宏单元的一组内,最小编号的宏单元仅能借出并联扩展项,而最大编号的宏单元仅能借用并联扩展项,如图 6.5.5 所示。

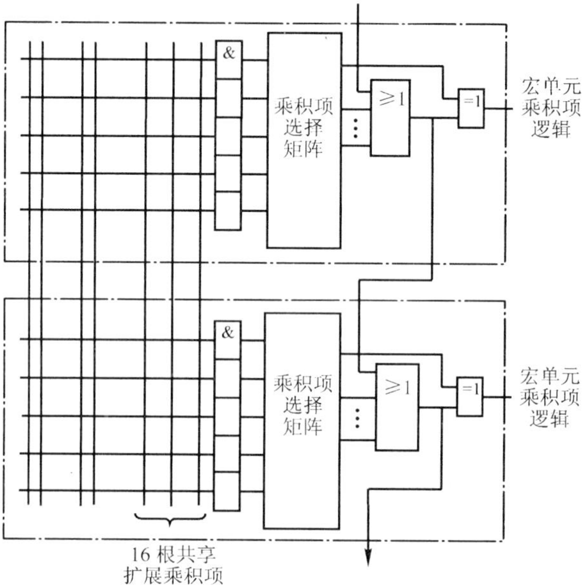

图 6.5.5　并联扩展乘积项

(三) 可编程内连矩阵 PIA

EPM7128S 的专用输入引脚、I/O 引脚和宏单元输出均可送到 PIA,PIA 可把这些信号送到各个 LAB。图 6.5.6 示出 PIA 布线结构。编程单元控制两输入端或门的一个输入端,以选择驱动 LAB 的 PIA 信号。

(四) 输入/输出控制块

输入/输出控制块如图 6.5.7 所示。它允许每个 I/O 引脚单独地配置为输入、输出和双向工作方式。所有引脚都有一个三态缓冲器,它的使能端可直接连在地(GND)、电源(U_{CC})上,或 6 个全局使能信号中的一个。6 个使能信号由下列信号驱动:两个输出使能信号、一个 I/O 引脚的集合或一个宏单元输出的集合,并且也可以是这些信号反相后的信号。当三态缓冲器的控制端接到 GND 时,其输出为高阻状态并且 I/O 引脚可作为专用输入引脚使用。当三态缓冲器控制端连到电源 U_{CC} 上时输出被使能。每一个 I/O 引脚的输出缓冲器可以调整输出电压摆率,当电压摆率控制端编程后,设置成快速的电压摆率,提供了较高的速度转换,这种设置仅用在系统中影响速度的关键输出端,且具有相应的抗噪

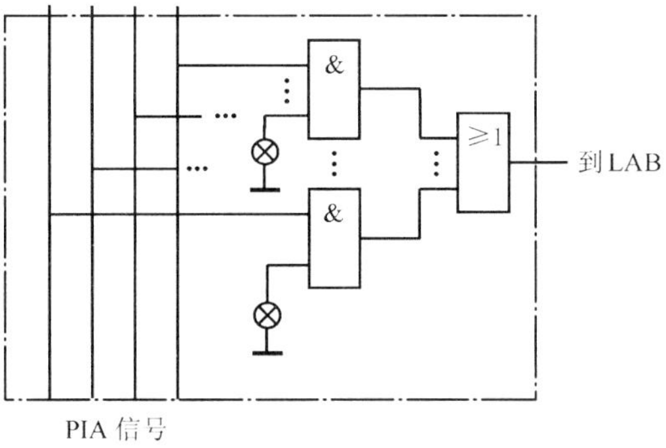

图 6.5.6　PIA 布线结构

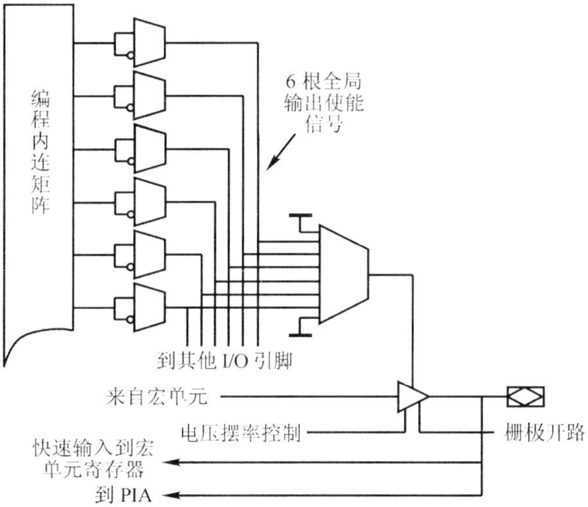

图 6.5.7　EPM7128S 的输入/输出控制块

声措施。当电压摆率控制端没有编程，则电压摆率设置在低噪声状态，这将减少噪声和地线上的毛刺。

二、EPM7128S 的特点

高密度可编程逻辑器件 EPM7128S 与低密度可编程逻辑器件 PAL、GAL 相比，有如下特点：

1. 高集成密度

高密度可编程逻辑器件是高性能的 CMOS E^2PROM 器件，其规模比较大，能够将许多 PAL、GAL 集成在一片 HDPLD 芯片内。此外，HDPLD 有众多的 I/O 引脚，因此不会出现低密度器件中逻辑没有用尽之前，I/O 引脚用完的情况。一些 HDPLD 芯片的规模已达上万个等效逻辑门，往往在一片或几片 HDPLD 内，可以实现功能相当复杂的数字系统，如在一个芯片内设置数据总线和地址总线。

2. 速度高、低功耗、抗噪声容限较大

目前 EPM7128S 最快速度的芯片一个引脚经过一个传输门到另一个引脚的延时约为 2 ns，构成计数器的工作频率大于 178.6 MHz。一些低功耗系列产品工作电流只有 10 ~ 100 mA，EPM7128S 可以工作在节省功率的工作模式下工作，这时只要定义电压摆率控制在阻断情况下，就可工作在低功耗状态，可使总功耗下降到 50% 或更低。

3. 在系统编程能力

目前大部分以及今后问世的 HDPLD 在编程方面已脱离编程硬件的束缚，采用 IEEE Std 1149.1—1190 JTAG 工业标准，通过 4 根编程线，把可编程逻辑芯片置入系统进行编程，避免了用编程器对芯片编程来回插拔造成的物理损失。当编程时，HDPLD 器件内部产生一个 12 V 的编程电压提供给浮栅编程单元，无需外界提供 12 V 编程电压，并且此时所有的 I/O 引脚处于高阻状态，避免和系统间的电路抵触。

4. 可测试性能力

大部分可编程逻辑芯片（或者今后的集成电路产品）具有 JTAG（Joint Test Action Group）边界扫描电路，使芯片具有良好的可测试能力，不但可以对芯片内部进行故障监测，而且还可以进行精确的故障定位。

5. **线或**功能

EPM7128S 为每一个 I/O 引脚提供了漏极开路操作，使芯片输出 I/O 具有**线或**功能。

6. 异步时钟、异步清除功能

PAL 和 GAL 中触发器的时钟信号是外部引脚统一供给，故只能实现同步时序电路，而 HDPLD 的触发器时钟信号既可由外部快速提供，也可通过编程，形成不同频率的时钟信号提供给触发器。因此既可同步工作，也可异步工作。同样触发器的清零操作也可异步或同步进行。

7. 乘积项共享功能

PAL 和 GAL 乘积项最多不超过 15 个（GAL22V10），而 EPM7128S 具有并联扩展乘积项和共享扩展乘积项分配网络，允许向每个宏单元提供多达 32 个乘积项。

8. 输出缓冲器多种使能的能力

高密度可编程逻辑器件的三态输出使能控制比 PAL、GAL 丰富，可以由外部引脚使能、宏单元使能和 I/O 单元使能，使每个 I/O 引脚可以组成任何组态。

9. 单片多系统能力

目前单片 HDPLD 的密度已过万门，只要外围接口电路设计得巧妙，就可以在一个单片内设计几个系统，这是以前低密度 PLD 器件难以实现的。

10. 很强的加密能力

HDPLD 像 GAL 一样具有可编程的加密位，不同的是目前对加密的高密度可编程逻辑器件的解密技术还不成熟，因此，当前高密度可编程逻辑器件对电路系统的加密，全面保护专利设计，仍是一种理想的器件。

由以上可知，由于 HDPLD 在制造工艺和电路结构方面拥有的特点，使得它用途广泛。HDPLD 实现逻辑电路的过程和编程方法与前述 PLD 相似，此处不再重复。

三、应用举例

例 6.5.1　利用两个 256 字 ×4 位的 ROM（一个是 4 位二进制数 ×4 位二进制数产生高 4 位乘积的 74284，另一个是 4 位二进制数 ×4 位二进制数产生低 4 位乘积的 74285），设计一个 4 位二进制数 ×4 位二进制数并行乘法器，乘积为 8 位二进制数，要求：

（1）乘数和被乘数各为输入 4 位二进制数，且由共阳极七段显示发光管显示；

（2）输出的乘积为 2 位十六进制数，且由两个共阳极七段显示发光管显示；

（3）试用 EPM7128S 集成此设计。

解：（1）该乘法器的 4 位二进制乘数和 4 位二进制被乘数的输入分别为 $A_1 \sim A_4$ 和 $B_1 \sim B_4$，乘数的显示为一个七段显示发光管，其输出分别为 *aa*、*ab*、*ac*、*ad*、*ae*、*af* 和 *ag*，被乘数的输出显示为 *ba* ~ *bg*，积的显示为两个七段显示发光管，高位为 *ca* ~ *cg*，低位 *da* ~ *dg*。EPM7128S 的引脚分配图如图 6.5.8 所示。从图

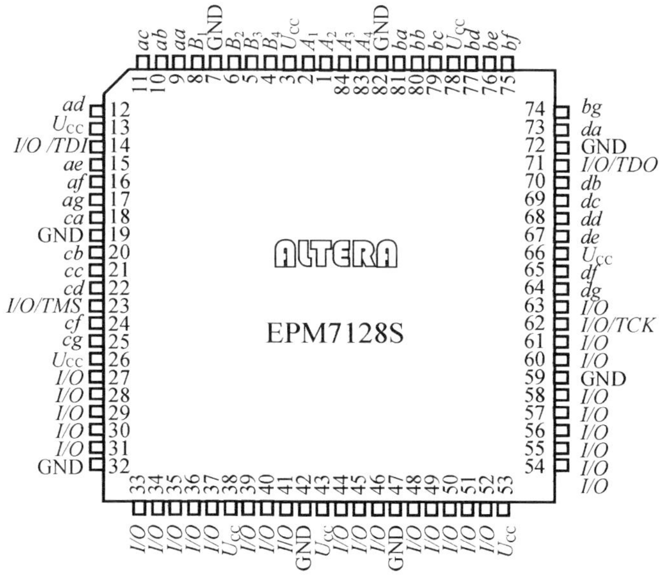

图 6.5.8　例 6.5.1 乘法器引脚分配图

中可以看出,输入和输出引脚用了 36 个,仅用了 I/O 引脚和输入引脚的 52% 。

(2) 图 6.5.9 给出了具有显示乘数(4 位)×被乘数(4 位)得到积(2 位)的并行乘法器的逻辑原理图。

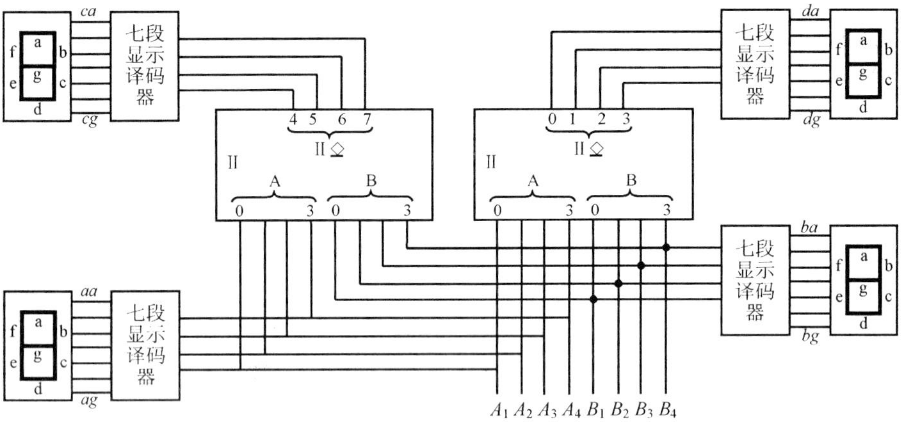

图 6.5.9　并行乘法器逻辑电路图

(3) 在软件平台绘出图形原理图,进行编译,对芯片配置,并产生总体报告。通过阅读报告,发现该乘法器共占用宏单元 78 个,仅占用芯片总资源的 60% 。

第六节　现场可编程门阵列 FPGA

前面讨论的可编程逻辑器件基本组成部分是**与**阵列、**或**阵列和输出电路。对这些基本组成电路进行编程就可以实现任何积之和的逻辑函数,再加上触发器则可实现时序电路。而本节介绍的现场可编程门阵列 FPGA(Field Programmable Gate Array)不像 PLD 那样受结构的限制,它可以靠门**与**门的连接来实现任何复杂的逻辑电路,更适合实现多级逻辑功能。最初的门阵列是将基本逻辑门电路,输入/输出缓冲电路和内部连线三个部分集成在一个硅片上,制成门阵列母片,送入集成电路制造商的半成品库。若有用户需要,通过编程再将门阵列母片的门**与**门和连线根据用户要求连接起来,即可实现任意逻辑函数,这种集成电路芯片称为可编程门阵列 PGA。

随着可编程逻辑器件技术的发展,不仅门阵列的基本逻辑门电路的结构不断改进,使其功能更加完善,增加了数据选择器、D 触发器、缓冲器等,而且在输入/输出电路结构上也有了进一步的改进,增加了速率控制、输入/输出的上拉和下拉电阻等。近年来随着用户现场可编程的需求,陆续推出了各种新型的现场可编程门阵列 FPGA。这些器件除了具有功能丰富的基本逻辑门电路、传输外部信号的输入/输出电路和可编程内连资源之外，还具有很高的密度，丰富的软件平台支持和无限次编程的优点，使它得到广泛的重视，成为设计电路与系统采用的首选器件之一。

一、现场可编程门阵列 FPGA 结构

现场可编程门阵列的编程单元是基于静态存储器(SRAM)结构，从理论上讲，具有无限次重复编程的能力。

目前，有许多厂家生产现场可编程门阵列器件，而且有多种芯片，典型的系列产品有 XILINX 公司的 XC3000 系列、XC4000 系列以及 XC5200 系列和 ALTERA 公司的 FLEX8000 系列和 FLEX10k 系列等。它们尽管在阵列规模、内部基本逻辑电路、输入/输出结构以及采取内部的连线方式有所不同，但它们的基本组成大致相似。本节介绍 XILINX 公司的 XC4000E 系列芯片，了解 FPGA 内部各个模块的功能，掌握 FPGA 芯片的结构和工作原理。

XC4000E 系列结构示意图如图 6.6.1 所示。它主要由三个基本部分组成：① 可配置逻辑模块 CLB(Configurable Logic Block)；② 输入/输出模块 I/OB(Input/Output Block)；③ 可编程连线 PI(Programmable Interconect)和由它组成的编程开关矩阵 PSM(Programmable Switch Matrix)。

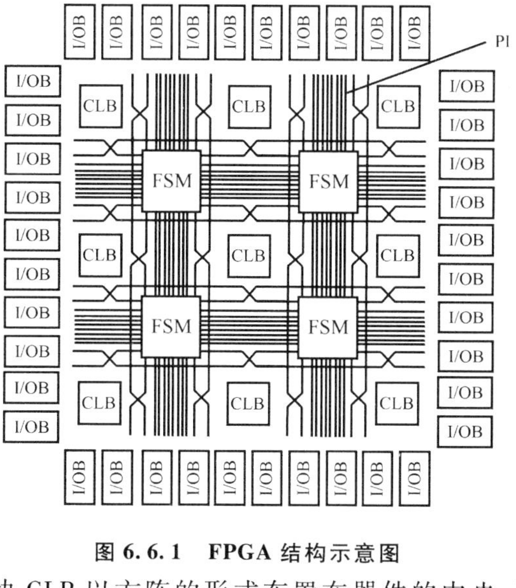

图 6.6.1　FPGA 结构示意图

可配置逻辑模块 CLB 以方阵的形式布置在器件的中央，FPGA 可以提供 $n \times n$ 个 CLB，随着可编程逻辑器件的发展，其阵列规模也在增加，当前阵列规模 n 可达几百，可用门数量达几十万门甚至上千万门以上。CLB 本身包含多种逻辑

功能部件,使它既能实现组合逻辑电路和时序逻辑电路,又可实现包括静态 RAM 的各种运算电路。输入/输出模块 I/OB 分布在芯片的四周,它是提供外部封装引脚和内部信息的接口电路,该接口电路通过设计编程可以分别组态为输入引脚、输出引脚和双向引脚,并且具有控制速率、降低功耗等功能。可编程连线 PI 分布在 CLB 周围和 CLB 及 I/OB 之间,它们的主要作用是完成 CLB 之间逻辑连接以及将信息传递到 I/OB。

二、可配置逻辑模块 CLB

CLB 是实现逻辑电路的最小单元,它有较多的输入/输出,具有上下对称的结构。它包括三个逻辑函数发生器 G、F 和 H、两个 D 触发器和许多数据选择器,以及片内随机存储器。图 6.6.2 给出了 XC4000E 系列的 CLB 示意图。

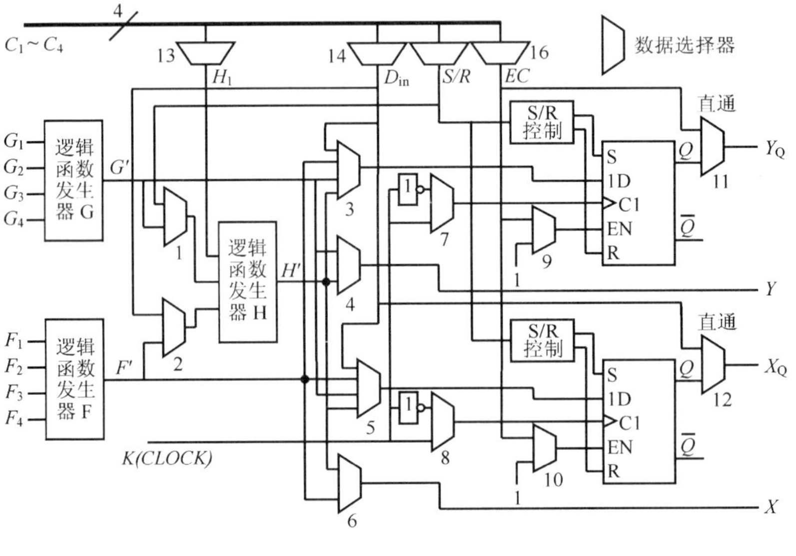

图 6.6.2　XC4000 系列 CLB 示意图

(一) 组合逻辑

XC4000E 系列 CLB 的两个四输入组合逻辑函数发生器 F 和 G 的输入分别为 $F_1 \sim F_4$ 和 $G_1 \sim G_4$,输出为 F'和 G',这两个逻辑函数发生器可以完全独立提供 4 输入信号组成的逻辑函数。而第三个组合逻辑函数发生器 H 的输入为 G'、F'和 H_1,H_1 为输入信号 $C_1 \sim C_4$ 转换信号之一,函数发生器 $H(G)$ 的输出为 $H'(G')$,由这三个组合逻辑函数发生器可以实现多达 9 变量的组合逻辑函数。通过对数据选择器 4 和 6 的编程,使 G'或 H'在 Y 端输出,F'或 H'在 X 端输出,从而使一个 CLB 可以用来实现四变量的两个任意和独立的逻辑函数,如图 6.6.3 所示。

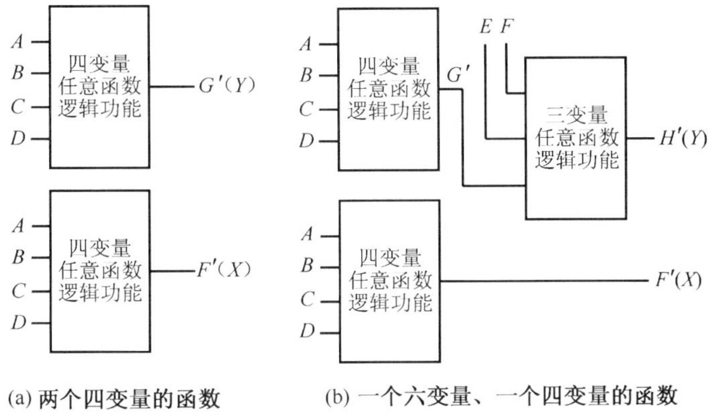

图 6.6.3　XC4000E 实现组合逻辑函数

XC4000E 系列还具有两条快速直通信号，它是来自 $C_1 \sim C_4$，通过选择器 11 和 12 从 Y_Q 和 X_Q 端输出。

(二) 时序逻辑

CLB 中有两个边沿 D 触发器，对数据选择器 7 和 8 编程可定义为上升沿触发还是下降沿触发；每个触发器都具有时钟使能信号 EC(Enable Clock)，它可直接受外部控制或固定为高电平；对置位/复位(S/R)控制逻辑进行编程，D 触发器可以配置成异步置位或异步清零；通过编程 D 触发器还可作为 T、JK 等触发器使用。触发器数据信号来自组合逻辑电路的输出 F'、G'和 H'或者是选择外部直接输入信号 $C_1 \sim C_4$ 之一。组合逻辑和 D 触发器一起实现各种时序逻辑，触发器的输出经数据选择器 11 和 12 选择后送到两个独立的输出端 Y_Q 和 X_Q。

(三) 快速进位逻辑

XC4000E 系列 CLB 的快速进位逻辑对快速加法器和减法器等算术运算电路是十分有效的。CLB 的 F 和 G 逻辑函数发生器用来计算进位位而专门设置了快速进位逻辑，进位信号加至相邻的逻辑函数发生器的输入，参与高位运算。若用不带进位逻辑的 CLB 实现两位二进制数 a_1a_2、b_1b_2 相加的电路，低位相加时，CLB 中的一个逻辑函数发生器实现和逻辑，另一个实现进位逻辑，然后再用第二个 CLB 实现高位相加，并且在时间上产生了级间的延迟。当 CLB 具有进位逻辑功能时，进位的逻辑操作可以用进位逻辑实现，这样不仅减小了时间的延迟，加快了运算速度，而且由两个 CLB 完成的运算可以仅用一个 CLB 完成，节省了芯片的资源。图 6.6.4 给出了 2 位二进制加法 CLB 示意图，(a)图是需要四个 CLB 的不带进位逻辑的示意图，图(b)是仅有两个 CLB 的带进位逻辑的示意图。

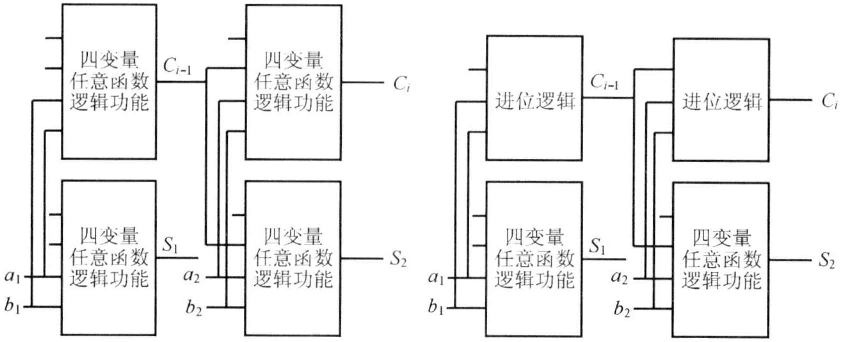

(a) 不带进位加法　　(b) 带进位加法

图 6.6.4　2 位二进制加法

(四) 片内随机存储器 RAM

XC4000E 系列 CLB 不仅可配置成组合或时序逻辑电路,也可被配置成片内随机存储器 RAM 使用,使 XC4000E 系列能完成数学运算电路,在系统设计中多用于多重累加器、静态寄存器、索引寄存器和 DMA 计数器等。

一个 CLB 可以配置成以下几种 RAM 结构:

(1) 16×1 或 16×2 边沿触发单口 RAM;

(2) 32×1 边沿触发单口 RAM;

(3) 16×1 边沿触发双口 RAM;

(4) 16×1 或 16×2 电平触发单口 RAM;

(5) 32×1 电平触发单口 RAM。

现以 CLB 配置成 16×1 或 16×2 边沿触发单口 RAM 为例讨论其工作原理,图 6.6.5 是其结构框图。组合逻辑输入 $F_1 \sim F_4$ 和 $G_1 \sim G_4$ 作为 RAM 的地址线输入,可以通过地址的改变来选中存储单元的信息,此时 CLB 控制信号 D_{in}、S/R 和 H_1 分别作为数据信号 D_1、D_0 和写使能信号 WE,F'和 G'作为 RAM 的数据输出。

当 RAM 写数据时,写使能信号 WE 为高电平通过缓冲器进入**与**门,使**与**门有效,允许时钟通过。时钟 *CLOCK* 进入 CLB 后,经过边沿选择数据选择器(上升沿或下降沿)给 16×1 存储单元一个写入脉冲。地址 $F_1 \sim F_4$ 等到时钟边沿到达,经过锁存器和地址译码选中 16×1 阵列中的某一单元。如当 $F_1 \sim F_4$ 地址为 **0000** 时,并且 WE 有效,数据 D_0 经过缓冲器进入最上面的存储单元。当 RAM 读出数据时,写使能信号 WE 为低电平,关闭**与**门,禁止数据写入。地址信号直接到数据输出选择器选中所需单元从 F'读出,形成 16×1 边沿触发器,同样 $G_1 \sim G_4$ 对应 G'组成另一个 16×1 边沿触发器。

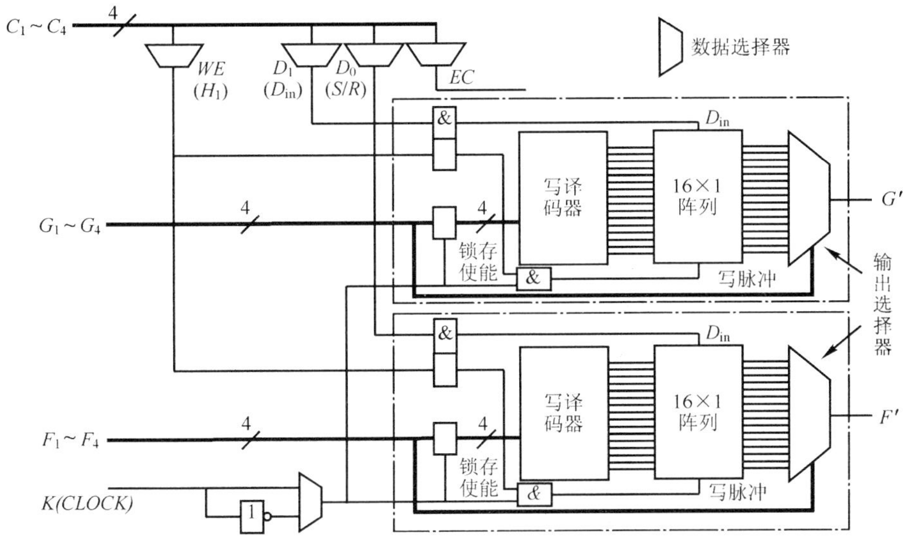

图 6.6.5 16×2 或 16×1 边沿触发器单口 RAM

用四个 16×2 边沿触发单口 RAM 可以组成 16×8 位 RAM，再用 6 个 CLB 组成地址计算和多路数据传输电路以及两个 CLB 组成判断和接口电路来构成一个 16 位的先进先出（FIFO）顺序访问存储器，图 6.6.6 给出了用 CLB 组成 RAM 且构成 FIFO 的示意图。

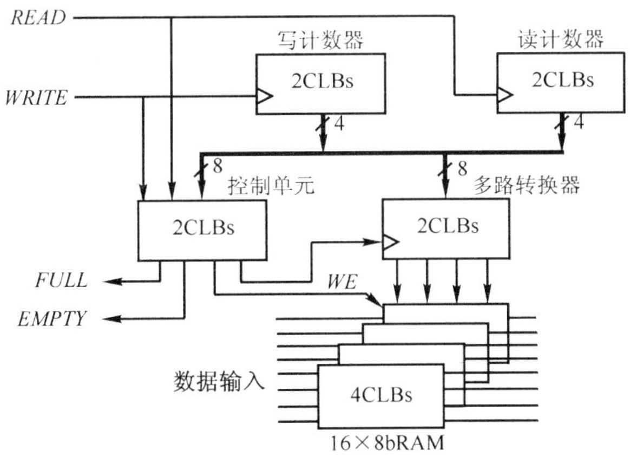

图 6.6.6 CLB 构成 FIFO 示意图

三、可编程输入/输出模块 I/OB

可编程输入/输出模块 I/OB 分布于芯片的四周，如图 6.6.1 所示，它可以灵活地编程，满足器件引脚和内部电路不同逻辑接口的需要。每一个 I/OB 可以组态为输入、输出以及双向传输信号。图 6.6.7 为 XC4000E 系列 I/OB 的示意图，它主要的组成部分包括控制电路、组合输入/输出电路、时序输入/输出电路和辅助电路。

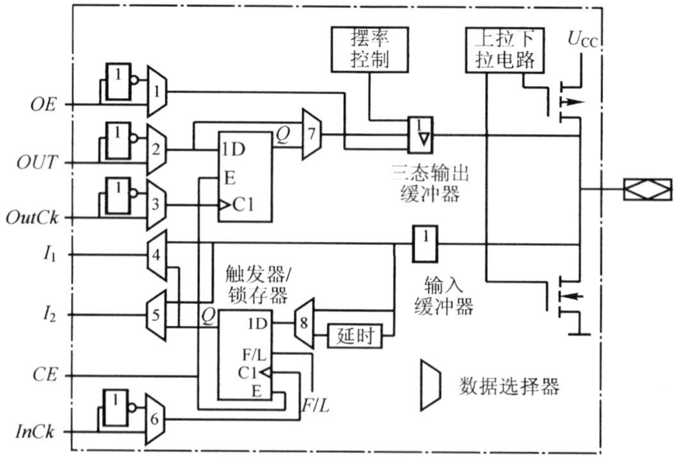

图 6.6.7　XC4000E 系列 I/OB 示意图

(一) 控制电路

(1) 输出使能(OE)：输出使能(OE)控制三态输出缓冲器，由数据选择器 1 选择高或低电平有效，使数据传输到引脚。

(2) 时钟使能(CE)：时钟使能(CE)控制 D 触发器的时钟，当 CE 为低电平时，触发器失效，信号只能组成组合输入或输出电路。

(3) 输入、输出时钟($InCk$ & $OutCk$)：输入、输出时钟是相互独立的，为输入、输出 D 触发器提供触发时钟，两个 D 触发器的时钟可以通过编程数据选择器 3 和 6 来确定上升沿触发还是下降沿触发。

(4) 触发器/锁存器(F/L)：输入 D 触发器可通过编程 F/L 来确定是边沿触发还是电平触发，当 F/L 为高电平时为边沿触发；当 F/L 为低电平时为电平触发。

(二) 组合输入、输出电路

(1) 组合输出：如图 6.6.8(b)上部所示，当 I/OB 被定义为组合输出时，输出信号 OUT 可通过数据选择器 2 决定输出信号是否反相，再经过数据选择器 7 到达输出缓冲器。

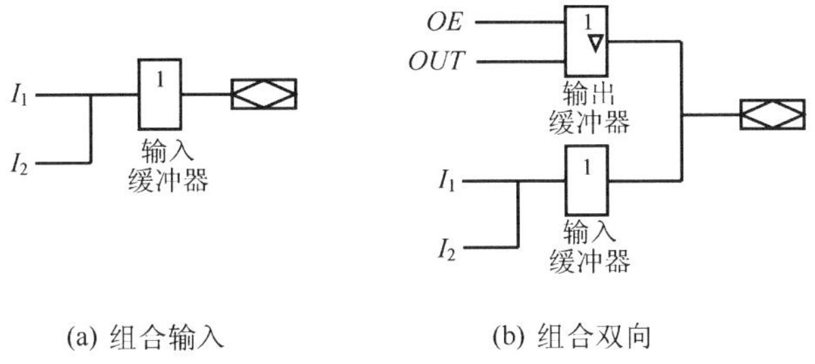

图 6.6.8　I/OB 配置组合输入和组合双向引脚

(2) 组合输入：当 I/OB 定义为组合输入时，输出缓冲器被禁止，通过该引脚输入信号进入缓冲器，再通过数据选择器 4 或 5 进入内部逻辑。图 6.6.8 (a) 给出了配置成组合输入的简化电路，图 6.6.8 (b) 给出了配置成双向组合输入/输出的简化电路。

(三) 时序输出、输入电路

(1) 时序输出：输出信号 *OUT* 或 $\overline{OUT}$ 存入输出 *D* 触发器，经过数据选择器 7 和输出缓冲器至引脚，输出 *D* 触发器的控制信号是独立的。

(2) 时序输入：输入信号由引脚进输入缓冲器后，由数据选择器 8 选择几纳秒的延迟或直接送到 *D* 触发器。通过对 *F/L* 的编程，决定数据是被寄存还是被锁存到 *Q* 进入内部逻辑。图 6.6.9(a) 给出 I/OB 配置成时序输入电路图，图 6.6.9(b) 给出 I/OB 配置成双向时序输入电路图。

时序输入、输出一般应用在同步输入或输出信号的电路，若利用好 I/OB 的寄存器，则可以显著地减少 CLB 触发器的占用。

(四) 辅助电路

(1) 摆率控制：I/OB 的每个输出缓冲器都配有摆率控制电路，它可以配置为高速运行或具有摆率控制的低速运行，低速运行时，可减少噪声。

(2) 输出上、下拉控制：I/OB 输出配有两个 MOS 管，它们的栅极可编程，使 MOS 管导通和截止，分别经上拉电阻或下拉电阻接通 U_{CC}、地或者不接通，用以改善输出波形和负载能力。当系统设计之后，若此 I/OB 未被使用，在上、下拉电阻作用下自动置为高阻状态。

四、可编程内部连线 PI

FPGA 有丰富的内部连线，它们分布在各个 CLB 之间、CLB 和 I/OB 之间。内部连线均带有可编程开关，通过对这些开关的编程，可以按设计者的逻辑描述，有效地将各个 CLB、I/OB 有机组合起来，实现系统逻辑功能。器件的内部阵

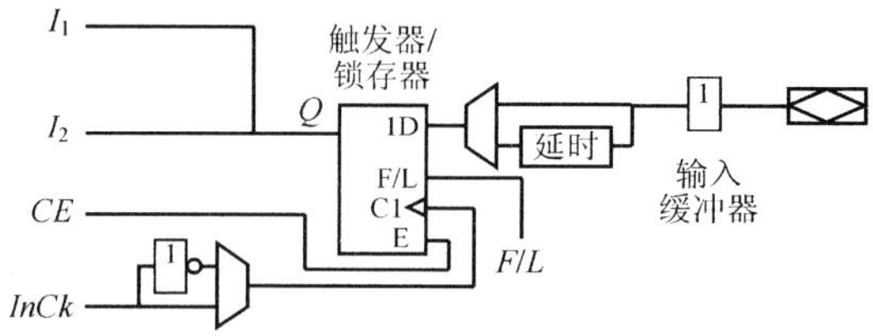

(a) 寄存器输入

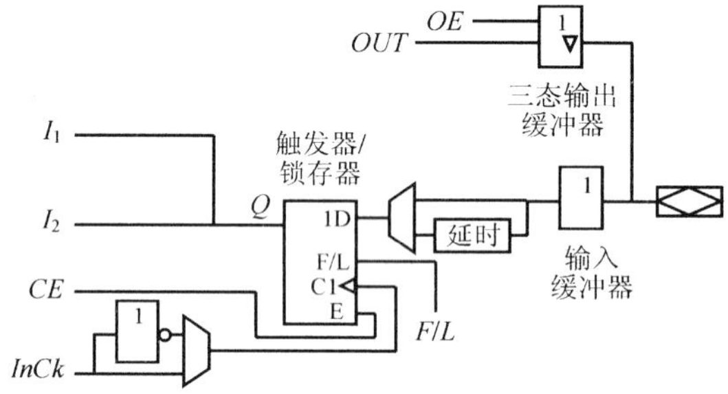

(b) 寄存器双向

图 6.6.9　I/OB 配置成寄存器输入和寄存器双向引脚

列规模和连线的数量、种类与系列型号有关，阵列规模越大，连线数量就越多，芯片系列越先进，PI 的种类就越多。

XC4000E 系列的内部连线按长度区分可分为以下几种：

（1）单长线（Single-Length Line）：单长线是分布在 CLB 周围的水平线和垂直线，汇集于 CLB 四角的编程开关矩阵（PSM），图 6.6.10（a）给出了单长线在一个 CLB 周围的示意图，这种结构连线的长度是两个编程开关矩阵之间的距离。每个编程开关矩阵由可配置的 N 沟道开关晶体管组成，通过编程决定单长线之间的连接和信号的流向，如图 6.6.10（b）所示。

单长线和 CLB 输入、输出之间有灵活的连接点，使得有很高的布线率。CLB 的输入信号 $F_1 \sim F_4$，$G_1 \sim G_4$ 和控制输入信号 $C_1 \sim C_4$ 可以由邻近的单长线驱动，如 F_1 可以由左侧的单长线中的任意一根通过编程连接起来驱动。CLB 的时钟 K 输入亦可由邻近一侧的单长线来驱动。CLB 的输出同样可以连接到相邻的单长线，或连接到多根单长线上以驱动多根单长线。但是随着阵列中 CLB 的增加及互连关系复杂性的提高，信号通过编程开关数量也急剧增加，将影响整个电路系统的工作速度。

（2）双长线（Double-Length Line）：双长线的长度恰好是两倍单长线的长度，即一根双长线要经过两个 CLB 再汇集于开关矩阵，提供了芯片较长间距的

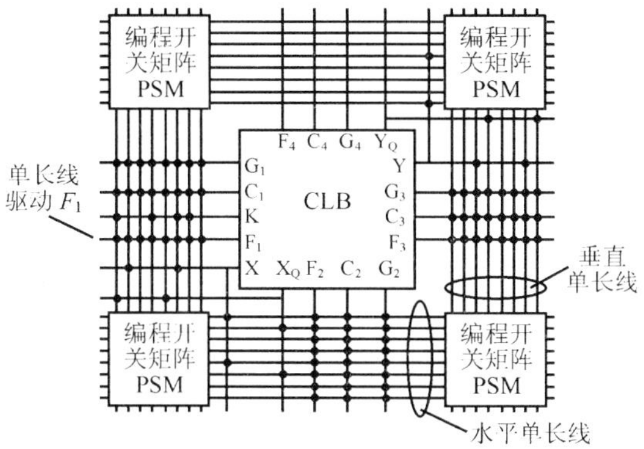

(a) 单长线连接示意图

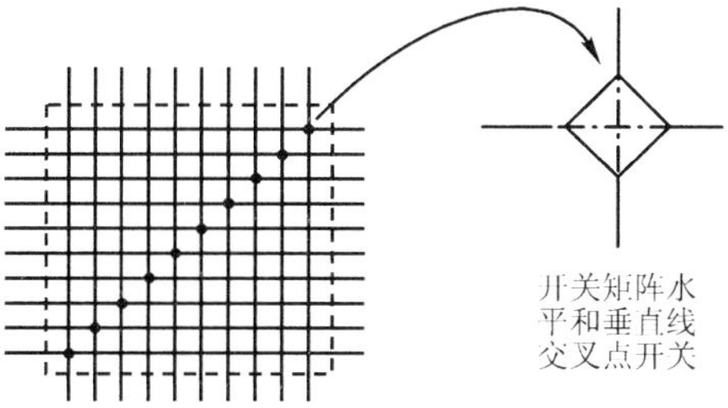

(b) 交叉点开关

图 6.6.10　XC4000E 系列 CLB 单长线连接示意图和交叉点开关

灵活性，图 6.6.11 给出了双长线的示意图。双长线在垂直、水平方向成对出现，交错地通过编程开关矩阵，一对中的两根双长线有一根要跨过一个 CLB 到下一个编程开关矩阵，图 6.6.11 中标注了一对双长线 a 和 b，a 进入 PSM1 后，绕过 PSM2，进入 PSM3，b 则进入 PSM2，绕过 PSM3 后，进入 PSM4。

双长线和单长线一样，除了时钟 K 输入外，所有的 CLB 的输入可由相邻侧的双长线来驱动，且每个 CLB 的输出可以在垂直和水平上驱动最近的双长线，实现了双长线距离的有效连接。和单长线相比，双长线减少了编程开关的数量，提高了系统的速度。

(3) 长线(Longline)：长线穿越整个芯片，它有垂直长线和水平长线，垂直长线由特定的全局缓冲驱动，如图 6.6.12 所示。每根长线的中央有一个可编程开关把长线一分为二，形成两个独立的布线通路，它的长度等于芯片的一半。

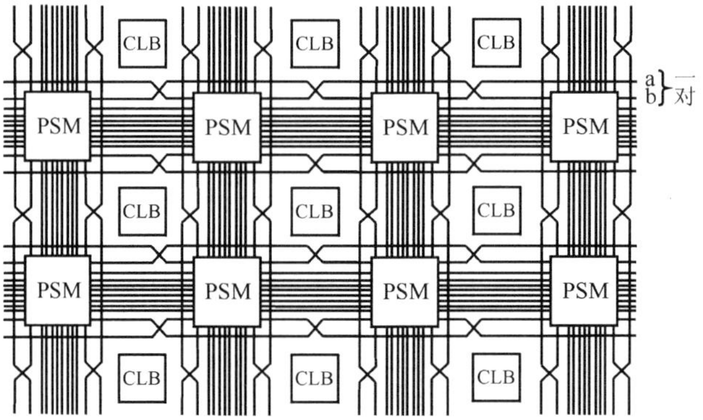

图 6.6.11　XC4000E 系列双长线示意图

CLB 的输入可以由相连的长线驱动，CLB 的输出可以通过三态缓冲器或单长线连接到长线上去。这些长线通常用来连接时钟信号，高扇出的控制信号等，使这些信号以最小的延迟通过阵列。

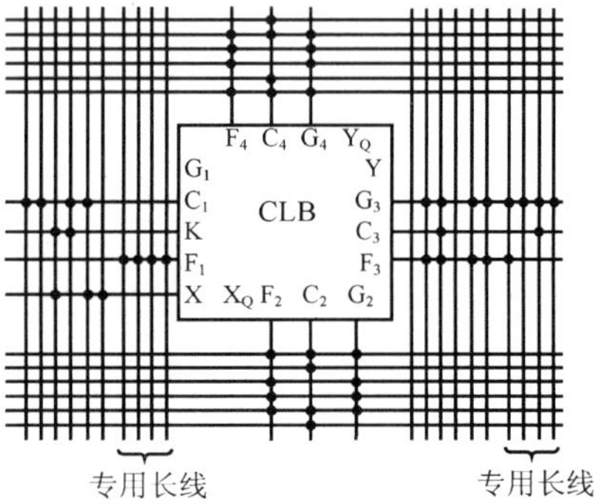

图 6.6.12　XC4000E 系列长线示意图

单长线和长线的联系是通过**线与线**交叉间可编程点来控制。双长线和长线之间没有任何联系。

综上所述，单、双长线提供了较大的灵活性，而长线缩短了时间延迟，所以在使用上应该综合考虑选择出最佳方案。

五、现场可编程门阵列 FPGA 的特点

与 HDPLD 相比较，现场可编程门阵列 FPGA 在其结构和使用方面有如下特点：

(1) SRAM 结构：FPGA 的编程单元是 SRAM，可以无限次编程，但它属于易失性元件，掉电后芯片内信息丢失；通电之后，要为 FPGA 重新配置逻辑，FPGA 配置方式有七种，请读者参考有关文献。

(2) 逻辑功能块规模：FPGA 中实现逻辑功能的 CLB 比 HDPLD 实现逻辑功能的宏单元规模小，制作一个宏单元的面积可以制作多个 CLB，因而 FPGA 内的触发器要多于 HDPLD，使得 FPGA 在实现时序电路时要强于 HDPLD。另一方面 FPGA 的 CLB 输入信号最多是 9 个，而 HDPLD 可高达几十个，所以 HDPLD 较适合于实现多输入信号的复杂组合逻辑电路。

(3) 内部连线结构：HDPLD 的信号汇总于编程内连矩阵，然后分配到各个

宏单元，因此信号通路固定，系统速度可以预测。而 FPGA 的内连线是分布在 CLB 周围，而且编程的种类和编程点很多，使得布线相当灵活，因此在系统速度方面低于 HDPLD 的速度。

(4) 芯片逻辑利用率：由于 FPGA 的 CLB 规模小，可分为两个独立的电路，又有丰富的连线，所以系统综合时可进行充分的优化，以达到逻辑最高的利用。

(5) 芯片功耗：高密度可编程逻辑器件 HDPLD 的功耗一般在 0.5 ~2.5 W 之间，而 FPGA 芯片功耗 0.25 ~5 mW，静态时几乎没有功耗，所以称 FPGA 为零功耗器件。

(6) 应用范围：据以上分析 HDPLD 具有高速度、速度可预测性和较多的输入信号等优点，而 FPGA 具有大量的存储器、芯片利用率高和较低的功耗等优点。设计者应根据系统的要求和特定需要来选取芯片。一般而言，HDPLD 多用于设计复杂状态机、多口存储器控制、高速总线接口等电路；FPGA 则用于简单状态机、加法器、比较器、计数器、RAM 实现的 FIFO、FILO 和缓冲器等电路。

第七节　随机存取存储器 RAM

在计算机及数据处理系统中需要存放大量数据、中间结果、表格等设备，这就是随机存取存储器。所谓随机存取就是指可以随时将数据存入(称写入)和取出(称读出)。为简便用英文缩写 RAM 表示。

RAM 可分为单极型和双极型两种，双极型工作速率高，但是集成度不如单极型的高，目前，由于工艺水平的不断提高，单极型 RAM 的速率已经可以和双极型 RAM 相比，而且单极型 RAM 具有功耗低的优点。这里只以单极型 RAM 为例进行分析。

单极型 RAM 又可分为静态 RAM 与动态 RAM 两种，静态 RAM 是用 MOS 管触发器来存储代码，所用 MOS 管较多、集成度低、功耗也较大，多用在微型计算机中。动态 RAM 是用栅极分布电容保存信息，它的存储单元所需要的 MOS 管较少，因此集成度高、功耗也小。静态 RAM 每个存储单元消耗功率是 0.1 mW，而动态 RAM 每个存储单元仅消耗 0.01 mW，但是静态 RAM 使用方便，不需要刷新，所以要求存储量小的微型计算机多采用它。

一、RAM 的基本结构

RAM 的基本结构如图 6.7.1 所示，可以分为三个部分：存储矩阵、地址译码器和读写电路。存储矩阵是 RAM 的核心，用来存储要存放的代码，矩阵中每个存储单元都有一个二进制码给以编号，以便查询此单元，这个二进制码称作地址。地址译码器与前面讲述的译码器原理相同，它可以将输入地址码译为电平信号，以选中存储矩阵中的相应的单元，这也称为寻址，寻址分为一元寻址和二元寻址两种。读写电路是 RAM 的控制部分，它包括片选$\overline{CS}$，读写控制 $R/\overline{W}$ 以及数据输入输出放大器。片选$\overline{CS}$的作用是只有当$\overline{CS}$端加低电平时才能进行读与写。读写控制 $R/\overline{W}$ 的作用是当 $R/\overline{W}$ 端加高电平时，对此 RAM 进行读出，当 $R/\overline{W}$ 端加低电平时进行写入。

采用一元寻址的 RAM 结构只有 X 方向（行方向）的译码器，它将输入 n 个地址译码为 2^n 个输出，每条输出线接到存储器一个相应的 X 方向存储单元上，这些线称为字线。当这些字线中某条字线为 **1** 时，便选中接在这条线上的那些存储单元。在读写命令的控制下，可以对被选中的单元进行读或写，图 6.7.2 给出了一个 256 字 ×1 位 RAM 逻辑框图，国产 CM14537 静态 RAM 是这种结构。图中$M_0 \cdots M_{255}$代表 256 个存储单元，读写电路可使数据输入或输出，D_i 是数据输入，D_o 是输出。

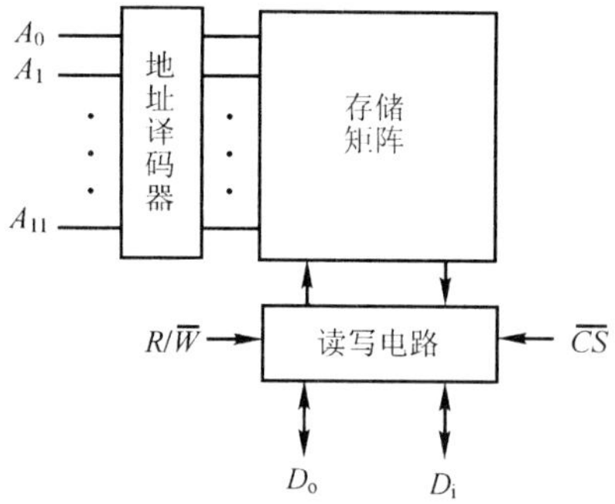

图 6.7.1　RAM 结构

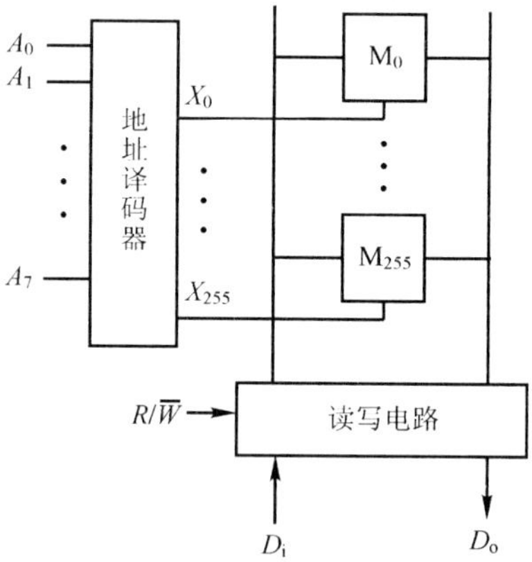

图 6.7.2　256 字 ×1 位 RAM 逻辑框图

这种一元寻址结构需要较多的字线，例如 10 位地址码，就需要 1 024 条字线，所以它只用于小容量的 RAM。在存储量比较大时，都采用二元寻址。

图 6.7.3 是二元寻址的 M 字 ×1 位 RAM 结构图，它的存储矩阵是 $\alpha \times \beta$ 位，地址译码器分行译码器和列译码器，只有行及列共同选中的单元才能进行读、写。这种寻址的方式所需要行线和列线的总数较少，给制作工艺带来了方便。例如要存储 256 字 ×1 位的容量，采用一元寻址就需要 256 条字线，若采用二元寻址只需 $\alpha = 16$，$\beta = 16$，共 32 条线也就可以了。

图 6.7.4 是静态随机存储器的逻辑框图，它的容量是 1 K ×4 位（1 024 为 1 K），芯片采用 18 脚双列直插结构，当用于 8 位微机时，需用两片构成 1 K ×

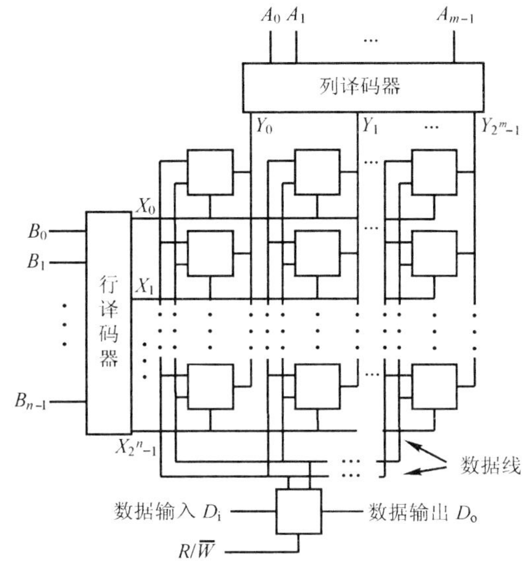

图 6.7.3 M 字 ×1 位存储器结构图

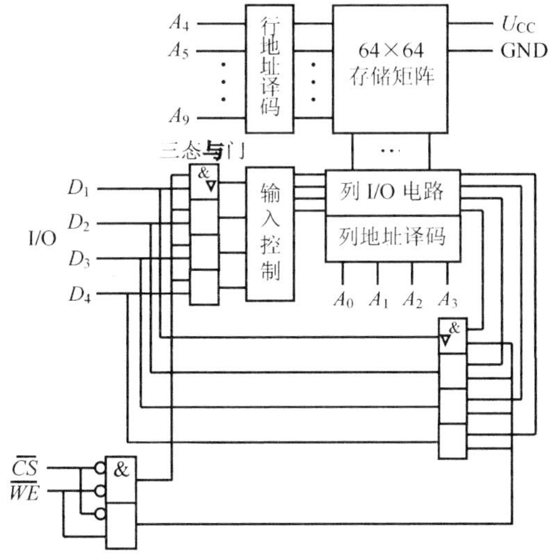

图 6.7.4 2114 静态 RAM 方框图

8 位的存储器。集成电路芯片 2114 的数据是 4 位，所以数据线有 $D_1 \sim D_4$ 共四条，地址码为 10 位。$A_4 \sim A_9$ 作为行地址译码，可以选中 64 行中的任意一行。$A_0 \sim A_3$ 作为列地址译码，对每种 $A_0 \sim A_3$ 的地址码取值，可以同时选中 4 列，行与列共同选中的四个存储单元作为写入或读出的四个单元。$\overline{CS}$是片选端，$\overline{WE}$是读写控制端，当$\overline{CS}$、$\overline{WE}$都为低电平时，$D_1 \sim D_4$ 端的三态门开通可将输入数据写

入由 $A_0 \sim A_9$ 所选中的四个单元中；当$\overline{CS}$为低电平，$\overline{WE}$为高电平时，输出端的四个三态门开通，由 $A_0 \sim A_9$ 所选中四个单元中的数据可以送往四条数据线，数据被读出。

二、存储单元

RAM 存储矩阵中的存储单元可以由双极型管组成，也可以由 MOS 管组成，MOS 管可以工作于静态，也可以工作于动态，而双极型管单元大多工作于静态。

（一）MOS 静态存储单元

图 6.7.5 是 MOS 静态存储单元及输入输出电路的示意图，其中 T_0、T_1、T_2 及 T_3 构成 RS 触发器，T_4 及 T_5 是行选管，是一行中公用的，T_6 及 T_7 是列选管，是一列中公用的。当这个单元的行、列都加高电平时，T_4、T_5、T_6 及 T_7 都导通，通过三态门 1 或 2 存储单元将数据线 D_i 接通。当$\overline{WE}$为低电平，$\overline{CS}$也为低电平时，三态门 2 将输入数据 D_i 通过 T_6、T_4 作用于 T_3 栅极，同时将 D_i 的互补值通过 T_7 及 T_5 作用于 T_2 的栅极，从而使触发器按 D_i 翻转，完成写入的操作。同理当$\overline{CS}$为低电平，$\overline{WE}$为高电平时，可以将触发器所存数据经 T_4、T_5 及三态门 1 送到 D_i 端，门 4 及门 5 是整个存储器公用的。

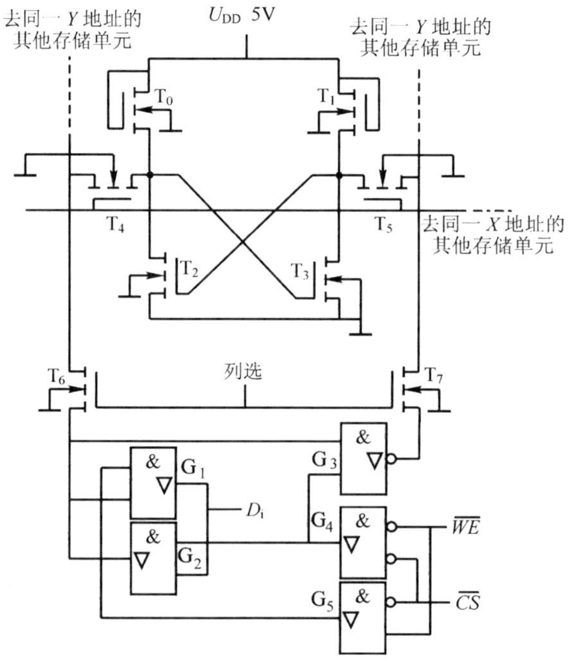

图 6.7.5 静态存储单元输入/输出示意图

（二）动态 MOS 存储单元

图 6.7.6 是一动态存储单元，这里 MOS 管采用了通用符号。它与图 6.7.5 中静态存储单元的区别在于将静态存储单元中的两个负载管去掉，存储信息不是靠 *RS* 触发器，而是靠栅极电容 C_1 及 C_2。当 *X*、*Y* 线均为高电平时，T_5、T_6、T_7 及 T_8 都导通，此单元接至数据线，如果要写入 **1**，只需要在数据线 *D* 及 $\overline{D}$ 上分别作用 **1** 及 **0**，便可以给 C_2 充上足够的电荷，而 C_1 则不被充电，表示记入了 **1**。由于 C_2 放电时间常数较大，信息可以保存高电平 **1**；当需要读出时，使 *X*、*Y* 均为高电平，由于 C_1 中的电压低，T_1 管不导通，数据线 *D* 上是 C_2 中的较高的电压，由于 C_2 中的高电压使 T_2 导通，送给 $\overline{D}$ 线的是低电压，这一状态表示输出的值为 **1**。

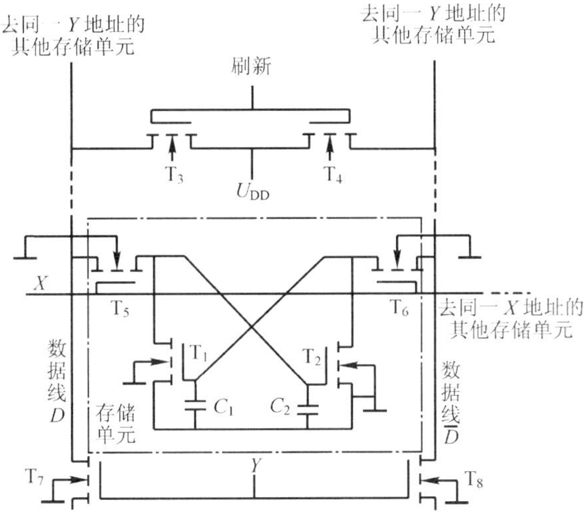

图 6.7.6　四个 MOS 管动态存储单元

另外，由于栅极电容保留信息只有一段时间，需要定期地给它刷新，以免信息丢失，所以在每一行上设有刷新电路。图 6.7.6 中 T_3、T_4 构成所在列的刷新电路，当刷新端加高电压时，T_3、T_4 导通，同时此行线加高电压使 T_6、T_5 也导通，这样一来 T_3、T_4 分别作为 T_1 及 T_2 的负载管，构成 *RS* 触发器，触发器的状态由 C_1 及 C_2 中的电压决定，例如 C_2 中有高电压，则 $\overline{D}$ 为 **0**，*D* 为 **1**，于是给 C_2 补充充电。这样一来，周期性地刷新，使信息得以保留。

MOS 存储单元电路还有许多种，但基本原理是类似的，这里不再赘述。

小结

本章主要研究了可编程逻辑器件和存储器单元电路的结构。存储器主要用于计算机的存储程序或数据,它分为 ROM 和 RAM 两种。RAM 是随机存取存储器,它的读写速度很高,在计算机中用来存取数据。它分动态和静态两种,动态存储器靠寄生电容存储信息,需要定时刷新,否则信息会丢失,但是动态存储器的功耗小、结构简单,所以在容量大的计算机中被广泛采用。静态存储器主要用在存储容量小的微型机中。PROM 是可编程只读存储器,也可用来存储程序、固定数据,这些程序及数据是以二进制码的形式事先存入 PROM 中,它们不会丢失,在使用时只供读出,而不能随时存入,所以称为可编程只读存储器。

PROM 除了存储数据外,还可以编程逻辑函数,具有这种可编程逻辑函数功能的器件还包括 EPROM、PLA、PAL 和 GAL 等。PLA 主要由**与**阵列、**或**阵列构成,两个阵列都是可编程的。PAL 由**与**阵列、**或**阵列和输出电路三部分构成,它的**与**阵列可编程,**或**阵列固定,采用双极型熔丝结构。GAL 由**与**阵列、**或**阵列和输出逻辑宏单元三部分组成,GAL 的输出逻辑宏单元包含的器件、编程点较多,因而 GAL 相对于 PAL 器件功能较强。借助于开发的硬件和软件,可以用 GAL 实现所有中、小规模数字集成器件,因而称它为“通用可编程阵列逻辑”。GAL 采用 E^2CMOS 工艺制造,可多次进行改写,使用方便。PAL 的功能不及 GAL,但它的速度较高。

高密度可编程逻辑器件无论从可编程的次数,还是使用的灵活性、一片芯片的集成度方面较 PAL 和 GAL 都有了很大的进步。高密度可编程逻辑器件分为可擦除编程逻辑器件 EPLD 和现场可编程门阵列 FPGA。前者实现组合逻辑函数是从任何组合逻辑电路均可以表示为**与或**表达式,加上触发器可实现时序电路的原理出发而构成,它具有高集成度、万次左右的擦写次数、速度高、功耗低、噪声容限较大等优点。后者是从任何逻辑电路均可用门电路构成原理角度出发而构成,它除有前者的各种特点之外,还具有无限次编程的能力。应用 EPLD 制作数字系统的最大优点在于器件具有加密功能,不易被别人仿制、制作。随着集成电路制作技术与工艺的提高,芯片的性能价格比会越来越高,所以高密度可编程逻辑芯片是很有前途的集成电路器件。

名词解释

可配置逻辑块(CLB):现场可编程逻辑阵列中使用的基本逻辑单元,它包括“查找表”、两个触发器和控制逻辑。

动态随机存储器(DRAM):用电容作为储存元件的读写半导体存储器。

可擦除的可编程逻辑器(EPLD):可擦写的可编程逻辑器件。它包括 EPROM、EEPROM、PLA、GAL 等器件。这种器件包括**与**阵列和**或**阵列,根据不同的器件,**与**和**或**阵列编程方式不同。

可擦除的可编程只读存储器(EPROM):它是紫外线照射的可擦除电可编

程只读存储器。使用浮栅存储数据，紫外线照射驱散浮栅中的电荷。

先进先出存储器（FIFO）：一种将数据读出的顺序是按数据的进入顺序的存储器。

闪速读写存储器（Flash Memory）：一种以具有分级扩散和浮栅与衬底相对距离较小的浮栅存储单元的半导体存储器。

现场可编程门阵列（FPGA）：门阵列是排成方阵的逻辑门。这些逻辑门可互连并完成某种逻辑功能。现场可编程门阵列可由用户直接配置，配置方法有七种。

通用阵列逻辑（GAL）：包括**与**阵列和输出逻辑宏单元。宏单元由一个触发器、多路选择器和一个输出三态缓冲器组成。**与**阵列和宏单元都是可编程的。

宏单元（Macro Cell）：GAL 和 EPLD 器件中提供实现基本逻辑功能的单元。用户编程宏单元产生所设计的逻辑功能。

可编程阵列逻辑（PAL）：双极型溶丝结构式编程工艺。将乘积项送给固定**或**门阵列。某些 PAL 结构也包括触发器，这些触发器的激励方程是由可编程**与**阵列或固定的**或**阵列功能提供的。

可编程逻辑阵列（PLA）：PLA 是**与**阵列和**或**阵列全可编程的可编程逻辑器件，它通过简化函数在**与或**阵列中编程，达到使用最少的编程单元。

静态随机存储器（SRAM）：用触发器作为储存元件的读写半导体存储器。

自我检测

题 6.1　将一个包含有 32 768 个基本单元的存储电路设计成 4 096 字节的 RAM。

（1）该 RAM 有__________根数据线？

（2）RAM 有__________根地址线？

题 6.2　将一个包含有 16 384 个基本单元的存储电路设计成 8 位为 1 字节的 ROM。

（1）该 ROM 有__________个地址？

（2）ROM 有__________个数据读出线？

题 6.3　有一个容量为 256 × 4 位的 RAM。

（1）该 RAM 有__________个基本存储单元？

（2）该 RAM 每次访问__________个基本存储单元？

（3）该 RAM 有______________地址线？

题 6.4　有一个 64 × 1 位的 RAM。

（1）该 RAM 仅有一套基本译码电路，则地址译码器中应有__________个**或非**门？每个**或非**门应有__________个输入端？

（2）若该 RAM 中的基本存储单元排列成 16 × 4 存储阵列，则行、列译码器各应有________个**或非**门？每个**或非**门应有__________个输入端？

(3) 若该 RAM 中的基本存储单元排列成 8 × 8 存储阵列，那么行、列译码器各应有________个**或非**门？每个**或非**门应有________个输入端？

(4) 上述方案中哪一种最佳？为什么？

题 6.5　判断下列叙述是否正确：

(1) FPGA 是可编程逻辑器件。

(2) PLA 实现逻辑函数时，要求产生所有输入变量的最小项。

(3) PAL 器件仅对逻辑宏单元 OLMC 进行编程。

(4) GAL 是通用阵列逻辑器件，可以进行反复编程。

(5) 用 ROM 实现组合逻辑时不对函数作任何简化。

题 6.6　从可编程结构角度分析，E^2PROM 的**与**阵列________________，**或**阵列________________。

题 6.7　FLASH 存储器的两个特点是____________和____________。

题 6.8　PLA 和 PAL 的阵列结构的共同点是____________，而不同点是__________。

题 6.9　UV EPROM 浮栅上的电荷泄放需要在芯片的玻璃窗上进行__________。

题 6.10　GAL 器件基本上由__________、__________和__________组成。

题 6.11　256 字 × 32 位的 EPROM 有地址线________根、数据线____________根、字线____________根。

思考题

题 6.1　比较浮栅编程技术中的 SIMOS 和 Flash，各有什么特点。

题 6.2　RAM 的功能是什么？它通常由哪几部分组成？RAM 的静态存储单元和动态存储单元有何不同，各有什么特点？

题 6.3　试述 PROM、EPROM 和 E^2PROM 的特点。

题 6.4　试述非易失性元件的种类及特点。

题 6.5　简述 EPROM 实现不同规模逻辑函数的特点。

题 6.6　简述 PAL 的基本结构及命名方法。

题 6.7　试述 PAL 和 GAL 在结构上的不同之处。

题 6.8　简述 GAL 的输出逻辑宏单元 OLMC 有哪几种组态及其特点。

题 6.9　Altera 可编程逻辑器件 EPM7128S 由哪几个部分组成？简述其工作原理。

题 6.10　简述在系统编程芯片的特点，以及设计过程。

题 6.11　EPM7128S 的输入/输出模块 I/OB 可构成哪些组态，试举两例并画出电路图。

题 6.12　试述 EPM7128S 在哪些方面优于 GAL16V8。

题 6.13　如何用 EPM7128S 的共享和并联扩展乘积项实现乘积项为 19 的逻辑函数，在编号为 5 的宏单元输出。

题 6.14　FPGA 在结构上有哪些特点？各组成部分的功能是什么？

题 6.15　简述 HDPLD 和 FPGA 在编程连线方面的不同之处，以及由此产生的特点。

题 6.16　GAL 和 EPLD 之间的根本区别是什么？在 EPLD 制造过程中使用了什么技术？

习题

习题 6.1　用 EPROM 实现下列多输出函数

$$F_1 = \overline{A}\,\overline{B}\,\overline{C} + \overline{B}C + AB$$

$$F_2 = \overline{A} + \overline{B} + \overline{C}$$

$$F_3 = \overline{A}B + \overline{B}A$$

$$F_4 = (A + B + C)(A + B + C) + \overline{ABC}$$

习题 6.2　用适当规模的 EPROM 设计两位二进制数乘法器，输入乘数和被乘数分别为 A_2A_1 和 B_2B_1，输出为 4 位二进制数 C_4、C_3、C_2、C_1，并且说明所用 EPROM 的容量。

习题 6.3　用 EPROM 实现两种码制的变换；8421BCD 码至 2421BCD 码的变换；8421BCD 码至 5421BCD 码的变换。

习题 6.4　用 EPROM2716 构成 4K × 8 位的 EPROM，共需多少片？画出扩展的 EPROM 逻辑图。

习题 6.5　试用 EPROM 设计一字符发生器，发生的字符为 H。

习题 6.6　用 PLA 实现习题 6.1 的多输出逻辑函数，画出 PLA 阵列图，并和习题 6.1 题作一比较。

习题 6.7　试用若干个 XC4000E 的 CLB 构成 12 位移位寄存器。

习题 6.8　用 PLA 实现习题 6.2，画出 PLA 阵列图，并且说明其规模。

习题 6.9　用 PLA 及 74161 设计一个 **111101001000** 序列发生器。

习题 6.10　用 PLA 及若干个 D 触发器构成可变模计数器（模数从 2 ~ 16）。

习题 6.11　试分析习题 6.11 图所示 PLA 阵列图并且列出时序 PLA 的状态转换表和状态转换图，画出时序图（初态全为 **0**），简述 PLA 电路的逻辑功能。

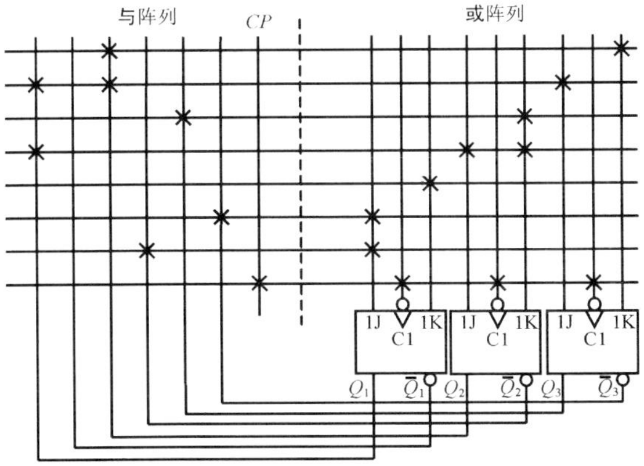

习题 6.11 图

习题 6.12　试用 PLA 及 D 触发器设计 4 位扭环形计数器。

习题 6.13　试分析用一个 CLB 组成的 32 × 1 边沿触发单口 RAM 的工作原理，如习题

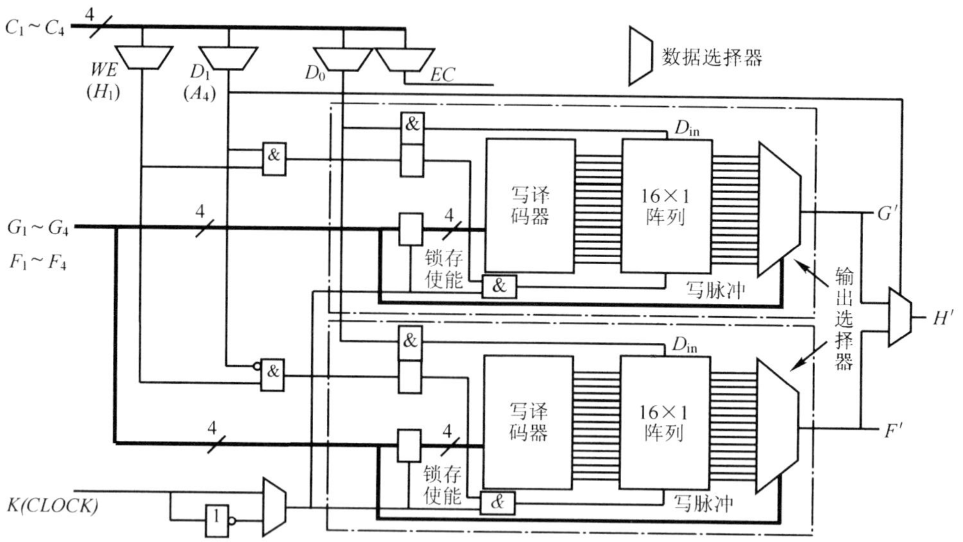

习题 6.13 图　CLB 组成 32×1 边沿触发单口 RAM 的电路简图

6.13 图所示。

习题 6.14　用两个 CLB 设计一个 32×2 的边沿触发单口 RAM。

习题 6.15　用 XC4000E 系列的 I/OB 构成双向寄存器出/寄存器进，且需有较强的负载能力和具有抗噪声的能力。

第七章　D/A 转换器和 A/D 转换器

在信息处理技术方面,数字电路和数字系统是依赖于数字信号的。从物理学角度看,数字信号是一些规则的,但在时间和强度上都不连续的电压和电流信号,而这些信号都不是自然信号,更不是规范的物理量。人类在对大自然的探索中,定义了很多物理量,包括 7 个基本物理量:质量、长度、时间、温度、电流强度、光强度和物质的量。在目前科学技术能够处理的水平上,7 个基本物理量中除了“物质的量”,其余 6 个都是连续变化的,因而由基本物理量演变生成的其他物理量自然也是连续变化的。随着数字技术、特别是迅猛发展的数字计算机的发展,使得人类在处理可靠性、精度等重要指标方面,取得了前所未有的成就。现代人类生活的方方面面都离不开数字技术,如数控机床、数字移动电话、个人计算机、石英钟表、计算器等等。显然,数字技术与被处理的物理量之间需要桥梁,这桥梁就是 A/D 转换器和 D/A 转换器。

本章将从 D/A、A/D 转换的基本原理入手,介绍各种 D/A、A/D 转换器的工作原理和典型产品。要求掌握各种 D/A 、A/D 转换器的基本原理和几种集成 D/A、A/D 转换器的应用,并能够估计 D/A、A/D 转换器的转换误差。

第一节　D/A 转换和 A/D 转换的基本原理

一、模拟量、数字量以及二者的相互转换

连续变化的物理量称为模拟(Analog,A)量。如电流强度、温度、压力、生物的生长过程、星球运动等等。模拟量是可以连续取值的。如前述,人类生活中遇到的物理量几乎都是模拟量。

有规律但不连续的变化量称为数字(Digital,D)量,也称为离散量。数字量是不能连续取值的。日常生活中只有“个数”属于数字量。A/D 转换器 (Analog-to-Digital Converter,ADC)是模拟 - 数字转换器;而 D/A 转换器(Digital-to-Analog Converter,DAC)则相反。

要用数字系统处理模拟量,就需将模拟量转换为数字量。另一方面,实际中往往需要用被数字系统处理过的量去控制连续动作的执行机构,如电机转速的连续调节等等,所以又需将数字量转换为模拟量。图 7.1.1 是一个数字控制系

统框图。图中被控制对象可以是温度、压力、速度、位移、图像的亮度等。这些连续变化的模拟量通过各种传感器变成电压、电流或频率等电量,经 A/D 转换变成数字信号,送到数字系统进行加工处理,处理后的数字信息再经 D/A 转换变成电的模拟量,送到执行机构,对被控对象进行控制。

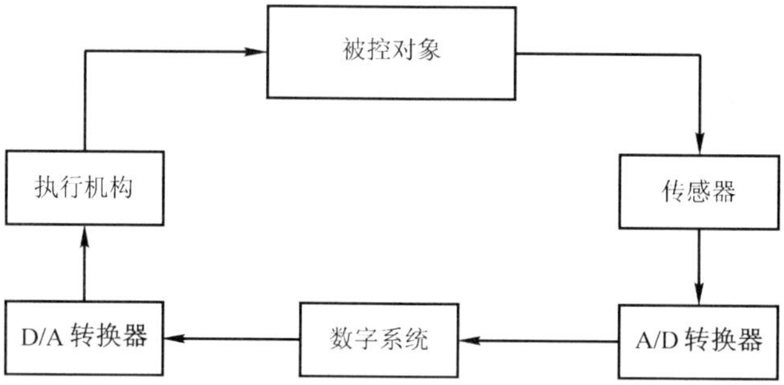

图 7.1.1　数字控制系统框图

再如正在流行的 MP3 播放器,就是通过 D/A 转换将数字信号还原成优美动听的音乐模拟信号,而那些数字信号是由原声模拟信号经过 A/D 转换得到的。

二、D/A 转换的基本原理

要将模拟量 A 转换为数字量 D,需要一个模拟参考量 R ,使得

$$A = DR \tag{7.1.1}$$

若

$$\max\{A\} = R$$

则

$$0 \leqslant D \leqslant 1$$

即数字量 D 是一个不大于 1 的 n 进制数。这里的 D 是二进制数

$$D = a_1 2^{-1} + a_2 2^{-2} + \cdots + a_n 2^{-n}, \quad a_i \in (0,1) \tag{7.1.2}$$

实际中通常用一个参考电压 U_{REF} 作模拟参考量。图 7.1.2 将 D/A 转换器比作数字式电位器,其中 U_{REF} 是电位器的输入电压,A 是输出电压,而 D 则是电位器的分压系数,电位器滑动的位置由 D 决定。

图 7.1.3 是 D/A 转换器的转换特性,输入是离散的二进制数字,输出是模拟量(如电压)。注意,A 虽是模拟量,但并不能取任意值,而只能根据输入量 D 得到某些特定值。

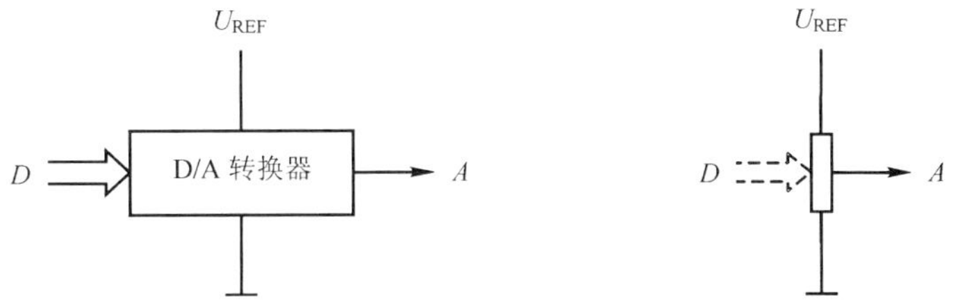

（a）D/A 转换器　　（b）数字式电位器

图 7.1.2　D/A 转换器示意图

将式(7.1.2)代入式(7.1.1)并稍作变换

$$A = DR = \frac{R}{2^n}(a_1 2^{n-1} + a_2 2^{n-2} + \cdots + a_n 2^0)$$

再变换系数

$$A = DR = \frac{R}{2^n}(D_{n-1} 2^{n-1} + D_{n-2} 2^{n-2} + \cdots + D_0 2^0) \qquad (7.1.3)$$

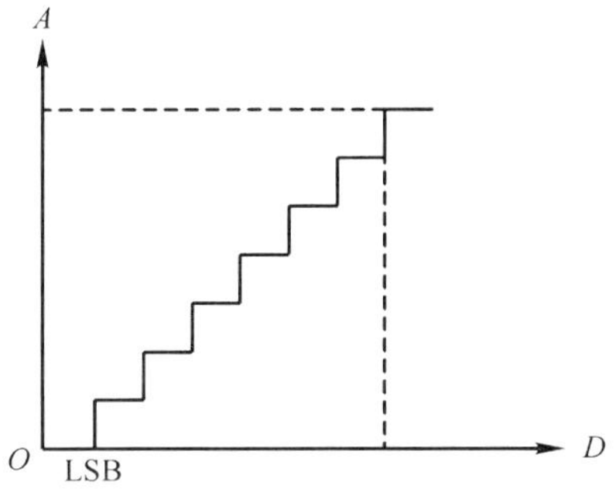

图 7.1.3　D/A 转换特性

式(7.1.3)是一个二进制整数乘以一个基本单位$\frac{R}{2^n}$,这个基本单位称为量化单位,A为量化单位的整数倍。由图 7.1.3 可以看出,量化单位就是输入数字 D 的一个最低有效位(Least Significant Bit,LSB)所对应的模拟量。

三、D/A 转换器的主要技术参数

(1) 分辨力与分辨率：分辨力是指 D/A 转换器输出模拟量最小值的能力。由式(7.1.3)可知,分辨力为$\frac{R}{2^n}$,也就是最低有效位 LSB 所对应的模拟量,记作 R_{LSB}。

分辨率通常指 D/A 转换器输入数字的二进制位数。显然,位数越多,D/A 转换器所能输出的最小模拟量值也越小,因而分辨力与分辨率是统一的。有时对二者不加区分,泛指 D/A 转换器的位数。为方便起见,也用其他进制数(主要是十进制)表示分辨率,如 3 位十进制数等。

(2) 满量程：满量程即 D/A 转换器可输出模拟量的最大值。当式(7.1.3)

中 D 的所有位均为 1 时，A 取得最大值

$$A_{max} = R_{LSB}(2^n - 1) \tag{7.1.4}$$

一般情况下，D/A 转换器中的模拟量输出都以电压形式出现，参考量也多为电压，因而式(7.1.4)变为

$$u_{max} = U_{LSB}(2^n - 1) \tag{7.1.5}$$

通常用 $U_{LSB}2^n$ 即分辨力的 2^n 倍指代满量程，称为标称满量程。如 8 位二进制 D/A 转换器，满量程为 $(2^8 - 1)U_{LSB}$，即(**1111 1111**)U_{LSB}，通常用 2^8U_{LSB} 即(**1 0000 0000**)U_{LSB} 指代满量程。又如 3 位十进制 D/A 转换器，满量程为 999，通常用 1 000 指代满量程。

(3) 非线性误差：D/A 转换的理想特性是任何两个相邻数码所对应的输出模拟量之差都相同，这个差值就是一个 LSB，即理想转换特性应该是线性的。而在满量程范围内偏离理想转换特性的最大值称为非线性误差。一般要求非线性误差不大于 $\frac{1}{2}$ LSB。

(4) 转换精度：通常以满量程相对误差来说明 D/A 转换器的转换精度

$$\gamma = \frac{|(\Delta u)_{max}|}{2^n U_{LSB}} \tag{7.1.6}$$

式中 $(\Delta u)_{max}$ 为最大绝对误差。

产生误差的原因很多，如零点误差、增益误差、漂移误差、非线性误差、微分非线性误差等，在此不作详细讨论。一般情况下，可以根据分辨力来粗略估计其误差，实际误差大致上是分辨力的数倍。

(5) 建立时间：指从输入数字信号稳定到输出模拟信号稳定所需要的时间。建立时间决定了 D/A 转换器输出信号所能达到的最高重复频率。

(6) 温度系数：在规定范围内，温度变化 1 ℃时，增益、线性度、零点及偏移等参数的变化量分别称为增益温度系数、线性度温度系数、零点温度系数、偏移温度系数。温度系数直接影响着转换精度。一般 D/A 转换器的温度系数约在 $\pm 50 \times 10^{-6}$/℃ 范围内，高精度 D/A 转换器约在 $\pm 1.5 \times 10^{-6}$/℃ 范围内。

四、A/D 转换的基本原理

A/D 转换的过程与 D/A 转换刚好相反，实际上是一个将模拟信号变换为数字信号的编码过程。类同于 D/A 转换，若模拟参考量为 R，则输出数字量 D 和

输入模拟量 A 之间的关系为

$$D \approx \frac{A}{R} \tag{7.1.7}$$

图 7.1.4 形象地用天平测量质量说明了 A/D 转换的过程。图 7.1.4(b)左托盘中的物体 m_x 为模拟量 A,为使天平平衡,右托盘中放上适当的砝码组合。质量最小的砝码 m_{min} 为基准量 R,砝码组合质量的总和代表了数字 D。稍作分析可发现,数字 D 永远不能精确地表示被测物体质量 m_x,而只能以一个最小砝码 m_{min} 的精度去逼近。例如 m_x 的真值为 244.2 g,m_{min} = 1 g,则除了放上大砝码(即 2 个 100 g 和 4 个 10 g)以外,只能放 4 个最小砝码 m_{min},误差为 -0.2 g。再如 m_x 为 243.7 g,也只能放 4 个 m_{min},误差为 0.3 g。这个例子也解释了式(7.1.7)中的约等号。

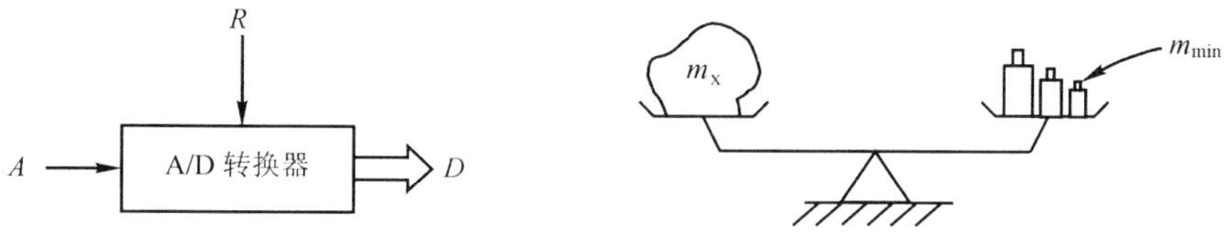

(a) A/D 转换器　　(b) 质量天平仪

图 7.1.4　A/D 转换器与质量天平仪

m_{min} 称为量化单位。无论 m_{min} 多小,总不能是无穷小,由 m_{min} 不能是无穷小而带来的误差称为量化误差。必须指出,量化误差是不能消除的。但这并不意味着由于采用了 A/D 转换器而使整个系统处理数据的精度降低,而恰恰相反,A/D 转换得出的数字量可以提供较模拟量更多的有效数字,使得数据处理的总体精度大为提高,这也是数字系统的优势之一。

图 7.1.5 表示了 A/D 转换关系曲线,图中 D 的最低有效位 LSB 即为量化误差。

在转换过程中,一般要求输入信号不能发生变化,不然会增加转换误差。需要反复比较的转换方式更是如此。通常的解决方法是在 A/D 转换电路前设计取样 - 保持(S/H)电路,使输入 A/D 转换器的信号在一次转换时间内保持不变。但在工作频率较低、转换速率相对较快的情况下,取样 - 保持电路可以省去。

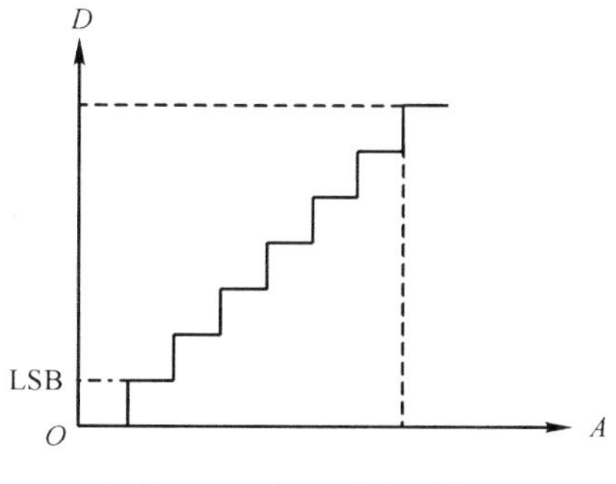

图 7.1.5　A/D 转换特性

五、A/D 转换器的主要技术参数

(1) 分辨力与分辨率：分辨力是 A/D 转换器分辨最小模拟量的能力，是二进制数的一个码距，即一个 LSB。

分辨率通常指 A/D 转换器的二进制位数。同 D/A 转换器一样，分辨力与分辨率有时不加区分。二进制位数越多，A/D 转换器分辨最小模拟量的能力也就越强。为方便起见，也用其他进制数（主要是十进制数）表示分辨率，如 4 位十进制数等。有时十进制数的最高位不能到 9，常用分数表示，分子表示可达到的最大值，分母表示标称值。如某 A/D 转换器最大可表示为19 999，称为 $4\frac{1}{2}$ 位。又如最大可表示为 3 999，称为 $3\frac{3}{4}$ 位。

(2) 量化误差：量化误差通常是指 1 个 LSB 的输出变化所对应模拟量的范围。如前所述，这是一个不可消除的误差。容易看出，图 7.1.6(a) 中的量化误差即为 1LSB。若将折线左移半个台阶宽度，如图 7.1.6(b) 所示，则可将量化误差减小为 $\pm\frac{1}{2}$LSB，这是应用了“四舍五入”的原理。

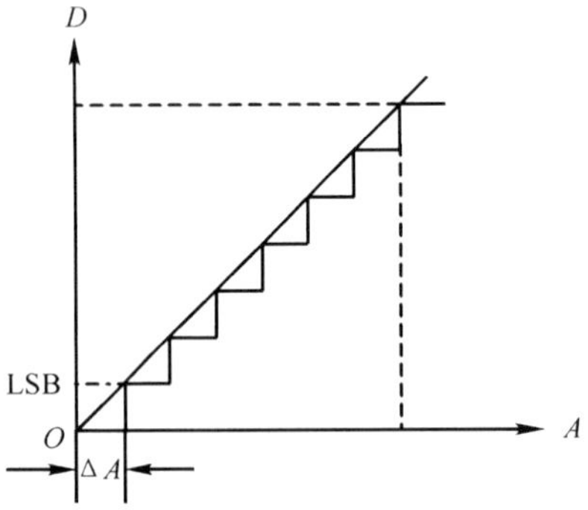

(a) 量化误差为 1LSB

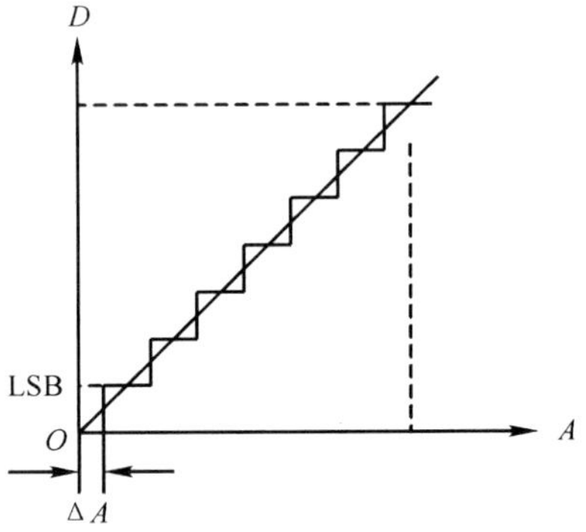

(b) 量化误差为 ±0.5 LSB

图 7.1.6　两种转换特性

(3) 转换精度：A/D 转换器的转换精度不仅仅取决于量化误差，而是由多种因素决定的。A/D 转换器的转换精度一般表示为

$$\gamma \pm n\text{LSB}$$

其中，γ 为满量程相对误差，nLSB 是量化带来的误差。如某 A/D 转换器的精度为 ±0.5% ±1LSB。±1LSB 称为一个字误差，通常即为量化误差。为方便起见，有时也用十进制数表示精度，如 ±0.1% ±0.002 mV。

(4) 线性:指图 7.1.6(a)中阶梯形状的线性,即图中直线的线性。

(5) 转换时间:完成一次转换所用的时间。

(6) 转换速率:每秒转换的次数。值得注意的是,转换速率与转换时间不一定是倒数关系。如图 7.1.7 所示,两次转换过程允许有部分时间的重叠,因而转换速率大于转换时间的倒数,这叫做管线(Pipelining)工作方式。这种工作方式对于提高 A/D 转换器的转换速率是非常有效的。

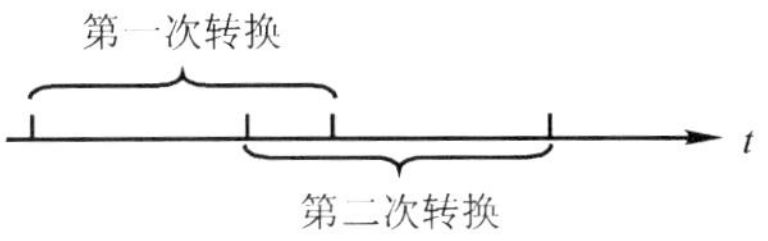

图 7.1.7　Pipelining 工作方式

第二节　D/A 转换器

一、权电阻型 D/A 转换器

图 7.2.1 是利用权电阻解码网络构成的 D/A 转换器。图中包括四个主要部分:n 个单刀双掷模拟开关,n 个权电阻 $R/2^{n-1}$、$R/2^{n-2}$、…、R 组成的解码网络,参考电压 U_{REF}(或称基准电压),求和运算放大器。每一个模拟开关对应一只权电阻,模拟开关的倒向由相应的二进制代码控制:二进制代码为 **1** 时,权电阻接运放;二进制代码为 **0** 时,权电阻接地。权电阻的取值与每一位二进制码代表的权值相对应,权值越小电阻越大,流过该电阻的电流越小。

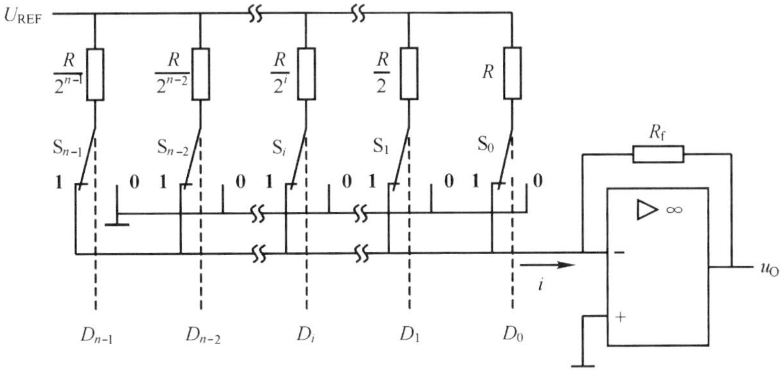

图 7.2.1　权电阻型 D/A 转换器

由图 7.2.1 可以求得输入到运放电路的总电流为

$$i = \sum_{i=0}^{n-1} D_i \frac{U_{REF}}{\frac{R}{2^i}} = \frac{U_{REF}}{R}\sum_{i=0}^{n-1} D_i 2^i, \qquad D_i \in (0,1)$$

运放输出电压为

$$u_O = -iR_f = -\frac{R_f U_{REF}}{R}\sum_{i=0}^{n-1} D_i 2^i, \qquad D_i \in (0,1)$$

由上式可知,权电阻型 D/A 转换器的输出电压与输入二进制数字成正比。

例 7.2.1　图 7.2.1 所示的电路中,设 $n=4$,$U_{REF}=-10$ V,$R=100$ kΩ,$R_f=8$ kΩ,输入二进制数码 $S_3S_2S_1S_0$ 为 **1011**。试问运算放大器输出电压是多少?

解:　$$u_O = -\frac{R_f U_{REF}}{R}\sum_{i=0}^{3} D_i 2^i = \frac{8\times 10}{100}(2^3+2^1+1)\ \text{V} = 8.8\ \text{V}$$

值得注意的是这种 D/A 转换器中的解码网络所用的阻值范围很大,特别是当分辨率较高时,电阻值的范围会大得难以实现。例如一个 12 位 D/A 转换器,最高位的权电阻值为 10 kΩ,最低位的权电阻值为 $2^{12-1}R=20.48$ MΩ。如此高的阻值,权电流很小,而电路中噪声电流的大小可能与它相差不多,从而产生较大的误差。

二、$R-2R$ 网络型 D/A 转换器

图 7.2.2 是 n 位 $R-2R$ 网络型 D/A 转换器的电路原理图,由参考电压 U_{REF}、电阻网络、n 个模拟开关以及求和运算放大器组成。图中的电阻网络由若干个相同的 $R-2R$ 网络块组成,每块对应一个输入位,块与块之间串接成 $R-2R$ 网络。

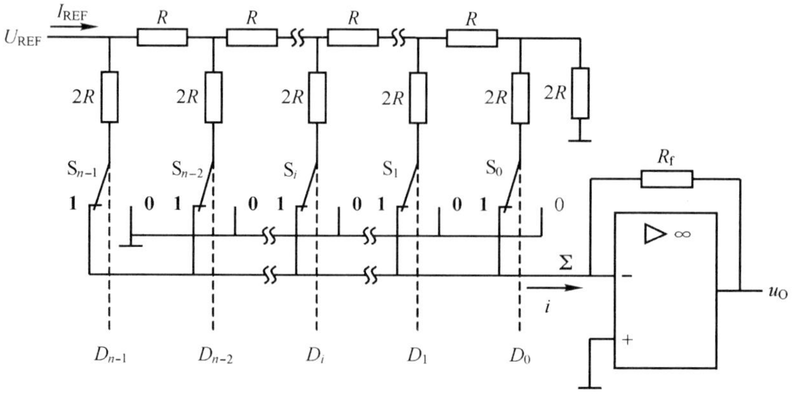

图 7.2.2　$R-2R$ 网络型 D/A 转换器

考虑到运算放大器∑点的"虚地"特性，无论输入数字量 D_i 为何值，即无论 2R 电阻接 **1**，还是接 **0**，对于 $R-2R$ 电阻网络来说，各 2R 电阻的下端都相当于接地，所以从每个电阻 R 向右看过去对地电阻都为 2R。因此在网络中的电流分配应该由基准电源 U_{REF} 流出的总电流 I_{REF} 每向右流过一个电阻 2R 就被分流一半，这样流过 n 个 2R 电阻的电流分别是 $I_{REF}/2$、$I_{REF}/4$、…、$I_{REF}/2^n$。第 i 个电流是流入地，还是流向运放电路，由输入数字量 D_i 所控制的电子开关 S 决定。流向运放电路的总电流为

$$i = \frac{I_{REF}}{2^n}\sum_{i=0}^{n-1} D_i 2^i, \qquad D_i \in (0,1) \tag{7.2.1}$$

又因为从基准电源 U_{REF} 向右看的对地电阻为 R，所以从基准电源流出的电流 I_{REF} 为

$$I_{REF} = \frac{U_{REF}}{R}$$

代入式(7.2.1)，得

$$i = \frac{U_{REF}}{2^n R}\sum_{i=0}^{n-1} D_i 2^i, \qquad D_i \in (0,1) \tag{7.2.2}$$

运放输出电压为

$$u_O = -iR_f = -\frac{U_{REF}R_f}{2^n R}\sum_{i=0}^{n-1} D_i 2^i, \qquad D_i \in (0,1)$$

与权电阻网络相比，$R-2R$ 电阻网络中只有 R、2R 两种阻值，从而克服了权电阻网络阻值多、阻值差别大的缺点。

三、集成 D/A 转换器及其应用

(一) DAC0832

DAC0832 是采用电压输入、电流输出的 $R-2R$ 网络型的 8 位 D/A 转换器，如图 7.2.3 所示。与图 7.2.2 比较，不同之处是电子开关 S_i 置于零的位置时，S_i 不是接地而是接 I_{OUT2}。如果引脚 I_{OUT2} 接地，图 7.2.3 就是 $R-2R$ 网络，与图 7.2.2 完全相同。

图 7.2.4 给出了 DAC0832 的功能框图。整个电路由 8 位输入锁存器、8 位 D/A 锁存器和 8 位 $R-2R$ 电阻网络三个部分组成。DAC0832 内部没有提供运算放大器，设计电路时需要外接，但反馈电阻 R_f 由芯片内部提供，不需要外接。

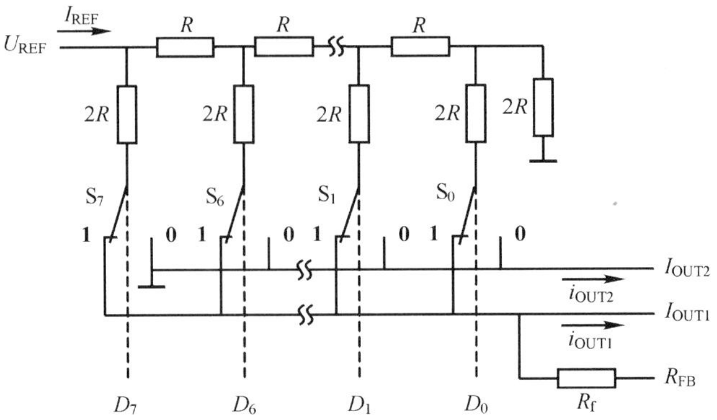

图 7.2.3　DAC0832 的 $R-2R$ 网络

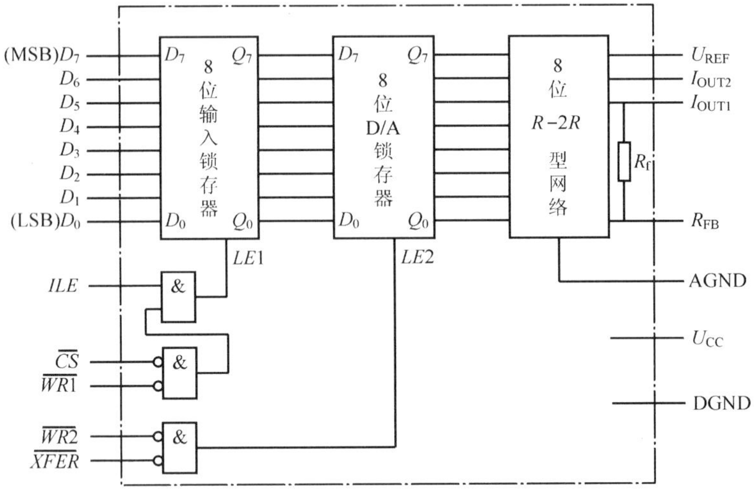

图 7.2.4　DAC0832 功能框图

DAC0832 采用 CMOS 和薄膜 Si-Cr 电阻相容工艺制造，温漂低。工作电平与 TTL 电平兼容，可与 8 位微处理器数据总线直接相连。

DAC0832 内部设置了两个数据锁存器，在片选信号 $\overline{CS}$、输入寄存器选通信号 ILE、写入信号 $\overline{WR_1}$、$\overline{WR_2}$ 以及数据传递信号 $\overline{XFER}$ 作用下工作在双缓冲工作方式、单缓冲工作方式和直通型工作方式。

当 ILE 为高电平，$\overline{CS}$ 和 $\overline{WR_1}$ 为低电平时，$LE1$ 信号使得 8 位输入数据锁存器有效，输入的数据存入输入锁存器。当需要 D/A 转换时，使 $\overline{WR_2}$ 和 $\overline{XFER}$ 为低电平，$LE2$ 信号使得 8 位 D/A 锁存器有效，将数据置入 D/A 锁存器中，并进行 D/A 转换，这是双缓冲工作方式。

在 DAC0832 中,使两个锁存器中的一个常处于开通状态,只控制一个锁存器的锁存或者使两个锁存器同时工作,这是单缓冲工作方式。

使两个锁存器完全处于开通状态,锁存器输出跟随数字输入变化而变化,称为直通工作方式。

图 7.2.4 中的 DGND 和 AGND 分别表示数字地和模拟地。为减少数字信号对模拟信号的干扰,各数字信号的地接到 DGND,模拟信号的地接到 AGND。

例 7.2.2　分析如图 7.2.5 所示电路,试回答下列问题。

(1) DAC0832 属于哪种工作方式?

(2) 解释此电路功能。

解:(1) 图 7.2.5 所示电路中的 *ILE* 接高电平、其余控制端 $\overline{CS}$、$\overline{WR_1}$、$\overline{WR_2}$、$\overline{XFER}$均接低电平,使两个锁存器处于常开通状态,输入的数据直接经过锁存器、D/A 转换器进行数/模转换,输出跟随数字输入变化而变化,所以电路处于直通工作方式。

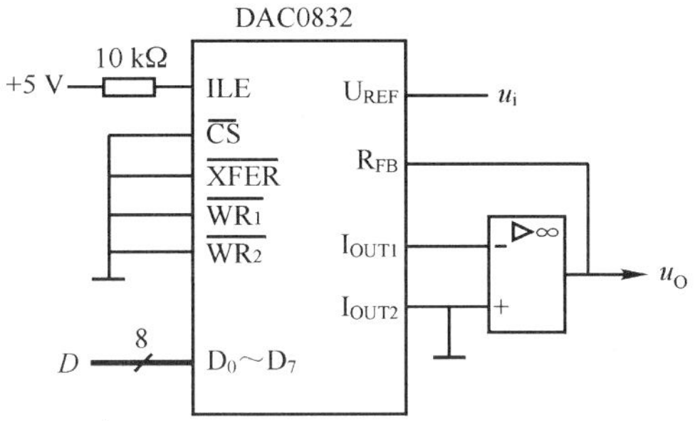

图 7.2.5　例 7.2.2 图

(2) 当参考电压 U_{REF}为正时,电流由 U_{REF}经支路电阻流入 I_{OUT1}或 I_{OUT2};当参考电压 U_{REF}为负时,则电流由 I_{OUT1}或 I_{OUT2}经支路电阻流入 U_{REF},从而在 I_{OUT2}接地情况下,输出电压

$$u_O = i_{OUT1} R_f = \frac{-U_{REF}}{2^8} \sum_{i=0}^{7} D_i 2^i$$

当参考电压 U_{REF}为正时,u_O 为负;当参考电压 U_{REF}为负时,u_O 为正。参考电压 U_{REF}既然可负可正,那么 U_{REF}端可以加一个交流电压 u_i(工作于四象限),从而

$$u_O = \frac{-u_i}{2^8} \sum_{i=0}^{7} D_i \times 2^i$$

简写为

$$u_O = Ku_iD \tag{7.2.3}$$

这里,K 是系数,D 是与输入数字量。式(7.2.3)表明,u_O 正比于 u_i 与 D 的乘积。因此,图 7.2.5 所示 DAC 电路称为乘法 DAC,简写为 MDAC。

如果将图 7.2.3 的反馈电阻输出端加上交流输入信号 u_i,I_{OUT2} 接地并接到运算放大器的同相输入端,I_{OUT1} 接到运算放大器的反相输入端,参考电压 U_{REF} 同时接到运算放大器的输出端,则把 $R-2R$ 型电阻网络构成了运算放大器的反馈元件,用 $R-2R$ 型电阻网络和运算放大器实现了模拟信号被数字 D 相除的除法器。即

$$u_O = Ku_i/D$$

这里,K 是系数,D 是与输入数字量。

(二) MAX515

MAX515 是 MAXIM 公司生产的 DAC 产品,其输入数字量是串行的 10 位二进制码。MAX515 的电路结构如图 7.2.6 所示。图中除了 10 位 $R-2R$ 网络型的 D/A 转换器、10 位 D/A 寄存器和控制逻辑外,还增加了 16 位移位寄存器和输出端缓冲器。16 位移位寄存器以串行方式输入数据,从而减少传输线的总数。

图 7.2.6 中的 $\overline{CS}$ 为转换控制信号,在 $\overline{CS}$ 为低电平时,串行输入数据 SDI 在串行时钟 $SCLK$ 的操作下被逐位送到移位寄存器,转换成并行数据输出,然后加

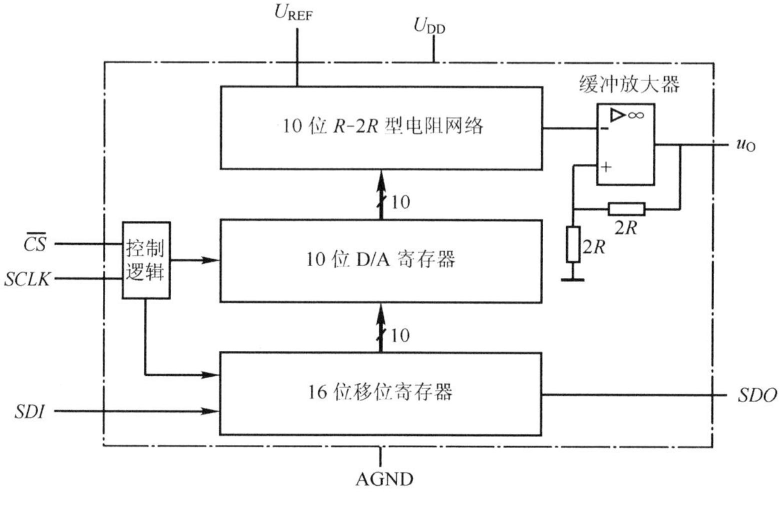

图 7.2.6　串行输入 DACMAX515 结构框图

到 10 位 D/A 寄存器。输入的数据全部进入移位寄存器后，$\overline{CS}$回到高电平，利用$\overline{CS}$的上升沿将移位寄存器输出的数据置入 D/A 寄存器中。D/A 寄存器的输出作为 10 位 $R-2R$ 网络型的 D/A 转换器数字量输入，于是在 D/A 转换器的输出端得到了所转换的模拟电压。

值得注意的是移位寄存器一次串行送的数据是 16 位，首先送入的 4 位是数据前的填充位，最后送入的两位是结束位，两位都是 0，中间的 10 位是数据位。因此，在$\overline{CS}$每次的有效低电平持续时间应当加给移位脉冲寄存器 16 个串行时钟脉冲。

第三节 A/D 转换器

一、比较器

由前述 A/D 转换器工作原理可以看出，A/D 转换的过程就是用模拟量 A 与参考量 R 比较的过程，因此，电压比较器就成了 A/D 转换器中的重要部件。

典型的电压比较器就是一个开环的运算放大器，如图 7.3.1 所示。

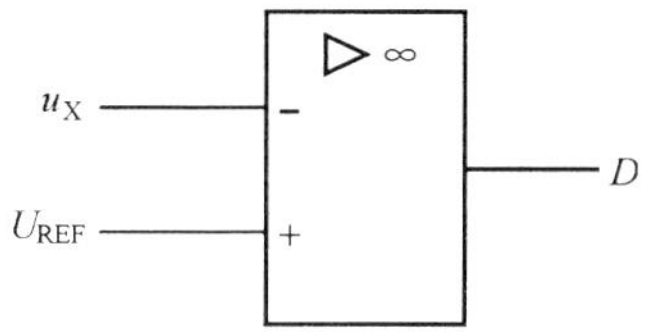

图 7.3.1 电压比较器

比较器的输出为

$$D=\begin{cases}\mathbf{1} & u_X<U_{REF}\\ \mathbf{0} & u_X>U_{REF}\end{cases}$$

由于实践中使用的 A/D 转换器均为集成电路，所以设计高性能的比较器就成为设计高性能 A/D 转换器的关键。

二、取样 - 保持电路

在 A/D 转换过程中，可能需要用到取样 - 保持电路，使输入 A/D 转换器的信号在一次转换时间内保持不变。

把一个连续变化的模拟信号变换成离散的数字信号，并不需要、也不可能取出模拟信号在作用时间内的所有数值。根据取样定理，每经过一定时间间隔 T_S 取出信号的一个值，只要 $T_S\leqslant\frac{1}{2f_m}$（$f_m$ 为信号频带中的最高频率），这些取样值就可以无损失地表达原模拟信号。

所谓取样就是将一个时间上连续变化的模拟量转换为时间上离散的模拟量。图 7.3.2 表示出了模拟信号与取样信号的波形关系。

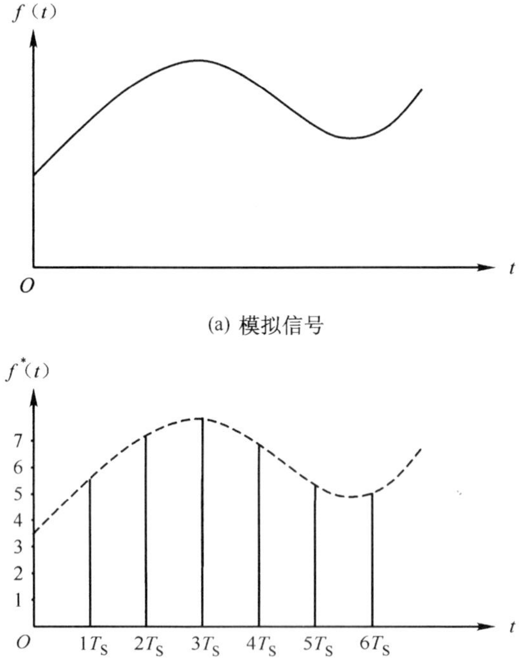

(a) 模拟信号

(b) 取样信号

图 7.3.2　模拟信号取样过程

由于对模拟量进行量化的过程需要一定的时间,所以为保证转换精度,在转换(即量化)时间内应使取样点的函数值保持不变。这种暂时保持由瞬时取样得到的模拟信号的电路,就是取样－保持电路。

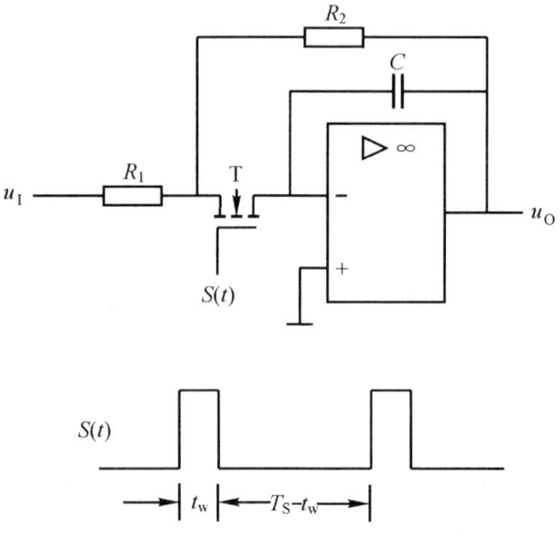

图 7.3.3　取样－保持电路

图 7.3.3 是一种常用的取样 - 保持电路。场效应管 T 为取样开关，在取样脉冲 $S(t)$ 持续时间 t_w 内，T 导通。输入信号 u_I 经开关 T 对电容 C 进行充电。只要充电时间常数远小于取样信号 $S(t)$ 的持续时间 t_w，则输出信号 u_O 就能跟踪输入信号 u_I 的变化。电容 C 上的充电电压 u_C 终值为 $i_1R_2=\frac{R_2}{R_1}u_I$。当取样脉冲结束，即在 T_S-t_w 时间内，场效应管 T 关断，因而电容器上电压 u_C 无泄放回路，保持不变，则 $u_O=-u_C$ 也保持不变。

图 7.3.4 是另一种取样 - 保持电路。图中两个放大器均为同相输入的运算放大器。A_1 为输入模拟信号提供了高输入阻抗。A_2 用以隔离电容 C 并提供输出电流。开关 S 受逻辑状态控制，电容 C 用以保持输入模拟量。当开关 S 闭合时，即取样时间，输入信号对电容 C 进行充电，由于充电时间常数很小，充电很快。开关 S 断开为保持时间，由于运算放大器 A_2 输入阻抗很高，理想情况下，电容将保持充电最终值。但实际上由于电容 C 的漏电以及运放输入阻抗不是无穷大，电容 C 上的电压会有所下降。

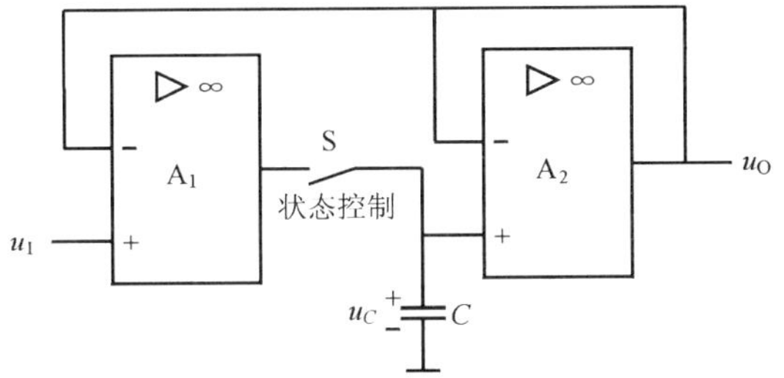

图 7.3.4　双运放取样 - 保持电路

三、并行比较型 A/D 转换器

这是一种最容易想到，也最易于理解的 A/D 转换方案，如图 7.3.5 所示。为便于理解，图 7.3.6 给出了 3 位并行比较型 A/D 转换器的具体电路。

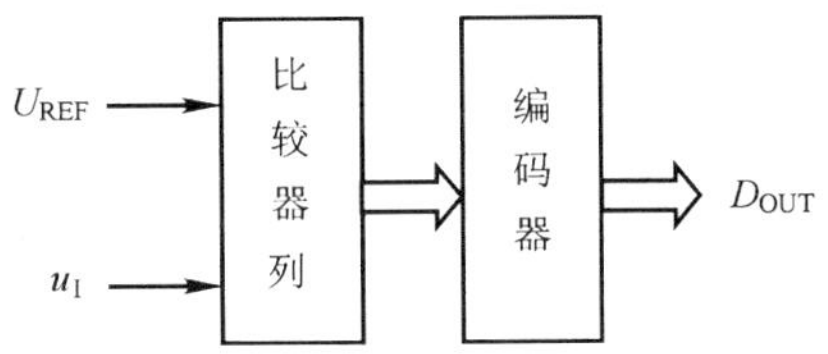

图 7.3.5　并行比较型 A/D 转换器

假定被转换的模拟输入电压 u_I 在 $0\sim U_{REF}$ 范围内变化。量化采用有舍有入方式，利用电阻分压把标准电压 U_{REF} 分成 8 段（量化阶梯），其中 6 段间隔为 $\frac{1}{7}U_{REF}$，另外两段间隔（最初和最末）为 $\frac{1}{14}U_{REF}$。因此，输入模拟电压从 0

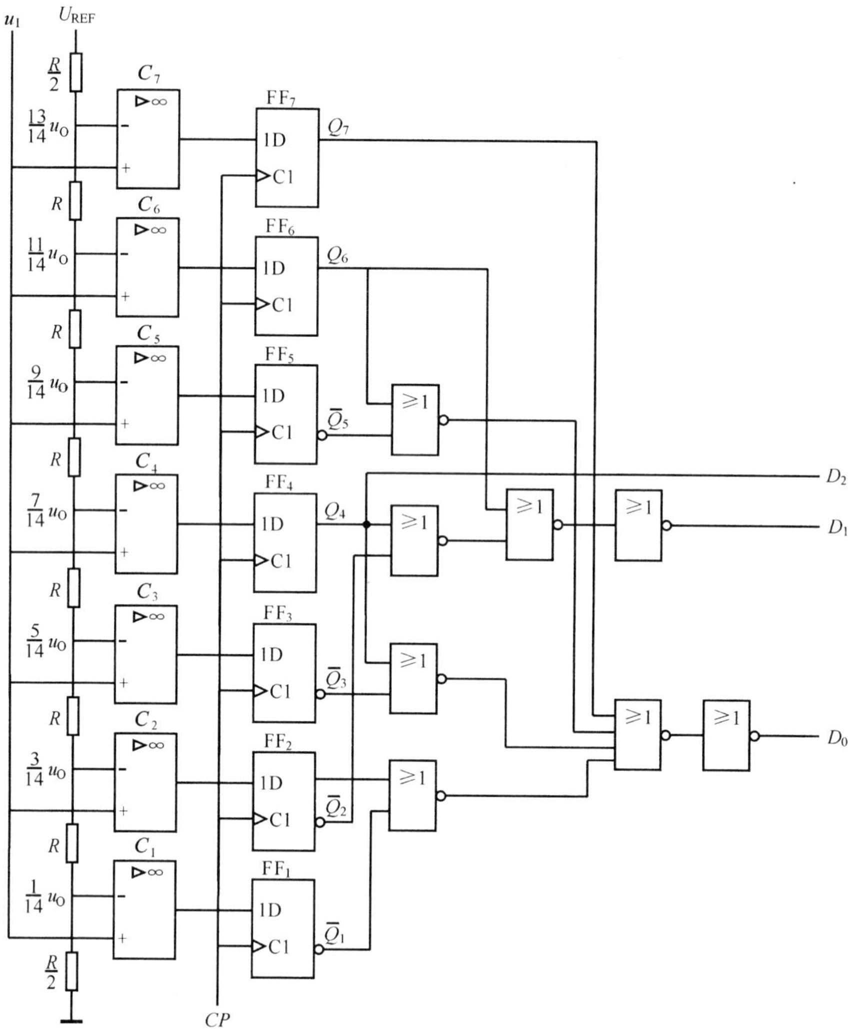

图 7.3.6　3 位并行比较型 A/D 转换器

到 U_{REF} 整个范围内，它的最大量化误差都是一样的，即永远不会超过 $\frac{1}{14}U_{REF}$，如图 7.3.7 所示。

所有比较器的同相输入端接在一起，与模拟输入信号相连。比较器的另一个输入端接到由分压器提供的基准电压系列。当输入信号小于基准电压时，比较器输出逻辑 **0**；输入信号大于基准电压时，比较器输出逻辑 **1**。3 位 A/D 转换器需要 7 个比较器。若 A/D 转换器输出为 n 位二进制数，则需 2^n-1 个比较器。

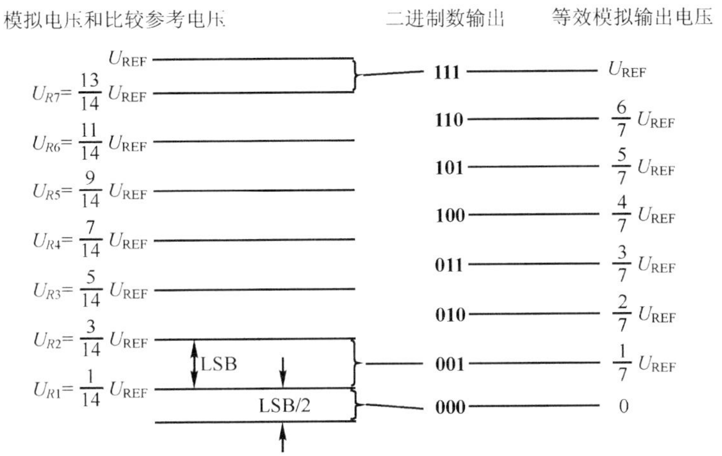

图 7.3.7　数字输出与模拟输入之间的对应关系

当输入模拟电压 u_I 小于$\frac{1}{14}U_{REF}$时，比较器 $C_1 \sim C_7$ 的输出均为逻辑 **0**。如果输入电压 u_I 在$\frac{1}{14}U_{REF} \sim \frac{3}{14}U_{REF}$范围内变化时，比较器的输出为 $C_1C_2C_3C_4C_5C_6C_7$ = **1000000**。其余依此类推，可得并行 A/D 转换器的转换表，如表 7.3.1 所示。

比较器的输出送到由 7 个 D 触发器组成的同步寄存器，寄存器的输出信号经由**或非**门构成的编码器（编码电路可由表 7.3.1 求得），得出相应的 3 位二进制数码输出。

表 7.3.1　A/D 转换器转换表

u_I	C_1	C_2	C_3	C_4	C_5	C_6	C_7	D_0	D_1	D_2
$0 < u_I < 1/14U_{REF}$	**0**	**0**	**0**	**0**	**0**	**0**	**0**	**0**	**0**	**0**
$1/14U_{REF} < u_I \leqslant 3/14U_{REF}$	**1**	**0**	**0**	**0**	**0**	**0**	**0**	**0**	**0**	**1**
$3/14U_{REF} < u_I \leqslant 5/14U_{REF}$	**1**	**1**	**0**	**0**	**0**	**0**	**0**	**0**	**1**	**0**
$5/14U_{REF} < u_I \leqslant 7/14U_{REF}$	**1**	**1**	**1**	**0**	**0**	**0**	**0**	**0**	**1**	**1**
$7/14U_{REF} < u_I \leqslant 9/14U_{REF}$	**1**	**1**	**1**	**1**	**0**	**0**	**0**	**1**	**0**	**0**
$9/14U_{REF} < u_I \leqslant 11/14U_{REF}$	**1**	**1**	**1**	**1**	**1**	**0**	**0**	**1**	**0**	**1**
$11/14U_{REF} < u_I \leqslant 13/14U_{REF}$	**1**	**1**	**1**	**1**	**1**	**1**	**0**	**1**	**1**	**0**
$13/14U_{REF} < u_I \leqslant U_{REF}$	**1**	**1**	**1**	**1**	**1**	**1**	**1**	**1**	**1**	**1**

由于各个比较器的工作过程几乎是同时的，所以并行比较型 A/D 转换器的转换速率在所有 A/D 转换方案中是最高的。由于转换时间短，这种 A/D 转换器通常不需要在输入端引入取样 - 保持电路。图 7.3.6 电路中采用了寄存器，可以在时钟脉冲的控制下，保存比较器输出的信号，并且保持一个时钟周期，以便译码器得到正确的输出。

并行比较型 A/D 转换器的结构特点是需要使用大量的比较器（2^n-1 个）。若 $n=12$，就需比较器 $2^{12}-1=4\ 095$ 个，这种比较器数量按指数规律的增长给集成电路的设计与制造增加了相当的困难。

四、串行比较型 A/D 转换器

串行比较型 A/D 转换方案是让模拟信号依时间顺序通过一连串的比较器，后面比较器的输入信号反映了前面比较器的剩余。图 7.3.8 为 4 位串行比较型 A/D 转换器的电路原理图。

模拟电压 u_I 首先和参考电压 U_{REF} 在比较器 C_3 中进行比较，其结果一方面作为最高位输出，一方面由 D/A 转换器还原为模拟电压，与输入电压 u_I 一同输入由运放组成的差分放大器，从 u_I 中扣除此电压并放大 1 倍，送入比较器 C_2，与 U_{REF} 比较后得到次高位结果，并转换为模拟电压，……，直至得到最低位。

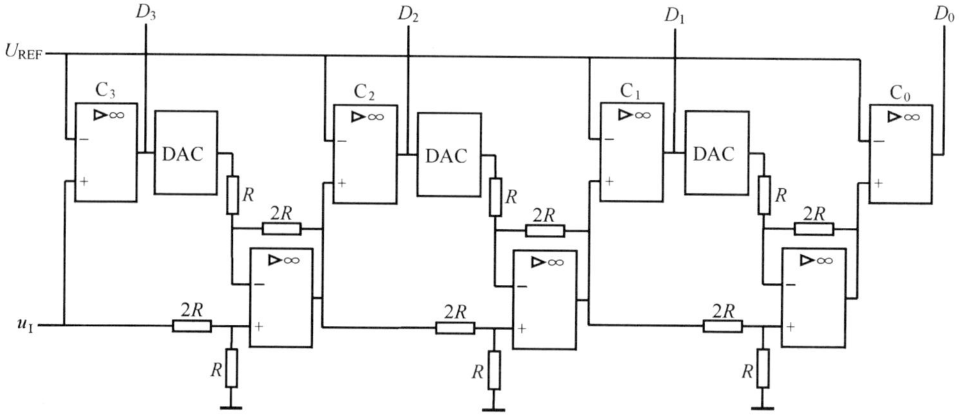

图 7.3.8　串行比较型 A/D 转换器

由于后一位的比较需要使用前一位的结果，所以这种方案的转换速率不可能很高。但相同分辨率的 A/D 转换器，串行比较法较并行比较法少用了大量的比较器，如 10 位二进制 A/D 转换器，串行比较法只需 12 个比较器和 11 个运算放大器，而并行比较法则需 4 095 个比较器。

将两种方法结合起来，就有了下面的方案——并 - 串比较型 A/D 转换器。

五、并-串比较型 A/D 转换器

取并行比较型速度快与串行比较型结构简单之优点，构成了折中方案——并-串比较型 A/D 转换器。图 7.3.9 给出了并-串比较型 A/D 转换器的电路原理框图。

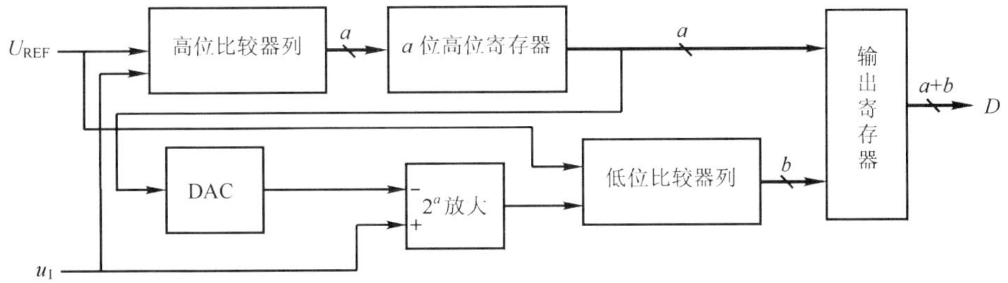

图 7.3.9 并-串比较型 A/D 转换器

首先在高位比较器列上实现高 a 位 A/D 转换，转换结果一方面作为高位输出，另一方面加到 a 位 D/A 转换器上将已转换的高位数字还原为模拟电压，再与输入模拟电压作减运算，并将其差值放大至 2^a 倍，放大器的输出由低位比较器列转换出低 b 位数字，并与高位数字一同输出。

减法放大器的增益为 2^a，是为了适应参考电压 U_{REF}的数值。

参照并行 A/D 转换器的分析，高 a 位转换需要 2^a-1 个比较器，低 b 位转换需要 2^b-1 个比较器。如 $a=b=6$，共需比较器 $2\times2^6-2=126$ 个，约为并行比较型（需比较器 4 095 个）的 3%，而速度仅降低为一半。

六、逐次比较型 A/D 转换器

观察图 7.3.8，可以发现每一位的各个环节都是一样的。如果将 D_3 的结果作为最高位保存下来，将其转换为模拟电压，与 u_X 相减并放大 1 倍，再重新加到下一级，结果就得到次高位；如此往复，就构成了逐次比较型 A/D 转换器。由于每次比较都以低一位的精度逼近输入模拟电压值，所以逐次比较型 A/D 转换器又称为逐位逼近型 A/D 转换器。

逐次比较型 A/D 转换器的工作原理也可用天平测量质量来比照。设被测物的质量在量程内，根据优选法，先取最大砝码（相当于标称满量程的一半），看天平如何倾斜，以决定该砝码的去留；然后再依次取$\frac{1}{4}$量程、$\frac{1}{8}$量程、……的砝码，最终可以以最小砝码逼近被测质量。类似地，在逐次比较型 A/D 转换器中，电路首先由逐次比较寄存器给出最大电压砝码，例如 $n=4$ 时，先给出 **1000**，由

D/A 转换器转换为模拟电压，与 u_X 进行比较。若 u_X 较大，则再加上数字码 **100**，即给 D/A 转换器加上 **1100**；若 u_X 较小，则去掉 **1000**，换上 **0100**；如此循环，最终逼近 u_X。

图 7.3.10 是一个 3 位逐次比较型 A/D 转换器。在这个电路中，用 5 个等间隔时间完成一个转换周期。其中 3 个用来确定 3 位数字信号，第 4 个输出数字信号，第 5 个清零准备下一个转换周期。

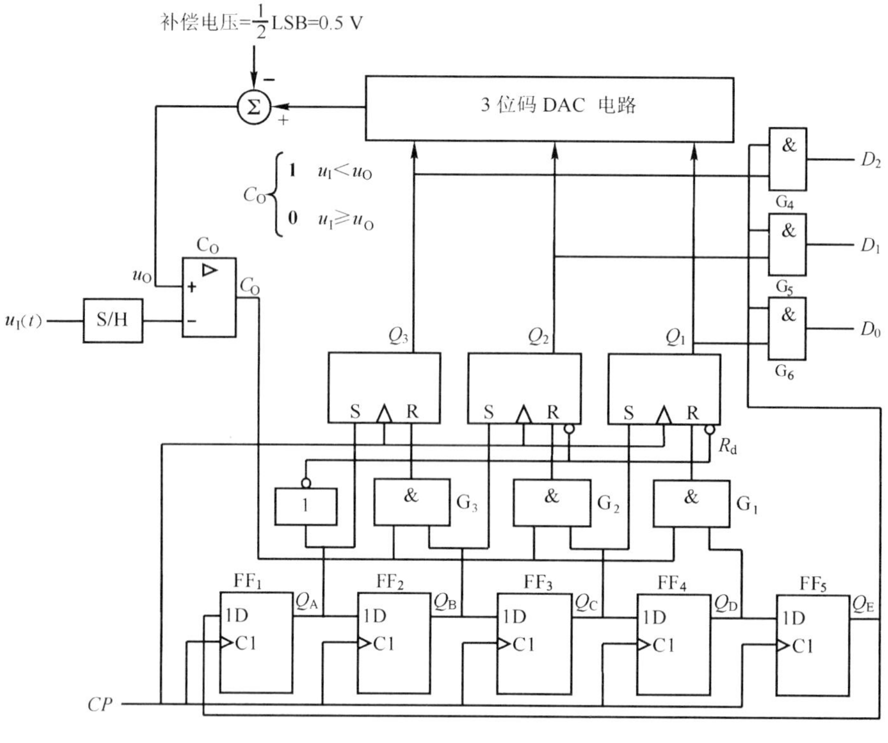

图 7.3.10 逐次比较型 A/D 转换器电路

图 7.3.10 中由 5 个 D 触发器 $FF_1 \sim FF_5$ 连成模数为 5 的环型计数器。将计数器中第 1 位先置 **1** 后，则此 **1** 按 $FF_1 \to FF_2 \to FF_3 \to FF_4 \to FF_5$ 在时钟 CP 的控制下循环输出 **1**。3 个主从 RS 触发器用来寄存数字码。触发器 1 用来寄存二进制数的最低位(LSB)码，触发器 3 用来寄存二进制数的最高位(MSB)码。

转换周期是从 $Q_A = \mathbf{1}$，Q_B、Q_C、Q_D、Q_E 均等于 **0** 的情况下开始的。因 $Q_A = \mathbf{1}$，经非门输出 **0** 信号加至主从 RS 触发器 1 和 2 的置 **0** 端 R_d，所以，当触发器 3 置 **1** 时，触发器 2 和 1 必然置 **0**。即 $Q_3 = \mathbf{1}$，$Q_2 = Q_1 = \mathbf{0}$。电路中还有一个 3 位的 DAC 电路，如果它的输入为 **100**，在它的输出即可得到相应的模拟电压 u_O。比较器 C_O 的取值为：如果 $u_I \geq u_O$，$C_O = 0$；如果 $u_I < u_O$，$C_O = \mathbf{1}$。在下一个时钟 CP

时间内 $Q_B=1$，计数器输出为 **01000**。当 $Q_B=1$ 时，给与门 G_3 的开通创造了条件。如果 $C_O=1$，*RS* 触发器 3 置 **0**。如果 $C_O=0$，则 *RS* 触发器 3 仍保持置 **1** 状态。所以在第二个 *CP* 期间内，MSB 仍保留为 **1** 还是变为逻辑 **0** 取决于 u_I 与 u_O 的比较结果。接下去两个时钟 *CP* 重复上面的过程，得到后面的 2 位码。当 $Q_E=1$ 时，打开输出门 G_4、G_5、G_6，读出经逐次比较后的二进制数码。

显然，在把模拟量输入转换成数字量输出期间，输入模拟量应该保持不变，所以图 7.3.10 中输入端设有取样－保持电路。同时取样应与转换同步工作。$Q_E=1$ 时读出数字量同时进行取样。从 $Q_A=1$ 到 $Q_D=1$ 期间内保持取样信号不变。所以利用 Q_E 去控制 S/H 电路开关，实现同步。

当转换器工作时，触发器不断地转换，DAC 的开关不断接通与断开，比较器输出电平 C_O 从一个电平转移到另一个电平。所有这些都将产生时间延迟，这些参数对转换精度有一定影响。而转换精度主要取决于 DAC 的精度。

在图 7.3.10 电路中，采用有舍有入量化方法，在 DAC 输出端加入一个固定相反的电压，使量化误差减小。例如在这个 3 位 DAC 中，转换范围是从 **000** 到 **111**，假设它代表的电压范围从 0～7 V，LSB 码代表 1 V，所以需要补加电压 -0.5 V，这样一来，在数字输入为 **000** 时，模拟输出电压 $u_O=(0-0.5)\ \text{V}=-0.5\ \text{V}$，如图 7.3.11 所示。在整个测量范围内最大量化误差不会超过 0.5 V，最大模拟输入电压可达到 7.5 V。

以模拟输入电压 $u_I=4.9\ \text{V}$ 为例，观察 A/D 转换的过程：

首先置 $Q_A=1$，则 *RS* 触发器输出 $Q_3Q_2Q_1=\mathbf{100}$，所以 $u_O=(4-0.5)\ \text{V}=$

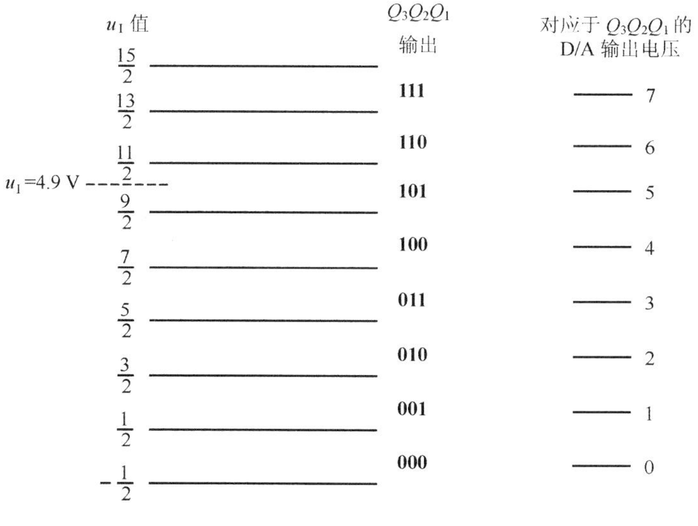

图 7.3.11　减小量化误差的方法

-3.5 V。因为 $u_I > u_O$，所以 $C_O = \mathbf{0}$。在第二个时钟脉冲到来时，$Q_B = \mathbf{1}$、RS 触发器 $Q_3 = \mathbf{1}$、$Q_2 = \mathbf{1}$，此时 $Q_3Q_2Q_1 = \mathbf{110}$，所以 $u_O = (6 - 0.5)$ V $= 5.5$ V。因为 $u_I < u_O$，所以 $C_O = \mathbf{1}$。在第三个时钟脉冲到来时，$Q_C = \mathbf{1}$、RS 触发器 $Q_3 = \mathbf{1}$、$Q_2 = \mathbf{0}$，$Q_1 = \mathbf{1}$，这时 $Q_3Q_2Q_1 = \mathbf{101}$，所以 $u_O = (5 - 0.5)$ V $= 4.5$ V。因为 $u_I > u_O$，所以 $C_O = \mathbf{0}$。在第四个时钟脉冲到来时，$Q_D = \mathbf{1}$、RS 触发器 $Q_3 = \mathbf{1}$、$Q_2 = \mathbf{0}$，$Q_1 = \mathbf{1}$，这时 $Q_3Q_2Q_1 = \mathbf{101}$ 未变。在第五个时钟脉冲到来时，$Q_E = \mathbf{1}$、打开输出门 G_4、G_5、G_6，把结果读出。即模拟输入电压为 4.9 V 时，转换为 3 位二进制码 **101**。

逐次比较型 A/D 转换器转换速度适中，精度较高，成本较低，得到了广泛的应用。

七、双积分型 A/D 转换器

前面几种 A/D 转换的方法都属于直接转换法，即直接将电压转换为数字。还可以把电压转换成其他物理量，进而转换为数字量。双积分型 A/D 转换器就是先把电压转换成中间量——时间，再将时间转换为数字量，这种转换方法属于间接转换。双积分型 A/D 转换器是间接转换 A/D 转换器中应用最为普遍的电路。

图 7.3.12(a)为一 n 位双积分型 A/D 转换器，主要由 A_1 构成的积分器、A_2 构成的检零比较器和二进制计数器三部分组成。

双积分型 A/D 转换器在工作开始一定时间内，积分器 A_1 以输入电压 u_I 为被积函数进行积分，然后以与输入电压 u_I 极性相反的参考电压为被积函数进行积分，并对积分输出电压进行过零比较。显然，第二次积分时间应与输入模拟电压 u_I 成比例。图中开关 S_1、S_2 被二进制计数器最高位 Q_n 的输出所驱动。加入清零脉冲，计数器输出为零。$Q_n = 0$ 经驱动器使开关 S_1 断开，开关 S_2 接通。负极性电压 u_I 加到积分器 A_1 的输入端进行积分，这时 A_1 的输出电压 u_{O1} 为

$$u_{O1} = -\frac{1}{R_1C}\int u_I \mathrm{d}t \quad (t_0 \leqslant t \leqslant t_1, u_I < 0) \tag{7.3.1}$$

电容器 C 被充电，此时 A_1 的输出电压 u_{O1} 为正。所以比较器 A_2 的输出 u_{O2} 为低电平，如图 7.3.13 所示，经过反相器变为高电平，打开**与非门**。从 $t = t_0$ 开始时钟脉冲 CP 输入，二进制计数器开始计数。计数器经过已知的规定时间 $T_1 = t_1 - t_0$。这时 $Q_n = \mathbf{1}$ 状态，Q_{n-1}、Q_{n-2}、…、Q_1、Q_0 均为零状态。此时积分器 A_1 的输出电压 Δu_{O1} 为

$$\begin{aligned}\Delta u_{O1} &= -\frac{1}{R_1C}\int_{t_0}^{t_1} u_I \mathrm{d}t \\ &= -\frac{1}{R_1C}\int_0^{T_1} u_I \mathrm{d}t = \frac{|u_I|}{R_1C}T_1\end{aligned} \tag{7.3.2}$$

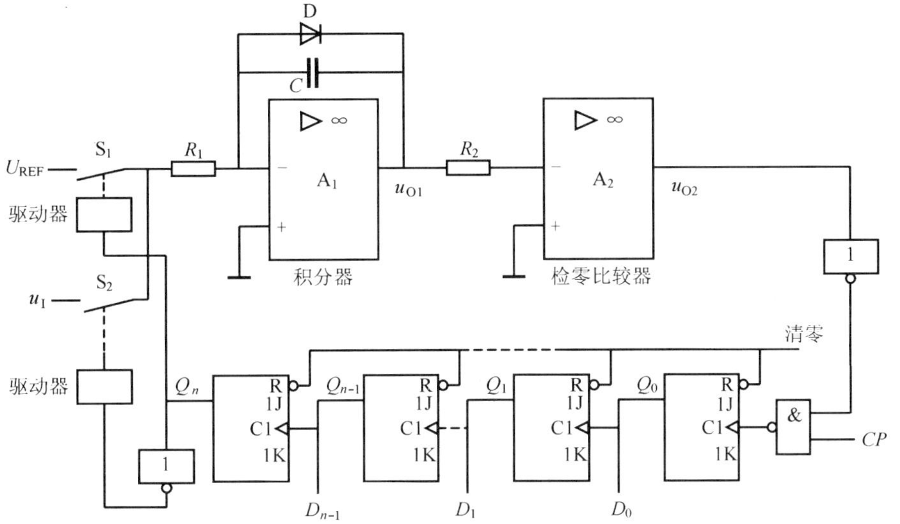

(a) 电路原理图

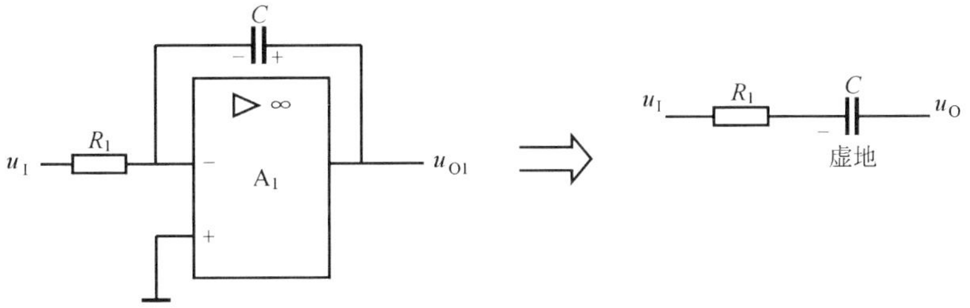

(b) 积分器

图 7.3.12　双积分型 A/D 转换器

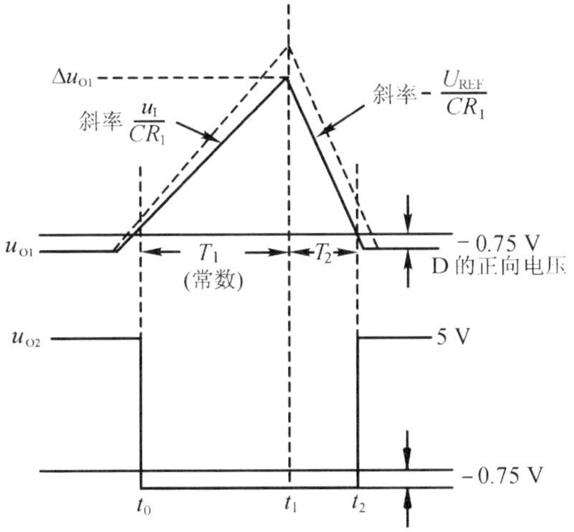

图 7.3.13　u_{O1} 和 u_{O2} 波形

式中 $T_1=t_1-t_0, t_0=0, u_1<0$。

在 $Q_n=\mathbf{1}$ 的同时，开关 S_1 接通、开关 S_2 断开，正极性基准电压 U_{REF} 接入积分器 A_1，电容器 C 开始放电。这时 A_1 的输出电压 u_{O1} 由图 7.3.12(b)可知

$$u_{O1}=\Delta u_{O1}-\frac{1}{R_1 C}\int_{t_1}^{t_2} u_1 \mathrm{d}t \quad (t_1<t<t_2) \tag{7.3.3}$$

放电开始后，经过时间 $T_2(t=t_2)$ 后，u_{O1} 比 0 V 稍小的瞬间，A_2 的输出 u_{O2} 即由低电平反转成高电平 +5 V。这个 5 V 电压对应于数字信号的 **1** 状态，经过反相器而变成 **0** 状态，将**与非**门封闭，于是停止计数。此时计数器输出的数字量即反映了输入电压 u_1 的大小。$t=t_2$ 时，A_1 的输出电压 u_{O1} 应为 **0**，根据式(7.3.3)，可得下列关系式

$$u_{O1}=\Delta u_{O1}-\frac{1}{R_1 C}\int_{t_1}^{t_2} U_{REF}\mathrm{d}t=\Delta u_{O1}-\frac{1}{R_1 C}\int_{0}^{T_2} U_{REF}\mathrm{d}t$$

$$=\Delta u_{O1}-\frac{U_{REF}}{R_1 C}T_2=0$$

所以

$$\Delta u_{O1}=\frac{U_{REF}}{R_1 C}T_2 \tag{7.3.4}$$

将式(7.3.2)代入式(7.3.4)，消去 Δu_{O1}，即

$$\frac{|u_1|}{R_1 C}T_1=\frac{U_{REF}}{R_1 C}T_2$$

所以

$$T_2=\frac{|u_1|}{U_{REF}}T_1 \tag{7.3.5}$$

实际测量的是时间 T_2，因为 U_{REF} 和 T_1 都为已知常数。由式(7.3.5)可知，时间 T_2 是与输入电压 u_1 成正比例的。

如果 $T_1=2^n T_C$。n 为计数器级数，T_C 为 CP 的重复周期。T_2 时间内计数器输入时钟脉冲个数为 η，那么 T_2 可表示成

$$T_2=\eta T_C=\frac{|u_1|}{U_{REF}}2^n T_C$$

$$\eta=\frac{|u_1|}{U_{REF}}2^n$$

只要满足 $u_1<U_{REF}$，A/D 转换器即可以正常工作。因为 $\eta<2^n$，所计之数直接与 u_1 成正比，并且此值可以直接从计数器读出。如果 $U_{REF}=2^n$，因为现在 $\eta=u_1$，计数器记录的数值就等于输入的模拟电压。

与积分器并联的二极管 D 在 A_1 输出电压 u_{O1} 为正时，处于反偏而截止，所以它的存在与输出电压 u_{O1} 无关。然而当输出电压 u_{O1} 为负时，由于 D 获得正偏而导通，使 u_{O1} 维持在 $u_{O1} \approx -0.75$ V，如图 7.3.13 所示。在 u_{O1} 跨越 0 V 时，使下一级检零比较器能可靠的工作。

这种转换电路在一次转换中进行了两次积分，因此称为双积分型 A/D 转换器。又因每次积分的波形都是“斜坡”，故又称为双斜式电路。

由于采用了以输入信号为被积函数进行积分的方式，积分电路响应的是输入信号的平均值，所以它具有较强的抗脉冲干扰的能力。另外，在两次积分内，只要 *RC* 元件参数不发生瞬时改变，转换结果就与 *RC* 值无关，因此它对元件的稳定性要求不高。但也正是由于积分，转换时间相对就要长些，而且第二次积分时间还不能固定，故此方法只能用于低速场合。目前，通用数字式仪表如万用表等中的 A/D 转换器大多采用这种类型的集成芯片。

八、集成 A/D 转换器及其应用

集成 A/D 转换器产品种类很多，转换原理各不相同。这里仅以 ADC0809 集成芯片为例加以介绍。

ADC0809 是 8 位 CMOS 逐次比较型 A/D 转换器，具有 8 个输入通道，可直接选通 8 路模拟量进行转换。输出设有三态 TTL 锁存缓冲器，便于和各种微处理器接口。

ADC0809 内部结构如图 7.3.14 所示，主要组成部分有 8 路模拟开关、地址译码、256 个电阻组成的电阻网络和开关树、8 位逐次比较寄存器、8 位三态输出

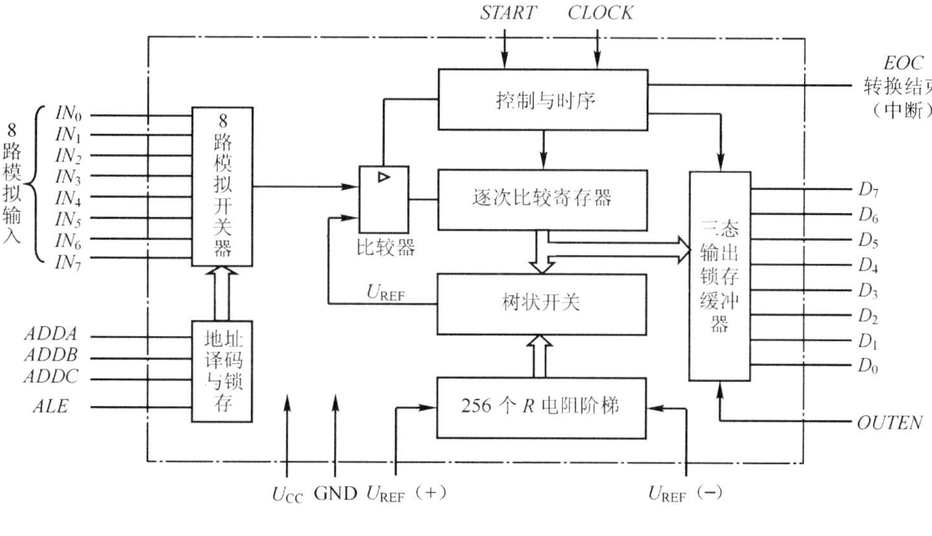

图 7.3.14　ADC0809 内部结构框图

锁存缓冲器、比较器和时序控制电路。

8 路模拟输入信号选择哪一路进行转换,要靠多路选择器来完成。多路选择器包括 8 个标准的 CMOS 模拟开关和 3 位地址锁存器。*ADDC* ~ *ADDA*3 位地址选择有 8 种状态,因此可以选中 8 个通道之一。其关系如表 7.3.2 所示。

表 7.3.2　地址码对应的模拟通道

模拟通道	地址		
	ADDC	*ADDB*	*ADDA*
IN_0	**0**	**0**	**0**
IN_1	**0**	**0**	**1**
IN_2	**0**	**1**	**0**
IN_3	**0**	**1**	**1**
IN_4	**1**	**0**	**0**
IN_5	**1**	**0**	**1**
IN_6	**1**	**1**	**0**
IN_7	**1**	**1**	**1**

256 个电阻和 512 个模拟开关组成 DAC 电路。模拟开关受 8 位逐次比较寄存器的输出状态控制。8 位逐次比较寄存器共可记录 $2^8=256$ 种不用状态。因而开关树输出 U_{REF}也有 256 个参考电压,将 U_{REF}送入比较器与输入模拟电压 u_I 进行比较。比较结果再送入 8 位逐次比较寄存器,逐次比较寄存器的状态再控制开关树,如此不断进行比较,直到转换完最低位为止。

如将 *START*(转换开始)与 *ALE*(地址锁存允许)相连,则在通道地址选定的同时也开始 A/D 转换。若将 *START* 与 *EOC*(转换结束)相连,则上一次转换结束就又开始下一次转换。当不需要高精度的基准电压时,两个参考电压输入端 $U_{REF}(+)$与 $U_{REF}(-)$可分别连接到系统电源中。

根据 A/D 转换器在系统中的作用以及与系统中其他电路的关系,可依据转换速率、精度和功能来选用合适的 A/D 转换器,不但可以减少电路连接中的辅助环节,还可以避免出现一些不易发现的逻辑与时序错误。例如采用逐次比较型电路,当转换速度较低时,需选择输入端具有取样 - 保持电路的产品,以保证一次转换中的各次比较所针对的都是同一电压值。

小结

A/D 转换器和 D/A 转换器是数字系统与各种模拟信号源和被控对象之间的桥梁,在它们之间起着沟通的作用。

常用的 D/A 转换器主要有权电阻型和 $R-2R$ 网络型两种电路。由于 $R-2R$ 网络型电阻取值较少，易于集成，便于提高精度，因此多为集成 D/A 转换器所采用。

常用的 A/D 转换器主要有双积分型、逐次比较型和并行比较型三种。三种电路在精度、转换速率及其他参数等方面各具特色，因而应用都比较广泛。双积分型精度高，抗干扰能力强，对元件稳定性要求较低，但转换速率低；逐次比较型转换精度较高，成本较低，速度适中；并行比较型转换速率高，但集成度相对不高，且易受干扰。另外，A/D 转换器的新产品也时有出现，如用于高精度音频信号处理的 Σ-Δ 型 A/D 转换器等。新产品的原理往往超出电子技术基础课程的内容，故本书从略。

由于 D/A 转换器和 A/D 转换器在电子系统、特别是数字系统中的应用越来越广泛，加之技术与工艺的进步，新产品不断涌现。因此，要根据实际需要来选择转换精度、转换速率、功能类型和功耗等指标，不应片面追求某一项参数指标。

名词解释

模拟(Analog, A)量：连续变化的物理量。模拟量是可以连续取值的。

A/D 转换 (Analog-to-Digital Conversion, ADC)：模拟－数字转换，即将模拟信号转换为数字信号。

A/D 转换器和 D/A 转换器(Analog-to-Digital Converter, ADC; Digital-to-Analog Converter, DAC)：能完成 A/D 转换和 D/A 转换的电路。

转换时间(Conversion Period)：A/D 转换器完成一次转换所用的时间。相邻两次转换可存在重叠，即前一次转换完成之前，后一次转换已经开始，即管线(pipelining)工作方式。

转换速率(Conversion Rate)：A/D 转换器每秒转换的次数。转换速率与转换时间不一定是倒数关系。在 pipelining 工作方式中，转换速率大于转换时间的倒数。

数字(Digital, D)量：也叫离散量。有规律但不连续的变化量，数字量不能连续取值。

D/A 转换(Digital-to-Analog Conversion, DAC)：数字－模拟转换。即与 A/D 转换相反之过程。

分辨力(Distinguish Ability)：通常指 A/D 转换与 D/A 转换的位数。位数越多，A/D 转换器分辨最小模拟量的能力和 D/A 转换器输出最小模拟量的能力就越强。

最低有效位(Least Significant Bit, LSB)：A/D 转换与 D/A 转换过程中可以分辨的最小量值。

参考量(Reference)：也叫基准量。在 A/D 转换与 D/A 转换过程中需要一个比较的基准,这个基准通常是一个数值稳定的直流参考电压(Voltage Reference)。

电阻网络(Resistor Network):由数字量开关控制的一组电阻。D/A 转换过程中通常将参考电压加到一个电阻网络上。根据数字输入的不同,在电阻网络的输出端得到不同的电流,该电流反映了输入数字的数值。

自我检测

题 7.1　在 D/A 转换中,量化单位是指输入数字的________所对应的模拟量。

题 7.2　双积分式 A/D 转换器对 RC 元件的稳定性要求______。

题 7.3　由于______,所以数字系统的精度较高。

(A) 可以提供较多位数的有效数字;　(B) 没有误差;

(C) 信号是离散的;　(D) 可以使用 A/D 转换器。

题 7.4　如果要将一个最大幅值为 5.1 V 的模拟信号转换为数字信号,要求模拟信号每变化 20 mV 能使数字信号最低位(LSB)发生变化,那么应选用____位的 A/D 转换器。

题 7.5　A/D 转换器和 D/A 转换器常在数字系统与各种模拟信号源和被控对象之间起着______的作用。

题 7.6　D/A 转换器的分辨率越高,分辨________的能力越强;A/D转换器的分辨率越高,分辨________的能力越强。

题 7.7　在 A/D 转换中,量化误差是指________,量化误差是______消除的。

题 7.8　A/D 转换的线性是指__________。

题 7.9　A/D 转换器的主要部件是________。

题 7.10　速度最快的 A/D 转换器是______电路。

(A) 并行比较型;　(B) 串行比较型;

(C) 并-串比较型;　(D) 逐次比较型。

题 7.11　双积分型 A/D 转换器的缺点是______。

(A) 转换速度较慢;　(B) 转换时间不固定;

(C) 对元件稳定性要求较高;　(D) 电路较复杂。

题 7.12　判断下列电器或系统是否含有 A/D 转换器或 D/A 转换器,并说明理由。

(A) MP3 音乐播放器(　　　);

(B) GSM 和 CDMA 移动电话手机(　　　);

(C) VCD 和 DVD(　　　);

(D) 数码相机(　　　);

(E) 数字电压表(　　　);

(F) PC 中的声卡(　　　)。

思考题

题 7.1　D/A 转换器的精度与线性的区别是什么?

题 7.2　取样保持电路有什么作用?不经过取样-保持,直接进行转换是否可以?为什么?

题 7.3　D/A 转换器输出的是模拟量,但既是连续变化的模拟量,为什么不能取得任意值? 如何理解"连续变化的量称为模拟量"这一说法?

题 7.4　实现 D/A 和 A/D 转换,都需要一个模拟参考量 R,使得

$$A = DR \text{ 和 } D \approx \frac{A}{R}$$

但为什么后一个关系式是近似等于?

题 7.5　什么是标称满量程? 标称满量程与分辨力是什么关系?

题 7.6　在 A/D 转换中,哪些误差不能消除? 既然存在不能消除的误差,数字系统的精度是否低于模拟系统?

题 7.7　在 A/D 转换中,什么叫做直接转换? 什么叫做间接转换?

题 7.8　为什么不能简单地将一个最低有效位作为 A/D 转换器和 D/A 转换器的转换误差? 转换误差与最低有效位是什么关系?

题 7.9　权电阻型和 $R-2R$ 网络型 D/A 转换器哪个精度高? 为什么?

题 7.10　A/D 转换器和 D/A 转换器中可能有几个"地"(参考点)? 考虑这个问题的出发点是什么?

题 7.11　并行比较型 A/D 转换器中的分压电阻是否相等,为什么?

题 7.12　逐次比较型 A/D 转换器工作时,为什么先取最高数字位? 根据是什么?

题 7.13　如何合理选用 A/D 转换器和 D/A 转换器的产品? 通常需要考虑的因素有哪些?

题 7.14　如果在 A/D 转换期间输入信号发生变化,可以在电路上采取什么措施?

习题

习题 7.1　一个 8 位 D/A 转换器的最小输出电压增量为 0.04 V,若输入数字为 **11001001**B,输出电压是多少?

习题 7.2　如习题 7.2 图所示 $R-2R$ 网络型 D/A 转换器,$U_{REF}=10$ V,$R=10$ kΩ,$R_f=10$ kΩ。试求当输入数字量为 0FDH 时 u_O 之值。

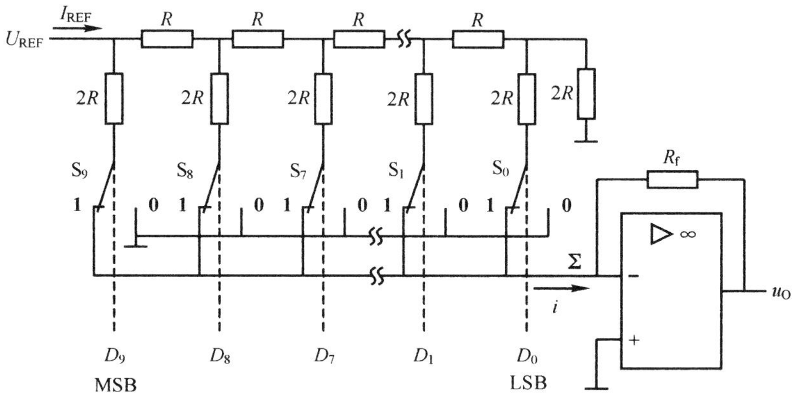

习题 7.2 图

习题 7.3　如习题 7.3 图所示 8 位二进制权电阻型 D/A 转换器，$U_{REF}=10\ V$，$R=10\ k\Omega$，$R_f=10\ k\Omega$。试求当输入数字量为 01H、80H 和 81H 时 i 的值。

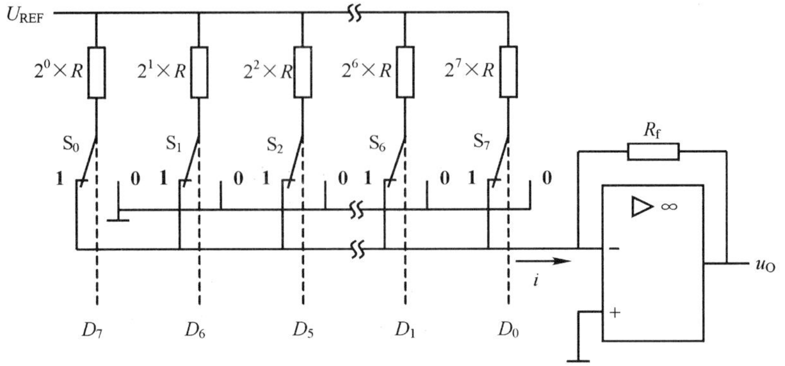

习题 7.3 图

习题 7.4　如习题 7.4 图是另一种 $R-2R$ 网络型 D/A 转换器，试分析其原理，与书中介绍的 $R-2R$ 网络型 D/A 转换器比较，找出其缺点。

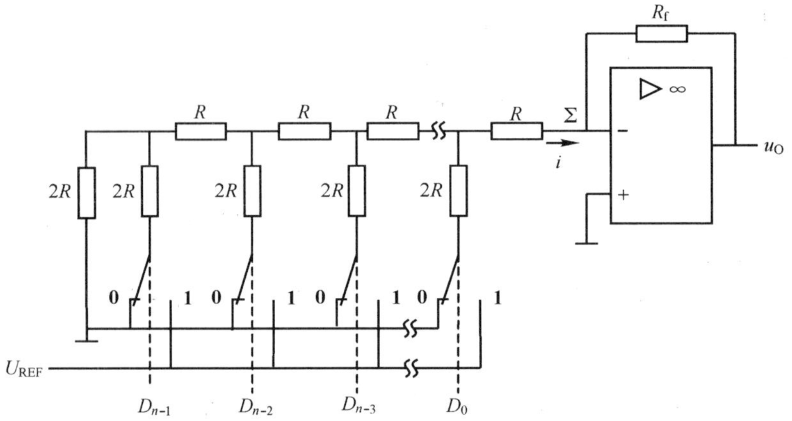

习题 7.4 图

习题 7.5　变形权电阻型 D/A 转换器如习题 7.5 图所示。输入数字量 $D=D_7D_6D_5D_4D_3D_2D_1D_0$ 的某一位 D_i 为 **1** 时，对应的开关接参考电压 U_{REF}。当 D_i 为 **0** 时，对应的开关接地。

(1) 若 $R_X=8R$，试证明电路为 8 位二进制 D/A 转换器；

(2) 若 $R_X=4.8R$，试说明它是一个什么数码的 D/A 转换器。

习题 7.6　一个 $R-2R$ 梯形网络 D/A 转换器如习题 7.6 图所示，其数字输入端连接到计数器的输出端，计数器的态序表如习题 7.6 表所示。假定初始状态 $Q_1Q_0=\mathbf{00}$，计数器输出的逻辑高电平为 8 V，逻辑低电平为 0 V。

(1) 计算计数器各状态时 D/A 转换器的输出电压值，填入表中；

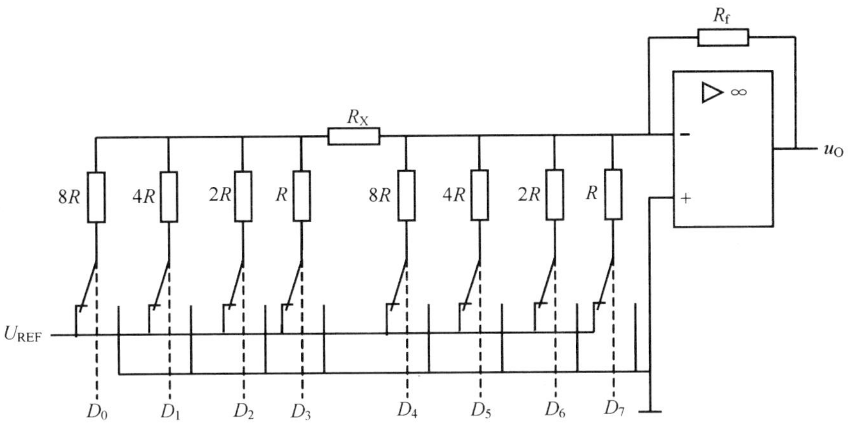

习题 7.5 图

（2）画出与 CP 对应的输出电压波形。

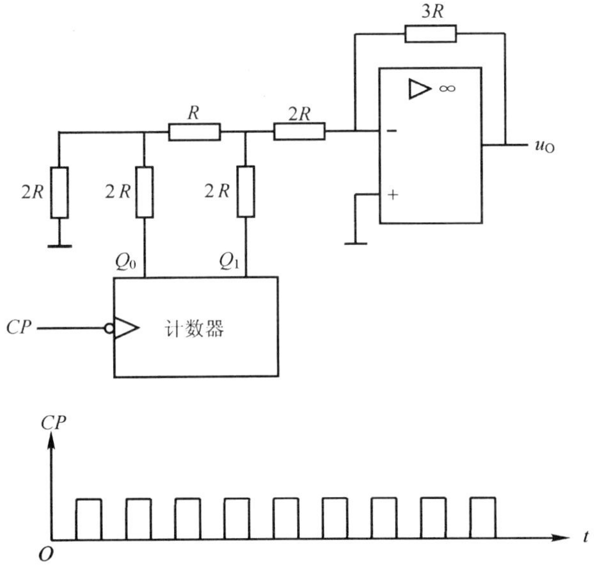

习题 7.6 图

习题 7.6 表　态　序　表

Q_1 Q_0	u_O/V
0　0	
0　1	
1　0	
1　1	
1　0	
0　1	
0　0	

习题 7.7　某位移闭环控制系统的反馈电压为 0 ~ 5 V，最小可分辨电压为 2.5 mV，位移控制范围为 0 ~ 200 mm，控制精度为 0.2 mm。现选用集成 A/D 转换器 AD574，试通过查阅资料，分析判定选择的参数是否合适。

习题 7.8　根据逐次比较型 A/D 转换器的工作原理，设计一 A/D 转换器，要求输出 4 位二进制数字，转换时间为 10 μs。

习题 7.9　一个由 3 位半十进制双积分型 A/D 转换器构成的数字电压表，标称满量程为 2.000 V，时钟频率 f_{CP} = 20 kHz，参考电压 U_{REF} = ±5 V，试求：

（1）此 A/D 转换器的转换速率；

（2）输入 1.2 V 模拟电压时的输出数字。

习题 7.10　双积分型 A/D 转换器如习题 7.10 图所示。

（1）若输入电压 $U_{\mathrm{Imax}}=2$ V，要求分辨力≤0.1 V，则二进制计数器计数总容量 N 应大于多少？

（2）计数器需要多少位？

（3）若时钟脉冲频率 $f_{CP}=200$ kHz，$|u_{\mathrm{I}}|=2\ \mathrm{V}<|U_{\mathrm{REF}}|$，积分器输出电压 $U_{\mathrm{Omax}}=5$ V，求积分时间常数 RC 之值。

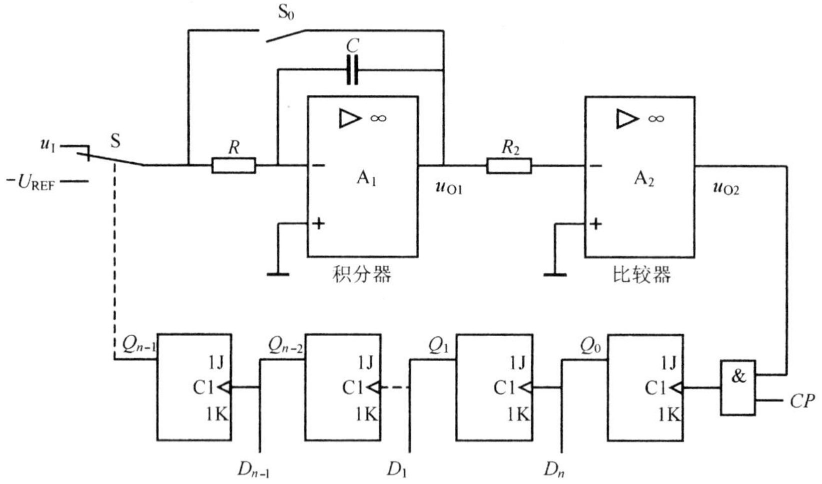

习题 7.10 图

第八章　脉冲产生与整形

在前面各章讨论的电路中，常常需要用到不同幅度、宽度以及具有陡峭边沿的脉冲信号，如触发器的时钟脉冲（CP）等等。事实上，现代数字电子系统都离不开脉冲信号。获取这些脉冲信号的方法通常有两种：可以直接产生，也可以利用已有信号变换得到。

与产生模拟信号要用模拟振荡器一样，产生脉冲信号要用脉冲振荡器。脉冲波形变换则包括脉冲宽度、幅度、相位及上升和下降时间等等的改变，通过变换，使这些特性符合一定要求。

本章将介绍常用的脉冲变换、整形和产生电路——单稳态触发器、施密特触发器、多谐振荡器和多用途的555定时器。重点是脉冲电路分析的关键问题和微分型单稳态触发器、晶体振荡器、555定时器的工作原理。要求掌握脉冲电路的基本分析方法、常用脉冲电路的工作原理、几种集成电路的应用和双稳态－单稳态－无稳态几种电路的内在联系。

第一节　波形变换电路

一、*RC* 积分与微分电路

适当选取 *RC* 电路的时间常数，利用电容极板间的储能变化，可实现信号的积分与微分。*RC* 积分电路如图8.1.1所示。电路应满足条件

$$\tau = RC \gg t_w$$

式中，t_w 为输入脉冲宽度。

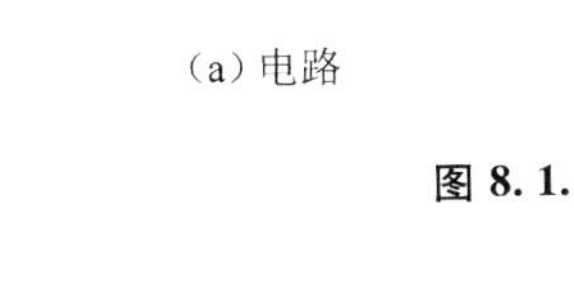

（a）电路

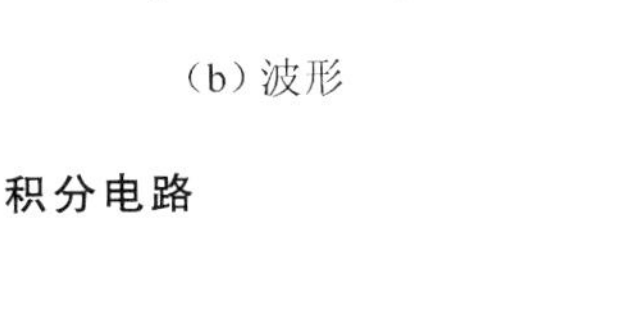

（b）波形

图8.1.1　*RC* 积分电路

RC 微分电路如图 8.1.2 所示。电路应满足条件

$$\tau = RC \ll t_w$$

利用 *RC* 电路的暂态过程,可使电路产生一个暂时的稳态。

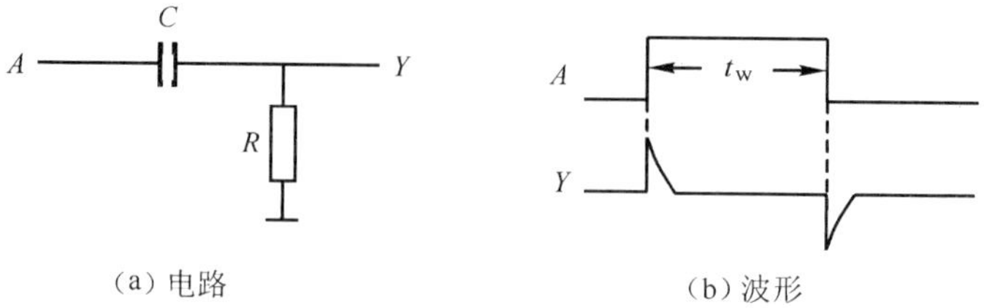

图 8.1.2　*RC* 微分电路

二、单稳态触发器的工作原理

观察图 8.1.3 所示的基本 *RS* 触发器,当 $R_D = S_D = \mathbf{1}$ 时,Q 可处于 **1** 或 **0** 的状态,它具有两个稳态,因而称为双稳态触发器。

将 $\overline{Q}$ 和**与**门 G_2 输入端的连线断开,代之以微分电路,并将**与**门 G_2 的两个输入端连在一起,这时**与**门 G_2 变为一个**非**门,如图 8.1.4 所示。只要接入的电阻保证门 G_2 输入为低电平,电路就会保持稳定状态,即 $Q = \mathbf{1}, \overline{Q} = \mathbf{0}$。这相当于图 8.1.3 中 $R_D = \mathbf{1}$、$S_D = \mathbf{0}$、$Q = \mathbf{1}$、$\overline{Q} = \mathbf{0}$ 的情况。由电路结构的这一变化,就形成了单稳态触发器。

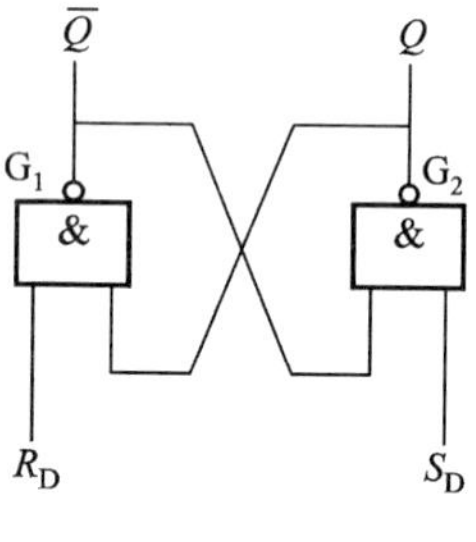

图 8.1.3　基本 *RS* 触发器

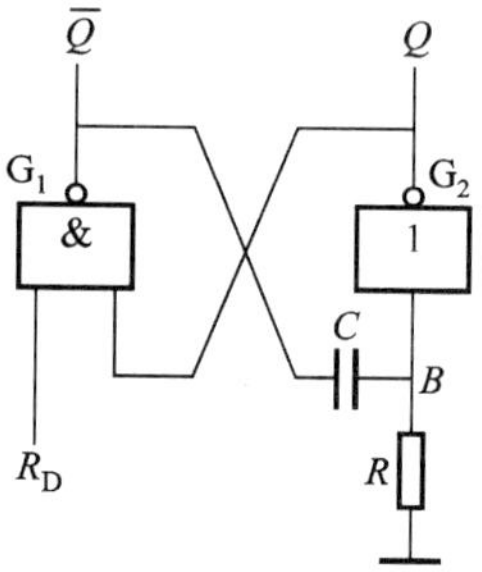

图 8.1.4　单稳态触发器

微分型单稳态触发器的工作波形示于图 8.1.5 中,A 为输入信号(即图 8.1.4 中的 R_D)。其工作过程如下:

(1) 稳态:无触发时,$A = \mathbf{1}$;因 $B = \mathbf{0}$,故 $Q = \mathbf{1}, \overline{Q} = \mathbf{0}$。

(2) 触发翻转:当 A 负跳变时,$\overline{Q}$ 由 **0** 变为 **1**,由于电容 C 两端电压不能突变,于是 B 点电压随 $\overline{Q}$ 上升,变为逻辑高电平,所以 Q 由 **1** 变为 **0**。

输入信号 A 负跳变引起电路状态发生的变化,称为触发。

(3) 返回稳态:触发后,A 很快回到高电平,由于 $Q=\mathbf{0}$,仍能维持 $\overline{Q}=\mathbf{1}$。但电容 C 以回路 $\overline{Q}\to C\to R\to$ 地充电,随着电容电压 u_C 的上升,B 点电压下降。当 B 点电压下降至阈值电压以下时,Q 即翻转回去,变为 $\mathbf{1}$,$\overline{Q}$ 也回到 $\mathbf{0}$。此后,B 点逐渐恢复到触发前的状态。整个工作过程如图 8.1.5 所示。图中箭头表示了电路变化的因果关系。电路触发翻转后形成的与稳态相反的状态,只维持了一段时间,所以称为"暂稳态"。

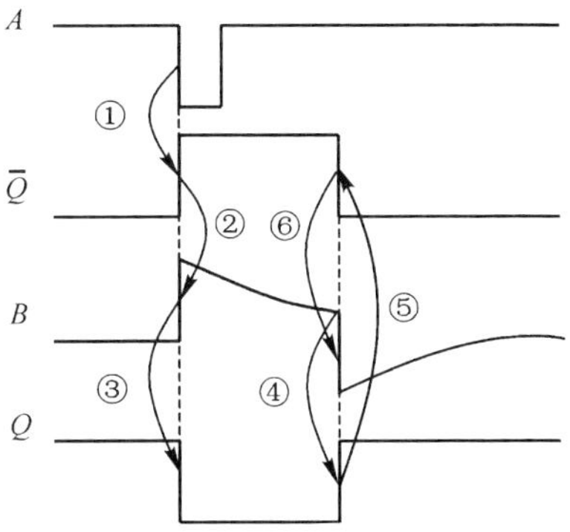

图 8.1.5　单稳态触发器工作波形

至此,可以总结出单稳态触发器的一般特性,如图 8.1.6 所示。

(1) 只有一个稳态,另有一个暂稳态。

(2) 何时翻转到暂稳态取决于输入信号。

(3) 何时翻转回稳态取决于电路参数 R 与 C。

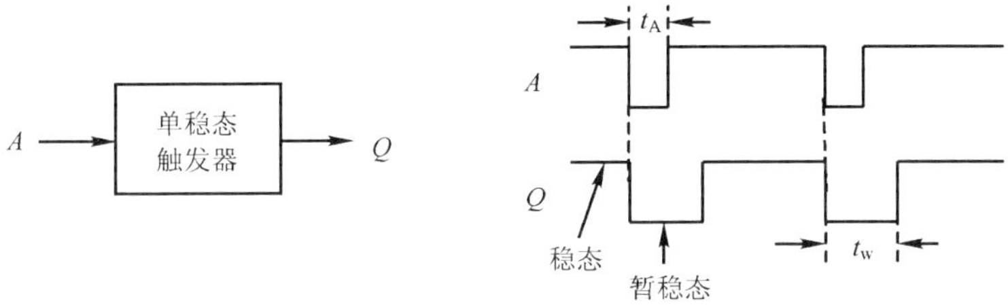

图 8.1.6　单稳态触发器的一般特性

参数计算:

(1) t_w——暂稳态时间

运用"三要素法",

B 点初始电压　　$U_B(0_+)=U_{DD}$

B 点终止电压　　$U_B(\infty)=\mathbf{0}$

时间常数　　$\tau=RC$(为简便起见,忽略电路中其他电阻的影响)

可得 B 点电压瞬时值

$$u_B(t)=U_B(\infty)+[U_B(0_+)-U_B(\infty)]\mathrm{e}^{-\frac{t}{\tau}}=U_{DD}\mathrm{e}^{-\frac{t}{\tau}}$$

设门电路的阈值电压为 U_{TH},则

$$U_{TH}=U_{DD}\mathrm{e}^{-\frac{t_w}{\tau}}$$

$$t_w=\tau\ln\frac{U_{DD}}{U_{DD}-U_{TH}}$$

若
$$U_{TH}=\frac{1}{2}U_{DD}$$
则
$$t_w\approx 0.7\tau=0.7RC$$

(2) t_{re}——恢复时间

$$t_{re}=(3\sim 5)\tau_{re}$$

式中，τ_{re}为电容放电的时间常数。忽略门电路输入电阻的影响

$$\tau_{re}=RC$$

(3) f_{max}——最高工作频率

分析图 8.1.5，显然有

$$f_{max}\leqslant\frac{1}{t_w+t_{re}}$$

讨论：

(1) 若采用 TTL 门电路，为保证稳态时门 G_2 输入低电平，电阻 R 必须小于关门电阻 R_{OFF}，如标准 74 系列应小于 700 Ω。采用 CMOS 电路无此限制。

(2) 为减小恢复时间 t_{re}，可在 R 上并联一个二极管，给电容 C 提供放电回路。

(3) 若输入脉冲过宽($t_A>t_w$)，电路工作可能不正常，可在输入端另加一 RC 微分电路，形成窄输入脉冲。

(4) 采用**或非**门电路同样可以构成单稳态触发器。

(5) 反馈环节也可采用 RC 积分电路(见习题 8.2)。

图 8.1.7 所示电路为采用 CMOS **或非**门、输入信号较宽、t_{re}较短的微分型单

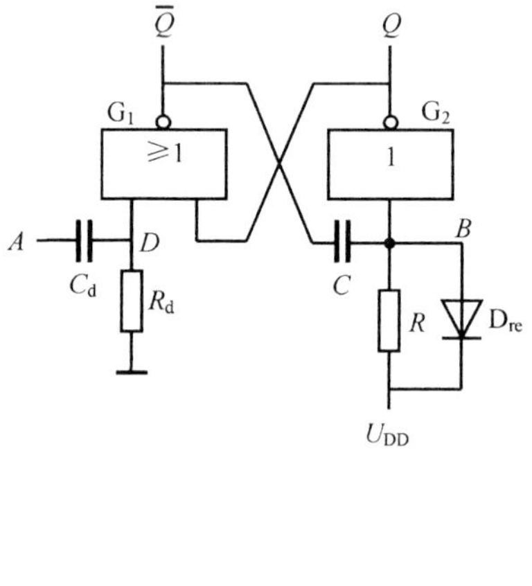

(a) 电路

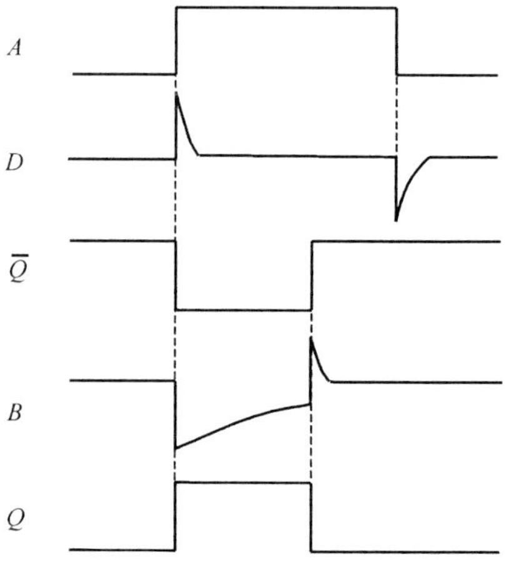

(b) 工作波形

图 8.1.7　微分型单稳态触发器及工作波形

稳态触发器及其工作波形。图 8.1.7(a)中,R_d、C_d 为输入微分电路,D_{re} 为快速恢复用二极管。

三、集成单稳态触发器

集成单稳态触发器分为可重复触发型和不可重复触发型两种。如图 8.1.8 所示,输入给电路的 4 个触发脉冲分别作用于两种单稳态触发器。Q_1 为不可重复触发型的输出波形。第 1 个脉冲触发电路翻转后,经暂稳态时间 t_w 回到稳态,其间第 2 个脉冲不起作用,第 3 个脉冲触发又一个暂稳态过程。Q_2 为可重复触发型的输出波形。第 1 个脉冲触发后,在暂稳态结束之前,第 2 个脉冲的到来使电路再次被触发,暂稳态过程重新开始;第 3 个脉冲和第 4 个脉冲与第 2 个脉冲的作用相同。第 4 个脉冲作用后,延迟最后一个暂稳态过程回到稳态。

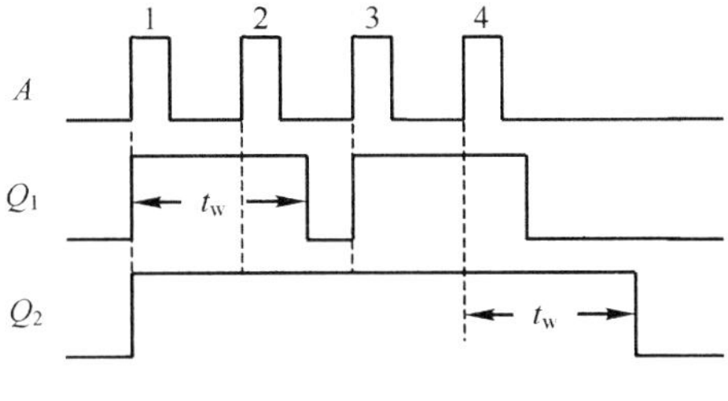

图 8.1.8　可重复与不可重复触发

常用集成单稳态触法器有 54/74121、54/74221、54/74HC123、CD4098、CD4538 等。这里主要介绍不可重复触发的 74221 和可重复触发的 CD4538。

1. TTL 双单稳态触发器 74221

74221 由两个独立的单稳态触发器组成,功能图如图 8.1.9(a)所示,功能表见表 8.1.1 所示。

74221 内部有一个 2 kΩ 的电阻可供使用,接法如图 8.1.9(b)。若不用内电阻则需外接,如图 8.1.9(c)所示。无论何种接法,暂稳态时间均为

$$t_w = 0.7RC$$

表 8.1.1　74221 的功能表

A_1	A_2	B	Q	$\overline{Q}$
0	×	1		
×	0	1	0	1
×	×	0		
1	1	×		
1	↓	1		
↓	1	1		
↓	↓	1		
0	×	↑		
×	0	↑		

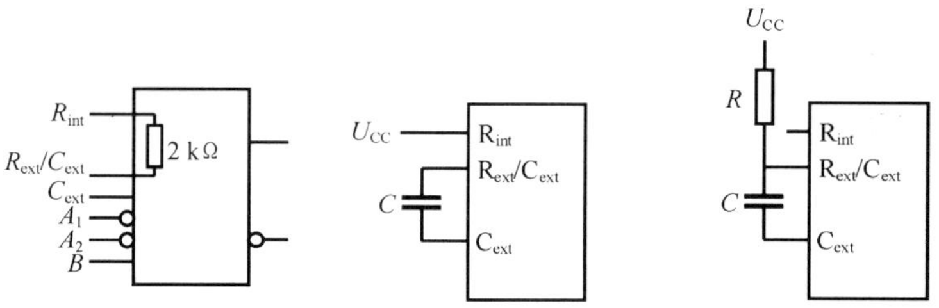

(a) 功能图　　(b) 使用内电阻　　(c) 外接电阻

图 8.1.9　集成电路 74221

为了增加控制功能及提供多种触发方式，触发输入端 A_1、A_2 为下降沿触发，B 为上升沿触发。

2. CMOS 双单稳态触发器 4538

4538 是可重复触发的单稳态触发器，其功能图如图 8.1.10(a)所示，图(b)是电阻与电容的接法。R_X 的最小值为 5 kΩ，C_X 的最小值为 0。输出脉宽为 $t_w = 0.7R_X C_X$。表 8.1.2 是 4538 的功能表。A 和 B 是触发输入端，其波形没有限制。

表 8.1.2　4538 的功能表

A	B	R	Q	$\overline{Q}$
1	×	1		
×	0	1	0	1
×	×	0		
0	↓	1		
↑	1	1		
↑	↓	1		
0	1	↑		

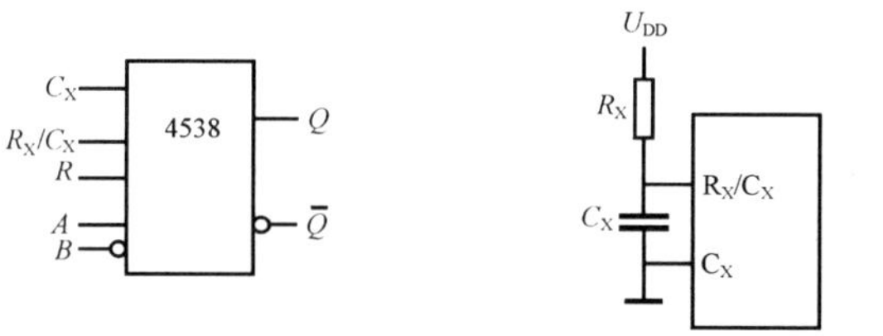

(a) 功能图　　(b) 电阻与电容的接法

图 8.1.10　集成电路 4538

四、单稳态触发器应用举例

(一) 定时

如图 8.1.11 所示,单稳态触发器输出端控制一个与门,在 t_w 时间内与门输出 CP 脉冲。

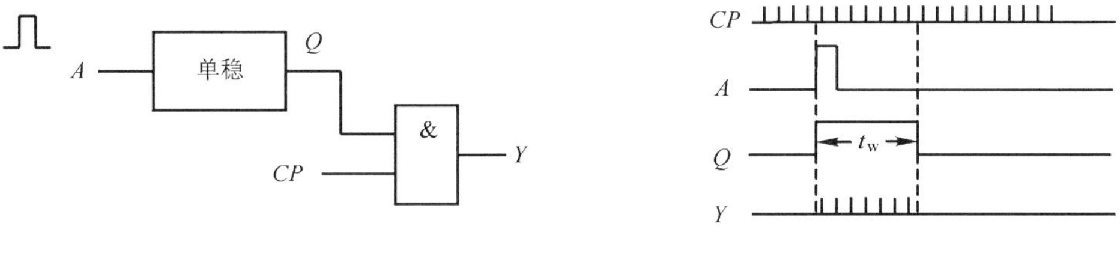

图 8.1.11　单稳态触发器用于定时

(二) CPU“看门狗”电路

带有 CPU 的系统有时会陷入死循环,发生“死机”。使用可重复触发的单稳态触发器,可做成监控器,俗称“看门狗”(Watching Dog),如图 8.1.12 所示。假设 CPU 低电平复位,正常运行时,CPU 的某一 I/O 口定时给单稳态触发器送出触发信号。由可重复触发特性,只要定时间隔小于暂稳态时间,单稳态触发器就可连续输出高电平,系统工作正常;当“死机”发生后,单稳态触发器因得不到连续触发而输出低电平,系统复位,进入初始化程序。

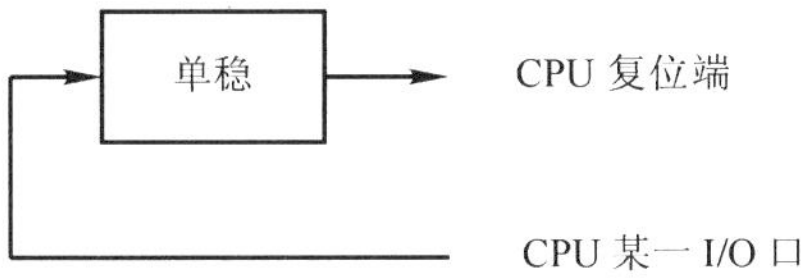

图 8.1.12　单稳态触发器用于监控

第二节　脉冲产生电路

脉冲产生是将电源提供的能量,转换成按一定规律变化的信号,这里的信号形式是脉冲。典型的周期性脉冲信号如图 8.2.1(a)所示。图中 t_w 是脉冲宽度,T 是重复周期,脉冲宽度与重复周期的比值 t_w/T 称为占空比。当 $t_w/T=1/2$ 时,脉冲为方波。

在某些情形下,需要将脉冲的上升沿与下降沿表达出来,如图 8.2.1(b)所示。脉冲的上升时间 T_r 为从低电平上升 10% 到上升 90% 所对应的时间,下降

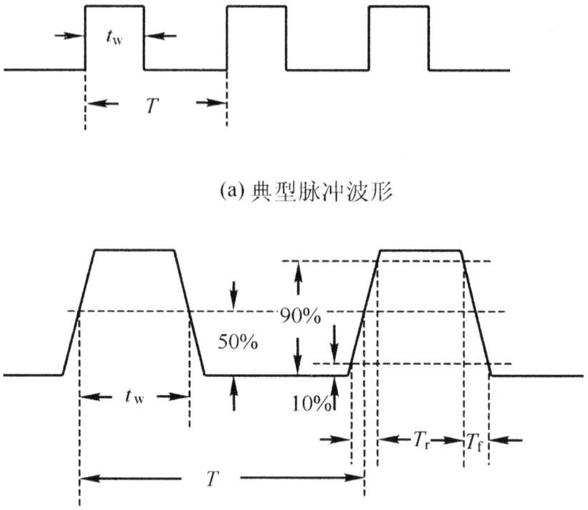

(a) 典型脉冲波形

(b) 脉冲波形参数

图 8.2.1　脉冲波形

时间 T_f 为从高电平下降 10% 到下降 90% 所对应的时间，脉冲宽度 t_w 和重复周期 T 都是从脉冲高度的 50% 处计算。

一、多谐振荡器

在单稳态触发器一节，将基本 RS 触发器一侧的反馈回路改为 RC 微分电路，如图 8.2.2(a)、(b)所示，结果使电路由具有两个稳态变成了具有一个稳态和一个暂稳态。

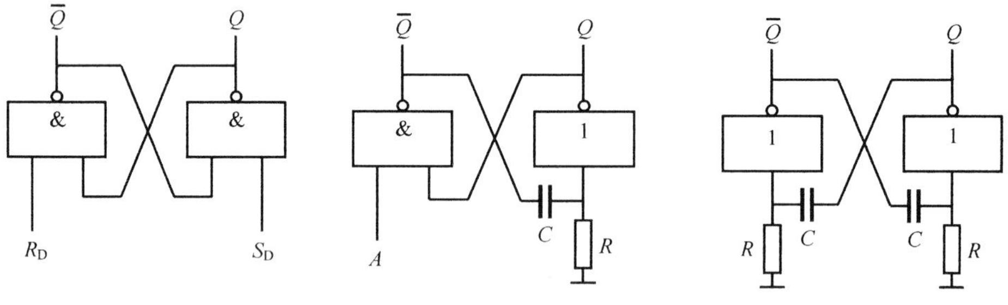

(a) 基本 RS 触发器　　(b) 单稳态电路　　(c) 无稳态电路

图 8.2.2　几种电路的比较

如果将另一侧作同样改变，就变成了图 8.2.2(c)。可以推想，这个电路没有稳态，只有两个交替出现的暂稳态，故称为无稳态电路。由于 Q 和 $\overline{Q}$ 输出的信号波形都是高、低电平交替变化的(若电路对称，则输出为方波)，这样的信号含有丰富的谐波成分，所以无稳态电路常被称为多谐振荡器。

为使电路能更可靠地工作，将图 8.2.2(c)的电路作些变形，将各侧的电阻接到相应的输出端，就构成了常用对称多谐振荡器，如图 8.2.3(a)所示。

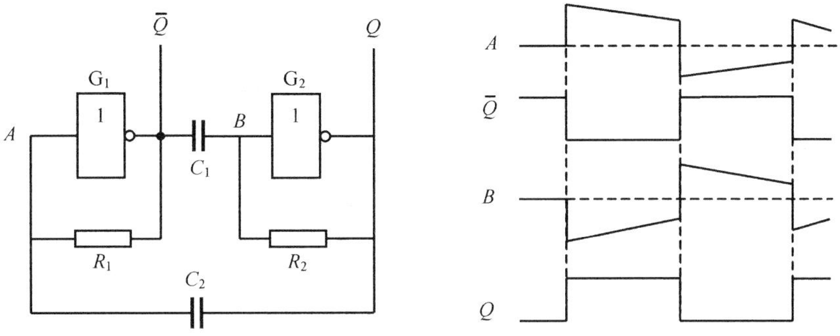

(a) 电路　　(b) 工作波形

图 8.2.3　一种实用的多谐振荡器

该电路有两种过程。其一是正反馈过程。如非门 G_1 和非门 G_2 均处于非高电平或低电平，而 A 点电压 u_A 上升时，G_1 输出电压 $u_{\bar{Q}}$ 下降，通过 C_1 的耦合使 B 点电压 u_B 下降，使 G_2 输出电压 u_Q 上升，又通过 C_2 的耦合使 u_A 再上升，最终使 $\bar{Q}$ 降到低电平，Q 升到高电平。这个过程时间极短，是瞬间完成的；其二是暂稳态过程。正反馈过程完成后，两个电容开始按指数规律充放电，当其中之一达到阈值电压时，电路又进入正反馈，结果是达到另一个暂稳态，如此往复循环，形成振荡。若电路对称，即 $R_1=R_2=R$，$C_1=C_2=C$，则输出方波，其重复周期为

$$T = 2t_w = 1.4RC$$

常用的多谐振荡器还有图 8.2.4 所示几种形式。

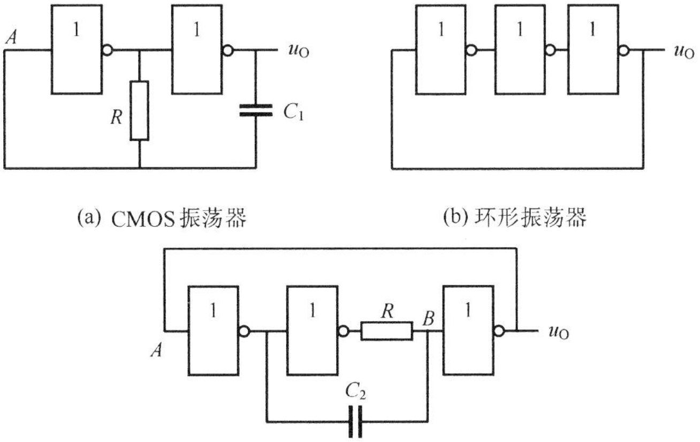

(a) CMOS 振荡器　　(b) 环形振荡器

(c) 改进的环形振荡器

图 8.2.4　几种多谐振荡器

图(a)中的反相器常使用 CMOS 电路。图(b)是环形振荡器的基本电路。分析可知,奇数个非门接成环形,可造成各点电平高低的交替变化。但非门的平均传输延迟时间过短,且不稳定,故实用中常加入 RC 电路,如图 8.2.4(c)所示。无论是图(a)还是图(c),或是其他含有 RC 元件的脉冲电路,分析的关键就是电容的充放电,而关键连接点就是与电容相连的门电路的输入端,如图 8.2.4(a)的 A 点和图 8.2.4(c)的 B 点。

二、晶体振荡器

前述的各种多谐振荡器由于阻容元件及门电路的阈值电压等随外界条件(主要是温度)变化较大,其频率稳定度一般很难优于 10^{-3}。石英晶体谐振器具有极高的稳定性,用它作为谐振元件构成的晶体振荡器的频率稳定度可优于 10^{-9}。

石英晶体的等效电路如图 8.2.5(a)所示,图 8.2.5(b)是其电路符号,图 8.2.5(c)是其阻抗频率特性。

典型的石英晶体多谐振荡器如图 8.2.6 所示。可以看出,它是图 8.2.3(a)电路的改进——以石英晶体取代其中的一个电容。由于石英晶体工作在串联谐振频率,其他元件已经与振荡频率无关,电容 C 只起耦合作用,其值应取得大些。

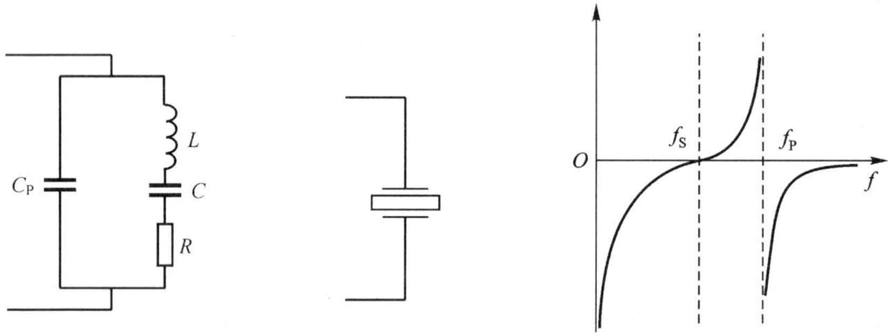

(a) 等效电路　　(b) 电路符号　　(c) 频率特性

图 8.2.5　石英晶体谐振器

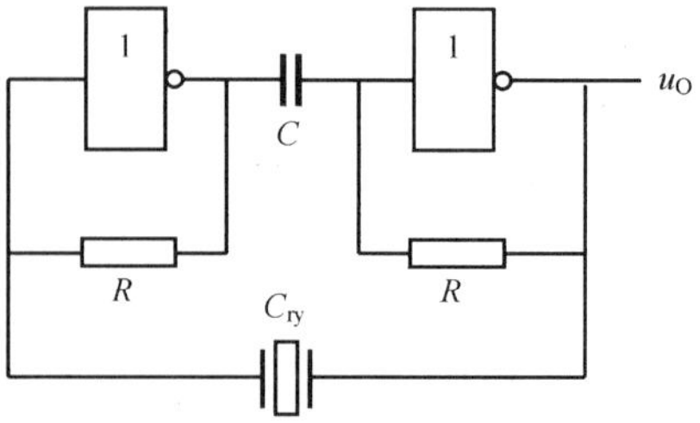

图 8.2.6　石英晶体多谐振荡器

第三节　施密特触发器

一、特性与原理

施密特触发器，与其说是"触发器"，不如说是具有电压滞后特性的数字传输门。其特点如下：

(1) 输入电平的阈值电压由低到高为 U_{T+}，由高到低为 U_{T-}，且 $U_{T+} > U_{T-}$，输出的变化滞后于输入，形成回环。常将 U_{T+} 称为正向阈值电压，U_{T-} 称为负向阈值电压，二者的差值称为回差。

(2) 与前面所讲的双稳态触发器和单稳态触发器不同，施密特触发器属于"电平触发"型电路，不依赖于边沿陡峭的脉冲。

图 8.3.1 是施密特触发器的电压传输特性，图(a)是反相传输特性，图(b)是同相传输特性。设输入信号为三角波，图 8.3.1 之特性对应的输出波形如图 8.3.2。施密特触发器的电路符号如图 8.3.3 所示。

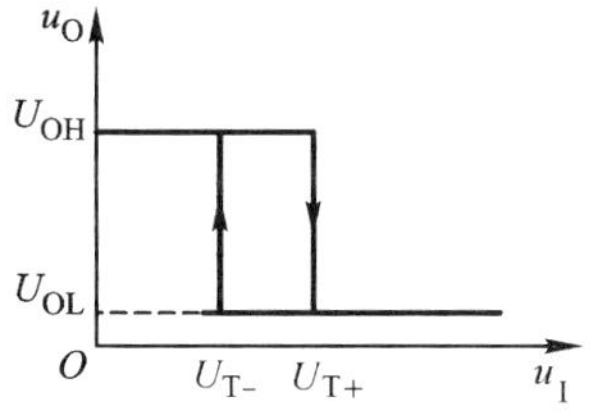

(a) 反相传输特性

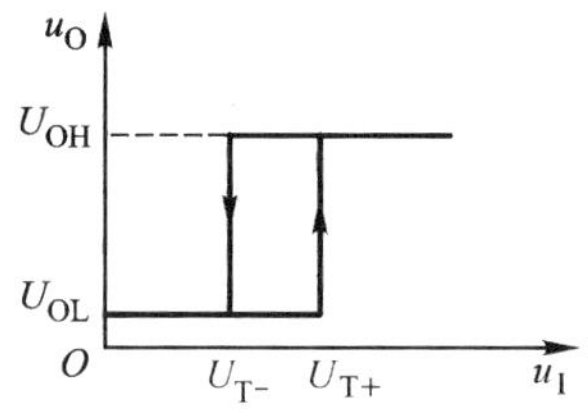

(b) 同相传输特性

图 8.3.1　施密特触发器的回环特性

下面是几种可形成施密特触发器特性的电路。

1. 带有正反馈的运算放大器

带有正反馈的运算放大器如图 8.3.4 所示。事实上这是一个迟滞比较器。由于比较的基准电压

$$U_P = \frac{R_1}{R_1 + R_f} u_O$$

电压极性与 u_O 同相、与 u_I 反相，因而形成回差。

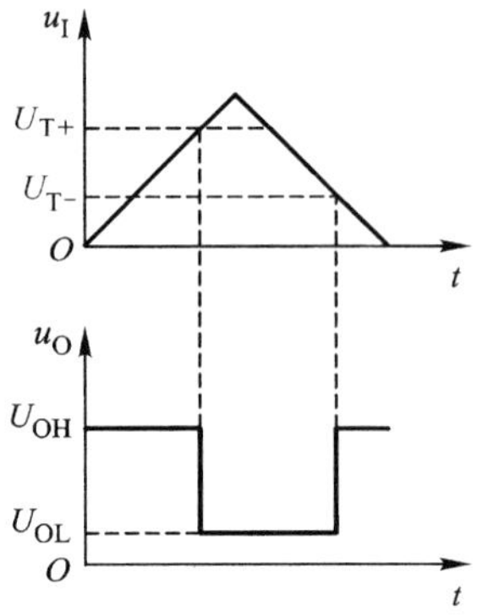

（a）反相传输　（b）同相传输

图 8.3.2　施密特触发器的输入输出波形

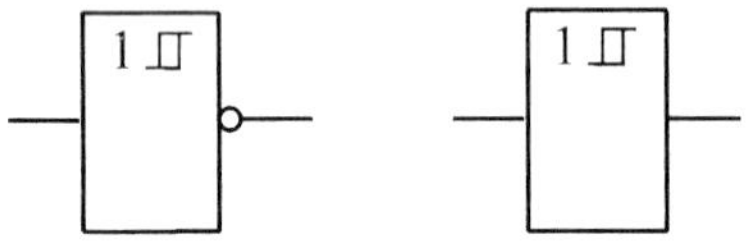

图 8.3.3　施密特触发器的符号

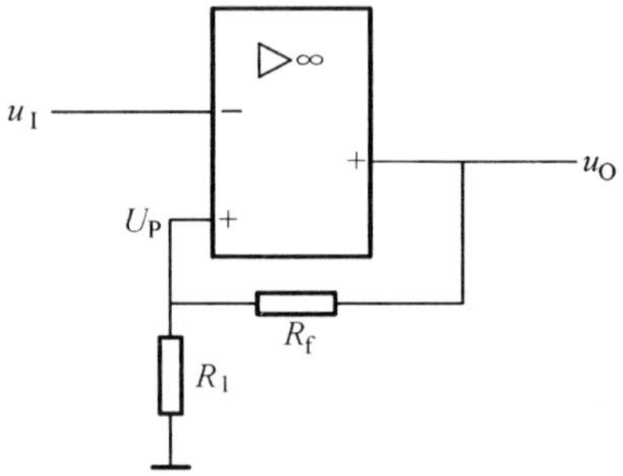

图 8.3.4　带有正反馈的运算放大器

2. 带有电平偏移的基本 *RS* 触发器

给基本 *RS* 触发器的一个输入端加一非门，另一输入端加一适当的电平偏移电压源 *U*，如图 8.3.5 所示。由于电平的偏移，*RS* 触发器两输入端的触发电平将不再对称，因而形成回差。实用中 *U* 可由一只或数只二极管代替，也可用一可控的电阻形成回差可调的电路。

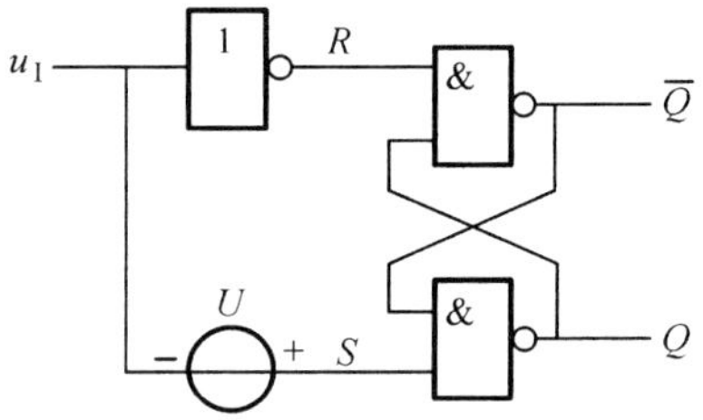

图 8.3.5　变形的基本 *RS* 触发器

3. 由 BJT 或 FET 分立元件构成

由 BJT 或 FET 分立元件构成施密特触发器方案不少，实用中却很少使用分立元件组成施密特触发器。但分立元件电路的原理是集成施密特触发器的基础。

二、施密特触发器应用举例

1. 波形变换

如将一周期性信号变换为矩形波，如图 8.3.6 所示。其输出脉冲宽度可通过改变 ΔU_T

$$\Delta U_T = U_{T+} - U_{T-}$$

进行调节。

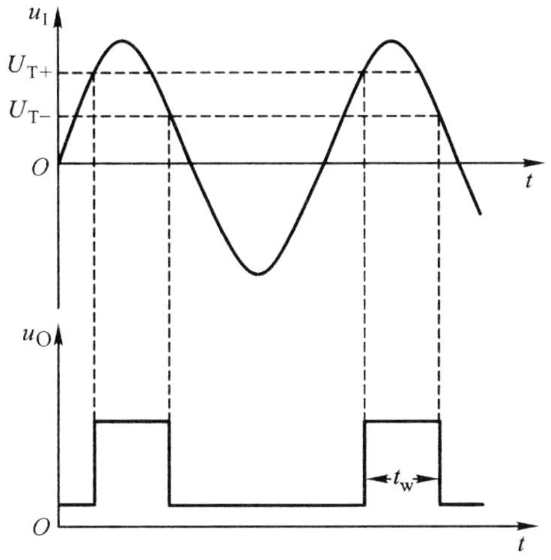

图 8.3.6　波形变换

2. 信号整形

将不规则的信号波形整成矩形脉冲，如图 8.3.7 所示。

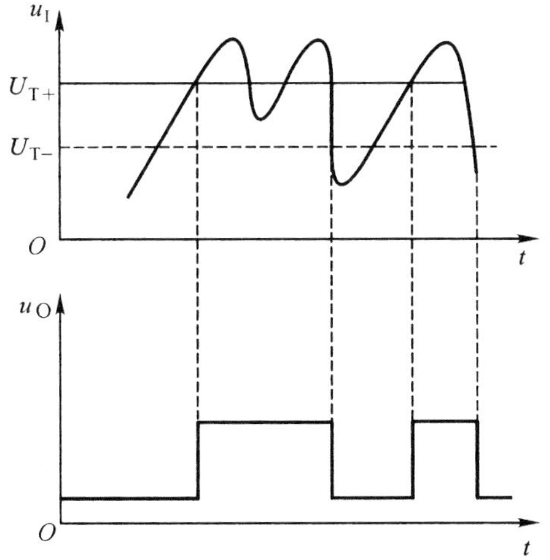

图 8.3.7　信号整形

3. 幅度鉴别

施密特触发器的输出状态取决于输入信号的电压值,因此可用作幅度鉴别。如图 8.3.8,当输入信号的幅度大于 U_{T+} 时被检出,否则不予响应。

4. 构成多谐振荡器

由施密特触发器构成的多谐振荡器如图 8.3.9 所示,其原理请读者自行分析。

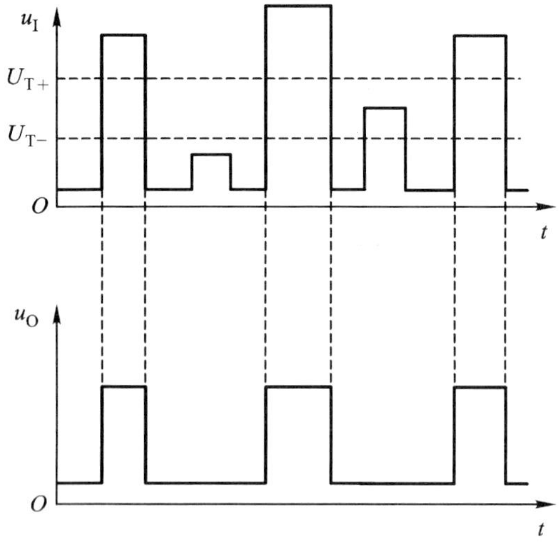

图 8.3.8 幅度鉴别

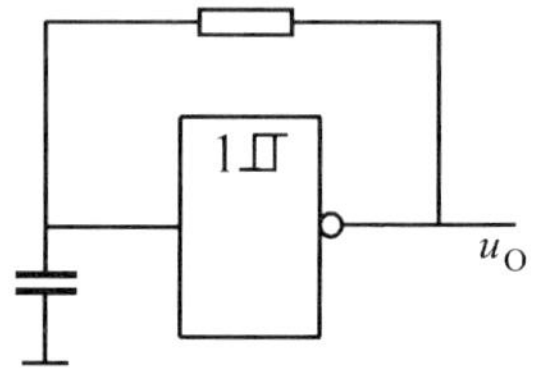

图 8.3.9 构成多谐振荡器

第四节 集成定时器

555 集成定时器是美国 Signetics 公司 1972 年研制的用于取代机械式定时器的双极型中规模集成电路,因输入端设计有三个 5 kΩ 电阻而得名。此电路后来风靡世界,应用十分广泛。外接适当的电阻、电容能方便地构成多谐振荡器、单稳态触发器和施密特触发器等。555 定时器目前有双极型和 CMOS 两种,它们的结构与工作原理相似。双极型定时器有较强的驱动能力,CMOS 定时器有功耗低、最低工作电压小、输入电阻高等优点。目前,流行的产品主要有 4 个,包括双极型两个:555 和 556(含有两个 555);CMOS 两个:7555 和 7556(含有两个 7555),现以 CMOS 集成定时器 7555 为例介绍其结构与功能。

一、CMOS 集成定时器 7555 的结构

定时器 7555 原理图如图 8.4.1(a)所示,(b)为引脚排列图,表 8.4.1 为引脚功能说明。

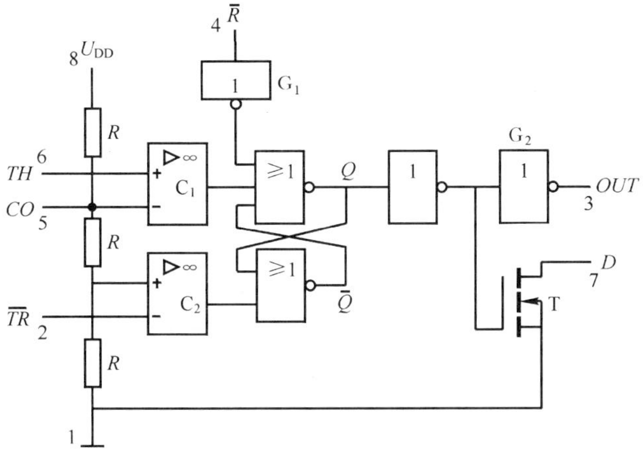

（a）逻辑电路图

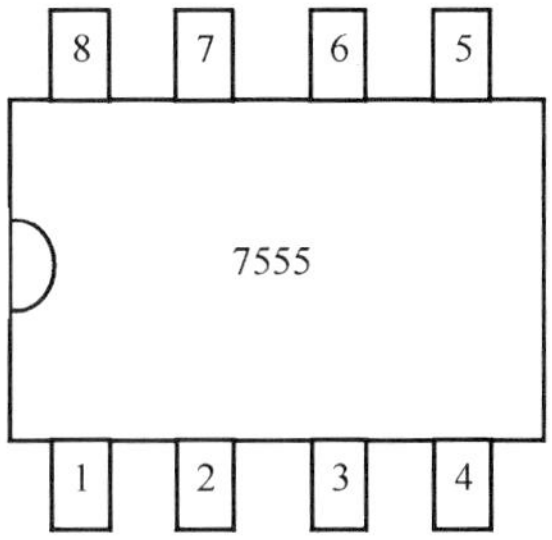

（b）引脚排列图

图 8.4.1　7555 定时器

表 8.4.1　7555 引脚功能

符号	功能	符号	功能
$\overline{TR}$	低电平触发	*OUT*	输出端
TH	高电平触发	*D*	放电端
$\overline{R}$	复位端	*CO*	控制电压端

1. 基本 *RS* 触发器

基本 *RS* 触发器由两个**或非**门组成，它是定时器的核心单元。$\overline{R}$ 为外部复位端。

2. 比较器

C_1、C_2 是两个电压比较器，它们决定 *RS* 触发器的状态和定时器的功能。比较器的输入阻抗极高，属于电压控制型器件，几乎不向外电路索取电流。

3. 分压器

由三个等值电阻 *R* 串联而成，为 C_1 和 C_2 提供基准电压。C_1 的基准电压为 $2U_{DD}/3$，C_2 的基准电压为 $U_{DD}/3$。如果在控制电压端 *CO* 处加控制电压 U_{CO}，则 C_1 和 C_2 的基准电压将分别变为 U_{CO} 和 $U_{CO}/2$。*CO* 端不使用时，一般通过 0.01 μF电容接地，以防干扰窜入。

4. 驱动器和放电开关

驱动器即反相器 G_2，它由低阻 CMOS 反相器组成，用来提高定时器的负载能力并隔离负载对定时器的影响。

放电开关即漏极开路的 NMOS 管 T。连接在 *D* 端的电容可以通过导通的 T

管放电，所以 T 称为放电开关。

二、工作原理

当 $\overline{R}$ = L 时，反相器 G_1 输出高电平，所以 Q 为低电平，OUT = L，T 管导通。假设 D 端通过电阻接到正电源，则 D 端为低电平。电路输出低电平称为复位。

当 $\overline{R}$ = H 时，电路有三种工作状态。

（1）$TH > 2U_{DD}/3$，C_1 的输出 = H，Q = L，OUT = L，T 导通。电路的输出状态与 $\overline{Q}$ 无关，所以 $\overline{TR}$ 为任意输入。

（2）$TH < 2U_{DD}/3$，C_1 的输出 = L；$\overline{TR} > U_{DD}/3$，C_2 的输出 = L，触发器保持原来的状态不变。OUT 及 T 管都保持原来状态不变。

（3）$TH < 2U_{DD}/3$，C_1 的输出 = L；$\overline{TR} < U_{DD}/3$，C_2 的输出 = H，Q = H，T 管截止，OUT = H。OUT = H 称为电路置位或置 **1**。

电路的功能表如表 8.4.2 所示，表中 × 表示任意电平，D 端的状态是在假定其通过电阻接到正电源的情况下得出的。

表 8.4.2　7555 功能表

TH(6)	$\overline{TR}$(2)	$\overline{R}$(4)	OUT(3)	T 管	D(7)
×	×	L	L	导通	L
$>2U_{DD}/3$	×	H	L	导通	L
$<2U_{DD}/3$	$>U_{DD}/3$	H	不变	不变	不变
$<2U_{DD}/3$	$<U_{DD}/3$	H	H	截止	H

集成定时器 7555 的主要参数：

电源电压　U_{DD} = 3 ~ 18 V；触发电流　< 50 pA；

复位电流　≤100 pA；输出电压　U_{OL} ≤ 0.1 V（U_{DD} = 15 V，I_{OL} = 3.2 mA）；

U_{OH} ≥ 14.8 V（U_{DD} = 15 V，I_{OH} = 1 mA）；

最大功耗　300 mW。

三、555 电路构成单稳态触发器

电路如图 8.4.2(a) 所示。其中 R、C 为定时元件，触发信号加在 $\overline{TR}$ 端，由 OUT 输出脉冲。

当电源接通后，触发信号未加入，$\overline{TR} > U_{DD}/3$，C 经 R 充电。当 u_C 上升到 $2U_{DD}/3$ 时，由功能表 8.4.2 可知，T 导通，C 通过 T 放电，u_O = L，电路处于复位状态，即单稳电路的稳态。

当低电平触发信号作用时，$\overline{TR} = u_I < U_{DD}/3$，由功能表可知，$u_O$ 将由 L 变为 H，T 截止，电路翻转为置位状态，定时开始。

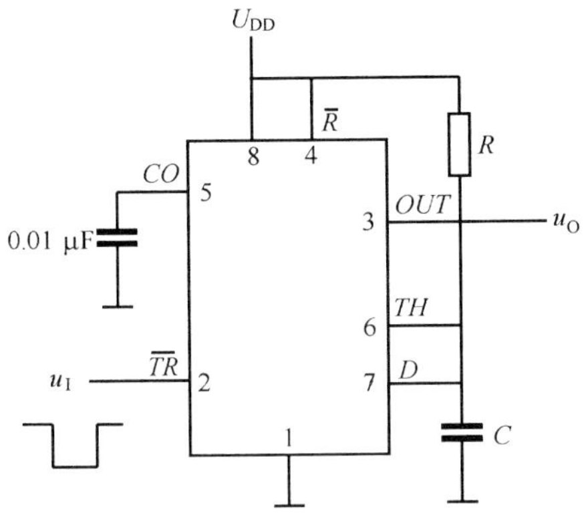

(a) 电路图

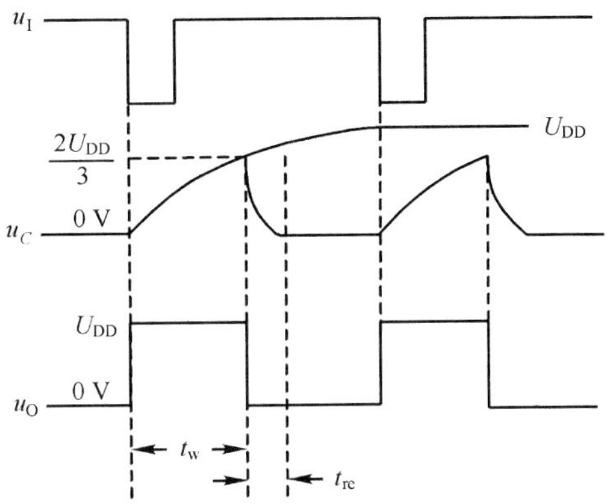

(b) 波形图

图 8.4.2 定时器构成的单稳

定时器进入置位状态后，u_I 恢复为高电平。$TH = u_C < 2U_{DD}/3$，置位状态保持不变。由于 T 管已截止，所以电容 C 充电，充电回路为 $U_{DD} \to R \to C \to$ 地，$\tau_{充} = RC$。$TH = u_C$ 按指数规律上升，终了值为 U_{DD}。

随着充电的进行，当 $TH = u_C$ 达到 $2U_{DD}/3$ 时，电路自动翻转，u_O 由 H 跳变为 L，T 管由截止变为导通，电路返回复位状态，定时结束。

电路返回复位状态后，T 管导通，C 通过其导通电阻放电，u_C 恢复到稳态值需要一段时间，这段时间称为恢复时间 t_{re}。

下一个触发信号到来时，电路重复上述过程。工作波形如图 8.4.2(b) 所示。

单稳态触发器的主要参数

1. 输出脉冲宽度 t_w

输出脉冲宽度 t_w 即为暂态持续时间，可以根据波形进行计算。忽略 T 管的导通电阻 R'（一般为 10 Ω 左右），将 $u_C(\infty) = U_{DD}$，$u_C(0^+) = 0$，$\tau = RC$ 代入过渡过程公式得

$$u_C(t) = U_{DD}(1 - e^{-t/\tau})$$

令 $u_C = 2U_{DD}/3$，$t = t_w$，则 $t_w = RC \cdot \ln 3 \approx 1.1\ RC$。

2. 恢复时间 t_{re}

C 通过 T 管导通电阻 R' 放电，经过 $(3 \sim 5)\tau_{放}$ 基本结束，所以 $t_{re} = (3 \sim 5)\ R'C$。

3. 分辨时间 t_d

t_d 指为保证单稳正常工作允许触发脉冲的最小时间间隔。显然

$$t_d = t_w + t_{re}$$

t_d 由电路参数决定，所以又叫单稳的固有周期。

4. 输出脉冲幅度 U_m

U_m 决定于输出信号高低电平之差，本电路 $U_m \approx U_{DD}$。

图 8.4.3 是具有输入微分电路的单稳态触发器。R_r 及 C_r 构成微分电路，它的作用是将触发脉冲变窄后作用于$\overline{TR}$端。这种电路的工作原理与图 8.4.2 是相同的。

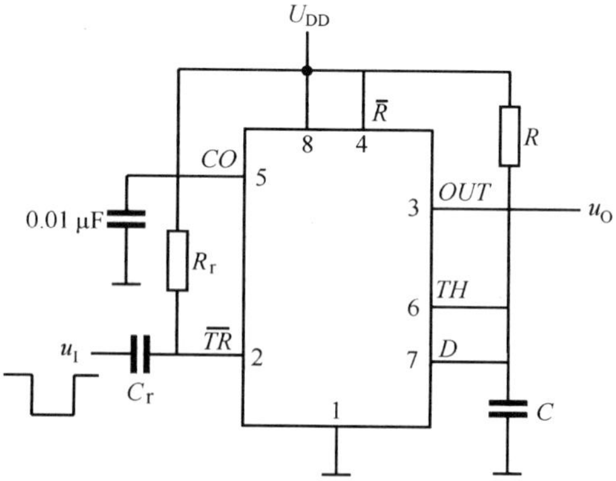

图 8.4.3　具有微分触发电路的单稳电路

四、555 电路构成多谐振荡器

由 7555 构成的自激多谐振荡器如图 8.4.4(a)所示。其中 R_1、R_2、C 为定时元件。工作原理如下：

接通电源瞬间，电容 C 上没有电荷，此时$\overline{TR} = u_C = 0$ V，由功能表 8.4.2 可知 u_O = H，T 管截止，U_{DD}经 R_1、R_2 对 C 充电，$\tau_{充} = (R_1 + R_2) \cdot C$，随着时间的推移，$TH = \overline{TR} = u_C$ 逐渐升高，当该电位达到 $2U_{DD}/3$ 时，u_O 由 H 突变为 L，T 管由截止变为导通。此后 C 经过 T 管放电，$\tau_{放} = (R' + R_2)C$（R'为 T 管导通电阻），$TH = \overline{TR} = u_C$ 逐渐下降，当该电位下降到 $U_{DD}/3$ 时，u_O 由 L 突变为 H，T 管由导通变为截止。此后 C 又充电，电路重复上述过程，进入下一个周期，如此周而复始，电路便处于振荡状态，输出周期性的矩形脉冲。工作波形如图 8.4.4(b)所示。

如果忽略 T 管的导通电阻则可以求得

$$t_{w1} \approx 0.7(R_1 + R_2)C$$

$$t_{w2} \approx 0.7R_2C$$

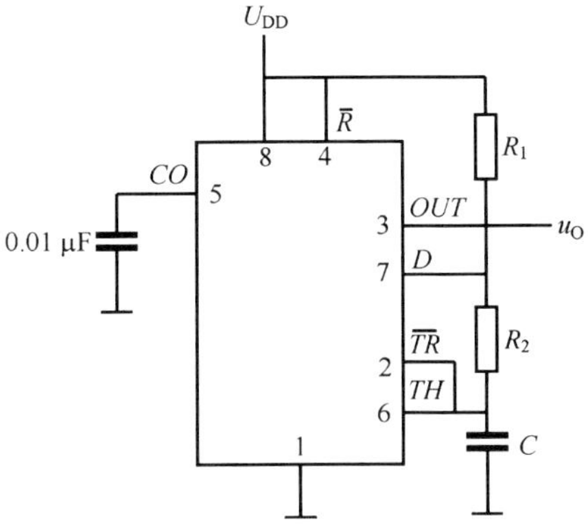

（a）电路图

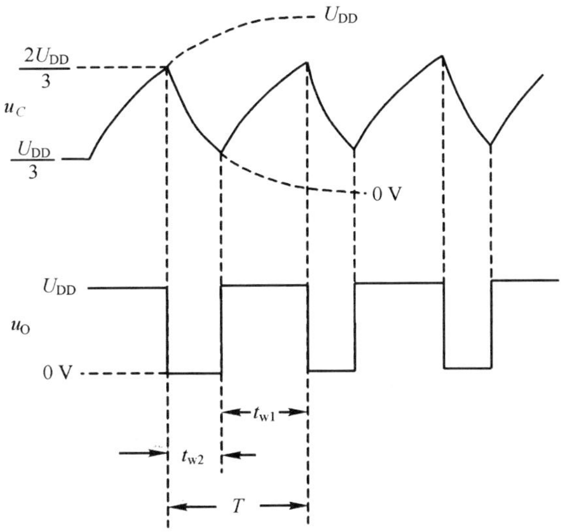

（b）波形图

图 8.4.4　7555 定时器构成的多谐振荡器

振荡频率　　$f = \dfrac{1.43}{(R_1 + 2R_2)C}$

脉冲幅度　　$U_m \approx U_{DD}$

由于 T 管有 10 Ω 左右的导通电阻，所以振荡频率较高时，其影响将不能忽略，使用上式求得的频率会有明显的偏差，应该结合实验确定有关参数。

五、555 电路构成锯齿波发生器

锯齿波发生器是产生锯齿波的电路。锯齿波信号在示波器、电视机、显示器和自动控制等方面都有着广泛的应用。用 7555 构成的锯齿波发生器如图 8.4.5(a)所示,(b)为工作波形图。

电路中,C 为定时电容,由它两端输出锯齿波电压。R_1、R_2、R_3 和 T 组成电流源,向 C 提供恒定的充电电流,以获得良好的线性。

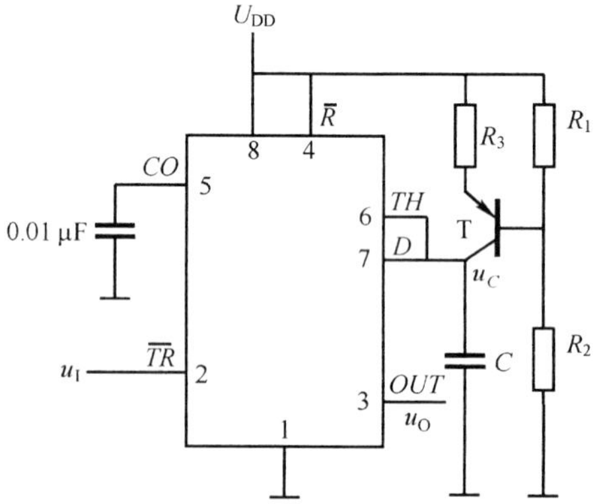

(a) 电路图

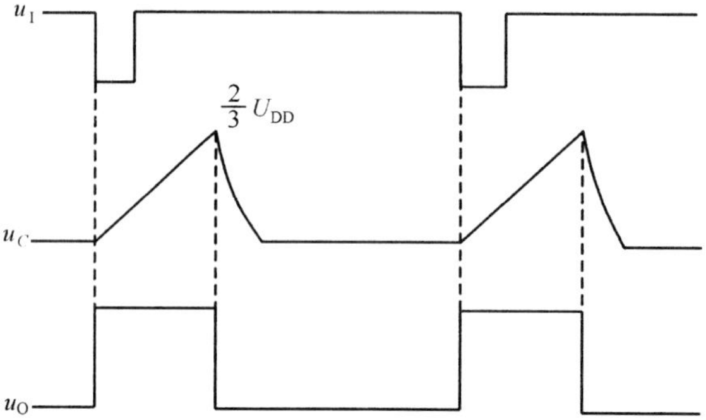

(b) 波形图

图 8.4.5　定时器构成的锯齿波发生器

若在$\overline{TR}$端加入负的窄脉冲,放电开关 T 截止,C 被充电,其端电压 u_C 随时间线性增长,使

$$u_C = \frac{1}{C}\int_0^t i_C \mathrm{d}t = \frac{I_0}{C}t \quad (I_0 \text{ 为电流源恒定电流})$$

当 u_C 上升到 $\frac{2}{3}U_{DD}$ 时，放电开关 T 导通，电容 C 放电，其电压降至低电平。

u_I 每输入一个负向窄脉冲，u_O 就输出一个正脉冲，u_C 输出一个锯齿波。

六、555 电路构成施密特触发器

将 555 定时器两个触发端 TH 和 $\overline{TR}$ 连在一起作为输入端，D 端通过电阻 R 接电源 U_D。即构成施密特触发器。电路如图 8.4.6(a) 所示。其工作原理如下：

输入端电压 u_I 由小增大但小于 $2U_{DD}/3$ 时，$u_{O1}=u_{O2}=$ H。当 u_I 增大到 $2U_{DD}/3$ 电路状态发生翻转，u_{O1}、u_{O2} 均由 H 跳变为 L。$u_I>2U_{DD}/3$，$u_{O1}=u_{O2}=$ L 保持不变。显然 $U_{T+}=2U_{DD}/3$。

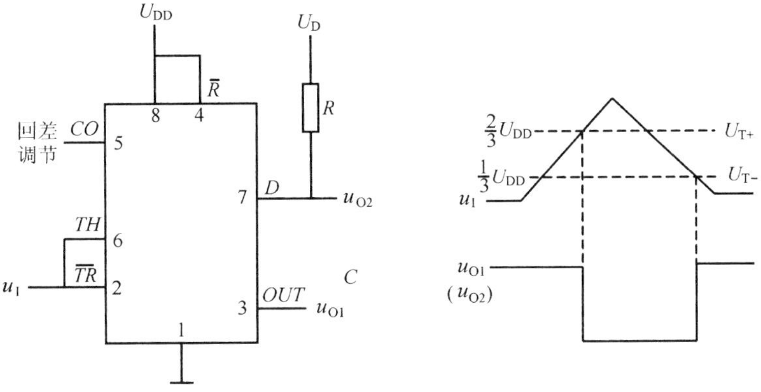

(a) 电路图　　(b) 波形图

图 8.4.6　555 电路构成的施密特触发器

u_I 由最大值下降到 $U_{DD}/3$ 以前，电路输出一直为低电平。当 u_I 下降到 $U_{DD}/3$ 时，电路再次翻转，输出由 L 跳变为 H。u_I 继续下降，$u_{O1}=u_{O2}=$ H 保持不变，显然 $U_{T-}=U_{DD}/3$，回差 $\Delta U_T=U_{DD}/3$。假设 u_I 为三角波，电路的工作波形如图 8.4.6(b) 所示。

如果在 CO 端加入控制电压，则可以通过调节其大小来调节 U_{T+}、U_{T-} 及 ΔU_T。输出端电压 u_{O2} 随电源 U_D 的大小不同而改变，所以由 u_{O2} 输出可以作电平转换用。

小结

从电路结构和工作原理上看，基本 RS 触发器、单稳态触发器和多谐振荡器具有相似的形式。但由于其反馈电路的不同，即基本 RS 触发器采用双侧导线反馈到门电路的输入端,单稳态触发器保留一侧导线而将另一侧改为带有惰性元件(通常是电容)的反馈网络,多谐振荡器的双侧均改为带有惰性元件的反馈网络,致使三者的工作特性具有本质的区别:基本 *RS* 触发器具有两个稳态,单稳态触发器具有一个稳态,而多谐振荡器没有稳态。

单稳态触发器和多谐振荡器中暂稳态过程的长短取决于电路的时间常数,暂稳态时间通常是由其自身电路参数决定的,不需要外部施加影响。但在有些情况下,系统中的振荡信号可能要求与其他信号"同步",所以对于多谐振荡器来说,外部的同步信号有时也是需要的。

无论电路的具体结构如何,凡是含有 *RC* 元件的脉冲电路,分析的关键就是电容的充放电,而关键连接点就是与电容相连的门电路的输入端。

施密特触发器是具有滞后特性的数字传输门,属于"电平触发"型电路,它的翻转不依赖于边沿陡峭的脉冲。施密特触发器有反相传输和同相传输两种电路。

555 定时器是一种应用广泛的集成电路,它是早期模拟电路和数字电路结合的实例。

名词解释

双稳态触发器(Bistable Flipflop):具有两个稳定逻辑状态的数字电路。两个状态在一定输入条件下可以发生转化,即在触发信号作用下双稳态触发器的状态发生翻转。

单稳态触发器(Monostable Flipflop):只具有一个稳定逻辑状态的数字电路。单稳态触发器在触发信号作用下也会发生翻转,但翻转后的状态不能维持长久,故而称为暂稳态。

无稳态电路(Nonstable Circuit):只有与单稳态触发器被触发后所形成的暂稳态相同的状态而没有真正稳态的数字电路。没有稳态就意味着两个暂稳态自由地交替出现。

多谐振荡器(Multi-harmonic Oscillator):同无稳态电路,因其自动输出信号且其输出脉冲含有丰富的谐波而得名。

脉冲(Pulse,Impulse):一种非正弦信号,其时间函数波形通常为矩形。脉冲有周期性与非周期性之分。脉冲宽度和重复周期从脉冲高度的 50% 处计算。矩形脉冲的脉冲宽度与其重复周期之比称为占空比,当占空比为 0.5 时,脉冲为方波。脉冲是数字系统中普遍使用的信号形式。

脉冲电路(Pulse Circuit):产生脉冲的电路。包括直接产生脉冲和将已有脉冲进行波形变换的电路。

石英晶体振荡器(Quartz-crystal Oscillator):采用石英晶体谐振器作为决定输出信号频率的振荡器。石英晶体谐振器具有极高的稳定性,用它作谐振元件构成的晶体振荡器,频率稳定度可优于 10^{-9}。

施密特触发器(Schmidt Trigger):采用电平触发而非脉冲边沿触发的具有两个稳定逻辑状态的数字电路。相当于具有滞后特性的数字传输门。两个触发电压的差值称为回差,电路因存在回差而形成回环特性。

定时器(Timer):具有时间延时特性或可以定时发出信号的电路。555 电路是具有典型定时功能的中规模集成定时器。

自我检测

题 8.1　施密特触发器属于__________型电路。

题 8.2　*RC* 积分电路与微分电路在脉冲电路中起着__________________的作用。单稳态触发器具有______组定时电路;多谐振荡器具有______组定时电路;双稳态触发器______定时电路。

题 8.3　单稳态触发器从稳态翻转到暂稳态取决于__________,从暂稳态翻转到稳态取决于__________。

题 8.4　单稳态触发器和多谐振荡器中的暂稳态时间与________________成正比。

题 8.5　双极型 555 定时器可直接驱动较大功率的负载,因为其输出级的驱动电流可以达到__________。

题 8.6　从实用的角度看,555 定时器可以取代______。

(A) 机械式定时器;　(B) 闹钟;

(C) 学校自动打铃控制器;　(D) 电冰箱控制电路。

题 8.7　用石英晶体谐振器代替对称多谐振荡器中的一个电容,另一个电容之值应______。

(A) 加大;　(B) 减小;

(C) 不变;　(D) 也换成石英晶体谐振器。

题 8.8　将一方波信号变换为相同重复周期的矩形窄脉冲,例如将脉冲宽度为 10 ms 的方波信号变换为脉冲宽度为 1 ms 的矩形脉冲,可采用______。

(A) 单稳态触发器;　(B) 施密特触发器;

(C) 十进制计数器;　(D) 十进制加法器。

题 8.9　将一重复频率为 1 024 kHz 的脉冲信号分频为 4 kHz 的脉冲信号,主体电路可采用______。

(A) 单稳态触发器;　(B) 双稳态触发器;

(C) 二进制计数器;　(D) 十进制分频器。

题 8.10　下列产品中属于 CMOS 电路的有______。

(A) NE555;　(B) ICL556;

(C) MC7555;　(D) CA7556。

思考题

题 8.1　单稳态触发器中可重复触发和不可重复触发各是什么含义?

题 8.2　电平触发与边沿触发有何不同？二者分别来自哪些电路？

题 8.3　Watching Dog 电路适合用在哪些系统？

题 8.4　试举出施密特触发器应用的几个例子。

题 8.5　多谐振荡器与模拟电路中学习的正弦波振荡器有何异同？现有一正弦电压信号，试用多种方法将其转换为方波。

题 8.6　脉冲波形的上升时间和下降时间是怎样规定的？脉冲宽度又是怎样计算的？

题 8.7　在第三章和第四章中，将数字逻辑电路分为组合逻辑电路和时序逻辑电路。请问本章适合这样的分类吗？如果你认为适合，又应分到哪一类呢？为什么？

题 8.8　本章中的惰性元件全部采用电容，你想到过使用电感吗？试分析一下这个问题。

题 8.9　对于含有 RC 元件的脉冲电路，分析的关键和关键连接点是什么？试举例说明。

题 8.10　本章介绍的集成电路都是中、小规模集成电路。请尝试从其他相关课程所涉及的大规模和超大规模集成电路中找到功能相同或相似的组成部分。

习题

习题 8.1　如习题 8.1 图所示单稳态触发器，稳态时 $u_O = 0.3$ V。试回答如下问题：

（1）稳态时 T 处于什么状态？如何设计电路参数，以保证这一状态？

（2）定性画出在触发信号作用下，A、B 两点与输出电压 u_O 的波形。

（3）计算暂稳态的维持时间 t_w。

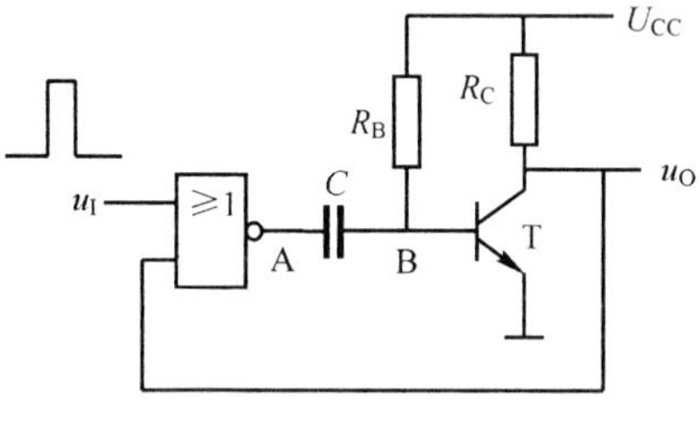

习题 8.1 图

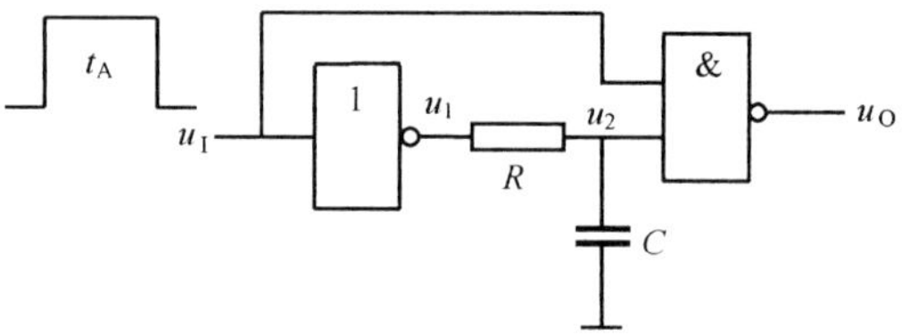

习题 8.2 图

习题 8.2　积分型单稳态触发器如习题 8.2 图所示，其中 $t_A = 5$ μs，$R = 300$ Ω，$C = 1$ nF。

（1）分析电路的工作原理；

（2）画出 u_I、u_1、u_2 和 u_O 的波形；

（3）积分型单稳态触发器工作过程中是否存在正反馈？

习题 8.3　集成单稳 74221 的定时电路如下：电容 C 为 1 μF，R 为 5.1 kΩ 的电阻和 20 kΩ的电位器串联。

（1）试估算 t_w 的变化范围；

（2）为什么使用电位器时要串接一个电阻？

习题 8.4　如习题 8.4 图是由两个 CMOS 非门组成的单稳态触发器。已知 $R_1 = 100$ kΩ，$R_2 = 200$ kΩ，$U_{DD} = 6$ V，u_I 为 0 ~ 6 V 的三角波。试分析其工作原理并画出 u_I、u_1、u_2 和 u_O 的

波形。

习题 8.5　由施密特触发器构成的脉冲展宽电路如习题 8.5 图所示，试分析其工作原理并画出 u_I 和 u_O 的波形。

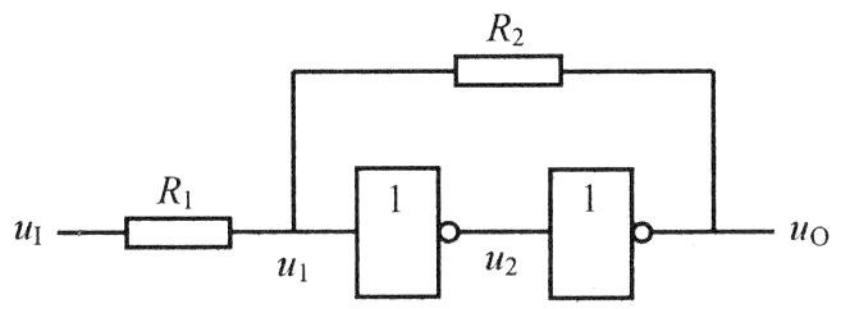

习题 8.4 图

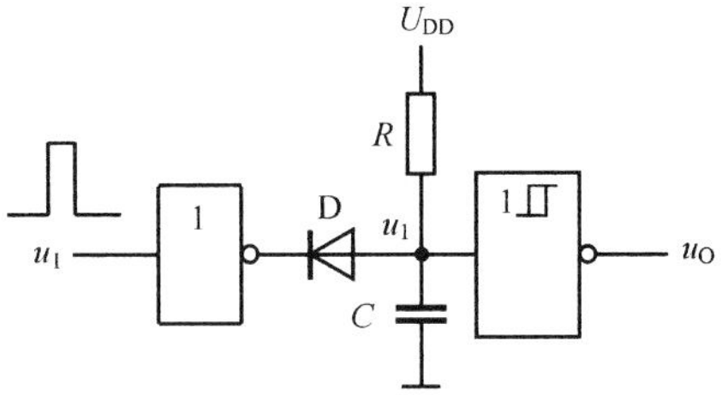

习题 8.5 图

习题 8.6　如习题 8.6 图电路中，$R=1\ \text{k}\Omega$，$C=2\ \mu\text{F}$，TTL 门中多发射极管构成的与门电阻 $R_1=3\ \text{k}\Omega$。试问：

(1) 输入端 A 有何作用？

(2) 电路输出脉冲的周期是多少？

(3) 电路的频率稳定性如何？怎样提高其频率稳定度？

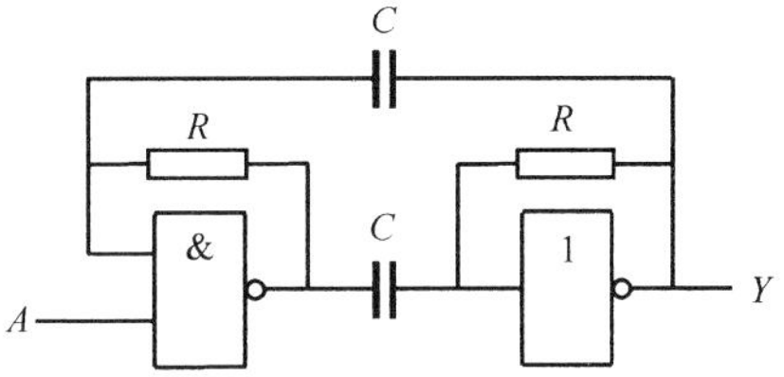

习题 8.6 图

习题 8.7　设计一 TTL 门电路构成的 RC 环形振荡器，要求 $f_0 \approx 500$ Hz。

(1) 确定 R 与 C 值；

(2) 修改电路，使波形占空比等于 50%。

习题 8.8　由多谐振荡器、D 触发器和反相积分器组成的电路如习题 8.8 图所示。试分析其工作原理并定性画出 u_1、u_2 和 u_O 的波形。

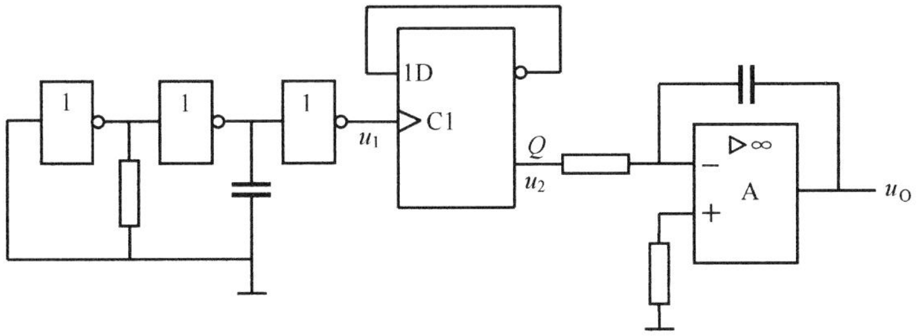

习题 8.8 图

习题 8.9　由 555 电路构成的多谐振荡器如习题 8.9 图所示，试分析其工作原理并画出工作波形。

习题 8.10　由 555 定时器组成的逻辑电平检测装置如习题 8.10 图所示，其中 u_C 调到 2.4 V。试回答以下问题：

(1) 555 定时器接成了什么电路？

(2) 可检测的逻辑高、低电平各是多少？

(3) 检测到高、低电平后，两个发光二极管如何点亮？

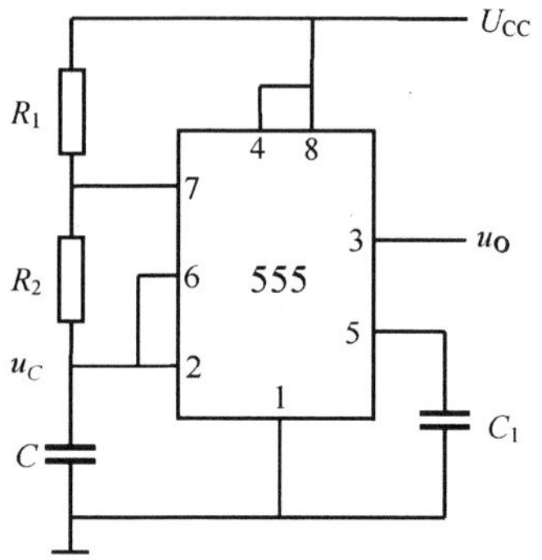

习题 8.9 图

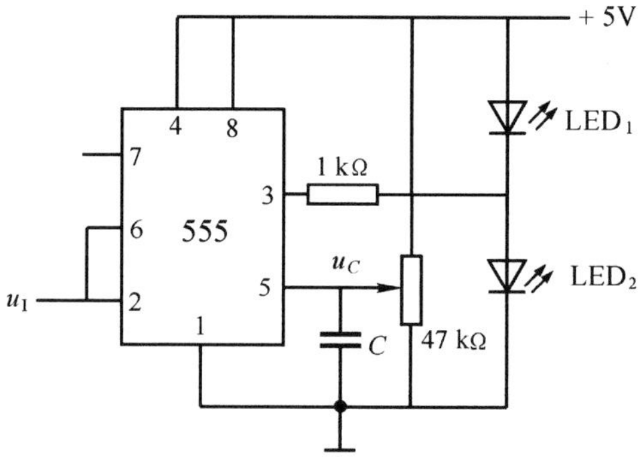

习题 8.10 图

第九章　数字系统设计

前面各章已较全面地介绍了用 SSI、MSI、LSI 和 PLD 设计基本的组合逻辑电路和时序电路，这些电路的组成比较简单，仅能完成某种特定的逻辑操作，属于功能部件级电路。本章将讨论如何用这些功能部件级电路设计复杂的、规模较大的数字系统，完成复杂的逻辑功能。数字系统的设计分两种方法：一种是利用定制的集成电路设计，考虑的问题比较复杂；另一种是用 VHDL 语言设计后，在可编程逻辑器件中实现，这在当前数字系统设计中使用相当普遍，已经成为数字系统设计的主流。

第一节　数字系统设计概述

一、数字系统基本组成

数字系统结构框图如图 9.1.1 所示，系统的核心（虚线框内）包括控制电路和受控电路两大部分。受控电路在控制电路的信号控制下可以完成各种逻辑操作，如计数运算，逻辑运算等等。控制器是控制系统内各部分协同工作的电路，它根据外部输入信号以及受控电路送来的反映当前状态的内部应答信号，产生对受控电路的控制信号以及系统对外界的输出信号，使各模块按正确的时序进行工作。有的较大的数字系统还设置了输入、输出接口和存储器。输入、输出接口主要用于系统和外界交换信息。存储器用来存储数据和各种控制信息，以供控制器调用。

从图 9.1.1 可以清楚地看出数字系统比前面讨论的功能模块在规模上大大增加，但这并不意味着规模庞大就是一个数字系统。如一个存储器，尽管其规模很大，可以达到数百兆字节，但由于它不同时具有控制电路和受控电路，且其功能单一，因而只能称之为一个功能部件。这里将仅需要几片或十几片 MSI 器件组成的既包含有控制部分又包含有受控部分的逻辑电路称之为数字系统。

数字系统的规模可大可小，复杂程度也有相当大的差别，它们通常由许许多多组合和时序功能部件连接而成，整个系统按照一定的规则和要求，实现复杂的逻辑操作。

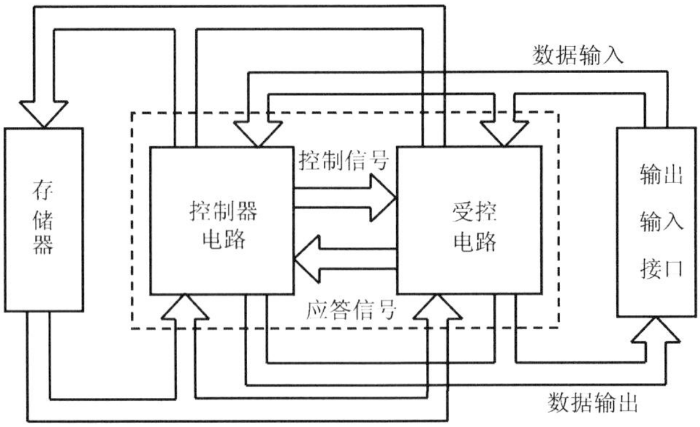

图 9.1.1　数字系统组成框图

二、传统数字系统设计方法

传统的数字电路理论中,由真值表、卡诺图、布尔方程、状态表和状态图来完整描述逻辑电路的功能。这样的描述方式对于输入变量、状态变量和输出函数个数较少的、规模较小的数字系统可以勉强使用,往往数字系统设计的质量主要凭借设计者对逻辑设计的熟悉程度和经验,把有关逻辑功能电路拼接成预期的系统,这种设计数字系统的方法,常称作试凑法。试凑法是数字系统设计中最原始、受限制最多、效率和效果欠佳的方法,有很大的局限性,不能适应各种功能、各种规模数字系统的设计要求。

通常,数字系统的输入变量、状态变量和输出变量的数目较多,传统的描述工具难以清晰地描述,必须寻找有效的描述系统功能的数学工具和较完善的设计方法,以便适用于各种模块、各种类型的数字系统的设计。

三、现代数字系统设计方法

目前有许多种设计方法适合现代大规模和超大规模数字系统设计,使得设计各步骤之间相互联系越来越紧密,越来越协调,以求数字系统获得良好的性能和正确的结果。如从上至下(from top to down)设计方法是设计者从整个系统逻辑功能出发,进行最上层的系统设计,而后按一定的原则将全局系统划分成若干子系统,逐级向下,再将每个子系统分为若干功能模块,模块还可以继续向下划分成子模块,直至分成许多最基本模块(甚至单片芯片)实现。从上至下的划分过程中,最重要的是将系统或子系统按图 9.1.1 那样划分成控制电路和若干个受控电路的功能模块。受控电路通常为设计者们所熟悉的各种功能电路,无论是取用现成模块还是自行设计的模块均可按前面讨论的方法设计，无须花费很大的精力。系统设计的主要任务是设计控制电路，而控制电路通常相当于不大的时序机，并且控制电路在系统或子系统中只有一个，设计工作不是相当复杂。从整体上看，从上至下的设计方法就是把一个复杂的系统设计工作化为一个较小规模的时序机和一些受控电路基本模块的问题，从而大大简化了设计的难度，缩短了设计周期。从另一角度看，大部分受控电路的基本模块已经经过验证，若修改只需对控制电路进行适当的调整，则给设计工作带来很大的方便。

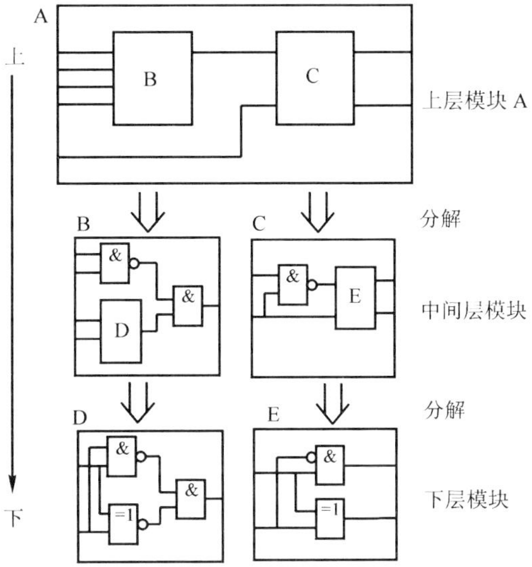

(a) 电路A的三层分解

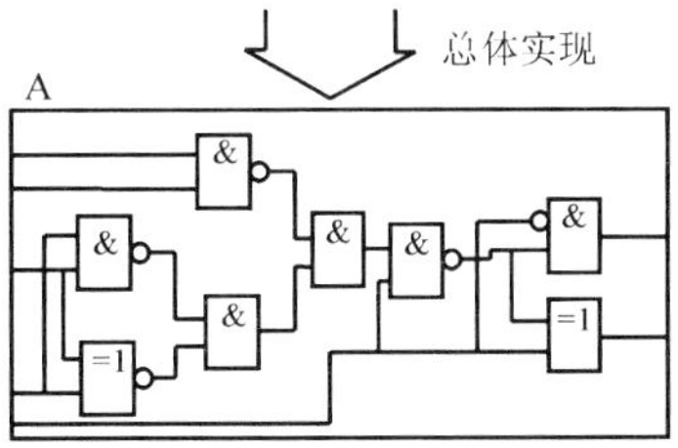

(b) 电路A的逻辑

图 9.1.2 从上至下设计方法的一个简单实例

图 9.1.2(a)是从上至下设计的一个简单实例。设电路 A 代表整体系统的初始设计描述，经过适当划分，将 A 分解为两个子模块 B 和 C，再将 B 和 C 的子模块中的 D 和 E 用基本单元表示，最后将三层归纳到图 9.1.2(b)所示的逻辑电路图。值得说明的是从上至下的层次化设计的层次数一般不受限制。

四、现代数字系统的设计流程

数字集成电路技术与其计算机辅助设计(Computer Aided Design,CAD)技术的发展相伴而行,相辅相成,相互促进。经过发展融合,形成电子系统设计自动化(Electronic System Design Automation,ESDA)。初期的电子设计自动化(EDA)工具多数只能适应某一阶段的工作,不同的阶段,由掌握不同专业知识的技术人员使用相应的 EDA 工具进行设计,前一段的成果(输出)是后一阶段工作的依据(输入)。不同阶段的衔接,往往要靠人的介入。近期发展起来的 EDA 工具是从上层系统级开始,对电路作功能描述,从上至下地跨越各个层次完成整个设计。

图 9.1.3 描述数字系统从上至下的分层设计流程图。在每一个层次上,大体都有描述、划分、综合和验证等四种工作。描述是设计电路与系统的输入方法,它可以是图形输入或硬件描述语言,如 VHDL。整个设计流程只有这部分是由设计者完成,因此它是设计者和 EDA 工具的界面。系统验证、功能验证和逻辑验证都属于模拟验证,是对实际数字系统制成模型,送入计算机后,在外部将激励信号施加于此模型,通过观察模型在外部激励信号作用下的反应,判断数字系统是否能实现预期功能。综合则是分析的逆过程,给定电路应实现的功能和实现此电路的约束条件,最后得到一个满足要求的设计方案。

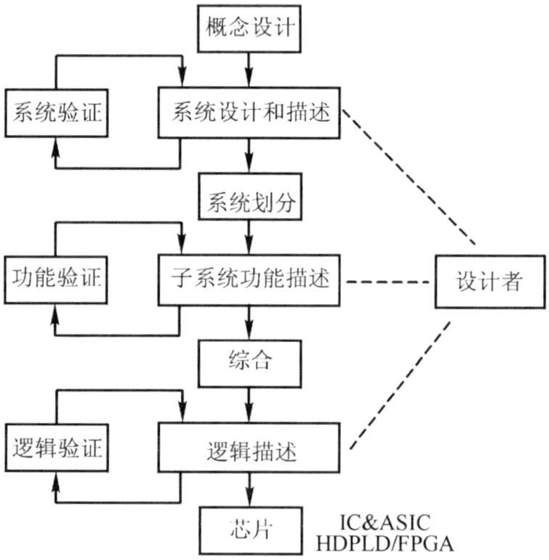

图 9.1.3　现代数字系统设计流程图

近几年来,数字系统的划分、综合、验证,甚至到优化都是用电子设计自动化软件平台自动完成。而且 EDA 的软件平台由于各种因素(如改进的算法、不断出现的各种功能模块等)还在不断地推陈出新,正是由于 EDA 的迅速发展,从上至下的设计方法得到广泛的应用。

第二节 ASM 图、MDS 图以及 ASM 图至 MDS 图的转换

从上至下设计的基本方法是把规模较大的系统从逻辑上划分为控制电路和受控电路两大部分，常采用 Algorithmic State Machine（ASM）和 Mnemonic Documented State（MDS）图来描述系统控制器的控制过程。这一节主要介绍 ASM 图和 MDS 图以及 ASM 图至 MDS 图的转换。

一、ASM 图

使用 ASM 图设计数字系统，首先要建立被设计系统的控制算法流程图——ASM 图，它用一些特定符号按规定的连接方式描述数字系统的功能。建立 ASM 图是整个设计过程中的关键步骤，ASM 图方案的优劣决定系统整体设计的好坏，所以对 ASM 图要反复推敲，选择出最佳的 ASM 图方案。

（一）ASM 图符号

ASM 图是算法状态机的英文缩写，其形式是控制算法流程图，表面上与通常的软件流程图非常相似。不同的是 ASM 图具有时间序列，即每隔规定数量的脉冲，转到下一状态，而一般软件流程图只表示事件序列，没有时间的概念。为了用 ASM 图描述数字系统的工作过程，首先需要研究 ASM 图中采用的符号和规则。

1. 状态框

状态框用一个矩形框表示，其左上角括号内是该状态的名称，其右上角的一组二进制码表示该状态的二进制编码，如图 9.2.1(a)所示。一个完全由状态框组成的 ASM 图如图 9.2.1(b)所示。在每一规定数量的时钟脉冲作用下，ASM 图的状态由现状态转换到次态，状态的改变是在时钟控制下实现，如 P 状态到 Q 状态，Q 状态到 R 状态。

状态框内可以定义任何输出信号和命令，图 9.2.1(a)中的语句表示在这一状态下输出的命令，其中表示将 X 的内容装入 IN；AC 清零；Sr 置 **1** 等等。

2. 条件分支框（判断框）

条件分支框在 ASM 图中很重要，当控制算法存在分支时，次态不仅决定于现态，还与现态的外输入有关。表示条件分支的符号与通常软件流程图的条件分支符号一样，以菱形表示，如图 9.2.2(a)所示。ASM 图条件分支表示方法如图 9.2.2(b)所示。将外输入变量 X 放入条件分支框内，条件分支框属于状态框

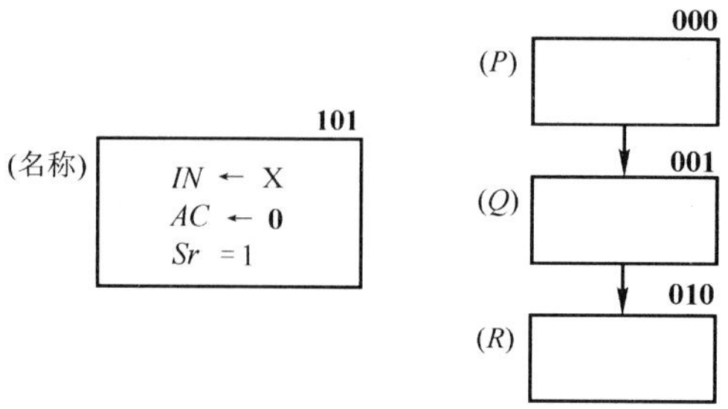

(a) ASM图状态框符号　　(b) 状态框组成的ASM图

图 9.2.1　ASM 图的状态图

A，即条件分支框和状态框 A 属于同一个状态，它们是在同一个状态内完成的动作。在每一规定数量的时钟脉冲作用下，由于外输入 X 值的不同，次态可能进入 B 或 C 状态，而这一状态的转换是在状态 A 结束时完成。

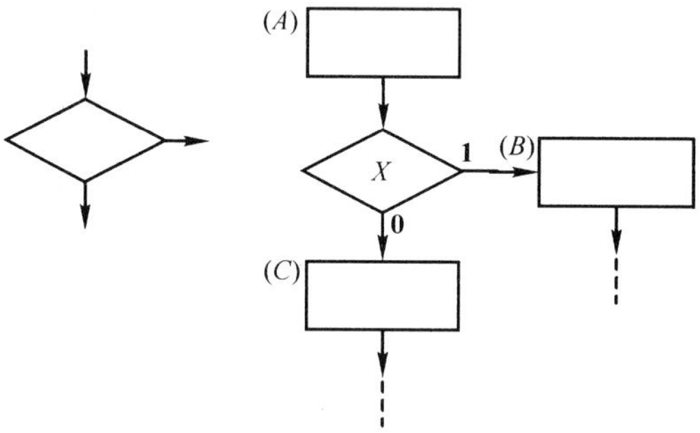

(a) 条件分支框符号　　(b) 条件分支表示法

图 9.2.2　ASM 图的条件分支框

上面讲述的条件分支是一个变量的两种情况，条件分支也可以是两个变量以上，产生多个条件分支，图 9.2.3 给出三个分支的两种表示方法，其中图(a)是真值表图解表示法，两个输入变量 X_1、X_2 同等重要，没有哪个变量起支配作用。图(b)的输入变量 X_1 优先级高于 X_2，设计者可根据需要确定输入变量的优先级。

3. 条件输出框

前面讲述了输出命令写在状态框内，但某些状态下的输出命令只有在一定条件下才能输出，这种输出命令称为条件输出。为了与前面的状态输出有所区别，用椭圆框表示条件输出，并将条件输出 Z_2 写在条件输出框内，如图 9.2.4 所示。其中状态 P 的无条件输出命令为 Z_1，而条件输出命令 Z_2 只有在状态 P 且外输入 $X=0$ 时才输出，条件输出框和条件分支框皆属于状态 P。由此可知，

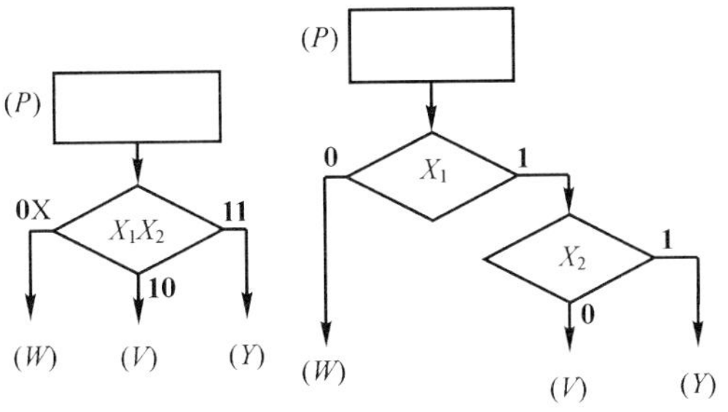

(a) 真值表图解法　(b) 变量优先级分支法

图 9.2.3　三个分支表示法

ASM 图中的一个状态肯定具有一个状态框，有时还包括若干个条件分支框和条件输出框。而条件分支框除决定次态外，还决定条件输出。

上述三种符号构成 ASM 图所需要的基本符号，下面举例说明如何用 ASM 图来实现硬件电路。

(二) ASM 图的硬件实现

例 9.2.1　已知 ASM 图如图 9.2.5 所示，用 PLA 阵列和一定数量的 D 触发器实现。

解： 用 ASM 图设计电路时，首先要理解 ASM 图的流程图，确定存在几种状态，将每个状态给以任意状态编码或称状态分配，并将相应编码写在状态框的右上角。我们知道 n 个变量可以描述 2^n 个状态，因该 ASM 图有三个状态 P、Q、R，故需要两个状态变量，其中条件分支框和条件输出框属于状态 P，分配状态编码为 **00**。由图 9.2.5 可见，一个外输入 X，两个输出命令 Z_1、Z_2，两个状态变量 Q_2Q_1，此例要求选用 D 触发器，所以选用两个 D 触发器设计电路。由该 ASM 图

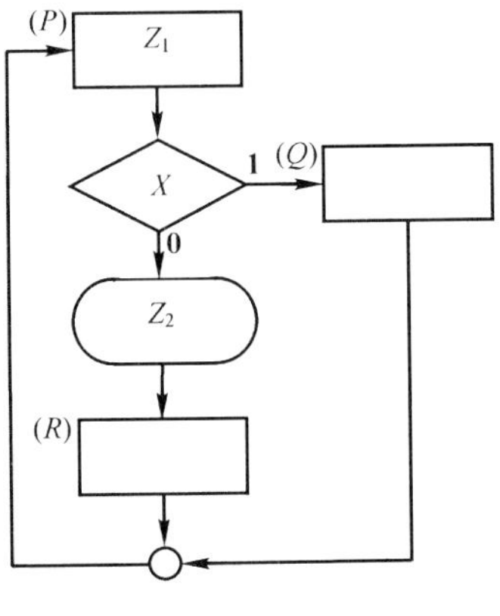

图 9.2.4　具有条件输出框的 ASM 图

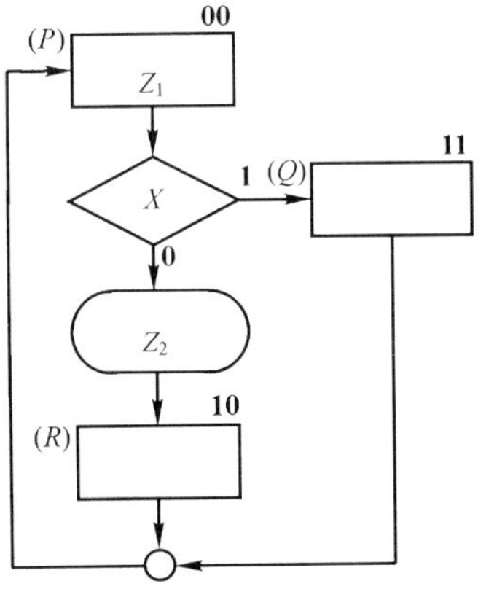

图 9.2.5　经过状态分配的 ASM 图

很容易导出状态转换表，如表 9.2.1 所示。该表为简化状态转换表，因为 **10** 和 **11** 状态与输入 X 无关，所以对应于该两行 X 值可作为任意项 × 处理，如表 9.2.1 中三、四、五行所示。表中 **01** 为未指定状态，因此应妥善处理这个状态，考虑因偶然因素出现 **01** 状态时，应强迫其次态为 **00**，以保证一旦出现 **01** 状态后，经过一个时钟周期可以自动回到有效状态循环。

表 9.2.1　状态转换表

现态			次态		输出	
Q_{2n}	Q_{1n}	X	Q_{2n+1}	Q_{1n+1}	Z_1	Z_2
0	**0**	**0**	**1**	**0**	**1**	**1**
0	**0**	**1**	**1**	**1**	**1**	**0**
0	**1**	×	**0**	**0**	**0**	**0**
1	**0**	×	**0**	**0**	**0**	**0**
1	**1**	×	**0**	**0**	**0**	**0**

由状态转换表 9.2.1 写出触发器的驱动方程如下

$$Q_{2n+1} = D_2 = \overline{Q}_{2n}\,\overline{Q}_{1n}\,\overline{X} + \overline{Q}_{2n}\,\overline{Q}_{1n}X = \overline{Q}_{2n}\,\overline{Q}_{1n}$$

$$Q_{1n+1} = D_1 = \overline{Q}_{2n}\,\overline{Q}_{1n}X$$

由 ASM 图除得到状态表和驱动方程外，还可得到输出方程如下

$$Z_1 = (P) = \overline{Q}_{2n}\,\overline{Q}_{1n}$$

$$Z_2 = (P)\,\overline{X} = \overline{Q}_{2n}\,\overline{Q}_{1n}\,\overline{X}$$

由此可得，实现图 9.2.5 的 ASM 图的完整硬件逻辑图，如图 9.2.6 所示。

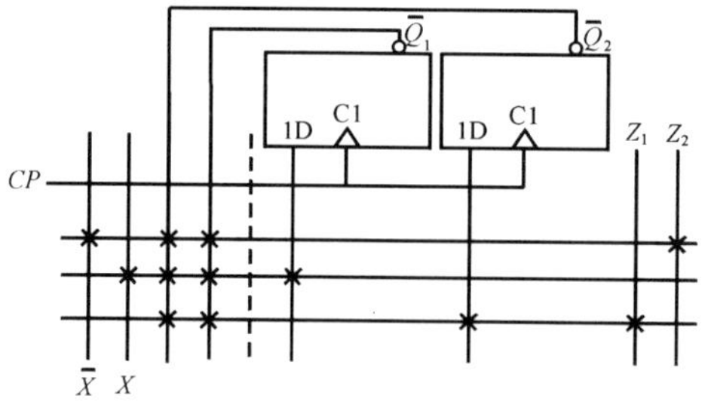

图 9.2.6　图 9.2.5 的 PLA 逻辑图

二、MDS 图

MDS 图与状态图十分相似，且扩展了状态图的功能，又简练了状态图。在用 MDS 图表示系统的设计过程时，既方便清晰又具有较大的灵活性。在了解

MDS 图之前，首先研究 MDS 图中采用的符号。

（一）MDS 图符号

表示状态 S_i。

表示状态 S_i 无条件转换到状态 S_j，即只要时钟脉冲 CP 的有效作用沿到来，状态 S_i 自动转换为 S_j。

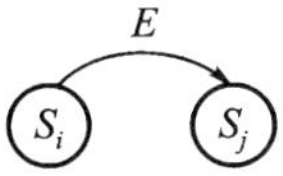

表示状态 S_i 转换到状态 S_j，E 为实现这一转换所必须满足的条件，它可以是一个字母作为一个变量表示的两种情况；也可以是一个乘积项，例如 $Y \cdot ST$；还可以是更为复杂的布尔表达式等等。

表示进入状态 S_i 时，输出 Z 变成有效。如果 Z 的有效电平已确定，例如是 H，则可以用 (S_i) $Z = \mathrm{H}\downarrow$ 表示。

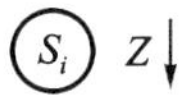

表示进入状态 S_i 时，输出 Z 变成无效。同样，如 Z 的有效电平是 H，则可以用 (S_i) $Z = \mathrm{H}\downarrow$ 表示。

表示进入状态 S_i 时，输出 Z 变成有效；退出时 Z 变成无效。如果 Z 的有效电平已确定是 H，则可以用 (S_i) $Z = \mathrm{H}\uparrow\downarrow$ 来表示。

表示如果条件 E 满足，则进入状态 S_i 时 Z 变成有效，退出时 Z 则无效。

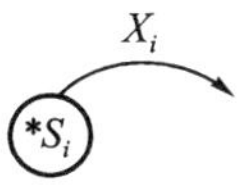

表示 X_i 是一个异步输入信号，从而表示 $({}^*S_i)$ 是在异步输入作用下才退出这一状态。

（二）状态图到 MDS 图

首先来考虑有输出的状态图问题，设输出逻辑 **1** 为有效，**0** 为无效。图 9.2.7(a) 给出了未标明引起状态转换的输出情况的穆尔型状态图。图中 A，B，C 三个状态的输出 Z_1 和 Z_2 依次为 **01**、**11**、**00**。这说明 Z_1 在由状态 A 变成状态 B 时由 **0** 变 **1**，即 Z_1 变成有效；在由状态 B 变成状态 C 时 Z_1 由 **1** 变 **0**，即 Z_1 变成无效。概括地说，若进入状态 B 则输出 Z_1 有效，退出状态 B 则 Z_1 无效。因此可以变换另一种形式来表示 Z_1 的变化，如图 9.2.7(b) 中状态 B 外侧所示的 $Z_1\uparrow\downarrow$。对于输出 Z_2 来说，进入状态 A 时有效，只有进入状态 C 时才变成无效。与 Z_1 表示方法相类似，在图 9.2.7(b) 中箭头指出了相应的变化。

图 9.2.7(c) 既考虑了输入又考虑了输出的状态图。在此图中，输入 X_1、X_2、X_3 如果满足条件 $X_3X_1 = \mathbf{01}$，则由状态 C 进入状态 A，Z_2 由 **0** 变 **1**，Z_1 不变。

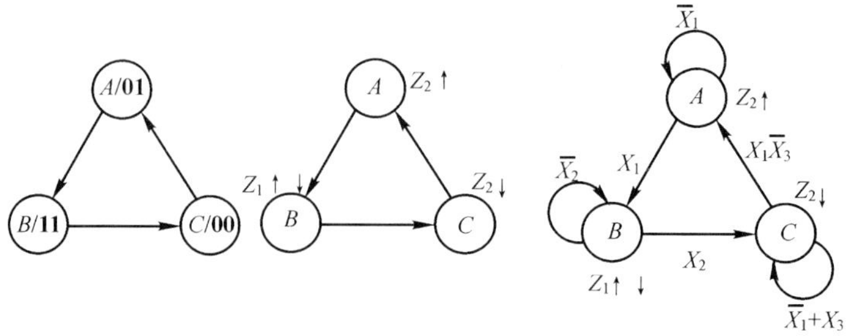

(a) 状态图　　(b) 无输入的 MDS 图　　(c) 有输入的 MDS 图

图 9.2.7　状态图到 MDS 的变化

若此时 $X_1=\mathbf{0}$，状态 A 保持不变；$X_1=\mathbf{1}$，则由状态 A 进入状态 B，Z_2 不变，Z_1 由 **0** 变为 **1**。在状态 B 时，若 $X_2=\mathbf{1}$，则由 B 进入 C，Z_1 由 **1** 变 **0**，Z_2 也由 **1** 变 **0**。输入变量 X_i 表示 $X_i=\mathbf{1}$，$\overline{X}_i$ 表示 $X_i=\mathbf{0}$，$\overline{X}_i$ 和 X_i 均代表了绝对电平。同样 $Z_i\uparrow$ 表示 Z_i 由 **0** 变 **1**，$Z_i\downarrow$ 表示 Z_i 由 **1** 变 **0**，也表示了绝对电平的变化。对此，又可以进一步把这些符号抽象化，X_i 就表示变量 X_i 有效，$\overline{X}_i$ 表示 X_i 无效，$Z_i\uparrow$ 表示使 Z_i 有效，$Z_i\downarrow$ 表示使 Z_i 无效。这样，图 9.2.7(c) 中的 $\overline{X}_3X_1$ 表示 X_3 无效，X_1 有效。$Z_1\uparrow\downarrow$ 表示与状态 B 相伴随的输出。由此可见，图 9.2.7(c) 中的输入符号、输出符号等构成的状态图称为 MDS 图。

现在再考虑一例有条件输出的 MDS 图，从下面的例子可以发现有条件输出可以使 MDS 图更为紧凑。图 9.2.8(a) 是某米莱型状态图的一部分，它的含义是，如果电路处在状态 A，则下一个时钟的前沿到来时输出 Z 决定于当时的 X 是否为 **1**，并可以把输出 Z 表示为 $Z\uparrow\downarrow=A\cdot X$，写在状态 A 小圈的外侧，与此对应的 MDS 图如图 9.2.8(b) 所示，等式表示输出条件。

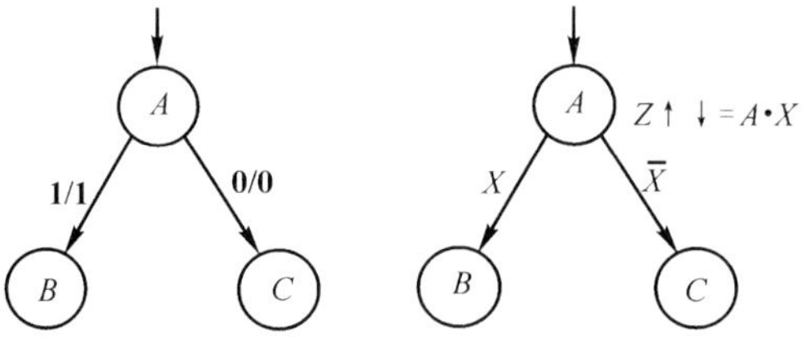

(a) 状态图　　(b) MDS 图

图 9.2.8　条件输出

三、ASM 图至 MDS 图的转换

详细的 ASM 图既可以是确定系统方案的最终结果，直接用来设计电路，也可以作为阶段成果，转换到设计控制器的 MDS 图。下面说明它们之间的相互关

系和转换规则。

(1) ASM 图中的一个状态框，表示了系统应该完成的一组动作，它对应 MDS 图中的一个状态 S_i。

(2) ASM 图中的一个判别框，表示控制器应进行的判断和决策，构成了 MDS 图的分支，其中的判别信号是转换条件或分支条件的一部分或全部，图 9.2.9(a)、(b)给出了上述转换规则。

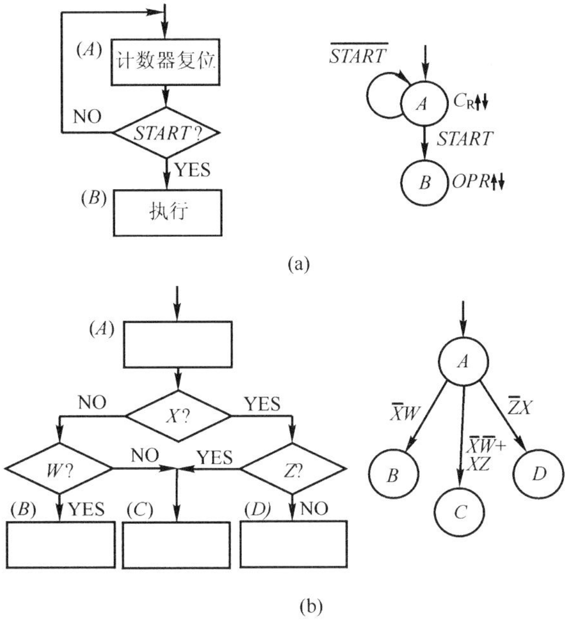

图 9.2.9　ASM 图至 MDS 图的转换之一

(3) 控制器的输出是为实现状态框所要求的操作而发出的信息，它对应于 MDS 图中状态圈外侧的输出，如图 9.2.9(a)、(b)所示。

(4) ASM 图中的条件输出与 MDS 图中的条件输出相对应。图 9.2.10 表明了它们之间的对应关系。

需要特别提出的是，在图 9.2.10 中，如果 *START* 为同步变量，则启动脉冲 *RUN* 的持续时间为 *A* 状态的保持时间；如果 *START* 为异步变量，则 *RUN*↑↓的时间将不确定。所以，在条件输出的输出条件中，不应包含有异步信号，异步输入信号必须经同步化处理。

(5) 在详细的 ASM 图的某一分支上，可能会出现两个彼此独立并与系统的时钟无关的异步判别信号，如图 9.2.11(a)所示。图 9.2.11(b)是与 ASM 图对应的 MDS 图。为使要设计的电路能保证捕获这两个异步变量，通常要重新组合 ASM 图，在此图中定义出新的状态，使它在一个分支上只有一个异步变量，如图

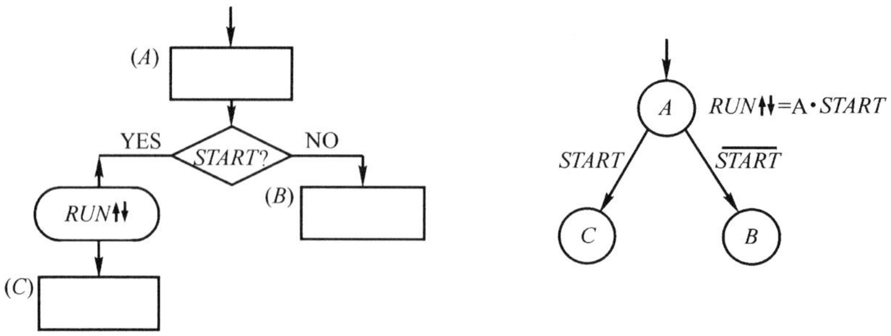

图 9.2.10　ASM 图至 MDS 图的转换之二

9.2.11(c)所示。显然状态 D 是为此目的新定义的状态，与图 9.2.11 (c)对应的 MDS 图见图 9.2.11 (d)所示。

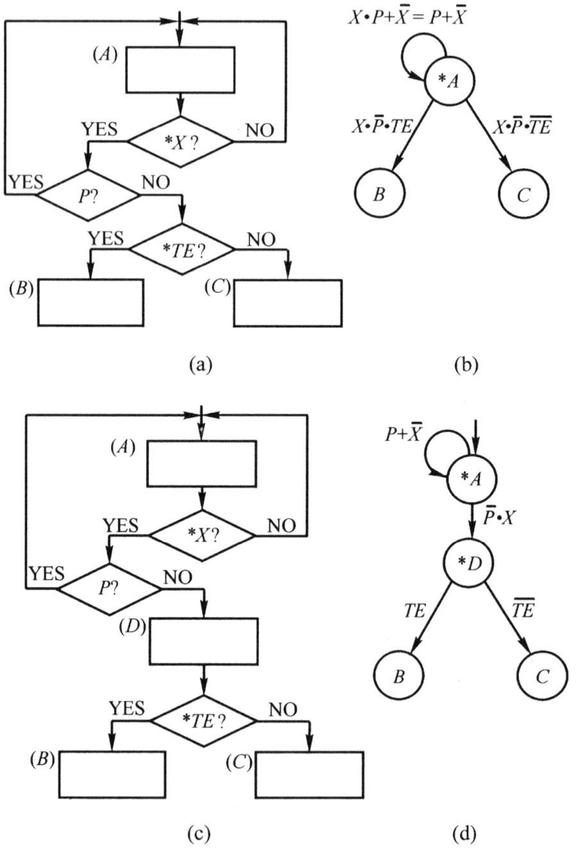

图 9.2.11　ASM 图至 MDS 图的转换之三

第三节　数字密码引爆器系统设计

在前面几节中，讨论了数字系统的概念和数字系统设计方法、ASM 及 MDS 图。在这一节中，我们将讨论一个数字密码引爆系统，用它将从上至下的设计方法融会贯通。首先从系统级入手，确定初步方案，然后将设计细分，进行模块划分，直至用 VHDL 综合为止。

一、数字密码引爆器顶层设计

（一）顶层方案设计

数字密码引爆器系统的密码采用三个十进制数字，当三个数字输入正确后，就可以正确引爆起爆装置。当输入密码数字错误或输入密码位数不正确就进行引爆，将会产生错误并系统报警，从而增加系统的可靠性。

首先描述输入电路：

（1）在开始输入数字之前，首先设置 *READY* 键，表示目前数字系统准备就绪，可以输入数字密码。

（2）当引爆事件发生后，应重新恢复到等待状态，需设置一个 *WAIT_T* 键。

（3）若没有正确使用密码，产生报警信号，这时操作 *READY* 和 *WAIT_T* 键是不起作用的，必须是内部保安人员再重新设置到等待状态，这就需要设置另一个复位按键 *SETUP*。

（4）密码正确输入之后，设置一个点火（引爆）按键 *FIRE*。

（5）十个数字按键用来作为密码输入。

其次描述输出电路：

（1）当密码操作正确并点火后，输出一绿灯信号 *LT* 表示引爆。

（2）当密码操作有误，输出一红灯信号 *RT*，并伴随报警装置 *LB* 鸣叫。

（3）设置一七段 LED 显示数码管显示输入的密码数字。

综上所述，确定数字密码引爆系统的基本方案如下：

1. 采用三位十进制数字作为密码，密码在内部设置。

2. 系统通电后并按 *WAIT_T* 键进入等待状态，在该状态下绿灯 *LT* 和报警灯 *RT* 皆不亮。

3. 引爆过程。

（1）按准备就绪键 *READY*，启动引爆程序，此时系统处于准备状态。

（2）依次键入三个十进制数字。

（3）若按上述操作执行正确后，启动点火按键 *FIRE*，绿灯亮。若按错密码或未按照上述操作执行，启动点火按键 *FIRE* 后，报警喇叭响，红灯亮。

(4) 引爆正确后进入下一次引爆等待状态，需要按 *WAIT_T* 键，使系统重新进入等待状态。若在报警状态，按 *WAIT_T* 键和 *READY* 键应不起作用，需另设一内部 *SETUP* 键才能使系统进入等待状态，内部 *SETUP* 键应放在保安人员值班室或其他使用者接触不到的地方。

(5) 操作者若按错密码，可在按 *FIRE* 键之前按 *READY* 键重新启动引爆程序。

根据上述考虑，可以画出数字密码引爆器的符号框图，如图 9.3.1 所示，它说明了整个系统的外部输入和输出情况。数码 $A_0 \sim A_9$，*READY*，*FIRE*，*WAIT_T*，*SETUP* 均为按键产生，且按下为高电平。报警的标准频率由外部提供。

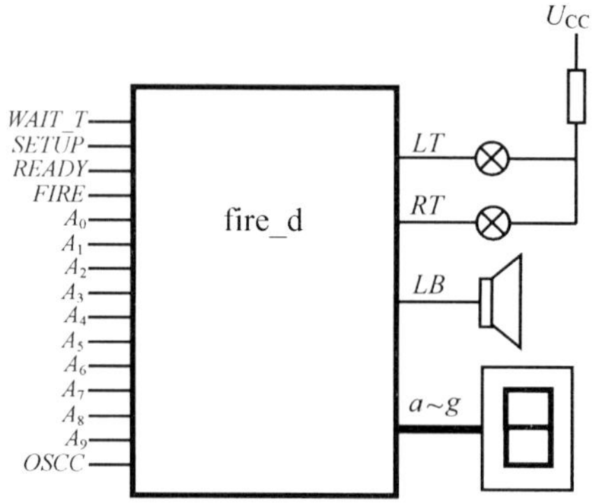

图 9.3.1　数字密码引爆器顶层框图

(二) 顶层实体的 VHDL 程序

在任何从上至下的设计描述中，第一步是描述顶层的系统接口，系统接口包括输入信号、输出信号、双向信号以及需传输的某些参数。需要描述的不仅是信号的方向，还包括信号的类型，如图 9.3.1 所示。

VHDL 程序的系统接口由实体描述，因此第一步是建立顶层实体和顶层实体描述的输入和输出信息及有关参数。下面根据图 9.3.1 所示的框图符号写出 VHDL 顶层实体的 VHDL 程序。

```
LIBRARY ieee;
USE ieee.std_logic_1164.all;
ENTITY fire_d IS
  PORT(A0,A1,A2,A3,A4,A5,A6,A7,A8,A9,WAIT_T:IN std_logic;
       FIRE,READY,SETUP,OSCC:IN std_logic;
       LT,RT,LB,A,B,C,D,E,F,G:OUT std_logic);
END fire_d;
```

（三）顶层结构体的设计及 VHDL 实现

数字密码引爆器的顶层结构体将在最高层次上进行设计，因此可以在投入大量的时间和精力写实际控制器之前，先对控制器概念进行讨论。顶层的结构体可以看做是系统的指标，和顶层实体一起，它们是整个设计的行为功能文件。

从上至下设计的主要精神在于将系统划分几个部分，如控制部分和受控部分，受控部分又靠各种模块来实现。这一步的任务就是根据前一步确定的系统功能，确定使用哪些模块以及这些模块与控制器之间的关系。

首先从输入信号看起，前面已确定数字密码引爆器的密码采用按键输入，其中 0 ~ 9 十个数字首先送入系统经编码器（10 线至 4 线）转换成 BCD 码并与原存储于系统中的密码进行比较，因而需要一个 4 位数码比较器，并将比较结果 *Dep* 反馈给控制器。这两个模块都是组合电路，如图 9.3.2 所示。

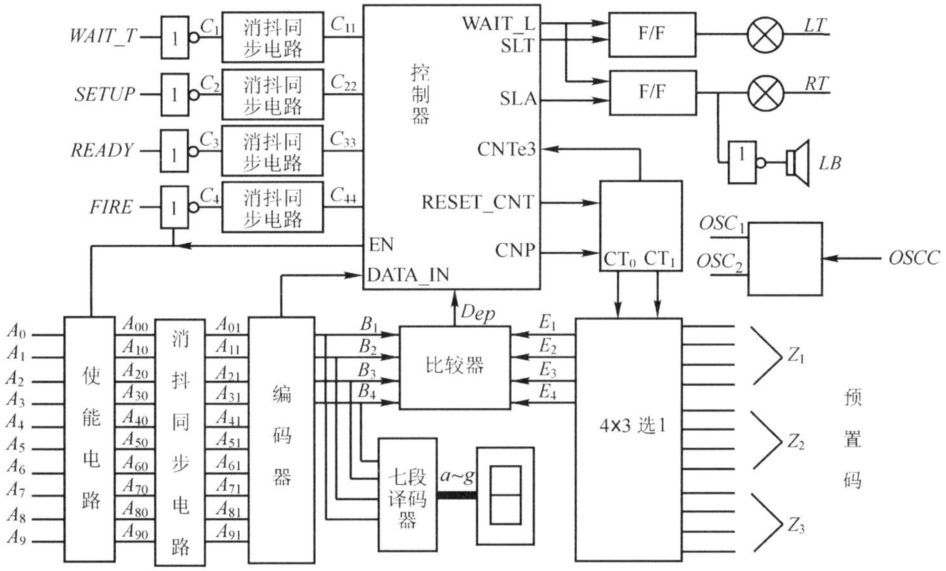

图 9.3.2　数字密码引爆器结构框图

由于密码是串行输入，每次分别与一个预置码比较，而这三个十进制数码分别由 12 个二进制码预置为 Z_1、Z_2、Z_3，所以应由一个 4 ×3 选 1 数据选择电路来构成。选择器的地址码用一个计数器控制，控制器向计数器提供下列信号：复位信号 *RESET_CNT*，时钟信号 *CNP*。计数器的模为 4（有 0、1、2、3 四个状态），每送一个码，控制器向计数器提供一个时钟 *CNP*，使计数器状态加 1，当计数器至 3 时，说明已送入三个数据，此时计数器向控制器发出反馈信号 *CNTe3*，通知控制器进入引爆状态。

至于 *READY*、*FIRE* 等输入信号，可直接送入控制器，控制其状态的转换，但

因 *READY*、*FIRE* 和数据输入一样皆由按键产生，其产生时刻和持续时间长短是随机不定的，且存在因开关簧片引起的电平抖动现象，必须在每个开关后面安排一个消抖同步化电路模块，以保证系统能捕捉到输入脉冲，并保证每一按键只形成一个宽度等于系统周期的脉冲。同步化电路的形式很多，图 9.3.3 是一种具有消抖功能又有同步化功能的电路，其应用较广。

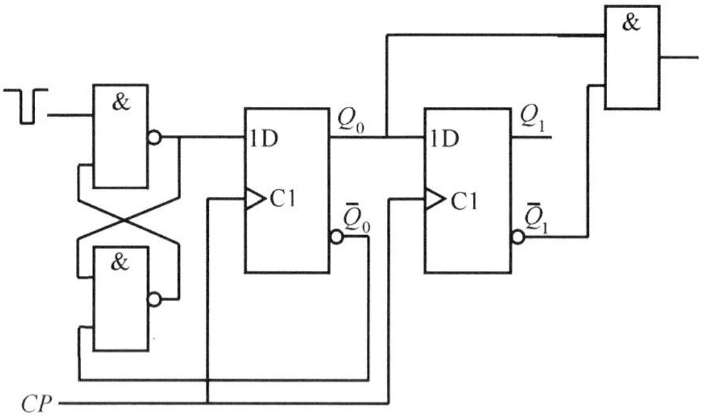

图 9.3.3　消抖同步化电路

控制器在系统每收到一个数据时向计数器发出一个时钟信号，而当系统在按 *FIRE* 键以前收到第四个时钟信号时应转入报警状态，等待 *FIRE* 信号到后报警，因而每键入一个数据，应向控制器送入一个 *DATA_IN*。显然数据输入信号也应同步化，形成宽度只占一个系统时钟周期的脉冲。

系统的输出有引爆指示灯 *LT*(绿)，其工作由控制器提供置位信号 *SLT*，而在按 *WAIT_T* 键时向它提供 *WAIT_L* 信号。系统的另一个输出是报警信号，使用单频 1 000 Hz 信号(由外部提供，再分频得之)驱动蜂鸣器，使信号 *SLA* 有效，*SLA* 信号由控制器提供。

至此，已对顶层结构体进行了模块划分，如图 9.3.2 所示。下面根据图 9.3.2数字密码引爆器的结构连接图，写出 VHDL 的顶层结构描述程序。

```
ARCHITECTURE fire_d_arc OF fire_d IS
  COMPONENT se7 IS
    PORT(A,B,C,D:IN std_logic;
         E,F,G,H,I,J,K:OUT std_logic);
  END COMPONENT;
  COMPONENT direct IS
    PORT(A:IN std_logic;
         B:OUT std_logic);
  END COMPONENT;
  COMPONENT kand2 IS
    PORT(A,B:IN std_logic;
```

```
        C:OUT std_logic);
END COMPONENT;
COMPONENT kinvert IS
    PORT(A:IN std_logic;
        B:OUT std_logic);
END COMPONENT;
COMPONENT ksy IS
    PORT(A,B:IN std_logic;
        C:OUT std_logic);
END COMPONENT;
COMPONENT kenl IS
    PORT(A,B:IN std_logic;
        C:OUT std_logic);
END COMPONENT;
COMPONENT kf_f IS
    PORT(A,B:IN std_logic;
        C:OUT std_logic);
END COMPONENT;
COMPONENT kcoun102 IS
    PORT(A:IN std_logic;
        B:OUT std_logic);
END COMPONENT;
COMPONENT kcoun101 IS
    PORT(A:IN std_logic;
        B:OUT std_logic);
END COMPONENT;
COMPONENT k4mux IS
    PORT(A, B:IN std_logic;
        C,D,E,F:OUT std_logic);
END COMPONENT;
COMPONENT controll IS
    PORT(A,B,C,D,E,F,G,CLK:IN std_logic;
        H,I,J,K,L,M:OUT std_logic);
END COMPONENT;
COMPONENT kbian IS
    PORT(A,B,C,D,E,F,G,H,I,J:IN std_logic;
        T,X,Y,Z,W:OUT std_logic);
END COMPONENT;
```

```
  COMPONENT kcount IS
    PORT(A,B:IN std_logic;
         C,D,E:OUT std_logic);
  END COMPONENT;
  COMPONENT kcom IS
    PORT(A,B,C,D,E,F,G,H:IN std_logic;
         T:OUT std_logic);
  END COMPONENT;
  SIGNAL E1,E2,E3,E4,B1,B2,B3,B4,C1,C2,C3,C4,EN,C11,C22,C33,C44:
         std_logic;
  SIGNAL DATA_IN,RRT,RT1,WAIT_L,SLT,SLB,CNTe3,CNP:std_logic;
  SIGNAL RESET_CNT,CT0,CT1,Dep,A00,A01,A10,A11,A20,A21,A30:std_log-
         ic;
  SIGNAL A31,A40,A41,A50,A51,A60,A61,A70,A71,A80,A81,A90,A91:std_
         logic;
  SIGNAL DATA_IN1,DATA_IN2,OSC1,OSC2:std_logic;
BEGIN
  U0:kinvert          PORT MAP(WAIT_T,C1);
  U1:kinvert          PORT MAP(SETUP,C2);
  U2:kinvert          PORT MAP(READY,C3);
  U3:kinvert          PORT MAP(RRT,RT1);
  U4:ken1             PORT MAP(FIRE,EN,C4);
  U5:ken1             PORT MAP(A0,EN,A00);
  U6:ken1             PORT MAP(A1,EN,A10);
  U7:ken1             PORT MAP(A2,EN,A20);
  U8:ken1             PORT MAP(A3,EN,A30);
  U9:ken1             PORT MAP(A4,EN,A40);
  U10:ken1            PORT MAP(A5,EN,A50);
  U11:ken1            PORT MAP(A6,EN,A60);
  U12:ken1            PORT MAP(A7,EN,A70);
  U13:ken1            PORT MAP(A8,EN,A80);
  U14:ken1            PORT MAP(A9,EN,A90);
  U15:ksy             PORT MAP(C1,OSC2,C11);
  U16:ksy             PORT MAP(C2,OSC2,C22);
  U17:ksy             PORT MAP(C3,OSC2,C33);
  U18:ksy             PORT MAP(C4,OSC2,C44);
  U19:ksy             PORT MAP(A00,OSC2,A01);
  U20:ksy             PORT MAP(A10,OSC2,A11);
```

```
    U21:ksy          PORT MAP(A20,OSC2,A21);
    U22:ksy          PORT MAP(A30,OSC2,A31);
    U23:ksy          PORT MAP(A40,OSC2,A41);
    U24:ksy          PORT MAP(A50,OSC2,A51);
    U25:ksy          PORT MAP(A60,OSC2,A61);
    U26:ksy          PORT MAP(A70,OSC2,A71);
    U27:ksy          PORT MAP(A80,OSC2,A81);
    U28:ksy          PORT MAP(A90,OSC2,A91);
    U29:kbian        PORT MAP (A01,A11,A21,A31,A41,A51,A61,A71,A81,
                              A91,DATA_IN1,B1,B2,B3,B4);
    U30:kcom         PORT MAP(B1,B2,B3,B4,E1,E2,E3,E4,Dep);
    U31:controll     PORT MAP (C11,C22,C33,C44,DATA_IN,Dep,
                              CNTe3,OSC2,EN,CNP,RESET_CNT,SLB,SLT,
                              WAIT_L);
    U32:k4mux        PORT MAP(CT0,CT1,E1,E2,E3,E4);
    U33:kcount       PORT MAP(CNP,RESET_CNT,CT0,CT1, CNTe3);
    U34:kf_f         PORT MAP(WAIT_L,SLT,LT);
    U35:kf_f         PORT MAP(WAIT_L,SLB,RRT);
    U36:kcoun102     PORT MAP(OSC1,OSC2);
    U37:kand2        PORT MAP(RT1,OSC1,LB);
    U38:direct       PORT MAP(RRT,RT);
    U39:direct       PORT MAP(DATA_IN1,DATA_IN2);
    U40:direct       PORT MAP(DATA_IN2,DATA_IN);
    U41:se7          PORT MAP(B1,B2,B3,B4,A,B,C,D,E,F,G);
    U42:kcoun101     PORT MAP(OSCC,OSC1);
END fire_d_arc;
```

在顶层结构描述 VHDL 程序中 ARCHITECTURE 和 BEGIN 之间的说明区做了两个工作,一是说明结构描述程序中所要调用的元件;二是定义连接这些元件的信号。说明元件的顺序是:七段显示译码器、缓冲器、两输入**与**门、反相器、消抖同步化、三态使能、触发器、200 分频、1 000 分频、预置密码电路、控制器、计数器、编码器和比较器电路。SIGNAL 后面的字符串是定义图 9.3.2 各元件之间的连接信号。在 BEGIN 和 END 之间的结构描述区,将图 9.3.2 中的各个模块用定义的信号连接起来,其中一些缓冲器的置入是为了时序的配合。

二、次级电路分析与 VHDL 实现

前面我们讨论了数字密码引爆器的原理以及顶层实现,现在进一步分析次

层的控制器和受控器的设计思路。

（一）受控部分电路设计

在图 9.3.2 中，除控制器部分外都称为受控部分，受控部分主要包括：编码电路、输入消抖同步电路、比较电路、预置密码电路、计数器选择电路和输出电路等等。下面根据图 9.3.2 编写出受控部分的 VHDL 程序。

1. 编码电路

编码电路是 10 线至 4 线的 BCD 编码器。因为前级消抖电路中输出是高电平，所以 0 ~ 9 十个数码经同步消抖后进入编码器，应是高电平有效。输出 B_4 为 MSB，B_1 为 LSB。在图 9.3.2 中有编码器的模块符号图，编码器的 VHDL 程序如下。

```
LIBRARY ieee;
USE ieee.std_logic_1164.all;
ENTITY kbian IS
  PORT(A,B,C,D,E,F,G,H,I,J:IN std_logic;
       T,X,Y,Z,W:OUT std_logic);
END kbian;
ARCHITECTURE kbian_arc OF kbian IS
BEGIN
  PROCESS(A,B,C,D,E,F,G,H,I,J)
  BEGIN
    IF A = '1'THEN
      T <= '1'; X <= '0'; Y <= '0'; Z <= '0'; W <= '0';
    ELSIF B = '1'THEN
      T <= '1'; X <= '1'; Y <= '0'; Z <= '0'; W <= '0';
    ELSIF C = '1'THEN
      T <= '1'; X <= '0'; Y <= '1'; Z <= '0'; W <= '0';
    ELSIF D = '1'THEN
      T <= '1'; X <= '1'; Y <= '1'; Z <= '0'; W <= '0';
    ELSIF E = '1'THEN
      T <= '1'; X <= '0'; Y <= '0'; Z <= '1'; W <= '0';
    ELSIF F = '1'THEN
      T <= '1'; X <= '1'; Y <= '0'; Z <= '1'; W <= '0';
    ELSIF G = '1'THEN
      T <= '1'; X <= '0'; Y <= '1'; Z <= '1'; W <= '0';
    ELSIF H = '1'THEN
      T <= '1'; X <= '1'; Y <= '1'; Z <= '1'; W <= '0';
    ELSIF I = '1'THEN
```

```
    T <='1'; X <='0'; Y <='0'; Z <='0'; W <='1';
  ELSIF J='1'THEN
    T <='1'; X <='1'; Y <='0'; Z <='0'; W <='1';
  ELSE
    T <='0'; X <='1'; Y <='1'; Z <='1'; W <='1';
  END IF;
 END PROCESS;
END kbian_arc;
```

符号"A,B,C,D,E,F,G,H,I,J"(对应图9.3.2中 $A_{01} \sim A_{91}$)是十个按键输入,符号"X,Y,Z,W"(对应图9.3.2中 $B_1 \sim B_4$)是4位二进制输出,有按键输入时,信号T(对应图9.3.2中 *DATA_IN*)有效,输出为**1**。若无按键输入时,信号T无效,输出为**0**。如当按键A按下时,4位二进制输出X、Y、Z、W全是**0**,代表十进制的0,同时输出T为**1**;又如按键D按下时,4位二进制输出X、Y为**1**,而Z、W为**0**,代表十进制的3,输出信号T也为**1**;若没有按键按下,4位二进制输出X、Y、Z、W全是**1**,此时BCD码处在无效状态,同时输出信号T为**0**。

2. 输入同步消抖电路

SETUP、*READY*、*WAIT_T*、*FIRE* 和 $A_0 \sim A_9$ 十个数码输入电路需要一同步消抖电路,如图9.3.3所示。图9.3.3中的触发器是用**与非**门构成低电平触发,因而按键送入的数码必须设计为低电平有效。同步消抖电路VHDL程序如下。

```
LIBRARY ieee;
USE ieee.std_logic_1164.all;
ENTITY ksy IS
  PORT(A,B:IN std_logic;
       C :OUT std_logic);
END ksy;
ARCHITECTURE ksy_arc OF ksy IS
  COMPONENT kand2 IS
    PORT(A,B:IN std_logic;
         C :OUT std_logic);
  END COMPONENT;
  COMPONENT knand2 IS
    PORT(A,B:IN std_logic;
         C :OUT std_logic);
  END COMPONENT;
  COMPONENT kdf IS
    PORT(A,B:IN std_logic;
```

```
        C,D:OUT std_logic);
    END COMPONENT;
    SIGNAL T1,T2,T3,T4,T5,T6:std_logic;
  BEGIN
    U0:knand2 PORT MAP(A,T1,T2);
    U1:knand2 PORT MAP(T2,T3,T1);
    U2:kdf PORT MAP(T2,B,T4,T3);
    U3:kdf PORT MAP(T4,B,T6,T5);
    U4:kand2 PORT MAP(T4,T5,C);
  END ksy_arc;
```

两输入与门 VHDL 程序如下。

```
LIBRARY ieee;
USE ieee.std_logic_1164.all;
ENTITY kand2 IS
  PORT(A,B:IN std_logic;
      C :OUT std_logic);
END kand2;
ARCHITECTURE kand2_arc OF kand2 IS
BEGIN
  C <= A AND B;
END kand2_arc;
```

两输入与非门 VHDL 程序如下。

```
LIBRARY ieee;
USE ieee.std_logic_1164.all;
ENTITY knand2 IS
  PORT(A,B:IN std_logic;
      C :OUT std_logic);
END knand2;
ARCHITECTURE knand2_arc OF knand2 IS
BEGIN
  C <= NOT(A AND B);
END knand2_arc;
```

D 触发器的 VHDL 程序如下。

```
LIBRARY ieee;
USE ieee.std_logic_1164.all;
ENTITY kdf IS
  PORT(A,B:IN std_logic;
      C,D:OUT std_logic);
```

```
END kdf;
ARCHITECTURE kdf_arc OF kdf IS
BEGIN
  PROCESS(A)
  BEGIN
    WAIT UNTIL B='1'AND B'EVENT;
    C<=A;
    D<=NOT A;
  END PROCESS;
END kdf_arc;
```

3. 比较器电路

比较器的输入来自编码器的输出 $B_1 \sim B_4$ 四位数据和预置密码电路的输出 $E_1 \sim E_4$ 4 位数据，$B_1 \sim B_4$ 和 $E_1 \sim E_4$ 分别进行比较，结果不相等时，*Dep* 输出为 **0**；相等时，*Dep* 输出为 **1**。VHDL 程序如下。

```
LIBRARY ieee;
USE ieee.std_logic_1164.all;
ENTITY kcom IS
  PORT(A,B,C,D,E,F,G,H:IN std_logic;
          T          :  OUT std_logic);
END kcom;
ARCHITECTURE kcom_arc OF kcom IS
BEGIN
  PROCESS(A,B,C,D,E,F,G,H)
  BEGIN
  IF A=E AND B=F AND C=G AND D=H THEN
    T <='1';
  ELSE
    T <='0';
  END IF;
  END PROCESS;
END kcom_arc;
```

4. 预置密码电路

预置密码电路是数字密码引爆器的密码设定电路。设计者事先设定 12 位二进制数据，如果设计者想要更改密码，可在此程序中进行修改，此预置密码电路的密码为 411。密码的二进制数据靠地址 A、B 进行选择。下面是 VHDL 程序。

```
LIBRARY ieee;
USE ieee.std_logic_1164.all;
ENTITY k4mux IS
```

```
  PORT(A,B:IN std_logic;
      C,D,E,F:OUT std_logic);
END k4mux;
ARCHITECTURE k4mux _arc OF k4mux IS
BEGIN
  PROCESS(A,B)
  BEGIN
    IF A = '0'AND B = '0' THEN
      C <= '0'; D <= '0'; E <= '1'; F <= '0';
    ELSIF A = '1'AND B = '0' THEN
      C <= '1'; D <= '0'; E <= '0'; F <= '0';
    ELSIF A = '0'AND B = '1' THEN
      C <= '1'; D <= '0'; E <= '0'; F <= '0';
    ELSE
      C <= '1'; D <= '1'; E <= '1'; F <= '1';
    END IF;
  END PROCESS;
END k4mux_arc;
```

5. 计数器选择电路

计数器选择电路用来控制预置密码电路的地址，控制器的 *CNP* 是时钟信号，在计数器选择电路的 VHDL 程序中用 A 来代替 *CNP*，B 来代替复位信号 *RESET_CNT*，*C*、*D* 为地址。当计数器到 3 时，向控制器反馈一个 *CNTe*3 信号，顶层信号 *CNTe*3 在次层模块用 E 来代替。下面是计数器选择电路的 VHDL 程序。

```
LIBRARY ieee;
USE ieee.std_logic_1164.all;
ENTITY kcount IS
  PORT(A,B:IN std_logic;
      C,D,E:OUT std_logic);
END kcount;
ARCHITECTURE kcount _arc OF kcount IS
BEGIN
  PROCESS(A,B)
    VARIABLE cnt:INTEGER RANGE 0 TO 3;
    CONSTANT modulus:INTEGER:=3;
  BEGIN
    IF B = '1' THEN
      cnt:=0; E <= '0'; D <= '0';C <= '0';
```

```
    ELSIF (A'EVENT AND '1') THEN
      cnt:=cnt+1;
      IF cnt=modulus THEN
        cnt:=0;E<='1'; d<='0'; c<='0';
      END IF;
    IF cnt=0 THEN
      C<='0'; D<='0';
    ELSIF cnt=1 THEN
      C<='1'; D<='0';
    ELSE
      C <='0'; D <='1';
    END IF;
  END IF;
  END PROCESS;
END kcount_arc;
```

6. 输出电路

输出电路主要是用来驱动引爆装置(*LT*)和报警装置(*RT* 和 *LB*),而 *LT* 和 *RT* 是用两个 *RS* 触发器驱动,控制器提供的置位和复位信号都应是低电平有效。VHDL 程序如下。

```
LIBRARY ieee;
USE ieee.std_logic_1164.all;
ENTITY kf_f IS
  PORT(A,B:IN std_logic;
      C :OUT std_logic);
END kf_f;
ARCHITECTURE kf_f_arc OF kf_f IS
  COMPONENT knand2 IS
    PORT(A,B:IN std_logic;
      C :OUT std_logic);
  END COMPONENT;
  SIGNAL TT:std_logic;
BEGIN
  U0:knand2 PORT MAP(A,TT,C);
  U1:knand2 PORT MAP(C,B,TT);
END kf_f_arc;
```

7. 分频电路

分频电路输出有两路,一是用来驱动 *LB* 的 *OSC*1,其频率为 1 000 Hz;二是用来提供同步消抖电路时钟和系统时钟的 *OSC*2,其频率为 4 ~ 8 Hz,输入频率由外部提供,此程序中取频率为 1 MHz。1 000 Hz 分频电路的 VHDL 程序如下。

```
LIBRARY ieee;
USE ieee.std_logic_1164.all;
ENTITY kcoun101 IS
  PORT(A:IN std_logic;
       B:OUT std_logic);
END kcoun101;
ARCHITECTURE kcoun101_arc OF kcoun101 IS
  SIGNAL cnt1:std_logic;
BEGIN
  PROCESS(A)
    VARIABLE cnt :INTEGER RANGE 0 TO 512;
    CONSTANT modulus :INTEGER:=500;
  BEGIN
    IF (A'EVENT AND A='1') THEN
      IF cnt=modulus THEN
        Cnt:=0; cnt1<= NOT cnt1;B<=cnt1;
      END IF;
      cnt:=cnt+1;
    END IF;
  END PROCESS;
END kcoun101_arc;
```

若是 200 分频的 kcoun102 程序则将上述程序中常数赋值语句的整数 500 改为 100。

8. 其他电路的 VHDL 程序

(1) 反相器

```
LIBRARY ieee;
USE ieee.std_logic_1164.all;
ENTITY kinvert IS
  PORT(A:IN std_logic;
       B:OUT std_logic);
END kinvert;
ARCHITECTURE kinvert_arc OF kinvert IS
BEGIN
  B<= NOT A;
END kinvert _arc;
```

(2) 缓冲器

```
LIBRARY ieee;
```

```
USE ieee.std_logic_1164.all;
ENTITY direct IS
  PORT(A:IN std_logic;
      B:OUT std_logic);
END direct;
ARCHITECTURE direct_arc OF direct IS
BEGIN
  B <= A ;
END direct _arc;
```

三态反相器

```
LIBRARY ieee;
USE ieee.std_logic_1164.all;
ENTITY ken1 IS
  PORT(A,B:IN std_logic;
      C :OUT std_logic);
END ken1;
ARCHITECTURE ken1_arc OF ken1 IS
BEGIN
  PROCESS(A,B)
  BEGIN
    IF B ='1' THEN
      C <= NOT A;
    ELSE
      C <='1';
    END IF;
  END PROCESS;
END ken1_arc;
```

（二）控制器部分电路设计

至此，已对控制器以外的所有受控部分的电路模块作了分析和设计，最后让我们来设计系统的核心部分——控制器。在系统中只有一个控制器，占硬件的很小一部分，因此对控制器的设计常常不是从如何简化电路入手，而是要着重考虑逻辑清楚，便于修改。下面介绍控制器的工作原理。

1．建立等待状态

系统处于报警或上电状态时，数字密码引爆器还未进入正常的等待状态。此时，系统不接收除 *WAIT_T* 信号外的任何输入信号，当键入 *WAIT_T* 后，系统进入等待状态，输出 *WAIT_L* 信号，将引爆指示灯 *LT* 或报警指示灯 *RT* 熄灭，报警器切断，该状态行为可以用图 9.3.4 的 ASM 图表示。在图 9.3.4 中的矩形框代表等待状态，菱形框代表分支条件 *WAIT_T* = **1** 时，进入下一状态，*WAIT_T* = **0** 时，维持原状态；条件输出框代表条件输出，即当 *WAIT_T* = **1** 时，输出 *WAIT_L* 信号。至于 *EN* 信号，是用来控制 *DATA_IN*、*FIRE* 信号输入的，在本状态无效，标在矩形框右边，并用箭头表示 *EN*↓ 无效。

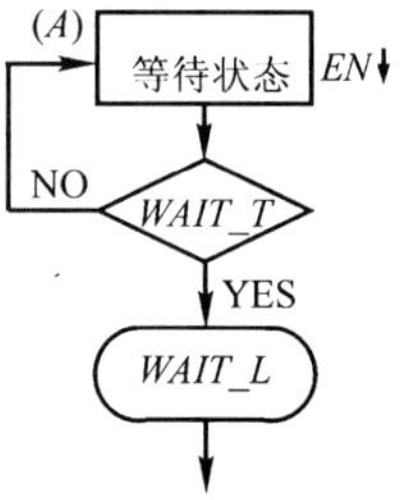

图 9.3.4　建立等待状态

2. 准备操作状态

系统的准备操作状态是在按键 *WAIT_T* 操作以后，表示密码引爆器已处于准备操作状态。当 *READY* 信号来到以后，系统转入第三状态，引爆程序开始执行，此时，将计数器复位置零，故在该状态中有一条件输出框输出计数器清零信号 *RESET_CNT*。如图 9.3.5 所示。

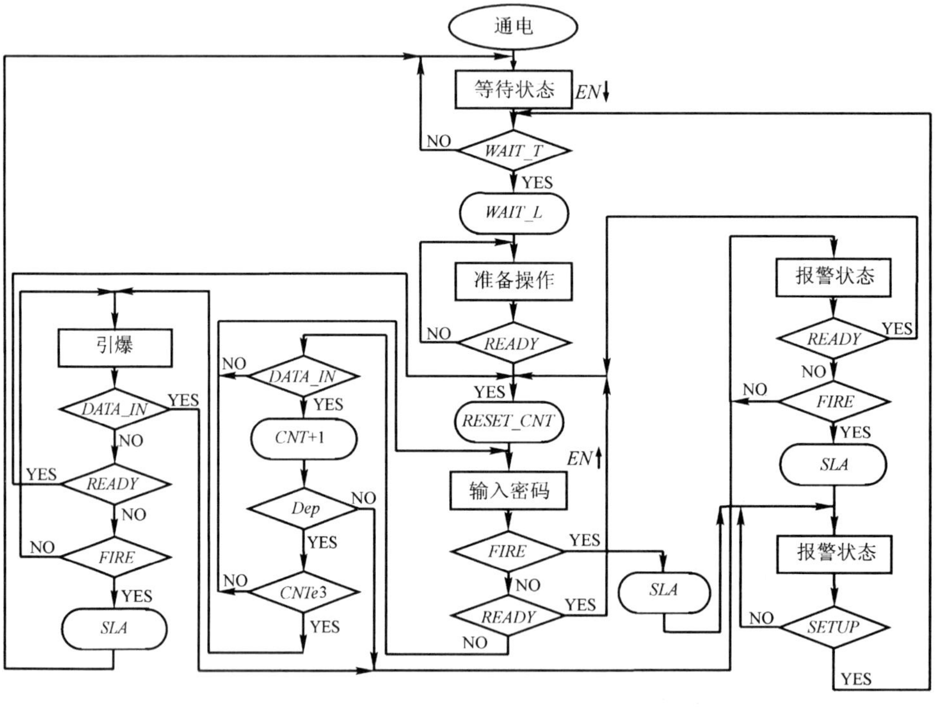

图 9.3.5　数字密码引爆器 ASM 图

3. 输入密码操作

本状态属于第三状态，即送入密码操作。进入此状态后，*EN* 信号转入有效，允许密码信号和引爆信号输入，故而在状态框边标有 *EN*↑。该状态每收到一个信号后，应先判断是数据信号还是引爆信号，如是 *FIRE* 信号，则不符合引爆程序，立即报警，发出 *SLA* 信号，并使状态回到等待状态。若是数据信号，则向计数器发出时钟信号 *CNP*，使计数器加 1，选出对应的预置码与输入数据进行比较，然后根据比较输出信号 *Dep* 进行判断，若 *Dep* 为零，意味着输入的密码不对，转入预报警状态，否则，检查计数器状态是否已达到 **11**，若 *CNTe*3 有效，表示已接收到三个正确的密码，可转入到下一个状态，否则返回本状态，继续接收其他数据。

4. 引爆操作

引爆状态是第四状态，若有信号键入，应先判断它是数据信号还是 *FIRE* 信号，若是 *FIRE* 信号，则发出 *SLT* 信号，点亮绿灯 *LT*，引爆密码引爆器；若是数据信号，则进入预报警状态。在此状态中，如果使 *READY* 键有效，则系统将发出 *RESET_CNT* 信号返回到输入密码操作状态。

5. 预报警操作状态

系统的第五状态是预报警状态，此时按 *READY* 键，系统发出 *RESET_CNT* 信号返回到第三状态。若输入 *FIRE* 信号，报警信号 *SLA* 有效，进入报警状态，当 *SETUP* 键按下后，回到等待状态。图 9.3.5 绘出了描述了系统控制器的 ASM 图。

根据 ASM 图至 MDS 图的对应原则，图 9.3.5 所示 ASM 图可转换为图 9.3.6 的 MDS 图。

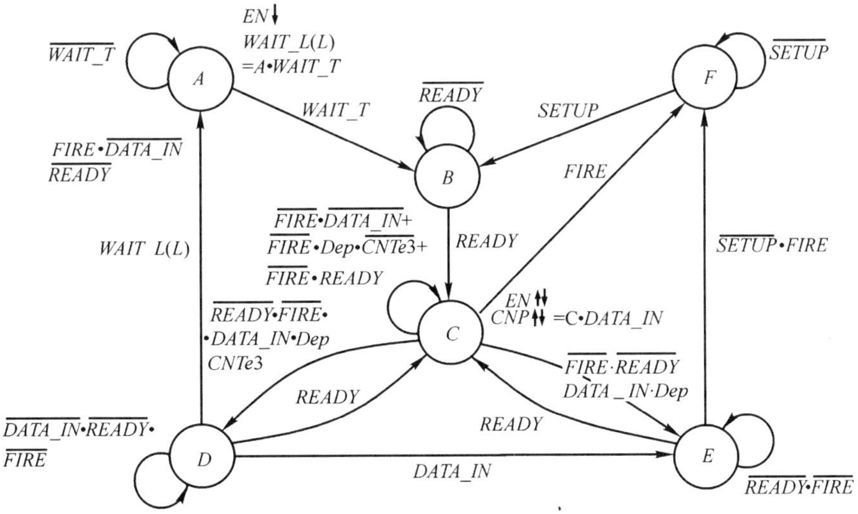

图 9.3.6 数字密码引爆器 MDS 图

根据图 9.3.6 设计控制器，可采用一对一方法，用 6 个触发器 *QA*、*QB*、*QC*、*QD*、*QE* 和 *QF* 表示 6 个状态，则 6 个触发器的激励方程和有关输出为

(1) $QA=\overline{WAIT\_T}\cdot QA+FIRE\cdot QD$;

(2) $QB=WAIT\_T\cdot QA+\overline{READY}\cdot QB+SETUP\cdot QF$;

(3) $QC=READY(QB+QC+QD+QE)+(\overline{FIRE}\cdot\overline{DATA\_IN}+\overline{FIRE}\cdot DATA\_IN\cdot Dep\cdot\overline{CNTe3})QC$;

(4) $QD=\overline{FIRE}\cdot\overline{READY}\cdot DATA\_IN\cdot Dep\cdot CNTe3\cdot QC+\overline{DATA\_IN}\cdot\overline{READY}\cdot\overline{FIRE}\cdot QD$;

(5) $QE=\overline{READY}\cdot\overline{FIRE}\cdot QE+\overline{FIRE}\cdot\overline{READY}\cdot DATA\_IN\cdot Dep\cdot QC$;

(6) $QF=\overline{READY}\cdot FIRE\cdot QE+\overline{SETUP}\cdot QF+FIRE\cdot QC$;

(7) $EN=QC+QD+QE$;

(8) $WAIT\_L=\overline{QA\cdot WAIT\_T+QF\cdot SETUP}$;

(9) $RESET\_CNT=(QB+QC+QD+QE)READY$;

(10) $CNP=QC\cdot DATA\_IN$;

(11) $SLT=\overline{QD\cdot FIRE}$;

(12) $SLA=\overline{QB\cdot FIRE+QE\cdot RIRE}$。

公式(1)到(6)是激励方程,公式(7)到(12)是输出方程,这样,一个数字密码引爆控制器部分的 MDS 图到布尔代数转换完毕。下面用 VHDL 程序实现控制器。

```
LIBRARY ieee;
USE ieee.std_logic_1164.all;
PACKAGE state_pack IS
  TYPE state IS(QA,QB,QC,QD,QE,QF);
END state_pack;
LIBRARY ieee;
USE ieee.std_logic_1164.all;
USE work.state_pack.all;
ENTITY controll IS
  PORT(A,B,C,D,E,F,G,OSC2:IN std_logic;
      H,I,J,K,L,M:OUT std_logic);
END controll;
ARCHITECTURE controll_arc OF controll IS
  SIGNAL current_state:state_pack:=QA;
BEGIN
  PROCESS
  BEGIN
    WAIT UNTILL OSC2='1' AND OSC2'EVENT;
    M<='1';
```

```
CASE current_state IS
  WHEN QA = >
    H < = '0';
    IF A = '0' THEN
      current_state < = QA;
    ELSE
      current_state < = QB;M < = '0'; L < = '1'; K < = '1';
    END IF;
  WHEN QB = >
    H < = '0'; M < = '1';
    IF C = '0' THEN
      current_state < = QB;
    ELSE
      current_state < = QC; J < = '1';
    END IF;
  WHEN QC = >
    H < = '1'; J < = '0'; I < = '0';
    IF D = '1' THEN
      current_state < = QF; K < = '0';
    ELSIF C = '1' THEN
      current_state < = QC; J < = '1';
    ELSIF G = '1' THEN
      current_state < = QD;
    ELSIF E = '0' THEN
      current_state < = QC;
    ELSE I < =  '1' ;
      IF F = '0' THEN
        current_state < = QE;
      ELSIF G = '1' THEN
        current_state < = QD;
      ELSE
        current_state < = QC;
      END IF;
    END IF;
  WHEN QD = >
    H < = '1';
    IF E = '1' THEN
      current_state < = QE;
```

```
        ELSIF C = '1' THEN
          current_state < = QC; J < = '1';
        ELSIF D = '0' THEN
          current_state < = QD;
        ELSE
          current_state < = QA;L < = '0';
        END IF;
      WHEN QE = >
        H < = '1';
        IF E = '1' THEN
          current_state < = QE;
        ELSIF C = '1' THEN
          current_state < = QC; J < = '1';
        ELSIF D = '0' THEN
          current_state < = QE;
        ELSE
          current_state < = QF;K < = '0';
        END IF;
      WHEN QF = >
        H < = '0';
        IF B = '0' THEN
          current_state < = QF;
        ELSE
          current_state < = QB;M < = '0'; K < = '1';
        END IF;
      END CASE;
    END PROCESS;
  END controll_arc;
```

下面说明在 *QA* 状态时是如何编写 VHDL 程序的。当进入 *QA* 状态后,时钟信号 H(*CNP*)置零,如果按键 A(*WAIT_T*)无效,维持 *QA* 状态,参见公式(1)的第一个乘积项;若 A 有效,进入 *QB* 状态,公式(2)的第一个乘积项与此相对应;同时 L(*SLT*)和 K(*SLA*)置 **1**,M(*WAIT_L*)置 **0**,公式(11)、(12)、(8)的第一个乘积项与此相对应,使得两个 *RS* 触发器(*F/F*)输出为 **1**,报警和引爆皆无效。

第四节　数字系统设计实例

在这一节中,继续介绍以从上至下的设计步骤设计几个数字系统设计实例,以便更好的掌握现代数字系统设计方法。

一、汽车尾灯控制系统

设计任务：汽车尾灯控制系统。

（一）顶层系统方案构思

图 9.4.1 表示汽车尾灯控制系统的顶层符号图。汽车尾灯控制器命名为 QWK。

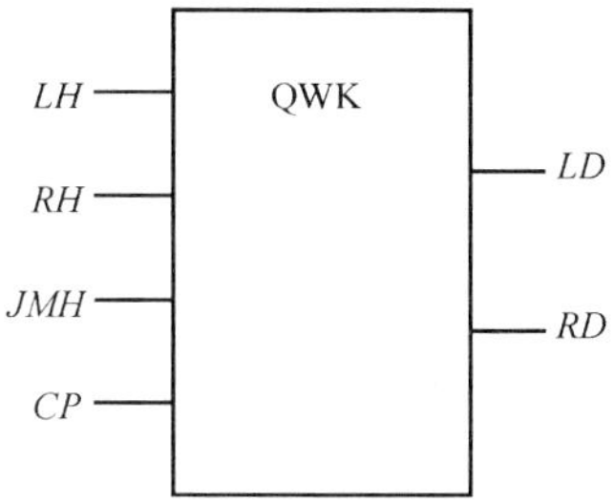

图 9.4.1　汽车尾灯控制器符号图

输入信号：左转弯传感器 *LH*、右转弯传感器 *RH* 和紧急制动或慢行传感器 *JMH*。另外，汽车尾灯主要是给后面行使汽车的司机注意。为了使尾灯的光信号更明显，采用亮灭交替的闪烁信号，其闪烁周期为 2 s，即尾灯亮 1 s，灭 1 s，再亮 1 s，……。在图 9.4.1 中设置了一个 1 s 时钟的输入信号 *CP*。

输出信号：输出共设两个，左面一个尾灯，右面一个尾灯，即左转弯时指示灯 *LD* 和右转弯时指示灯 *RD*。

（二）控制器设计

从上至下的设计方法首先是从系统级分析，然后进行模块划分，分为受控部分和控制器部分。此尾灯控制系统的受控部分是传感器和指示灯，仅用几个二进制信号就可以完成，所以我们把精力放在设计控制器模块上。

汽车尾灯控制系统设置为四个状态，它们有以下定义：

A 状态：传感器 *LH*、*RH*、*JMH* 信号无效，皆为 **0**，表示汽车保持一定速度的直行或静止不动，左尾灯 *LD* 和右尾灯 *RD* 不闪烁发光。

B 状态：传感器 *LH* 有效，*RH*、*JMH* 无效，此时 *LH*、*RH*、*JMH* 状态为 **100**，表示汽车向左转，左尾灯交替闪烁，右尾灯灭。

C 状态：传感器 *RH* 有效，*LH*、*JMH* 无效，此时 *LH*、*RH*、*JMH* 状态为 **010**，表示汽车向右转，右尾灯交替闪烁，左尾灯灭。

D 状态：传感器 *JMH* 有效，*LH*、*RH* 无效，此时 *LH*、*RH*、*JMH* 状态为 **001**，表示汽车慢行或紧急情况发生采取紧急制动，左右尾灯同时交替闪烁。

根据上述情况可以初步画出汽车尾灯控制系统的 MDS 图，如图 9.4.2 所示。但是，图 9.4.2 的 MDS 图还存在以下几个问题。

（1）汽车在左转弯或右转弯时，相对应的左侧灯或右侧灯闪烁，但汽车同时有可能要放慢速度，*JMH* 传感器有效；或者汽车已经放慢速度，*JMH* 传感器生效，使左侧灯和右侧灯闪烁，同时又要左转弯或右转弯，使得 *LH* 或 *RH* 有效。此时 *LH*、*RH*、*JMH* 状态为 **101** 或 **011**，尾灯控制器同时进入 *B* 和 *D* 状态或 *C* 和 *D*

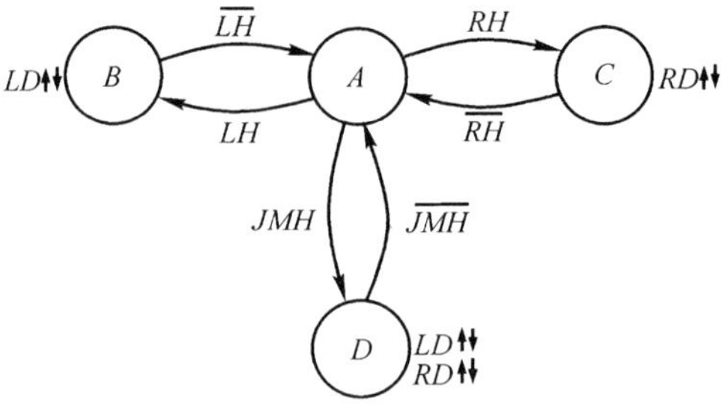

图 9.4.2　汽车尾灯控制器的 MDS 图

状态，这是不可能的，因为对于 LH 和 JMH（或 RH 和 JMH）同时为 **1**，即 $LH \cdot JMH(RH \cdot JMH) = \mathbf{1}$ 这样的转换条件，只能有一个状态，使上述两个状态的次态规定为 D 状态。

（2）图 9.4.2 的 MDS 图不满足全包含性，如 LH、RH、JMH 的组合状态为 **111** 和 **110**。当然，一般不会发生这种情况，除非传感器失灵。不过我们也可以把这种情况的次态定义为 D 态。后面行驶汽车的司机看到前面汽车不断闪烁的左右尾灯信号，认为前面汽车要减速，故为了安全也要减速，就不会撞上前面传感器失灵的汽车了。故把 A 至 D 状态的转换条件改写成 $JMH + LH \cdot RH$；把状态 A 至状态 B 的转换条件改写成 $LH \cdot \overline{RH} \cdot \overline{JMH}$；把状态 A 至状态 C 的转换条件改写成 $RH \cdot \overline{LH} \cdot \overline{JMH}$。

综合上述考虑，转换条件的逻辑和为

$$JMH + LH \cdot RH + RH \cdot \overline{LH} \cdot \overline{JMH} + LH \cdot \overline{RH} \cdot \overline{JMH} + \overline{LH} \cdot \overline{RH} \cdot \overline{JMH} = \mathbf{1}$$

由转换条件重新画出图 9.4.2 汽车尾灯控制器的全状态 MDS 图，如图 9.4.3所示。图 9.4.3 满足了全包含性的要求。图 9.4.4 画出了汽车尾灯控制器的 ASM 图。

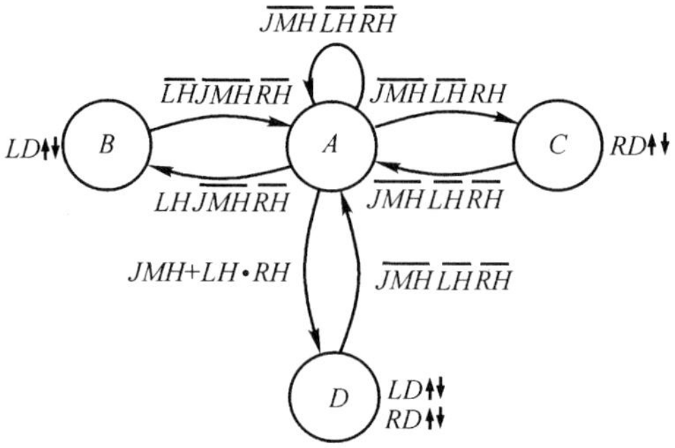

图 9.4.3　汽车尾灯控制器全状态的 MDS 图

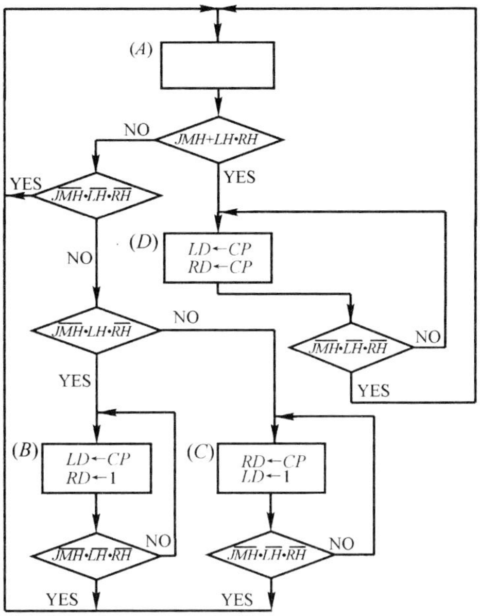

图 9.4.4　汽车尾灯控制器全状态的 ASM 图

(三) 汽车尾灯控制器的 VHDL 程序实现

1. 汽车尾灯控制器实体设计程序

```
LIBRARY ieee;
USE ieee.std_logic_1164.all;
ENTITY QWK IS
  PORT(LH, RH,JMH,CP:IN std_logic;
      LD,RD:OUT std_logic);
END QWK;
```

2. 汽车尾灯控制器结构体设计程序

```
ARCHITECTURE QWK_arc OF QWK IS
  type state_TYPE is (QA,QB,QC,QD);
  SIGNAL current_state:state_TYPE: = QA;
BEGIN
  PROCESS(LH,RH,JMH)
  BEGIN
  WAIT UNTIL CP'EVENT AND CP = '1';
  CASE current_state IS
  WHEN QA = >
    IF LH = '1' AND RH = '0' AND JMH = '0' THEN
```

```
          current_state < = QB;
        ELSIF LH = '0' AND RH = '1' AND JMH = '0' THEN
          current_state < = QC;
        ELSIF LH = '0' AND RH = '0' AND JMH = '0' THEN
          current_state < = QA; RD < = '1'; LD < = '1';
        ELSE current_state < = QD;
        END IF ;
      WHEN QB = >
        IF LH = '1' AND RH = '0' AND JMH = '0' THEN
            current_state < = QB; RD < = '1'; LD < = CP;
        ELSE
          current_state < = QA;
        END IF ;
      WHEN QC = >
        IF LH = '0' AND RH = '1' AND JMH = '0' THEN
          current_state < = QC; RD < = CP; LD < = '1';
        ELSE
          current_state < = QA;
        END IF ;
      WHEN QD = >
        IF JMH = '1' OR ((LH = '1') AND (RH = '1')) THEN
          current_state < = QD; LD < = CP; RD < = CP;
            ELSE
          current_state < = QA;
      END IF ;
      END CASE;
    END PROCESS ;
    END QWK_arc;
```

二、十字路口交通灯控制系统

设计任务：十字路口交通灯控制系统。

（一）顶层系统方案构思

十字路口交通灯控制系统可以自动或手动指挥十字路口的车辆通行以及行人安全通行；考虑该系统应能有效操纵路口的车辆交替通行，每次通行时间按需要情况设定；考虑行人通行时的安全，人行通道的绿灯只有在同方向的车辆通道绿灯有效时有效；对于国宾车队、消防车队、警车、救护车等特殊情况，东西、南北各设置一个紧急手动通行开关。

1. 确定系统功能

十字路口交通灯控制系统的东西路有交通灯：R（红）、Y（黄）、G（绿）；东西人行安全通道灯：RXR（红）、RXG（绿）。南北路有交通灯：$r1$（红）、$y1$（黄）、$g1$（绿）；南北人行安全通道灯：$rxr1$（红）、$rxg1$（绿）。图 9.4.5 表示出十字路口交通灯的设置情况，十字路口当中的七段发光显示管显示剩余时间。

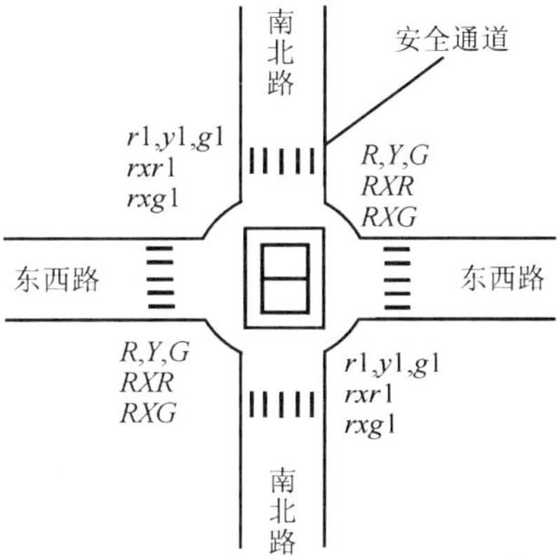

图 9.4.5　十字路口交通显示设置

十字路口交通灯控制系统共设置 6 个状态，每个状态应保持一定的时间，来确保十字路口车辆和行人通行的交通安全。

A 状态：$G=\mathbf{0}$，东西路绿灯亮，东西车辆通行；$r1=\mathbf{0}$，南北路红灯亮，南北车辆禁行；$RXR=\mathbf{0}$，东西路上的人行安全通道红灯亮，东西路上的行人不能穿越东西路；$rxg1=0$，南北路上的人行安全通道绿灯亮，南北路上的行人可以穿越南北路。此状态保持时间设定为 8 s。

B 状态：$Y=\mathbf{0}$，东西路黄灯亮，东西路停车线以外的车停，东西路停车线以内的车可以通行；$r1=\mathbf{0}$，南北路红灯亮，南北车辆禁行。此状态保持时间设定为 2 s。

C 状态：$R=\mathbf{0}$，东西路红灯亮，东西车辆禁行；$r1=\mathbf{0}$，南北路红灯亮，南北车辆禁行。此状态保持时间设定为 1 s。

D 状态：$g1=\mathbf{0}$，南北路绿灯亮，南北车辆通行；$R=\mathbf{0}$，东西路红灯亮，东西车辆禁行；$rxr1=\mathbf{0}$，南北路上的人行安全通道红灯亮，南北路上的行人不能穿越东西路；$RXG=\mathbf{0}$，东西路上的人行安全通道绿灯亮，东西路上的行人可以穿越东西路。此状态保持时间设定为 8 s。

E 状态：$y1=\mathbf{0}$，南北路黄灯亮，南北路停车线以外的车停，南北路停车线以内的车可以通行；$R=\mathbf{0}$，东西路红灯亮，东西车辆禁行。此状态保持时间设定为 2 s。

F 状态：$R=\mathbf{0}$，东西路红灯亮，东西车辆禁行；$r1=\mathbf{0}$，南北路红灯亮，南北车辆禁行。此状态保持时间设定为 1 s。

红绿交通灯转换期间，正在行使的车要停下来，已停的车要启动，是最容易发生交通事故的时候。因此，为了交通安全起见，红、绿交通灯的转换必须经过黄灯过渡，状态 B、C 和 E、F 就是缓冲过渡状态，而且在 C 和 F 两个状态期间，一切东西南北车辆禁止通行，以防止意外的交通事故。为了保证行人穿越马路安全，在这四个最危险的缓冲过渡状态，都不允许东西路及南北路的行人通过，即 $RXR = \mathbf{0}$、$rxr1 = \mathbf{0}$。

当有特殊情况发生时，设置两个手动搬键开关 $F1$ 和 $F2$。当 $F1$ 有效，$F2$ 无效时，东西路上有特殊车辆需要通行；当 $F2$ 有效，$F1$ 无效时，南北路上有特殊车辆需要通行；当 $F1$ 和 $F2$ 同时无效时，进入正常自动指挥状态；若 $F1$ 和 $F2$ 同时有效，也进入正常自动指挥状态。

2. 模块划分

十字路口交通灯控制系统与其他数字系统一样，划分为控制器和受控电路两个部分，控制器使整个系统按交替方式指挥交通，并接收来自外部的请求信号 $F1$ 和 $F2$ 以及受控部分的反馈信号，决定其状态转换方向及输出信号。

（1）特殊请求信号 $F1$ 和 $F2$ 由搬键开关产生，应考虑设置同步消抖电路。

（2）为使交通灯控制系统在各个状态按规定的时间和停车时间正常工作，设置秒脉冲信号输入，它既可作为整个电路的时钟信号，又可作为定时电路的标准时间。

（3）设置 8 s 通行时间和 3 s 转换时间的变模定时电路，它接收外部提供的秒脉冲基准信号 CP，设置 8 s 定时控制东西路车辆通行，南北路车辆禁止，或南北路车辆通行，东西路车辆禁止；设置 3 s 定时控制红绿交通灯转换。

（4）控制器在各状态发出的控制信号，经驱动电路使相应的东西、南北以及人行安全通道的指示灯点亮。

（5）十字路口当中设置一个七段发光显示发光装置，目的显示各个状态所剩余时间。

现在画出十字路口交通控制系统的结构组成框图，如图 9.4.6 所示。

（二）十字路口交通控制系统的 VHDL 实现

1. 顶层实体的 VHDL 实现

顶层实体符号图如 9.4.7 图所示。根据图 9.4.7 所示的符号图写出 VHDL 顶层实体的 VHDL 程序。

```
LIBRARY ieee;
USE ieee.std_logic_1164.all;
ENTITY JTK IS
  PORT(F1,F2,CP:IN std_logic;
```

```
    R,Y,G,RXR,RXG,r1,y1,g1,rxr1,rxg1,SA,SB,SC,SD,SE,SF,SG:OUT std_
    logic);
END JTK;
```

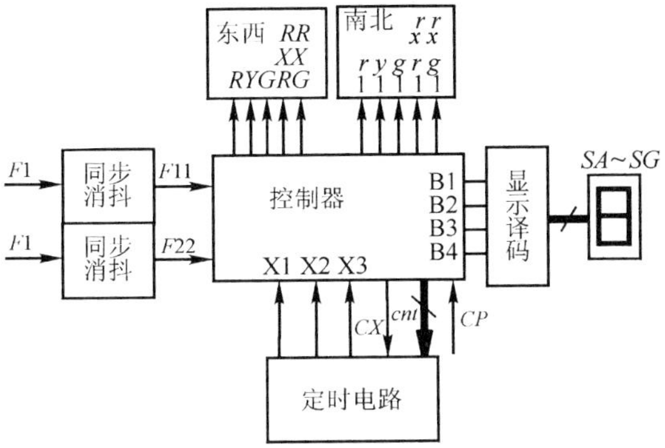

图 9.4.6 十字路口交通控制系统结构框图

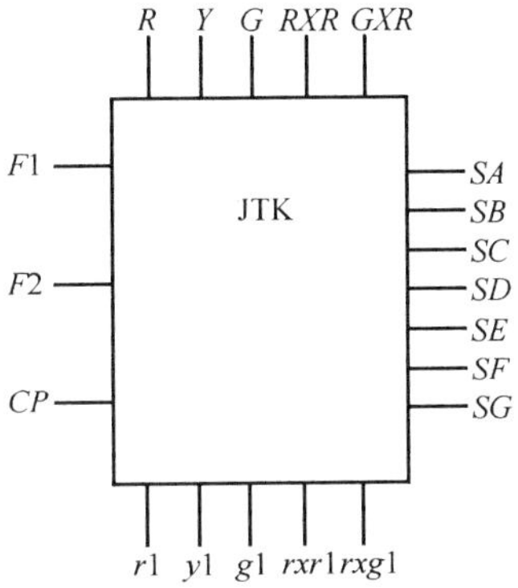

图 9.4.7 十字路口交通控制系统符号框图

2. 顶层结构体的设计及 VHDL 实现

参照图 9.4.6 十字路口交通灯控制系统结构连接框图,写出顶层结构 VHDL 描述程序以及各个模块的连接。

```
ARCHITECTURE JTK_ARC OF JTK IS
    SIGNAL F11,F21,B1,B2,B3,B4,CX,X1,X2,X3:std_logic;
    SIGNAL cnt:INTEGER RANGE 0 TO 7;
COMPONENT se7 IS
      PORT (A,B,C,D:IN std_logic;
            E,F,G,H,I,J,K:OUT std_logic);
END COMPONENT;
COMPONENT ksy IS
      PORT (A,B:IN std_logic;
```

```
            C:OUT std_logic);
    END COMPONENT;
    COMPONENT coun IS
      PORT (CX,CP:IN std_logic;
        cnt:IN INTEGER RANGE 0 TO 7;
          X1,X2,X3:OUT std_logic);
    END COMPONENT;
    COMPONENT con IS
      PORT (F21,F11,CP,X3,X2,X1:IN std_logic;
            CX,R,Y,G,RXR,RXG,r1,y1,g1,rxr1,rxg1:OUT std_logic;
            cnt:OUT INTEGER RANGE 0 TO 7;
            B1,B2,B3,B4:OUT STD_LOGIC);
    END COMPONENT;
  BEGIN
    U0:se7 PORT MAP(B1,B2,B3,B4,SA,SB,SC,SD,SE,SF,SG);
    U1:ksy PORT MAP(F1,CP,F11);
    U2:ksy PORT MAP(F2,CP,F21);
    U3:coun PORT MAP(CX,CP,cnt,X1,X2,X3);
    U4:con PORT MAP (F21,F11,CP,X3,X2,X1,CX,R,Y,G,RXR,RXG,r1,y1,g1,
                     rxr1,rxg1,cnt,B1,B2,B3,B4);
  END JTK_ARC;
```

3. 次级模块电路分析及 VHDL 实现

(1) 受控部分电路设计

受控部分电路有同步消抖电路、七段显示译码器和变模计数器,前面已介绍了同步消抖电路和七段显示译码器,下面介绍变模计数器的设计思路:变模计数器有模 8 和模 3 两种计数方式,由预置输入整数 *cnt* 决定。输入 *CX* 是用来决定计数到 2 时清零,还是到 7 时清零。*CP* 为外部提供的基准秒脉冲。*X*1、*X*2 和 *X*3 输出 3 位二进制数。VHDL 程序如下。

```
LIBRARY ieee;
USE ieee.std_logic_1164.all;
ENTITY coun IS
  PORT(CX,CP:IN std_logic;
        cnt:IN INTEGER RANGE 0 TO 7;
        X1,X2,X3:OUT std_logic);
END coun;
ARCHITECTURE coun_arc OF coun IS
  VARIABLE cnt1:INTEGER RANGE 0 TO 7;
BEGIN
```

```
PROCESS
BEGIN
  WAIT UNTIL CP = '1' AND CP'EVENT;
  IF cnt1 > = cnt THEN
      cnt1 : = 0;
  ELSE cnt1 : = cnt1 + 1;
  END IF;
  IF CX = '1' THEN
  IF cnt1 = 0 THEN
    X1 < = '1';X2 < = '1';X3 < = '1';
  ELSIF cnt1 = 1 THEN
    X1 < = '0';X2 < = '1';X3 < = '1';
  ELSIF cnt1 = 2 THEN
    X1 < = '1';X2 < = '0';X3 < = '1';
  ELSIF cnt1 = 3 THEN
    X1 < = '0';X2 < = '0';X3 < = '1';
  ELSIF cnt1 = 4 THEN
    X1 < = '1';X2 < = '1';X3 < = '0';
  ELSIF cnt1 = 5 THEN
    X1 < = '0';X2 < = '1';X3 < = '0';
  ELSIF cnt1 = 6 THEN
    X1 < = '1';X2 < = '0';X3 < = '0';
  ELSE X1 < = '0';X2 < = '0';X3 < = '0';
  END IF;
  ELSE
    IF cnt1 = 0 THEN
      X1 < = '0';X2 < = '1';X3 < = '0';
    ELSIF cnt1 = 1 THEN
      X1 < = '1';X2 < = '0';X3 < = '0';
    ELSE X1 < = '0';X2 < = '0';X3 < = '0';
    END IF;
  END IF;
END PROCESS;
END coun_arc;
```

(2) 控制器电路设计

由前面讲述的十字路口交通控制系统功能,得到系统的 ASM 图,如图9.4.8所示。再以图 9.4.8 的 ASM 图为依据,也可写出控制器的 VHDL 程序,所有输出为低电平有效,输出 CX 为高电平有效。

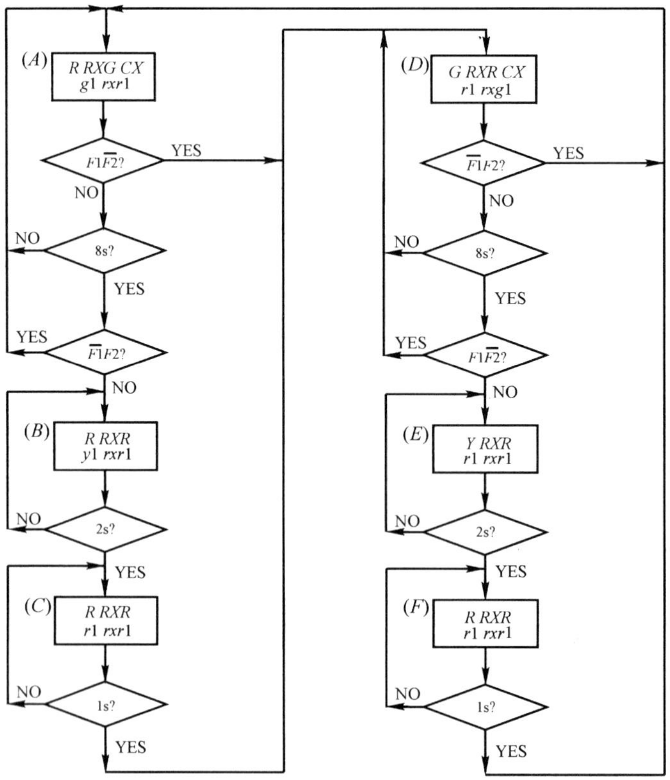

图 9.4.8　十字路口交通控制系统 ASM 图

```
LIBRARY ieee;
USE ieee.std_logic_1164.all;
PACKAGE state_pack IS
  TYPE state IS(QA,QB,QC,QD,QE,QF);
END state_pack;
LIBRARY ieee;
USE ieee.std_logic_1164.all;
USE work.state_pack.all;
ENTITY con IS
  PORT (F21,F11,CP,X3,X2,X1:IN std_logic;
        CX,R,Y,G,RXR,RXG,r1,y1,g1,rxr1,rxg1,B1,B2,B3,B4:OUT std_logic;
        cnt:OUT INTEGER RANGE 0 TO 7);
END con;
ARCHITECTURE con_arc OF con IS
  SIGNAL current_state:state:=QA;
BEGIN
```

```
PROCESS
BEGIN
  WAIT UNTILL CP = '1' AND CP'EVENT;
  IF F11 = '1'AND F21 = '0' THEN
    R < = '1'; Y < = '1'; G < = '0';RXR  < = '0'; RXG < = '1'; CX < = '1';
    r1 < = '0'; y1 < = '1'; g1 < = '1';rxr1  < = '0'; rxg1 < = '1'; cnt: = 7;
  ELSIF F11 = '0'AND F21 = '1'THEN
    R < = '0'; Y < = '1'; G < = '1';RXR  < = '0'; RXG < = '1'; CX < = '1';
    r1 < = '1'; y1 < = '1'; g1 < = '0';rxr1  < = '0'; rxg1 < = '1'; cnt: = 7;
  ELSE
    CASE current_state IS
      WHEN QA = >
      IF NOT ( X1 = '0' AND X2 = '0' AND X3 = '0') THEN
        current_state < = QA;
        R < = '1';Y < = '1';G < = '0';RXR  < = '0';RXG < = '1';CX < = '1';
        r1 < = '0';y1 < = '1';g1 < = '1';rxr1  < = '1';rxg1 < = '0';cnt: = 7;
      ELSE
        current_state < = QB;
      END IF;
      WHEN QB = >
      IF X1 = '0' AND X2 = '0' AND X3 = '0' THEN
        current_state < = QC;
      ELSE
        current_state < = QB;
        R < = '1';Y < = '0';G < = '1';RXR  < = '0';RXG < = '1';CX < = '0';
        r1 < = '0';y1 < = '1';g1 < = '1';rxr1  < = '0';rxg1 < = '1';cnt: = 2;
     END IF;
     WHEN QC = >
       IF NOT (X1 = '0' AND X2 = '0' AND X3 = '0') THEN
         current_state < = QC;
         R < = '0';Y < = '1';G < = '1';RXR  < = '0';RXG < = '1';CX < = '0';
         r1 < = '0';y1 < = '1';g1 < = '1';rxr1  < = '0';rxg1 < = '1';cnt: = 2;
       ELSE
         current_state < = QD;
       END IF;
       WHEN QD = >
       IF NOT (X1 = '0'AND X2 = '0'AND X3 = '0') THEN
         current_state < = QD;
```

```
          R < = '0';Y < = '1';G < = '1';RXR  < = '1';RXG < = '0';CX < = '1';
          r1 < = '1';y1 < = '1';g1 < = '0';rxr1  < = '0';rxg1 < = '1';cnt: =7;
        ELSE
          current_ state < = QE;
        END IF;
        WHEN QE = >
          IF X1 = '0'AND X2 = '0'AND X3 = '0'THEN
            current_ state < = QF;
          ELSE
            current_ state < = QE;
            R < = '0';Y < = '1';G < = '1';RXR  < = '0';RXG < = '1';
            CX < = '0';
            r1 < = '1';y1 < = '0';g1 < = '1';rxr1  < = '0';rxg1 < = '1';cnt: =2;
          END IF;
        WHEN QF = >
          IF NOT ( X1 = '0' AND X2 = '0' AND X3 = '0') THEN
            current_ state < = QF;
          R < = '0';Y < = '1';G < = '1';RXR  < = '0';RXG < = '1';CX < = '0';
          r1 < = '0';y1 < = '1';g1 < = '1';rxr1  < = '0';rxg1 < = '1';cnt: =2;
          ELSE
            current_ state < = QA;
          END IF;
        END CASE;
      END IF;
      B1  < =  X1;B2  < =  X2 ;B3  < =  X3;B4  < = '0';
    END PROCESS;
  END con_ arc;
```

三、自动售货机控制系统

设计任务：自动售货机控制系统。

（一）顶层系统方案构思

自动售货机可以销售许多种类商品，通过选择需要的商品按钮，投入一定数量的硬币，顾客就可以获得所需要的商品。该自动售货机应具有如下功能：

（1）设自动售货机能销售三种商品：热狗、汉堡和双层汉堡，它们的单价分别是 1 元、4 元和 8 元。并且机器中三种商品的数量无限。

（2）自动售货机允许投入 1 元、2 元和 5 元硬币。当总投入的币值等于顾客需要的商品单价时，机器送出需要的商品；若总投入的币值大于顾客需要的商品单价时,机器除提供需要的商品之外,并将余币退出;若总投入的币值小于顾客需要的商品单价时,则机器退出顾客投入的硬币。另外,设机器内 1 元和 2 元找零硬币无限。

(3) 如果投入的硬币达到或大于所要购买商品的价格就不必再投入硬币了,自动售货机会发出一个指示信号使接受硬币的装置不再接收更多的硬币。

(4) 为提高自动售货机的效率,每次投币时间应有规定,此时间由设计者按需要和使用现场的具体情况而定。例如设定每次购买商品的允许投币时间为 1 min,在此时间到的时候,总投币值不足顾客购买的商品单价时,售货机按不足钱数处理,退还全部投入硬币。

(5) 当顾客完成一次购买之后或按错所需要的商品按钮,需要设置一个重新开始按钮,使整个系统恢复到初始状态。

(6) 顾客一次只能购买一种商品的一个,若需要更多的商品或者其他的品种,则需要重复第一次的操作。

以下确定系统各个状态的功能。

自动售货机内有三种商品:热狗、汉堡和双层汉堡,在售货机面板上设置三个按钮:*A*1、*A*4 和 *A*8,表示顾客选择热狗、汉堡还是双层汉堡。当顾客选择完一种商品以后,本次购买就不能再选择第二种商品。此时设置一个拒绝输入商品显示灯 *reject*1,代表 *A*1、*A*4 和 *A*8 按钮不再生效。为了使顾客投入硬币,设置一硬币投入窗口,在此设计中用三个按钮 *A*11、*A*21 和 *A*51 来表示投入的硬币是 1 元、2 元和 5 元。当投入的硬币等于和大于顾客选择商品的价格时,设置的一拒绝硬币投入显示灯 *reject*2 发光,使三个按钮 *A*11、*A*21 和 *A*51 无效,模拟硬币投入窗口关闭。当顾客确定了某种商品且投入了满足商品价格的硬币和要求投入硬币的时间期限已到时,在硬币投入窗口退出找零的硬币,在七段显示发光管显示出找零的数目,同时送出顾客需要的商品,送出商品指示灯 *out*1 亮。自动销售机输入/输出面板和引脚如图 9.4.9(a)和(b)所示。

自动售货机控制系统共设三个状态,在每一个状态中完成特定的功能。

初始状态 *A*:此状态也称选择商品状态。当售货机通电,表示一次投币销售过程开始;顾客正常购买商品操作失误包括改变购买意向或不再购买,按 *start* 按钮重新进入初始状态;在选择商品状态时,*A*1、*A*4 和 *A*8 按钮生效,顾客可根据自己需要的商品按 *A*1、*A*4 或 *A*8 按钮后(仅且一种商品)进入下一状态。

B 状态:此状态称为投入硬币状态。进入此状态后,*A*1、*A*4 和 *A*8 三个按钮失效,拒绝输入选择商品指示灯 *reject*1 发光。三个代表 1 元、2 元和 5 元的按键 *A*11、*A*21 和 *A*51 有效,当输入硬币面额总值大于或等于商品价格时,进入 *C* 状态;另外,每次销售投币过程允许的投币时间为 1 min,超过此时间,售货机不再接收投入的硬币,也就是说,投币窗口关闭,也进入 *C* 状态。拒绝投入硬币显示

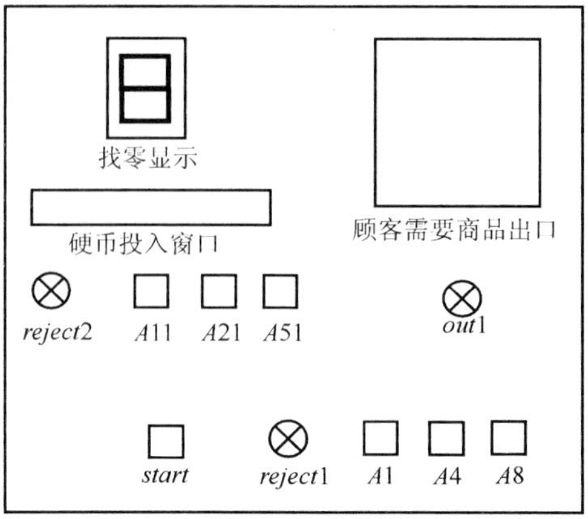

(a) 自动售货机输入/输出面板图

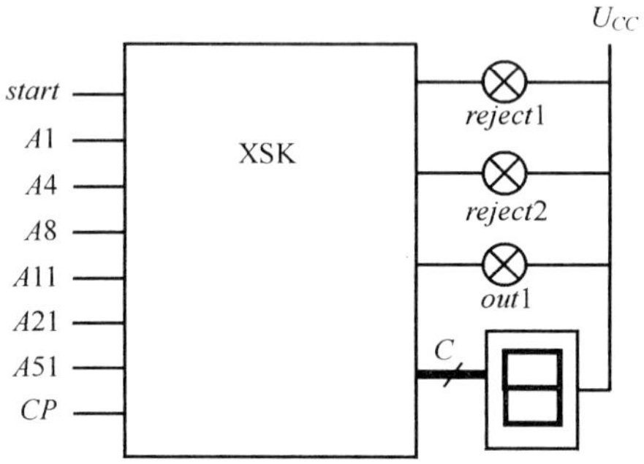

(b) 自动售货机输入/输出引脚图

图 9.4.9　自动售货机

灯 *reject*2 亮。

C 状态：此状态称为找零、出货状态。投币结束，售货机自动判别总钱数，若在规定的时间到后，总钱数少于顾客需要的商品单价时，则使退钱驱动器工作，电路用七段显示指示灯表示退还全部投入的硬币。若投入的硬币数等于或大于顾客需要的商品单价时，使找零驱动器工作，七段显示指示灯显示找零的硬币，同时在商品出口送出商品，使显示灯 *out*1 发光。出货、退钱或找零结束时表示一次自动售货过程完成，等待 *start* 信号的到来，以便开始下一次售货过程。

售货机由外部提供 1 s 基准时钟 *CP*。

系统状态确定之后，划分逻辑电路模块：

（1）售货机的选择货物按钮 *A*1（热狗）、*A*4（汉堡）和 *A*8（双层汉堡）经同步消抖电路和编码电路转换成总线 4 位二进制数 *D*0、*D*1、*D*2 和 *D*3，然后送入控制器。编码电路设置了一个使能端 *EN*1，使电路进入 *A* 状态时有效，退出时无效。

（2）由于售货机应能自动计算投入的硬币总数，为此用寄存器来记录并保存投入的总币值，称之为计钱器。它在电路处于投币状态时，接收外部来的 *A*11、*A*21 和 *A*51 信号，累计币值用总线 4 位二进制数 *B*0、*B*1、*B*2 和 *B*3 表示，它可与 *D*0、*D*1、*D*2 和 *D*3 比较，当比较结果 *B* 小于 *D* 时，说明投币总数小于货品单价，则退钱；当 *B* 等于 *D* 时，则出货口出现顾客购买的商品；当 *B* 大于 *D* 时，则出货口不仅出现顾客购买的商品，而且退还找余的硬币。设置来自控制器的一输入信号 *reset*，使在 *A* 状态时输出为高电平有效，计钱器清零。*CP* 是外部提供的基准时钟，而 *EN*2 信号为在 *C* 状态下使投入硬币窗口有效。

（3）前面已经规定，投入硬币的时间不能是无限制的，而要受到约束，为此电路中应该有定时电路，并选择定时时间为 1 min（设计者也可设置其他定时值）。一旦定时时间结束，定时电路给控制器送去一应答信号 *T*，则电路状态可以发生转换。

（4）配备一个 *CP* 信号发生器，它可作为控制器时钟信号源。如果令 *CP* 的周期为 1 s，则采用计数器作为定时电路时，该信号又可以当作定时电路的计数脉冲，达到一举两得的效果。

（5）售货机系统输出。设置一个显示译码器，显示应找余的余币；设置一个货物出口，用发光二极管 *out*1 显示；分别设置 *reject*1 和 *reject*2 表示拒绝货物输入显示和拒绝接收硬币显示。

现在画出自动售货机的逻辑模块划分图，如图 9.4.10 所示。

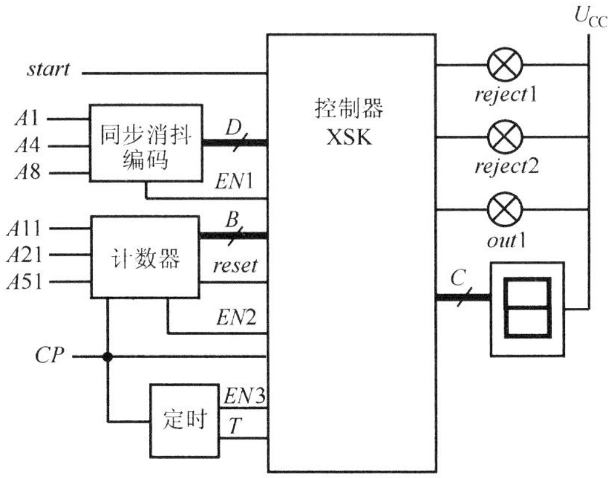

图 9.4.10　自动售货机的逻辑模块划分图

（二）自动售货机系统的 VHDL 程序实现

顶层实体、结构体以及各个逻辑模块的 VHDL 程序留给读者设计，现在仅设计控制器的 ASM 图及写出控制器的 VHDL 程序。控制器的 ASM 图见图 9.4.11。VHDL 程序如下。

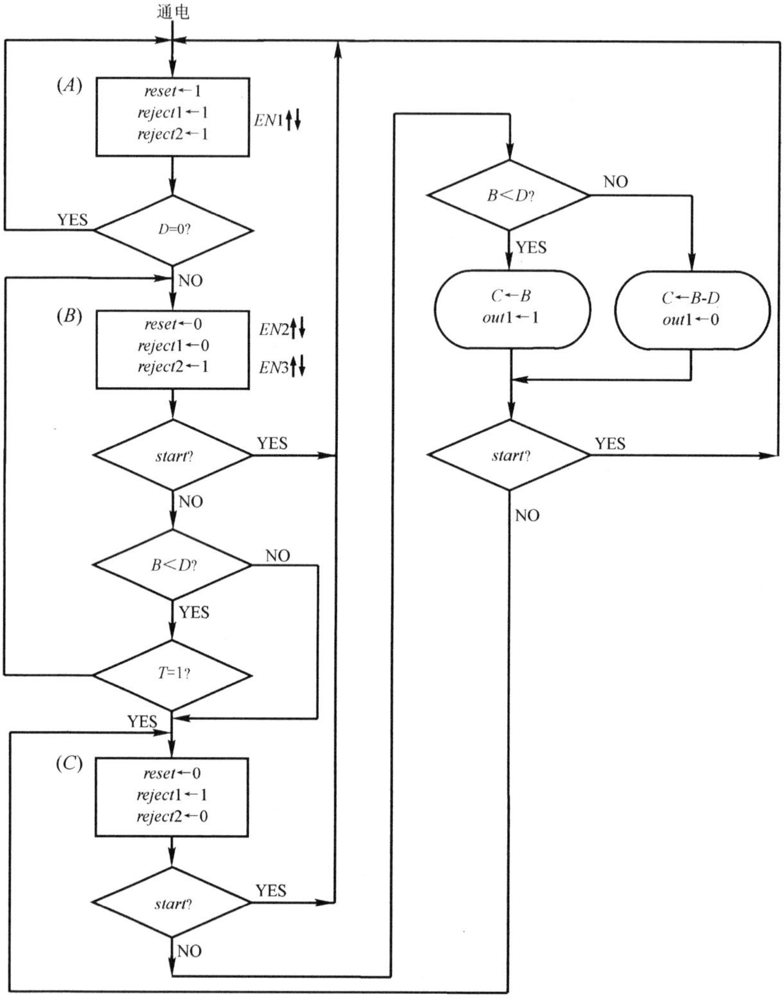

图 9.4.11　自动售货机控制器的 ASM 图

```
 LIBRARY ieee;
USE ieee.std_logic_1164.all;
PACKAGE state_pack IS
  TYPE state IS(QA,QB,QC);
END state_pack;
LIBRARY ieee;
USE ieee.std_logic_1164.all;
USE work.state_pack.all;
ENTITY con IS
  PORT(start,CP,T:IN std_logic;
```

```
    D,B:IN integer RANGE 0 TO 9;
    EN1,EN2,EN3,reset,out1:OUT std_logic;
    reject1,reject2:OUT std_logic;
    C:OUT integer RANGE 0 TO 9);
END con;
ARCHITECTURE con_arc OF con IS
  SIGNAL current_state:state:=QA;
BEGIN
  PROCESS
  BEGIN
  WAIT UNTILL CP='1' AND CP'EVENT;
    IF start='1' THEN
      current_state<=QA;
      C<=0;reject1<='1';reject2<='1';out1  <='1';
      EN1<='0';reset<='1';EN2<='0';EN3  <='0';
    END IF;
    CASE current_state IS
      WHEN QA=>
      IF D=0 THEN
        current_state<=QA;
        C<=0;reject1<='1';reject2<='1';out1  <='1';
        EN1<='1';reset<='1';EN2<='0';EN3  <='0';
      ELSE
        current_state<=QB;
      END IF;
      WHEN QB=>
      IF T='0' AND B<D THEN
        current_state<=QB;
        C<=0;reject1<='0';reject2<='1';out1  <='1';
        EN1<='0';reset<='0';EN2<='1';EN3  <='1';
      ELSE
        current_state<=QC;
      END IF;
    WHEN QC=>
    IF B<D THEN
        C<=B ;reject1<='1';reject2<='0';out1  <='1';
          EN1<='0';reset<='0';EN2<='0';EN3  <='0';
      ELSE
```

```
        C <= B-D ;reject1 <= '1';reject2 <= '1';out1 <= '0';
        EN1 <= '0';reset <= '0';EN2 <= '0';EN3 <= '0';
        C <= 0;
      END IF;
    END CASE;
  END PROCESS;
END con_arc;
```

小结

数字系统由控制电路和受控电路组成,控制电路受同一时钟的控制。控制器根据输入和受控电路的状态信息发出有序命令,受控电路按照这些命令进行各种操作。

ASM 图是控制算法状态图。它表面上与通常的软件流程图非常相似,但 ASM 图表示事件的精确时间间隔序列,而一般的软件流程图没有时间的概念。MDS 图与状态图十分相似,但 MDS 图比状态图简练,并且扩展了状态图的功能,用 MDS 图表示控制器的控制过程时,既方便清晰又具有较大的灵活性。ASM 图或 MDS 图的建立是整个过程中的关键步骤,这一步解决得好,以后各个步骤就比较容易解决。用 ASM 图或 MDS 图描述一个数字系统不是唯一的,应选择最佳的 ASM 图或 MDS 图方案。

从上至下的设计方法是从宏观的总体要求入手,尽可能将数字系统划分为较简单的较小的子系统,再通过逻辑接口设计用各种划分的逻辑电路实现所要求的数字系统。

数字系统的设计分为系统级设计和逻辑级设计两个阶段。系统级设计即原理性设计,是数字系统设计的关键步骤,也是最困难、最具有创造性的一步。画出 ASM 图或 MDS 图是完成系统级设计的标志。

系统级设计的具体步骤是:

(1) 在详细了解设计任务的基础上,确定顶层系统的方案;

(2) 列出各个输入变量;

(3) 列出各个输出变量;

(4) 给定时钟周期 T;

(5) 画出 ASM 图或 MDS 图。

名词解释

算法状态图(Algorithmic State Machine Chart, ASM):一种以硬件设计中流程图的形式,描述系统控制器在不同时间完成的一系列操作。

控制单元(Controller Unit)：控制数字系统内各部分协同工作的模块。

数字系统(Digital System)：具有控制器、外围电路、存储器、处理器的时序电路。

电子设计自动化(Electronic Design Automation,EDA)：用计算机辅助工具分析、综合、优化和设计电路的方式。

从上至下(from top to down)：一种自控制电路向外围接口电路划分的设计方法。

记忆文本状态图(Mnemonic Documented State Diagrams,MDS)：一种以硬件设计中状态图的形式描述系统控制器在不同时间完成的一系列操作。

处理器(Processing Unit)：完成各种操作的模块，如算数运算、逻辑运算和移位操作等。

状态框(State Frame)：表示系统处在寄存器传送操作和有效输出的状态，用矩形框表示。

判别框(Distinguish Frame)：从当前状态转入哪一状态由输入信号决定，用菱形框表示。

自我检测

题9.1 数字逻辑系统包括____________、____________、____________三个子系统。

题9.2 数字系统中的信息有两类，一类是____________信息，另一类是____________信息，但它们都用____________的方法来存储、传输和处理。

题9.3 数字系统设计方法采用____________过程，将系统划分成若干____________。

题9.4 ASM本质上是一个____________，主要用于____________系统，它可以较好地描述____________的功能和状态变化条件。

题9.5 ASM流程图由____________、____________、____________三种基本符号组成。

题9.6 数字系统的核心问题是____________问题，因为它是实现子系统和整个系统的____________与____________的过程。

题9.7 数字系统是指____________。

(A) 计数器； (B) 寄存器； (C) 加法器； (D) 逻辑子系统的集合。

题9.8 数字系统与逻辑功能部件的主要区别在于有没有____________。

(A) 存储器； (B) 控制器； (C) 加法器； (D) 译码器。

题9.9 双向数据总线可以采用____________构成。

(A) 译码器； (B) 三态门； (C) 多路选择器。

题9.10 数字系统设计的第一步是____________。

(A) 子系统的划分；(B) 子系统的设计；(C) 控制器的设计；(D) ASM 流程图的设计。

思考题

题 9.1　试说明 ASM 图与软件流程图有何差别。

题 9.2　试举例说明 ASM 图的输入变量与输出函数的区别。

题 9.3　叙述从上至下的设计方法及其特点。

题 9.4　讨论控制器是如何控制外围电路的。

题 9.5　可以选择哪些器件作为单向数据总线或选择哪些器件作为双向数据总线，为什么？

题 9.6　叙述数字系统设计的步骤。

习题

习题 9.1　用时序图指出习题 9.1 图的两个 ASM 图的差别。写出各自的输出表达式。

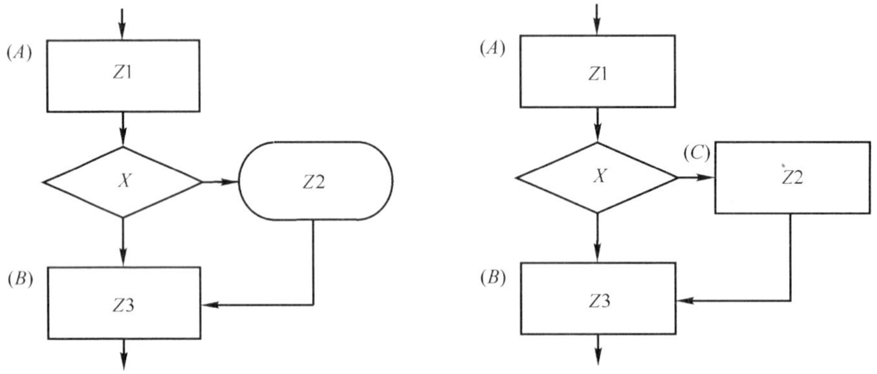

习题 9.1 图

习题 9.2　用 VHDL 程序实现习题 9.2 图所示的 ASM 图。

习题 9.3　转换习题 9.3 图 ASM 图到 MDS 图。

习题 9.4　串行数据序列是每个时钟周期 T 传送一个数据 **0** 或 **1** 的数据流。设 X 为输入的串行数据序列。当检测到数据流中出现所需的 **010** 数据时，使检测器的输出 Z 为 **1**。画出 ASM 图，并将其转换成 MDS 图。

习题 9.5　考虑第四节的自动售货机增加以下约束，如何设计系统。

（1）售货机内存储的找零币有一定数量；

（2）售货机内销售的商品有一定数量。

习题 9.6　写出自动售货机中的顶层 VHDL 程序和各个划分逻辑模块的 VHDL 程序。

习题 9.7　设计一彩灯控制器。彩灯共有 16 支排成方形，系统可控制彩灯每一分钟的规则变化，控制方法有四种：

当第一个 1 min 时，彩灯顺时针方向运行，每秒且只有一支灯发光；

当第二个 1 min 时，彩灯逆时针方向运行，每秒且只有一支灯发光；

当第三个 1 min 时，彩灯顺时针方向运行，每秒且只有两支灯发光；

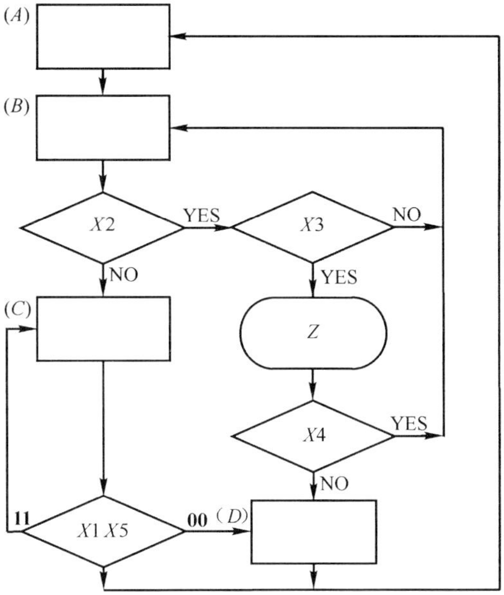

习题 9.2 图

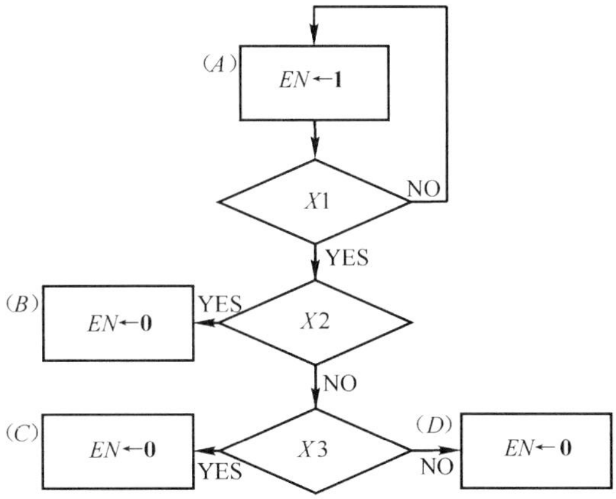

习题 9.3 图

当第四个 1 min 时，彩灯逆时针方向运行，每秒且只有两支灯发光。

习题 9.8　试用从上至下的设计方法，设计一个简易计算器，它应具有下列运算功能。

(1) 两个无符号的 8 位二进制数的相加；

(2) 两个无符号的 8 位二进制数的相减（被减数大于等于减数）；

(3) 两个无符号的 4 位二进制数的相乘。

习题 9.9　设计一带有校时功能、可定时起闹的数字钟应满足如下功能。

(1) 有“时、分、秒”十进制数字显示；

(2) 计时以一昼夜 24 h 为一个周期;

(3) 具有校时电路,即在任何时候可对数字钟进行校准,将其拨至标准时间;

(4) 计时过程中的任意时间均能按需起闹,闹钟每次起闹时间可以进行调整。

习题 9.10　设计一台自动绕线机数字系统,要求用可编程逻辑器件实现如下功能。

(1) 绕线机能够自动控制线包的绕制匝数,并且匝数可以预先设定;

(2) 自动记录电动机转动次数,即绕制的匝数,并有 3 位十进制数字显示;

(3) 绕制过程发生事故,允许操作者拨动手动开关,使电机停转,以便排除故障;

(4) 一次绕制完成,绕线机自动切断电机电源,并使显示数据保持一定时间,操作者也可以从容取下成品,进行下一个线包的绕制。

附录1 基本逻辑门电路图形符号

表C1列出了基本逻辑门电路的国标图形符号和限定符号(GB/T 4728.12—1996)、国外流行图形符号和曾用图形符号。

表C1 基本逻辑门电路图形符号

序号	名称	GB/T 4728.12—1996		国外流行图形符号	曾用图形符号
		限定符号	国标图形符号		
1	与门	&	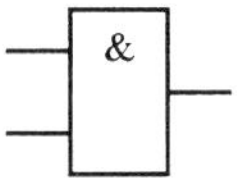		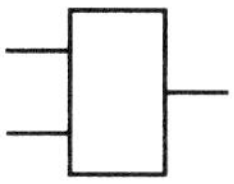
2	或门	≥1	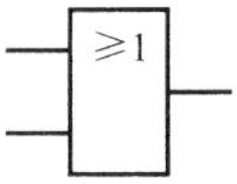	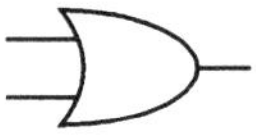	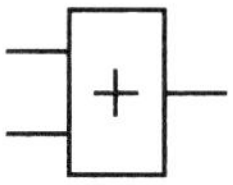
3	非门	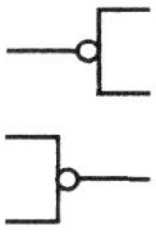 逻辑非入和出	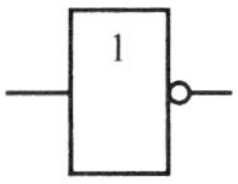 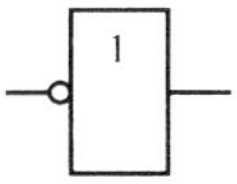	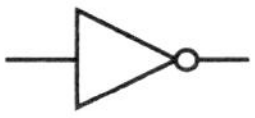 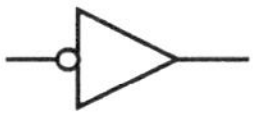	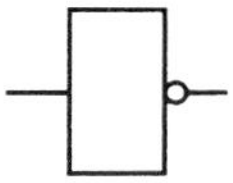 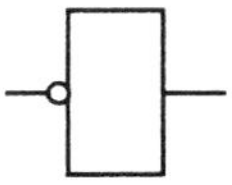
4	与非门		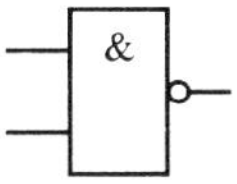		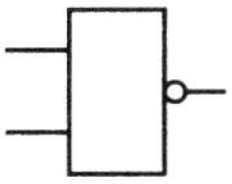
5	或非门		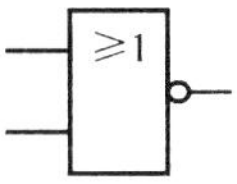	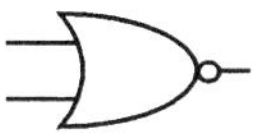	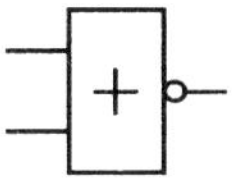
6	与或非门		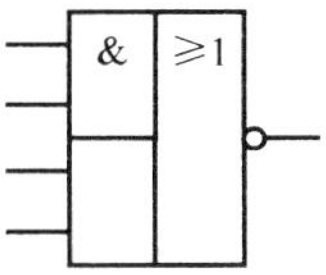	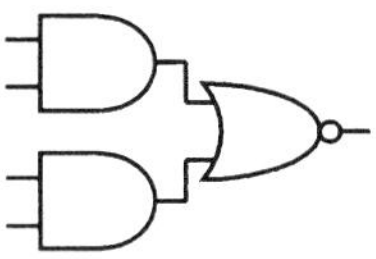	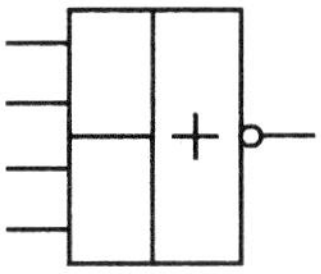

续表

序号	名称	GB/T 4728.12—1996		国外流行图形符号	曾用图形符号
		限定符号	国标图形符号		
7	异或门	=1	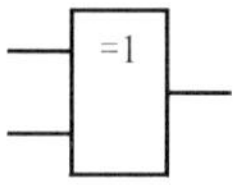	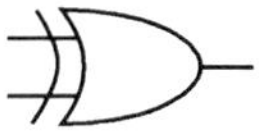	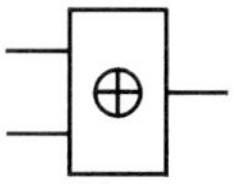
8	同或门	=	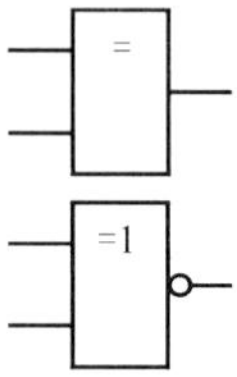	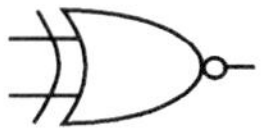	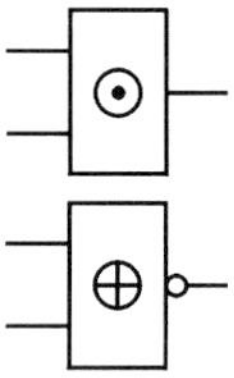
9	集电极开路 OC 门、漏极开路 OD 门	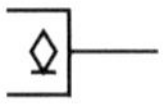 L 型开路输出	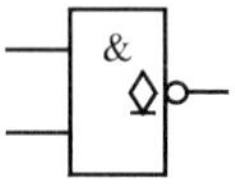		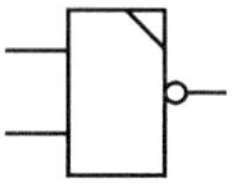
10	缓冲器		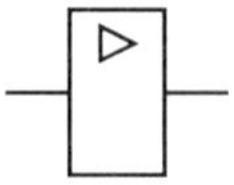	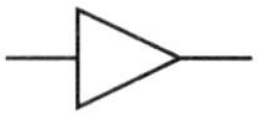	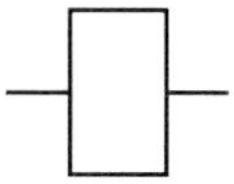
11	三态使能输出的非门	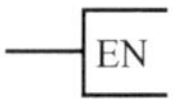 输入使能	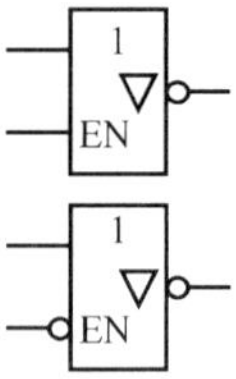	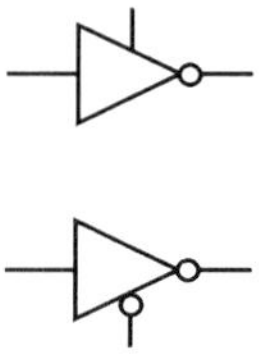	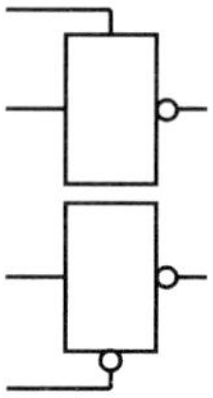
12	传输门		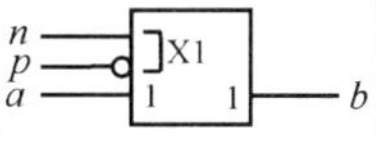	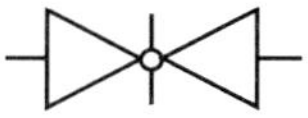	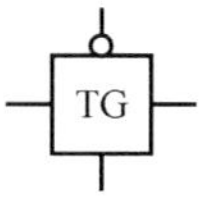

注：在表的第三列列出了限定符号，限定符号有总限定符号、输入/输出限定符号、内部连接符号、方框内符号、非逻辑连接和信息流指示符号等。

总限定符号用于表征逻辑单元的总逻辑功能，输入/输出限定符号标注在方框内输入端或输出端，用于说明输入或输出的功能消息等等。

附录2　常用组合电路图形符号

表C2列出了常用组合电路的国标图形逻辑符号、限定符号（GB/T 4728.12—1996）和曾用图形逻辑符号。在表的第三列列出了关联及其标注方法，如果输入与输入之间，输出与输出之间，或者输入与输出之间存在着“影响”与“被影响”的关系，就称它们为关联。为表示其间的关联关系，只要在相应位置标注上关联符号即可。

表C2　常用组合逻辑电路图形符号

序号	名称	GB/T 4728.12—1996			曾用图形符号
		限定与关联	功能或意义	国标图形符号	
1	8线-3线优先编码器	HPRI/BIN	高优先二进制编码器	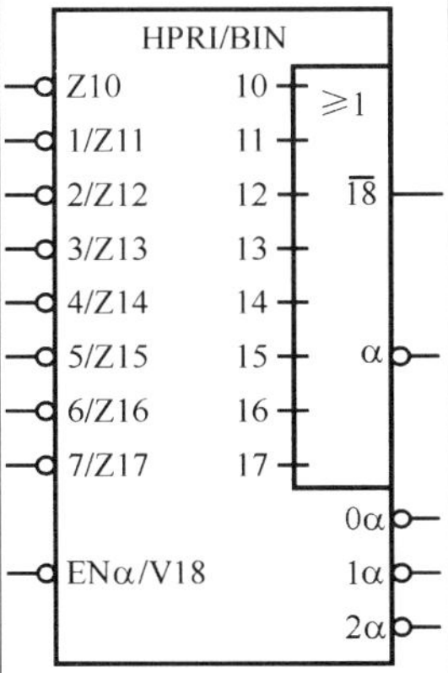	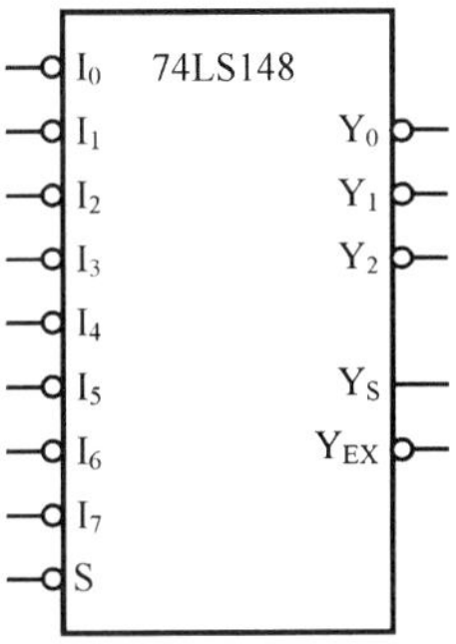
		Z	当输入=**1**时，置**1**状态；当输入=**0**时，置**0**状态。		
		V	当输入=**1**时，置**1**状态；当输入=**0**时，允许动作。		
			内部连接		

续表

<table>
<tr><th rowspan="2">序号</th><th rowspan="2">名称</th><th colspan="3">GB/T 4728.12—1996</th><th rowspan="2">曾用图形符号</th></tr>
<tr><th>限定与关联</th><th>功能或意义</th><th>国标图形符号</th></tr>
<tr><td>2</td><td>3线-8线译码器</td><td>BIN/OCT</td><td>3 线 - 8 线译码器</td><td>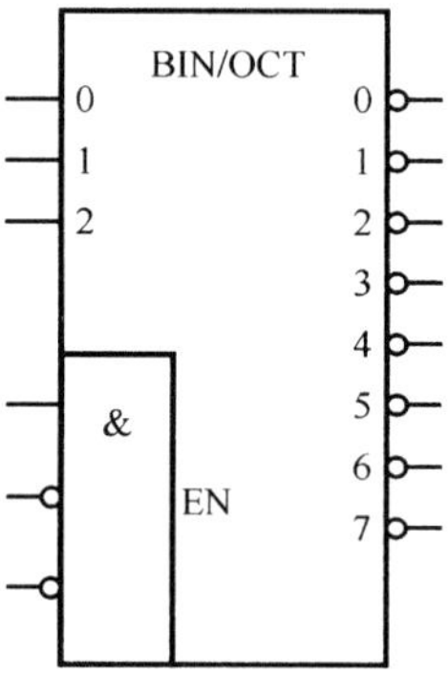</td><td>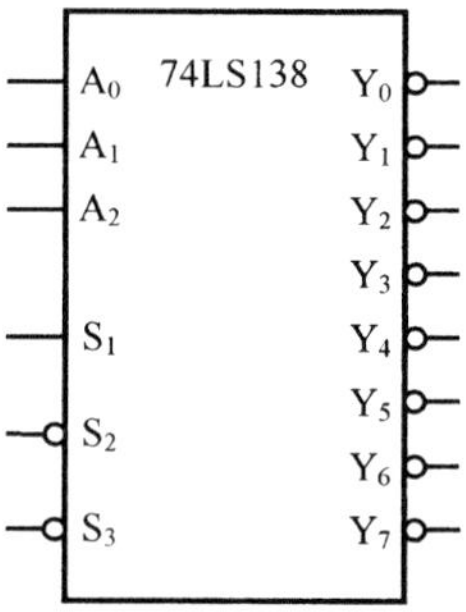</td></tr>
<tr><td rowspan="3">3</td><td rowspan="3">8 选 1 数据选择器</td><td>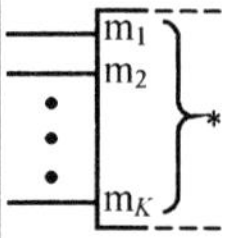</td><td>多位输入的位组合</td><td rowspan="3">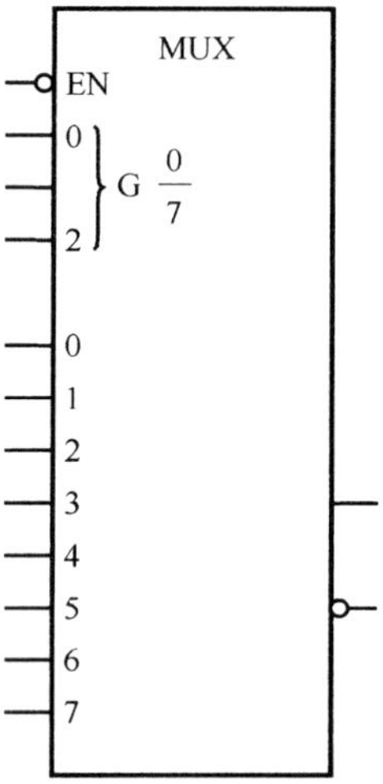</td><td rowspan="3">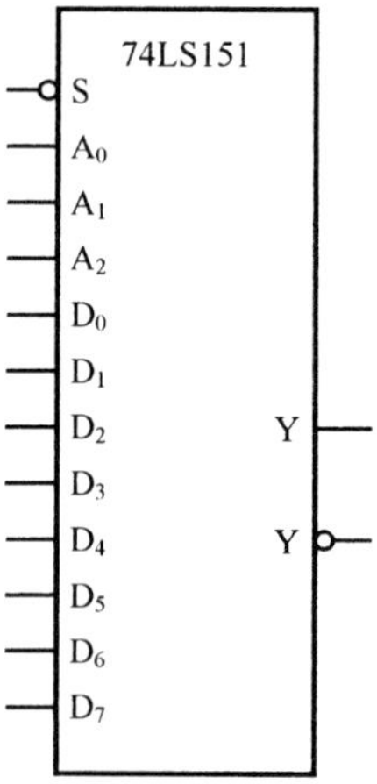</td></tr>
<tr><td>G</td><td>当输入 = 1 时，允许动作；当输入 = 0 时，置 0 状态。</td></tr>
<tr><td>MUX</td><td>多路选择</td></tr>
</table>

续表

序号	名称	GB/T 4728.12—1996			曾用图形符号
		限定与关联	功能或意义	国标图形符号	
4	双 4 选 1 数据选择器			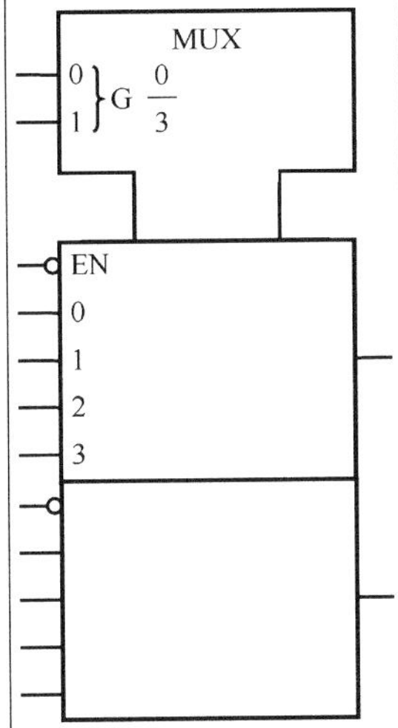	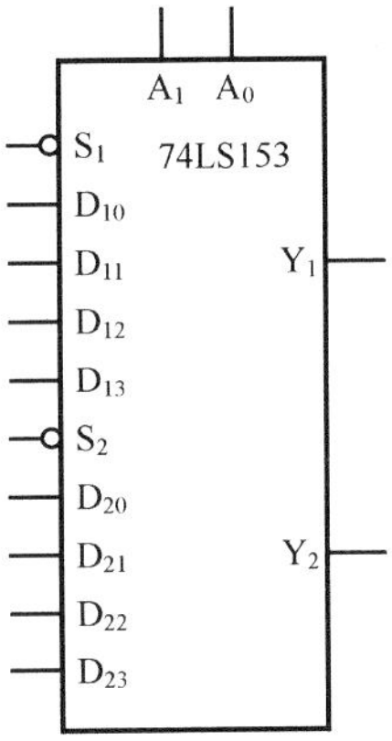
5	数据分配器	DX	分路器	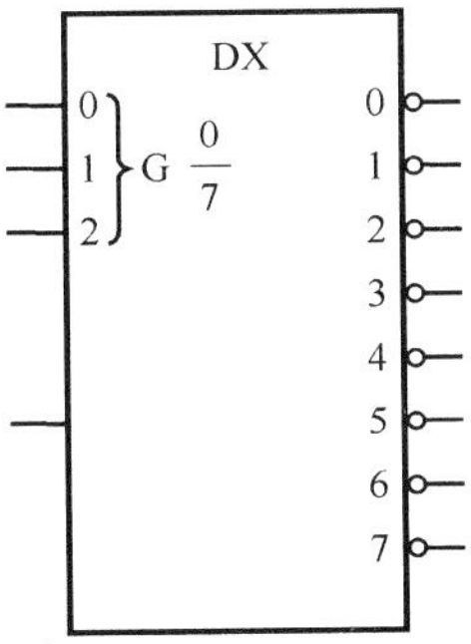	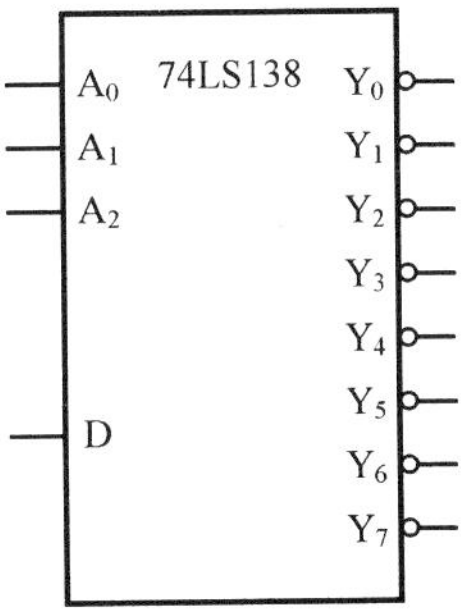

续表

序号	名称	GB/T 4728.12—1996			曾用图形符号
		限定与关联	功能或意义	国标图形符号	
6	7 段显示译码器	BIN/7SEG	二进制码－七段显示译码器	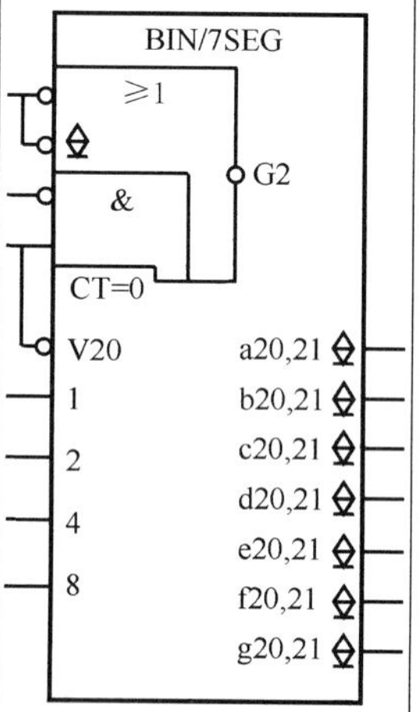	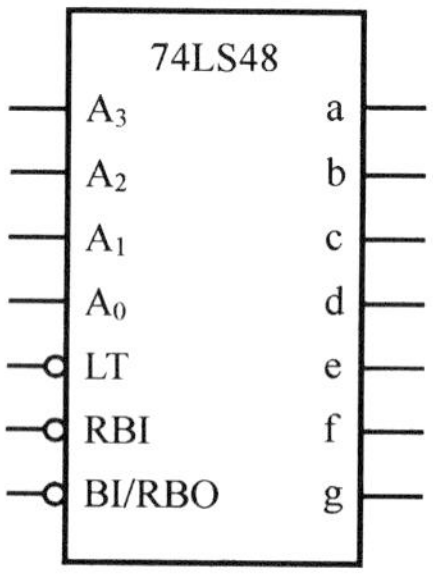
		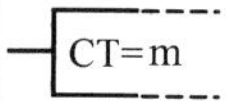	输入端为零时不起作用，为 **1** 时该单元置为 m		
		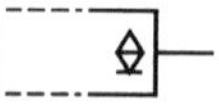	无源上拉输出		
7	半加器	Σ	加法器	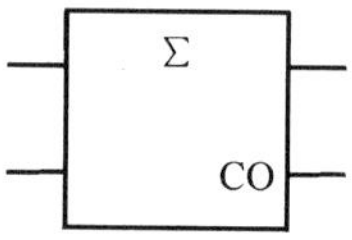	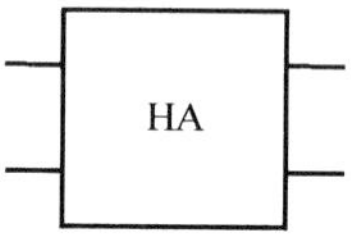
		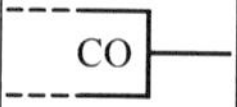	运算单元的进位输出		
8	全加器	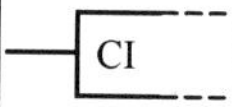	运算单元的进位输入	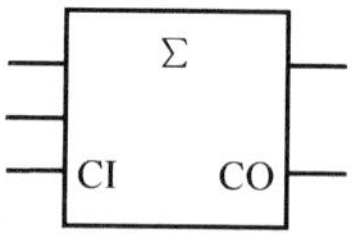	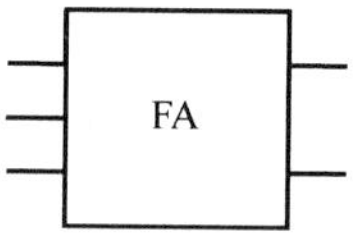

附录3　基本触发器电路逻辑符号

表 C3 列出了基本触发器电路的国标图形逻辑符号和有关限定符号（GB/T 4728.12—1996）和曾用图形逻辑符号。图标中明确规定了触发器的输入、输出极性和延迟输出。曾用图形逻辑符号也有很多种，表 C3 中只列出了曾使用普遍的符号。

表 C3　基本逻辑门电路图形符号

序号	名称	GB/T 4728.12—1996			曾用逻辑符号
		限定与关联	功能或意义	国标逻辑符号	
1	基本 *RS* 触发器	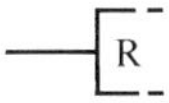	存储单元复位输入	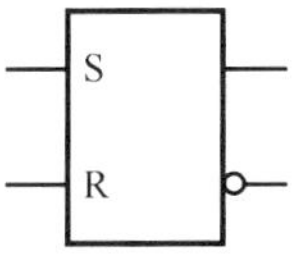	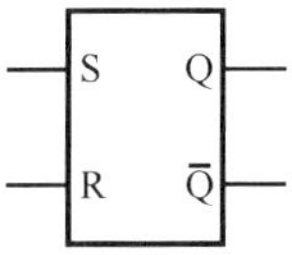
			存储单元置位输入		
2	同步 *RS* 触发器（正触发）	C	当“受影响输入”=**1** 时，允许动作；当“受影响输入”=**0** 时，禁止动作。	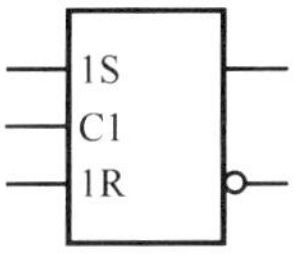	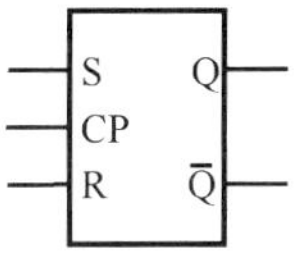
3	同步 *RS* 触发器（负边沿触发）		带逻辑非的内部动态连接	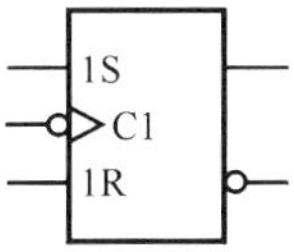	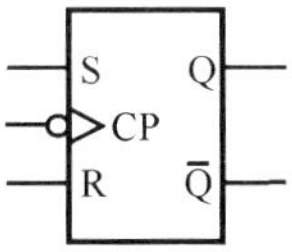
4	*JK* 触发器（负边沿触发）	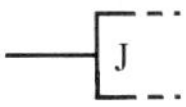	*JK* 触发器的 *J* 输入	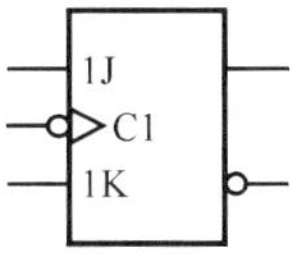	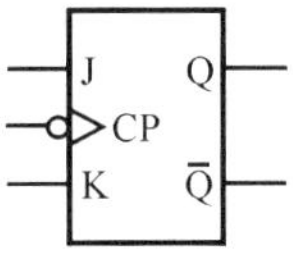
		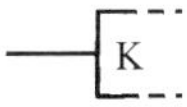	*JK* 触发器的 *K* 输入		
5	具有低电平置位复位的 *JK* 触发器			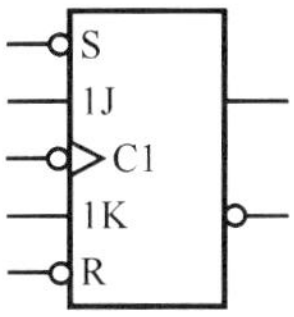	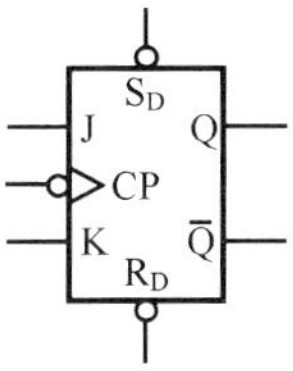

续表

序号	名称	GB/T 4728.12—1996			曾用逻辑符号
		限定与关联	功能或意义	国标逻辑符号	
6	2J2K 主从 JK 触发器（延时输出）	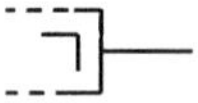	延迟输出	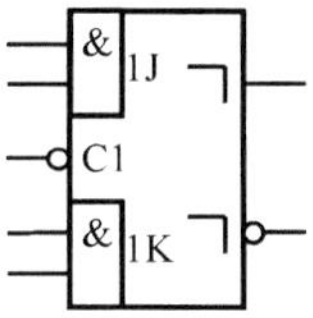	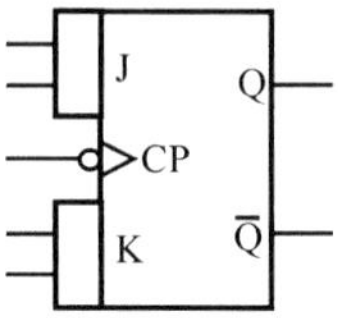
7	*D* 触发器	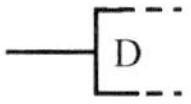	*D* 触发器的 *D* 输入	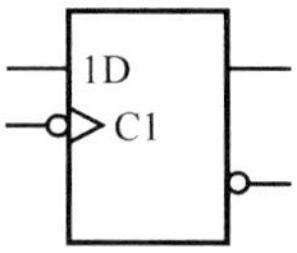	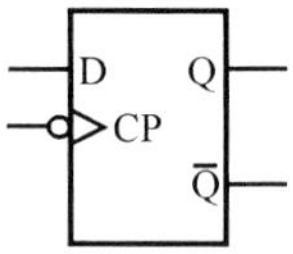
8	具有低电平置位复位的 *D* 触发器		内部动态连接	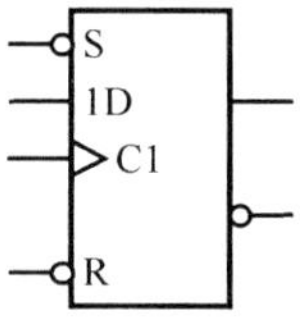	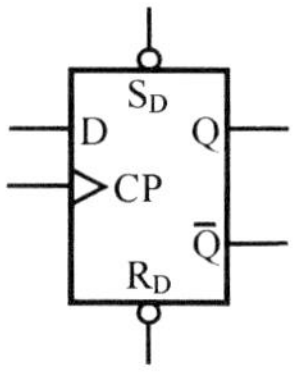
9	*T* 触发器	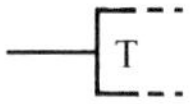	*T* 触发器的 *T* 输入	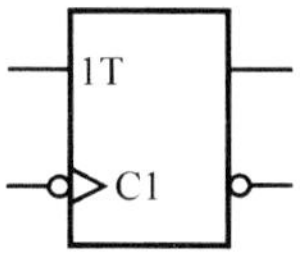	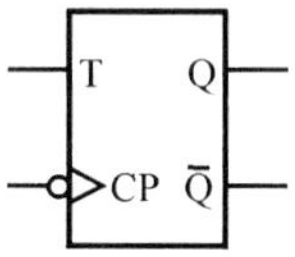
10	带施密特触发特性的与门	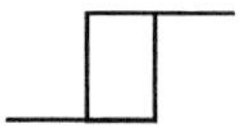	施密特限定符	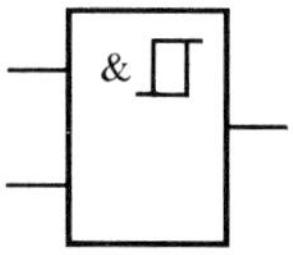	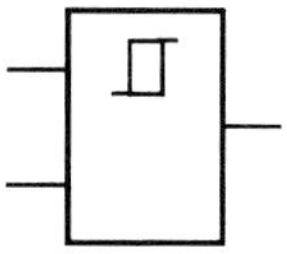

附录 4　常用时序逻辑电路图形符号

表 C4 列出了常用时序逻辑电路的国标图形符号和限定符号(GB/T 4728.12—1996)和曾用图形符号。在表的第三列列出了关联及其标注方法,如果输入与输入之间,输出与输出之间,或者输入与输出之间存在着“影响”与“被影响”的关系,就称他们为关联。为表示其间的关联关系,只要在相应位置标注上关联符号即可。

表 C4　常用时序逻辑电路图形符号

序号	名称	GB/T 4728.12—1996			曾用图形符号
		限定与关联	功能或意义	国标图形符号	
1	4 位二进制加计数器(同步预置、异步清零)	CTRDIVm	循环长度为 m 的计数器	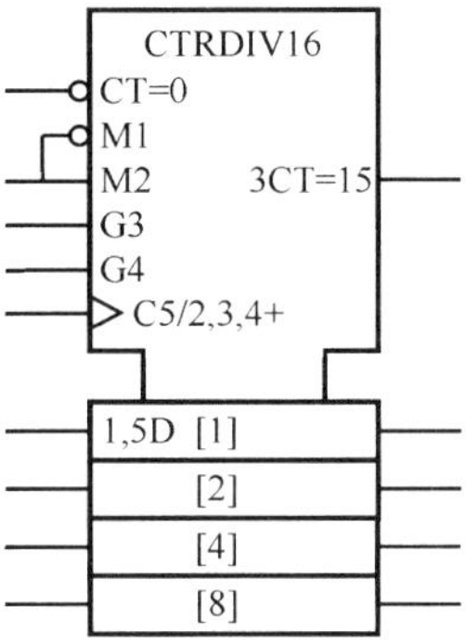	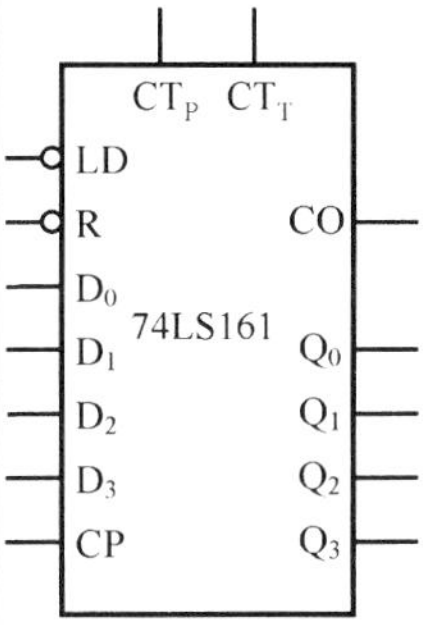
2	4 位二进制加计数器(同步预置、同步清零)		满足 * 号值时,输出处于内部“**1**”状态。	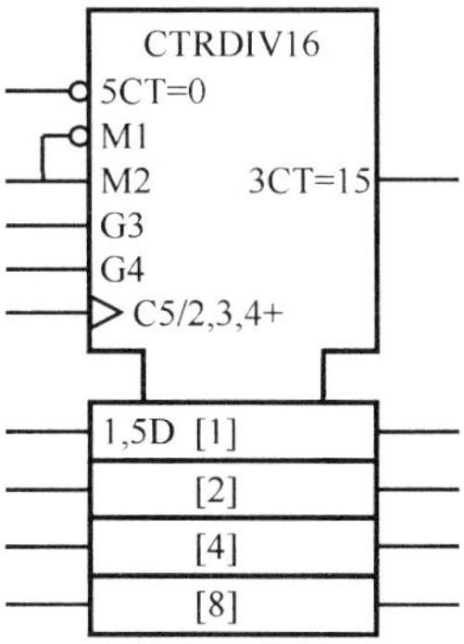	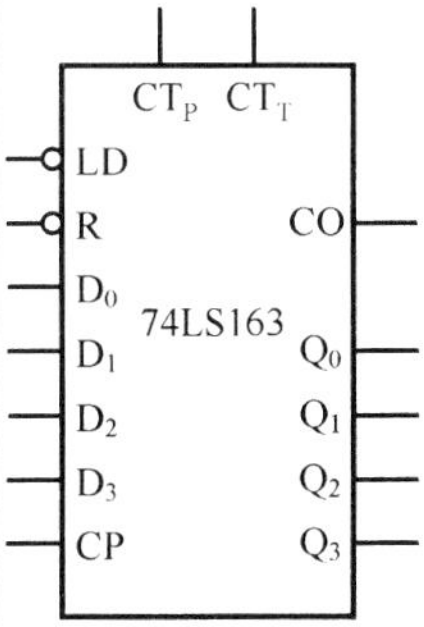

续表

<table>
<tr><th rowspan="2">序号</th><th rowspan="2">名称</th><th colspan="3">GB/T 4728.12—1996</th><th rowspan="2">曾用图形符号</th></tr>
<tr><th>限定与关联</th><th>功能或意义</th><th>国标图形符号</th></tr>
<tr><td rowspan="2">3</td><td rowspan="2">4 位二进制同步可逆计数器（异步预置、异步清零）</td><td>+m</td><td>加 m 计数</td><td rowspan="2">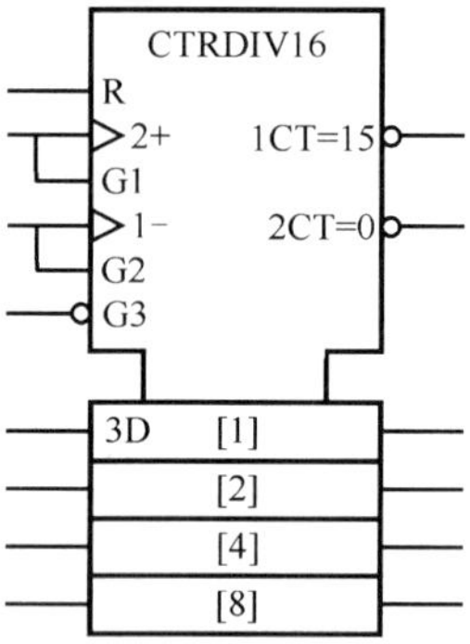
</td><td rowspan="2">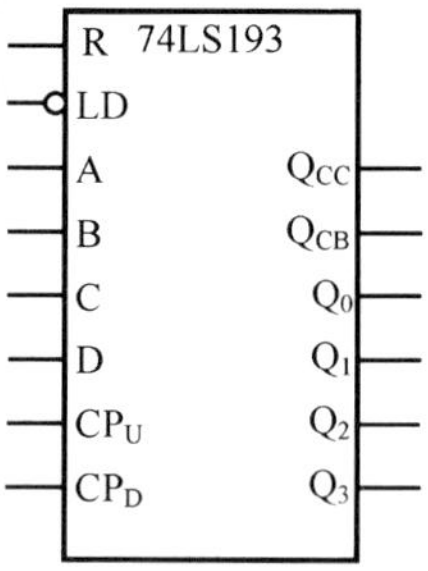
</td></tr>
<tr><td>−m</td><td>减 m 计数</td></tr>
<tr><td>4</td><td>二－五－十进制异步计数器（异步复位、异步置 9）</td><td></td><td></td><td>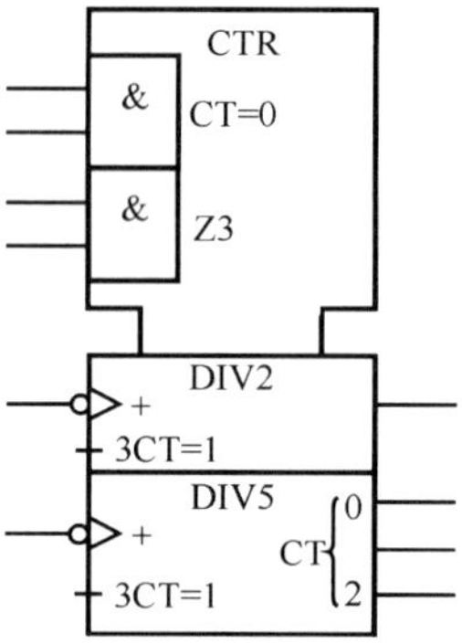
</td><td>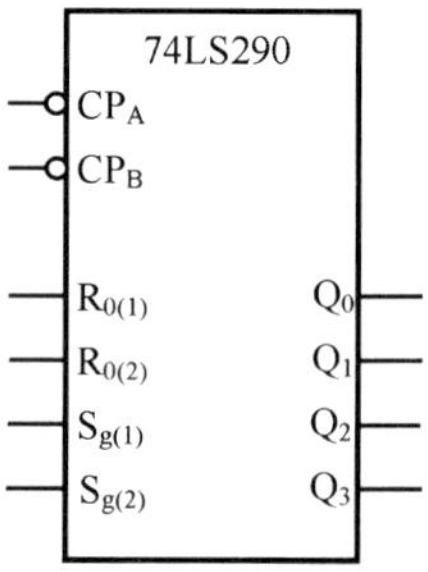
</td></tr>
<tr><td>5</td><td>二－十六进制 CMOS 计数器（异步复位）</td><td></td><td></td><td>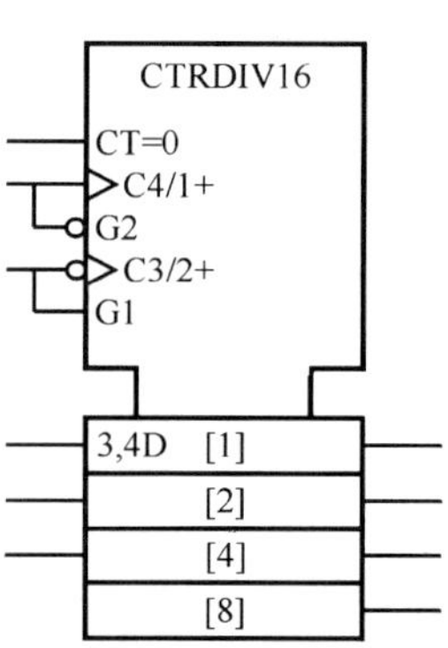
</td><td>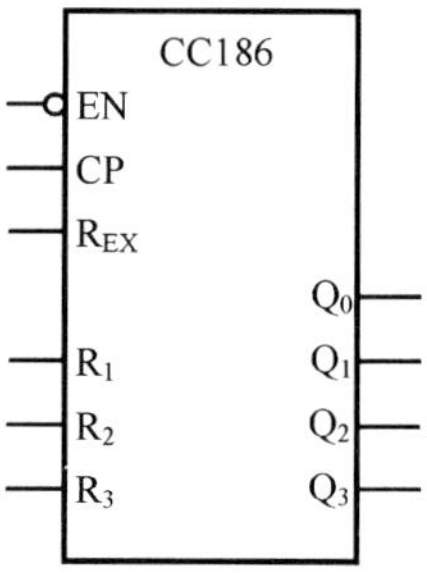
</td></tr>
</table>

续表

<table>
<tr><th rowspan="2">序号</th><th rowspan="2">名称</th><th colspan="3">GB/T 4728.12—1996</th><th rowspan="2">曾用图形符号</th></tr>
<tr><th>限定与关联</th><th>功能或意义</th><th>国标图形符号</th></tr>
<tr><td rowspan="3">6</td><td rowspan="3">4 位双向移位寄存器</td><td>SRGm</td><td>m 位移位寄存器</td><td rowspan="3">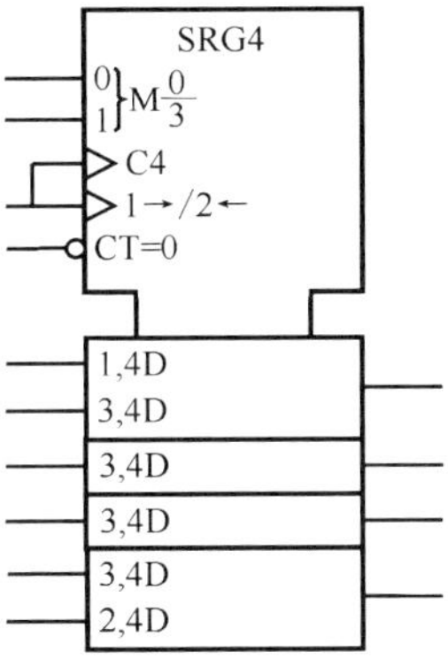
</td><td rowspan="3">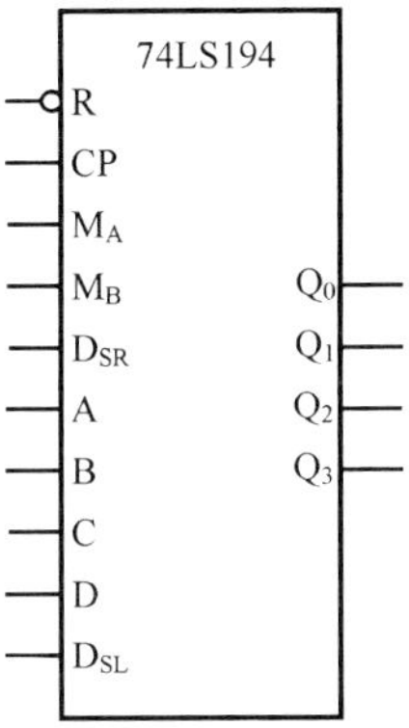
</td></tr>
<tr><td>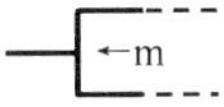
</td><td>当外部输入为真时，存储单元从右到左或从下到上移 m 位。</td></tr>
<tr><td>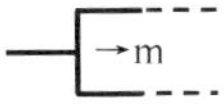
</td><td>当外部输入为真时，存储单元从左到右或从上到下移 m 位。</td></tr>
<tr><td>7</td><td>4 位二进制寄存器</td><td></td><td></td><td>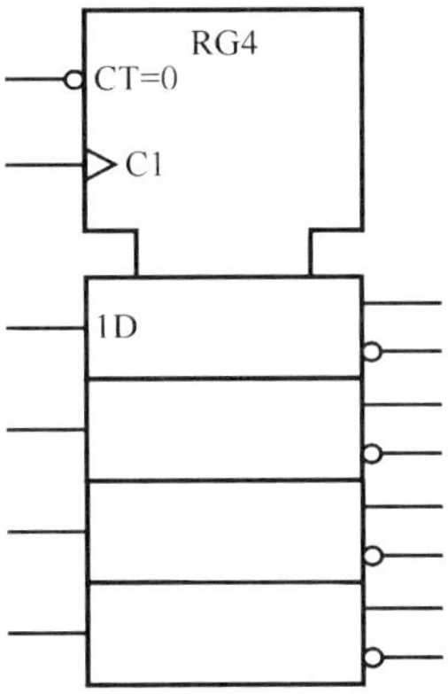
</td><td>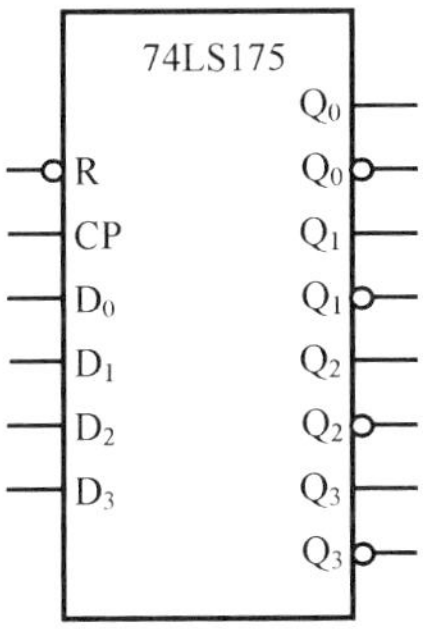
</td></tr>
<tr><td>8</td><td>4 位右移移位寄存器</td><td></td><td></td><td>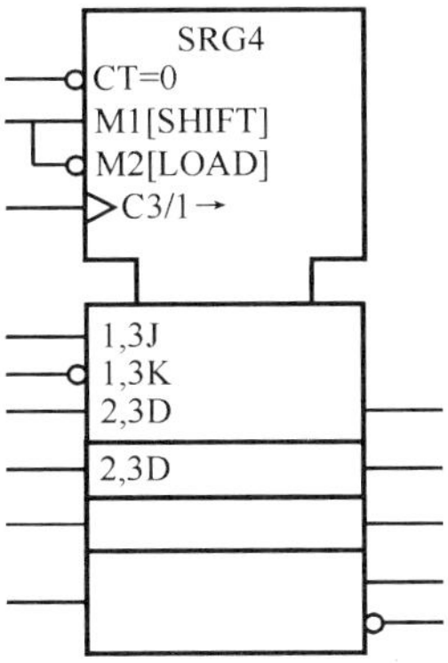
</td><td>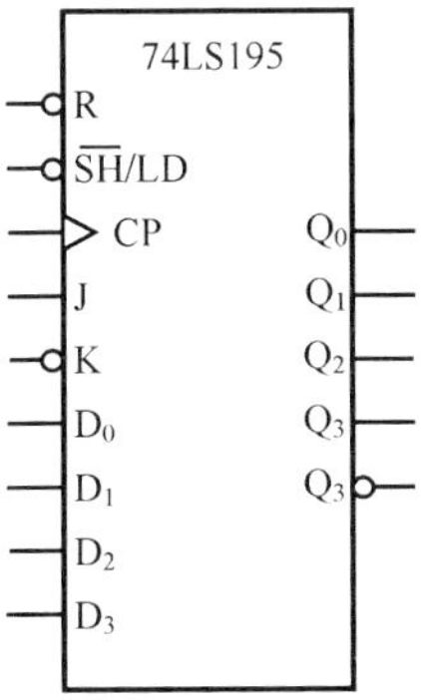
</td></tr>
</table>

参 考 文 献

1 王尔乾.数字逻辑及数字集成电路.北京:清华大学出版社,1998
2 黄正瑾.在系统编程技术及其应用.南京:东南大学出版社,1997
3 刘宝琴.数字电路与系统.北京:清华大学出版社,2002
4 虞光楣.电子技术基础(数字部分).北京:北京工业大学出版社,1997
5 沈嗣昌.数字设计引论.北京:高等教育出版社,2000
6 薛宏熙.数字系统设计自动化.北京:清华大学出版社,1996
7 张著.数字设计——电路与系统.北京:北京理工大学出版社,1996
8 查振亚.数字系统设计与开发.武汉:华中理工大学出版社,1996
9 周有良.数字逻辑.长沙:国防科技大学出版社,1995
10 阎石.数字电子技术基础.第五版.北京:高等教育出版社,2006
11 周祖成.电子设计硬件描述语言 VHDL.北京:学苑出版社,1994
12 朱明程.FPGA 原理及应用设计.北京:电子工业出版社,1994
13 王毓银.数字电路逻辑设计.第二版.北京:高等教育出版社,2005
14 蒋璇.数字电路与逻辑设计课程设计.北京:高等教育出版社,1991
15 M Morris Mano. Digital Design. Prentice Hall, Inc., 2002
16 John F Wakerlly. Digital Design—Principles & Practices. Prentice Hall, Inc., 2001
17 John M Yarbrough. Digital Logic Applications and Design. PWS, 1997
18 Thomas L Floyd. Digital Fundamentals. Prentice Hall, Inc., 2000
19 M Morris Mano. Logic and Computer Design Fundamentals. Prentice Hall, Inc., 2001
20 Victor P Nelson. Digital Logic Circuit Analysis & Design. Prentice Hall, Inc., 1995
21 Ken Martin. Digital Integrated Circuit Design. Oxford University Press, 2001
22 Alan B Marcovitz. Introduction to Logic Design. The McGraw-Hill Companies, Inc., 2002
23 Dewey. Analysis and Design of Digital System with VHDL. Brooks, 1997
24 Milos D Eroegouac, Tomas_lang, Jaime H. Moreno. Introduction to Digital System. John Wiley Son, 1998
25 Nigel Cook. A First Course in Digital Electronics. Prentice Hall, 1999
26 JP Uvemura. A First Course in Digital System Design. Brooks, 2000

27 王楚.数字逻辑电路.北京:高等教育出版社,2001
28 毛法尧.数字逻辑.北京:高等教育出版社,2001
29 侯建军.数字逻辑与系统.北京:中国铁道出版社,1999
30 邓庆元.数字电子与逻辑设计.北京:电子工业出版社,2001
31 余孟尝.数字电子技术基础简明教程.第二版.北京:高等教育出版社,2001
32 周常森,范爱平.数字电子技术基础.济南:山东科学技术出版社,2002

郑重声明

反盗版举报电话:(010) 58581897/58581896/58581879

传　　真:(010) 82086060

E - mail:dd@ hep. com. cn

通信地址:北京市西城区德外大街 4 号

高等教育出版社打击盗版办公室

邮　　编:100120

购书请拨打电话:(010)58581118